中 国 国 家 标 准 汇 编

600

GB 30270～30280

（2013 年制定）

中国标准出版社　编

中国标准出版社

北　京

图书在版编目(CIP)数据

中国国家标准汇编:2013年制定.600:GB 30270～30280/中国标准出版社编.—北京:中国标准出版社,2014.9

ISBN 978-7-5066-7681-6

Ⅰ.①中… Ⅱ.①中… Ⅲ.①国家标准-汇编-中国-2013 Ⅳ.①T-652.1

中国版本图书馆CIP数据核字(2014)第187901号

中国标准出版社出版发行
北京市朝阳区和平里西街甲2号(100029)
北京市西城区三里河北街16号(100045)

网址 www.spc.net.cn
总编室:(010)64275323 发行中心:(010)51780235
读者服务部:(010)68523946
中国标准出版社秦皇岛印刷厂印刷
各地新华书店经销

*

开本 880×1230 1/16 印张 37.25 字数 1 138 千字
2014年9月第一版 2014年9月第一次印刷

*

定价 220.00 元

出 版 说 明

1.《中国国家标准汇编》是一部大型综合性国家标准全集。自1983年起，按国家标准顺序号以精装本、平装本两种装帧形式陆续分册汇编出版。它在一定程度上反映了我国建国以来标准化事业发展的基本情况和主要成就，是各级标准化管理机构，工矿企事业单位，农林牧副渔系统，科研、设计、教学等部门必不可少的工具书。

2.《中国国家标准汇编》收入我国每年正式发布的全部国家标准，分为“制定”卷和“修订”卷两种编辑版本。

“制定”卷收入上一年度我国发布的、新制定的国家标准，顺延前年度标准编号分成若干分册，封面和书脊上注明“20××年制定”字样及分册号，分册号一直连续。各分册中的标准是按照标准编号顺序连续排列的，如有标准顺序号缺号的，除特殊情况注明外，暂为空号。

“修订”卷收入上一年度我国发布的、被修订的国家标准，视篇幅分设若干分册，但与“制定”卷分册号无关联，仅在封面和书脊上注明“20××年修订-1,-2,-3,……”字样。“修订”卷各分册中的标准，仍按标准编号顺序排列(但不连续)；如有遗漏的，均在当年最后一分册中补齐。需提请读者注意的是，个别非顺延前年度标准编号的新制定的国家标准没有收入在“制定”卷中，而是收入在“修订”卷中。

读者配套购买《中国国家标准汇编》“制定”卷和“修订”卷则可收齐由我社出版的上一年度我国制定和修订的全部国家标准。

3.由于读者需求的变化，自1996年起，《中国国家标准汇编》仅出版精装本。

4.2013年我国制修订国家标准共1 979项。本分册为“2013年制定”卷第600分册，收入国家标准GB 30270～30280的最新版本。

中国标准出版社

2014年8月

目　　录

ICS 35.040
L 80

中华人民共和国国家标准

GB/T 30270—2013/ISO/IEC 18045:2005

信息技术　安全技术
信息技术安全性评估方法

Information technology—Security technology—Methodology for IT security evaluation

(ISO/IEC 18045:2005,IDT)

2013-12-31 发布　　　　2014-07-15 实施

中华人民共和国国家质量监督检验检疫总局
中国国家标准化管理委员会　发布

前　言

本标准按照 GB/T 1.1—2009 给出的规则起草。

本标准采用翻译法等同采用国际标准 ISO/IEC 18045:2005《信息技术　安全技术　信息技术安全性评估方法》。

与本标准中规范性引用的国际文件有一致性对应关系的我国文件如下：

——GB/T 18336—2008　信息技术　安全技术　信息技术安全性评估准则(ISO/IEC 15408:2005,IDT)。

本标准由全国信息安全标准化技术委员会(SAC/TC 260)提出并归口。

本标准主要起草单位：中国信息安全测评中心、吉林信息安全测评中心、华中信息安全测评中心。

本标准主要起草人：李守鹏、吴世忠、黄元飞、李斌、刘晖、刘春明、郭颖、付敏、谭运猛、徐长醒、宋小龙、简余良、郭涛、甘杰夫、张宝峰、石竑松、杨永生、毕海英、高金萍、王峰、李凤娟、唐喜庆、曾华春。

引　　言

本标准提出的信息技术(IT)安全性评估方法仅限于对 ISO/IEC 15408 中定义的 EAL1～EAL4 评估,不提供 EAL5～EAL7 及其他保证包的评估指南。

本标准的读者对象主要是采用 ISO/IEC 15408 的评估者和确认评估者行为的认证者,以及评估发起者、开发者、PP/ST 作者和其他对 IT 安全感兴趣的团体。

本标准并不能解决所有有关 IT 安全评估的问题,有些问题还需要进一步的解释。这些解释将由各评估体制决定如何处理,即便它们要遵从多方互认协议。可以由各体制处理的评估方法相关活动列表见附录 A。

本标准提出了依据 ISO/IEC 15408《信息技术　安全技术　信息技术安全性评估准则》进行信息技术安全评估时的评估方法,是 ISO/IEC 15408 的配套标准。

信息技术　安全技术
信息技术安全性评估方法

1　范围

本标准描述了在采用 ISO/IEC 15408《信息技术　安全技术 信息技术安全性评估准则》所定义的准则和评估证据进行评估时，评估者应执行的最小行为集，是 ISO/IEC 15408 的配套标准。

2　规范性引用文件

下列文件对于本文件的应用是必不可少的。凡是注日期的引用文件，仅注日期的版本适用于本文件。凡是不注日期的引用文件，其最新版本(包括所有的修改版)适用于本文件。

ISO/IEC 15408(所有部分)　信息技术　安全技术　信息技术安全性评估准则(Information technology—Security techniques—Evaluation criteria for IT security)

3　术语和定义

下列术语和定义适用于本文件。

3.1

行为　action

ISO/IEC 15408-3 的评估者行为元素。这些行为在 ISO/IEC 15408-3 保证组件中要么是直接声明为评估者行为，要么是间接从开发者行为(隐含的评估者行为)中导出。

3.2

活动　activity

ISO/IEC 15408-3 保证类的施用。

3.3

核查　check

通过简单比较形成一个**裁定**。评估者不一定必须具备专门技能。使用此动词的语句描述了需要核查的内容。

3.4

评估交付件　evaluation deliverable

评估者或监督者为执行一个或多个评估或评估监督活动所必需的，由发起者或开发者提交的所有资源。

3.5

评估证据　evaluation evidence

真实的**评估交付件**。

3.6

评估技术报告　evaluation technical report

由评估者编写并呈交给监督者、以文档形式记录总体裁定及其理由的报告。

3.7

检查 examine

评估者通过采用专业技能分析形成一个裁定。使用此动词的语句表明哪些是分析对象以及对象的哪些属性。

3.8

解释 interpretation

对 ISO/IEC 15408 中的要求、本标准中的要求或体制要求的一种澄清或详述。

3.9

方法 methodology

用于 IT 安全性评估的原则、程序和过程组成的体系。

3.10

观察报告 observation report

在评估过程中由评估者编写的用于澄清或标识一个问题的报告。

3.11

总体裁定 overall verdict

评估者发布的关于评估结果是“通过”还是“不通过”的决定。

3.12

监督裁定 oversight verdict

根据评估监督活动的结果，监督者发布的认可或否决总体裁定的决定。

3.13

记录 record

记录过程、事件、观察结果、所了解事项以及结果的书面描述。该描述需足够详细，以便评估过程中执行的工作能够重现。

3.14

报告 report

将评估结果和支持性材料纳入到评估技术报告或观察报告。

3.15

方案 scheme

评估管理机构制定的一套规则，这套规则定义了评估环境，包括 IT 安全评估所需的准则和方法。

3.16

子活动 sub-activity

ISO/IEC 15408-3 中一个保证组件的施用。本标准不处理保证族，因为评估子活动只用到保证族中的单个保证组件。

3.17

追溯 tracing

两个实体集合之间的简单定向关系，表明第一个集合中的哪些实体与第二集合中的哪些实体相对应。

3.18

裁定 verdict

评估者发布的关于 ISO/IEC 15408 中一个评估者行为元素、保证组件或类是“通过”“不通过”，还是“待定”的一项决定。

3.19

工作单元 work unit

评估工作的最小组成部分。每个评估方法行为由一个或多个工作单元组成，这些工作单元按照ISO/IEC 15408中“证据的内容和形式元素”或“开发者行为元素”组织到评估方法行为中。在本标准中，工作单元的呈现顺序与导出它们的ISO/IEC 15408元素的呈现顺序相同。工作单元用形如“4：ALC_TAT.1-2”的符号标识，其中第一个数字“4”表示EAL等级，字符串ALC_TAT.1表示ISO/IEC 15408组件(即本标准的子活动)，最后一个数字“2”代表这是子活动ALC_TAT.1的第二个工作单元。

4 缩略语

下列缩略语适用于本文件。

ETR：评估技术报告(Evaluation Technical Report)

OR：观察报告(Observation Report)

5 概述

5.1 本标准的组织

第6章定义了本标准中使用到的一些约定。

第7章描述了不需要做出裁定的通用评估任务，这些任务没有映射到ISO/IEC 15408评估者行为元素。

第8章定义了保护轮廓(PP)评估。

第9章定义了安全目标(ST)评估。

第10章～第13章定义了为完成EAL1～EAL4评估而需要的最小评估努力，并提供了完成评估的方法和手段指南。

第14章定义了缺陷纠正评估活动。

附录A提出了一些基本评估技术，用于为评估结果提供技术性证据。

6 文档约定

6.1 行文方式

ISO/IEC 15408中每个元素相对于族中所有组件都保持其标识符的最末一个数字不变，本标准则不同，当ISO/IEC 15408中的评估者行为元素从一个子活动变换到另一个子活动时，本标准可引入新的工作单元，因此，尽管工作单元没有改变，工作单元标识符的最末一个数字可以改变。例如，一个附加的工作单元，其标记为4：ADV_FSP.2-7被添加到EAL4，后续的FSP工作单元顺序号偏移了一位，此时工作单元3：ADV_FSP.1-8对应于工作单元4：ADV_FSP.2-9，这样表示虽然他们的编号不再直接对应但却是相同的要求。

任何不需要直接从ISO/IEC 15408要求中导出的特定方法论评估工作称为*任务*或*子任务*。

6.2 动词用法

在所有工作单元和子任务动词前都加以助动词“应”，并且动词和“应”都用***粗斜体***表示。只有当规定的条文是强制要求的时，才使用助动词“应”。为了得出裁定，评估者应执行工作单元和子任务中包含的强制活动。

工作单元和子任务附带的指导性条文给出了如何在一个评估中使用 ISO/IEC 15408 语句的进一步解释。描述方法是标准化的，也就是说助动词的用法与 GB/T 1.1 的约定是一致的，即：助动词“宜”表示强烈推荐该方法，“可”表示允许使用该方法但不是首选的（助动词“应”只用在工作单元或子任务中）。

动词“核查”“检查”“报告”和“记录”在本标准中有确定的意义，在使用时请参见第 3 章的定义。

6.3 通用评估指南

适用于多个子活动的指导性材料被集中到一个地方。适用性很广泛（跨越活动和 EAL）的一些指导性条文已统一放在附录 A 中。在各个活动的简介部分已提供了适合于该活动中多个子活动的指南。如果指南只适合某单一的子活动，则它在子活动中进行描述。

6.4 ISO/IEC 15408 和本标准结构间的关系

ISO/IEC 15408 结构（即类、族、组件和元素）与本标准的结构之间有直接的关系。图 1 说明了 ISO/IEC 15408 结构的类、组件和评估者行为元素对应本标准的活动、子活动和行为之间的关系。另外，有些评估方法工作单元可以从 ISO/IEC 15408 的“开发者行为元素”和“证据的内容和形式元素”中得出。如图 1。

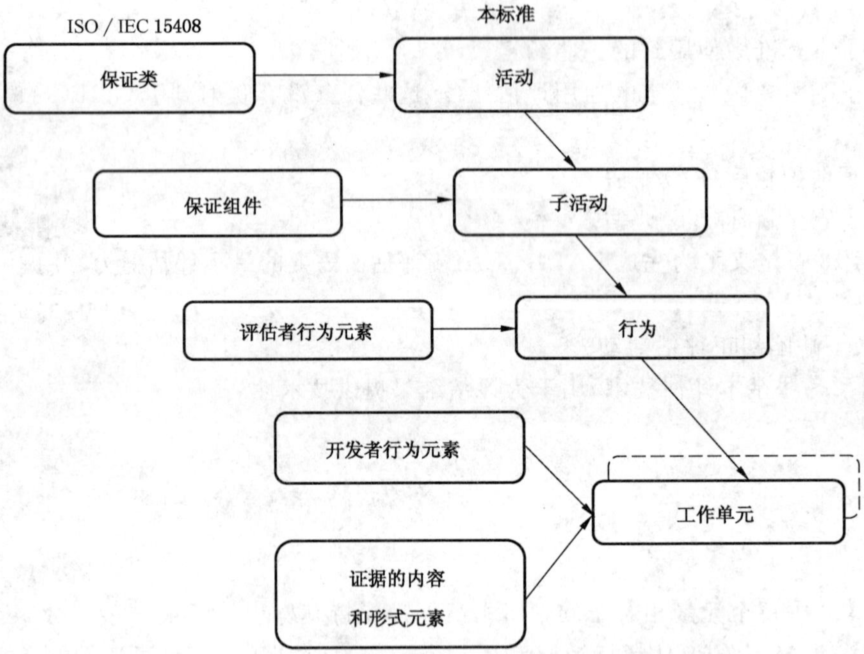

图 1　ISO/IEC 15408 与本标准结构间的映射

6.5 评估者裁定

评估者是对否满足 ISO/IEC 15408 的要求给予裁定而不是本标准的要求。要给予裁定的最小 ISO/IEC 15408 结构是评估者行为元素（明显的或隐含的）。作为执行相应评估方法行为及其组成工作单元的结果，每个 ISO/IEC 15408 评估者行为元素均被赋予一个裁定。最后给出 ISO/IEC 15408-1 的 6.3 所述的评估结果。

本标准认可三种互相排斥的裁定情形：

a)　通过：评估者完成了 ISO/IEC 15408“评估者行为元素”，并确定接受评估的 PP、ST 或 TOE 的要求得到满足。通过评估的条件在相关行为的组成工作单元中给定；

b) 待定：评估者未完成与 ISO/IEC 15408 评估者行为元素相关的一个或多个评估方法行为工作单元；

c) 不通过：评估者完成了 ISO/IEC 15408 评估者行为元素并确定接受评估的 PP、ST 或 TOE 未满足要求。

所有的裁定最初都是“待定”，直到被赋予“通过”或“不通过”裁定为止。

当且仅当所有组成部分的裁定都为“通过”，总体裁定才为“通过”。如图 2 所示，如果某个评估者行为元素的裁定为“不通过”，则相应保证组件、保证类的裁定和总体裁定都为“不通过”。

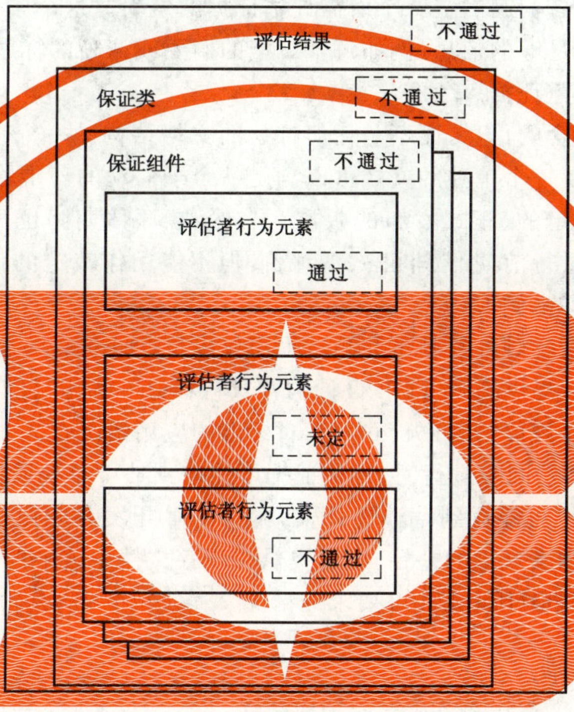

图 2 裁定规则示例

7 通用评估任务

7.1 简介

不管是 PP 或 TOE(包括 ST)评估，所有的评估都有两个通用评估者任务：输入任务和输出任务。这两个任务与评估证据的管理和报告的产生有关，本章对其进行了描述。每一个任务由一些适用于所有 ISO/IEC 15408 评估(PP 或 TOE 评估)的标准化的子任务组成。

尽管 ISO/IEC 15408 没有专门强制要求这些评估任务，但是本标准在其需要的地方进行了强制要求。不同于本标准中其他章节描述的活动，本章的这些任务没有与之关联的裁定，因此不能映射到 ISO/IEC 15408 评估者行为元素，执行它们就是为了遵守本标准。

7.2 评估输入任务

7.2.1 目的

本任务的目的是确保评估者能够获得正确版本的评估证据，且证据得到了充分保护。否则，就不能保证评估的技术精确性，也不能保证评估结果的可重复性和可再现性。

7.2.2 应用注释

提供所有必需的评估证据是评估发起者的责任。然而，大多数评估证据很可能是由开发者(代表评估发起者)产生和提供的。因为保证要求适用于整个TOE，所以要使TOE组成部分的所有产品有关的评估证据对评估者都是可用的。这种评估证据的范围和所需内容不依赖开发者对每个产品(即TOE的组成部分)的控制水平。例如，如果要求高层设计，则ADV_HLD“高层设计”要求将适用于所有子系统(即TSF的组成部分)。此外，需要采用核查程序的保证要求(例如ALC_CAP“CM能力”和ALC_DEL“交付”)将适用于整个TOE(包括来自其他开发者的任何部分)。

建议评估者和评估发起者一起制定一个所需评估证据的索引。这个索引可以是一组文件参考资料的集合。这个索引应当包含足够的信息(例如每个文档的摘要或清晰的标题、对所关注条款的标记)，以方便评估者更容易地查找所需证据。

需要的是评估证据中包含的信息，而不是任何特定的文档结构。一个子活动的评估证据可以通过一些不同的文档来提供，或者一个单独的文档可以满足一个子活动的若干输入要求。

评估者需要评估证据稳定的、正式发布的版本。当然，在评估期间也可以提供评估证据草稿。例如，草稿可用于帮助评估者进行前期的、非正式的评价，但不能用作裁定的依据。评估者查阅以下特定评估证据的草稿也是有帮助的，例如：

a） 测试文档，允许评估者对各种测试和测试程序作出早期评价；

b） 设计文档，为评估者提供理解TOE设计的背景材料；

c） 源代码或硬件图，允许评估者评价开发者对标准的应用情况。

在TOE评估和TOE开发同步进行时，评估证据可能遇到处于草稿阶段的评估证据。另外对已开发好的TOE进行评估期间也可能遇到草稿性评估证据，此时开发者应做一些额外工作来解决评估者提出的问题(例如纠正设计和实现中的差错)或者提供在现存文档中欠缺的那些安全性评估证据(例如，TOE最初设计时没有满足ISO/IEC 15408要求的情况)。

7.2.3 评估证据子任务的管理

7.2.3.1 配置控制

评估者*应执行*评估证据的配置控制。

ISO/IEC 15408默认评估者在收到每项评估证据后，能够对其进行标识和定位，并且能够确定评估者是否拥有文档的特定版本。

当评估者持有评估证据时，评估者*应保护*评估证据，以防证据改变或丢失。

7.2.3.2 处置

在评估结束时，评估方案需要控制评估证据的处置。应当用以下一种或几种方式处置评估证据：

a） 归还评估证据；

b） 存档评估证据；

c） 销毁评估证据。

7.2.3.3 保密性

在评估过程中，评估者可能接触到评估发起者和开发者的一些商业性敏感信息(例如TOE设计信息、专门工具)，还可能接触到一些国家级敏感信息。评估发起者可能希望要求评估者维护评估证据的保密性。在保持与评估体制协调一致的前提下，评估发起者和评估者可以协商增加其他要求。

保密性要求会在许多方面影响评估工作，包括对评估证据的接收、处理、存储和处置。

7.3 评估输出任务

7.3.1 目的

本条的目的是描述观察报告(OR)和评估技术报告(ETR)。评估体制可能还需要其他评估者报告(例如有关单个工作单元的报告),或者还要求在OR和ETR中包含其他信息。本标准并不排除在这些报告中加入其他信息,因为本标准只规定了最少的信息内容。

为满足评估结果的可重复性和可再现性原则,评估结果报告应保持一致性。一致性涵盖ETR和OR中所报告信息的类型和数量。不同评估间ETR和OR的一致性由监督者负责。

为使报告内容达到本标准的要求,评估者应执行以下两个子任务:

a) 编写OR子任务(如果评估需要的话);

b) 编写ETR子任务。

7.3.2 应用注释

在本标准中,没有明确要求提供有关支持再评估和再使用的评估者证据,也没有确定有关为协助再评估或再使用而由评估者工作产生的信息。评估发起者需要这些再评估或再使用信息时,应当向当前所处的评估体制咨询。

7.3.3 编写OR子任务

OR为评估者提供一种要求解释(例如,需要监督者说明某个要求的使用)或确认评估中某个问题的机制。

在裁定为"不通过"的情况下,评估者***应提供***OR,以反映评估的结果。此外,评估者也可以使用OR作为表达需求的一种方式。

对每个OR,评估者***应报告***以下信息:

a) 被评估PP或TOE的标识;

b) 该观察是在哪一个评估任务/子活动期间产生的;

c) 观察到的情况;

d) 严重程度评估(例如失败裁定、阻碍评估进展、需要在评估完成前给出解决办法);

e) 负责解决该问题的组织;

f) 解决问题的时限建议;

g) 问题解决失败时将对评估产生影响的估计。

OR报告的目标读者及处理报告的流程取决于该报告的性质和评估体制。评估体制可根据所要求的信息和分发对象的不同(例如,OR要给监督者或评估发起者)来区分OR的不同类型,或者定义附加类型。

7.3.4 编写ETR子任务

7.3.4.1 目的

评估者***应提供***一份ETR,以给出裁定的技术依据。

ETR可能包含开发者或评估发起者的专有信息。

本标准定义了ETR的最少内容要求,评估体制还可以指定其他内容和结构要求。例如,评估体制可以要求ETR中包含某些介绍性材料(例如免责声明和版权声明条款)。

ETR的读者需要被假定为熟悉信息安全常规概念、ISO/IEC 15408、本标准、评估方法以及IT。

ETR支持监督者作出监督裁定,但是不能期望ETR提供监督需要的所有信息,并且该文档也无法提供必要证据供评估体制确认评估是否依据相关标准执行,这已超出本标准范围,应当用其他监督方式来满足。

7.3.4.2　**PP 评估的 ETR**

本条描述 PP 评估的 ETR 所需要的最少内容。ETR 的内容如图 3 所示，在构建 ETR 文档的结构大纲时，可以此图作为指南。

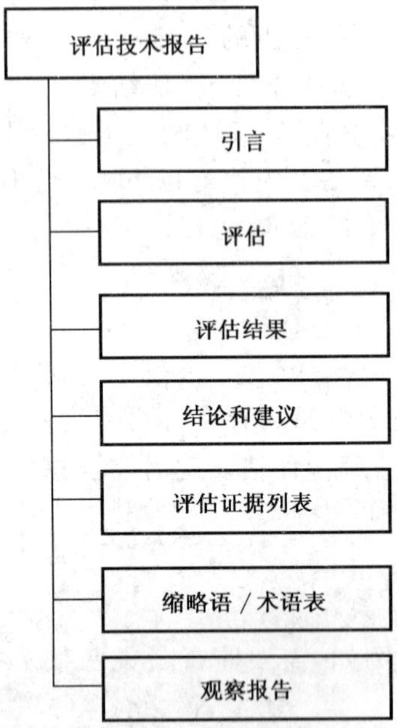

图 3　PP 评估的 ETR 信息内容

7.3.4.2.1　**引言**

评估者***应报告***评估体制的标识。

评估体制标识（例如标志）是明确地标识负责评估监督的评估体制信息。

评估者***应报告***ETR 配置控制标识。ETR 配置控制标识包含标识 ETR 的信息（例如，名称、日期、版本号）。

评估者***应报告***PP 配置控制标识。PP 配置控制标识（例如，名称、日期、版本号）用于标识出所评估的 PP，以便监督者核查评估者是否给出了正确的裁定。

评估者***应报告***开发者的身份。PP 开发者的身份用以标识出谁负责产生该 PP。

评估者***应报告***评估发起者的身份。评估发起者的身份用以标识出谁负责向评估者提供评估证据。

评估者***应报告***评估者的身份。评估者的身份用以标识出谁执行评估并且对评估裁定负责。

7.3.4.2.2　**评估**

评估者***应报告***所使用的评估方法、技术、工具和标准，注明在评估 PP 时所使用的评估准则、方法和解释。

评估者***应报告***所有对评估的限制、对评估结果处理的限制以及在评估期间所做的对评估结果有影响的假设。评估者可在报告中加入与法律法规、组织机构、保密性等相关的信息。

7.3.4.2.3　**评估结果**

评估者***应***针对组成 APE 活动的每个保证组件，***报告***其所作出的裁定及相应的基本原理，作为执行相应评估方法行为及其组成工作单元的结果。

基本原理应使用 ISO/IEC 15408、本标准、相关解释以及经过检查的评估证据来证明评估裁定是正确的,并指出评估证据如何满足准则要求或者为何没有满足准则要求,包括对所做工作、所使用方法以及结果推导的描述。基本原理可以详细到本标准工作单元这种程度。

7.3.4.2.4 结论和建议

评估者***应报告***评估的结论,特别是如 ISO/IEC 15408-1 的 6.3 所规定的总体裁定,以及 6.5 所描述的裁定方式确定的总体裁定。

评估者提供的建议可能对监督者有用。这些建议可能包括评估期间发现的 PP 缺点,或者提及一些特别有用的特征。

7.3.4.2.5 评估证据列表

评估者***应报告***每项评估证据的以下信息:

——发布团体(例如,开发者、评估发起者);

——标题;

——唯一索引(例如,发布日期、版本号)。

7.3.4.2.6 缩略语/术语表

评估者***应报告***ETR 中所使用的所有缩略语。

已由 ISO/IEC 15408 或本标准定义的术语在 ETR 中无须重复。

7.3.4.2.7 观察报告

评估者***应报告***一个能唯一标识在评估期间产生的 OR 及其状态的完整列表。

对于每个 OR,该列表应包含它的标识符、标题或其内容的摘要。

7.3.4.3 TOE 评估的 ETR

本条描述 TOE 评估的 ETR 所需要的最少内容。ETR 的内容如图 4 所示,在构建 ETR 文档的结构大纲时,可以此图作为指南。

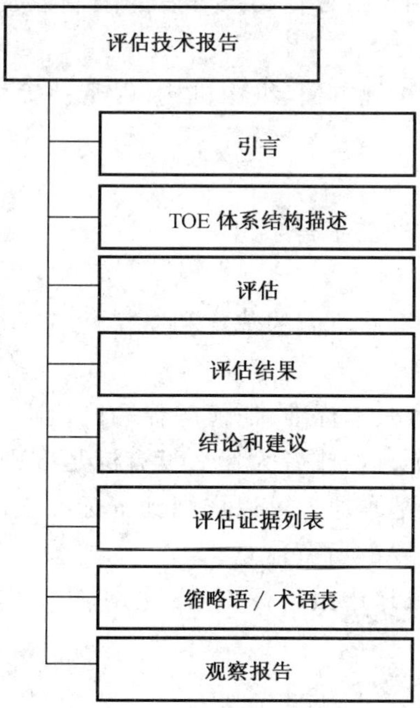

图 4 用于 TOE 评估的 ETR 内容

7.3.4.3.1 引言

评估者***应报告***评估体制的标识。评估体制标识(例如标志)是明确地标识负责评估监督的评估体制所需的信息。

评估者***应报告***ETR 配置控制标识。ETR 配置控制标识包含有标识 ETR 的信息(例如,名称、日期和版本号)。

评估者***应报告***ST 和 TOE 配置控制标识。ST 和 TOE 配置控制标识标识出正在被评估的内容,以便监督者核查评估者是否给出了正确的裁定。

如果 ST 声明 TOE 遵从一个或几个 PP 的要求,则 ETR 应报告相应 PP 的引用。

PP 引用中应含有能唯一地标识出 PP 的信息(例如,标题、日期、版本号)。

评估者***应报告***开发者的身份。需要 TOE 开发者的身份,以标识出谁负责产生该 TOE。

评估者***应报告***评估发起者的身份。需要评估发起者的身份,以标识出谁负责向评估者提供评估证据。

评估者***应报告***评估者的身份。需要评估者的身份,以标识出谁执行评估并且对评估裁定负责。

7.3.4.3.2 TOE 体系结构描述

评估者***应报告***TOE 的高级描述及其主要组件,该工作是基于 ISO/IEC 15408“高层设计”(ADV_HLD)保证族的评估证据描述。

本条的目的是表征各个主要组件间体系结构的分离程度。如果在 ST 中没有“高层设计”(ADV_HLD)要求,则本条要求不适用,并且被认为是满足的。

7.3.4.3.3 评估

评估者***应报告***所使用的评估方法、技术、工具和标准。

评估者可以注明在评估 TOE 时所使用的评估准则、方法和解释,注明在执行测试时所使用的设备。

评估者***应报告***所有对评估的限制、对评估结果分发的限制以及在评估期间所做的对评估结果有影响的假设。

评估者可在报告中加入与法律法规方面、组织机构、保密性等相关的信息。

7.3.4.3.4 评估结果

对于每个 TOE 评估活动,评估者***应报告***:

——恰当的活动名称;

——对组成该活动的每个保证组件所做的裁定和支持性基本原理,作为执行相应评估方法行为及其组成工作单元的结果。

基本原理应使用 ISO/IEC 15408、本标准、任何解释和已检查过的评估证据来证明评估裁定是正确的,并指出证据如何满足准则的每个方面或者为什么没有满足准则要求。基本原理包括对所做工作、所使用方法以及结果推导等的描述。基本原理可以详细到本标准工作单元这种程度。

评估者***应报告***工作单元明确需要的所有信息。

对于 AVA 和 ATE 活动,在 ETR 中报告标识信息的那些工作单元已经完成定义。

7.3.4.3.5 结论和建议

评估者***应报告***评估的结论,这些结论将涉及判定 TOE 是否已经满足其相关 ST,特别是如 ISO/IEC 15408-1 的 6.3 所规定的总体裁定,以及 6.5 所描述的裁定分配确定的总体裁定。

评估者提供一些对监督者可能有用的建议。这些建议可以包括在评估期间发现的IT产品的缺点,还可以提及一些特别有用的特征。

7.3.4.3.6 评估证据列表

评估者***应报告***每项评估证据的以下信息:

——发布团体(例如开发者、评估发起者);

——标题;

——唯一索引(例如发布日期、版本号)。

7.3.4.3.7 缩略语/术语表

评估者应报告ETR中所使用的所有缩略语或缩写词。

已由ISO/IEC 15408或本标准定义的术语在ETR中无须重复。

7.3.4.3.8 观察报告

评估者***应报告***一个能唯一标识在评估期间产生的OR及其状态的完整列表。

对于每个OR,该列表应当包含它的标识符、标题或其内容的摘要。

7.3.5 评估子活动

评估证据可以随着评估类型的不同而变化(PP评估只需PP,而TOE评估则需要特定的TOE证据)。评估输出结果可以是ETR或OR。在TOE评估中,评估子活动随着ISO/IEC 15408-3保证要求的不同而变化。

第8章～第13章内容是按照评估所要求的工作来组织的。第8章提出了得出PP评估结果必需的工作;第9章提出了ST评估必需的工作,尽管该工作没有独立的评估结果;第10章～第13章提出了得出EAL1到EAL4评估结果(结合ST)必需的工作。每章相对独立,可能有相互重复的内容。

图5描述了执行评估的工作概况。

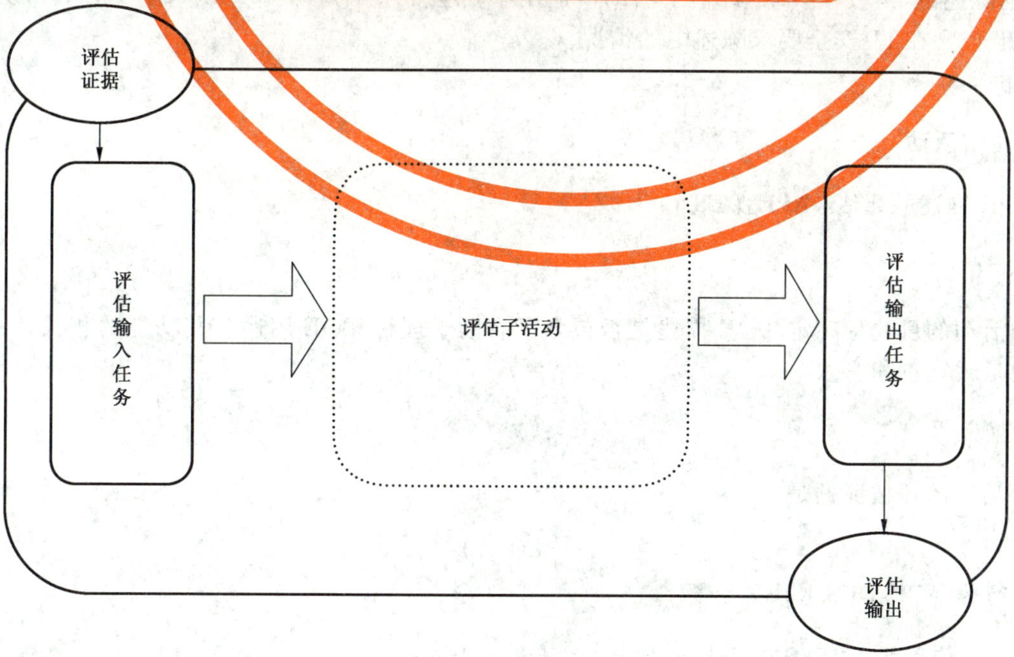

图5 一般评估模型

8 保护轮廓评估

8.1 简介

本章描述针对PP的评估。不管在PP中所声明的EAL(或保证要求的其他集合)是什么,PP评估的要求和方法对每个PP评估都是相同的。虽然本标准后继大量篇幅是以执行特定EAL评估为目标的,但本章适用于评估任何PP。

本章所述的评估方法是建立在ISO/IEC 15408-1特别是附录A,以及ISO/IEC 15408-3 APE类所规定的PP要求基础上的。

8.2 PP评估相互关系

完备的PP评估包括以下活动:

a) 评估输入任务(第7章)。

b) PP评估活动,包含以下子活动:

  1) TOE描述的评估(8.3.1);

  2) 安全环境的评估(8.3.2);

  3) PP引言的评估(8.3.3);

  4) 安全目的的评估(8.3.4);

  5) IT安全要求的评估 (8.3.5);

  6) 明确陈述的IT安全要求的评估(8.3.6)。

c) 评估输出任务(第7章)。

第7章描述了评估输入任务和评估输出任务。PP评估活动是由包含在ISO/IEC 15408-3中的APE保证要求导出的。

本章描述了PP评估包含的子活动。虽然子活动可能会或多或少同时进行,但是评估者应考虑子活动之间的依赖性。依赖性指南参见A.4“依赖性”。

“明确陈述的IT安全要求”评估子活动仅适用于安全要求不是出自ISO/IEC 15408-2或ISO/IEC 15408-3,但包含在IT安全要求陈述中的情况。

8.3 PP评估活动

8.3.1 TOE描述的评估(APE_DES.1)

8.3.1.1 目的

本子活动的目的是确定TOE描述是否包含了有助于理解TOE用途及其功能的相关信息,以及确定该描述是否完备和一致。

8.3.1.2 输入

本子活动的评估证据是:

a) PP。

8.3.1.3 行为 APE_DES.1.1E

8.3.1.3.1 工作单元 APE_DES.1-1

ISO/IEC 15408-3 APE_DES.1.1C TOE描述应描述TOE的产品类型和一般IT特征。

评估者***应检查***TOE描述，以确定它描述了TOE的产品或系统类型。

评估者确定TOE描述能为读者提供足以全面理解产品或系统预期使用的信息，从而提供评估的背景。产品或系统类型的例子有：防火墙、智能卡、加密调制解调器、Web服务器和内联网(intranet)。

某些情况下，产品或系统类型明确要求TOE具备一些功能，如果产品缺少这些功能，评估者应确定TOE描述是否对此进行了充分讨论。例如，防火墙类型的TOE，在TOE描述中应对不能和网络相连的情况进行说明。

8.3.1.3.2 工作单元 APE_DES.1-2

评估者***应检查***TOE描述，以确定它是否概括性地描述了IT特征。

评估者确定TOE描述详细讨论了TOE提供的IT特征，特别是安全特征，其详细程度足以使读者对这些特征有一个全面理解。

8.3.1.4 行为 APE_DES.1.2E

8.3.1.4.1 工作单元 APE_DES.1-3

评估者***应检查***PP，以确定TOE描述是连贯的。

如果TOE描述的文本和结构都能被其目标读者(例如，开发者、评估者和客户)理解，则TOE描述是连贯的。

8.3.1.4.2 工作单元 APE_DES.1-4

评估者***应检查***PP，以确定TOE描述是内在一致的。

提醒评估者注意的是，PP的这一节仅用于定义TOE的一般目的。

一致性分析的指南参见A.3“一致性分析”。

8.3.1.5 行为 APE_DES.1.3E

8.3.1.5.1 工作单元 APE_DES.1-5

评估者***应检查***PP，以确定TOE描述与PP的其他部分是一致的。

评估者尤其应确定TOE描述没有描述那些在PP其他部分都未涉及的TOE威胁、安全特征或配置。

一致性分析的指南参见A.3“一致性分析”。

8.3.2 安全环境的评估（APE_ENV.1）

8.3.2.1 目的

本子活动的目的是确定在PP中TOE安全环境的陈述是否为TOE及其应用环境所关注的安全问题提供了一个清晰、一致的定义。

8.3.2.2 输入

本子活动的评估证据是：

a) PP。

8.3.2.3 行为 APE_ENV.1.1E

8.3.2.3.1 工作单元 APE_ENV.1-1

ISO/IEC 15408-3 APE_ENV.1.1C TOE 安全环境陈述应标识并解释关于 TOE 预期使用和 TOE 使用环境的所有假设。

评估者*应检查*TOE 安全环境的陈述，以确定它标识并解释了所有假设。

这些假设可以分成 TOE 预期使用方面的假设和 TOE 使用环境方面的假设。

评估者确定 TOE 预期使用的假设关注了下述这些方面：TOE 预期应用、TOE 所保护资产的潜在价值以及使用 TOE 时可能存在的限制。

评估者确定 PP 中对 TOE 预期使用的所有假设都进行了足够详细的解释，以使客户能够确定其预期使用与这些假设相匹配。如果没有清楚理解这些假设，最终结果可能会导致客户在非预期的环境中使用 TOE。

评估者确定 TOE 使用环境的假设包括环境的物理、人员、连接性等方面：

a) 物理方面包括为了使 TOE 以安全方式行使其功能，而对 TOE 的物理场所或附加的外围设施所做的所有假设。例如：
   ——假设管理员控制台严格限制在管理员个人区域内；
   ——假设 TOE 所有文件的存储只能在 TOE 运行的工作站上进行。
b) 人员方面包括为了使 TOE 以安全方式行使其功能，而对 TOE 安全环境内的用户和管理员或其他人员（包括潜在的威胁主体）所作的所有假设。例如：
   ——假设用户具有独特技能或专门技术；
   ——假设用户具有确定的最小权限；
   ——假设管理员每月更新病毒防护数据库。
c) 连接性方面包括为了使 TOE 以安全方式行使其功能，而对 TOE 与 TOE 之外的 IT 系统或产品（硬件、软件、固件或它们的组合）之间连接所作的所有假设。例如：
   ——假设至少有 100MB 的外部磁盘空间可用于存储 TOE 产生的日志文件；
   ——假设在特定工作站上，TOE 是被运行的唯一的非操作系统应用程序；
   ——假定 TOE 的软驱是禁用的；
   ——假定 TOE 不会连接到任何不可信的网络。

评估者确定 TOE 使用环境的所有假设都得到足够详细的解释，使客户能够确定他们的预期环境与假设环境是否相匹配。如果没有清楚地理解这些假设，最终可能导致 TOE 在环境中不能安全行使其功能。

8.3.2.3.2 工作单元 APE_ENV.1-2

ISO/IEC 15408-3 APE_ENV.1.2C TOE 安全环境陈述应标识并解释针对 TOE 或其环境保护的资产的所有已知或假定威胁。

评估者*应检查*TOE 安全环境的陈述，以确定其标识并解释了所有的威胁。

如果 TOE 及其环境的安全目的仅源自组织安全策略和假设，那么 PP 中就可以不含威胁陈述。此时，本工作单元不适用，并视为已经满足。

评估者确定所有已标识的威胁都已按照威胁主体、攻击行为和作为被攻击主体的资产三方面进行了清楚解释。

评估者还确定威胁主体都是用专业技术、资源和动机等方面来描述的，攻击行为都是用攻击方法、可利用的脆弱性和时机等方面来描述的。

8.3.2.3.3 工作单元 APE_ENV.1-3

ISO/IEC 15408-3 APE_ENV.1.3C TOE 安全环境陈述应标识并解释 TOE 应遵守的所有组织安全策略。

评估者**应检查**TOE 安全环境陈述，以确定它标识并解释了所有组织安全策略。

如果 TOE 及其环境的安全目的仅源自假设和威胁，那么 PP 中就可以不包含组织安全策略。此时，本工作单元不适用，并认为已得到满足。

评估者确定组织安全策略陈述都是根据 TOE 或其环境应遵守的规则、惯例或方针而作出的，这些规则、惯例或方针是由控制 TOE 使用环境的组织制定的。例如，“要求密码生成和加密应符合国家标准”就是一条组织安全策略。

评估者确定 PP 中对所有组织安全策略都进行了解释或详细说明，以便于读者清晰地理解；应清晰地表述安全策略，以便将安全目的追溯到组织安全策略。

8.3.2.4 行为 APE_ENV.1.2E

8.3.2.4.1 工作单元 APE_ENV.1-4

评估者**应检查**TOE 安全环境的陈述，以确定它是连贯的。

如果 TOE 安全环境陈述的文本和结构都能被其目标读者(例如评估者和客户)理解，则 TOE 安全环境描述就是连贯的。

8.3.2.4.2 工作单元 APE_ENV.1-5

评估者**应检查**TOE 安全环境的陈述，以确定它是内在一致的。

TOE 安全环境内在不一致的示例有：

——TOE 安全环境的陈述包含某种威胁，其攻击方法不在威胁主体的能力范围内；

——TOE 安全环境的陈述包含“TOE 不应与因特网相连”这样的组织安全策略，但有一个威胁其威胁主体是来自因特网的入侵者。

一致性分析指南见 A.3“一致性分析”。

8.3.3 PP 引言的评估(APE_INT.1)

8.3.3.1 目的

本子活动的目的是确定 PP 引言是否完备、与 PP 的其他部分是否保持一致，以及是否正确标识了 PP。

8.3.3.2 输入

本子活动的评估证据是：

a) PP。

8.3.3.3 行为 APE_INT.1.1E

8.3.3.3.1 工作单元 APE_INT.1-1

ISO/IEC 15408-3 APE_INT.1.1C PP 引言应包含一个 PP 标识，提供识别、编目、注册和交叉引用这个 PP 所必需的标记性和描述性信息。

评估者**应核查**PP 引言是否提供了必要的 PP 标识信息以识别、编目、注册和交叉引用 PP。

评估者确定的PP标识信息包括：

a) 管理并唯一标识PP的必要信息(例如PP标题、版本号、出版日期、作者和申评机构)；
b) 用于开发PP的ISO/IEC 15408版本信息；
c) 注册信息，如果PP在评估前已注册；
d) 交叉引用，如果PP与其他PP相比照；
e) 评估体制要求的其他信息。

8.3.3.3.2 工作单元 APE_INT.1-2

ISO/IEC 15408-3 APE_INT.1.2C PP引言应包含一个PP概述，以叙述的形式概括该PP。

评估者***应核查***PP引言，是否以叙述形式提供了PP概述。

PP概述将为PP内容提供概要描述(更详细会在TOE描述中提供)，且详细到足以使PP的潜在用户能确认PP是否为他所需。

8.3.3.4 行为 APE_INT.1.2E

8.3.3.4.1 工作单元 APE _INT.1-3

评估者***应检查***PP引言，以确定它是连贯的。

如果PP引言的文本和结构都能被其目标读者理解(例如，开发者、评估者和客户)，则PP引言就是连贯的。

8.3.3.4.2 工作单元 APE _INT.1-4

评估者***应检查***PP引言，以确定它是内在一致的。

PP概述为PP内容提供了概要描述，因此有关内在一致性分析自然就集中在PP概述上。

一致性分析指南见A.3“一致性分析”。

8.3.3.5 行为 APE_INT.1.3E

8.3.3.5.1 工作单元 APE _INT.1-5

评估者***应检查***PP引言，以确定PP引言与PP的其他部分是一致的。

评估者确定PP概述提供了TOE的一个准确概括。特别的，评估者应确定PP概述与TOE描述是一致的，且没有声明或隐含评估范围之外的安全特征。

评估者还确定ISO/IEC 15408一致性声明是否与PP的其他部分一致。

一致性分析指南见A.3“一致性分析”。

8.3.4 安全目的的评估 (APE_OBJ.1)

8.3.4.1 目的

本子活动的目的是，确定安全目的描述是否完备和一致，并确定安全目的是否能对抗已标识的威胁，达到已标识的组织安全策略并遵循规定的假设。

8.3.4.2 输入

本子活动的评估证据是：

a) PP。

8.3.4.3 行为 APE_OBJ.1.1E

8.3.4.3.1 工作单元 APE_OBJ.1-1

ISO/IEC 15408-3 APE_OBJ.1.1C 安全目的的陈述应为 TOE 及其环境定义安全目的。

评估者*应核查*安全目的的陈述，是否定义了 TOE 及其环境的安全目的。

评估者应确定每个安全目的是否明确地说明了适用于 TOE，还是环境，或者两者都适用。

8.3.4.3.2 工作单元 APE_OBJ.1-2

ISO/IEC 15408-3 APE_OBJ.1.2C TOE 的安全目的应可以追溯至由 TOE 对抗的多方面的确定威胁，和/或可以追溯至 TOE 所满足的组织安全策略。

评估者*应检查*安全目的的基本原理，以确定 TOE 的所有安全目的都能追溯到需要对抗的已标识的威胁，和/或 TOE 应遵循的组织安全策略。

评估者应确定 TOE 的每个安全目的都能追溯到至少一个威胁或组织安全策略。

不能追溯就意味着，或者安全目的的基本原理不完备，或者威胁及组织安全策略的陈述不完备，或者 TOE 的安全目的没有实际意义。

因此，一个威胁可以完全由一个或多个环境安全目的来处理。一种极端情况是没有 TOE 安全目的。尽管可以这样构建 PP/ST，但一个所有威胁和组织安全策略都由环境负责处理的 TOE 在实用上是有问题的，因为这样的 TOE 没有 TOE 安全功能要求。这种 TOE 的认证/认可是体制问题。

8.3.4.3.3 工作单元 APE_OBJ.1-3

ISO/IEC 15408-3 APE_OBJ.1.3C 环境的安全目的应可以追溯至不是完全由 TOE 对抗的多方面的确定威胁，和/或可以追溯至 TOE 未完全满足的组织安全策略或假设。

评估者*应检查*安全目的的基本原理，以确定环境安全目的能追溯到 TOE 环境所对抗的已标识的威胁，和/或追溯到 TOE 环境应遵循的组织安全策略，和/或 TOE 环境应满足的假设。

评估者应确定环境的每个安全目的都能追溯到至少一个假设、威胁或组织安全策略。

不能追溯就意味着，或者安全目的的基本原理不完备，或者威胁、假设及组织安全策略的陈述不完备，或者环境的安全目的没有实际意义。

8.3.4.3.4 工作单元 APE_OBJ.1-4

ISO/IEC 15408-3 APE_OBJ.1.4C 安全目的基本原理应证实所陈述的安全目的恰好对抗确定的安全威胁。

评估者*应检查*安全目的基本原理，以确定对于每个威胁，基本原理都包含了安全目的恰好对抗该威胁的适当论证。

如果威胁没有对应的安全目的，则本工作单元为“不通过”。

评估者应确定有关威胁的论证能够阐明：如果达到了所有能追溯到某威胁的安全目的，那么就消除了这个威胁，或者威胁被降低到可以接受的水平，或威胁的影响得到充分地缓解。

评估者还应确定当达到可以追溯到某威胁的所有安全目的时，实际上促成了该威胁的消除、降低或缓解。

消除威胁的例子：

——消除主体使用攻击方法的能力；

——通过威慑，消除威胁主体的动机；

——消除威胁主体（例如，移走经常导致网络崩溃的机器）。

降低威胁的例子：

——限制威胁主体使用攻击方法；

——限制威胁主体的攻击机会；

——减少成功发起攻击的可能性；

——要求威胁主体具有更高的专业知识或更多的资源。

缓解威胁影响的例子：

——经常备份资产；

——拥有 TOE 备份；

——经常改变通信会话使用的密钥，这样即使一个密钥被攻破，其影响也相对较小。

应当注意的是，安全目的基本原理中提供的从安全目的到威胁的回溯，可以是论证的一部分，但是其本身不是完整的论证过程。即使在安全目的仅仅反映试图防止特定威胁被实现的情形下，仍需进行论证，但在这种情况下可以是最低要求的论证。

8.3.4.3.5　**工作单元 APE_OBJ.1-5**

ISO/IEC 15408-3 APE_OBJ.1.5C 安全目的基本原理应证实所陈述的安全目的恰好覆盖所有确定的组织安全策略和假设。

评估者**应检查**安全目的基本原理，以确定对于每个组织安全策略而言，基本原理都包含安全目的恰好覆盖该组织安全策略的适当论证。

如果组织安全策略没有对应的安全目的，则本工作单元为"不通过"。

评估者应确定有关组织安全策略的论证能够阐明：如果达到了所有能追溯到该组织安全策略的安全目的，那么就实现了该组织安全策略。

评估者还应确定当达到可以追溯到组织安全策略的所有安全目的时，实际上促成了组织安全策略的执行。

应当注意的是，安全目的基本原理中提供的从安全目的到组织安全策略的回溯，可以是论证的一部分，但是其本身不是完整的论证过程。即使在安全目的仅仅反映试图实现特定组织安全策略的情形下，仍需进行论证，但是在这种情况下可以是最低要求的论证。

8.3.4.3.6　**工作单元 APE_OBJ.1-6**

评估者**应检查**安全目的基本原理，以确定对于每个假设而言，基本原理都包含环境安全目的恰好覆盖该假设的适当论证。

如果假设没有对应的环境安全目的，则本工作单元为"不通过"。

假设可以是有关 TOE 预期使用的假设，也可以是有关 TOE 预期使用环境的假设。

评估者应确定有关 TOE 预期使用假设的论证能够阐明：如果实现了追溯到假设的所有环境安全目的，那么就支持预期的使用。

评估者还应确定当达到可追溯到 TOE 预期使用假设的所有环境安全目的时，实际上促成了预期使用的支持。

评估者应确定有关 TOE 使用环境假设的论证能够阐明：如果实现了追溯到假设的所有环境安全目的，那么环境就与假设是一致的。

评估者还确定当达到可追溯到 TOE 使用环境假设的所有环境安全目的时，实际上促成了环境与假设一致。

应当注意的是，安全目的基本原理中提供的从环境安全目的到假设的回溯，可以是论证的一部分，但是其本身不是完整的论证过程。即使在环境安全目的仅仅是对假设重述的情形下，仍需进行论证，但是在这种情况下可以是最低要求的论证。

8.3.4.4 行为 APE_OBJ.1.2E

8.3.4.4.1 工作单元 APE_OBJ.1-7

评估者*应检查*安全目的的陈述，以确定它是有条理的。

如果安全目的的文本和结构能被其目标读者(如评估者和客户)所理解，那么安全目的的表述就是有条理的。

8.3.4.4.2 工作单元 APE_OBJ.1-8

评估者*应检查*安全目的的陈述，以确定它是完备的。

如果安全目的足以对抗所有已标识的威胁，并能覆盖所有已标识的组织安全策略和假设，那么安全目的是完备的。本工作单元可以同工作单元 APE_OBJ.1-4、APE_OBJ.1-5 和 APE_OBJ.1-6 一道执行。

8.3.4.4.3 工作单元 APE_OBJ.1-9

评估者*应检查*安全目的的陈述，以确定它是内在一致的。

如果安全目的之间不相互冲突，安全目的的陈述就是内在一致的。安全目的相互冲突的例子有：两个安全目的，一个是“用户身份从来都不应被公开”，另一个则是“用户身份可被其他用户利用”。

一致性分析指南见 A.3“一致性分析”。

8.3.5 IT 安全要求的评估(APE_REQ.1)

8.3.5.1 目的

本子活动的目的是确定 TOE 安全要求(包括 TOE 安全功能要求和 TOE 安全保证要求)和 IT 环境安全要求是否完备和一致，并为 TOE 的开发提供充分的基础，以达到其安全目的。

8.3.5.2 输入

本子活动的评估证据是：

a) PP。

8.3.5.3 行为 APE_REQ.1.1E

8.3.5.3.1 工作单元 APE_REQ.1-1

ISO/IEC 15408-3 APE_REQ.1.1C TOE 安全功能要求的陈述应标识从 ISO/IEC 15408-2 功能要求组件中选取的 TOE 安全功能要求。

评估者*应核查* TOE 安全功能要求的陈述是否标识了从 ISO/IEC 15408-2 功能要求组件中选取的那些 TOE 安全功能要求。

评估者应确定从 ISO/IEC 15408-2 中选取的所有安全功能要求组件都已标识，这种标识或者通过引用 ISO/IEC 15408-2 的单个组件，或者通过在 PP 中复制来实现。

8.3.5.3.2 工作单元 APE_REQ.1-2

评估者*应核查*对每个 TOE 安全功能要求组件的引用的正确性。

评估者应确定 ISO/IEC 15408-2 是否包含所引用的每一个 ISO/IEC 15408-2 TOE 安全功能要求组件。

8.3.5.3.3 工作单元 APE_REQ.1-3

评估者***应核查***从 ISO/IEC 15408-2 中选取出的在 PP 中重现的 TOE 安全功能要求组件都得以正确重现。

评估者应确定在没有对允许操作进行检查的情况下,TOE 安全功能要求陈述正确地重现了这些要求。对组件操作正确性的检查在工作单元 APE_REQ.1-11 中进行。

8.3.5.3.4 工作单元 APE_REQ.1-4

ISO/IEC 15408-3 APE_REQ.1.2C TOE 安全保证要求的陈述应标识从 ISO/IEC 15408-3 保证要求组件中选取的 TOE 安全保证要求。

评估者***应核查*** TOE 安全保证要求陈述是否标识了从 ISO/IEC 15408-3 保证要求组件中选取的 TOE 安全保证要求。

评估者应确定从 ISO/IEC 15408-3 选取的所有 TOE 安全保证要求组件都已标识,这种标识或者通过引用 EAL,或者通过引用 ISO/IEC 15408-3 的单个组件,或者通过在 PP 中复制来实现。

8.3.5.3.5 工作单元 APE_REQ.1-5

评估者***应核查***对每个 TOE 安全保证要求组件的引用的正确性。

评估者应确定 ISO/IEC 15408-3 是否包含所引用的每一个 ISO/IEC 15408-3 TOE 安全保证要求组件。

8.3.5.3.6 工作单元 APE_REQ.1-6

评估者***应核查***从 ISO/IEC 15408-3 中选取出的在 PP 中重现的 TOE 安全保证要求组件都得以正确重现。

评估者应确定在没有对允许操作进行检查的情况下,TOE 安全保证要求陈述正确地重现了这些要求。对组件操作正确性的检查在工作单元 APE_REQ.1-11 中进行。

8.3.5.3.7 工作单元 APE_REQ.1-7

ISO/IEC 15408-3 APE_REQ.1.3C TOE 安全保证要求的陈述应包括一个在 ISO/IEC 15408-3 中定义的评估保证级(EAL)。

评估者***应核查*** TOE 安全保证要求陈述,以确定它包含了 ISO/IEC 15408-3 所定义的 EAL,或恰当地证明了它不包含 EAL。

如果不包含 EAL,评估者应确定相关的证明说明了 TOE 保证要求陈述不包含 EAL 的理由。该证明可以说明为什么不可能、不需要或不适合包含一个 EAL,或说明为什么不可能、不需要或不适合包含构成 EAL1(ACM_CAP、ADO_IGS、ADV_FSP、ADV_RCR、AGD_ADM、AGD_USR 和 ATE_IND)族的特定组件。

8.3.5.3.8 工作单元 APE_REQ.1-8

ISO/IEC 15408-3 APE_REQ.1.4C 证据应证明 TOE 安全保证要求的陈述是恰当的。

评估者***应检查***安全要求基本原理,以确定基本原理充分证明了 TOE 安全保证要求的陈述是恰当的。

如果保证要求包含一个 EAL,则证明将 EAL 作为一个整体来选择,而不是选择 EAL 的所有单个组件。如果保证要求包含 EAL 增强组件,则评估者应该确定每个增加的组件都是单独被证明过的。如果保证要求包含明确陈述的保证要求,评估者应该确定每个明确陈述的保证要求都是单独被证明过的。

评估者应确定安全要求基本原理足以证明:保证要求相对于给定的安全环境和安全目的陈述是足够的。例如,如果需要防范拥有专业知识的攻击者,就不适合规定 AVA_VLA.1“开发者脆弱性分析”,因为该组件不要求探测明显的脆弱性之外的漏洞。

论证可能包含如下理由:

a) 评估体制、政府或其他组织实施的特定要求;

b) 与 TOE 安全功能要求相关的保证要求;

c) 与 TOE 一起使用的系统或产品的保证要求;

d) 客户的要求。

ISO/IEC 15408-3 的 10.2 提供了每个 EAL 的目的和目标概述。

应该提醒评估者的是:确定保证要求是否适当可能是主观性的,因此在对证明的充分性进行分析时不应过于苛刻。

如果保证要求不包含一个 EAL,本工作单元可以与工作单元 APE_REQ.1-7 一起执行。

8.3.5.3.9 工作单元 APE_REQ.1-9

ISO/IEC 15408-3 APE_REQ.1.5C 如果适当的话,PP 应标识 IT 环境的所有安全要求。

适当时,评估者***应核查***IT 环境的安全要求是否被标识。

如果 PP 中不包含 IT 环境的安全要求,则本工作单元不适用,并视为已经满足。

评估者应确定 TOE 与其环境中的其他 IT 之间的任何依赖关系,在 PP 中都清晰标识为 IT 环境安全要求,这些依赖关系为 TOE 实现其安全目的提供了安全功能。

IT 环境安全要求的例子有:一个防火墙,它依赖于底层操作系统提供管理员的身份鉴别和审计数据的永久储存。这样,IT 环境安全要求应包含 FAU“安全审计”类和 FIA“标识和鉴别”类的功能组件。

应该注意的是,IT 环境安全要求既包含功能要求,也包含保证要求。

IT 环境依赖性的例子如:一个软件密码模块周期性地检查它自己的代码,在代码被篡改时自我禁用。为了恢复,要求使用 FPT_RCV.2“自动恢复”。因为这个加密模块自我禁用后不能自己恢复,这就需要对 IT 环境提出要求。FPT_RCV.2“自动恢复”的一个依赖关系是 AGD_ADM.1“管理员指南”,所以这个保证要求也就变成 IT 环境的保证要求。

应该提醒评估者的是:凡涉及 TSF 的 IT 环境安全要求,皆认为属于环境的安全功能,而不是 TOE 的安全功能。

8.3.5.3.10 工作单元 APE_REQ.1-10

ISO/IEC 15408-3 APE_REQ.1.6C 应标识 PP 中 IT 安全要求的所有已完成操作。

评估者***应核查***IT 安全要求的所有操作都被标识。

允许 PP 包含未完成操作的元素。即 PP 可以包含这样的安全要求陈述,该陈述包括一些未完成的赋值或选择操作。这些操作会在实例化 PP 的 ST 中完成。这就使 ST 作者在开发 TOE 和相应的声称遵从特定 PP 的 ST 时,有更多的灵活性。

ISO/IEC 15408-2 和 ISO/IEC 15408-3 中组件允许的操作有赋值、反复、选择和细化。赋值和选择操作只允许用于组件中特别指定的地方。反复和细化允许用于所有组件。

评估者应确定所有操作都在使用该操作的组件中被标识。完成的操作和未完成的操作需要通过能区分操作并清楚操作是否完成的方式来标识。标识可以通过排版不同,或者通过周围的文字明确标记,或者通过其他与众不同的方式来实现。

8.3.5.3.11 工作单元 APE_REQ.1-11

评估者***应检查***IT 安全要求的陈述,以确定是否正确实施了操作。

应该提醒评估者的是:对安全要求的操作不必在 PP 中进行和完成。

评估者应比较每条陈述和导出陈述的元素,以确定:

a) 对于赋值操作,所选的参数或变量的值符合赋值要求的指定类型。

b) 对于选择操作,选择项是在元素选择部分中指定的一项或多项。评估者也应确定符合要求的所选项的数目。某些要求只需要选取一个选项(例如 FAU_GEN.1.1.b),有些情况允许有多个选项(如 FDP_ITT.1.1 第二个操作)。

c) 对于细化操作,组件以这样的方式细化:如果 TOE 满足细化要求,也应该满足非细化要求。如果细化后的要求超过该限制,则认为是一个扩展要求。

例如,ADV_SPM.1.2.C TSP 模型应描述所有能被模型化的 TSP 策略的规则和特征。细化:TSP 模型只需要覆盖访问控制。如果访问控制策略是唯一的 TSP 策略,那么这就是有效的细化。如果 TSP 中还有标识和鉴别策略,而且细化声明只有访问控制需要被模型化,那么这就不是一个有效的细化。

细化的一种特殊情形是编辑上的细化,即在要求上做一个小的变化,也就是因遵守正确语法对句子进行改写。这种变化不允许以任何方式改变要求的含义。

编辑细化的一个例子是带有单一行为的 FAU_ARP.1,PP 作者可以将文字"当检测到潜在的安全侵害时,TSF 应向操作员发出通知",改写成"当检测到潜在的安全侵害时,TSF 应通知操作员"。

应提醒评估者的是编辑上的细化应清楚地标识(见工作单元 APE_REQ.1-10)。

d) 对于反复操作,一个组件的每个反复操作都不同于该组件的另一次反复(至少组件的某个元素不同于另一个组件的对应元素),或这个组件将应用于 TOE 的不同部分。

8.3.5.3.12 工作单元 APE_REQ.1-12

ISO/IEC 15408-3 APE_REQ.1.7C 应标识 PP 中 IT 安全要求的任何未完成操作。

评估者***应检查***IT 安全要求的陈述,以确定是否标识了所有未完成操作。

评估者应确定所有操作都在使用该操作的组件中被标识。完成的操作和未完成的操作需要通过能区分操作并清楚操作是否完成的方式来标识。标识可以通过排版不同,或者通过周围的文字明确标记,或者通过其他与众不同的方式来实现。

8.3.5.3.13 工作单元 APE_REQ.1-13

ISO/IEC 15408-3 APE_REQ.1.8C 应满足 PP 中 IT 安全要求之间的依赖关系。

评估者***应检查***IT 安全要求的陈述,以确定 IT 安全要求陈述中使用的组件所要求的依赖关系都得到了满足。

依赖关系可以通过将相关组件(或从属于相关组件的组件)包含到 TOE 安全要求陈述中来满足,或作为一个要求,声称由 TOE 的 IT 环境来满足。

尽管 ISO/IEC 15408 通过依赖关系包含列表为依赖关系分析提供支持,但不能证明没有其他的依赖关系存在。其他依赖关系的例子有:涉及"所有客体"或"所有主体"的元素与列出这些客体或主体的另一个元素或元素集的细化之间就存在依赖关系。

IT 环境中必要的安全要求依赖关系应在 PP 中陈述并得到满足。

应该提醒评估者的是:ISO/IEC 15408 并不要求所有依赖关系都得到满足,见下一个工作单元。

8.3.5.3.14 工作单元 APE_REQ.1-14

ISO/IEC 15408-3 APE_REQ.1.9C 证据应证明为何一个未满足的依赖关系却是适当的。

评估者***应检查***安全要求基本原理,以确定对每一种没有满足安全要求依赖关系的情况都作了适当的证明。

给定已标识的安全目的,评估者应确定该证明解释了不必包括依赖关系的原因。

评估者应确认未满足的依赖关系并没有妨碍安全功能要求充分体现安全目的。该分析见 APE_REQ.1.13C。

适当证明的例子如,当一个软件 TOE 有一个安全目的"鉴别失败时,应将用户的身份、时间和日期记录下来"且采用 FAU_GEN.1"审计数据产生"作为功能要求来满足这个安全目的。FAU_GEN.1 包含了与 FPT_STM.1"可靠时间戳"的依赖关系。由于 TOE 不包含时钟机制,FPT_STM.1 则被 PP 作者定义为 IT 环境要求。PP 作者用这样一个理由说明这个要求没有得到满足:"在特定环境下,可能会存在时间戳机制攻击行为,因此环境就不能传送可靠的时间戳。然而,一些威胁主体没有执行攻击时间戳机制的能力,而且由这样的威胁主体实施的攻击可以通过记录攻击的时间和日期来分析"。

8.3.5.3.15 **工作单元 APE_REQ.1-15**

ISO/IEC 15408-3 APE_REQ.1.10C PP 应包含一个关于 TOE 安全功能要求的最低功能强度级别的陈述,可适当选取基本级功能强度、中级功能强度或高级功能强度中的一个。

评估者*应核查*PP 是否包括一个 TOE 安全功能要求的最低功能强度级别陈述,这个级别可以是基本级功能强度(基本级 SOF)、中级功能强度(中级 SOF)或高级功能强度(高级 SOF)中的任一个。

如果 TOE 安全保证要求不包括 AVA_SOF.1"TOE 安全功能强度评估",则本工作单元不适用,并视为已经满足。

密码算法的强度超出了 ISO/IEC 15408 的范围。功能强度只适用于非加密的概率或置换机制。因此,当 PP 包含一个最低 SOF 的声明时,该声明不适用于任何与 ISO/IEC 15408 评估有关的密码机制。当 TOE 包含密码机制时,评估者应该确定 PP 是否包含一个清晰的陈述,说明对算法强度的评估不属于该评估的范围。

TOE 可能包括多个不同的域,PP 作者认为每个域有一个最低的功能强度级别,比 TOE 作为一个整体有一个最低的功能强度级别更加实用。在这种情况下,允许将 TOE 安全功能要求划分成不同的组,每个组有不同的最低功能强度级别。

例如分布式终端系统,该系统的用户终端在公共区,管理员终端在物理安全区。用户终端的鉴别要求的安全功能强度是中级 SOF,管理员终端的鉴别要求的安全功能强度是基本级 SOF。并没有说 TOE 的最低功能强度是基本级 SOF,否则,可能会使 TOE 潜在的客户相信利用用户终端攻击鉴别机制是一件相对容易的事情,因此 PP 作者把 TOE 划分为用户域和管理域,将 TOE 安全功能要求划分成两组分属这两个域,分配给属于管理域的一组要求的最低功能强度为基本级 SOF,分配给属于用户域的一组要求的最低功能强度为中级 SOF。

8.3.5.3.16 **工作单元 APE_REQ.1-16**

ISO/IEC 15408-3 APE_REQ.1.11C 安全要求的陈述应标识所有需要一个明确的功能强度声明的安全功能要求,连同每一个这种安全功能要求的明确的功能强度声明。

评估者*应核查*PP 是否标识了所有特定的 TOE 安全功能要求,对这些要求给出明确的功能强度声明是适当的,相应的特定功能强度或度量也是合适的。

如果 TOE 安全保证要求不包括 AVA_SOF.1"TOE 安全功能强度评估",则本工作单元不适用,并视为已经满足。

明确的功能强度声明既可是基本级功能强度、中级功能强度或高级功能强度,也可是一个既定的特定尺度。如使用的是特定尺度,评估者应确定对特定的功能要求类型,该强度声明是合适的,并且指定的尺度是可评估的。本工作单元涉及 PP 作者需要调整特定 SOF 要求(即比 PP 的总体 SOF 声明更高)或使用一个度量的情形。TOE 安全功能要求的明确 SOF 声明可以由 PP 作者规定。如果没有任何明确的声明,PP 的总体声明适用于 PP 所规定的所有 TOE 安全功能要求。评估者应确认明确的 SOF 声明是与 PP 的其他部分是一致的。

一个PP可能拥有多个SOF声明规范。对PP可能有一个总体SOF声明,PP中的TOE安全功能要求可能有一个SOF声明。

评估体制可能会提供有关功能强度度量的适合性和适宜性的进一步指导。

8.3.5.3.17 工作单元 APE_REQ.1-17

ISO/IEC 15408-3 APE_REQ.1.12C 安全要求基本原理应证实PP的最低功能强度级别连同任何明确的功能强度声明,与TOE的安全目的是一致的。

评估者*应检查*安全要求基本原理,以确定它证实了最低功能强度级别及任何明确的功能强度声明与TOE安全目的是一致的。

如果TOE安全保证要求不包括AVA_SOF.1“TOE安全功能强度评估”,则本工作单元不适用,并视为已经满足。

评估者应确定基本原理考虑了诸如在TOE安全环境陈述中描述的攻击者可能具有的专门知识、资源和动机等细节。例如,如果要求TOE提供防范以对抗具有高攻击潜力的攻击者,则基本级SOF声明就是不适当的。

评估者还应确定基本原理考虑了安全目的中所有特定的强度相关特性。评估者可采用将要求追溯到目的的方式,来确定如果合适的话,能够追溯到安全目的的带有特定的强度相关特性的那些要求是否具有适当的功能强度声明。

8.3.5.3.18 工作单元 APE_REQ.1-18

ISO/IEC 15408-3 APE_REQ.1.13C 安全要求基本原理应证实IT安全要求正好满足安全目的。

评估者*应检查*安全要求基本原理,以确定TOE安全要求能够追溯到TOE的安全目的。

评估者确定每个TOE安全功能要求至少能追溯到TOE的一个安全目的。

如果不能追溯,则表明安全要求基本原理是不完备的,或安全目的是不完备的,或TOE安全功能要求没有实际意义。

TOE的某些或所有安全保证要求不一定追溯到TOE的安全目的。

TOE的安全保证要求映射到TOE安全目的的例子如,PP中包含“用户通过用一台误认为是TOE的设备,而无意泄露信息”这样一个威胁,且TOE的安全目的“TOE应该清楚标出版本号”能对抗此种威胁。TOE的安全目的可以通过满足ACM_CAP.1“版本号”来实现,因此PP作者就将ACM_CAP.1追溯到该TOE安全目的。

8.3.5.3.19 工作单元 APE_REQ.1-19

评估者*应检查*安全要求基本原理,以确定IT环境安全要求能够追溯到环境安全目的。

评估者确定每个IT环境安全功能要求至少能追溯到一个环境安全目的。

如果不能追溯,则表明安全要求基本原理是不完备的,或环境安全目的是不完备的,或IT环境安全功能要求没有实际意义。

IT环境的某些或所有安全保证要求不一定追溯到环境安全目的。

8.3.5.3.20 工作单元 APE_REQ.1-20

评估者*应检查*安全要求基本原理,以确定对于每个TOE安全目的,该原理都包含一个证明TOE安全要求适于满足该安全目的的适当理由。

如果TOE安全要求都不能追溯到TOE的安全目的,则本工作单元为“不通过”。

评估者应确定有关TOE安全目的的论证阐明了:如果追溯到安全目的的所有TOE安全要求都得到满足,那么就实现了对应的TOE安全目的。

评估者还应确定每个可追溯到 TOE 安全目的的 TOE 安全要求得到满足时，实际上促成了该 TOE 安全目的的达到。

应当注意的是，在安全要求基本原理中将 TOE 安全要求追溯到 TOE 安全目的，可以作为论证的一部分，但其本身不是完整的论证过程。

8.3.5.3.21　工作单元 APE_REQ.1-21

评估者***应检查***安全要求基本原理，以确定对于每个 IT 环境安全目的，该原理都包含一个证明 IT 环境安全要求恰好满足 IT 环境安全目的的适当论证。

如果 IT 环境安全要求都不能追溯到 IT 环境的安全目的，则本工作单元为“不通过”。

评估者应确定有关 IT 环境安全目的的论证阐明了：如果追溯到安全目的的所有 IT 环境安全要求都得到满足，那么就实现了对应的 IT 环境安全目的。

评估者还应确定每个可追溯到 IT 环境安全目的的 IT 环境安全要求得到满足时，实际上促成了该 IT 环境安全目的的达到。

应当注意的是，在安全要求基本原理中将 IT 环境安全要求追溯到 IT 环境安全目的，可以作为论证的一部分，但其本身不是完整的论证过程。

8.3.5.3.22　工作单元 APE_REQ.1-22

ISO/IEC 15408-3 APE_REQ.1.14C 安全要求基本原理应证实这组 IT 安全要求组成了一个相互支持并内在一致的整体。

评估者***应检查***安全要求基本原理，以确定它证实了该组 IT 安全要求是内在一致的。

评估者应确定所有将不同 IT 安全要求应用到同一类型的事件、操作、数据和实施的测试等的情形，这些要求可能会互相冲突，此时应该提供适当的证明来说明事实并非如此。

例如，如果 PP 包含关于单个用户责任可追查性和用户匿名两方面的要求，则需要阐明这些要求不会冲突。这可通过说明单个用户责任可追查性的可审计事件与需要用户匿名的操作无关来证明。

一致性分析指南见 A.3“一致性分析”。

8.3.5.3.23　工作单元 APE_REQ.1-23

评估者***应检查***安全要求基本原理，以确定它证实了该组 IT 安全要求形成一个互相支持的整体。

本工作单元建立在工作单元 APE_REQ.1-18、APE_REQ.1-19、APE_REQ.1-20 和 APE_REQ.1-21 所作决定的基础上，其中 APE_REQ.1-18 和 APE_REQ.1-19 检查 IT 安全要求能否追溯到安全目的，APE_REQ.1-20 和 APE_REQ.1-21 检查 IT 安全要求是否恰好满足安全目的。本工作单元要求评估者考虑这种可能性：因缺乏其他 IT 安全要求的支持，安全目的实际上不能实现。

由于存在这样的情况：功能要求 A 依赖于功能要求 B，而 B 通过定义支持 A，所以本工作单元也建立在前述工作单元依赖关系分析的基础上。

评估者确定安全要求基本原理能够证实功能要求在必要的时候互相支持，即使没有迹象表明这些要求之间存在依赖关系。该证实应提出如下安全功能要求：

a) 防止其他安全功能要求的旁路，如 FDP_ RVM.1“TSP 的不可旁路性”；
b) 防止其他安全功能要求的篡改，如 FPT_SEP“域分离”；
c) 防止其他安全功能要求的失效，如 FPT_MOF.1“安全功能行为的管理”；
d) 激活对试图挫败其他安全功能要求的攻击行为的探测，如 FAU“安全审计”类的组件。

在分析时，评估者应考虑已执行的操作是否影响要求间的相互支持。

8.3.5.4 行为 APE_REQ.1.2E

8.3.5.4.1 工作单元 APE_REQ.1-24

评估者***应检查***IT 安全要求陈述，以确定其是有条理的。

如果 IT 安全要求描述的文本和结构能被其目标读者(即评估者和客户)理解，则，IT 安全要求陈述就是有条理的。

8.3.5.4.2 工作单元 APE_REQ.1-25

评估者***应检查***IT 安全要求陈述，以确定它们是完备的。

本工作单元利用来自 APE_REQ.1.1E 和 APE_SRE.1.1E 所要求工作单元的结果，特别是评估者对安全要求基本原理的检查结果。

如果评估者判定安全要求足以确保所有的 TOE 安全目的都得到满足，则安全要求陈述就是完备的。

8.3.5.4.3 工作单元 APE_REQ.1-26

评估者***应检查***IT 安全要求陈述，以确定它们是内在一致的。

本工作单元利用来自 APE_REQ.1.1E 和 APE_SRE.1.1E 所要求工作单元的结果，特别是评估者对安全要求基本原理的检查结果。

如果评估者确定安全要求都互不冲突(因为冲突的话安全目的就不能完全满足)，那么安全要求陈述就是内在一致的。

一致性分析指南见 A.3“一致性分析”。

8.3.6 明确陈述的 IT 安全要求的评估（APE_SRE.1）

8.3.6.1 目的

本子活动的目的是确定未引用 ISO/IEC 15408 进行表述的安全功能要求或安全保证要求是否适当和充分。

8.3.6.2 输入

本子活动的评估证据是：

a) PP。

8.3.6.3 应用注释

本条只适于 PP 中包含未引用 ISO/IEC 15408-2 或 ISO/IEC 15408-3 进行明确陈述的 IT 安全要求的情形。否则，本条的所有工作单元都不适用，并视为已经满足。

APE_SRE“明确陈述的 IT 安全要求”是对 APE_REQ“IT 安全要求”的补充，而不是替代。也就是说，未引用 ISO/IEC 15408-2 或 ISO/IEC 15408-3 进行明确陈述的 IT 安全要求应按照 APE_SRE“明确陈述的 IT 安全要求”标准和包括 APE_REQ“IT 安全要求”在内的其他安全要求标准组合进行评估。

8.3.6.4 行为 APE_SRE.1.1E

8.3.6.4.1 工作单元 APE_SRE.1-1

ISO/IEC 15408-3 APE_SRE.1.1C 应标识所有未引用 ISO/IEC 15408 而明确陈述的 TOE 安全要

求。

评估者***应核查***IT安全要求陈述，是否标识了所有未引用ISO/IEC 15408而明确陈述的TOE安全要求。

任何不使用ISO/IEC 15408-2功能组件的TOE安全功能要求，应该被清晰地标识。同样，任何不使用ISO/IEC 15408-3保证组件的TOE安全保证要求，也应被清晰地标识。

8.3.6.4.2 **工作单元APE_SRE.1-2**

ISO/IEC 15408-3 APE_SRE.1.2C 应标识所有未引用ISO/IEC 15408而明确陈述的IT环境安全要求。

评估者***应核查***IT安全要求陈述，是否标识了所有未引用ISO/IEC 15408而明确陈述的IT环境安全要求。

任何不使用ISO/IEC 15408-2功能组件的IT环境安全功能要求，应该被清晰地标识。同样，任何不使用ISO/IEC 15408-3保证组件的IT环境安全保证要求，也应该被清晰地标识。

8.3.6.4.3 **工作单元APE_SRE.1-3**

ISO/IEC 15408-3 APE_SRE.1.3C 应有证据证明为何这些安全要求应被明确陈述。

评估者***应检查***安全要求基本原理，以确定它恰当地证明了为何每个明确陈述的IT安全要求应被明确陈述。

评估者确定对于每个明确陈述的IT安全要求，证明应解释为什么已有的功能或保证组件(分别选自ISO/IEC 15408-2和ISO/IEC 15408-3)不能用于表达所讨论的明确陈述安全要求。在做出决定时，评估者应该考虑对已有的功能或保证组件实施诸如赋值、反复或细化等操作的可能性。

8.3.6.4.4 **工作单元APE_SRE.1-4**

ISO/IEC 15408-3 APE_SRE.1.4C 明确陈述的IT安全要求应以ISO/IEC 15408的要求组件、族和类作为表述的模板。

评估者***应检查***每个明确陈述的IT安全要求，以确定该要求是用ISO/IEC 15408的组件、族和类作为表述的模板。

评估者确定明确陈述的IT安全要求与ISO/IEC 15408-2或ISO/IEC 15408-3组件的表述形式相同且达到相当的详细程度。评估者还确定功能要求被分解成单个功能元素，保证要求指定了开发者行为元素、证据的内容和形式元素以及评估者行为元素。

8.3.6.4.5 **工作单元APE_SRE.1-5**

ISO/IEC 15408-3 APE_SRE.1.5C 明确陈述的IT安全要求应是可度量的，并陈述了客观的评估要求，这样就可以判断和系统地证实一个TOE是否遵从这些要求。

评估者***应检查***每个明确陈述的IT安全要求，以确定它是可度量的并陈述了客观的评估要求，这样就能判断并系统地证实一个TOE是否遵从这些要求。

评估者确定功能要求以某方式陈述，即它们是可测试的，并且是可通过适当的TSF表述进行追溯的。评估者还确定保证要求避免了要求评估者做出主观判定。

已有的ISO/IEC 15408功能和保证要求都可以用作遵从本要求的模板。

8.3.6.4.6 **工作单元APE_SRE.1-6**

ISO/IEC 15408-3 APE_SRE.1.6C 明确陈述的IT安全要求应被清楚且无歧义地表述。

评估者***应检查***每个明确陈述的IT安全要求，以确定其表述是清楚且无歧义的。

已有的ISO/IEC 15408功能和保证要求都可以用作遵从本要求的模板。

8.3.6.4.7 工作单元 APE_SRE.1-7

ISO/IEC 15408-3 APE_SRE.1.7C 安全要求基本原理应证明保证要求是适用的，并且适合于支持任何明确陈述的TOE安全功能要求。

评估者***应检查***安全要求基本原理，以确定它证明了保证要求是适用的，并适于支持任何明确陈述的TOE安全功能要求。

评估者确定特定保证要求的应用是否会得到关于每个明确陈述的安全功能要求的有意义的评估结果，或者是否应指定其他保证要求。比如，一个明确陈述的功能要求可能隐含要求特殊的文档证据（诸如一个TSP模型）、测试深度或分析（诸如TOE安全功能强度分析或隐通道分析）。

8.3.6.5 行为 APE_SRE.1.2E

8.3.6.5.1 工作单元 APE_SRE.1-8

评估者***应检查***IT安全要求陈述，以确定任何明确陈述的IT安全要求的所有依赖关系都已被标识。

评估者确认PP作者未忽略任何可用的依赖关系。

例如以下情况可能存在依赖关系：如果明确陈述的功能要求提到审计，则可能与FAU"安全审计"类的组件有依赖关系；如果明确陈述的保证要求提到源代码或TOE实现表述，则可能与ADV_IMP"实现表示"有依赖关系。

9 ASE类：安全目标评估

9.1 简介

本章描述ST的评估。由于ST为TOE评估子活动提供依据和评估背景，所以ST评估应在所有TOE评估子活动之前启动。鉴于TOE评估过程中子活动的有关发现可能会导致ST的改变，因此直到TOE评估完成后，才可能形成对ST的最终裁定。

不管ST中宣称的EAL(或另外一套保证标准)是多少，对于每个ST评估，其要求和方法是完全相同的。尽管本标准中后继更多的章节是针对特定的评估保证级别而言，但是本章适用于所有级别的ST评估。

本章所述的评估方法是建立在ISO/IEC 15408-1中特别在附录B，以及ISO/IEC 15408-3 ASE类中规定的ST要求的基础上的。

9.2 ST评估相互关系

完备的ST评估应包括以下活动：

a) 评估输入任务（第7章）。

b) ST评估活动，包含以下子活动：

   1) TOE描述的评估(9.3.1)；

   2) 安全环境的评估(9.3.2)；

   3) ST引言的评估(9.3.3)；

   4) 安全目的的评估(9.3.4)；

   5) PP声明的评估(9.3.5)；

   6) IT安全要求的评估(9.3.6)；

7） 明确陈述的 IT 安全要求的评估(9.3.7)；

8） TOE 概要规范的评估(9.3.8)。

c） 评估输出任务(第 7 章)。

第 7 章描述了评估输入任务和评估输出任务。评估活动是由 ISO/IEC 15408-3 的 ASE 保证要求中导出的。

本章描述了 ST 评估包含的子活动。尽管通常所述的子活动有可能同时进行，但是评估者应该考虑子活动之间的依赖性。依赖性指南参见 A.4“依赖性”。

不是所有的 ST 评估都要进行 PP 声明评估和明确陈述的 IT 安全要求评估：只有在做了 PP 声明的情况下，才需要进行 PP 声明的评估；只有当安全要求不是从 ISO/IEC 15408-2 和 ISO/IEC 15408-3 抽出的，但包含在 IT 安全要求的陈述中，才需要对应的明确陈述 IT 安全要求进行评估。

ST 需要的一些信息可以通过引用而被包含进来。例如，如果在 ST 中有 PP 一致性声明，那么 PP 中包含的诸如环境和威胁的信息应视为 ST 的一部分，且 ST 应该遵循这些准则。

如果 ST 声称与一个已评估过的 PP 保持一致，且很大程度依赖 PP 的内容，那么在实施上面列出的一些评估子活动时，可以重用 PP 的评估结果。特别在评估安全环境、安全目的和 IT 安全要求的陈述时可以重复使用 PP 评估结果。允许一个 ST 声称遵从多个 PP。

9.3 ST 评估活动

9.3.1 TOE 描述的评估 (ASE_DES.1)

9.3.1.1 目的

本子活动的目的是确定 TOE 描述是否包含了有助于理解 TOE 用途及其功能的相关信息，以及确定该描述是否完备和一致。

9.3.1.2 输入

本子活动的评估证据是：

a） ST。

9.3.1.3 应用注释

TOE 与客户购买的产品之间可能会有差别，有关这个问题的讨论见附录 A.6“TOE 边界”。

9.3.1.4 行为 ASE_DES.1.1E

9.3.1.4.1 工作单元 ASE_DES.1-1

ISO/IEC 15408-3 ASE_DES.1.1C TOE 描述应描述产品或系统的类型，并从物理和逻辑两方面概括性地描述 TOE 的范围和边界。

评估者***应检查***TOE 描述，以确定它是否描述了 TOE 的产品或系统类型。

评估者确定 TOE 描述能为读者提供了足以全面理解产品或系统预期使用的信息，从而提供评估的背景。产品或系统类型的例子有：防火墙、智能卡、加密调制解调器、Web 服务器和内联网。

某些情况下，产品或系统类型明确要求 TOE 具备一些功能，如果产品缺少这些功能，评估者应确定 TOE 描述是否对此进行了充分讨论。例如，防火墙类型的 TOE，在 TOE 描述中应对不能和网络相连的情况进行说明。

9.3.1.4.2 工作单元 ASE_DES.1-2

评估者*应检查*TOE 描述，以确定它是否概括性地描述了 TOE 物理范围和边界。

评估者确定 TOE 描述详细讨论了构成 TOE 的硬件、软件和固件组件或模块，且详细到使读者对组件或模块能够全面理解的程度。

如果 TOE 与产品不是完全相同的，评估者应确定 TOE 描述是否充分描述了 TOE 与产品之间的物理关系。

9.3.1.4.3 工作单元 ASE_DES.1-3

评估者*应检查*TOE 描述，以确定它是否概括性地描述了 TOE 逻辑范围和边界。

评估者确定 TOE 描述详细讨论了 TOE 提供的 IT 特征，特别是安全特征，且详细到能够使读者对这些特征有一个全面理解的程度。

如果 TOE 与产品不是完全相同的，评估者应确定 TOE 描述是否充分描述了 TOE 与产品之间的逻辑关系。

9.3.1.5 行为 ASE_DES.1.2E

9.3.1.5.1 工作单元 ASE_DES.1-4

评估者*应检查*ST，以确定 TOE 描述是有连贯的。

如果 TOE 描述的文本和结构都能被其目标读者（例如，评估者和客户）理解的话，TOE 描述就是有连贯的。

9.3.1.5.2 工作单元 ASE_DES.1-5

评估者*应检查*ST，以确定 TOE 的描述是内在一致的。

应该提醒评估者的是，ST 的这一节仅用于定义 TOE 的一般目的。

一致性分析指南见 A.3“一致性分析”。

9.3.1.6 行为 ASE_DES.1.3E

9.3.1.6.1 工作单元 ASE_DES.1-6

评估者*应检查*ST，以确定 TOE 描述与 ST 的其他部分是一致的。

评估者尤其应确定 TOE 描述没有描述那些在 ST 其他部分都未涉及的 TOE 威胁、安全特征或配置。

一致性分析指南见 A.3“一致性分析”。

9.3.2 安全环境的评估（ASE_ENV.1）

9.3.2.1 目的

本子活动的目的是确定 ST 中 TOE 安全环境的陈述是否为有关 TOE 及其预期应用环境的安全问题提供了一个清晰、一致的定义。

9.3.2.2 输入

本子活动的评估证据是：

a） ST。

9.3.2.3 行为 ASE_ENV.1.1E

9.3.2.3.1 工作单元 ASE_ENV.1-1

ISO/IEC 15408-3 ASE_ENV.1.1C TOE 安全环境陈述应标识并解释关于 TOE 的预期使用和 TOE 使用环境的所有假设。

评估者***应检查***TOE 安全环境的陈述，以确定它标识并解释了所有假设。

这些假设可以分成 TOE 预期使用方面的假设和 TOE 使用环境方面的假设。

评估者确定 TOE 预期使用的假设阐明了 TOE 预期使用的下述方面：TOE 预期应用、TOE 所保护资产的潜在价值以及使用 TOE 时可能存在的使用限制。

评估者确定 ST 中对 TOE 预期使用的所有假设都进行了足够详细的解释，以使得客户能确定其预期使用与这些假设是否相匹配。如果没有清楚理解这些假设，最终可能导致客户在非希望的环境中使用 TOE。

评估者确定 TOE 使用环境的假设包括环境的物理、人员、连接性等方面：

a） 物理方面包括为了使 TOE 以安全方式行使其功能，而对 TOE 的物理场所或附加的外围设施所做的所有假设。例如：
 ——假设管理员控制台严格限制在管理员个人范围内；
 ——假设 TOE 所有文件的存储只能在 TOE 运行的工作站上进行。
b） 人员方面包括为了使 TOE 以安全方式行使其功能，而对在 TOE 安全环境内的用户和管理员或其他个人（包括具有潜在威胁的主体）所做的所有假设。例如：
 ——假设用户具有独特技能或专门技术；
 ——用户具有确定的最小权限；
 ——管理员每月更新防病毒数据库。
c） 连接性方面包括为了使 TOE 以安全方式行使其功能，而对 TOE 与 TOE 之外的 IT 系统或产品（硬件、软件、固件或它们的组合）之间连接所做的所有假设。例如：
 ——假设存储 TOE 产生的日志文件至少需要 100MB 的外部磁盘空间；
 ——假设 TOE 只是在特定工作站上运行的非操作系统应用程序；
 ——假定 TOE 的软驱是禁用的；
 ——假定 TOE 不会连接到任何不可信的网络。

评估者确定 TOE 使用环境的所有假设都得到足够详细的解释，使客户能够确定他们的预期环境与假设环境是否相匹配。如果没有清楚地理解这些假设，最终可能导致 TOE 在环境中不能安全行使其功能。

9.3.2.3.2 工作单元 ASE_ENV.1-2

ISO/IEC 15408-3 ASE_ENV.1.2C TOE 安全环境陈述应标识并解释针对 TOE 或其环境保护的资产的所有已知或假定威胁。

评估者***应检查***TOE 安全环境的陈述，以确定其标识并解释了所有的威胁。

如果 TOE 及其环境安全目的仅源于组织安全策略和假设，那么 ST 中就可以不含威胁陈述。此时，本工作单元不适用，并视为已经满足。

评估者确定所有已标识的威胁都已按照威胁主体、攻击行为和受攻击资产三个方面进行了清楚解释。

评估者还确定威胁主体都是用专业技术、资源和动机等方面来刻画的，攻击行为都是用攻击方法、可利用的任何脆弱性和时机等方面来描述的。

9.3.2.3.3 工作单元 ASE_ENV.1-3

ISO/IEC 15408-3 ASE_ENV.1.3C TOE 安全环境陈述应标识并解释 TOE 应遵守的所有组织安全策略。

评估者***应检查***TOE 安全环境陈述，以确定它标识并解释了所有组织安全策略。

如果 TOE 及其环境的安全目的仅源于假设和威胁，那么 ST 中就可以不包含组织安全策略陈述。此时，本工作单元不适用，并视为已经满足。

评估者确定组织安全策略陈述都是根据 TOE 或其环境应遵守的规则、惯例或方针而作出的，这些规则、惯例或方针是由控制 TOE 使用环境的组织制定的。例如，要求密码生成和加密应符合国家标准就是一条组织安全策略。

评估者确定 ST 中对每个组织安全策略都进行了详细解释，以便于读者清晰地理解；应对组织安全策略陈述进行清楚地表述，以便使安全目的能够追溯到组织安全策略。

9.3.2.4 行为 ASE_ENV.1.2E

9.3.2.4.1 工作单元 ASE_ENV.1-4

评估者***应检查***TOE 安全环境的陈述，以确定它是连贯的。

如果 TOE 安全环境陈述的文本和结构都能被其目标读者(例如评估者和客户)理解的话，TOE 安全环境描述就是连贯的。

9.3.2.4.2 工作单元 ASE_ENV.1-5

评估者***应检查***TOE 安全环境的陈述，以确定它是内在一致的。

TOE 安全环境内在不一致性的示例有：

——TOE 安全环境的陈述包含某种威胁，其攻击方法不在威胁主体的能力范围内。

——TOE 安全环境的陈述包含“TOE 不应与因特网相连”这样的组织安全策略，但有一个威胁其威胁主体是来自因特网的入侵者。

一致性分析指南见 A.3“一致性分析”。

9.3.3 ST 引言的评估（ASE_INT.1）

9.3.3.1 目的

本子活动的目的是确定 ST 引言是否完备、与 ST 的其他部分是否保持一致，以及是否正确标识了 ST。

9.3.3.2 输入

本子活动的评估证据是：

a） ST。

9.3.3.3 行为 ASE_INT.1.1E

9.3.3.3.1 工作单元 ASE_INT.1-1

ISO/IEC 15408-3 ASE_INT.1.1C ST 引言应包含一个 ST 标识，提供控制和标识 ST 及其对应的 TOE 所必需的标记性和描述性信息。

评估者***应核查***ST 引言是否提供了必要的 ST 标识信息以控制和标识 ST 以及它所参照的 TOE。

评估者确定 ST 标识信息包括：

a) 管理和唯一标识 ST 的必要信息(例如 ST 标题、版本号、出版日期和作者)；

b) 控制和唯一标识 ST 所参照 TOE 的必要信息(例如 TOE 的身份、TOE 的版本号)；

c) 用于开发 ST 的 ISO/IEC 15408 版本信息；

d) 评估体制要求的其他信息。

9.3.3.3.2 工作单元 ASE_INT.1-2

ISO/IEC 15408-3 ASE_INT.1.2C ST 引言应当包含一个 ST 概述，以叙述形式概括该 ST。

评估者**应核查**ST 引言，以叙述形式提供 ST 概述。

ST 概述将为 ST 内容提供概要描述(更详细的描述在 TOE 描述中提供)，且详细到足以使潜在的用户能确认 TOE(因此是 ST 的支撑基础)是否是他所需要的。

9.3.3.3.3 工作单元 ASE_INT.1-3

ISO/IEC 15408-3 ASE_INT.1.3C ST 引言应当包含一个 ISO/IEC 15408 一致性声明，该声明陈述该 TOE 与 ISO/IEC 15408 一致性的所有可评估声明。

评估者**应核查**ST 引言是否包含一个 ISO/IEC 15408 一致性声明，该声明陈述了 TOE 与 ISO/IEC 15408 的一致性。

评估者确定 ISO/IEC 15408 一致性声明与 ISO/IEC 15408-1 的 6.4 是一致的。

评估者确定 ISO/IEC 15408 一致性声明包含 ISO/IEC 15408-2 一致性或 ISO/IEC 15408-2 的扩展。

评估者确定 ISO/IEC 15408 一致性声明包含 ISO/IEC 15408-3 一致性或 ISO/IEC 15408-3 的扩展。

如果声明 ISO/IEC 15408-3 扩展且保证包包含 ISO/IEC 15408-3 中的保证要求，评估者就应确定 ISO/IEC 15408 一致性声明是否陈述了哪些保证要求是 ISO/IEC 15408-3 的。

如果声称包选定一致，评估者就应确定 ISO/IEC 15408 一致性声明是否陈述了所声称的那个包。

如果声称包选定增强，评估者就应确定 ISO/IEC 15408 一致性声明是否陈述了所声称的那个包以及如何对包进行增强。

如果声称 PP 一致，评估者就应确定 ISO/IEC 15408 一致性声明是否陈述了与哪个或哪些 PP 保持一致。

需提醒评估者的是：如果声称 PP 一致，那么可以采用 ASE_PPC.1“PP 声明评估”标准进行评估；如果声称 ISO/IEC 15408-2 扩展或 ISO/IEC 15408-3 扩展，那么可以采用 ASE_SRE.1“明确陈述的 IT 安全要求评估”标准进行评估。

9.3.3.4 行为 ASE_INT.1.2E

9.3.3.4.1 工作单元 ASE _INT.1-4

评估者**应检查**ST 引言，以确定它是有条理的。

如果 ST 引言的文本和结构都能被其目标读者理解(例如评估者和客户)，那么 ST 引言就是有条理的。

9.3.3.4.2 工作单元 ASE _INT.1-5

评估者**应检查**ST 引言，以确定它是内在一致的。

ST 概述为 ST 内容提供概要描述，因此有关内在一致性分析会自然就集中在 ST 概述上。

一致性分析指南见 A.3“一致性分析”。

9.3.3.5 行为 ASE_INT.1.3E

9.3.3.5.1 工作单元 ASE _INT.1-6

评估者*应检查*ST 引言,以确定 ST 引言与 ST 其他部分是一致的。

评估者确定 ST 概述提供了 TOE 的一个准确概括。评估者特别应确定 ST 概述与 TOE 描述是一致的,且没有规定或暗示存在评估范围之外的安全特征。

评估者还应确定 ISO/IEC 15408 一致性声明是否与 ST 的其他部分一致。

一致性分析指南见 A.3“一致性分析”。

9.3.4 安全目的的评估(ASE_OBJ.1)

9.3.4.1 目的

本子活动的目的是确定安全目的描述是否完备和一致,并确定安全目的是否能对抗已标识的威胁,实现已标识的组织安全策略并遵循规定的假设。

9.3.4.2 输入

本子活动的评估证据是:

a) ST。

9.3.4.3 行为 ASE_OBJ.1.1E

9.3.4.3.1 工作单元 ASE_OBJ.1-1

ISO/IEC 15408-3 ASE_OBJ.1.1C 安全目的的陈述应为 TOE 及其环境定义安全目的。

评估者*应核查*安全目的的陈述,是否定义了 TOE 及其环境的安全目的。

评估者应确定每个安全目的是否明确地说明了适用于 TOE,还是环境,或者两者都适用。

9.3.4.3.2 工作单元 ASE_OBJ.1-2

ISO/IEC 15408-3 ASE_OBJ.1.2C TOE 的安全目的应可以追溯至由 TOE 对抗的多方面的确定威胁,和/或可以追溯至 TOE 所满足的组织安全策略。

评估者*应检查*安全目的的基本原理,以确定 TOE 的所有安全目的都能追溯到 TOE 能够对抗的确定威胁和/或 TOE 应遵循的组织安全策略。

评估者应确定 TOE 的每个安全目的能追溯到至少一个威胁或组织安全策略。

不能追溯就意味着安全目的的基本原理是不完备的,威胁或组织安全策略的陈述是不完备的,或 TOE 的安全目的没有实际意义。

9.3.4.3.3 工作单元 ASE_OBJ.1-3

ISO/IEC 15408-3 ASE_OBJ.1.3C 环境的安全目的应可以追溯至不是完全由 TOE 对抗的多方面的确定威胁,和/或可以追溯至 TOE 未完全满足的组织安全策略或假设。

评估者*应检查*安全目的的基本原理,以确定环境安全目的的能追溯到 TOE 环境能够对抗的确定威胁,和/或追溯到 TOE 环境应遵循的组织安全策略,和/或 TOE 环境应满足的假设。

评估者应确定环境的每个安全目的都能追溯到至少一个假设、威胁或组织安全策略。

不能追溯就意味着安全目的的基本原理是不完备的,威胁、假设或组织安全策略的陈述是不完备的，或环境的安全目的没有实际意义。

9.3.4.3.4 工作单元 ASE_OBJ.1-4

ISO/IEC 15408-3 ASE_OBJ.1.4C 安全目的基本原理应证实所陈述的安全目的恰好对抗确定的安全威胁。

评估者***应检查***安全目的基本原理，以确定对于每个威胁，基本原理都包含了安全目的恰好对抗该威胁的适当论证。

如果没有安全目的能追溯到对应的威胁，则本单元为不通过。

评估者应确定有关威胁的论证能够阐明：如果所有能追溯到威胁的安全目的都达到，那么就消除了这个威胁，或者说威胁被降低到可以接受的水平，或威胁的效果得以充分地缓解。

评估者还应确定当达到可以追溯到威胁的所有安全目的时，实际上促成了该威胁的消除、降低或缓解。

消除威胁的例子如下：

——消除主体使用攻击方法的能力；

——通过威慑，消除威胁主体的动机；

——消除威胁主体(例如：移走经常使网络崩溃的机器)。

降低威胁的例子如下：

——限制威胁主体使用攻击方法；

——限制威胁主体的攻击机会；

——减少成功发起攻击的可能性；

——要求威胁主体具有更高的专业知识或更多的资源。

缓解威胁效果的例子如下：

——经常备份资产；

——拥有 TOE 备份；

——经常改变通信会话使用的密钥，这样即使一个密钥被攻破，其影响也相对较小。

应当注意的是，安全目的基本原理中提供的从安全目的到威胁的映射，可能是论证的一部分，但是其本身不是完整的论证过程。即使在安全目的仅仅反映试图防止特定威胁被实现的情形下，仍需进行论证，但是在这种情况下可以是最低要求的论证。

9.3.4.3.5 工作单元 ASE_OBJ.1-5

ISO/IEC 15408-3 ASE_OBJ.1.5C 安全目的基本原理应证实所陈述的安全目的恰好覆盖所有确定的组织安全策略和假设。

评估者***应检查***安全目的基本原理，以确定对于每个组织安全策略而言，基本原理都包含安全目的恰好覆盖该组织安全策略的适当论证。

如果没有安全目的追溯到这个组织安全策略，则本工作单元为“不通过”。

评估者应确定有关组织安全策略的论证能够阐明：如果达到了所有能追溯到组织安全策略的安全目的，那么就实现了组织安全策略。

评估者还应确定当达到可以追溯到组织安全策略的所有安全目的时，实际上促成了组织安全策略的执行。

应当注意的是，安全目的基本原理中提供的从安全目的到组织安全策略的映射，可能是论证的一部分，但是其本身不是完整的论证过程。甚至在安全目的仅仅反映试图实现特定组织安全策略的情形下，仍需进行论证，但是在这种情况下可以是最低要求的论证。

9.3.4.3.6 工作单元 ASE_OBJ.1-6

评估者***应检查***安全目的基本原理，以确定对每个假设而言，基本原理都包含环境安全目的恰好覆盖该假设的适当论证。

如果没有环境安全目的追溯到这个假设，则本工作单元为“不通过”。

假设可以是有关 TOE 预期使用的假设，也可以是有关 TOE 预期使用环境的假设。

评估者应确定有关 TOE 预期使用假设的论证能够阐明：如果实现了追溯到假设的所有环境安全目的，那么就支持预期的使用。

评估者还应确定达到可追溯到假设的所有环境安全目的时，实际上促成了预期使用的支持。

评估者应确定有关 TOE 使用环境假设的论证能够阐明：如果实现了追溯到假设的所有环境安全目的，那么环境就与假设是一致的。

评估者还应确定当达到可追溯到 TOE 使用环境假设的所有环境安全目的时，实际上促成了环境与假设一致。

应当注意的是，安全目的基本原理中提供的从环境安全目的到假设的映射，可能是论证的一部分，但是其本身不是完整的论证过程。即使在环境安全目的仅仅是对假设重述的情形下，仍需进行论证，但是在这种情况下可以是最低要求的论证。

9.3.4.4 行为 ASE_OBJ.1.2E

9.3.4.4.1 工作单元 ASE_OBJ.1-7

评估者***应检查***安全目的的陈述，以确定它是有条理的。

如果安全目的的文本和结构能被其目标读者（如评估者和客户）所理解，那么安全目的的表述就是有条理的。

9.3.4.4.2 工作单元 ASE_OBJ.1-8

评估者***应检查***安全目的的陈述，以确定它是完备的。

如果安全目的足以对抗所有已标识的威胁，并能覆盖所有已标识的组织安全策略和假设，那么安全目的是完备的。本工作单元可以同工作单元 ASE_OBJ.1-4、ASE_OBJ.1-5 和 ASE_OBJ.1-6 一道被执行。

9.3.4.4.3 工作单元 ASE_OBJ.1-9

评估者***应检查***安全目的的陈述，以确定它是内在一致的。

如果安全目的之间不相互冲突，安全目的的陈述就是内在一致的。安全目的相互冲突的例子有：两个安全目的，一个是“用户身份从来都不应被公开”，另一个则是“用户身份可以被其他用户利用”。

一致性分析指南见 A.3“一致性分析”。

9.3.5 PP 声明的评估（ASE_PPC.1）

9.3.5.1 目的

本子活动的目的是确定 ST 是不是 PP 的一个正确实例，该 PP 是 ST 所声明遵从的。

9.3.5.2 输入

本子活动的评估证据是：

a) ST；

b) ST 声称遵从的 PP。

9.3.5.3 **应用注释**

本条只适用于 ST 中声明遵从一个或多个 PP 的情形。否则，本条中的所有工作单元都不适用，并视为已经满足 。

9.3.5.4 **行为 ASE_PPC.1.1E**

9.3.5.4.1 **工作单元 ASE_PPC.1-1**

ISO/IEC 15408-3 ASE_PPC.1.1C 每一个 PP 声明应标识所声明遵从的 PP，包括该声明所需要的一些限制。

评估者***应核查***每个 PP 声明是否标识了所声明遵从的 PP。

评估者确定任何参考的 PP 都已被清晰标识(例如通过名称和版本号或通过包含在 PP 引言中的标识)。应该提醒评估者的是：ISO/IEC 15408 不允许声明部分遵从一个 PP。

9.3.5.4.2 **工作单元 ASE_PPC.1-2**

ISO/IEC 15408-3 ASE_PPC.1.2C 每一个 PP 声明应标识那些满足 PP 许可操作或者进一步限制 PP 要求的 IT 安全要求陈述。

评估者***应核查***每个 PP 声明是否标识了那些满足 PP 许可操作或进一步限制 PP 要求的 IT 安全要求。

ST 不需重述那些没有任何更改的 PP 中的安全要求陈述。但如果 PP 的安全功能要求包括未完成的操作，或 ST 作者已对 PP 的安全要求实施了细化操作，那么这些要求应在 ST 中明确标识。

9.3.5.4.3 **工作单元 ASE_PPC.1-3**

ISO/IEC 15408-3 ASE_PPC.1.3C 每一个 PP 声明应标识那些包含在 ST 中但不包含在 PP 中的安全目的和 IT 安全要求陈述。

评估者***应核查***每个 PP 声明是否标识了补充 PP 所包含安全目的和 IT 安全要求的那些安全目的和 IT 安全要求。

评估者应确定包含在 ST 中，而不含在 PP 中的所有安全目的和安全要求都已明确标识。

9.3.5.5 **行为 ASE_PPC.1.2E**

9.3.5.5.1 **工作单元 ASE_PPC.1-4**

对每个 PP 声明，评估者***应检查***ST，以确定所有对 PP 中 IT 安全要求实施的操作都是在 PP 设定的范围之内的。

本工作单元不仅包括 PP 中未完成的赋值或选择操作，还包括对 PP 中安全要求的细化操作。

9.3.6 **IT 安全要求的评估 (ASE_REQ.1)**

9.3.6.1 **目的**

本子活动的目的是确定 TOE 安全要求(包括 TOE 安全功能要求和 TOE 安全保证要求)和 IT 环境安全要求是否完备和一致，并为 TOE 的开发提供充分的基础，以达到其安全目的。

9.3.6.2 **输入**

本子活动的评估证据是：

a) ST。

9.3.6.3 行为 **ASE_REQ.1.1E**

9.3.6.3.1 工作单元 **ASE_REQ.1-1**

ISO/IEC 15408-3 ASE_REQ.1.1C TOE 安全功能要求的陈述应标识从 ISO/IEC 15408-2 功能要求组件中选取的 TOE 安全功能要求。

评估者***应核查***TOE 安全功能要求的陈述是否标识了从 ISO/IEC 15408-2 功能要求组件中选取的那些 TOE 安全功能要求。

评估者应确定从 ISO/IEC 15408-2 中选取的所有安全功能组件要求都已标识，这种标识或者通过引用 ISO/IEC 15408-2 的单个组件，或者引用 ST 所声明遵从 PP 中的单个组件，或者通过在 ST 中复制来实现。

9.3.6.3.2 工作单元 **ASE_REQ.1-2**

评估者***应核查***对每个 TOE 安全功能要求组件的引用的正确性。

评估者应确定 ISO/IEC 15408-2 是否包含所引用的每一个 ISO/IEC 15408-2 TOE 安全功能要求组件。

评估者应确定 PP 中是否包含所引用的每一个 PP 中的 TOE 安全功能要求组件。

9.3.6.3.3 工作单元 **ASE_REQ.1-3**

评估者***应核查***从 ISO/IEC 15408-2 中选取出的在 ST 中重现的 TOE 安全功能要求组件都得以正确重现。

评估者应确定在没有对允许操作进行检查的情况下，TOE 安全功能要求陈述正确地重现了这些要求。对组件操作正确性的检查在工作单元 ASE_REQ.1-11 和 ASE_REQ.1-12 中进行。

9.3.6.3.4 工作单元 **ASE_REQ.1-4**

ISO/IEC 15408-3 ASE_REQ.1.2C TOE 安全保证要求的陈述应标识从 ISO/IEC 15408-3 保证要求组件中选取的 TOE 安全保证要求。

评估者***应核查***TOE 安全保证要求陈述是否标识了从 ISO/IEC 15408-3 保证要求组件中选取的 TOE 安全保证要求。

评估者应确定从 ISO/IEC 15408-3 选取的所有 TOE 安全保证要求组件都已标识，这种标识或者通过引用 EAL，或者通过引用 ISO/IEC 15408-3 的单个组件，或者通过引用 ST 所声明遵从的 PP，或者通过在 ST 中复制来实现。

9.3.6.3.5 工作单元 **ASE_REQ.1-5**

评估者***应核查***对每个 TOE 安全保证要求组件的引用的正确性。

评估者应确定 ISO/IEC 15408-3 是否包含所引用的每一个 ISO/IEC 15408-3TOE 安全保证要求组件。

评估者应确定 PP 中是否包含所引用的每一个 PP 中的 TOE 安全保证要求组件。

9.3.6.3.6 工作单元 **ASE_REQ.1-6**

评估者***应核查***从 ISO/IEC 15408-3 中选取出的在 ST 中重现的 TOE 安全保证要求组件都得以正确重现。

评估者应确定在没有对允许操作进行检查的情况下,TOE 安全保证要求陈述正确地重现了这些要求。对组件操作正确性的检查在工作单元 ASE_REQ.1-11 和 ASE_REQ.1-12 中进行。

9.3.6.3.7 工作单元 ASE_REQ.1-7

ISO/IEC 15408-3 ASE_REQ.1.3C TOE 安全保证要求的陈述应包含一个在 ISO/IEC 15408-3 中定义的评估保证级(EAL)。

评估者***应核查***TOE 安全保证要求陈述,以确定它包含了 ISO/IEC 15408-3 所定义的 EAL,或恰当地证明了它不包含 EAL。

如果不包含 EAL,评估者应确定相关的证明说明了 TOE 保证要求陈述不包含 EAL 的理由。该证明可以说明为什么不可能、不需要或不适合包含一个 EAL,或说明为什么不可能、不需要或不适合包含构成 EAL1(ACM_CAP、ADO_IGS、ADV_FSP、ADV_RCR、AGD_ADM、AGD_USR 和 ATE_IND)族的特定组件。

9.3.6.3.8 工作单元 ASE_REQ.1-8

ISO/IEC 15408-3 ASE_REQ.1.4C 证据应证明 TOE 安全保证要求的陈述是恰当的。

评估者***应检查***安全要求基本原理,以确定基本原理充分证明了 TOE 安全保证要求的陈述是恰当的。

如果保证要求包含一个 EAL,则证明将 EAL 作为一个整体来选择,而不是选择 EAL 的所有单个组件。如果保证要求包含 EAL 增强组件,则评估者应该确定每个增加的组件都是单独被证明过的。如果保证要求包含明确陈述的保证要求,评估者应该确定每个明确陈述的保证要求都是单独被证明过的。

评估者应确定安全要求基本原理足以证明:保证要求相对于给定的安全环境和安全目的陈述是足够的。例如,如果需要防范拥有专业知识的攻击者,就不适合规定 AVA_VLA.1“开发者脆弱性分析”,因为该组件不要求探测明显的脆弱性之外的漏洞。

论证可能包含的如下理由:

a) 在 ST 声称遵从的 PP 中出现的保证要求;
b) 评估体制、政府或其他组织实施的特定要求;
c) 与 TOE 安全功能要求相关的保证要求;
d) 与 TOE 一起使用的系统/产品的保证要求;
e) 客户的要求。

ISO/IEC 15408-3 的 10.2 提供了每个 EAL 的目的和目标概述。

应该提醒评估者的是:确定保证要求是否适当可能是主观性的,因此在对证明的充分性进行分析时不应过于苛刻。

如果保证要求中不包含一个 EAL,本工作单元可以与工作单元 ASE_REQ.1-7 一起执行。

9.3.6.3.9 工作单元 ASE_REQ.1-9

ISO/IEC 15408-3 ASE_REQ.1.5C 如果适当的话,ST 应标识 IT 环境的所有安全要求。

适当时,评估者***应核查***IT 环境的安全要求是否被标识。

如果 ST 中不包含 IT 环境的安全要求,则本工作单元不适用,并视为已经满足。

评估者应确定 TOE 与其环境中的其他 IT 之间的任何依赖关系,在 ST 中都清晰标识为 IT 环境安全要求,这些依赖关系为 TOE 实现其安全目的提供了安全功能。

IT 环境安全要求的例子有:一个防火墙,它依赖于底层操作系统提供管理员的身份鉴别和审计数据的永久储存。这样,IT 环境安全要求应包含 FAU“安全审计”类和 FIA“标识和鉴别”类的功能组件。

应该注意的是,IT 环境安全要求既包含功能要求,也包含保证要求。

IT 环境依赖性的例子如:一个软件密码模块周期性地检查它自己的代码,在代码被篡改时自我禁用。为了恢复,要求使用 FPT_RCV.2“自动恢复”。因为这个加密模块自我禁用后不能自己恢复,这就需要对 IT 环境提出要求。FPT_RCV.2“自动恢复”的一个依赖关系是 AGD_ADM.1“管理员指南”,所以这个保证要求也就变成 IT 环境的保证要求。

应该提醒评估者的是:凡涉及 TSF 的 IT 环境安全要求,皆认为属于环境的安全功能,而不是 TOE 的安全功能。

9.3.6.3.10 工作单元 ASE_REQ.1-10

ISO/IEC 15408-3 ASE_REQ.1.6C 应标识并完成所有包含在 ST 中的 IT 安全要求的操作。

评估者**应核查**IT 安全要求的所有操作都被标识。

ISO/IEC 15408-2 和 ISO/IEC 15408-3 中组件允许的操作有赋值、反复、选择和细化。赋值和选择操作只允许用于组件中特别指定的地方。反复和细化允许用于所有组件。

评估者应确定所有操作都在使用该操作的组件中被标识。标识可以通过排版不同,或者通过周围的文本明确标记,或者通过其他与众不同的方式来实现。

9.3.6.3.11 工作单元 ASE_REQ.1-11

评估者**应检查**IT 安全要求的陈述,以确定实施了所有的赋值和选择操作。

评估者应确定所有组件中的所有赋值和选择操作都已被完全实施(在组件中没有留下任何选择需要做),或者没有完全实施但有适当的理由。

例如,在 FTA_MCS.1“多重并发会话的基本限制”中,当对属于同一用户的并发会话数实施赋值操作时,指定数值的范围就是一个没有完全实施的操作。对此做出适当解释的理由就是这个数值将由管理员在 TOE 安装时从数值范围中选出。

9.3.6.3.12 工作单元 ASE_REQ.1-12

评估者**应检查**ST,以确定所有操作都已正确执行。

评估者应比较每条陈述和导出陈述的元素,以确定:

a) 对于赋值操作,所选的参数或变量的值符合赋值要求的指定类型。

b) 对于选择操作,选择项是在元素选择部分中指定的一项或多项。评估者也应确定符合要求的所选项的数目。某些要求只需要选取一个选项(例如 FAU_GEN.1.1.b),有些情况允许有多个选项(如 FDP_ITT.1.1 第二个操作)。

c) 对于细化操作,组件以这样的方式细化:满足细化要求的 TOE 也满足非细化要求。如果细化后的要求超过该限制,则认为是一个扩展要求。

例如,ADV_SPM.1.2.C TSP 模型应描述所有能被模型化的 TSP 策略的规则和特征。细化:TSP 模型只需要覆盖访问控制。如果访问控制策略是唯一的 TSP 策略,那么这就是有效的细化。如果 TSP 中还有标识和鉴别策略,而且细化声明只有访问控制需要被模型化,那么这就不是一个有效的细化。

细化的一种特殊情形是编辑上的细化,即在要求上做一个小的变化,也就是因遵守正确语法对句子进行改写。这种变化不允许以任何方式改变要求的含义。

编辑细化的一个例子是带有单一行为的 FAU_ARP.1,ST 作者可以将文字“当检测到潜在的安全侵害时,TSF 应向操作员发出通知”,改写成“当检测到潜在的安全侵害时,TSF 应通知操作员”。

应提醒评估者的是编辑上的细化应清楚地标识(见工作单元 ASE_REQ.1-10)。

d) 对于反复操作,一个组件的每个反复操作都不同于该组件的另一次反复(至少组件的某个元素不同于另一个组件的对应元素),或这个组件将应用于 TOE 的不同部分。

9.3.6.3.13 工作单元 ASE_REQ.1-13

ISO/IEC 15408-3 ASE_REQ.1.7C 应满足 ST 中 IT 安全要求之间的依赖关系。

评估者应检查 IT 安全要求的陈述，以确定 IT 安全要求陈述中使用的组件所要求的依赖关系都得到了满足。

依赖关系可以通过将相关组件(或从属于相关组件的组件)包含到 TOE 安全要求陈述中来满足，或作为一个要求，声称由 TOE 的 IT 环境来满足。

尽管 ISO/IEC 15408 通过依赖关系包含列表为依赖关系分析提供支持，但不能证明没有其他依赖关系存在。其他依赖关系的例子有：涉及"所有客体"或"所有主体"的元素与列出这些客体或主体的另一个元素或元素集的细化之间就存在依赖关系。

IT 环境中必要的安全要求依赖关系应在 ST 中陈述并得到体现和满足。

应该提醒评估者的是：ISO/IEC 15408 并不要求所有依赖关系都得到满足，见下一个工作单元。

9.3.6.3.14 工作单元 ASE_REQ.1-14

ISO/IEC 15408-3 ASE_REQ.1.8C 证据应证明为何一个未满足的依赖关系却是适当的。

评估者***应检查***安全要求基本原理，以确定对每一种没有满足安全要求依赖关系的情况都作了适当的证明。

给定已标识的安全目的，评估者应确定该证明解释了不必包括依赖关系的原因。

评估者应确认任何未满足的依赖关系并没有妨碍安全功能要求充分体现安全目的。该分析见 ASE _REQ.1.12C。

适当证明的例子如：当一个软件 TOE 有一个安全目的"鉴别失败时，应将用户的身份、时间和日期记录下来"且采用 FAU_GEN.1"审计数据产生"作为功能要求来满足这个安全目的。FAU_GEN.1 包含了与 FPT_STM.1"可靠时间戳"的依赖关系。由于 TOE 不包含时钟机制，FPT_STM.1 则被 ST 作者定义为 IT 环境要求。ST 作者用这样一个理由说明这个要求没有得到满足："在特定环境下，可能会存在时间戳机制攻击行为，因此环境就不能传送可靠的时间戳。然而，一些威胁主体没有执行攻击时间戳机制的能力，而且由这样的威胁主体实施的攻击可以通过记录攻击的时间和日期来分析"。

9.3.6.3.15 工作单元 ASE_REQ.1-15

ISO/IEC 15408-3 ASE_REQ.1.9C ST 应包含一个关于 TOE 安全功能要求的最低功能强度级别的陈述，可适当选取基本级功能强度、中级功能强度或高级功能强度中的一个。

评估者***应核查***ST 是否包括一个 TOE 安全功能要求的最低功能强度级别陈述，这个级别可以是基本级功能强度(基本级 SOF)、中级功能强度(中级 SOF)或高级功能强度(高级 SOF)。

如果 TOE 安全保证要求不包括 AVA_SOF.1"TOE 安全功能强度评估"，则本工作单元不适用，并视为已经满足。

密码算法的强度超出了 ISO/IEC 15408 的范围。功能强度只适用于非加密的概率或置换机制。因此，当 ST 包含一个最低 SOF 的声明时，且该声明不适用于任何与 ISO/IEC 15408 评估有关的密码机制。当 TOE 包含密码机制时，评估者应该确定 ST 是否包含一个清晰的陈述，说明算法强度的评估不属于该评估的范围。

TOE 可能包括多个不同的域，ST 作者认为每个域有一个最低的功能强度级别，比 TOE 作为一个整体有一个最低的功能强度级别更加实用。在这种情况下，允许将 TOE 安全功能要求划分成不同的组，每个组有不同的最低功能强度级别。

例如分布式终端系统，该系统的用户终端在公共区，管理员终端在物理安全区。用户终端的鉴别要求的安全功能强度是中级 SOF，管理员终端的鉴别要求的安全功能强度是基本级 SOF。并没有说

TOE的最低功能强度是基本级SOF,否则,可能会使TOE潜在的客户相信利用用户终端攻击鉴别机制是一件相对容易的事情,因此ST作者把TOE划分为用户域和管理域,将TOE安全功能要求划分成两组分属这两个域,分配给属于管理域的一组要求的最低功能强度为基本级SOF,分配给属于用户域的一组要求的最低功能强度为中级SOF。

9.3.6.3.16 **工作单元ASE_REQ.1-16**

ISO/IEC 15408-3 ASE_REQ.1.10C 安全要求的陈述应标识所有需要一个明确的功能强度声明的安全功能要求,连同每一个这种安全功能要求的明确的功能强度声明。

评估者***应核查***ST是否标识了所有特定的TOE安全功能要求,对这些要求给出明确的功能强度声明是适当的,相应的特定功能强度或度量也是合适的。

如果TOE安全保证要求不包括AVA_SOF.1"TOE安全功能强度评估",则本工作单元不适用,并视为已经满足。

明确的功能强度声明既可是基本级功能强度、中级功能强度或高级功能强度,也可是一个既定的特定尺度。如使用的是特定尺度,评估者应确定对特定的功能要求类型,该强度声明是合适的,并且指定的尺度是可评估的。本工作单元涉及ST作者需要调整特定SOF要求(即比ST的总体SOF声明更高)或使用一个度量的情形。TOE安全功能要求的明确SOF声明可以由ST作者规定。如果没有任何明确的声明,ST的总体声明适用于ST所规定的所有TOE安全功能要求。评估者应确认明确的SOF声明是与ST的其他部分是一致的。

一个ST可能拥有多个SOF声明规范。对ST可能有一个总体SOF声明,ST中的TOE安全功能要求可能有一个SOF声明。

评估体制可能会提供有关功能强度度量的适合性和适宜性的进一步指导。

9.3.6.3.17 **工作单元ASE_REQ.1-17**

ISO/IEC 15408-3 ASE_REQ.1.11C 安全要求基本原理应证实ST的最低功能强度级别连同任何明确的功能强度声明,与TOE的安全目的是一致的。

评估者***应检查***安全要求基本原理,以确定它证实了最低功能强度级别及任何明确的功能强度声明与TOE安全目的是一致的。

如果TOE安全保证要求不包括AVA_SOF.1"TOE安全功能强度评估",则本工作单元不适用,并视为已经满足。

评估者应确定基本原理考虑了诸如在TOE安全环境陈述中描述的攻击者可能具有的专门知识、资源和动机等细节。例如,如果要求TOE提供防范以对抗具有高攻击潜力的攻击者,则基本级SOF声明就是不适当的。

评估者还应确定基本原理考虑了安全目的中所有特定的强度相关特性。评估者可采用将要求追溯到目的的方式,来确定如果合适的话,能够追溯到安全目的的带有特定的强度相关特性的那些要求是否具有适当的功能强度声明。

9.3.6.3.18 **工作单元ASE_REQ.1-18**

ISO/IEC 15408-3 ASE_REQ.1.12C 安全要求基本原理应证实IT安全要求正好满足安全目的。

评估者***应检查***安全要求基本原理,以确定TOE安全要求能够追溯到TOE的安全目的。

评估者确定每个TOE安全功能要求至少能追溯到TOE的一个安全目的。

如果不能追溯,则表明安全要求基本原理是不完备的,或安全目的是不完备的,或TOE安全功能要求没有实际意义。

TOE的某些或所有安全保证要求不一定追溯到TOE的安全目的。

TOE 的安全保证要求回溯到 TOE 的安全目的例子如:ST 中包含“用户通过用一台误认为是 TOE 的设备,而无意泄露信息”这样一个威胁,且 TOE 的安全目的“TOE 应该清楚标出版本号”能对抗此种威胁。TOE 的安全目的可以通过满足 ACM_CAP.1“版本号”来实现,因此 ST 作者就将 ACM_CAP.1 追溯到该 TOE 安全目的。

9.3.6.3.19 工作单元 ASE_REQ.1-19

评估者***应检查***安全要求基本原理,以确定 IT 环境安全要求能够追溯到环境的安全目的。

评估者确定每个 IT 环境安全功能要求至少能追溯到一个环境安全目的。

如果不能追溯,则表明安全要求基本原理是不完备的,或环境安全目的是不完备的,或 IT 环境安全功能要求没有实际意义。

IT 环境的某些或所有安全保证要求不一定追溯到环境安全目的。

9.3.6.3.20 工作单元 ASE_REQ.1-20

评估者***应检查***安全要求基本原理,以确定对于每个 TOE 安全目的,该原理都包含一个证明 TOE 安全要求恰好满足安全目的的适当论证。

如果 TOE 安全要求都不能追溯到 TOE 的安全目的,则本工作单元为“不通过”。

评估者应确定有关 TOE 安全目的的论证阐明了:如果追溯到安全目的的所有 TOE 安全要求都得到满足,那么就实现了对应的 TOE 安全目的。

评估者还应确定每个可追溯到 TOE 安全目的的 TOE 安全要求得到满足时,实际上促成了该 TOE 安全目的的达到。

应当注意的是,在安全要求基本原理中将 TOE 安全要求追溯到 TOE 安全目的,可以作为论证的一部分,但其本身不是完整的论证过程。

9.3.6.3.21 工作单元 ASE_REQ.1-21

评估者***应检查***安全要求基本原理,以确定对于每个 IT 环境安全目的,该原理都包含一个证明 IT 环境安全要求恰好满足 IT 环境安全目的的适当论证。

如果 IT 环境安全要求都不能追溯到 IT 环境的安全目的,则本工作单元为“不通过”。

评估者应确定有关 IT 环境安全目的的论证阐明了:如果追溯到安全目的的所有 IT 环境安全要求都得到满足,那么就实现了对应的 IT 环境安全目的。

评估者还应确定每个可追溯到 IT 环境安全目的的 IT 环境安全要求得到满足时,实际上促成了 IT 环境安全目的的达到。

应当注意的是,在安全要求基本原理中将 IT 环境安全要求追溯到 IT 环境安全目的,可以作为论证的一部分,但其本身不是完整的论证过程。

9.3.6.3.22 工作单元 ASE_REQ.1-22

ISO/IEC 15408-3 ASE_REQ.1.13C 安全要求基本原理应证实这组 IT 的安全要求组成了一个相互支持并内在一致的整体。

评估者***应检查***安全要求基本原理,以确定它证实了该组 IT 安全要求是内在一致的。

评估者应确定所有将不同 IT 安全要求应用到同一类型的事件、操作、数据和实施的测试等的情形,这些要求可能会互相冲突,此时应该提供适当的证明来说明事实并非如此。

例如,如果 ST 关于单个用户责任可追查性和用户匿名两方面的要求,则需要阐明这些要求不会冲突。这可通过说明单个用户责任可追查性的可审计事件与需要用户匿名的操作无关来证明。

一致性分析指南见 A.3“一致性分析”。

9.3.6.3.23 工作单元 ASE_REQ.1-23

评估者*应检查*安全要求基本原理，以确定它证实了该组 IT 安全要求形成一个互相支持的整体。

本工作单元建立在工作单元 ASE_REQ.1-18、ASE_REQ.1-19、ASE_REQ.1-20 和 ASE_REQ.1-21 所作决定的基础上，其中 ASE_REQ.1-18 和 ASE_REQ.1-19 检查 IT 安全要求能否追溯到安全目的，ASE_REQ.1-20 和 ASE_REQ.1-21 检查 IT 安全要求是否恰好满足安全目的。本工作单元要求评估者考虑这种可能性：因缺乏其他 IT 安全要求的支持，安全目的实际上不能实现。

由于存在这样的情况：功能要求 A 依赖于功能要求 B，而 B 通过定义支持 A，所以本工作单元也建立在前述工作单元依赖关系分析的基础上。

评估者确定安全要求基本原理能够证实功能要求在必要的时候互相支持，即使没有迹象表明这些要求之间存在依赖关系。该证实应提出安全功能要求能：

a) 防止其他安全功能要求的旁路，如 FDP_ RVM.1“TSP 的不可旁路性”；

b) 防止其他安全功能要求的篡改，如 FPT_SEP“域分离”；

c) 防止其他安全功能要求的失效，如 FPT_MOF.1“安全功能行为的管理”；

d) 激活对试图挫败其他安全功能要求的攻击行为的探测，如 FAU“安全审计”类的组件。

在分析时，评估者应考虑已执行的操作是否影响要求间的相互支持。

9.3.6.4 行为 ASE_REQ.1.2E

9.3.6.4.1 工作单元 ASE_REQ.1-24

评估者*应检查*IT 安全要求陈述，以确定其是有条理的。

如果 IT 安全要求描述的文本和结构能被其目标读者(即评估者和客户)理解的话，IT 安全要求陈述就是有条理的。

9.3.6.4.2 工作单元 ASE_REQ.1-25

评估者*应检查*IT 安全要求陈述，以确定它们是完备的。

本工作单元利用来自 ASE_REQ.1.1E 和 ASE_SRE.1.1E 所要求工作单元的结果，特别是评估者对安全要求基本原理的检查结果。

如果所有要求的操作都已完成，且评估者判定安全要求足以保证所有 TOE 安全目的都已满足，则安全要求陈述就是完备的。

9.3.6.4.3 工作单元 ASE_REQ.1-26

评估者*应检查*IT 安全要求陈述，以确定它们是内在一致的。

本工作单元利用来自 ASE_REQ.1.1E 和 ASE_SRE.1.1E 所要求工作单元的结果，特别是评估者对安全要求基本原理的检查结果。

如果评估者确定没有安全要求与任何其他的安全要求相冲突，因为冲突的话安全目的就不能被完全满足，那么安全要求陈述就是内在一致的。

一致性分析指南见 A.3“一致性分析”。

9.3.7 明确陈述的 IT 安全要求的评估(ASE_SRE.1)

9.3.7.1 目的

本子活动的目的是确定未引用 ISO/IEC 15408 进行表述的安全功能要求或安全保证要求是否适当和充分。

9.3.7.2 输入

本子活动的评估证据是：

a) ST。

9.3.7.3 应用注释

本条只适于ST中包含未引用ISO/IEC 15408-2或ISO/IEC 15408-3进行明确陈述的IT安全要求的情形。否则，本条的所有工作单元都不适用，并视为已经满足。

ASE_SRE“明确陈述的IT安全要求”是对ASE_REQ“IT安全要求”的补充，而不是替代。也就是说，未引用ISO/IEC 15408-2或ISO/IEC 15408-3进行明确陈述的IT安全要求应按照ASE_SRE“明确陈述的IT安全要求”标准和包括ASE_REQ“IT安全要求”在内的其他安全要求标准的组合进行评估。

9.3.7.4 行为 ASE_SRE.1.1E

9.3.7.4.1 工作单元 ASE_SRE.1-1

ISO/IEC 15408-3 ASE_SRE.1.1C 应标识所有未引用 ISO/IEC 15408 而明确陈述的 TOE 安全要求。

评估者**应核查**IT安全要求陈述，是否标识了所有未引用ISO/IEC 15408而明确陈述的TOE安全要求。

任何不使用ISO/IEC 15408-2功能组件的TOE安全功能要求，应该被清晰地标识。同样，任何不使用ISO/IEC 15408-3保证组件的TOE安全保证要求，也应该被清晰地标识。

9.3.7.4.2 工作单元 ASE_SRE.1-2

ISO/IEC 15408-3 ASE_SRE.1.2C 应标识所有不引用 ISO/IEC 15408 而明确陈述的 IT 环境安全要求。

评估者**应核查**IT安全要求陈述，是否标识了没有引用ISO/IEC 15408而明确陈述的所有IT环境安全要求。

任何不使用ISO/IEC 15408-2功能组件的IT环境安全功能要求，应该被清晰地标识。同样，任何不使用ISO/IEC 15408-3保证组件的IT环境安全保证要求，也应该被清晰地标识。

9.3.7.4.3 工作单元 ASE_SRE.1-3

ISO/IEC 15408-3 ASE_SRE.1.3C 应由证据证明为何这些安全要求应被明确陈述。

评估者**应检查**安全要求基本原理，以确定它恰当地证明了为何每个明确陈述的IT安全要求应要被明确陈述。

评估者确定对于每个明确陈述的IT安全要求，证明应解释为什么已有的功能或保证组件(分别选自ISO/IEC 15408-2和ISO/IEC 15408-3)不能用于表达所讨论的明确陈述IT安全要求。在做出决定时，评估者应该考虑对已有的功能或保证组件实施诸如赋值、反复或细化等操作的可能性。

9.3.7.4.4 工作单元 ASE_SRE.1-4

ISO/IEC 15408-3 ASE_SRE.1.4C 明确陈述的 IT 安全要求应以 ISO/IEC 15408 的要求组件、族和类作为表述的模板。

评估者**应检查**每个明确陈述的IT安全要求，以确定该要求用ISO/IEC 15408要求的组件、族和类作为表述的模板。

评估者确定明确陈述的 IT 安全要求与 ISO/IEC 15408-2 或 ISO/IEC 15408-3 组件的表述形式相同且达到相当的详细程度。评估者还确定功能要求被分解成单个功能元素，并且保证要求详细说明了开发者行为元素、证据的内容和形式元素以及评估者行为元素。

9.3.7.4.5 工作单元 ASE_SRE.1-5

ISO/IEC 15408-3 ASE_SRE.1.5C 明确陈述的 IT 安全要求应是可度量的，并陈述了客观的评估要求，这样就可以决定和系统地证实一个 TOE 是否遵从这些要求。

评估者***应检查***每个明确陈述的 IT 安全要求，以确定它是可度量的并陈述了客观的评估要求，这样就能决定并系统地证实一个 TOE 是否遵从这些要求。

评估者确定功能要求以某种方式表述，使得它们是可测试的，并且是可通过适当的 TSF 表述进行追溯的。评估者还确定保证要求避免了要求评估者做出主观判定。

已有的 ISO/IEC 15408 功能和保证要求都可以用作遵从这一要求的模板。

9.3.7.4.6 工作单元 ASE_SRE.1-6

ISO/IEC 15408-3 ASE_SRE.1.6C 明确陈述的 IT 安全要求应被清楚且无歧义地表述。

评估者***应检查***每个明确陈述的 IT 安全要求，以确定其表述是清楚且无歧义的。

已有的 ISO/IEC 15408 功能和保证要求都可以用作遵从这一要求的模板。

9.3.7.4.7 工作单元 ASE_SRE.1-7

ISO/IEC 15408-3 ASE_SRE.1.7C 安全要求基本原理应证实保证要求是适用的，并且适合于支持任何明确陈述的 TOE 安全功能要求。

评估者***应检查***安全要求基本原理，以确定它证实了保证要求是适用的，并且适合于支持任何明确陈述的 TOE 安全功能要求。

评估者确定特定保证要求的应用是否会得到关于每个明确陈述的安全功能要求的有意义的评估结果，或者是否应指定其他保证要求。比如，一个明确陈述的功能要求可能隐含要求特殊的文档证据（诸如一个 TSP 模型）、测试深度或分析（诸如 TOE 安全功能强度分析或隐蔽通道分析）。

9.3.7.5 行为 ASE_SRE.1.2E

9.3.7.5.1 工作单元 ASE_SRE.1-8

评估者***应检查***IT 安全要求陈述，以确定任何明确陈述的 IT 安全功能要求的所有依赖关系都已被标识。

评估者确认 ST 作者没有忽略任何可用的依赖关系。

可能存在依赖关系的例子有：如果明确陈述的功能要求提到审计，则可能与 FAU“安全审计”类的组件有依赖关系；如果明确陈述的保证要求提到源代码或 TOE 实现表述，则可能与 ADV_IMP“实现表示”有依赖关系。

9.3.8 TOE 概要规范的评估（ASE_TSS.1）

9.3.8.1 目的

本子活动的目的是确定 TOE 概要规范是否为安全功能和安全保障措施提供了清晰的、一致的高层定义，且满足指定的 TOE 安全要求。

9.3.8.2 输入

本子活动的评估证据是：

a) ST。

9.3.8.3 行为 ASE_TSS.1.1E

9.3.8.3.1 工作单元 ASE_TSS.1-1

ISO/IEC 15408-3 ASE_TSS.1.1C TOE 概要规范应描述 TOE 的 IT 安全功能和保证措施。

评估者***应核查***TOE 概要规范，是否描述了 TOE 的 IT 安全功能和保证措施。

评估者确认 TOE 概要规范提供了声称满足 TOE 安全功能要求的安全功能高层定义和声称满足 TOE 安全保证要求的保证措施高层定义。

保证措施可以通过引用满足安全保证要求的文件（如相关质量计划、生命周期计划、管理计划）来明确陈述或定义。

9.3.8.3.2 工作单元 ASE_TSS.1-2

ISO/IEC 15408-3 ASE_TSS.1.2C TOE 概要规范应把 IT 安全功能追溯到 TOE 安全功能要求，这样就能看出哪个 IT 安全功能满足了哪个 TOE 安全功能要求，以及每个 IT 安全功能是否至少满足一个 TOE 安全功能要求。

评估者***应核查***TOE 概要规范，以确定每个 IT 安全功能是否至少回溯到了一个 TOE 安全功能要求。

如果不能追溯，则表明 TOE 概要规范是不完备的，或 TOE 安全功能要求是不完备的，或 IT 安全功能没有实际意义。

9.3.8.3.3 工作单元 ASE_TSS.1-3

ISO/IEC 15408-3 ASE_TSS.1.3C 应用一个非形式化的方式定义 IT 安全功能，其详细程度需达到其意图可被理解的水平。

评估者***应检查***每个 IT 安全功能，以确定它是否以非形式化的方式进行描述，且详细程度达到了可以理解其意图的水平。

有时，一个 IT 安全功能并不比对应的一个或多个 TOE 安全功能要求提供更详细的信息。此外，ST 作者可能包括一些 TOE 特定细节，例如用 TOE 的特定术语来代替诸如“安全特性”这类一般术语。

注意，此处不允许对 IT 安全功能做半形式化或形式化的描述，除非对同一安全功能还伴有一个非形式化描述。此处目的是要理解功能的含义，而不是确定诸如功能的完整性或正确性之类的属性。

9.3.8.3.4 工作单元 ASE_TSS.1-4

ISO/IEC 15408-3 ASE_TSS.1.4C 对 ST 中所包含安全机制的所有引用，应追溯到相应的安全功能，这样就能看出在每个功能实现中使用了哪些安全机制。

评估者***应检查***TOE 概要规范，以确定 ST 中安全机制的所有引用都可追溯到 IT 安全功能。

在 ST 中对安全机制的引用是可选的，比如在要求实现特殊协议或算法（如特定的口令产生或加密算法）时才适用。如果 ST 没有包含安全机制的引用，则本工作单元不适用，并视为已经满足。

评估者确定 ST 所引用的每个安全机制都能追溯到至少一个 IT 安全功能。

如果不能追溯，则表明 TOE 概要规范是不完备的，或者安全机制没有实际意义。

9.3.8.3.5 工作单元 ASE_TSS.1-5

ISO/IEC 15408-3 ASE_TSS.1.5C TOE 概要规范的基本原理应证实 IT 安全功能恰好满足 TOE 安全功能要求。

评估者***应检查***TOE 概要规范基本原理，以确定对于每个 TOE 安全功能要求而言，它都包含了证明 IT 安全功能恰好满足 TOE 安全功能要求的合适理由。

如果没有 IT 安全功能追溯到 TOE 安全功能要求，则本工作单元为“不通过”。

评估者确定有关 TOE 安全功能要求的证明阐明了：如果所有追溯到 TOE 安全功能要求的 IT 安全功能都已实现，则该 TOE 安全功能要求就得到满足。

评估者还确定每个可追溯到 TOE 安全功能要求的 IT 安全功能，当其实现时，实际上促成了 TOE 安全功能要求的满足。

注意，将 TOE 概要规范中提供的 IT 安全功能追溯到 TOE 安全功能要求，可以作为证明的一部分，但其本身并不构成证明。

9.3.8.3.6 工作单元 ASE_TSS.1-6

评估者***应检查***TOE 概要规范的基本原理，以确定为 IT 安全功能声称的功能强度与 TOE 安全功能要求的功能强度是一致的。

本工作单元利用 ASE_TSS.1-10 工作单元的评估结果。

评估者确定每个 IT 安全功能的功能强度声明都是适当的，且 TOE 概要规范基本原理证明了该声明对所有它可追溯到的 TOE 安全功能要求都是足够的。

通常足够的含义是指 IT 安全功能的功能强度声明相当于或高于所有 TOE 安全功能要求的功能强度，但是可能有例外。比如，在鉴别中，连续使用多个低强度的功能实现一个中等强度的鉴别要求（如生物测定和 PIN）。

9.3.8.3.7 工作单元 ASE_TSS.1-7

ISO/IEC 15408-3 ASE_TSS.1.6C TOE 概要规范的基本原理应证实特定的 IT 安全功能组合在一起能够满足 TOE 安全功能要求。

评估者***应检查***TOE 概要规范的基本原理，以确定它证明了特定的 IT 安全功能组合在一起能够满足 TOE 安全功能要求。

本工作单元建立在工作单元 ASE_REQ.1-23 中对 TOE 安全功能要求实施互相支持决定的基础上。在分析时，评估者应该评价包含在 IT 安全功能中附加信息的影响，以确定包含这类信息不会引入潜在的安全脆弱性，如绕过、篡改和使其他安全功能失效。

9.3.8.3.8 工作单元 ASE_TSS.1-8

ISO/IEC 15408-3 ASE_TSS.1.7C TOE 概要规范应把保证措施追溯到保证要求，这样就能看出哪个措施有助于满足哪个要求。

评估者***应核查***TOE 概要规范，以确定每个保证措施至少能追溯到一个 TOE 安全保证要求。

如果不能追溯，则表明 TOE 概要规范或 TOE 安全保证要求的陈述是不完备的，或者保证措施没有实际意义。

9.3.8.3.9 工作单元 ASE_TSS.1-9

ISO/IEC 15408-3 ASE_TSS.1.8C TOE 概要规范的基本原理应证实保证措施满足 TOE 所有的保证要求。

评估者**应检查**TOE 概要规范基本原理，以确定对于每个 TOE 保证要求而言，它都包含了证明保证措施满足对应的 TOE 安全保证要求的适当理由。

如果没有保证措施追溯到 TOE 安全保证要求，则本工作单元为“不通过”。

评估者确定有关 TOE 安全保证要求的证明阐明了：如果所有追溯到 TOE 安全保证要求的保证措施都已实现，那么该 TOE 安全保证要求就得到满足。

评估者还确定每个可追溯到 TOE 安全保证要求的保证措施，当其实现时，实际上促成了 TOE 安全保证要求的满足。

保证措施描述了开发者如何处理保证要求。本工作单元的目的是确定特定的保证措施恰好满足保证要求。

注意，将 TOE 概要规范中提供的保证措施追溯 TOE 安全保证要求，可以作为证明的一部分，但其本身并不构成证明。

9.3.8.3.10　工作单元 ASE_TSS.1-10

ISO/IEC 15408-3 ASE_TSS.1.9C 适当时，TOE 概要规范应标识所有由概率或置换机制实现的 IT 安全功能。

评估者**应核查**TOE 概要规范，是否标识了所有由概率或置换机制实现的 IT 安全功能。

如果 TOE 安全保证要求不包括 AVA_SOF.1“TOE 安全功能强度评估”，则本工作单元不适用，并视为已经满足。

如果对其他评估证据分析后，发现置换或概率机制并不像 ST 中标识出那样的话，可以再次使用本工作单元。

9.3.8.3.11　工作单元 ASE_TSS.1.11

ISO/IEC 15408-3 ASE_TSS.1.10C TOE 概要规范应对每一个适当的 IT 安全功能提出其功能强度声明，要么为一个特定的尺度，要么为基本级功能强度、中级功能强度、高级功能强度中的一个。

评估者**应核查**每个 IT 安全功能是否适于规定一个功能强度声明，TOE 概要规范提出功能强度声明要么为一个特定的尺度，要么为基本级功能强度、中级功能强度、高级功能强度中的一个。

如果 TOE 安全保证要求不包括 AVA_SOF.1“TOE 安全功能强度评估”，则本工作单元不适用，并视为已经满足。

9.3.8.4　行为 ASE_TSS.1.2E

9.3.8.4.1　工作单元 ASE_TSS.1-12

评估者**应检查**TOE 概要规范，以确定它是完备的。

如果评估者判定 IT 安全功能和保证措施足以保证所有指定的 TOE 安全要求都已满足，那么 TOE 概要规范是完备的。本工作单元应与工作单元 ASE_TSS.1-5 和 ASE_TSS.1-9 一起使用。

9.3.8.4.2　工作单元 ASE_TSS.1-13

评估者**应检查**TOE 概要规范，以确定它是有条理的。

如果 TOE 概要规范的文本和结构都能被其目标读者（例如：评估者和开发者）理解的，TOE 概要规范就是有条理的。

9.3.8.4.3　工作单元 ASE_TSS.1-14

评估者**应检查**TOE 概要规范，以确定它是内在一致的。

如果评估者确定IT安全功能或保证措施之间没有冲突，因为冲突的话TOE安全要求就不能被完全满足，那么TOE概要规范就是内在一致的。

一致性分析指南见A.3"一致性分析"。

10 EAL1评估

10.1 简介

EAL1提供了一种基本级别的保证。评估者使用功能规范和指导性文档，对安全功能进行分析，以理解安全行为，并进行TOE安全功能子集的独立性测试。

10.2 目的

本章的目的是定义达到EAL1级评估所需的最少的评估工作，并对完成评估的方式方法提供指导。

10.3 EAL1评估相互关系

EAL1评估包括以下活动：

a) 评估输入任务(第7章)。

b) EAL1评估活动包括：

   1) ST评估(第9章)；

   2) 配置管理评估(10.4)；

   3) 交付和运行文档评估(10.5)；

   4) 开发文档评估(10.6)；

   5) 指导性文档评估(10.7)；

   6) 测试(10.8)。

c) 评估输出任务(第7章)。

评估活动源于ISO/IEC 15408-3所包含的EAL1保证要求。

ST评估应在所有TOE评估子活动之前启动，因为ST为执行这些评估子活动提供了基础和背景。

本章描述了构成EAL1评估的子活动。尽管各子活动通常可以不同程度的并行，但评估者应考虑子活动间的依赖关系。

有关依赖关系的指南见附录A。

10.4 配置管理活动

配置管理活动的目的是帮助用户识别被评估的TOE。

10.4.1 CM能力评估(ACM_CAP.1)

10.4.1.1 目的

本子活动的目的是确定开发者是否已清楚地标识了TOE。

10.4.1.2 输入

本子活动的评估证据是：

a) ST；

b) 适于测试的TOE。

10.4.1.3 行为 ACM_CAP.1.1E

10.4.1.3.1 工作单元 1:ACM_CAP.1-1

ISO/IEC 15408-3 ACM_CAP.1.1C TOE 参照号对 TOE 的每个版本都应当是唯一的。

评估者*应核查*用于评估的 TOE 版本有唯一的参照号。

该保证组件除了要求唯一的参照号外,并不要求开发者使用 CM 系统。因此评估者可以通过核查其他可采购的 TOE 版本有没有相同的参照号,来核实 TOE 版本的唯一性。如果评估中采用了高于 ISO/IEC 15408 要求的 CM 系统,那么评估者可通过核查配置清单来确认参照号的唯一性。如果在评估过程中仅仅检查了一个版本,该项评估证据是不完备的,因此评估者应该查找能够支持唯一参照号的参照系统(比如使用数字、字母或日期)。除非评估者确信该 TOE 能够被唯一标识,否则缺少任何一项参照都将导致对这项要求裁定为"不通过"。

评估者应该设法检查多个 TOE 版本(比如,修正某个漏洞后的版本),以核查两个版本参照号的不同。

10.4.1.3.2 工作单元 1:ACM_CAP.1-2

ISO/IEC 15408-3 ACM_CAP.1.2C 应给 TOE 标记上参照号。

评估者*应核查*所提交评估的 TOE 是否标记了参照号。

评估者应确保 TOE 包含唯一的参照号,以便区分 TOE 的不同版本。这可以通过提供在包装或介质上粘贴标签,或让 TOE 在运行时显示标记等措施来实现,以保证客户在购买或使用时能够识别出 TOE。

TOE 可提供某种方式使得它易于识别。例如,软件形式的 TOE 可以在其启动例程中,或者在响应命令行输入时,显示其名称和版本号。硬件或固件形式的 TOE 可以通过将部件号铭刻在 TOE 上来标识。

10.4.1.3.3 工作单元 1:ACM_CAP.1-3

评估者*应核查*所使用的 TOE 参照号的一致性。

如果 TOE 要多处标记,所有的标记应当是一致的。例如,作为 TOE 一部分而提交的任何一份已标记过的指导性文档都应与被评估的、使用的 TOE 相关。这样就可以确保客户能确认自己所购买和安装的 TOE 版本是经过评估的,并且他们所使用的指南与 ST 一致,可以正确的指导自己使用 TOE。

评估者还应验证该 TOE 参照号是否与 ST 一致。

有关一致性分析的指南参见 A.3"一致性分析"。

10.5 交付和运行活动

交付和运行活动的目的是判断描述用以确保按照开发者期望的方式安装、生成和启动 TOE 程序的文档内容是否充分。

10.5.1 安装、生成和启动评估(ADO_IGS.1)

10.5.1.1 目的

本子活动的目的是确定 TOE 的安全安装、生成和启动程序与步骤是否都已文档化,并最终形成安全的配置。

10.5.1.2 输入

本子活动的评估证据是：

a) 管理员指南；

b) 安全安装、生成和启动程序；

c) 适于测试的 TOE。

10.5.1.3 应用注释

安装、生成和启动程序是指配置 TOE 达到在 ST 中所描述的安全配置所必需的所有安装、生成和启动过程，无论它们是运行在用户现场，还是运行在开发现场。

10.5.1.4 行为 ADO_IGS.1.1E

10.5.1.4.1 工作单元 1：ADO_IGS.1-1

ISO/IEC 15408-3 ADO_IGS.1.1C 安装、生成和启动文档应描述 TOE 安全的安装、生成和启动所必需的所有步骤。

评估者***应核查***是否已经提供了 TOE 安全安装、生成和启动所必需的所有程序。

如果不期望安装、生成和启动程序再次使用(例如，TOE 已经在运行状态下交付)，本工作单元(或者与此相关的部分)就不再适用，并视为已经满足。

10.5.1.5 行为 ADO_IGS.1.2E

10.5.1.5.1 工作单元 1：ADO_IGS.1-2

评估者***应检查***所提供的安装、生成和启动程序，以确认其描述了 TOE 安全安装、生成和启动所需的步骤。

如果不期望安装、生成、启动程序再次使用(例如，TOE 已经在运行状态下交付)，本工作单元(或者与此相关的部分)就不再适用，并视为已经满足。

安装、生成和启动程序可以提供以下详细信息：

a) 对 TSF 控制下相关实体的特定安全特性所做的修改；

b) 对异常情况和问题的处理；

c) 如果适用，列出安全安装所需的最低系统要求。

为了确认安装、生成和启动程序能够形成安全配置，评估者可以只使用所提供的指导性文档，按照开发者的程序，实施客户通常执行的活动以完成对 TOE 的安装、生成和启动(在适用于 TOE 的情况下)。本工作单元可以与工作单元 ATE_IND.1-2 一起被执行。

10.6 开发活动

开发活动的目的是评价设计文档，根据设计文档的充分性来理解 TSF 是如何提供 TOE 安全功能，以此来进行评价。这种理解是通过检查功能规范(描述 TOE 的外部接口)和表示对应性(将功能规范映射到 TOE 的概要规范，以保证一致性)来获得的。

10.6.1 应用注释

ISO/IEC 15408 要求设计文档根据形式化程度来分级。ISO/IEC 15408 将文档的形式化程度分为非形式化、半形式化、形式化三级。非形式化文档是指用自然语言来描述的文档。评估方法没有规定应采用某种语言，这个问题留给评估体制来解决。以下段落分别说明了不同的非形式化文档内容的差别。

一个非形式化功能规范包括一个安全功能描述(类似于 TOE 概要规范的安全功能描述)和一个 TSF 外部可见接口描述。例如,如果操作系统提供给用户一些功能来进行自我身份标识,创建、修改或删除文件,设置文件的访问权限,与远程的机器进行通信,那么它的功能规范应包含对上述每一个功能的描述。如果还有检测和记录这些事件发生的审计功能,那么关于这些审计功能的描述也应该包含在功能规范中;尽管这些审计功能不直接被用户在外部接口所触发,但用户在外部接口的行为的确会对审计功能产生影响。

非形式化的对应性分析不需要采用叙述的方式,一个简单的二维映射就足够了。例如,一个矩阵,沿一个轴的方向列出了模块,沿另一个方向列出了子系统,其中的元素表示两者的对应性,这将在高层设计和低层设计之间提供足够的非形式化对应性。

10.6.2 功能规范评估(ADV_FSP.1)

10.6.2.1 目的

本子活动的目的是确认开发者对 TOE 安全功能是否作了充分描述,以及 TOE 提供的安全功能是否充分足以满足 ST 的安全功能要求。

10.6.2.2 输入

本子活动的评估证据是:

a) ST;

b) 功能规范;

c) 用户指南;

d) 管理员指南。

10.6.2.3 行为 ADV_FSP.1.1E

10.6.2.3.1 工作单元 1:ADV_FSP.1-1

ISO/IEC 15408-3ADV_FSP.1.1C 功能规范应使用非形式化风格来描述 TSF 及其外部接口。

评估者***应检查***功能规范,以确定其包括了所有必需的非形式化解释文本。

如果整个功能规范都是非形式化的,则本工作单元不适用,并视为已经满足要求。

对于那些只采用半形式化或形式化语言进行描述,难以被人理解的功能规范的某些组成部分(例如,为解释任何形式化符号的含义),有必要使用辅助性的叙述描述来帮助理解。

10.6.2.3.2 工作单元 1:ADV_FSP.1-2

ISO/IEC 15408-3ADV_FSP.1.2C 功能规范应是内在一致的。

评估者***应检查***功能规范,以确定它是内在一致的。

评估者通过检查 TSFI 接口描述与 TSF 功能描述是否一致来验证功能规范的一致性。

10.6.2.3.3 工作单元 1:ADV_FSP.1-3

ISO/IEC 15408-3 ADV_FSP.1.3C 功能规范应描述所有外部 TSF 接口的用途与使用方法,适当时应提供效果、例外情况和错误消息的细节。

评估者***应检查***功能规范,以确定其标识了所有的外部 TOE 安全功能接口。

术语"外部"指对用户而言是可见的。TOE 的外部接口或者是 TSF 的直接接口,或者是 TOE 的非 TSF 部分的接口。不过,这些非 TSF 接口可能最终通向 TSF。这些直接或间接通向 TSF 的外部接口共同组成了 TOE 安全功能接口(TSFI)。图 6 表示一个包含 TSF 部分(阴影部分)和非 TSF 部分(空白部分)的 TOE。该 TOE 有三个外部接口:接口 c 是 TSF 的直接接口;接口 b 是 TSF 的间接接口;接口 a 是 TOE 非 TSF 部分的接口。因此,接口 b 和 c 组成了 TSFI。

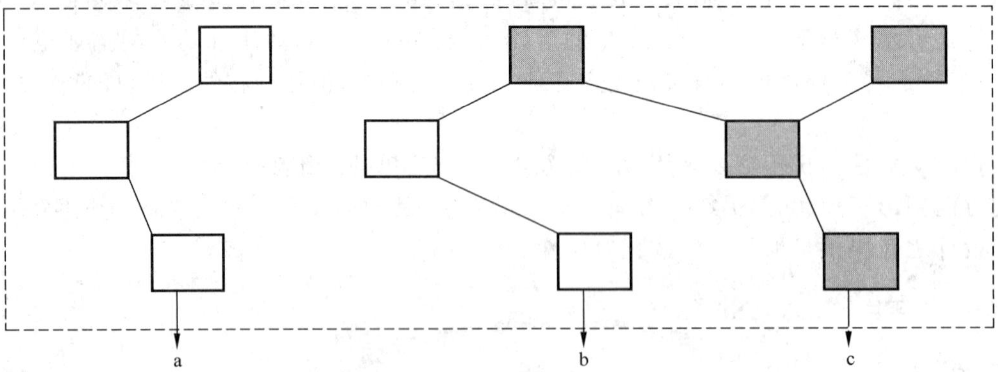

图 6 **TSF 接口**

应该注意的是,所有反映 ISO/IEC 15408-2 功能要求(或者在其扩展组件中)的安全功能应该有某种外部可见的表现形式。尽管有些安全功能不一定能通过其接口来验证,但由于它们在某种程度上是外部可见的,因此也应包含在功能规范中。

10.6.2.3.4 工作单元 1:ADV_FSP.1-4

评估者***应检查***功能规范,以确定其描述了所有外部的 TOE 安全功能接口。

对于一个没有恶意用户威胁的 TOE(即 FPT_PHP"TSF 物理保护"、FPT_RVM"参照仲裁"和 FPT_SEP"域分离"都被排除在 ST 之外),功能规范中描述的(和在其他 TSF 表示描述中进行了扩展的)只是那些通向和来自 TSF 的接口。缺少 FPT_PHP"TSF 物理保护"、FPT_RVM"参照仲裁"和 FPT_SEP"域分离",就假设没有考虑任何安全特性的旁路,因而不用考虑其他接口可能施加给 TSF 的任何可能的影响。

另一方面,如果 TOE 存在恶意用户或旁路之类的威胁(即 FPT_PHP"TSF 物理保护"、FPT_RVM"参照仲裁"和 FPT_SEP"域分离"被包含在 ST 中),所有外部接口都需要在功能规范中进行描述,但是仅需描述到每一种影响都已明确的程度:安全功能的接口(即图 6 中的接口 b 和 c)都被描述了,然而其他接口仅仅描述到明确 TSF 不能通过这些接口(即图 6 中的接口 a,而不是 b)访问的程度。包含 FPT_PHP"TSF 物理保护"、FPT_RVM"参照仲裁"和 FPT_SEP"域分离",意味着所有的接口将对 TSF 有某些影响。由于每一个外部接口都是潜在的 TSF 接口,因此,功能规范应对每一个接口进行详细的描述,以使得评估者能够确定接口是否与安全相关。

某些体系结构易于为外部接口群提供足够详细的描述。例如,在内核结构中所有对操作系统的调用都由内核程序来处理;任何有可能违反 TSP 的调用应由具备这种特权的程序来调用。所有实行特权的程序应被包含在功能规范中。任何在内核之外的没有实行特权的程序是无能力影响 TSP 的(即,这种程序是图 6 中的 a 类的接口,而不是 b 类),因而,可以被排除在功能规范之外。如果是基于上述的内核结构,而且评估者对这种结构能够顺利的了解,那么这种结构不是必需的。

10.6.2.3.5 工作单元 1:ADV_FSP.1-5

评估者***应检查***对 TSFI 的陈述,以确定其正确并充分地描述了每个表示效果、异常和出错信息的外部接口处的 TOE 行为。

为了评估接口描述的充分性和正确性,评估者使用功能规范、ST 的 TOE 概要规范以及用户和管理员指南来评估以下因素:

a) 应标识所有与安全相关的用户输入参数(或这些参数的特性)。为了全面起见,宜标识出管理员可用而普通用户无法直接控制的参数。

b) 对功能规范中语义的描述应当反映所审查指南中描述的所有安全相关行为。它包括一系列通过事件及其影响所表示的行为标识。例如,如果一个操作系统提供了丰富的文件系统接口,并对请求文件无法打开的各种原因(如拒绝访问、文件不存在、文件正被另一个用户使用、用户无权在下午5点后打开文件等)提供了不同的错误代码,功能规范应当解释该文件或者在请求下被打开,如不能打开则返回错误代码。(虽然功能规范可以列举所有错误的原因,但不需要提供细节描述)。对语义的描述应当包括安全要求如何应用于接口(例如,是否可以审计接口的使用情况,假如这样的话,应包含能够记录的信息)。

c) 应描述所有可能操作模式下的所有接口。如果 TSF 提供了特权的概念,对接口的描述应分别解释特权模式或非特权模式时,接口的工作方式。

d) 整个文档中安全相关参数的描述和接口的语法所包含的信息应当是一致的。

对以上因素的核实,是通过审核安全规范和 ST 的 TOE 概要规范、开发者提供的用户和管理员指南来完成的。例如,如果 TOE 是一个操作系统及其底层硬件,评估者可以查找用户可访问的程序的讨论、用于指导程序活动的协议的描述、用于指导程序活动的用户可访问数据库的描述,并查找适用于 TOE 的用户接口(例如命令、应用程序接口)。评估者还要确定处理器的指令集已进行描述。

这种核查可以反复进行,直到包含参数和出错信息的设计、源代码或其他证据都被检查为止,以避免发生功能规范描述不全的情况被评估者忽略。

10.6.2.3.6 工作单元 1:ADV_FSP.1-6

ISO/IEC 15408-3 ADV_FSP.1.4C 功能规范应完备地表示 TSF。

评估者***应检查***功能规范,以确定 TSF 已被完全表示。

为了评估 TSF 表示的完备性,评估者可查阅 ST 的 TOE 概要规范、用户指南和管理员指南。它们应当没有描述在功能规范的 TSF 表示中没有的安全功能。

10.6.2.4 行为 ADV_FSP.1.2E

10.6.2.4.1 工作单元 1:ADV_FSP.1-7

评估者***应检查***功能规范,以确定它是 TOE 安全功能要求的一个完备地实例。

为了确保功能规范涵盖了所有的 ST 安全功能要求,评估者应当建立 TOE 概要规范和功能规范之间的映射。为了满足(ADV_RCR. *“表示对应性”)的对应要求,开发者可能已经提交了这种映射证据;这时评估者只需要验证映射的完备性,确定所有的安全功能要求都映射到功能规范中适当的 TSFI 表示。

10.6.2.4.2 工作单元 1:ADV_FSP.1-8

评估者***应检查***功能规范,以确定它是 TOE 安全功能要求的一个准确实例化。

对于每个具有某种特性的安全功能的接口,功能规范中的详细信息应与 ST 中的相关信息所表述准确一致。例如,如果 ST 中的用户鉴别要求规定了口令长度应为8个字符,那么 TOE 应有8个字符的口令;如果功能规范描述的是6字符的固定长度口令,那么功能规范就不是 TOE 安全功能要求的一个准确实例化。

功能规范中对在受控资源上运行的每个接口,评估者应确定它是否返回了一个错误代码,该错误代码是因为某个安全要求的实施失败而导致的,如果没有返回错误代码,评估者应确定是否需要返回一个错误代码。例如,操作系统可以提供一个接口用于打开一个受控对象,该接口描述中可包含因对受控对象作了未授权的访问而产生的一个错误代码。如果没有这种错误代码,评估者应当确认是否合理(因为,也许访问仲裁是针对读、写的操作执行的,而不是针对打开的)。

10.6.3 表示对应性评估(ADV_RCR.1)

10.6.3.1 目的

本子活动的目的是确定开发者是否在功能规范中正确且完备地执行了 ST 的要求。

10.6.3.2 输入

本子活动的评估证据是:

a) ST;

b) 功能规范;

c) TOE 概要规范和功能规范之间的对应性分析。

10.6.3.3 行为 ADV_RCR.1.1E

ISO/IEC 15408-3 ADV_RCR.1.1C 对于所提供 TSF 表示的每个相邻对,分析应证实,较为抽象的 TSF 表示的所有相关安全功能都在较不抽象的 TSF 表示中得到正确且完备地细化。

10.6.3.3.1 工作单元 1:ADV_RCR.1-1

评估者***应检查***TOE 概要规范和功能规范之间的对应性分析,以确认功能规范是 TOE 安全功能的一个正确且完备的表示。

本工作单元中,评估者的目的是确定 TOE 概要规范中标识的所有安全功能都在功能规范中得到了体现并且是准确地体现。

评估者审核 TOE 概要规范中的 TOE 安全功能和功能规范中的 TOE 安全功能之间的对应性。评估者检查对应的一致性和准确性。当对应性分析中指明了 TOE 概要规范中的一个安全功能和功能规范中一个接口描述之间的关系时,评估者应验证两者中描述的是同一个安全功能。如果 TOE 概要规范的安全功能在所对应的接口中能够正确且完备地实现,那么本工作单元将被视为满足。

本工作单元可与工作单元 ADV_FSP.1-7 和 ADV_FSP.1-8 关联使用。

10.7 指导性文档活动

指导性文档活动的目的是判断该文档是否充分描述了应如何操作 TOE。这些文档针对两类用户:一类是可信的管理员和非管理员用户,他们的不正确行为可能影响 TOE 安全性,另一类是那些不可信用户,他们的不正确行为可能影响其拥有的数据的安全性。

10.7.1 应用注释

指导性文档活动关注那些与 TOE 安全性相关的功能和接口。TOE 的安全配置在 ST 中进行了描述。

10.7.2 管理员指南评估(AGD_AMD.1)

10.7.2.1 目的

本子活动的目的是确定管理员指南是否描述了如何以安全方式管理 TOE。

10.7.2.2 输入

本子活动的评估证据是:

a) ST；

b) 功能规范；

c) 用户指南；

d) 管理员指南；

e) 安全安装、生成和启动程序；

f) 生命周期定义。

10.7.2.3 **应用注释**

术语“管理员”指在TOE中执行关键安全操作(例如,设置TOE配置参数)的可信人员。这些操作可能影响TSP的执行,因此管理员拥有特殊的权限来执行这些操作。管理员角色应当与TOE中的非管理员用户角色明确区分开。

在ST中可定义有不同的管理员角色或管理员组,这些角色和组能可被TOE识别并可执行TOE的安全功能,例如审计员、管理员或日常管理者。每个角色可能具备多种或一种能力。这些角色的能力和相应的特权在FMT类中进行描述。管理员指南中应考虑不同的管理员角色和管理员组。

10.7.2.4 **行为 AGD_ADM.1.1E**

10.7.2.4.1 **工作单元 1:AGD_ADM.1-1**

ISO/IEC 15408-3 AGD_ADM.1.1C 管理员指南应描述 TOE 管理员可使用的管理功能和接口。

评估者***应检查***管理员指南,以确定其描述了TOE管理员可用的管理性安全功能和接口。

管理员指南应包含安全功能的概述,这些安全功能在管理员界面中是可见的。

管理员指南应标识并描述管理性安全接口与功能的用途、行为和相互关系。

对于每个管理性安全接口和功能,管理员指南应当:

a) 描述调用接口的方法(如命令行、程序语言系统调用、菜单选择、命令按钮);

b) 描述由管理员设置的参数及其有效值和默认值;

c) 描述即时的TSF响应、消息或返回代码。

10.7.2.4.2 **工作单元 1:AGD_ADM.1-2**

ISO/IEC 15408-3 AGD_ADM.1.2C 管理员指南应描述如何以安全的方式管理 TOE。

评估者***应检查***管理员指南,以确定它描述了如何以安全的方式管理TOE。

管理员指南描述如何在IT环境中依照TSP运行TOE,这应与ST所描述的情况一致。

10.7.2.4.3 **工作单元 1:AGD_ADM.1-3**

ISO/IEC 15408-3 AGD_ADM.1.3C 管理员指南应包含了在安全处理环境中受控的功能和特权的警示信息。

评估者***应检查***管理员指南,以确定其包含了在安全处理环境中受控的功能和特权的警示信息。

TOE的配置可以允许用户拥有不同的特权来使用TOE的不同功能,这意味着可以授权某些用户执行某些功能,而其他用户无权执行,这些功能和特权应在管理员指南中进行描述。

管理员指南应标识出应控制的功能和特权、控制的类型以及控制的理由。警告应说明预期的效果、可能的负面影响以及与其他功能和特权可能的相互作用。

10.7.2.4.4 **工作单元 1:AGD_ADM.1-4**

ISO/IEC 15408-3 AGD_ADM.1.4C 管理员指南应描述所有与安全操作 TOE 有关的用户行为假设。

评估者**应检查**管理员指南，以确定它描述了所有与安全操作 TOE 有关的用户行为假设。

关于用户行为的假设可以在 ST 的 TOE 安全环境陈述中比较详细的描述，而只有涉及安全操作 TOE 的信息才需要包含在管理员指南中。

例如，要安全操作 TOE 用户有责任对他们的口令进行保密。

10.7.2.4.5 工作单元 1：AGD_ADM.1-5

ISO/IEC 15408-3 AGD_ADM.1.5C 管理员指南应描述所有受管理员控制的安全参数，并说明适当的安全值。

评估者**应检查**管理员指南，以确定它描述了所有受管理员控制的安全参数，并说明适当的安全值。

对于每个安全参数，管理员指南应描述参数的用途、参数的有效值和缺省值，以及这些参数安全与非安全的使用设置。这些参数可以分别描述，也可以综合起来描述。

10.7.2.4.6 工作单元 1：AGD_ADM.1-6

ISO/IEC 15408-3 AGD_ADM.1.6C 管理员指南应描述每一种与需要执行的管理功能有关的安全相关事件，包括改变在 TSF 控制下的实体的安全特性。

评估者**应检查**管理员指南，以确定它描述了每一种与需要执行的管理功能有关的安全相关事件，包括改变在 TSF 控制下的实体的安全特性。

应详尽描述所有类型的安全相关事件，以便管理员知道可能发生什么事件以及为保持安全管理员应采取哪些动作。应充分定义在 TOE 的操作过程中可能发生的安全相关事件(例如，审计迹的溢出、系统崩溃、用户记录的更新——如当用户离开组织时撤消该用户账号)，以允许管理员介入来保持安全。

10.7.2.4.7 工作单元 1：AGD_ADM.1-7

ISO/IEC 15408-3 AGD_ADM.1.7C 管理员指南应与评估提交的所有其他文档保持一致。

评估者**应检查**管理员指南，以确定它与评估提交的所有其他文档是一致的。

特别是在 ST 中可能包含一些对 TOE 管理员提出的关于 TOE 安全环境和安全目的的详细的警告信息。

有关一致性分析的指南参见 A.3“一致性分析”。

10.7.2.4.8 工作单元 1：AGD_ADM.1-8

ISO/IEC 15408-3 AGD_ADM.1.8C 管理员指南应描述所有与管理员有关的 IT 环境安全要求。

评估者**应检查**管理员指南，以确定它描述了所有与管理员有关的 TOE 的 IT 环境安全要求。

如果 ST 中不包含 IT 环境的 IT 安全要求，本工作单元不适用，并视为已经满足。

本工作单元仅与 IT 安全要求有关，而与组织安全策略无关。

评估者应当分析关于 TOE 的 IT 环境安全要求(ST 中的可选陈述)，并与管理员指南比较，以确保 ST 中与管理员有关的所有安全要求都在管理员指南中得到适当的描述。

10.7.3 用户指南评估（AGD_USR.1）

10.7.3.1 目的

本子活动的目的是为了确定用户指南是否描述了由 TSF 提供的安全功能和接口，以及指南是否提供了安全使用 TOE 的相关说明和指导。

10.7.3.2 输入

本子活动的评估证据是：

a) ST；

b) 功能规范；

c) 高层设计；

d) 用户指南；

e) 管理员指南；

f) 安全安装、生成和启动程序。

10.7.3.3 应用注释

在ST中可定义不同的用户角色或用户组，这些角色和组能被TOE识别并可执行TOE的安全功能。这些角色的能力和相应的特权在FMT类中进行描述。用户指南中应考虑不同的用户角色和组。

10.7.3.4 行为 AGD_USR.1.1E

10.7.3.4.1 工作单元 1:AGD_USR.1-1

ISO/IEC 15408-3 AGD_USR.1.1C 用户指南应描述 TOE 的非管理员用户可使用的功能和接口。

评估者***应检查***用户指南，以确定其描述了TOE的非管理员用户可使用的安全功能和接口。

用户指南应包含安全功能的概述，这些安全功能在用户界面中可见的。

用户指南应当标识和描述安全接口和功能的用途。

10.7.3.4.2 工作单元 1:AGD-USR.1-2

ISO/IEC 15408-3 AGD_USR.1.2C 用户指南应描述用户可访问的由 TOE 提供的安全功能的使用。

评估者***应检查***用户指南，以确定它描述了用户可访问的由TOE提供的安全功能的使用。

用户指南应标识和描述用户可用安全接口和功能的行为及其相互关系。

如果允许用户调用TOE安全功能，用户指南应为用户提供该功能接口的描述。

对每个接口和功能，用户指南应当：

a) 描述调用接口的方法（如命令行、程序语言系统调用、菜单选择、命令按钮）；

b) 描述由用户设置的参数及其有效值和默认值；

c) 描述即时的TSF响应、消息或返回代码。

10.7.3.4.3 工作单元 1:AGD-USR.1-3

ISO/IEC 15408-3 AGD_USR.1.3C 用户指南应包含了在安全处理环境中受控的用户可访问功能和特权的警示信息。

评估者***应检查***用户指南，以确定其包含了在安全处理环境中受控的用户可访问功能和特权的警示信息。

TOE的配置可以允许用户拥有不同的特权来使用TOE的不同功能，这意味着可以授权某些用户执行某些功能，而其他用户无权执行，这些用户可访问的功能和特权应在用户指南应中进行描述。

用户指南应标识可用的功能和特权、所需命令的类型以及使用这些命令的理由。用户指南应当包含使用受控的功能和特权时的警告。警告应当说明预期的效果、可能的负面影响以及与其他功能和特权可能的相互作用。

10.7.3.4.4 工作单元 1:AGD_USR.1-4

ISO/IEC 15408-3 AGD_USR.1.4C 用户指南应清晰地阐述安全操作 TOE 所必需的所有用户职责,这些职责包括那些在 TOE 安全环境陈述中的与用户行为相关的假设。

评估者***应检查***用户指南,以确定其阐述了安全操作 TOE 所必需的所有用户职责,这些职责包括那些在 TOE 安全环境陈述中的与用户行为相关的假设。

关于用户行为的假设可以在 ST 的 TOE 安全环境陈述中有比较详细的描述,在用户指南中只需包含涉及 TOE 安全操作的信息。

用户指南应当提供关于有效使用这些安全功能的建议(如审查口令组合的习惯、对用户文件备份频率的建议、对改变用户访问特权所产生影响的讨论)。

例如,要安全操作 TOE 用户有责任对他们的口令进行保密。

用户指南应指出用户是否能够调用某项功能,或者用户是否需要管理员的帮助。

10.7.3.4.5 工作单元 1:AGD-USR.1-5

ISO/IEC 15408-3 AGD_USR.1.5C 用户指南应与评估提交的所有其他文档保持一致。

评估者***应检查***用户指南,以确定其与评估提交的所有其他文档是一致的。

评估者要确保用户指南和评估提交的所有其他文档不会相互矛盾。如果 ST 包含任何对 TOE 用户提出的关于 TOE 安全环境和安全目的的详细警告信息,这一点就尤其重要。

有关一致性分析的指南参见 A.3"一致性分析"。

10.7.3.4.6 工作单元 1:AGD-USR.1-6

ISO/IEC 15408-3 AGD_USR.1.6C 用户指南应描述所有与用户有关的 IT 环境安全要求。

评估者***应检查***用户指南,以确定其描述了所有与用户有关的 TOE 的 IT 环境安全要求。

如果 ST 中不包含 IT 环境的 IT 安全要求,本工作单元不适用,并视为已经满足。

本工作单元仅与 IT 安全要求相关,而与组织安全策略无关。

评估者应分析 TOE 的 IT 环境安全要求(ST 中的可选陈述),并与用户指南比较,以确保所有与用户有关的 ST 安全要求都在用户指南中得到了恰当的描述。

10.8 测试活动

本活动的目的是通过对 TSF 的一个子集进行独立测试,确定 TOE 的行为是否与设计文档中所规定的一样,并且与 ST 中规定的 TOE 安全功能要求一致。

10.8.1 应用注释

评估者测试子集的构成和大小依赖于独立测试子活动(ATE_IND.1"独立测试——一致性")中所讨论的几个因素。已知的公开弱点便是该类因素之一,评估者需访问这些信息(例如,从评估体制获取)。

为了建立测试,评估者应理解安全功能在其满足要求的情况下所期望的预期行为。评估者可以每次选择 TSF 的某个安全功能,检查 ST 要求以及功能规范和指导性文档中的相关部分,以获得对 TOE 的预期行为方式的理解。

10.8.2 独立测试评估(ATE_IND.1)

10.8.2.1 目的

本子活动的目的是通过对 TSF 的一个子集进行独立测试,确定 TOE 是否按规定执行。

10.8.2.2 输入

本子活动的评估证据是：

a) ST；

b) 功能规范；

c) 用户指南；

d) 管理员指南；

e) 安全安装、生成和启动程序；

f) 适于测试的 TOE。

10.8.2.3 行为 ATE_IND.1.1E

10.8.2.3.1 工作单元 1:ATE_IND.1-1

ISO/IEC 15408-3 ATE_IND.2.1C TOE 应适合测试。

评估者***应检查***TOE,以确定测试配置与所评估的 ST 中规定的配置是一致的。

用于评估者测试的 TOE,其唯一参照号应与 CM 能力(ACM-CAP.＊)子活动建立的唯一参照号相同。

ST 有可能指定不止一个评估配置,TOE 可能由多个不同的硬件和软件实现组成,应根据 ST 对它们进行测试。评估者的 TOE 测试配置应与 ST 中所描述的每个评估配置相一致。

评估者应考虑 ST 中所描述的可用于测试环境的关于 TOE 环境安全方面的假设。ST 中可能有一些假设不适用于测试环境。例如,关于用户许可方面的假设可能就不适用,但关于网络单点接入的假设就适用。

如果使用了任何测试资源(例如仪表、分析仪),评估者有责任保证这些资源是校准正确的。

10.8.2.3.2 工作单元 1:ATE_IND.1-2

评估者***应检查***TOE,以确定它已被正确安装并处于一个已知状态。

评估者可能以多种方式来确定 TOE 的状态。例如,只要评估者仍然相信正在用于测试的 TOE 是正确安装的并且处于一个已知状态,先前的 ADO_IGS.1“安装、生成和启动程序”子活动的成功完成将满足本工作单元。如果情况不是这样,那么评估者只需根据提供的指南按照开发者的规程来安装、生成和启动 TOE。

如果由于 TOE 处于未知状态,评估者不得不执行安装过程,在成功完成后即可满足工作单元 ADO_IGS.1-2 的要求。

10.8.2.4 行为 ATE_IND.1.2E

10.8.2.4.1 工作单元 1:ATE_IND.1-3

评估者***应设计***一个测试子集。

评估者选择一个适合于 TOE 的测试子集和测试策略。一个极端的测试策略是让测试子集包含尽可能多的安全功能,但不是很严格地测试它们。另一个极端的测试策略是根据觉察到的相关性,让测试子集包含少数几个安全功能,并严格地测试这些安全功能。

评估者采用的测试方法一般会处于这两种极端情况之间。评估者应至少使用一项测试来试验 ST 中标明的大部分安全功能要求,但不必进行所有的规范测试。

评估者在选择被测 TSF 子集时应该考虑以下因素：

a) 测试子集中包括的安全功能个数。如果 TOE 只包含少量安全功能,就要对所有安全功能进行严格测试。如果 TOE 包含很多安全功能，执行全班测试将是不合算的，此时可执行抽样测试。

b) 维持评估活动的平衡。通常，在评估过程中，测试占评估者工作的 20%～30%。

评估者选择安全功能组成测试子集。这种选择依赖于很多因素，对这些因素的考虑也可能影响测试子集大小的选择：

a) 与 TOE 的类型(例如，操作系统、防火墙)相关的已知公共域中的弱点。这些弱点将影响测试子集的选择过程。评估者应将涉及这些弱点的安全功能包含在子集中(这里的已知公共域中的弱点并不是指脆弱性，而是该类 TOE 所带有的不充分的情况或问题区)。如果不知道这样的弱点，那么采用选择更宽范围安全功能的这一通用方法可能更合适。

b) 安全功能的重要性。根据 TOE 的安全目的，那些较重要的安全功能应包含在测试子集中。

c) 安全功能的复杂性。复杂的安全功能可能需要复杂的测试，这些测试对开发者或评估者施以更繁重的要求，这将不利用提高评估效率。相反，从更易找出错误的角度，复杂的安全功能又是子集的一个理想候选对象。因此，评估者需要在这些考虑因素之间寻求一种平衡。

d) 隐含的测试。某些安全功能的测试可能往往隐含着需要测试其他安全功能，把它们包括在子集中可以使被测安全功能数最大化(虽然是隐含的)。典型地，某些特定接口被用于提供多种安全功能特性，这是一种有效的测试方法。

e) TOE 的接口类型(例如，编程的、命令行的、协议的)。评估者应考虑在子集中包括 TOE 支持的所有不同接口类型的测试。

f) 创新的或不寻常的功能。当 TOE 包含有创新的或不寻常的安全功能时，这些功能在市场宣传中可能颇具分量，应该成为测试的重点候选对象。

这一部分指南清楚地说明了在选择合适的测试子集过程中应考虑的因素，但不代表已详述了所有因素。

有关抽样指南参见 A.2“抽样”。

10.8.2.4.2 工作单元 1:ATE_IND.1-4

评估者*应*为测试子集生成足够详细的测试文档，以便测试情况是可再现的。

参照 ST 和功能规范，在对一个安全功能的预期行为有了一定了解后，评估者应确定测试该功能的最可行的方法。

评估者应特别考虑以下几点：

a) 将采用的方法，例如，是否在外部接口上测试安全功能，是否使用测试设备在内部接口上测试安全功能，或者使用其他测试方法(例如：在异常情况下，代码检查)；

b) 用于激发安全功能并观察响应的安全功能接口；

c) 测试所需的初始条件(例如，任何需要具备的特殊客体或主体以及它们需要拥有的安全属性)；

d) 激发安全功能或观察安全功能所需的专用测试设备(例如，包发生器、网络分析仪)。

评估者可能发现，使用一系列测试用例测试每个安全功能是切实可行的，而每个测试用例将测试预期行为的某个特定的方面。

评估者的测试文档应指明每个测试的出处，如有必要，将其追溯到相关的设计规范和 ST。

10.8.2.4.3 工作单元 1:ATE_IND.1-5

评估者*应实施*测试。

评估者使用测试文档作为对 TOE 进行测试的基础。测试文档用作测试的基础，但是这并不排除评估者执行附加的特别测试。基于测试中发现的 TOE 行为，评估者可以设计新的测试，这些新的测试应记录在测试文档中。

10.8.2.4.4 工作单元 1:ATE_IND.1-6

评估者***应记录***包含在测试子集中的如下测试信息：

a) 待测试的安全功能行为的标识；

b) 测试设备的连接说明与设置说明；

c) 测试所需初始条件的说明；

d) 激发安全功能的说明；

e) 观察安全功能行为的说明；

f) 所有预期结果的描述，以及用以比较预期结果的必要分析；

g) 总结测试和为 TOE 建立必要的测试后状态的说明；

h) 实际测试结果。

测试文档中的细节描述应达到这样的程度：使其他评估者能重复测试并获得相同的结果，尽管测试结果的某些特定细节可能不同(例如审计记录中的时间和日期字段)，但整体结果应该是相同的。

有些情况可以不必提供本工作单元中出现的全部信息(例如，在可以与预期结果做比较前，可能不需要对实际测试结果进行任何分析)。这些信息的省略由评估者决定，这样才合理。

10.8.2.4.5 工作单元 1:ATE_IND.1-7

评估者***应核查***所有的实际测试结果，是否与预期测试结果一致。

实际测试结果和预期测试结果间的任何差别可能表明 TOE 与其规定不一致，或者评估者的测试文档是错误的。出现意料之外的实际测试结果，可能需要对 TOE 或测试文档进行纠正维护，也许需要重新运行受到影响的测试，并且修改测试样本的数量和组成。该决定由评估者作出，这样才合理。

10.8.2.4.6 工作单元 1:ATE_IND.1-8

评估者***应***在 ETR 中***报告***评估者的测试成果、测试大纲、配置、深度和结果。

在 ETR 中报告的评估者测试信息允许评估者告知总体测试方法和在评估过程中测试活动所付出的效果。提供这种信息的目的是对测试工作给出一个有意义的概述，这并不是为了精确再现特定的测试说明或个别测试结果。其目的是要提供足够的细节，以便允许其他评估者和监督者了解评估者所选择的测试方法、执行的评估者测试数量、执行的开发者测试数量、TOE 测试配置和测试活动的总体结果。

一般可在 ETR 中找到关于评估者测试工作的信息有：

a) TOE 测试配置。被测 TOE 的特殊配置；

b) 所选子集的大小。在评估中要被测试的安全功能的数量和确定子集大小的理由；

c) 构成子集的安全功能选择标准。简要说明在选择组成子集的安全功能时考虑的因素；

d) 被测的安全功能。包含在子集中的安全功能的简表；

e) 活动的裁定。对测试结果的总体判断。

以上列出的信息并不全面，只是为应呈现在 ETR 中的关于评估期间评估者所做测试的信息类型提供借鉴。

11 EAL2 评估

11.1 简介

EAL2 提供低级别到中等级别的独立保证的安全性。使用功能规范、指导性文档以及 TOE 的高层设计，对安全功能进行分析以理解安全行为。这种分析由 TOE 安全功能子集的独立测试、开发者基于功能规范进行测试的证据、对开发者测试结果的选择性确认、功能强度分析、开发者搜索明显脆弱性的证据等来支持。通过 TOE 配置列表和安全交付程序的证据，可获得进一步的保证。

11.2 目的

本章的目的是定义达到 EAL2 级评估所需的最少评估工作，并对完成评估的方式方法提供指导。

11.3 EAL2 评估相互关系

EAL2 级评估包括以下活动：

a） 评估输入任务（第 7 章）。

b） EAL2 评估活动包括：

  1） ST 评估（第 9 章）；

  2） 配置管理评估（11.4）；

  3） 交付和运行文档评估（11.5）；

  4） 开发文档评估（11.6）；

  5） 指导性文档评估（11.7）；

  6） 测试评估（11.8）；

  7） 测试（11.8）；

  8） 脆弱性评定评估（11.9）。

c） 评估输出任务（第 7 章）。

评估活动源于 ISO/IEC 15408-3 所包含的 EAL2 保证要求。

ST 评估应在所有 TOE 评估子活动之前启动，因为 ST 为执行这些评估子活动提供了基础和背景。

本章描述了构成 EAL2 评估的子活动。尽管各个子活动通常可以或多或少的同时进行，但评估者应考虑子活动间的依赖关系。

有关依赖关系的指南见附录 A。

11.4 配置管理活动

配置管理活动的目的是帮助客户识别被评估 TOE，并确保配置项都已被唯一标识。

11.4.1 CM 能力评估（ACM_CAP.2）

11.4.1.1 目的

本子活动的目的是确定开发者是否已清楚地标识了 TOE 及其相关配置项。

11.4.1.2 输入

本子活动的评估证据是：

a） ST；

b） 适于测试的 TOE；

c） 配置管理文档。

11.4.1.3 应用注释

该组件包含了隐含的评估者行为，以便确定该 CM 系统正在使用。由于这里的要求只限于标识 TOE 和提供配置清单，因此该行为包含于现有工作单元并受之限制。在 ACM_CAP.3“鉴别控制”中的要求不仅扩展了这两项内容，还需要更多明确的运行证据。

11.4.1.4 行为 ACM_CAP.2.1E

11.4.1.4.1 工作单元 2:ACM_CAP.2-1

ISO/IEC 15408-3 ACM_CAP.2.1C TOE 参照号对 TOE 的每个版本都应当是唯一的。

评估者***应核查***用于评估的 TOE 版本有唯一的参照号。

评估者应当使用开发者的 CM 系统来确认参照号的唯一性,通过核查配置清单确认配置项是被唯一标识的。如果在评估过程中仅仅检查了一个版本,该项评估的证据是不完备的,因此评估者应该查找能够支持唯一参照号的参照系统(如,使用数字、字母或日期)。除非评估者确信该 TOE 能够被唯一标识,否则缺少任何一项参照都将导致对这项要求裁定为"不通过"。

评估者应该设法检查多个 TOE 版本(如,修正某个漏洞后的版本),以核查两个版本参照号的不同。

11.4.1.4.2 工作单元 2:ACM_CAP.2-2

ISO/IEC 15408-3 ACM_CAP.2.2C 应给 TOE 标记上参照号。

评估者***应核查***所提交评估的 TOE 是否标记了参照号。

评估者应确保 TOE 包含唯一的参照号,以便区分 TOE 的不同版本。这可以通过提供在包装或介质上粘贴标签,或让 TOE 在运行时显示标记等措施来实现,以保证客户(例如:在购买或使用时)能够识别出。

TOE 可提供某种方式使得它易于识别。例如,软件形式的 TOE 可以在启动例程中,或者在响应命令行输入时,显示其名称和版本号。硬件或固件形式的 TOE 可以通过将零件号码铭刻在 TOE 上来标识。

11.4.1.4.3 工作单元 2:ACM_CAP.2-3

评估者***应核查***所使用的 TOE 参照号是一致的。

如果 TOE 要多处标记,所有的标记应当是一致的。例如,作为 TOE 一部分而提交的任何一份已标记过的指导性文档都应与被评估的、使用的 TOE 相关。这样就可以确保客户能确认自己所购买和安装的 TOE 版本是经过评估的,并且他们所使用的指南与 ST 一致,可以正确的指导自己使用 TOE。评估者可以通过 CM 文档中的配置清单来验证标记使用的一致性。

评估者还应验证该 TOE 的参照号是否与 ST 一致。

有关一致性分析的指南参见 A.3"一致性分析"。

11.4.1.4.4 工作单元 2:ACM_CAP.2-4

ISO/IEC 15408-3 ACM_CAP.2.3C CM 文档应包含一份配置清单。

评估者***应核查***所提交的 CM 文档是否包含了一份配置清单。

配置清单标识了在配置管理控制下维护的配置项。

11.4.1.4.5 工作单元 2:ACM_CAP.2-5

ISO/IEC 15408-3 ACM_CAP.2.4C 配置清单应唯一标识组成 TOE 的所有配置项。

评估者***应核查***配置清单,确认其唯一标识了每个配置项。

配置清单包括组成 TOE 的配置项列表,以及足以唯一标识所使用的每个配置项的版本信息(例如:版本号)。评估者使用该清单来进行核查,确认在评估过程中使用了正确的配置项和正确的版本。

11.4.1.4.6 工作单元 2:ACM_CAP.2-6

ISO/IEC 15408-3 ACM_CAP.2.5C 配置清单应描述组成 TOE 的配置项。

评估者***应检查***配置清单,以确定其标识了组成 TOE 的配置项。

配置清单所涵盖配置项的最小范围由 ACM_SCP“CM 范围”给出。如果没有包括 ACM_SCP 组件,评估者应根据开发者使用的 CM 方法,将 ACM_SCP.1“TOE CM 覆盖”的要求作为上限(超出这个范围是不合理的),评价该配置清单内容是否充分。例如,当 TOE 或任何文档配置项被改动时,评估者应观察或询问这些重新发布项的修改粒度,该粒度需应与配置清单中相应的内容相一致。

11.4.1.4.7 工作单元 2:ACM_CAP.2-7

ISO/IEC 15408-3 ACM_CAP.2.6C CM 文档应描述用于唯一标识 TOE 所包含配置项的方法。

评估者***应检查***标识配置项的方法,以确定其描述了如何唯一地标识配置项。

11.4.1.4.8 工作单元 2:ACM_CAP.2-8

ISO/IEC 15408-3 ACM_CAP.2.7C CM 系统应唯一标识 TOE 所包含的所有配置项。

评估者***应核查***配置项,以确定它们是用一种与 CM 文档一致的方式来标识的。

通过核查配置项的标识来确认 CM 系统唯一标识了所有配置项。无论是组成 TOE 的所有配置项还是开发者作为评估证据提交的配置项初稿,评估者确认每个配置项具有一个唯一的标识,并且在一定程度上是与 CM 文档所描述的唯一标识方法相一致。

11.5 交付和运行活动

交付和运行活动的目的是判断描述用于确保是以开发者期望的方式安装、生成和启动 TOE,以及 TOE 在交付过程中没有被更改的相关程序文档的内容是否充分。这里既包含括运输过程使用的程序又包括安装、生成和启动程序。

11.5.1 交付评估(ADO_DEL.1)

11.5.1.1 目的

本子活动的目的是确定交付文档是否描述了在将 TOE 分发到用户方时,用于维护其安全性的所有程序。

11.5.1.2 输入

本子活动的评估证据是:

a) 交付文档。

11.5.1.3 行为 ADO_DEL.1.1E

11.5.1.3.1 工作单元 2:ADO_DEL.1-1

ISO/IEC 15408-3 ADO_DEL.1.1C 交付文档应描述,在向用户方分发 TOE 版本时,用以维护其安全性所必需的所有程序。

评估者***应检查***交付文档,以确定其描述了将 TOE 或其一部分提交给用户方时,为维护其安全性所必需的所有程序。

对术语“必需的”的解释应考虑 TOE 的自身属性和 ST 中包含的信息。提供的保护措施程度应与 ST 中标识的假设、威胁、组织安全策略以及安全目的相称。在某些情况下,ST 中的这些内容可能没有明确的说明与交付相关。评估者应当确定是否已采取了一种均衡手段,使得在非安全开发过程中交付也不存在明显弱点。

交付程序应描述TOE或其一部分在传输过程中为确定TOE的标识和维持其安全性而采取的相关程序。程序应当描述TOE的哪些部分需要按这些程序执行。适当时还应包括物理或电子的分发程序(例如:从因特网下载)。交付程序涉及整个TOE,包括应用软件、硬件、固件和文档。

交付文档的重点很可能是完整性度量的相关措施,如在TOE交付过程中所使用的验证其完整性的技术措施。然而,在某些TOE的交付过程中,交付的保密性和可用性却是重点,因而相关内容也应在交付程序中论述。

交付程序应适用于从生产环境到安装环境的整个交付过程(例如,包装、存储和分发)的各个阶段。

标准的商业化包装和交付惯例是可以接受的。这包括紧压包装、安全带或密封套。对于分发而言,邮寄或私人快递都是可以接受的。

交付程序选择是否适当受TOE(例如,是软件还是硬件产品)和安全目的的影响。即使TOE的不同部分,交付程序不相同,但全部程序应适于满足全部安全目的。

11.5.1.4 隐含的评估者行为

11.5.1.4.1 工作单元2:ADO_DEL.1-2

ISO/IEC 15408-3 ADO_DEL.1.2D 开发者应使用交付程序。

评估者***应检查***交付过程的各个方面,以确定交付程序得到了应用。

评估者检查交付程序执行情况所采取的方法,取决于TOE的种类和交付过程自身。除检查交付程序本身外,评估者还应当确保程序得到切实执行。可采取的核查方法如下:

a) 对可观察到程序实际运行情况的分发场所进行现场核查;

b) 在交付的中间阶段,或在用户现场对TOE进行检查(例如检查篡改封条);

c) 评估者通过从常规渠道获得TOE来观察交付过程是否在实际中得到使用;

d) 询问最终用户TOE是如何被交付的。

有关现场检查的指南参见A.5“现场核查”。

可能有这样的情况:新开发的TOE,交付程序还尚未实施。对于这种情况,评估者应确信有适当的程序和设施供以后的交付使用,而且所有相关人员都清楚各自的责任。可行的话,评估者可以要求演习交付过程。如果开发者还生产了其他类似产品,评估者还可以通过对这些产品交付程序的检查来进行确认。

11.5.2 安装、生成和启动评估(ADO_IGS.1)

11.5.2.1 目的

本子活动的目的是确定TOE的安全安装、生成和启动的程序与步骤是否都已文档化,并最终形成安全的配置。

11.5.2.2 输入

本子活动的评估证据是:

a) 管理员指南;

b) 安全安装、生成和启动程序;

c) 适于测试的TOE。

11.5.2.3 应用注释

安装、生成和启动程序是指配置TOE达到在ST中所描述的安全配置所必需的所有安装、生成和启动程序，无论它们是运行在用户现场，还是运行在开发现场。

11.5.2.4 行为 ADO_IGS.1.1E

11.5.2.4.1 工作单元 2:ADO_IGS.1-1

ISO/IEC 15408-3 ADO_IGS.1.1C 安装、生成和启动文档应描述 TOE 安全地安装、生成和启动所必需的所有步骤。

评估者***应核查***是否已经提供了TOE安全安装、生成和启动所必需的所有程序。

如果不期望安装、生成和启动程序再次使用(例如，TOE已经在运行状态下交付)，本工作单元(或者与此相关的部分)就不再适用，并视为已经满足。

11.5.2.5 行为 ADO_IGS.1.2E

11.5.2.5.1 工作单元 2:ADO_IGS.1-2

评估者***应检查***所提供的安装、生成和启动程序，以确认其描述了TOE安全安装、生成和启动所需的步骤。

如果不期望安装、生成、启动程序再次使用(例如，TOE已经在运行状态下交付)，本工作单元(或者与此相关的部分)就不再适用，并视为已经满足。

安装、生成和启动程序可以提供以下详细信息：

a) 对TSF控制下相关实体的特定安全特性所做的修改；

b) 对异常情况和问题的处理；

c) 如果适用，列出安全安装所需的最低系统要求。

为了确认安装、生成和启动程序能够形成安全配置，评估者可以只使用所提供的指导性文档，按照开发者的程序，实施客户通常执行的活动以完成对TOE的安装、生成和启动(在适用于TOE的情况下)。本工作单元可以与工作单元ATE_IND.1-2一起被执行。

11.6 开发活动

开发活动的目的是评价设计文档，根据设计文档的充分性来理解TSF是如何提供TOE安全功能，以此来进行评价。这种理解是通过检查功能规范(描述TOE的外部接口)和表示对应性(将功能规范映射到TOE的概要规范，以保证一致性)来获得的。

11.6.1 应用注释

ISO/IEC 15408要求设计文档根据形式化程度来分级。ISO/IEC 15408将文档的形式化程度分为非形式化、半形式化、形式化三级。非形式化文档是指用自然语言来描述的文档。评估方法没有规定应采用某种语言，这个问题留给评估体制。以下段落分别说明了不同的非形式化文档内容的差别。

一个非形式化功能规范包括一个安全功能描述(类似于TOE概要规范的安全功能描述)和一个TSF外部可见接口描述。例如，如果操作系统提供给用户一些功能来进行自我身份标识，创建、修改或删除文件，设置文件的访问权限，与远程的机器进行通信，那么它的功能规范应包含对上述每一个功能的描述。如果还有检测和记录这些事件发生的审计功能，那么关于这些审计功能的描述也应该包含在功能规范中；尽管这些审计功能不直接被用户在外部接口所触发，但用户在外部接口的行为的确会对审计功能产生影响。

每个子系统在其接口触发的响应行为有先后顺序，非形式化高层设计就是按照这种顺序来描述的。例如，一个防火墙可能包含一些处理包过滤、远程管理、审计和传输层过滤的子系统。防火墙的高层设计应当按照当一个输入包到达防火墙时，每个子系统所采取的行为来对防火墙采取的行为加以描述。

非形式化的对应性分析不需要采用叙述的方式，一个简单的二维映射就足够了。例如，一个矩阵，沿一个轴的方向列出了模块，沿另一个方向列出了子系统，其中的元素表示两者的对应性，这将在高层设计和低层设计之间提供足够的非形式化对应性。

11.6.2 功能规范评估（ADV_FSP.1）

11.6.2.1 目的

本子活动的目的是确认开发者对 TOE 安全功能是否作了充分描述，以及 TOE 提供的安全功能是否充分足以满足 ST 的安全功能要求。

11.6.2.2 输入

本子活动的评估证据是：

a) ST；

b) 功能规范；

c) 用户指南；

d) 管理员指南。

11.6.2.3 行为 ADV_FSP.1.1E

11.6.2.3.1 工作单元 2:ADV_FSP.1-1

ISO/IEC 15408-3ADV_FSP.1.1C 功能规范应使用非形式化风格来描述 TSF 及其外部接口。

评估者***应检查***功能规范，以确定其包括了所有必需的非形式化解释文本。

如果整个功能规范都是非形式化的，则本工作单元不适用，并视为已经满足要求。

对于那些只采用半形式化或形式化语言进行描述，难以被人理解的功能规范的某些组成部分（例如，为解释任何形式化符号的含义），有必要使用辅助性的叙述描述来帮助理解。

11.6.2.3.2 工作单元 2:ADV_FSP.1-2

ISO/IEC 15408-3ADV_FSP.1.2C 功能规范应是内在一致的。

评估者***应检查***功能规范，以确定它是内在一致的。

评估者通过检查 TSFI 接口描述与 TSF 功能描述是否一致来验证功能规范的一致性。

11.6.2.3.3 工作单元 2:ADV_FSP.1-3

ISO/IEC 15408-3 ADV_FSP.1.3C 功能规范应描述所有外部 TSF 接口的用途与使用方法，适当时应提供效果、例外情况和错误消息的细节。

评估者***应检查***功能规范，以确定其标识了所有的外部 TOE 安全功能接口。

术语“外部”指对用户而言是可见的。TOE 的外部接口或者是 TSF 的直接接口，或者是 TOE 的非 TSF 部分的接口。不过，这些非 TSF 接口可能最终通向 TSF。这些直接或间接通向 TSF 的外部接口共同组成了 TOE 安全功能接口（TSFI）。图 7 表示一个包含 TSF 部分（阴影部分）和非 TSF 部分（空白部分）的 TOE。该 TOE 有三个外部接口：接口 c 是 TSF 的直接接口；接口 b 是 TSF 的间接接口；接口 a 是 TOE 非 TSF 部分的接口。因此，接口 b 和 c 组成了 TSFI。

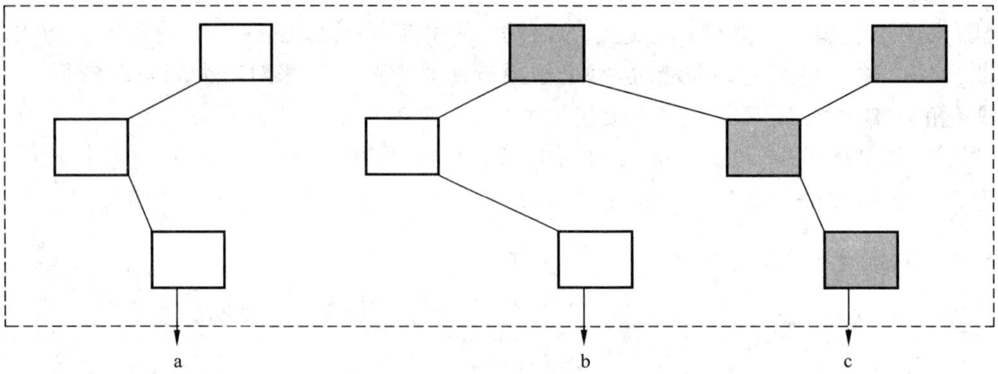

图 7 TSF 接口

应该注意的是，所有反映 ISO/IEC 15408-2 功能要求(或者在其扩展组件中)的安全功能应该有某种外部可见的表现形式。尽管有些安全功能不一定能通过其接口来验证，但由于它们在某种程度上是外部可见的，因此也应包含在功能规范中。

11.6.2.3.4 工作单元 2:ADV_FSP.1-4

评估者*应检查*功能规范，以确定其描述了所有外部的 TOE 安全功能接口。

对于一个没有恶意用户威胁的 TOE(即 FPT_PHP“TSF 物理保护”、FPT_RVM“参照仲裁”和 FPT_SEP“域分离”都被排除在 ST 之外)，功能规范中描述的(和在其他 TSF 表示描述中进行了扩展的)只是那些通向和来自 TSF 的接口。缺少 FPT_PHP“TSF 物理保护”、FPT_RVM“参照仲裁”和 FPT_SEP“域分离”，就假设没有考虑任何安全特性的旁路，因而不用考虑其他接口可能施加给 TSF 的任何可能的影响。

另一方面，如果 TOE 存在恶意用户或旁路之类的威胁(即 FPT_PHP“TSF 物理保护”、FPT_RVM“参照仲裁”和 FPT_SEP“域分离”被包含在 ST 中)，所有外部接口都需要在功能规范中进行描述，但是仅需描述到每一种影响都已明确的程度:安全功能的接口(即图 7 中的接口 b 和 c)都被描述了，然而其他接口仅仅描述到明确 TSF 不能通过这些接口(即图 7 中的接口 a，而不是 b)访问的程度。包含 FPT_PHP“TSF 物理保护”、FPT_RVM“参照仲裁”和 FPT_SEP“域分离”，意味着所有的接口将对 TSF 有某些影响。由于每一个外部接口都是潜在的 TSF 接口，因此，功能规范应对每一个接口进行详细的描述，以使得评估者能够确定接口是否与安全相关。

某些体系结构易于为外部接口群提供足够详细的描述。例如，在内核结构中所有对操作系统的调用都由内核程序来处理;任何有可能违反 TSP 的调用应由具备这种特权的程序来调用。所有实行特权的程序应被包含在功能规范中。任何在内核之外的没有实行特权的程序是无能力影响 TSP 的(即，这种程序是图 7 中的 a 类的接口，而不是 b 类)，因而，可以被排除在功能规范之外。如果是基于上述的内核结构，而且评估者对这种结构能够顺利的了解，那么这种结构不是必需的。

11.6.2.3.5 工作单元 2:ADV_FSP.1-5

评估者*应检查*对 TSFI 的陈述，以确定其正确并充分地描述了每个表示效果、异常和出错信息的外部接口处的 TOE 行为。

为了评估接口描述的充分性和正确性，评估者使用功能规范、ST 的 TOE 概要规范以及用户和管理员指南来评估以下因素:

a) 应标识所有与安全相关的用户输入参数(或这些参数的特性)。为了全面起见，宜标识出管理员可用而普通用户无法直接控制的参数。

b) 对功能规范中语义的描述应当反映所审查指南中描述的所有安全相关行为。它包括一系列通过事件及其影响所表示的行为标识。例如,如果一个操作系统提供了丰富的文件系统接口,并对请求文件无法打开的各种原因(如拒绝访问、文件不存在、文件正被另一个用户使用、用户无权在下午5点后打开文件等)提供了不同的错误代码,功能规范应当解释该文件或者在请求下被打开,如不能打开则返回错误代码。(虽然功能规范可以列举所有错误的原因,但不需要提供细节描述)。对语义的描述应当包括安全要求如何应用于接口(例如,是否可以审计接口的使用情况,假如这样的话,应包含能够记录的信息)。

c) 应描述所有可能操作模式下的所有接口。如果TSF提供了特权的概念,对接口的描述应分别解释特权模式或非特权模式时,接口的工作方式。

d) 整个文档中安全相关参数的描述和接口的语法所包含的信息应当是一致的。

对以上因素的核实,是通过审核安全规范和ST的TOE概要规范、开发者提供的用户和管理员指南来完成的。例如,如果TOE是一个操作系统及其底层硬件,评估者可以查找用户可访问的程序的讨论、用于指导程序活动的协议的描述、用于指导程序活动的用户可访问数据库的描述,并查找适用于TOE的用户接口(例如命令、应用程序接口)。评估者还要确定处理器的指令集已进行描述。

这种核查可以反复进行,直到包含参数和出错信息的设计、源代码或其他证据都被检查为止,以避免发生功能规范描述不全的情况被评估者忽略。

11.6.2.3.6 工作单元2:ADV_FSP.1-6

ISO/IEC 15408-3 ADV_FSP.1.4C 功能规范应完备地表示TSF。

评估者***应检查***功能规范,以确定TSF已被完全表示。

为了评估TSF表示的完备性,评估者可查阅ST的TOE概要规范、用户指南和管理员指南。它们应当没有描述在功能规范的TSF表示中没有的安全功能。

11.6.2.4 行为 ADV_FSP.1.2E

11.6.2.4.1 工作单元2:ADV_FSP.1-7

评估者***应检查***功能规范,以确定它是TOE安全功能要求的一个完备地实例。

为了确保功能规范涵盖了所有的ST安全功能要求,评估者应当建立TOE概要规范和功能规范之间的映射。为了满足(ADV_RCR. *“表示对应性”)的对应要求,开发者可能已经提交了这种映射证据;这时评估者只需要验证映射的完备性,确定所有的安全功能要求都映射到功能规范中适当的TSFI表示。

11.6.2.4.2 工作单元2:ADV_FSP.1-8

评估者***应检查***功能规范,以确定它是TOE安全功能要求的一个准确实例化。

对于每个具有某种特性的安全功能的接口,功能规范中的详细信息应与ST中的相关信息所表述准确一致。例如,如果ST中的用户鉴别要求规定了口令长度应为8个字符,那么TOE应有8个字符的口令;如果功能规范描述的是6字符的固定长度口令,那么功能规范就不是TOE安全功能要求的一个准确实例化。

功能规范中对在受控资源上运行的每个接口,评估者应确定它是否返回了一个错误代码,该错误代码是因为某个安全要求的实施失败而导致的,如果没有返回错误代码,评估者应确定是否需要返回一个错误代码。例如,操作系统可以提供一个接口用于打开一个受控对象,该接口描述中可包含因对受控对象作了未授权的访问而产生的一个错误代码。如果没有这种错误代码,评估者应当确认是否合理。(因为,也许访问仲裁是针对读、写的操作执行的,而不是针对打开的)。

11.6.3 高层设计评估(ADV_HLD.1)

11.6.3.1 目的

本子活动的目的是确定高层设计是否按照主要架构单元(如子系统)的方式对 TSF 进行描述,并确定高层设计是功能规范的一个正确实现。

11.6.3.2 输入

本子活动的评估证据是:

a) ST;

b) 功能规范;

c) 高层设计。

11.6.3.3 行为 ADV_HLD.1.1E

11.6.3.3.1 工作单元 2:ADV_HLD.1-1

ISO/IEC 15408-3 ADV_HLD.1.1C 高层设计的表示应是非形式化的。

评估者*应检查*高层设计,以确定它包括了所有必需的非形式化解释性文本。

如果整个高层设计都是非形式化的,则本工作单元被视为不适用,并认为已经满足要求。

对于功能规范中那些仅以半形式化或形式化描述难以理解的部分(例如,为解释清楚任何形式化符号的含义),那么起辅助作用的叙述性描述是必需的。

11.6.3.3.2 工作单元 2:ADV_HLD.1-2

ISO/IEC 15408-3 ADV_HLD.1.2C 高层设计应是内在一致的。

评估者*应检查*高层设计的表示,以确定它是内在一致的。

有关一致性分析的指南见 A.3"一致性分析"。

评估者应确认子系统的接口规范,以确定接口规范与子系统用途的描述相一致。

11.6.3.3.3 工作单元 2:ADV_HLD.1-3

ISO/IEC 15408-3 ADV_HLD.1.3C 高层设计应按子系统方式描述 TSF 的结构。

评估者*应检查*高层设计,以确定 TSF 是按子系统方式描述的。

关于高层设计中的术语"子系统"指的是大的相关单元(如内存管理、文件管理、进程管理)。通过把一个设计分成多个基本功能区,有助于理解设计思路。

检查高层设计的主要目的是帮助评估者理解 TOE。开发者对子系统定义的选择以及各个子系统中 TSF 分组的选择,是使高层设计有益于理解 TOE 预期运行的一个重要方面。作为本工作单元的一部分,评估者应当评估开发者列举的子系统数目是否恰当,各个子系统中功能分组的选择是否恰当。评估者应确定把 TSF 分解成子系统,足以使评估者从高层的角度来理解 TSF 的功能是如何提供的。

不必非得用"子系统"这个术语来描述高层设计中子系统这个概念,子系统应当代表一类相似级别的分解。例如,可以使用"层""管理器"对设计进行分解。

11.6.3.3.4 工作单元 2:ADV_HLD.1-4

ISO/IEC 15408-3 ADV_HLD.1.4C 高层设计应描述每个 TSF 子系统所提供的安全功能性。

评估者*应检查*高层设计,以确定它描述了每个子系统的安全功能。

子系统的安全功能行为是对子系统"做些什么"进行的描述。不仅要对子系统直接执行其功能的行为进行描述，而且还要将子系统对 TOE 的安全状态可能产生的影响进行描述(例如，改变主体、对象、安全数据库)。

11.6.3.3.5 工作单元 2:ADV_HLD.1-5

ISO/IEC 15408-3 ADV_HLD.1.5C 高层设计应标识 TSF 所要求的任何基础性硬件、固件或软件，以及在这些硬件、固件或软件中实现的支持性保护机制所提供功能的一个表示。

评估者***应核查***高层设计，以确定它标识了 TSF 所需的所有硬件、固件和软件。

如果 ST 中没有对 IT 环境的安全要求，则本工作单元被视为不适用，并视为已经满足。

如果 ST 包含可选的 IT 环境安全要求，评估者比较高层设计中陈述的 TSF 所需硬件、固件或软件列表与 IT 环境安全要求的陈述，以确定两者的一致性。ST 中的信息刻画了 TOE 赖以运行的底层抽象机。

如果高层设计中的 IT 环境安全要求不属于 ST 中的已定义的 IT 环境安全要求，或者它们与包含在 ST 中的要求不同，那么评估者应根据 ADV_HLD.1.2E 评估行为对这种不一致性进行评估。

11.6.3.3.6 工作单元 2:ADV_HLD.1-6

评估者***应检查***高层设计，以确定它涵盖那些可以通过在底层硬件、固件或软件而实现的支持性保护机制功能的表示。

如果 ST 中没有 IT 环境安全要求，则本工作单元被视为不适用，并视为已经满足。

TOE 赖以运行的“根本抽象机”所提供功能的介绍，不需要像作为 TSF 组成部分的功能那样详细，而应解释 TOE 如何使用硬件、固件或软件提供的功能，这些硬件、固件或软件实现了 TOE 用来支持 TOE 安全目的的 IT 环境安全要求。

IT 环境安全要求的陈述可以是抽象的，特别是当它由各种硬件、固件或软件的不同组合来满足时。作为测试活动的一部分，当能够为评估者提供至少一个声称满足 IT 环境安全要求的“根本机”的实例时，评估者就能够确定其是否为 TOE 提供了必要的安全功能。评估者的这种确认不需要测试和分析“根本机”，只需要确定期望其提供的功能确实存在。

11.6.3.3.7 工作单元 2:ADV_HLD.1-7

ISO/IEC 15408-3 ADV_HLD.1.6C 高层设计应标识 TSF 子系统的所有接口。

评估者***应核查***高层设计是否标识了 TSF 子系统的接口。

对每个子系统，高层设计应当包括它的每个入口点的名称。

11.6.3.3.8 作单元 2:ADV_HLD.1-8

ISO/IEC 15408-3 ADV_HLD.1.7C 高层设计应标识 TSF 子系统的哪些接口是外部可见的。

评估者***应核查***高层设计是否标识了 TSF 子系统的哪些接口是外部可见的。

11.6.3.4 行为 ADV_HLD.1.2E

11.6.3.4.1 工作单元 2:ADV_HLD.1-9

评估者***应检查***高层设计，以确认它是 TOE 安全功能要求的一个准确实例化。

评估者应分析高层设计中每个 TOE 的安全功能，以确定功能描述是准确的。评估者还应确定功能都包含在高层设计的依赖关系中。

评估者还分析在 ST 和高层设计中的 IT 环境安全要求，以确定它们是一致的。例如，如果 ST 包含了关于审计踪迹存储的 TOE 安全功能要求，但高层设计规定审计踪迹存储是由 IT 环境提供的，那么高层设计就不是 TOE 安全功能要求的一个准确实例化。

11.6.3.4.2 工作单元 2:ADV_HLD.1-10

评估者***应检查***高层设计,以确认它是 TOE 安全功能要求的一个完备实例化。

为确保高层设计涵盖了所有的 ST 安全功能要求,评估者可以在 TOE 安全功能要求和高层设计之间建立映射。

11.6.4 表示对应性评估(ADV_RCR.1)

11.6.4.1 目的

本子活动的目的是确定开发者是否在高层设计中正确且完备地执行了 ST 和功能规范中的要求。

11.6.4.2 输入

本子活动的评估证据是:

a) ST;

b) 功能规范;

c) 高层设计;

d) TOE 概要规范和功能规范之间的对应性分析;

e) 功能规范和高层设计之间的对应性分析。

11.6.4.3 行为 ADV_RCR.1.1E

11.6.4.3.1 工作单元 2:ADV_RCR1-1

ISO/IEC 15408-3 ADV_RCR.1.1C 对于所提供 TSF 表示的每个相邻对,分析应证实,较为抽象的 TSF 表示的所有相关安全功能都在较不抽象的 TSF 表示中得到正确且完备地细化。

评估者***应检查***TOE 概要规范和功能规范之间的对应性分析,以确认功能规范是 TOE 安全功能的一个正确且完备的表示。

本工作单元中,评估者的目的是确定 TOE 概要规范中标识的所有安全功能都在功能规范中得到了体现并且是准确地体现。

评估者审核 TOE 概要规范中的 TOE 安全功能和功能规范中的 TOE 安全功能之间的对应性。评估者检查对应的一致性和准确性。当对应性分析中指明了 TOE 概要规范中的一个安全功能和功能规范中一个接口描述之间的关系时,评估者应验证两者中描述的是同一个安全功能。如果 TOE 概要规范的安全功能在所对应的接口中能够正确且完备地实现,那么本工作单元将被视为满足。

本工作单元可与工作单元 ADV_FSP.1-7 和 ADV_FSP.1-8 关联使用。

11.6.4.3.2 工作单元 2:ADV_RCR1-2

评估者***应检查***功能规范与高层设计之间的对应性分析,以确定高层设计是功能规范的一个正确且完备的表示。

评估者通过使用对应性分析、功能规范以及高层设计来确定将功能规范中标识的每项安全功能映射到高层设计中所描述的一个 TSF 子系统是可行的。并且对于每个 TOE 安全功能,对应性还可以指明该功能涵盖了哪些子系统。评估者应审核高层设计所涵盖的每一个安全功能得以正确实现的描述。

11.7 指导性文档活动

指导性文档活动的目的是判断该文档是否充分描述了应如何操作 TOE。这些文档针对两类用户:

一类是可信的管理员和非管理员用户，他们的不正确行为可能影响 TOE 安全性，另一类是那些不可信用户，他们的不正确行为可能影响其拥有的数据的安全性。

11.7.1 应用注释

指导性文档活动关注那些与 TOE 安全性相关的功能和接口。TOE 的安全配置在 ST 中进行了描述。

11.7.2 管理员指南评估（AGD_AMD.1）

11.7.2.1 目的

本子活动的目的是确定管理员指南是否描述了如何以安全方式管理 TOE。

11.7.2.2 输入

本子活动的评估证据是：

a） ST；

b） 功能规范；

c） 高层设计；

d） 用户指南；

e） 管理员指南；

f） 安全安装、生成和启动程序；

g） 生命周期定义。

11.7.2.3 应用注释

术语“管理员”指在 TOE 中执行关键安全操作（例如，设置 TOE 配置参数）的可信人员。这些操作可能影响 TSP 的执行，因此管理员拥有特殊的权限来执行这些操作。管理员角色应当与 TOE 中的非管理员用户角色明确区分开。

在 ST 中可定义有不同的管理员角色或管理员组，这些角色和组能可被 TOE 识别并可执行 TOE 的安全功能，例如审计员、管理员或日常管理者。每个角色可能具备多种或一种能力。这些角色的能力和相应的特权在 FMT 类中进行描述。管理员指南中应考虑不同的管理员角色和管理员组。

11.7.2.4 行为 AGD_ADM.1.1E

11.7.2.4.1 工作单元 2：AGD_ADM.1-1

ISO/IEC 15408-3 AGD_ADM.1.1C 管理员指南应描述 TOE 管理员可使用的管理功能和接口。

评估者***应检查***管理员指南，以确定其描述了 TOE 管理员可用的管理性安全功能和接口。

管理员指南应包含安全功能的概述，这些安全功能在管理员界面中是可见的。

管理员指南应标识并描述管理性安全接口与功能的用途、行为和相互关系。

对于每个管理性安全接口和功能，管理员指南应当：

a） 描述调用接口的方法（如命令行、程序语言系统调用、菜单选择、命令按钮）；

b） 描述由管理员设置的参数及其有效值和默认值；

c） 描述即时的 TSF 响应、消息或返回代码。

11.7.2.4.2 工作单元 2：AGD_ADM.1-2

ISO/IEC 15408-3 AGD_ADM.1.2C 管理员指南应描述如何以安全的方式管理 TOE。

评估者***应检查***管理员指南，以确定它描述了如何以安全的方式管理 TOE。

管理员指南描述如何在 IT 环境中依照 TSP 运行 TOE，这应与 ST 所描述的情况一致。

11.7.2.4.3 **工作单元 2:AGD_ADM.1-3**

ISO/IEC 15408-3 AGD_ADM.1.3C 管理员指南应包含了在安全处理环境中受控的功能和特权的警示信息。

评估者***应检查***管理员指南，以确定其包含了在安全处理环境中受控的功能和特权的警示信息。

TOE 的配置可以允许用户拥有不同的特权来使用 TOE 的不同功能，这意味着可以授权某些用户执行某些功能，而其他用户无权执行，这些功能和特权应在管理员指南中进行描述。

管理员指南应标识出应控制的功能和特权、控制的类型以及控制的理由。警告应说明预期的效果、可能的负面影响以及与其他功能和特权可能的相互作用。

11.7.2.4.4 **工作单元 2:AGD_ADM.1-4**

ISO/IEC 15408-3 AGD_ADM.1.4C 管理员指南应描述所有与安全操作 TOE 有关的用户行为假设。

评估者***应检查***管理员指南，以确定它描述了所有与安全操作 TOE 有关的用户行为假设。

关于用户行为的假设可以在 ST 的 TOE 安全环境陈述中比较详细的描述，而只有涉及安全操作 TOE 的信息才需要包含在管理员指南中。

例如，要安全操作 TOE 用户有责任对他们的口令进行保密。

11.7.2.4.5 **工作单元 2:AGD_ADM.1-5**

ISO/IEC 15408-3 AGD_ADM.1.5C 管理员指南应描述所有受管理员控制的安全参数，并说明适当的安全值。

评估者***应检查***管理员指南，以确定它描述了所有受管理员控制的安全参数，并说明适当的安全值。

对于每个安全参数，管理员指南应描述参数的用途、参数的有效值和缺省值，以及这些参数安全与非安全的使用设置。这些参数可以分别描述，也可以综合起来描述。

11.7.2.4.6 **工作单元 2:AGD_ADM.1-6**

ISO/IEC 15408-3 AGD_ADM.1.6C 管理员指南应描述每一种与需要执行的管理功能有关的安全相关事件，包括改变在 TSF 控制下的实体的安全特性。

评估者***应检查***管理员指南，以确定它描述了每一种与需要执行的管理功能有关的安全相关事件，包括改变在 TSF 控制下的实体的安全特性。

应详尽描述所有类型的安全相关事件，以便管理员知道可能发生什么事件以及为保持安全管理员应采取哪些动作。应充分定义在 TOE 的操作过程中可能发生的安全相关事件（例如，审计迹的溢出、系统崩溃、用户记录的更新——如当用户离开组织时撤消该用户账号），以允许管理员介入来保持安全。

11.7.2.4.7 **工作单元 2:AGD_ADM.1-7**

ISO/IEC 15408-3 AGD_ADM.1.7C 管理员指南应与评估提交的所有其他文档保持一致。

评估者***应检查***管理员指南，以确定它与评估提交的所有其他文档是一致的。

特别是在 ST 中可能包含一些对 TOE 管理员提出的关于 TOE 安全环境和安全目的的详细的警告信息。

有关一致性分析的指南参见 A.3“一致性分析”。

11.7.2.4.8 工作单元 2:AGD_ADM.1-8

ISO/IEC 15408-3 AGD_ADM.1.8C 管理员指南应描述所有与管理员有关的 IT 环境安全要求。

评估者***应检查***管理员指南,以确定它描述了所有与管理员有关的 TOE 的 IT 环境安全要求。

如果 ST 中不包含 IT 环境的 IT 安全要求,本工作单元不适用,并视为已经满足。

本工作单元仅与 IT 安全要求有关,而与组织安全策略无关。

评估者应当分析关于 TOE 的 IT 环境安全要求(ST 中的可选陈述),并与管理员指南比较,以确保 ST 中与管理员有关的所有安全要求都在管理员指南中得到适当的描述。

11.7.3 用户指南评估(AGD_USR.1)

11.7.3.1 目的

本子活动的目的是为了确定用户指南是否描述了由 TSF 提供的安全功能和接口,以及指南是否提供了安全使用 TOE 的相关说明和指导。

11.7.3.2 输入

本子活动的评估证据是:

a) ST;
b) 功能规范;
c) 高层设计;
d) 用户指南;
e) 管理员指南;
f) 安全安装、生成和启动程序。

11.7.3.3 应用注释

在 ST 中可定义不同的用户角色或用户组,这些角色和组能被 TOE 识别并可执行 TOE 的安全功能。这些角色的能力和相应的特权在 FMT 类中进行描述。用户指南中应考虑不同的用户角色和组。

11.7.3.4 行为 AGD_USR.1.1E

11.7.3.4.1 工作单元 2:AGD_USR.1-1

ISO/IEC 15408-3 AGD_USR.1.1C 用户指南应描述 TOE 的非管理员用户可使用的功能和接口。

评估者***应检查***用户指南,以确定其描述了 TOE 的非管理员用户可使用的安全功能和接口。

用户指南应包含安全功能的概述,这些安全功能在用户界面中可见的。

用户指南应当标识和描述安全接口和功能的用途。

11.7.3.4.2 工作单元 2:AGD-USR.1-2

ISO/IEC 15408-3 AGD_USR.1.2C 用户指南应描述用户可访问的由 TOE 提供的安全功能的使用。

评估者***应检查***用户指南,以确定它描述了用户可访问的由 TOE 提供的安全功能的使用。

用户指南应标识和描述用户可用安全接口和功能的行为及其相互关系。

如果允许用户调用 TOE 安全功能,用户指南应为用户提供该功能接口的描述。

对每个接口和功能,用户指南应当:

a) 描述调用接口的方法(如命令行、程序语言系统调用、菜单选择、命令按钮);
b) 描述由用户设置的参数及其有效值和默认值;

c) 描述即时的 TSF 响应、消息或返回代码。

11.7.3.4.3 工作单元 2:AGD-USR.1-3

ISO/IEC 15408-3 AGD_USR.1.3C 用户指南应包含了在安全处理环境中受控的用户可访问功能和特权的警示信息。

评估者**应检查**用户指南,以确定其包含了在安全处理环境中受控的用户可访问功能和特权的警示信息。

TOE 的配置可以允许用户拥有不同的特权来使用 TOE 的不同功能,这意味着可以授权某些用户执行某些功能,而其他用户无权执行,这些用户可访问的功能和特权应在用户指南应中进行描述。

用户指南应标识可用的功能和特权、所需命令的类型以及使用这些命令的理由。用户指南应当包含使用受控的功能和特权时的警告。警告应当说明预期的效果、可能的负面影响以及与其他功能和特权可能的相互作用。

11.7.3.4.4 工作单元 2:AGD_USR.1-4

ISO/IEC 15408-3 AGD_USR.1.4C 用户指南应清晰地阐述安全操作 TOE 所必需的所有用户职责,这些职责包括那些在 TOE 安全环境陈述中的与用户行为相关的假设。

评估者**应检查**用户指南,以确定其阐述了安全操作 TOE 所必需的所有用户职责,这些职责包括那些在 TOE 安全环境陈述中的与用户行为相关的假设。

关于用户行为的假设可以在 ST 的 TOE 安全环境陈述中有比较详细的描述,在用户指南中只需包含涉及 TOE 安全操作的信息。

用户指南应当提供关于有效使用这些安全功能的建议(如审查口令组合的习惯、对用户文件备份频率的建议、对改变用户访问特权所产生影响的讨论)。

例如,要安全操作 TOE 用户有责任对他们的口令进行保密。

用户指南应指出用户是否能够调用某项功能,或者用户是否需要管理员的帮助。

11.7.3.4.5 工作单元 2:AGD-USR.1-5

ISO/IEC 15408-3 AGD_USR.1.5C 用户指南应与评估提交的所有其他文档保持一致。

评估者**应检查**用户指南,以确定其与评估提交的所有其他文档是一致的。

评估者要确保用户指南和评估提交的所有其他文档不会相互矛盾。如果 ST 包含任何对 TOE 用户提出的关于 TOE 安全环境和安全目的的详细警告信息,这一点就尤其重要。

有关一致性分析的指南参见 A.3“一致性分析”。

11.7.3.4.6 工作单元 2:AGD-USR.1-6

ISO/IEC 15408-3 AGD_USR.1.6C 用户指南应描述所有与用户有关的 IT 环境安全要求。

评估者**应检查**用户指南,以确定其描述了所有与用户有关的 TOE 的 IT 环境安全要求。

如果 ST 中不包含 IT 环境的 IT 安全要求,本工作单元不适用,并视为已经满足。

本工作单元仅与 IT 安全要求相关,而与组织安全策略无关。

评估者应分析 TOE 的 IT 环境安全要求(ST 中的可选陈述),并与用户指南比较,以确保所有与用户有关的 ST 安全要求都在用户指南中得到了恰当的描述。

11.8 测试活动

本活动的目的是通过对 TSF 的一个子集进行独立测试,确定 TOE 的行为是否与设计文档中所规定的一样,并且与 ST 中规定的 TOE 安全功能要求一致。

11.8.1 应用注释

评估者分析开发者的测试，以确定该测试足以证实安全功能按照规范执行，并理解开发者的测试方法。评估者也执行开发者测试的一个子集，以确信开发者的测试结果。评估者将使用该分析结果作为对 TSF 一个子集进行独立测试的输入。对于该子集，评估者应采取不同于开发者测试的测试方法，特别是当开发者测试有缺陷时。

评估者测试子集的构成和大小依赖于独立测试子活动(ATE_IND.2“独立测试——抽样”)中所讨论的几个因素。已知的公开弱点便是这类因素之一，评估者需得到这些信息(例如，从评估体制获取)。

为了确定开发者的测试文档是否充分，或者为了建立新的测试，评估者应理解安全功能在其满足要求的情况下所期望的预期行为。评估者可以每次选择 TSF 的某个安全功能，检查 ST 要求以及功能规范和指导性文档中的相关部分，以获得对 TOE 的预期行为方式的理解。

1.8.2 覆盖评估 (ATE_COV.1)

11.8.2.1 目的

本子活动的目的是确定开发者的测试覆盖证据是否说明了测试文档中标识的测试与功能规范之间的对应性。

11.8.2.2 输入

本子活动的评估证据是：

a) 功能规范；

b) 测试文档；

c) 测试覆盖证据。

11.8.2.3 应用注释

要求开发者提供的覆盖分析应说明作为评估证据的测试与功能规范之间的对应性。不过，覆盖分析不必表明所有的安全功能都已被测试，也不必表明 TSF 的所有外部接口都已被测试。评估者在独立测试(ATE_IND.2“独立测试——抽样”)子活动中应考虑到这些不足之处。

11.8.2.4 行为 ATE_COV1.1E

11.8.2.4.1 工作单元 2:ATE_COV.1-1

ISO/IEC 15408-3 ATE_COV.1.1C 测试覆盖的证据应说明测试文档中所标识的测试与功能规范中所描述的 TSF 之间的对应性。

评估者***应检查***测试覆盖的证据，以确定测试文档中所标识的测试与功能规范之间的对应性是准确的。

对应性可采用表格或矩阵的形式来表示。该组件需要的证据应显示出覆盖的广度，而不需显示出全部覆盖。如果测试覆盖不足，评估者应提高独立测试的级别来作补偿。

图 8 显示了功能规范中所描述的安全功能与测试文档中概括的测试之间对应关系的概念性框架。测试中可能包括一项或几项安全功能，这取决于测试依赖性或实施测试的总体目标。

测试标识和测试覆盖证据中所列出的安全功能应当是明确无误的，并且在已标识的测试和所测试安全功能的功能规范之间提供了明确的对应关系。

图 8 中没有对 SF-3 进行测试，所以关于功能规范的覆盖是不完备的。但不完备的覆盖并不影响本子活动的裁定，因为测试覆盖证据没有必要显示出功能规范中所标识安全功能的完全覆盖。

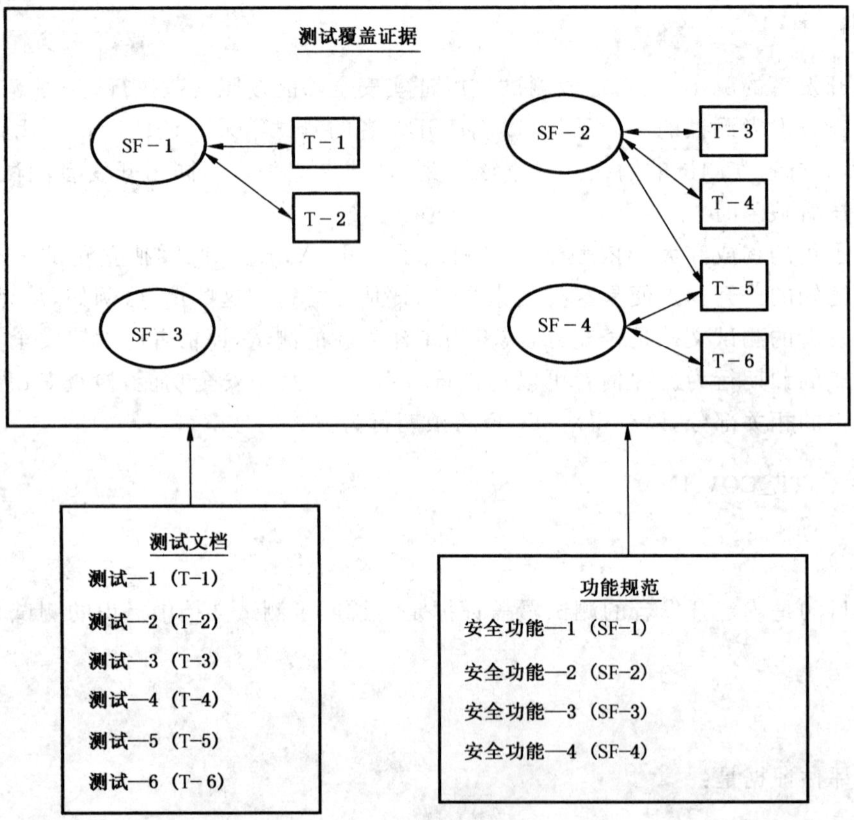

图 8　测试覆盖证据的概念框架

11.8.3　功能测试评估(ATE_FUN.1)

11.8.3.1　目的

本子活动的目的是确定开发者的功能测试文档是否可充分地证实安全功能都以按规定实现。

11.8.3.2　输入

本子活动的评估证据是:

a) ST;
b) 功能规范;
c) 测试文档;
d) 测试流程。

11.8.3.3　应用注释

测试文档应覆盖 TSF 的程度依赖于覆盖保证组件。

对于开发者提供的测试,评估者确定测试是否是可复验的,并确定开发者的测试在多大程度上可用于评估者的独立测试工作。开发者测试结果中表明可能有未按照规定执行的安全功能,评估者应对其进行独立测试,以确定情况是否属实。

测试文档应标识为测试建立测试条件或为后续测试清除相关条件而使用特权模式的情况。测试文档要描述为什么必需使用特权模式以获得必要的条件(例如,测试套件的效率、产生测试所需的非特权用户不能创建的特殊对象),以及在执行 TOE 安全功能测试步骤前如何退出特权模式。因此,虽然在建立测试条件时，测试配置可能与 ST 中描述的 TOE 不一致，但是测试文档应描述如何使配置返回到与 ST 所描述配置相一致的状态，以便执行测试步骤。

11.8.3.4 行为 ATE_FUN.1.1E

11.8.3.4.1 工作单元 2:ATE_FUN.1-1

ISO/IEC 15408-3 ATE_FUN.1.1C 测试文档应包括测试计划、测试流程描述、预期测试结果和实际测试结果。

评估者***应检查***测试文档是否包括测试计划、测试流程描述、预期测试结果和实际测试结果。

11.8.3.4.2 工作单元 2:ATE_FUN.1-2

ISO/IEC 15408-3 ATE_FUN.1.2C 测试计划应标识要测试的安全功能，并应描述测试的目标。

评估者***应核查***测试计划是否标识了待测安全功能。

用于标识待测安全功能的一种方法是可参考规定特定安全功能的功能规范中所描述的相应部分。

在执行本工作单元时，评估者可能希望采用抽样的策略。

关于抽样的指南参见 A.2“抽样”。

11.8.3.4.3 工作单元 2:ATE_FUN.1-3

评估者***应检查***测试计划，以确定它描述了测试的目标。

测试计划提供了关于安全功能如何测试的信息以及测试过程中的测试配置信息。

在执行本工作单元时，评估者可能希望采用抽样的策略。

关于抽样的指南见 A.2“抽样”。

11.8.3.4.4 工作单元 2:ATE_FUN.1-4

评估者***应检查***测试计划，以确定 TOE 测试配置是否与在 ST 中列出的评估配置一致。

开发者测试计划中所提到的 TOE，其唯一参照号应与 CM 能力(ACM-CAP.*)子活动建立的唯一参照号相同。

ST 有可能指定不止一个评估配置，TOE 可能由多个不同的硬件和软件实现组成，应根据 ST 对它们进行测试。评估者要核实在开发者测试文档中所标识的测试配置是否与 ST 中描述的每个评估配置相一致。

评估者应考虑 ST 中描述的可适用于测试环境的关于 TOE 环境安全方面的假设。ST 中的某些假设可能不适用于测试环境。例如，关于用户许可方面的假设就可能不适用，但关于网络单点接入的假设就适用。

11.8.3.4.5 工作单元 2:ATE_FUN.1-5

评估者***应检查***测试计划，以确定它是否与测试流程描述一致。

在执行本工作单元时，评估者可能希望采用抽样的策略。

关于抽样的指南参见 A.2“抽样”，关于一致性分析的指南参见附录 A.3“一致性分析”。

11.8.3.4.6 工作单元 2:ATE_FUN.1-6

ISO/IEC 15408-3 ATE_FUN.1.3C 测试流程描述应标识要执行的测试和描述每个安全功能的测试情景。这些情景应包括对于其他测试结果的任何顺序依赖性。

评估者***应核查***测试流程描述是否标识了每一个待测安全功能行为。

用于标识待测安全功能行为的一种方法是引用设计规范中规定特定待测行为的相应部分。

在执行本工作单元时，评估者可能希望采用抽样的策略。

关于抽样的指南见 A.2“抽样”。

11.8.3.4.7 工作单元 2：ATE_FUN.1-7

评估者**应检查**测试流程描述，以确定是否提供了足够的命令以建立可重复的测试初始条件，有时也包括顺序依赖关系。

为建立初始条件可能要采取一些步骤。例如，用户账号应在其能被删除前添加。对于与其他测试结果有顺序依赖关系的一个例子是，在依靠审计功能对其他安全机制如访问控制产生审计记录之前，需要测试审计功能。另一个顺序依赖关系的例子是，某个测试用例所产生的数据文件被用作其他测试用例的输入。

在执行本工作单元时，评估者可能希望采用抽样的策略。

关于抽样的指南参见 A.2“抽样”。

11.8.3.4.8 工作单元 2：ATE_FUN.1-8

评估者**应检查**测试流程描述，以确定是否提供了足够的命令，以便拥有可重复的手段来激发安全功能和观察安全功能行为。

激励通常通过 TSFI 从外部提供给安全功能。一旦输入（激励）传给了 TSFI，安全功能行为就可以在 TSFI 观察到。除非测试流程包含足够的细节以明确无误地描述激励和期望作为该激励结果的行为，否则不能保证测试是可重复执行的。

在执行本工作单元时，评估者可能希望采用抽样的策略。

关于抽样的指南参见 A.2“抽样”。

11.8.3.4.9 工作单元 2：ATE_FUN.1-9

评估者**应检查**测试流程描述，以确定它们与实际测试流程是一致的。

如果两者一致，那么本工作单元就不适用，并认为已经满足要求。

在执行本工作单元时，评估者可能希望采用抽样的策略。

关于抽样的指南参见 A.2“抽样”，关于一致性分析的指南参见 A.3“一致性分析”。

11.8.3.4.10 工作单元 2：ATE_FUN.1-10

ISO/IEC 15408-3 ATE_FUN.1.4C 预期测试结果应指出测试成功执行后的预期输出。

评估者**应检查**测试文档，以确定其包括了足够的预期测试结果。

预期的测试结果用以确定测试是否成功执行。如果预期测试结果是明确无误的并且与给定测试方法的预期行为是一致的，那么该预期结果就足够了。

在执行本工作单元时，评估者可能希望采用抽样的策略。

关于抽样的指南参见 A.2“抽样”。

11.8.3.4.11 工作单元 2：ATE_FUN.1-11

ISO/IEC 15408-3 ATE_FUN.1.5C 开发者执行测试所得到的测试结果应证实每个被测试的安全性功能都按照规定执行。

评估者**应检查**测试文档中的预期测试结果，是否与给出的实际测试结果一致。

由开发者提供的实际测试结果和预期测试结果的比较将揭示出二者间的任何不一致。

只有当对某些数据进行约减或综合后，方可进行实际结果的直接比较。在这种情况下，开发者的测试文档应描述约减或综合真实数据的过程。

例如，开发者可能需要在网络连接建立后测试消息缓冲区以确定缓冲区中的内容。消息缓冲区将包含一个二进制数。这个二进制数应被转换为其他的数据表现形式以使测试更有意义。开发者应足够详细地描述从数据的二进制表示到更高级表示的转换，以便评估者能够实施转换过程(例如，同步或异步传输、停止位位数、奇偶校验位数等)。。

应当注意，评估者使用约减或综合真实数据过程的描述，不是实际执行必要的修改，而是评定这一过程是否正确。开发者负责把预期测试结果转换为容易与实际测试结果相比较的格式。

在执行本工作单元时，评估者可能希望采用抽样的策略。

关于抽样的指南参见 A.2“抽样”。

如果任何测试的预期结果和实际结果不相同，那么表明安全功能没有正确执行。这种情况将会影响评估者的独立测试努力，包括隐含安全功能的测试。评估者要考虑增加本工作单元执行的证据样本。

11.8.3.4.12 工作单元 2：ATE_FUN.1-12

评估者***应报告***开发者测试工作，概述测试方法、配置、深度和结果。

对于在 ETR 中报告的开发者测试信息，可以允许评估者转述开发者测试 TOE 时的方法和成果。提供这种信息的目的是为了对开发者的测试工作给出一个有意义的概述，在 ETR 中关于开发者测试的信息不是为了精确再现特定的测试步骤或个别测试结果。其目的是要提供足够的细节，以便允许其他评估者和监督者了解开发者的测试方法、执行的测试数量、TOE 测试配置和开发者测试的总体结果。

一般可在 ETR 中找到关于开发者测试工作的信息有：

a) TOE 测试配置，被测 TOE 的特殊配置；
b) 测试方法，开发者全部测试策略的账目；
c) 开发者执行的测试数量，开发者测试覆盖和深度的描述；
d) 测试结果，开发者测试结果的整体描述。

以上列出的信息并不全面，只是为应呈现在 ETR 中的关于开发者所做测试的信息类型提供借鉴。

11.8.4 独立测试评估(ATE_IND.2)

11.8.4.1 目的

本子活动的目的是通过对 TSF 的一个子集进行独立测试，确定 TOE 是否按规定执行。同时，通过抽样执行开发者的测试，以获得对开发者测试结果的信任。

11.8.4.2 输入

本子活动的评估证据是：

a) ST；
b) 功能规范；
c) 用户指南；
d) 管理员指南；
e) 安全安装、生成和启动程序；
f) 测试文档；
g) 测试覆盖分析；
h) 测试深度分析；
i) 适于测试的 TOE。

11.8.4.3 行为 ATE_IND.2.1E

11.8.4.3.1 工作单元 2:ATE_IND.2-1

ISO/IEC 15408-3 ATE_IND.2.1C TOE 应适合测试。

评估者***应检查***TOE,以确定测试配置与所评估的 ST 中规定的配置是一致的。

用于评估者测试的 TOE,其唯一参照号应与 CM 能力(ACM-CAP.*)子活动建立的唯一参照号相同。

ST 有可能指定不止一个评估配置,TOE 可能由多个不同的硬件和软件实现组成,应根据 ST 对它们进行测试。评估者的 TOE 测试配置应与 ST 中所描述的每个评估配置相一致。

评估者应考虑 ST 中所描述的可用于测试环境的关于 TOE 环境安全方面的假设。ST 中可能有一些假设不适用于测试环境。例如,关于用户许可方面的假设可能就不适用,但关于网络单点接入的假设就适用。

如果使用了任何测试资源(例如仪表、分析仪),评估者有责任保证这些资源是校准正确的。

11.8.4.3.2 工作单元 2:ATE_IND.2-2

评估者***应检查***TOE,以确定它已被正确安装并处于一个已知状态。

评估者可能以多种方式来确定 TOE 的状态。例如,只要评估者仍然相信正在用于测试的 TOE 是正确安装的并且处于一个已知状态,先前的 ADO_IGS.1"安装、生成和启动程序"子活动的成功完成将满足本工作单元。如果情况不是这样,那么评估者只需根据提供的指南按照开发者的规程来安装、生成和启动 TOE。

如果由于 TOE 处于未知状态,评估者不得不执行安装过程,在成功完成后即可满足工作单元 ADO_IGS.1-2 的要求。

11.8.4.3.3 工作单元 2:ATE_IND.2-3

ISO/IEC 15408-3 ATE_IND.2.2C 开发者应提供一组相当的资源,该资源曾被用于开发者的 TSF 功能测试。

评估者***应检查***开发者提供的资源集,以确认它们与开发者做 TSF 功能测试时使用的资源集等同。

资源集可能包括实验室和专用测试设备等。这里的资源与开发者所使用的资源不一定完全相同,但在对测试结果的影响方面上,两者应是等同的。

11.8.4.4 行为 ATE_IND.2.2E

11.8.4.4.1 工作单元 2:ATE_IND.2-4

评估者***应设计***一个测试子集。

评估者选择一个适合于 TOE 的测试子集和测试策略。一个极端的测试策略是让测试子集包含尽可能多的安全功能,但不是很严格地测试它们。另一个极端的测试策略是根据觉察到的相关性,让测试子集包含少数几个安全功能,并严格地测试这些安全功能。

评估者采用的测试方法一般会处于这两种极端情况之间。评估者应至少使用一项测试来试验 ST 中标明的大部分安全功能要求,但不必进行所有的规范测试。

评估者在选择被测 TSF 子集时应该考虑以下因素:

a) 开发者测试证据。开发者测试证据包括测试覆盖分析、测试深度分析和测试文档。开发者测试证据将使评估者了解有关安全功能是如何被开发者测试的。当评估者在开发新的测试来对

TOE 进行独立性测试时会用到这一信息。评估者应特别考虑：

1） 针对特定安全功能，增加开发者测试。评估者或许希望通过修改参数进行多个同类测试，以便更严格地测试安全功能；

2） 针对特定安全功能，补充开发者测试策略。评估者或许希望通过使用另外一个测试策略测试某个特定的安全功能，以改变对该安全功能的测试方法。

b） 测试子集中包括的安全功能个数。如果 TOE 只包含少量安全功能，就要对所有安全功能进行严格测试。如果 TOE 包含很多安全功能，执行全班测试将是不合算的，此时可执行抽样测试。

c） 维持评估活动的平衡。评估者花费在测试活动上的工作应与花费在其他评估活动上的工作相称。

评估者选择安全功能组成测试子集。这种选择依赖于很多因素，对这些因素的考虑也可能影响测试子集大小的选择：

a） 开发者对安全功能测试的严格性。根据 ATE_COV.2“覆盖分析”的要求，在功能规范中所标识的所有安全功能应具有开发者测试证据。评估者决定需要补充测试的那些安全功能应包括在测试子集中。

b） 开发者测试结果。如果开发者的测试结果导致评估者对某个安全功能或某个方面产生怀疑，那么评估者应该将这些安全功能包括在测试子集中。

c） 与 TOE 的类型（例如，操作系统、防火墙）相关的已知公共域中的弱点。这些弱点将影响测试子集的选择过程。评估者应将涉及这些弱点的安全功能包含在子集中（这里的已知公共域中的弱点并不是指脆弱性，而是该类 TOE 所带有的不充分的情况或问题区）。如果不知道这样的弱点，那么采用选择更宽范围安全功能的这一通用方法可能更合适。

d） 安全功能的重要性。根据 TOE 的安全目的，那些较重要的安全功能应包含在测试子集中。

e） ST 中给出的 SOF 声明。所有有 SOF 声明的安全功能应包括在测试子集中。

f） 安全功能的复杂性。复杂的安全功能可能需要复杂的测试，这些测试对开发者或评估者施以更繁重的要求，这将不利用提高评估效率。相反，从更易找出错误的角度，复杂的安全功能又是子集的一个理想候选对象。因此，评估者需要在这些考虑因素之间寻求一种平衡。

g） 隐含的测试。某些安全功能的测试可能往往隐含着需要测试其他安全功能，把它们包括在子集中可以使被测安全功能数最大化（虽然是隐含的）。典型地，某些特定接口被用于提供多种安全功能特性，这是一种有效的测试方法。

h） TOE 的接口类型（例如，编程的、命令行的、协议的）。评估者应考虑在子集中包括 TOE 支持的所有不同接口类型的测试。

i） 创新的或不寻常的功能。当 TOE 包含有创新的或不寻常的安全功能时，这些功能在市场宣传中可能颇具分量，应该成为测试的重点候选对象。

这一部分指南清楚地说明了在选择合适的测试子集过程中应考虑的因素，但不代表已详述了所有因素。

有关抽样指南参见 A.2“抽样”。

11.8.4.4.2 工作单元 2：ATE_IND.2-5

评估者**应**为测试子集生成足够详细的测试文档，以便测试情况是可再现的。

参照 ST 和功能规范，在对一个安全功能的预期行为有了一定了解后，评估者应确定测试该功能的最可行的方法。

评估者应特别考虑以下几点：

a）将采用的方法，例如，是否在外部接口上测试安全功能，是否使用测试设备在内部接口上测试安

全功能,或者使用其他测试方法(例如在异常情况下,代码检查);

b) 用于激发安全功能并观察响应的安全功能接口;

c) 测试所需的初始条件(例如,任何需要具备的特殊客体或主体以及它们需要拥有的安全属性);

d) 激发安全功能或观察安全功能所需的专用测试设备(例如,包发生器、网络分析仪)。

评估者可能发现,使用一系列测试用例测试每个安全功能是切实可行的,而每个测试用例将测试预期行为的某个特定的方面。

评估者的测试文档应指明每个测试的出处,如有必要,将其追溯到相关的设计规范和ST。

11.8.4.4.3 工作单元 2:ATE_IND.2-6

评估者***应实施***测试。

评估者使用测试文档作为对TOE进行测试的基础。测试文档用作测试的基础,但是这并不排除评估者执行附加的特别测试。基于测试中发现的TOE行为,评估者可以设计新的测试,这些新的测试应记录在测试文档中。

11.8.4.4.4 工作单元 2:ATE_IND.2-7

评估者***应记录***包含在测试子集中的如下测试信息:

a) 待测试的安全功能行为的标识;

b) 测试设备的连接说明与设置说明;

c) 测试所需初始条件的说明;

d) 激发安全功能的说明;

e) 观察安全功能行为的说明;

f) 所有预期结果的描述,以及用以比较预期结果的必要分析;

g) 总结测试和为TOE建立必要的测试后状态的说明;

h) 实际测试结果。

测试文档中的细节描述应达到这样的程度:使其他评估者能重复测试并获得相同的结果,尽管测试结果的某些特定细节可能不同(例如,审计记录中的时间和日期字段),但整体结果应该是相同的。

有些情况可以不必提供本工作单元中出现的全部信息(例如,在可以与预期结果做比较前,可能不需要对实际测试结果进行任何分析)。这些信息的省略由评估者决定,这样才合理。

11.8.4.4.5 工作单元 2:ATE_IND.2-8

评估者***应核查***所有的实际测试结果,是否与预期测试结果一致。

实际测试结果和预期测试结果间的任何差别可能表明TOE与其规定不一致,或者评估者的测试文档是错误的。出现意料之外的实际测试结果,可能需要对TOE或测试文档进行纠正维护,也许需要重新运行受到影响的测试,并且修改测试样本的数量和组成。该决定由评估者作出,这样才合理。

11.8.4.5 行为 ATE_IND.2.3E

11.8.4.5.1 工作单元 2:ATE_IND.2-9

评估者***应***使用在开发者测试计划和测试流程中抽取的测试样本***实施***测试。

本工作单元的总体目的是要实施足够数量的开发者测试,以确认开发者的测试结果的有效性。评估者必需确定样本量和构成样本的开发者测试。

考虑到整个测试活动的评估工作,通常应该完成20%的开发者测试,当然这可以根据TOE的特性和所提交的测试证据而改变。

所有的开发者测试都能被追溯到特定的安全功能。因此,在选择构成样本的测试时,所需考虑的因素要相似于在工作单元 ATE_IND.2-4 中为子集选择列出的那些因素。此外,评估者可以使用一个随机抽样的方法来选择构成样本的开发者测试。

有关抽样的指南参见 A.2"抽样"。

11.8.4.5.2 工作单元 2:ATE_IND.2-10

评估者***应核查***所有的实际测试结果,是否与预期测试结果一致。

开发者的预期测试结果和实际测试结果之间的不一致将迫使评估者解决这个差异。评估者最初遇到的不一致性可由开发者提供的合理解释和不一致性解决办法予以解决。

如果没有一个满意的解释或解决办法,评估者可能会降低对开发者测试结果的信任,并且有必要增加试样量,以便重新获取对开发者测试的信任。如果增加试样量还不能满足评估者的要求,就有必要重复整个开发者测试集。最后,就充分测试在工作单元 ATE_IND.2-4 中所标识的 TSF 子集而言,开发者测试的不足将导致要么需要对开发者测试进行纠正,要么由评估者产生新的测试。

11.8.4.5.3 工作单元 2:ATE_IND.2-11

评估者***应***在 ETR 中***报告***评估者的测试成果、测试大纲、配置、深度和结果。

在 ETR 中报告的评估者测试信息允许评估者告知总体测试方法和在评估过程中测试活动所付出的效果。提供这种信息的目的是对测试工作给出一个有意义的概述,这并不是为了精确再现特定的测试说明或个别测试结果。其目的是要提供足够的细节,以便允许其他评估者和监督者了解评估者所选择的测试方法、执行的评估者测试数量、执行的开发者测试数量、TOE 测试配置和测试活动的总体结果。

一般可在 ETR 中找到关于评估者测试工作的信息有:

a) TOE 测试配置。被测 TOE 的特殊配置;
b) 所选子集的大小。在评估中要被测试的安全功能的数量和确定子集大小的理由;
c) 构成子集的安全功能选择标准。简要说明在选择组成子集的安全功能时考虑的因素;
d) 被测的安全功能。包含在子集中的安全功能的简表;
e) 所执行的开发者测试。所执行的开发者测试的数量和对用于选择测试标准的一个简要描述;
f) 活动的裁定。对测试结果的总体判断。

以上列出的信息并不全面,只是为应呈现在 ETR 中的关于评估期间评估者所做测试的信息类型提供借鉴。

11.9 脆弱性评定活动

脆弱性评定活动的目的是确定 TOE 在预期使用环境下的缺陷或弱点的可利用性。这种确定是基于开发者所进行的分析,并由评估者的穿透性测试予以支持。

11.9.1 TOE 安全功能强度评估(AVA_SOF.1)

11.9.1.1 目的

本子活动的目的是确定,在 ST 中是否为所有概率或置换机制作出了 SOF 声明,以及开发者在 ST 中所作的 SOF 声明是否都是有正确的分析予以支持。

11.9.1.2 输入

本子活动的评估证据是:

a） ST；

b） 功能规范；

c） 高层设计；

d） 用户指南；

e） 管理员指南；

f） TOE 安全功能强度分析。

11.9.1.3 应用注释

对 SOF 进行的分析在本质上是针对概率或置换的机制（例如，口令机制或生物识别）而实施的。尽管密码机制在本质上也是概率性的并且经常用“强度”来描述，但是 AVA_SOF.1“TOE 安全功能强度评估”却不适用于密码机制。对这种情况，评估者应遵循评估体制的规定来执行。

尽管 SOF 分析是在单个机制的基础上进行的，但是对 SOF 的总体判断却是基于功能的。当采用多个概率或置换机制来实现一个安全功能时，应分析每个不同的机制。提供安全功能的这些机制的组合方式将决定这个功能的总体 SOF 级别。评估者需要设计信息以理解这些机制如何协同工作才能实现一个功能，并且依据 ADV_HLD.1“描述性高层设计”给出这些信息的最小级别。评估者可获得由 EAL 确定的实际的设计信息，并且在必要时这些信息应能被用于支持评估者的分析。

对于涉及多个 TOE 域的 SOF 的讨论参见 ASE_REQ.1“IT 安全要求评估”。

11.9.1.4 行为 AVA_SOF.1.1E

11.9.1.4.1 工作单元 2：AVA_SOF.1-1

ISO/IEC 15408-3 AVA_SOF.1.1C 对于每个具有 TOE 安全功能强度声明的安全机制，TOE 安全功能强度分析应说明该机制达到或超过 PP/ST 中定义的最低强度级别。

评估者***应核查***开发者是否已为每个具有 SOF 声明的安全机制提供了 SOF 分析，该声明在 ST 中是以 SOF 级别的方式予以表示的。

如果仅以 SOF 度量标准的方式来声明 SOF，那么本工作单元是不适用的，视为已满足要求

SOF 级别分为基本级功能强度、中级功能强度或高级功能强度，这些级别是根据攻击潜力来定义的，参见 ISO/IEC 15408-1 第 2 章。表示成一个级别的最小整体 SOF 要求适用于所有非密码的概率或置换安全机制。但个别机制可能具有一个被表示成超出整体 SOF 要求级别的 SOF 声明。

确定实现一个攻击所必需的攻击潜力，从而确定出 SOF 级别的指南参见 A.8“功能强度和脆弱性分析”。

SOF 分析中要包含基本原理以证明 ST 中所作的 SOF 声明。

11.9.1.4.2 工作单元 2：AVA_SOF.1-2

ISO/IEC 15408-3 AVA_SOF.1.2C 对于每个具有特定 TOE 安全功能强度声明的安全机制，TOE 安全功能强度分析应说明该机制达到或超过 PP/ST 中定义的特定功能强度度量标准。

评估者***应核查***开发者是否已为每个具有 SOF 声明的安全机制提供了 SOF 分析，该声明在 ST 中是以度量标准的方式予以表示的。

如果仅以 SOF 级别的方式来声明 SOF，那么本工作单元是不适用的，视为已满足要求。

表示成一个级别的最小整体 SOF 要求适用于所有非密码的概率或置换机制。但个别机制可能具有一个被表示成满足或超出整体 SOF 要求度量的 SOF 声明。

SOF 分析中要包含基本原理以证明 ST 中所作的 SOF 声明。

11.9.1.4.3 工作单元 2:AVA_SOF.1-3

评估者*应核查*SOF 分析,以确定支持分析的任何主张或假设都是有效的。

例如,认为伪随机数发生器的特定实现将拥有必要的熵,该熵是产生与 SOF 分析相关的安全机制所必需的,那么该假设就是有缺陷的。

支持 SOF 分析的假设应该反映"最差情形",除非"最差情形"被 ST 确定是无效的。当许多不同的情形存在时,并且这些情形都是依赖于人类用户或攻击者行为时,代表最低强度的情形应被假设,除非如以上所述该情况无效。

例如,基于最大理论口令空间(例如所有可打印的 ASCII 码)的强度声明,就不是"最差情形",因为人类习惯于使用自然语言口令,但这样的行为却大大地减少了口令空间和相关强度。然而,如果在 ST 中列出了 TOE 使用的 IT 措施,例如用口令过滤器将自然语言口令的使用降至最少,那么这样的假设就是适当的。

11.9.1.4.4 工作单元 2:AVA_SOF.1-4

评估者*应检查*SOF 分析,以确定用以支持分析的任何算法、原理、性质和计算都是正确的。

本工作单元高度依赖于所考虑的机制类型。A.8"功能强度和脆弱性分析"提供了一个使用口令机制实现标识和鉴别功能的 SOF 分析实例;该分析考虑用最大口令空间以最终达到一个 SOF 级别。对于生物测量学,该分析应考虑解决方法和其他影响机制的欺骗敏感性的因素。

SOF 表示成一个级别,该级别是基于可击败安全机制所必需的最小攻击潜力。SOF 级别是在 ISO/IEC 15408-1 第 2 章中以攻击潜力进行定义的。

关于攻击潜力的指南参见 A.8"功能强度和脆弱性分析"。

11.9.1.4.5 工作单元 2:AVA_SOF.1-5

评估者*应检查*SOF 分析,以确定每个 SOF 声明被满足或超过。

关于 SOF 声明级别的指南参见 A.8"功能强度和脆弱性分析"。

11.9.1.4.6 工作单元 2:AVA_SOF.1-6

评估者*应检查*SOF 分析,以确定所有带有 SOF 声明的功能都达到了 ST 中所定义的最低强度级别。

11.9.1.5 行为 AVA_SOF.1.2E

11.9.1.5.1 工作单元 2:AVA_SOF.1-7

评估者*应检查*功能规范、高层设计、低层设计、用户指南和管理员指南,以确定所有的概率或置换机制都具有相应的 SOF 声明。

通过概率或置换机制实现的安全功能应由开发者予以标识,该标识应在 ST 评估活动期间予以验证。但是,由于 TOE 概要规范可能是执行此项活动的唯一有效证据,因此这种机制的识别可能是不完备的。作为本子活动输入的附加评估证据,可能识别出未在 ST 中列出的额外的概率或置换机制。如果是这样的话,那么应适当地更新 ST 以反映附加的 SOF 声明,而且开发者需提供额外的分析以证明该声明合理的,其可以作为评估者行为 AVA_SOF.1.1E 的输入。

11.9.1.5.2 工作单元 2:AVA_SOF.1-8

评估者*应检查*SOF 声明,以确定它们是正确的。

当SOF分析包括断言或假设时(例如,每分钟可能有多少次鉴别尝试),评估者应独立地确认它们是正确的。这可通过测试或独立的分析来完成。

11.9.2 脆弱性分析评估(AVA_VLA.1)

11.9.2.1 目的

本子活动的目的是确定在其预期使用环境中的TOE是否存在可利用的明显脆弱性。

11.9.2.2 输入

本子活动的评估证据是:

a) ST;
b) 功能规范;
c) 高层设计;
d) 用户指南;
e) 管理员指南;
f) 安全安装、生成和启动程序;
g) 脆弱性分析;
h) 功能强度声明分析;
i) 适于测试的TOE。

本子活动的其他输入有:

a) 关于明显脆弱性的当前信息(例如:来自监督者)。

11.9.2.3 应用注释

术语"指南"在本子活动中指用户指南、管理员指南和安全安装、生成和启动程序。

对可利用脆弱性的考虑是由ST中安全目的和功能要求确定的。例如,如果ST中不要求描述防止安全功能被旁路的措施(不选FPT_PHP"TSF物理保护"、FPT_RVM"参照仲裁"和FPT_SEP"域分离"),那么基于旁路的脆弱性就无需考虑。

脆弱性可能存在于公共域中,也可能不在,并且利用它可能需要技巧,也可能不要。这两方面是相关的,但是有区别的。不应仅仅因为脆弱性存在于公共域中而认为其容易被利用。

指南中的以下术语具有特定含义:

a) 脆弱性:在一定条件下能被利用来违反安全策略的TOE的弱点;
b) 脆弱性分析:系统地搜寻TOE中的脆弱性并且对所寻找到的脆弱性进行评判,以确定它们与TOE预期使用环境的关系;
c) 明显脆弱性:只要求对TOE有最低程度的了解、最小的技术复杂性和最少的资源就可公开利用的脆弱性;
d) 潜在脆弱性:怀疑在TOE中存在(根据假定的攻击途径)但并未被证实的脆弱性;
e) 可利用的脆弱性:在TOE预期使用环境下可被利用的脆弱性;
f) 不可利用的脆弱性:在TOE预期使用环境下不能被利用的脆弱性;
g) 残余脆弱性:一种几乎无法利用的脆弱性,但是在TOE预期使用环境下却能够被那些在预计之外的具备更大攻击潜力的攻击者所利用;
h) 穿透性测试:在TOE的预期使用环境下进行的测试,以确定已标识的TOE潜在脆弱性的可利用程度。

11.9.2.4 行为 AVA_VLA.1.1E

11.9.2.4.1 工作单元 2:AVA_VLA.1-1

ISO/IEC 15408-3 AVA_VLA.1.1C 脆弱性分析文档应描述对 TOE 交付件的分析，以寻找用户能够违反 TSP 的明显途径。

ISO/IEC 15408-3 AVA_VLA.1.2C 脆弱性分析文档应描述如何处理明显的脆弱性。

ISO/IEC 15408-3 AVA_VLA.1.3C 脆弱性分析文档应针对所有已标识的脆弱性，说明该脆弱性不能在 TOE 的预期使用环境中被利用。

评估者***应检查***开发者的脆弱性分析，以确定对明显脆弱性的搜索是否已经考虑了所有相关的信息。

开发者的脆弱性分析应涵盖开发者在所有评估交付件和公共域信息源中搜索到的明显脆弱性。评估者应使用交付件，不是执行独立的脆弱性分析（AVA_VLA.1“开发者脆弱性分析”中没有要求），而是将其作为评价开发者搜索明显脆弱性的基础。

公共域中的信息是高度动态的。因此，在开发者执行脆弱性分析和评估完成之间的这一段时间内可能在公共域中有新的脆弱性报告。具体在那一个点停止对公共域信息的监测是评估授权机构的问题，因此相应的指南和协议应从评估授权机构得到。

11.9.2.4.2 工作单元 2:AVA_VLA.1-2

评估者***应检查***开发者的脆弱性分析，以确定每个明显的脆弱性都已被描述，并就它在 TOE 的预期使用环境中为什么是不可利用的给出合理的解释。

希望开发者基于对 TOE 和公共域信息源的了解来寻找明显的脆弱性。如果指定的要求是仅识别明显脆弱性，则不需要进行详细的脆弱性分析。开发者根据以上的定义将信息过滤整理，从而说明在预期使用环境中明显的脆弱性是不可利用的。

评估者需要关注开发者脆弱性分析的以下三个方面：

a) 开发者的分析是否已考虑所有的评估交付件；

b) 在预期使用环境中是否有适当的措施来防止明显脆弱性被利用；

c) 是否有一些明显的脆弱性仍然未被识别。

评估者不宜过分关注已识别的脆弱性本身是不是明显的，除非其被开发者用来作为确定脆弱性是不可利用的依据。在这种情况下，对于已识别的脆弱性，评估者可通过确定是否可阻止拥有低攻击潜力的攻击者的攻击来验证这种论断。

明显脆弱性的概念与攻击潜力无关，后者由评估者在独立的脆弱性分析中确定。因为 AVA_VLA.1“开发者脆弱性分析”并不进行这样的活动，通常评估者不是以攻击潜力为基础对脆弱性进行搜索和过滤。然而，评估者仍可以在评估期间发现潜在的脆弱性，并且可通过参照明显脆弱性的定义和低攻击潜力的概念，确定应如何描述这些潜在的脆弱性。

只能限于评价开发者分析的有效性、对获得自公共域脆弱性信息的比较和对评估者在其他评估活动过程中所标识的其他脆弱性的比较，来确定是否仍然存在未识别的明显脆弱性。

如果存在下列条件中的一个或多个，那么脆弱性就是不可利用的：

a) （IT 或非 IT）环境中的安全功能或措施防止了在预期使用环境中脆弱性的利用。例如，限定只有授权用户可对 TOE 进行物理访问，可以有效地致使一个 TOE 脆弱性成为不可利用的脆弱性。

b) 脆弱性只能被拥有中级或高级攻击潜力的攻击者利用。例如，对于分布式 TOE 的会话劫持攻击的脆弱性来说，就需要一个高于能够利用明显脆弱性的攻击者才能利用该脆弱性。然而，这样的脆弱性在ETR中被报告为残余脆弱性。

c) 在ST中既没有声明要抵抗的威胁，也没有声明要满足的组织安全策略。例如，一个防火墙，其ST中没有作有效性策略声明并易受到TCP SYN攻击（一种基于通用Internet协议的攻击，使得主机无法为连接请求提供服务），不应仅基于这种脆弱性认为该评估活动失败。

关于确定利用某个脆弱性所应具备的攻击潜力的指南，请参见A.8“功能强度和脆弱性分析”。

11.9.2.4.3 工作单元2:AVA_VLA.1-3

评估者***应检查***开发者的脆弱性分析，以确定其与ST和指南都是一致的。

开发者的脆弱性分析可通过建议对TOE功能进行特殊配置或设置来处理一个脆弱性。如果认为这样的操作限制是有效的并与ST是一致的，那么所有这样的配置/设置都应该在指南中得到充分描述，这样才可能被用户使用。

11.9.2.5 行动AVA_VLA.1.2E

11.9.2.5.1 工作单元2:AVA_VLA.1-4

评估者***应***基于开发者的脆弱性分析***设计***穿透性测试。

评估者准备穿透性测试：

a) 当需尝试驳斥开发者的分析，质疑开发者关于脆弱性为什么不可利用的解释时；

b) 当需确定TOE在其预期使用环境中对未被开发者考虑到的脆弱性的敏感程度时。评估者应有权使用关于公共域中开发者尚未考虑到的明显脆弱性的最新信息（例如，来自监督者的信息），也可拥有一些作为执行其他评估活动的结果而识别出的潜在脆弱性。

不能期望评估者对除明显脆弱性之外的脆弱性进行测试（即使那些脆弱性包括在公共域中）。然而，许多情况下，在确定可利用性之前，应先进行测试。如果作为评估专家意见，评估者发现一个明显脆弱性之外的脆弱性，则这样的脆弱性在ETR中被报告为残余脆弱性。

在理解可疑脆弱性的基础上，评估者决定出最合理的方法测试TOE是否存在这样的脆弱性。评估者应特别考虑：

a) 用于激发TSF和观察反应的安全功能接口；

b) 测试所需的初始条件（例如：任何需要存在的特殊客体或主体及它们需要拥有的安全属性）；

c) 激发安全功能或观察安全功能所需的专用测试设备（尽管不可能要求使用专门设备来利用一个明显的脆弱性）。

评估者可能会将发现采用一系列测试用例来进行穿透性测试是可行的，其中每个测试用例将测试一个特定的脆弱性。

11.9.2.5.2 工作单元2:AVA_VLA.1-5

评估者***应***基于开发者的脆弱性分析***编制***穿透性测试文档，并且应足够详尽使得测试可重复。测试文档应包括：

a) 标识被测TOE的明显脆弱性；

b) 进行穿透性测试所需的所有测试设备连接和设置的说明；

c) 建立所有穿透性测试的必备条件的说明；

d) 激发TSF的说明；

e) 观察TSF行为的说明；

f) 所有预期结果的描述，并对用于比较预期结果的观察行为进行必要的分析；

g) 总结测试和为TOE建立必要的测试后状态的说明。

测试文档中的细节描述应达到这种程度:其他的评估者能再现测试并获得相同的结果。

11.9.2.5.3　工作单元 2:**AVA_VLA.1-6**

评估者***应***基于开发者的脆弱性分析***实施***穿透性测试。

评估者使用工作单元 4:AVA_VLA.1-4 产生的穿透性测试文档作为对 TOE 进行穿透性测试的基础,但这并不排除评估者执行其他特别的穿透性测试。如果有必要的话,评估者可根据在穿透性测试期间(如果由评估者执行)所获得的信息设计特别的测试,这些测试应记录在穿透性测试文档中。这些测试有必要深入研究意外的结果或观察结果,或在预先测试计划阶段评估者所要研究的潜在脆弱性。

11.9.2.5.4　工作单元 2:**AVA_VLA.1-7**

评估者***应记录***穿透性测试的实际结果。

尽管实际测试结果的某些特定细节可能与预期的不同(例如:审计记录中的时间和日期字段),但整体结果应该是相同的。任何差异都应被证明是合理的。

11.9.2.5.5　工作单元 2:**AVA_VLA.1-8**

评估者***应检查***所有的穿透性测试结果和所有脆弱性分析的结论,以确定 TOE 在其预期环境中没有可被利用的明显脆弱性。

如果结果显示 TOE 在预期环境中有可被利用的明显脆弱性,则评估者活动裁定为"不通过"。

11.9.2.5.6　工作单元 2:**AVA_VLA.1-9**

评估者***应***在 ETR 中***报告***穿透性测试工作、测试方法大纲、配置、深度和结果。

在 ETR 中报告的穿透性测试信息允许评估者描述全部穿透性测试方法和本子活动所做的工作。提供该信息的目的是对评估者的穿透性测试工作给出一个有意义的概述。这不意味着 ETR 中关于穿透性测试的信息完全复制于单个穿透性测试的具体测试步骤或测试结果。其目的是提供足够的细节,以便其他评估者和监督者了解所选择的穿透性测试方法、执行穿透性测试的数量、TOE 测试配置和穿透性测试活动的总体结果。

在 ETR 中,在有关评估者穿透性测试工作的章节中通常应包括以下信息:

a)　TOE 测试配置。进行穿透性测试的 TOE 的特殊配置;

b)　进行穿透性测试的安全功能。穿透性测试所关注的安全功能简单列表;

c)　子活动的裁定。穿透性测试结果的总体判断。

以上列出的并不全面,只是为应在 ETR 中出现的,在评估期间评估者所做穿透性测试的信息的类型提供一些借鉴。

11.9.2.5.7　工作单元 2:**AVA_VLA.1-10**

评估者***应***在 ETR 中***报告***所有可利用的脆弱性和残余脆弱性,每种脆弱性应包括以下细节:

a)　来源(例如,在进行评估方法活动时构想到的、评估者知晓的、出版物上读到的);

b)　牵涉到哪些或哪个安全功能,哪些或哪个目的没有满足,违反了哪些或哪个组织安全策略和实现了哪些或哪个威胁;

c)　描述;

d)　在其预期环境中是否可被利用(例如,可利用的,还是残余的);

e)　识别出该脆弱性的评估方(例如开发者、评估者)的标识。

12 EAL3 评估

12.1 简介

EAL3 提供中等级别的保证级别。使用功能规范、指导性文档以及 TOE 的高层设计，对安全功能进行分析以理解安全行为。这种分析由 TOE 安全功能子集的独立测试、开发者基于功能规范和高层设计进行测试的证据、对开发者测试结果的选择性确认、功能强度分析、开发者搜索明显脆弱性的证据等来支持。通过开发环境控制措施的使用、TOE 配置管理和安全交付程序的证据，可获得进一步的保证。

12.2 目的

本章的目的是定义达到 EAL3 级评估所需的最少评估努力，并对完成评估的方式方法加以指导。

12.3 EAL3 评估相互关系

EAL3 级评估包括以下活动：

a) 评估输入任务(第 7 章)。

b) EAL3 评估活动包括：

   1) ST 评估(第 9 章)；

   2) 配置管理评估(12.4)；

   3) 交付和运行文档评估(12.5)；

   4) 开发文件评估(12.6)；

   5) 指导性文档评估(12.7)；

   6) 生命周期支持评估(12.8)；

   7) 测试评估(12.9)；

   8) 测试(12.9)；

   9) 脆弱性评定评估(12.10)。

c) 评估输出任务(第 7 章)。

评估活动源于 ISO/IEC 15408-3 所包含的 EAL3 保证要求。

ST 评估应在所有 TOE 评估子活动之前启动，因为 ST 为执行这些评估子活动提供了基础和背景。

本章描述了构成 EAL3 评估的子活动。尽管各子活动通常可以或多或少的同时进行，但评估者应考虑子活动间的依赖关系。

有关依赖关系的指南参见附录 A。

12.4 配置管理活动

配置管理活动的目的是帮助用户识别被评估 TOE，确保配置项都已被唯一标识，并确保开发者用于控制和跟踪 TOE 改变的程序是充分的。这包括跟踪哪些改变、潜在的改变如何体现等方面的详细信息。

12.4.1 CM 能力评估 (ACM_CAP.3)

12.4.1.1 目的

本子活动的目的是确定开发者是否已清楚地标识了 TOE 及其相关配置项，以及改变这些配置项的能力是否被适当的控制。

12.4.1.2 输入

本子活动的评估证据是：

a) ST；

b) 适于测试的 TOE；

c) 配置管理文档。

12.4.1.3 行为 ACM_CAP.3.1E

12.4.1.3.1 工作单元 3:ACM_CAP.3-1

ISO/IEC 15408-3 ACM_CAP.3.1C TOE 参照号对 TOE 的每个版本都应是唯一的。

评估者应当使用开发者的 CM 系统来确认参照号的唯一性，通过核查配置清单确认配置项是被唯一标识的。如果在评估过程中仅仅检查了一个版本，该项评估的证据是不完备的，因此评估者应该查找能够支持唯一参照号的参照系统(如，使用数字、字母或日期)。除非评估者确信该 TOE 能够被唯一标识，否则缺少任何一项参照都将导致对这项要求裁定为“不通过”。

评估者应该设法检查多个 TOE 版本(如，修正某个漏洞后的版本)，以核查两个版本参照号的不同。

12.4.1.3.2 工作单元 3:ACM_CAP.3-2

ISO/IEC 15408-3 ACM_CAP.3.2C 应给 TOE 标记上参照号。

评估者*应核查*提交评估的 TOE 是否标记了参照号。

评估者应确保 TOE 包含唯一的参照号，以便区分 TOE 的不同版本。这可以通过提供在包装或介质上粘贴标签，或让 TOE 在运行时显示标记等措施来实现，以保证客户(例如在购买或使用时)能够识别出。

TOE 可提供某种方式使得它易于识别。例如，软件形式的 TOE 可以在启动例程中，或者在响应命令行输入时，显示其名称和版本号。硬件或固件形式的 TOE 可以通过将部件号以物理方式铭刻在 TOE 上来标识。

12.4.1.3.3 工作单元 3:ACM_CAP.3-3

评估者*应核查*所使用的 TOE 参照号是一致的。

如果 TOE 要多处标记，所有的标记应当是一致的。例如，作为 TOE 一部分而提交的任何一份已标记过的指导性文档都应与被评估的、使用的 TOE 相关。这样就可以确保客户能确认自己所购买和安装的 TOE 版本是经过评估的，并且他们所使用的指南与 ST 一致，可以正确的指导自己使用 TOE。评估者可以通过 CM 文档中的配置清单来验证标记使用的一致性。

评估者还应验证该 TOE 的参照号是否与 ST 一致。

有关一致性分析的指南参见 A.3“一致性分析”。

12.4.1.3.4 工作单元 3:ACM_CAP.3-4

ISO/IEC 15408-3 ACM_CAP.3.3C CM 文档应包含一个配置清单和一个 CM 计划。

评估者*应检查*所提交的 CM 文档是否包含了一份配置清单。

配置清单标识了在配置管理控制下进行维护的配置项。

12.4.1.3.5 工作单元 3:ACM_CAP.3-5

评估者*应核查*所提交的 CM 文档是否包含了一份 CM 计划。

12.4.1.3.6 工作单元 3:ACM_CAP.3-6

ISO/IEC 15408-3 ACM_CAP.3.4C 配置清单应唯一标识组成 TOE 的所有配置项。

评估者***应核查***配置清单,确认其唯一标识了每个配置项。

配置清单包括组成 TOE 的配置项列表,以及足以唯一标识所使用的每个配置项的版本信息(例如版本号)。评估者使用该清单来进行核查,确认在评估过程中使用了正确的配置项和正确的版本。

12.4.1.3.7 工作单元 3:ACM_CAP.3-7

ISO/IEC 15408-3 ACM_CAP.3.5C 配置清单应描述组成 TOE 的配置项。

评估者***应检查***配置清单,以确认其标识了组成 TOE 的配置项。

配置清单所涵盖配置项的最小范围由 ACM_SCP"CM 范围"给出。

12.4.1.3.8 工作单元 3:ACM_CAP.3-8

ISO/IEC 15408-3 ACM_CAP.3.6C CM 文档应描述用于唯一标识 TOE 所包含配置项的方法。

评估者***应检查***标识配置项的方法,以确定其描述了如何唯一地标识配置项。

12.4.1.3.9 工作单元 3:ACM_CAP.3-9

ISO/IEC 15408-3 ACM_CAP.3.7C CM 系统应唯一标识 TOE 所包含的所有配置项。

评估者***应核查***配置项,以确定它们是用一种与 CM 文档一致的方式来标识的。

通过核查配置项的标识来确认 CM 系统唯一标识了所有配置项。无论是组成 TOE 的所有配置项还是开发者作为评估证据提交的配置项草初稿,评估者确认每个配置项具有一个唯一的标识,并且在一定程度上是与 CM 文档所描述的唯一标识方法相一致。

12.4.1.3.10 工作单元 3:ACM_CAP.3-10

ISO/IEC 15408-3 ACM_CAP.3.8C CM 计划应描述 CM 系统是如何使用的。

评估者***应检查***CM 计划,以确定其描述了怎样使用 CM 系统以保持 TOE 配置项的完整性。

CM 计划应包括:

a) 在配置管理程序控制之下的开发环境中执行的所有活动(例如,配置项的建立、修改和删除);
b) 需要对配置项进行操作的人员角色及其责任(对于不同类型的配置项(如设计文档或源代码)标识不同的角色);
c) 用于确保只有授权人员才能够修改配置项的程序;
d) 用于确保多个配置项同时修改而不会导致并发问题的程序;
e) 由于程序的应用而产生的证据。例如,对于某个配置项的修改,CM 系统应记录所做的修改、修改的说明、受影响的所有配置项的标识、状态(例如:挂起或完成)、修改的日期和时间,这些内容可以记录在所作修改的审计迹或修改控制记录中;
f) TOE 版本的版本控制和确定唯一参照号的方法(例如,包括操作系统补丁的发布以及随后对其使用的检测)。

12.4.1.3.11 工作单元 3:ACM_CAP.3-11

ISO/IEC 15408-3 ACM_CAP.3.9C 证据应证实 CM 系统的运行与 CM 计划是一致的。

评估者***应核查***CM 文档,以确定其包括了 CM 计划中所标识的 CM 系统记录。

由 CM 系统产生的输出应向评估者提供所需的证据,使其确信 CM 计划正在被执行,而且所有的配置项都是按照 ACM_CAP.4.10C 所要求的那样,由 CM 系统进行维护的。输出一般包括修改控制表格或者配置项访问批准表格。

12.4.1.3.12 工作单元 3:ACM_CAP.3-12

评估者**应检查**证据,以确定 CM 系统的使用方式与 CM 计划中描述的一致。

评估者应选取并检查对一个配置项执行了各种 CM 相关操作(例如,创建、修改、删除、恢复到以前版本)的证据样本,以证实 CM 系统的所有操作都已经完全按照文档化的程序执行。评估者确认这些证据包括了 CM 计划中所标识操作的全部信息。核查证据时评估者可以要求使用 CM 工具,可以选择对证据抽样。

有关抽样的指南参见 A.2"抽样"。

通过与选定的开发人员进行访谈,可以建立对 CM 系统正确运行和配置项有效维护的进一步信任。通过进行访谈,评估者可以进一步理解 CM 系统如何在实际中应用,并确认 CM 程序与 CM 文档中描述的一致。值得注意的是,这种访谈只能是对核查的补充而不能取代对文档证据的核查;如果单独进行文档核查即可满足要求,就没有必要再进行访谈。然而,对于一个内容范围很宽泛的 CM 计划,单从 CM 计划和记录来确认某些方面(例如角色和职责)不是很清楚的情况下,就有必要通过访谈来确认。

建议评估者通过核查开发现场以支持本活动。

有关现场检查的指南参见 A.5"现场核查"。

12.4.1.3.13 工作单元 3:ACM_CAP.3-13

ISO/IEC 15408-3 ACM_CAP.3.10C CM 文档应提供所有配置项都已经和正在 CM 系统下有效地进行维护的证据。

评估者**应核查**配置清单中标识的配置项是否正在 CM 系统下进行维护。

开发者使用的 CM 系统应当维持 TOE 的完整性。评估者应核查,对配置清单中的每类配置项(例如高层设计或源代码模块),都存在由 CM 计划所描述程序产生的证据样本。在这种情况下,抽样方法依赖于 CM 系统中用于控制 CM 项的粒度等级。例如,在配置清单中标识了 10000 个源代码模块,与只有 5 个或甚至只有 1 个源代码模块的情况相比,应采用不同的抽样策略。该活动应着重于确保 CM 系统的正确运行,而不是检测小错误。

有关抽样的指南参见 A.2"抽样"。

12.4.1.3.14 工作单元 3:ACM_CAP.3-14

ISO/IEC 15408-3 ACM_CAP.3.11C CM 系统应提供措施使得只能对配置项进行授权改变。

评估者**应检查** CM 计划中描述的访问控制措施,以确定其能够有效地防止对配置项的非授权访问。

评估者可使用多种方法确定 CM 访问控制措施的有效性。例如,评估者可以实施访问控制措施,以验证该程序措施不会被旁路。评估者可以使用由 CM 系统程序的输出结果,以及在工作单元 ACM_CAP.3-12 中核查的部分结果。评估者还可通过 CM 系统现场演示,确保所使用的访问控制措施得到有效执行。

12.4.2 CM 范围评估(ACM_SCP.1)

12.4.2.1 目的

本子活动的目的是确定开发者是否对 TOE 的实现表示、设计、测试、用户和管理员指南、CM 文档执行了配置管理。

12.4.2.2 输入

本子活动的评估证据是：

a) 配置项列表。

12.4.2.3 行为 ACM_SCP.1.1E

12.4.2.3.1 工作单元 3:ACM_SCP.1-1

ISO/IEC 15408-3 ACM_SCP.1.1C 配置项列表应包括：实现表示和 ST 中其他保证组件所要求的评估证据。

评估者***应核查***配置项列表是否包括了 ISO/IEC 15408 所要求的一组配置项。

该列表包括以下内容：

a) TOE 实现表示(即组成 TOE 的部件或子系统)。对纯软件 TOE 而言，实现表示可以只包括源代码；对包括硬件平台的 TOE 而言，实现表示就会是软件、固件以及相关硬件描述的结合体；

b) ST 中保证组件所要求的评估证据。

记录与实现相关并已报告的安全缺陷细节相关文档(例如，从开发者问题数据库中获得的问题现状报告)。

12.5 交付和运行活动

交付和运行活动的目的是判断程序文档是否齐全，该程序用于确保是以开发者期望的方式安装、生成和启动 TOE 的，以及 TOE 在交付过程中没有被修改。这里包含两个程序：运输过程使用的程序以及安装、生成和启动程序。

12.5.1 交付评估（ ADO_DEL.1）

12.5.1.1 目的

本子活动的目的是确定交付文档是否描述了在将 TOE 分发到用户方时，用于维护其安全性的所有程序。

12.5.1.2 输入

本子活动的评估证据是：

a) 交付文档。

12.5.1.3 行为 ADO_DEL.1.1E

12.5.1.3.1 工作单元 3:ADO_DEL.1-1

ISO/IEC 15408-3 ADO_DEL.1.1C 交付文档应描述，在分发 TOE 版本到用户现场时用以维持其安全性所必需的所有程序。

评估者***应检查***交付文档，以确定其描述了将 TOE 或其一部分提交给用户方时，为维护其安全性所必需的所有程序。

对术语“必需的”的解释应考虑 TOE 的自身属性和 ST 中包含的信息。提供的保护措施程度应与 ST 中标识的假设、威胁、组织安全策略以及安全目的相称。在某些情况下，ST 中的这些内容可能没有明确的说明与交付相关。评估者应当确定是否已采取了一种均衡手段，使得在非安全开发过程中交付也不存在明显弱点。

交付程序应描述TOE或其一部分在传输过程中为确定TOE的标识和维持其安全性而采取的相关程序。程序应当描述TOE的哪些部分需要按这些程序执行。适当时还应包括物理或电子的分发程序(例如从因特网下载)。交付程序涉及整个TOE,包括应用软件、硬件、固件和文档。

交付文档的重点很可能是完整性度量的相关措施,如在TOE交付过程中所使用的验证其完整性的技术措施。然而,在某些TOE的交付过程中,交付的保密性和可用性却是重点,因而相关内容也应在交付程序中论述。

交付程序应适用于从生产环境到安装环境的整个交付过程(例如,包装、存储和分发)的各个阶段。

标准的商业化包装和交付惯例是可以接受的。这包括紧压包装、安全带或密封套。对于分发而言,邮寄或私人快递都是可以接受的。

交付程序选择是否适当受TOE(例如,是软件还是硬件产品)和安全目的的影响。即使TOE的不同部分,交付程序不相同,但全部程序应适于满足全部安全目的。

12.5.1.4 隐含的评估者行为

12.5.1.4.1 工作单元2:ADO_DEL.1-2

ISO/IEC 15408-3 ACM_DEL.1.2D 开发者应使用交付程序。

评估者***应检查***交付过程的各个方面,以确定交付程序得到了应用。

评估者检查交付程序执行情况所采取的方法,取决于TOE的种类和交付过程自身。除检查交付程序本身外,评估者还应当确保程序得到切实执行。可采取的核查方法如下:

a) 对可观察到程序实际运行情况的分发场所进行现场核查;

b) 在交付的中间阶段,或在用户现场对TOE进行检查(例如检查篡改封条);

c) 评估者通过从常规渠道获得TOE来观察交付过程是否在实际中得到使用;

d) 询问最终用户TOE是如何被交付的。

有关现场检查的指南参见A.5"现场核查"。

可能有这样的情况:新开发的TOE,交付程序还尚未实施。对于这种情况,评估者应确信有适当的程序和设施供以后的交付使用,而且所有相关人员都清楚各自的责任。可行的话,评估者可以要求演习交付过程。如果开发者还生产了其他类似产品,评估者还可以通过对这些产品交付程序的检查来进行确认。

12.5.2 安装、生成和启动评估(ADO_IGS.1)

12.5.2.1 目的

本子活动的目的是确定TOE的安全安装、生成和启动的程序和步骤是否都已文档化,并最终形成了一个安全的配置。

12.5.2.2 输入

本子活动的评估证据是:

a) 管理员指南;

b) 安全安装、生成和启动程序;

c) 适于测试的TOE。

12.5.2.3 应用注释

安装、生成和启动程序是指配置 TOE 达到在 ST 中所描述的安全配置所必需的所有安装、生成和启动程序,不管它们是运行在用户现场,还是运行在开发现场。

12.5.2.4 行为 ADO_IGS.1.1E

12.5.2.4.1 工作单元 3:ADO_IGS.1-1

ISO/IEC 15408-3 ADO_IGS.1.1C 安装、生成和启动文档应描述 TOE 安全地安装、生成和启动必需的所有步骤。

评估者***应核查***是否已经提供了 TOE 安全安装、生成和启动所必需的所有程序。

如果不期望安装、生成和启动程序再次使用(例如,TOE 已经在运行状态下交付),本工作单元(或者与此相关的部分)就不再适用,并视为已经满足。

12.5.2.5 行为 ADO_IGS.1.2E

12.5.2.5.1 工作单元 3:ADO_IGS.1-2

评估者***应检查***所提供的安装、生成和启动程序,以确认其描述了 TOE 安全安装、生成和启动所需的步骤。

如果不期望安装、生成、启动程序再次使用(例如,TOE 已经在运行状态下交付),本工作单元(或者与此相关的部分)就不再适用,并视为已经满足。

安装、生成和启动程序可以提供以下详细信息:

a) 对 TSF 控制下相关实体的特定安全特性所做的修改;

b) 对异常情况和问题的处理;

c) 如果适用,列出安全安装所需的最低系统要求。

为了确认安装、生成和启动程序能够形成安全配置,评估者可以只使用所提供的指导性文档,按照开发者的程序,实施客户通常执行的活动以完成对 TOE 的安装、生成和启动(在适用于 TOE 的情况下)。本工作单元可以与工作单元 ATE_IND.1-2 一起被执行。

12.6 开发活动

开发活动的目的是评价设计文档,根据设计文档的充分性来理解 TSF 是如何提供 TOE 安全功能,以此来进行评价。这种理解是通过检查功能规范(描述 TOE 的外部接口)和表示对应性(将功能规范映射到 TOE 的概要规范,以保证一致性)来获得的。

12.6.1 应用注释

ISO/IEC 15408 要求设计文档根据形式化程度来分级。ISO/IEC 15408 将文档的形式化程度分为非形式化、半形式化、形式化三级。非形式化文档是指用自然语言来描述的文档。评估方法没有规定应采用某种语言,这个问题留给评估体制。以下段落分别说明了不同的非形式化文档内容的差别。

一个非形式化功能规范包括一个安全功能描述(类似于 TOE 概要规范的安全功能描述)和一个 TSF 外部可见接口描述。例如,如果操作系统提供给用户一些功能来进行自我身份标识,创建、修改或删除文件,设置文件的访问权限,与远程的机器进行通信,那么它的功能规范应包含对上述每一个功能的描述。如果还有检测和记录这些事件发生的审计功能,那么关于这些审计功能的描述也应该包含在功能规范中;尽管这些审计功能不直接被用户在外部接口所触发,但用户在外部接口的行为的确会对审计功能产生影响。

每个子系统在其接口触发的响应行为有先后顺序，非形式化高层设计就是按照这种顺序来描述的。例如，一个防火墙可能包含一些处理包过滤、远程管理、审计和传输层过滤的子系统。防火墙的高层设计应当按照当一个输入包到达防火墙时，每个子系统所采取的行为来对防火墙采取的行为加以描述。

非形式化的对应性分析不需要采用叙述的方式，一个简单的二维映射就足够了。例如，一个矩阵，沿一个轴的方向列出了模块，沿另一个方向列出了子系统，其中的元素表示两者的对应性，这将在高层设计和低层设计之间提供足够的非形式化对应性。

12.6.2 功能规范评估(ADV_FSP.1)

12.6.2.1 目的

本子活动的目的是确认开发者对 TOE 安全功能是否作了充分描述，以及 TOE 提供的安全功能是否充分足以满足 ST 的安全功能要求。

12.6.2.2 输入

本子活动的评估证据是：

a) ST；

b) 功能规范；

c) 用户指南；

d) 管理员指南。

12.6.2.3 行为 ADV_FSP.1.1E

12.6.2.3.1 工作单元 3:ADV_FSP.1-1

ISO/IEC 15408-3ADV_FSP.1.1C 功能规范应使用非形式化风格来描述 TSF 及其外部接口。

评估者***应检查***功能规范，以确定其包括了所有必需的非形式化解释文本。

如果整个功能规范都是非形式化的，则本工作单元不适用，并视为已经满足要求。

对于那些只采用半形式化或形式化语言进行描述，难以被人理解的功能规范的某些组成部分(例如，为解释任何形式化符号的含义)，有必要使用辅助性的叙述描述来帮助理解。

12.6.2.3.2 工作单元 3:ADV_FSP.1-2

ISO/IEC 15408-3ADV_FSP.1.2C 功能规范应是内在一致的。

评估者***应检查***功能规范，以确定它是内在一致的。

评估者通过检查 TSFI 接口描述与 TSF 功能描述是否一致来验证功能规范的一致性。

12.6.2.3.3 工作单元 3:ADV_FSP.1-3

ISO/IEC 15408-3 ADV_FSP.1.3C 功能规范应描述所有外部 TSF 接口的用途与使用方法，适当时应提供效果、例外情况和错误消息的细节。

评估者***应检查***功能规范，以确定其标识了所有的外部 TOE 安全功能接口。

术语“外部”指对用户而言是可见的。TOE 的外部接口或者是 TSF 的直接接口，或者是 TOE 的非 TSF 部分的接口。不过，这些非 TSF 接口可能最终通向 TSF。这些直接或间接通向 TSF 的外部接口共同组成了 TOE 安全功能接口(TSFI)。图 9 表示一个包含 TSF 部分(阴影部分)和非 TSF 部分(空白部分)的 TOE。该 TOE 有三个外部接口：接口 c 是 TSF 的直接接口；接口 b 是 TSF 的间接接口；接口 a 是 TOE 非 TSF 部分的接口。因此，接口 b 和 c 组成了 TSFI。

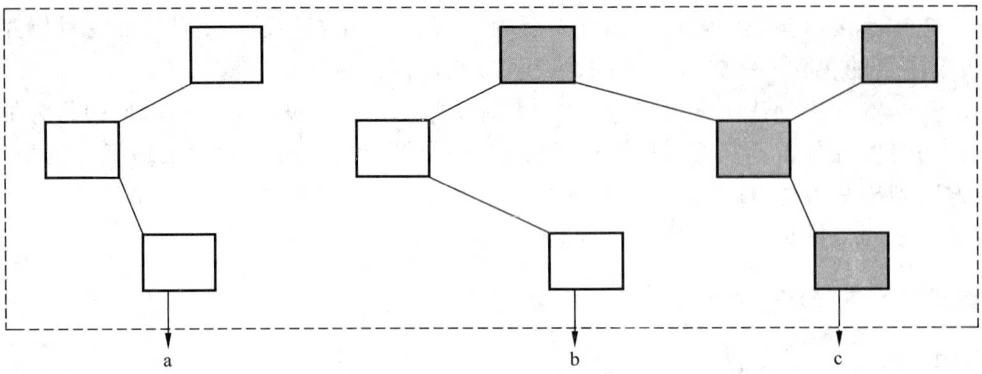

图 9　TSF 接口

应该注意的是，所有反映 ISO/IEC 15408-2 功能要求（或者在其扩展组件中）的安全功能应该有某种外部可见的表现形式。尽管有些安全功能不一定能通过其接口来验证，但由于它们在某种程度上是外部可见的，因此也应包含在功能规范中。

12.6.2.3.4　工作单元 3：ADV_FSP.1-4

评估者**应检查**功能规范，以确定其描述了所有外部的 TOE 安全功能接口。

对于一个没有恶意用户威胁的 TOE（即 FPT_PHP“TSF 物理保护”、FPT_RVM“参照仲裁”和 FPT_SEP“域分离”都被排除在 ST 之外），功能规范中描述的（和在其他 TSF 表示描述中进行了扩展的）只是那些通向和来自 TSF 的接口。缺少 FPT_PHP“TSF 物理保护”、FPT_RVM“参照仲裁”和 FPT_SEP“域分离”，就假设没有考虑任何安全特性的旁路，因而不用考虑其他接口可能施加给 TSF 的任何可能的影响。

另一方面，如果 TOE 存在恶意用户或旁路之类的威胁（即 FPT_PHP“TSF 物理保护”、FPT_RVM“参照仲裁”和 FPT_SEP“域分离”被包含在 ST 中），所有外部接口都需要在功能规范中进行描述，但是仅需描述到每一种影响都已明确的程度：安全功能的接口（即图 9 中的接口 b 和 c）都被描述了，然而其他接口仅仅描述到明确 TSF 不能通过这些接口（即图 9 中的接口 a，而不是 b）访问的程度。包含 FPT_PHP“TSF 物理保护”、FPT_RVM“参照仲裁”和 FPT_SEP“域分离”，意味着所有的接口将对 TSF 有某些影响。由于每一个外部接口都是潜在的 TSF 接口，因此，功能规范应对每一个接口进行详细的描述，以使得评估者能够确定接口是否与安全相关。

某些体系结构易于为外部接口群提供足够详细的描述。例如，在内核结构中所有对操作系统的调用都由内核程序来处理；任何有可能违反 TSP 的调用应由具备这种特权的程序来调用。所有实行特权的程序应被包含在功能规范中。任何在内核之外的没有实行特权的程序是无能力影响 TSP 的（即，这种程序是图 9 中的 a 类的接口，而不是 b 类），因而，可以被排除在功能规范之外。如果是基于上述的内核结构，而且评估者对这种结构能够顺利的了解，那么这种结构不是必需的。

12.6.2.3.5　工作单元 3：ADV_FSP.1-5

评估者**应检查**对 TSFI 的陈述，以确定其正确并充分地描述了每个表示效果、异常和出错信息的外部接口处的 TOE 行为。

为了评估接口描述的充分性和正确性，评估者使用功能规范、ST 的 TOE 概要规范以及用户和管理员指南来评估以下因素：

a) 应标识所有与安全相关的用户输入参数(或这些参数的特性)。为了全面起见,宜标识出管理员可用而普通用户无法直接控制的参数。

b) 对功能规范中语义的描述应当反映所审查指南中描述的所有安全相关行为。它包括一系列通过事件及其影响所表示的行为标识。例如,如果一个操作系统提供了丰富的文件系统接口,并对请求文件无法打开的各种原因(如拒绝访问、文件不存在、文件正被另一个用户使用、用户无权在下午 5 点后打开文件等)提供了不同的错误代码,功能规范应当解释该文件或者在请求下被打开,如不能打开则返回错误代码。(虽然功能规范可以列举所有错误的原因,但不需要提供细节描述)。对语义的描述应当包括安全要求如何应用于接口(例如,是否可以审计接口的使用情况,假如这样的话,应包含能够记录的信息)。

c) 应描述所有可能操作模式下的所有接口。如果 TSF 提供了特权的概念,对接口的描述应分别解释特权模式或非特权模式时,接口的工作方式。

d) 整个文档中安全相关参数的描述和接口的语法所包含的信息应当是一致的。

对以上因素的核实,是通过审核安全规范和 ST 的 TOE 概要规范、开发者提供的用户和管理员指南来完成的。例如,如果 TOE 是一个操作系统及其底层硬件,评估者可以查找用户可访问的程序的讨论、用于指导程序活动的协议的描述、用于指导程序活动的用户可访问数据库的描述,并查找适用于 TOE 的用户接口(例如命令、应用程序接口)。评估者还要确定处理器的指令集已进行描述。

这种核查可以反复进行,直到包含参数和出错信息的设计、源代码或其他证据都被检查为止,以避免发生功能规范描述不全的情况被评估者忽略。

12.6.2.3.6 **工作单元 3:ADV_FSP.1-6**

ISO/IEC 15408-3 ADV_FSP.1.4C 功能规范应完备地表示 TSF。

评估者***应检查***功能规范,以确定 TSF 已被完全表示。

为了评估 TSF 表示的完备性,评估者可查阅 ST 的 TOE 概要规范、用户指南和管理员指南。它们应当没有描述在功能规范的 TSF 表示中没有的安全功能。

12.6.2.4 **行为 ADV_FSP.1.2E**

12.6.2.4.1 **工作单元 3:ADV_FSP.1-7**

评估者***应检查***功能规范,以确定它是 TOE 安全功能要求的一个完备地实例。

为了确保功能规范涵盖了所有的 ST 安全功能要求,评估者应当建立 TOE 概要规范和功能规范之间的映射。为了满足(ADV_RCR. *“表示对应性”)的对应要求,开发者可能已经提交了这种映射证据;这时评估者只需要验证映射的完备性,确定所有的安全功能要求都映射到功能规范中适当的 TSFI 表示。

12.6.2.4.2 **工作单元 3:ADV_FSP.1-8**

评估者***应检查***功能规范,以确定它是 TOE 安全功能要求的一个准确实例化。

对于每个具有某种特性的安全功能的接口,功能规范中的详细信息应与 ST 中的相关信息所表述准确一致。例如,如果 ST 中的用户鉴别要求规定了口令长度应为 8 个字符,那么 TOE 应有 8 个字符的口令;如果功能规范描述的是 6 字符的固定长度口令,那么功能规范就不是 TOE 安全功能要求的一个准确实例化。

功能规范中对在受控资源上运行的每个接口,评估者应确定它是否返回了一个错误代码,该错误代码是因为某个安全要求的实施失败而导致的,如果没有返回错误代码,评估者应确定是否需要返回一个错误代码。例如,操作系统可以提供一个接口用于打开一个受控对象,该接口描述中可包含因对受控对象作了未授权的访问而产生的一个错误代码。如果没有这种错误代码,评估者应当确认是否合理。(因为,也许访问仲裁是针对读、写的操作执行的,而不是针对打开的)。

12.6.3 高层设计评估(ADV_HLD.2)

12.6.3.1 目的

本子活动的目的是确定高层设计是否按照主要结构单元(例如子系统)提供了对 TSF 的描述,提供了这些结构单元接口的描述,并确定高层设计是功能规范的一个正确实现。

12.6.3.2 输入

本子活动的评估证据是:

a) ST;

b) 功能规范;

c) 高层设计。

12.6.3.3 行为 ADV_HLD.2.1E

12.6.3.3.1 工作单元 3:ADV_HLD.2-1

ISO/IEC 15408-3 ADV_HLD.2.1C 高层设计的表示应是非形式化的。

评估者***应检查***高层设计,以确定它包括了所有必需的非形式化解释性文本。

如果整个高层设计都是非形式化的,则本工作单元被视为不适用,并认为已经满足要求。

对于高层设计中那些仅以半形式化或形式化描述难以理解的部分(例如,为解释清楚任何形式化符号的含义),那么起辅助作用的叙述性描述是必需的。

12.6.3.3.2 工作单元 3:ADV_HLD.2-2

ISO/IEC 15408-3 ADV_HLD.2.2C 高层设计应是内在一致的。

评估者***应检查***高层设计的表述,以确定它是内在一致的。

有关一致性分析的指南见 A.3“一致性分析”。

评估者通过确定接口规范都是与子系统的用途描述相一致,来验证子系统的接口规范。

12.6.3.3.3 工作单元 3:ADV_HLD.2-3

ISO/IEC 15408-3 ADV_HLD.2.3C 高层设计应按子系统描述 TSF 的结构。

评估者***应检查***高层设计,以确定 TSF 是按子系统方式描述的。

关于高层设计中的术语“子系统”指的是大的相关单元(如内存管理、文件管理、进程管理)。通过把一个设计分成多个基本功能区,有助于理解设计思路。

检查高层设计的主要目的是帮助评估者理解 TOE。开发者对子系统定义的选择以及各个子系统中 TSF 分组的选择,是使高层设计有益于理解 TOE 预期运行的一个重要方面。作为本工作单元的一部分,评估者应当评估开发者列举的子系统数目是否恰当,各个子系统中功能分组的选择是否恰当。评估者应确定把 TSF 分解成子系统,足以使评估者从高层的角度来理解 TSF 的功能是如何提供的。

不必非得用“子系统”这个术语来描述高层设计中子系统这个概念,子系统应当代表一类相似级别的分解。例如,可以使用“层”“管理器”对设计进行分解。

在子系统定义的选择和评估者分析范围之间可能存在某些相互影响。对这种相互影响的讨论见工作单元 3:ADV_HLD.2-10。

12.6.3.3.4　**工作单元 3:ADV_HLD.2-4**

ISO/IEC 15408-3 ADV_HLD.2.4C 高层设计应描述每个 TSF 子系统所提供的安全功能性。

评估者***应检查***高层设计,以确定它描述了每个子系统的安全功能。

子系统的安全功能行为是对子系统"做些什么"进行的描述。不仅要对子系统直接执行其功能的行为进行描述,而且还要将子系统对 TOE 的安全状态可能产生的影响进行描述(例如,改变主体、对象、安全数据库)。

12.6.3.3.5　**工作单元 3:ADV_HLD.2-5**

ISO/IEC 15408-3 ADV_HLD.2.5C 高层设计应标识 TSF 所需的任何基础性硬件、固件或软件,以及在这些硬件、固件或软件中实现的支持性保护机制所提供功能的一个表示。

评估者***应核查***高层设计,以确定它标识了 TSF 所需的所有硬件、固件和软件。

如果 ST 中没有对 IT 环境的安全要求,则本工作单元被视为不适用,并视为已经满足。

如果 ST 包含可选的 IT 环境安全要求,评估者比较高层设计中陈述的 TSF 所需硬件、固件或软件列表与 IT 环境安全要求的陈述,以确定两者的一致性。ST 中的信息刻画了 TOE 赖以运行的底层抽象机。

如果高层设计中的 IT 环境安全要求不属于 ST 中的已定义的 IT 环境安全要求,或者它们与包含在 ST 中的要求不同,那么评估者应根据 ADV_HLD.2.2E 评估行为对这种不一致性进行评估。

12.6.3.3.6　**工作单元 3:ADV_HLD.2-6**

评估者***应检查***高层设计,以确定它涵盖那些可以通过在底层硬件、固件或软件而实现的支持性保护机制功能的表示。

如果 ST 中没有 IT 环境安全要求,则本工作单元被视为不适用,并视为已经满足。

TOE 赖以运行的"根本抽象机"所提供功能的表示,不必象作为 TSF 组成部分的功能的表示那样详细。表示应当解释 TOE 如何使用硬件、固件或软件提供的功能,这些硬件、固件或软件实现了 TOE 用来支持 TOE 安全目的的 IT 环境安全要求。

IT 环境安全要求的陈述可以是抽象的,特别是当它打算由各种硬件、固件或软件的不同组合来满足时。作为测试活动的一部分,当能够为评估者提供至少一个声称满足 IT 环境安全要求的"根本机"的实例时,评估者就能够确定其是否为 TOE 提供了必要的安全功能。评估者的这种确认不需要测试和分析"根本机",只需要确定期望它提供的功能确实存在。

12.6.3.3.7　**工作单元 3:ADV_HLD.2-7**

ISO/IEC 15408-3 ADV_HLD.2.6C 高层设计应标识 TSF 子系统的所有接口。

评估者***应核查***高层设计是否标识了 TSF 子系统的接口。

对每个子系统,高层设计应当包括它的每个入口点的名称。

12.6.3.3.8　**工作单元 3:ADV_HLD.2-8**

ISO/IEC 15408-3 ADV_HLD.2.7C 高层设计应标识 TSF 子系统的哪些接口是外部可见的。

评估者***应核查***高层设计是否标识了 TSF 子系统的哪些接口是外部可见的。

正如在工作单元 3:ADV_FSP.1-3 所讨论的那样,外部接口(例如:那些用户可见的接口)可以直接或间接访问 TSF,任何直接或间接访问 TSF 的外部接口都应该包含在本工作单元的标识范围内,而那些不能访问 TSF 的外部接口则不必包含在内。

12.6.3.3.9 工作单元 3:ADV_HLD.2-9

ISO/IEC 15408-3 ADV_HLD.2.8C 高层设计应描述 TSF 子系统所有接口的用途与使用方法,适当时应提供效果、例外情况和错误消息的细节。

评估者***应检查***高层设计,以确定它按照接口的用途和使用方法描述了每个子系统的接口,并且适当地提供了效果、例外情况和错误消息的详细描述。

高层设计应当包括按照用途和使用方法对每个子系统所有接口提供描述。可以对某些接口笼统地提供这样的描述,而对其他的接口提供更详细的描述。在决定应提供的效果、例外情况和错误信息的详细程度时,评估者应当考虑该分析的目的和 TOE 对接口的使用。例如,评估者需要理解子系统间交互作用的本质,以确认 TOE 设计是合理的,并能够通过子系统间某些接口的通用描述来获得这种理解。尤其是不被其他子系统调用的内部子系统入口点通常不需要进行详细描述。

描述的详细程度还依赖于为达到 ATE_DPT"深度"的要求而采用的测试方法。例如,只使用外部接口进行测试,和同时使用子系统的内外部接口相比,对描述的详细程度要求是不同的。

详细描述应当包括所有输入输出参数、接口的效果、接口产生的任何例外情况或错误信息的细节。对于外部接口,所需的描述很可能包括在功能规范中,可以在高层设计中引用而无需复制。

12.6.3.3.10 工作单元 3:ADV_HLD.2-10

ISO/IEC 15408-3 ADV_HLD.2.9C 高层设计应把 TOE 分成 TSP-实施和其他子系统来描述。

评估者***应核查***高层设计是否把 TOE 分成 TSP-实施和其他子系统来描述。

TSF 包括了 TSP 赖以实施的所有 TOE 组成部分。因为 TSF 既包括直接实施 TSP 的功能,又包括间接实施 TSP 的功能,所以 TSF 中包括了所有的 TSP-实施子系统。子系统如果不参与 TSP 的实施,就不是 TSF 的组成部分。如果子系统的任何部分都是 TSF 的组成部分,那么整个子系统就是 TSF 的组成部分。

正如在工作单元 3:ADV_HLD2-3 中所说明的那样,开发者对子系统定义的选择以及每个子系统内 TSF 分组的选择是使高层设计有益于理解 TOE 预期运行的一个重要方面。但是,子系统内 TSF 分组的选择也会影响到 TSF 的范围,因为一个具有直接或间接实施 TSP 功能的子系统是 TSF 的组成部分。尽管可理解性是很重要的,但限制 TSF 范围以减少所需分析的数量也同样重要。可理解性和范围减少有时相互矛盾,评估者在评估子系统定义的选择时,应牢记这一点。

12.6.3.4 行为 ADV_HLD.2.2E

12.6.3.4.1 工作单元 3:ADV_HLD.2-11

评估者***应检查***高层设计,以确认它是 TOE 安全功能要求的一个准确实例化。

评估者应分析高层设计中每个 TOE 的安全功能,以确定功能描述是准确的。评估者还应确定功能都包含在高层设计的依赖关系中。

评估者还分析在 ST 和高层设计中的 IT 环境安全要求,以确定它们是一致的。例如,如果 ST 包含了关于审计踪迹存储的 TOE 安全功能要求,但高层设计陈述审计踪迹存储是由 IT 环境提供的,那么高层设计就不是 TOE 安全功能要求的一个准确实例化。

评估者应通过确定接口规范和子系统用途描述是一致的,来证实子系统接口规范。

12.6.3.4.2 工作单元 3:ADV_HLD.2-12

评估者***应检查***高层设计,以确定它是 TOE 安全功能要求的一个完备实例化。

为了确保高层设计涵盖了所有的ST安全功能要求，评估者可以在TOE安全功能要求和高层设计之间建立映射。

12.6.4 表示对应性评估(ADV_RCR.1)

12.6.4.1 目的

本子活动的目的是确定开发者是否在高层设计中正确且完备地执行了ST和功能规范中的要求

12.6.4.2 输入

本子活动的评估证据是：

a) ST；

b) 功能规范；

c) 高层设计；

d) TOE概要规范和功能规范之间的对应性分析；

e) 功能规范和高层设计之间的对应性分析。

12.6.4.3 行为 ADV_RCR.1.1E

12.6.4.3.1 工作单元 3:ADV_RCR.1-1

ISO/IEC 15408-3 ADV_RCR.1.1C 对于所提供 TSF 表示的每个相邻对，分析应证实，较为抽象的TSF表示的所有相关安全功能都在较不抽象的TSF表示中得到正确且完备地细化。

评估者*应检查*TOE概要规范和功能规范之间的对应性分析，以确认功能规范是TOE安全功能的一个正确且完备的表示。

本工作单元中，评估者的目的是确定TOE概要规范中标识的所有安全功能都在功能规范中得到了体现并且是准确地体现。

评估者审核TOE概要规范中的TOE安全功能和功能规范中的TOE安全功能之间的对应性。评估者检查对应的一致性和准确性。当对应性分析中指明了TOE概要规范中的一个安全功能和功能规范中一个接口描述之间的关系时，评估者应验证两者中描述的是同一个安全功能。如果TOE概要规范的安全功能在所对应的接口中能够正确且完备地实现，那么本工作单元将被视为满足。

本工作单元可与工作单元ADV_FSP.1-7和ADV_FSP.1-8关联使用。

12.6.4.3.2 工作单元 3:ADV_RCR.1-2

评估者*应检查*功能规范与高层设计之间的对应性分析，以确定高层设计是功能规范的一个正确且完备的表示。

评估者通过使用对应性分析、功能规范以及高层设计来确定将功能规范中标识的每项安全功能映射到高层设计中所描述的一个TSF子系统是可行的。并且对于每个TOE安全功能，对应性还可以指明该功能涵盖了哪些子系统。评估者应审核高层设计所涵盖的每一个安全功能得以正确实现的描述。

12.7 指导性文档活动

指导性文档活动的目的是判断该文档是否充分描述了应如何操作TOE。这些文档针对两类用户：一类是可信的管理员和非管理员用户，他们的不正确行为可能影响TOE安全性，另一类是那些不可信用户，他们的不正确行为可能影响其拥有的数据的安全性。

12.7.1 应用注释

指导性文档活动关注那些与 TOE 安全性相关的功能和接口。TOE 的安全配置在 ST 中进行了描述。

12.7.2 管理员指南评估（AGD_AMD.1）

12.7.2.1 目的

本子活动的目的是确定管理员指南是否描述了如何以安全方式管理 TOE。

12.7.2.2 输入

本子活动的评估证据是：

a) ST；

b) 功能规范；

c) 高层设计；

d) 用户指南；

e) 管理员指南；

f) 安全安装、生成和启动程序；

g) 生命周期定义。

12.7.2.3 应用注释

术语“管理员”指在 TOE 中执行关键安全操作(例如，设置 TOE 配置参数)的可信人员。这些操作可能影响 TSP 的执行，因此管理员拥有特殊的权限来执行这些操作。管理员角色应当与 TOE 中的非管理员用户角色明确区分开。

在 ST 中可定义有不同的管理员角色或管理员组，这些角色和组能可被 TOE 识别并可执行 TOE 的安全功能，例如审计员、管理员或日常管理者。每个角色可能具备多种或一种能力。这些角色的能力和相应的特权在 FMT 类中进行描述。管理员指南中应考虑不同的管理员角色和管理员组。

12.7.2.4 行为 AGD_ADM.1.1E

12.7.2.4.1 工作单元 3:AGD_ADM.1-1

ISO/IEC 15408-3 AGD_ADM.1.1C 管理员指南应描述 TOE 管理员可使用的管理功能和接口。

评估者***应检查***管理员指南，以确定其描述了 TOE 管理员可用的管理性安全功能和接口。

管理员指南应包含安全功能的概述，这些安全功能在管理员界面中是可见的。

管理员指南应标识并描述管理性安全接口与功能的用途、行为和相互关系。

对于每个管理性安全接口和功能，管理员指南应当：

a) 描述调用接口的方法(如命令行、程序语言系统调用、菜单选择、命令按钮)；

b) 描述由管理员设置的参数及其有效值和默认值；

c) 描述即时的 TSF 响应、消息或返回代码。

12.7.2.4.2 工作单元 3:AGD_ADM.1-2

ISO/IEC 15408-3 AGD_ADM.1.2C 管理员指南应描述如何以安全的方式管理 TOE。

评估者***应检查***管理员指南，以确定它描述了如何以安全的方式管理 TOE。

管理员指南描述如何在IT环境中依照TSP运行TOE,这应与ST所描述的情况一致。

12.7.2.4.3 工作单元3:AGD_ADM.1-3

ISO/IEC 15408-3 AGD_ADM.1.3C 管理员指南应包含了在安全处理环境中受控的功能和特权的警示信息。

评估者**应检查**管理员指南,以确定其包含了在安全处理环境中受控的功能和特权的警示信息。

TOE的配置可以允许用户拥有不同的特权来使用TOE的不同功能,这意味着可以授权某些用户执行某些功能,而其他用户无权执行,这些功能和特权应在管理员指南中进行描述。

管理员指南应标识出应控制的功能和特权、控制的类型以及控制的理由。警告应说明预期的效果、可能的负面影响以及与其他功能和特权可能的相互作用。

12.7.2.4.4 工作单元3:AGD_ADM.1-4

ISO/IEC 15408-3 AGD_ADM.1.4C 管理员指南应描述所有与安全操作TOE有关的用户行为假设。

评估者**应检查**管理员指南,以确定它描述了所有与安全操作TOE有关的用户行为假设。

关于用户行为的假设可以在ST的TOE安全环境陈述中比较详细的描述,而只有涉及安全操作TOE的信息才需要包含在管理员指南中。

例如,要安全操作TOE用户有责任对他们的口令进行保密。

12.7.2.4.5 工作单元3:AGD_ADM.1-5

ISO/IEC 15408-3 AGD_ADM.1.5C 管理员指南应描述所有受管理员控制的安全参数,并说明适当的安全值。

评估者**应检查**管理员指南,以确定它描述了所有受管理员控制的安全参数,并说明适当的安全值。

对于每个安全参数,管理员指南应描述参数的用途、参数的有效值和缺省值,以及这些参数安全与非安全的使用设置。这些参数可以分别描述,也可以综合起来描述。

12.7.2.4.6 工作单元3:AGD_ADM.1-6

ISO/IEC 15408-3 AGD_ADM.1.6C 管理员指南应描述每一种与需要执行的管理功能有关的安全相关事件,包括改变在TSF控制下的实体的安全特性。

评估者**应检查**管理员指南,以确定它描述了每一种与需要执行的管理功能有关的安全相关事件,包括改变在TSF控制下的实体的安全特性。

应详尽描述所有类型的安全相关事件,以便管理员知道可能发生什么事件以及为保持安全管理员应采取哪些动作。应充分定义在TOE的操作过程中可能发生的安全相关事件(例如,审计迹的溢出、系统崩溃、用户记录的更新——如当用户离开组织时撤消该用户账号),以允许管理员介入来保持安全。

12.7.2.4.7 工作单元3:AGD_ADM.1-7

ISO/IEC 15408-3 AGD_ADM.1.7C 管理员指南应与评估提交的所有其他文档保持一致。

评估者**应检查**管理员指南,以确定它与评估提交的所有其他文档是一致的。

特别是在ST中可能包含一些对TOE管理员提出的关于TOE安全环境和安全目的的详细的警告信息。

有关一致性分析的指南参见A.3"一致性分析"。

12.7.2.4.8 工作单元 3:AGD_ADM.1-8

ISO/IEC 15408-3 AGD_ADM.1.8C 管理员指南应描述所有与管理员有关的 IT 环境安全要求。

评估者***应检查***管理员指南，以确定它描述了所有与管理员有关的 TOE 的 IT 环境安全要求。

如果 ST 中不包含 IT 环境的 IT 安全要求，本工作单元不适用，并视为已经满足。

本工作单元仅与 IT 安全要求有关，而与组织安全策略无关。

评估者应当分析关于 TOE 的 IT 环境安全要求(ST 中的可选陈述)，并与管理员指南比较，以确保 ST 中与管理员有关的所有安全要求都在管理员指南中得到适当的描述。

12.7.3 用户指南评估(AGD_USR.1)

12.7.3.1 目的

本子活动的目的是为了确定用户指南是否描述了由 TSF 提供的安全功能和接口，以及指南是否提供了安全使用 TOE 的相关说明和指导。

12.7.3.2 输入

本子活动的评估证据是：

a) ST；

b) 功能规范；

c) 高层设计；

d) 用户指南；

e) 管理员指南；

f) 安全安装、生成和启动程序。

12.7.3.3 应用注释

在 ST 中可定义不同的用户角色或用户组，这些角色和组能被 TOE 识别并可执行 TOE 的安全功能。这些角色的能力和相应的特权在 FMT 类中进行描述。用户指南中应考虑不同的用户角色和组。

12.7.3.4 行为 AGD_USR.1.1E

12.7.3.4.1 工作单元 3:AGD_USR.1-1

ISO/IEC 15408-3 AGD_USR.1.1C 用户指南应描述 TOE 的非管理员用户可使用的功能和接口。

评估者***应检查***用户指南，以确定其描述了 TOE 的非管理员用户可使用的安全功能和接口。用户指南应包含安全功能的概述，这些安全功能在用户界面中可见的。

用户指南应当标识和描述安全接口和功能的用途。

12.7.3.4.2 工作单元 3:AGD_USR.1-2

ISO/IEC 15408-3 AGD_USR.1.2C 用户指南应描述用户可访问的由 TOE 提供的安全功能的使用。

评估者***应检查***用户指南，以确定它描述了用户可访问的由 TOE 提供的安全功能的使用。

用户指南应标识和描述用户可用安全接口和功能的行为及其相互关系。

如果允许用户调用 TOE 安全功能，用户指南应为用户提供该功能接口的描述。

对每个接口和功能，用户指南应当：

a) 描述调用接口的方法(如命令行、程序语言系统调用、菜单选择、命令按钮)；

b) 描述由用户设置的参数及其有效值和默认值；

c) 描述即时的 TSF 响应、消息或返回代码。

12.7.3.4.3 工作单元 3:AGD_USR.1-3

ISO/IEC 15408-3 AGD_USR.1.3C 用户指南应包含了在安全处理环境中受控的用户可访问功能和特权的警示信息。

评估者***应检查***用户指南，以确定其包含了在安全处理环境中受控的用户可访问功能和特权的警示信息。

TOE 的配置可以允许用户拥有不同的特权来使用 TOE 的不同功能，这意味着可以授权某些用户执行某些功能，而其他用户无权执行，这些用户可访问的功能和特权应在用户指南应中进行描述。

用户指南应标识可用的功能和特权、所需命令的类型以及使用这些命令的理由。用户指南应当包含使用受控的功能和特权时的警告。警告应当说明预期的效果、可能的负面影响以及与其他功能和特权可能的相互作用。

12.7.3.4.4 工作单元 3:AGD_USR.1-4

ISO/IEC 15408-3 AGD_USR.1.4C 用户指南应清晰地阐述安全操作 TOE 所必需的所有用户职责，这些职责包括那些在 TOE 安全环境陈述中的与用户行为相关的假设。

评估者***应检查***用户指南，以确定其阐述了安全操作 TOE 所必需的所有用户职责，这些职责包括那些在 TOE 安全环境陈述中的与用户行为相关的假设。

关于用户行为的假设可以在 ST 的 TOE 安全环境陈述中有比较详细的描述，在用户指南中只需包含涉及 TOE 安全操作的信息。

用户指南应当提供关于有效使用这些安全功能的建议(如审查口令组合的习惯、对用户文件备份频率的建议、对改变用户访问特权所产生影响的讨论)。

例如，要安全操作 TOE 用户有责任对他们的口令进行保密。

用户指南应指出用户是否能够调用某项功能，或者用户是否需要管理员的帮助。

12.7.3.4.5 工作单元 3:AGD_USR.1-5

ISO/IEC 15408-3 AGD_USR.1.5C 用户指南应与评估提交的所有其他文档保持一致。

评估者***应检查***用户指南，以确定其与评估提交的所有其他文档是一致的。

评估者要确保用户指南和评估提交的所有其他文档不会相互矛盾。如果 ST 包含任何对 TOE 用户提出的关于 TOE 安全环境和安全目的的详细警告信息，这一点就尤其重要。

有关一致性分析的指南参见 A.3“一致性分析”。

12.7.3.4.6 工作单元 3:AGD_USR.1-6

ISO/IEC 15408-3 AGD_USR.1.6C 用户指南应描述所有与用户有关的 IT 环境安全要求。

评估者***应检查***用户指南，以确定其描述了所有与用户有关的 TOE 的 IT 环境安全要求。

如果 ST 中不包含 IT 环境的 IT 安全要求，本工作单元不适用，并视为已经满足。

本工作单元仅与 IT 安全要求相关，而与组织安全策略无关。

评估者应分析 TOE 的 IT 环境安全要求(ST 中的可选陈述)，并与用户指南比较，以确保所有与用户有关的 ST 安全要求都在用户指南中得到了恰当的描述。

12.8 生命周期支持活动

生命周期支持活动的目的是确定开发者在 TOE 开发和维护期间所使用程序的充分性。这些程序是为了保护 TOE 及其相关的设计信息,以防它们受到干扰或暴露。开发过程中的干扰使故意引入脆弱性成为可能。而设计信息的暴露可能导致脆弱性更容易被人利用。这些程序的充分性依赖于 TOE 的性质和开发过程。

12.8.1 开发安全评估 (ALC_DVS.1)

12.8.1.1 目的

本子活动的目的是确定开发者对开发环境的安全控制是否足以提供 TOE 设计和实现的保密性和完整性,这是保证 TOE 的安全操作不受危害所必需的。

12.8.1.2 输入

本子活动的评估证据是:

a) ST;

b) 开发安全文档。

此外,评估者可以检查其他交付件,以确定安全控制定义明确且得到了遵循。评估者特别要检查开发者的配置管理文件(用作 ACM_CAP.4"产生支持和接受程序"和 ACM_SCP.2"问题跟踪 CM 覆盖"子活动的输入)。此过程使用的证据也是必需的。

12.8.1.3 行为 ALC_DVS.1.1E

12.8.1.3.1 工作单元 3:ALC_DVS.1-1

ISO/IEC 15408-3 ALC_DVS.1.1C 开发安全文档应描述用于保护 TOE 设计和实现中保密性和完整性所必需的所有物理的、程序的、人员的及其他在 TOE 的开发环境中的安全措施。

评估者***应检查***开发安全文档,以确定其详细描述了在 TOE 的开发环境中使用的用于保护 TOE 设计和实现保密性与完整性所必需的所有安全措施。

评估者要确定哪些是必需的,这可首先从 ST 中,特别是关于威胁、组织安全策略和假设等章节中查阅可帮助确定必要保护的任何信息(也可能找不到明确提及的信息)。在这方面,环境安全目的陈述也可能有用。

如果从 ST 中得不到明确的信息,评估者就需要根据对 TOE 预期使用环境的考虑,确定必要的措施。如果开发者的措施考虑得不够全面,开发者就应该根据潜在的可利用脆弱性,为评估提供一份清晰的理由说明。

评估者在检查文档时应该考虑下面几种安全措施类型:

a) 物理上的,例如,用于阻止对 TOE 开发环境未授权访问(在正常工作时间和其他时间里)的物理访问控制方法。

b) 过程上的,例如涵盖:

——准许对开发环境或者环境中特定部分(如开发设备)的访问;

——在开发者离开开发团队时撤消其访问权;

——将受保护的材料转移出开发环境;

——容许并陪同来访者参观开发环境;

——建立角色和责任以确保持续地采取安全措施并检查安全违背情况。

c) 人员上的，例如为建立对新开发成员的信任所采取的任何控制或检查。

d) 其他安全措施，例如对所有开发设备的逻辑保护。

开发安全文档应明确开发的场所，并描述执行哪方面的开发以及在每个场所使用的安全措施。比如说，开发行为可能发生在一幢建筑内的多个设备上、同一场所的多个建筑内，或者分布在多个场所。开发工作也包括诸如创建多个 TOE 拷贝之类的任务(若可行的话)。本工作单元不应与 ADO_DEL“交付”的工作单元重叠，但评估者应确保所有的方面都被某个子活动或其他子活动覆盖。

此外，开发安全文档可以描述不同的安全措施，按照能力和所需的输入与输出的特点，这些措施可被运用到开发的不同方面。例如，不同的过程可能被运用到 TOE 不同部分的开发中，或者开发过程的不同阶段。

12.8.1.3.2 工作单元 3:ALC_DVS.1-2

评估者***应检查***开发的保密性和完整性策略，以确定所使用安全措施的充分性。

包括的策略管理有：

a) 与 TOE 开发相关的哪些信息需要保证保密性，以及允许哪些开发成员访问这些材料；

b) 为了保持 TOE 的完整性，应保护哪些材料，以防止其被未授权修改，以及允许哪些开发成员修改这些材料。

评估者应确定在开发安全文档中描述了这些策略，所使用的安全措施与策略是一致的，并且策略是完备的。

应注意，配置管理程序有助于保护 TOE 的完整性，评估者应避免与 ACM_CAP“CM 能力”子活动导出的工作单元相重叠。例如，CM 文档可以描述控制可访问开发环境和修改 TOE 的角色或个人的安全程序。

虽然 ACM_CAP“CM 能力”要求是固定的，但那些关于 ALC_DVS“开发安全”的要求，若仅强制执行必需的措施，将主要依赖于 TOE 的性质和 ST 的安全环境部分所提供的信息。例如，ST 可以标识组织安全策略，以要求 TOE 由具有安全许可的人员来开发。这样，评估者就可以确定这一策略是应用在本子活动中的。

12.8.1.3.3 工作单元 3:ALC_DVS.1-3

ISO/IEC 15408-3 ALC_DVS.1.2C 开发安全文档应提供在 TOE 的开发和维护过程中执行安全措施的证据。

评估者***应核查***开发安全文档，以确定作为程序应用结果的文档证据都已经产生。

评估者检查文档证据的产生，以确认其是否遵守程序。例如，证据产生可能包括登录日志和审计迹。评估者可以选择抽样检查证据。

有关抽样的指南见 A.2“抽样”。

12.8.1.4 行为 ALC_DVS.1.2E

12.8.1.4.1 工作单元 3:ALC_DVS.1-4

评估者***应检查***开发安全文档和相关的证据，以确定正在采取安全措施。

本工作单元要求评估者确定在开发安全文档中描述的安全措施都已被采用，以确定 TOE 的完整性和相关文档的保密性正受到充分保护。例如，可以通过检查所提供的文档证据来确认这一点，并通过检查开发环境来补充文件证据。对开发环境的现场核查将允许评估者：

a) 观察安全措施(如物理措施)的应用状况；

b) 检查程序应用的文档证据；

c) 会见开发人员，检查其对开发安全策略、程序以及他们责任的认识。

对开发场所的现场核查是信任措施正在使用的一个有用方法。任何不采用这种检查而作出的决定都应该在和监督者商议后作出。

有关检查开发场所的指南参见 A.5“现场核查”。

12.9 测试活动

本活动的目的是通过独立测试 TSF 的一个子集来确定在设计文档中规定的 TSF 行为是否与在 ST 中规定的 TOE 安全功能要求一致。本活动是通过确定开发者已经根据 TSF 的功能规范及其高层设计测试了 TSF 来完成的，可以通过对开发者的测试进行抽样验证和独立测试 TSF 的一个子集而获得对开发者测试结果的信任。

12.9.1 应用注释

评估者测试子集的构成和大小依赖于独立测试子活动(ATE_IND.2“独立测试——抽样”)中所讨论的几个因素。已知的公开弱点便是这类因素之一，评估者需访问这些信息(例如，从评估体制获取)。

ISO/IEC 15408 已经将覆盖和深度从功能测试中分离出来，以增强使用族中组件的灵活性。但希望这些族的要求被一起应用，以确认 TSF 是根据规范进行运行的。这些族的紧密结合已经导致评估工作的子活动有一些重复，以下的这些应用注释将使相同的子活动与 EAL 之间的文本重复减到最少。

12.9.1.1 理解 TOE 的预期行为

在正确评估测试文档是否充分之前，或在新的测试创建之前，评估者应理解安全功能在其满足要求的情况下所期望的预期行为。

评估者可以选择每一次只关注 TSF 的一个安全功能。对于每个安全功能，评估者检查 ST 要求和功能规范、高层设计与指导性文档的相关部分，以获得对 TOE 预期行为方式的理解。

在理解预期行为之后，评估者要检查测试计划，以获得对测试方法的理解。在大多数情况下，测试方法要通过在外部或内部接口处激发一个安全功能并观察其反应来进行。但有些情况下安全功能不能在一个接口处被充分测试(比如对于残余信息的保护功能而言)，此时需要使用其他的方法。

12.9.1.2 测试与验证安全功能预期行为的替代方法

如果在接口处不能进行测试或者没有充分测试，测试计划应确定其他替代方法验证预期行为。评估者有责任确定替代方法的适用性。但是，在评估替代方法的适用性时应考虑以下几个方面：

a) 对实现表示进行分析，确定 TOE 应该执行的必要行为就是一个可接受的替代方法。这意味着可以检查一个软件 TOE 的代码，或者可以对一个硬件 TOE 进行芯片掩膜检查；

b) 即使 EAL 与低层设计或实现的评估结论不匹配时，使用开发者集成或模块化测试的证据也是可接受的。如果在检验一个安全功能的预期行为时使用了开发者集成或模块化测试的证据，应注意确认测试证据是否反映了 TOE 的当前实现。如果因为测试导致子系统或者模块发生了改变，那么通常需要通过分析或进一步测试来跟踪和处理证据的变化。

应该强调的是，应该只有在开发者和评估者都确认不存在其他实际手段对某一安全功能的预期行为进行测试时，方可用替代方法进行补充测试。这种替代使开发者可以把在上述环境下测试的开销(时间或金钱)减少到最小;这并不是为赋予评估者更多自由,索要不必要的 TOE 附加信息而设计的,也不会取代原有测试计划。

12.9.1.3 确认测试的充分性

测试的前提条件是应建立测试所需的初始条件,可用应设置的参数形式表示,也可用测试顺序表示,即以一个测试的完成作为另一个测试的必备条件。为了使观察测试结果不偏向预期测试结果,评估者应确定初始条件是完备的、适当的。

测试步骤和预期结果描述了用于接口的行为和参数,以及预期结果应该是什么样的以及怎样被验证。评估者应确定测试步骤和预期结果与功能规范和高层设计是一致的。测试应验证规范中确定的行为。这意味着每个在功能规范和高层设计中明确描述的安全功能行为特征都应具有可测性和预期结果,以验证其行为。

虽然开发者应测试所有 TSF,但不必要求对接口的所有规范进行测试。本活动的总体目的是确定已经依据功能规范和高层设计中的行为声明,对每个安全功能进行了充分测试。测试程序将提供了解开发者在测试中是如何检验安全功能的方法。当评估者开发附加测试进行 TOE 独立测试时,可以使用这种信息。

12.9.2 覆盖评估(ATE_COV.2)

12.9.2.1 目的

本子活动的目的是确定测试(像文件说明的那样)是否充分保证已经依据功能规范系统地测试过 TSF。

12.9.2.2 输入

本子活动的评估证据是:

a) ST;

b) 功能规范;

c) 测试文档;

d) 测试覆盖分析。

12.9.2.3 行为 ATE_COV.2.1E

12.9.2.3.1 工作单元 3:ATE_COV.2-1

ISO/IEC 15408-3 ATE_COV.2.1C 测试覆盖的分析应证实测试文档中所标识的测试与功能规范中所描述的 TSF 之间的对应性。

评估者***应检查***测试覆盖分析,以确定测试文档中所标识的测试与功能规范之间的对应是准确的。

对应性可采用表格或矩阵的形式来表示。有时映射关系足以表明测试的对应关系;但有时,开发者提供的基本原理(一般性描述)应补充对应关系的分析。

图 10 示意了功能规范中所描述的安全功能与测试文档中概括的测试之间对应关系的概念框架。测试中可能包括一项或几项安全功能,取决于测试依赖性或实施测试的总体目标。

测试覆盖分析中列出的测试和安全功能的标识应是明确无误的。测试覆盖分析可使评估者把所标识的测试追溯到测试文档,并把被测试的特殊安全功能追溯到功能规范。

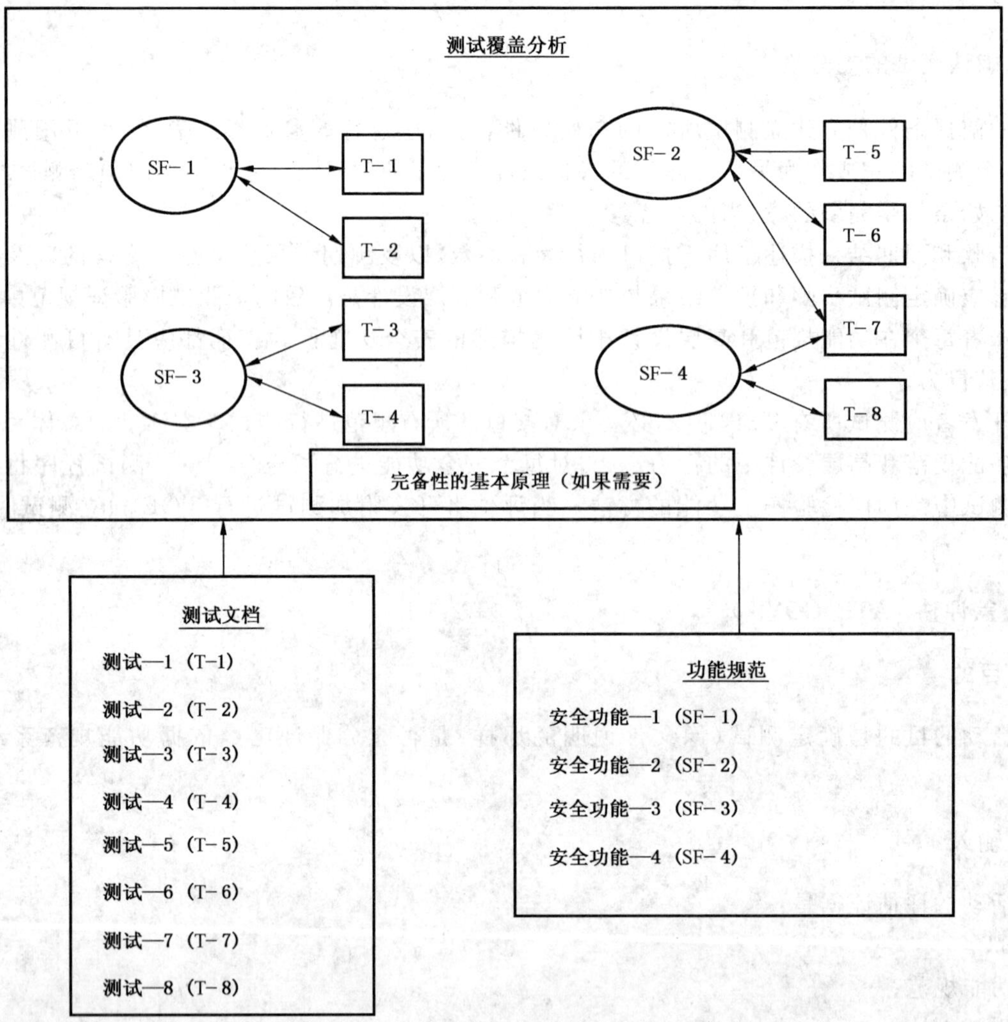

图 10　测试覆盖分析的概念框架

12.9.2.3.2　工作单元 3:ATE_COV.2-2

评估者***应检查***测试计划,以确定关于 TSF 每个安全功能的测试方法适于证实预期行为。

本工作单元的指南参见:

a)　12.9.1.1 应用注释“理解 TOE 的预期行为”;

b)　12.9.1.2 应用注释“测试与验证安全功能预期行为的替代方法”。

12.9.2.3.3　工作单元 3:ATE_COV.2-3

评估者***应检查***测试程序,以确定测试的初始条件、测试步骤和预期结果足以测试每个安全功能。

本工作单元的指南与功能规范相关,可参见:

a)　12.9.1.3 应用注释“确认测试的充分性”。

12.9.2.3.4 工作单元 3:ATE_COV.2-4

ISO/IEC 15408-3 ATE_COV.2.2C 测试覆盖的分析应证实功能规范中所描述 TSF 与测试文档所标识的测试之间的对应性是完备的。

评估者***应检查***测试覆盖的分析，以确定功能规范中所描述的 TSF 与测试文档中列出的测试之间的对应性是完备的。

尽管不要求详尽的接口测试，但所有在功能规范中描述的安全功能和接口应在测试覆盖分析中说明，并映射到测试中，以满足完备性要求。如图 10 所示，所有的安全功能具有相应的测试，因此在这个例子中描述了完整的测试覆盖。如果测试覆盖分析中列出的安全功能没有属于它的测试，那么说明覆盖不是完备的。

12.9.3 深度评估（ATE_DPT.1）

12.9.3.1 目的

本子活动的目的是要确定开发者是否已经对照高层设计测试了 TSF。

12.9.3.2 输入

本子活动的评估证据是：

a) ST；
b) 功能规范；
c) 高层设计；
d) 测试文档；
e) 测试深度分析。

12.9.3.3 行为 ATE_DPT.1.1E

12.9.3.3.1 工作单元 3:ATE_DPT.1-1

ISO/IEC 15408-3 ATE_DPT.1.1C 深度分析应证实测试文档中所标识的测试足以证实该 TSF 是依照其高层设计运行的。

评估者***应检查***测试深度分析，是否在测试文档所标识的测试和高层设计之间建立了一个映射关系。

测试深度分析标识在高层设计中描述的所有子系统，并提供了测试到这些子系统的一个映射关系。对应性可以采用表格或矩阵形式来表示。在有些情况下，映射关系可以充分说明测试的对应性。在其他情况下，开发者有必要用一个基本原理（一般的描述）来补充映射关系的证据。

在高层设计中可映射到并满足 TOE 安全要求的设计细节都应该经过测试，从而应映射到测试文档。图 11 展示了在高层设计中描述的子系统和用于测试这些子系统的 TOE 测试文档中所描述测试之间映射关系的一个概念框架。测试可涉及一个或多个安全功能，这依赖于测试依赖性或执行测试的总体目标。

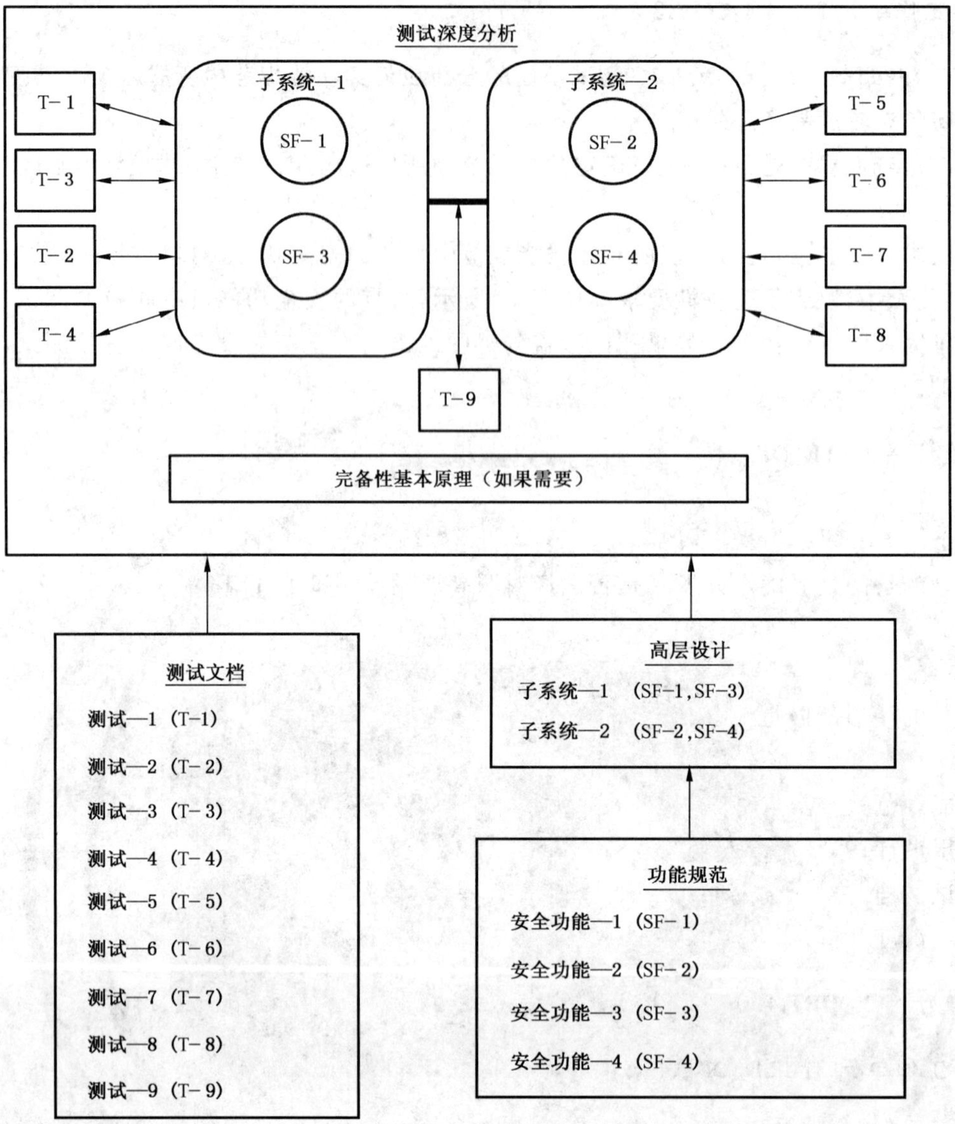

图 11 测试深度分析的概念框架

12.9.3.3.2 工作单元 3:ATE_DPT.1-2

评估者**应检查**开发者的测试计划,以确定 TSF 每个安全功能的测试方法适用于证实预期的行为。

本工作单元的指南参见:

a) 12.9.1.1 应用注释"理解 TOE 的预期行为";

b) 12.9.1.2 应用注释"测试与验证安全功能预期行为的替代方法"。

TSF 的测试可以在外部接口、内部接口或两处同时执行。无论何种情况,评估者都应考虑其对充分测试安全功能的适当性,特别要确定对某个安全功能内部接口的测试是否有必要,或者能否通过操纵外部接口的方式来充分地测试这些内部接口(虽然是隐含的)。出于公正的目的,这个决定留给评估者。

12.9.3.3.3 工作单元 3:ATE_DPT.1-3

评估者**应检查**测试程序,以确定测试的前提条件,测试步骤和期望结果足以测试每个安全功能。

本工作单元的指南与高层设计相关,可参见:

a） 12.9.1.3 应用注释“确认测试的充分性”。

12.9.3.3.4 工作单元 3:ATE_DPT.1-4

评估者***应检查***测试深度分析，以确保高层设计中定义的 TSF 完全对应于测试文档中的测试。

测试深度分析提供了高层设计和测试计划与程序之间对应性的一个完备陈述。在高层设计中描述的所有子系统和内部接口应在测试深度分析中说明。所有在测试深度分析中说明的子系统和内部接口应有对应的测试，从而满足完备性要求。如图 11 所示，所有的子系统和内部接口都有属于它们的测试，因此这个例子描述了完整的测试深度。如果测试深度分析中标识的子系统或内部接口没有属于它们的测试，那么说明覆盖不是完备的。

12.9.4 功能测试评估（ATE_FUN.1）

12.9.4.1 目的

本子活动的目的是确定开发者的功能测试文档是否可充分地证实安全功能都以按规定实现。

12.9.4.2 输入

本子活动的评估证据是：

a） ST；

b） 功能规范；

c） 测试文档；

d） 测试流程。

12.9.4.3 应用注释

测试文档应覆盖 TSF 的程度依赖于覆盖保证组件。

对于开发者提供的测试，评估者确定测试是否是可复验的，并确定开发者的测试在多大程度上可用于评估者的独立测试工作。开发者测试结果中表明可能有未按照规定执行的安全功能，评估者应对其进行独立测试，以确定情况是否属实。

测试文档应标识为测试建立测试条件或为后续测试清除相关条件而使用特权模式的情况。测试文档要描述为什么必需使用特权模式以获得必要的条件（例如，测试套件的效率、产生测试所需的非特权用户不能创建的特殊对象），以及在执行 TOE 安全功能测试步骤前如何退出特权模式。因此，虽然在建立测试条件时，测试配置可能与 ST 中描述的 TOE 不一致，但是测试文档应描述如何使配置返回到与 ST 所描述配置相一致的状态，以便执行测试步骤。

12.9.4.4 行为 ATE_FUN.1.1C

12.9.4.4.1 工作单元 3:ATE_FUN.1-1

ISO/IEC 15408-3 ATE_FUN.1.1C 测试文档应包括测试计划、测试流程描述、预期测试结果和实际测试结果。

评估者***应检查***测试文档是否包括测试计划、测试流程描述、预期测试结果和实际测试结果。

12.9.4.4.2 工作单元 3:ATE_FUN.1-2

ISO/IEC 15408-3 ATE_FUN.1.2C 测试计划应标识要测试的安全功能，并应描述测试的目标。

评估者***应核查***测试计划是否标识了待测安全功能。

用于标识待测安全功能的一种方法是可参考规定特定安全功能的功能规范中所描述的相应部分。

在执行本工作单元时，评估者可能希望采用抽样的策略。

关于抽样的指南参见 A.2“抽样”。

12.9.4.4.3 **工作单元 3：ATE_FUN.1-3**

评估者***应检查***测试计划，以确定它描述了测试的目标。

测试计划提供了关于安全功能如何测试的信息以及测试过程中的测试配置信息。

在执行本工作单元时，评估者可能希望采用抽样的策略。

关于抽样的指南参见 A.2“抽样”。

12.9.4.4.4 **工作单元 3：ATE_FUN.1-4**

评估者***应检查***测试计划，以确定 TOE 测试配置是否与在 ST 中列出的评估配置一致。

开发者测试计划中所提到的 TOE，其唯一参照号应与 CM 能力（ACM-CAP. *）子活动建立的唯一参照号相同。

ST 有可能指定不止一个评估配置，TOE 可能由多个不同的硬件和软件实现组成，应根据 ST 对它们进行测试。评估者要核实在开发者测试文档中所标识的测试配置是否与 ST 中描述的每个评估配置相一致。

评估者应考虑 ST 中描述的可适用于测试环境的关于 TOE 环境安全方面的假设。ST 中的某些假设可能不适用于测试环境。例如，关于用户许可方面的假设就可能不适用，但关于网络单点接入的假设就适用。

12.9.4.4.5 **工作单元 3：ATE_FUN.1-5**

评估者***应检查***测试计划，以确定它是否与测试流程描述一致。

在执行本工作单元时，评估者可能希望采用抽样的策略。

关于抽样的指南参见 A.2“抽样”，关于一致性分析的指南参见 A.3“一致性分析”。

12.9.4.4.6 **工作单元 3：ATE_FUN.1-6**

ISO/IEC 15408-3 ATE_FUN.1.3C 测试流程描述应标识要执行的测试和描述每个安全功能的测试情景。这些情景应包括对于其他测试结果的任何顺序依赖性。

评估者***应核查***测试流程描述是否标识了每一个待测安全功能行为。

用于标识待测安全功能行为的一种方法是引用设计规范中规定特定待测行为的相应部分。

在执行本工作单元时，评估者可能希望采用抽样的策略。

关于抽样的指南参见 A.2“抽样”。

12.9.4.4.7 **工作单元 3：ATE_FUN.1-7**

评估者***应检查***测试流程描述，以确定是否提供了足够的命令以建立可重复的测试初始条件，有时也包括顺序依赖关系。

为建立初始条件可能要采取一些步骤。例如，用户账号应在其能被删除前添加。对于与其他测试结果有顺序依赖关系的一个例子是，在依靠审计功能对其他安全机制如访问控制产生审计记录之前，需要测试审计功能。另一个顺序依赖关系的例子是，某个测试用例所产生的数据文件被用作其他测试用例的输入。

在执行本工作单元时，评估者可能希望采用抽样的策略。

关于抽样的指南参见 A.2“抽样”。

12.9.4.4.8　**工作单元 3:ATE_FUN.1-8**

评估者***应检查***测试流程描述,以确定是否提供了足够的命令,以便拥有可重复的手段来激发安全功能和观察安全功能行为。

激励通常通过 TSFI 从外部提供给安全功能。一旦输入(激励)传给了 TSFI,安全功能行为就可以在 TSFI 观察到。除非测试流程包含足够的细节以明确无误地描述激励和期望作为该激励结果的行为,否则不能保证测试是可重复执行的。

在执行本工作单元时,评估者可能希望采用抽样的策略。

关于抽样的指南参见 A.2“抽样”。

12.9.4.4.9　**工作单元 3:ATE_FUN.1-9**

评估者***应检查***测试流程描述,以确定它们与实际测试流程是一致的。

如果两者一致,那么本工作单元就不适用,并认为已经满足要求。

在执行本工作单元时,评估者可能希望采用抽样的策略。

关于抽样的指南参见 A.2“抽样”,关于一致性分析的指南参见 A.3“一致性分析”。

12.9.4.4.10　**工作单元 3:ATE_FUN.1-10**

ISO/IEC 15408-3 ATE_FUN.1.4C 预期测试结果应指出测试成功执行后的预期输出。

评估者***应检查***测试文档,以确定其包括了足够的预期测试结果。

预期的测试结果用以确定测试是否成功执行。如果预期测试结果是明确无误的并且与给定测试方法的预期行为是一致的,那么该预期结果就足够了。

在执行本工作单元时,评估者可能希望采用抽样的策略。

关于抽样的指南参见 A.2“抽样”。

12.9.4.4.11　**工作单元 3:ATE_FUN.1-11**

ISO/IEC 15408-3 ATE_FUN.1.5C 开发者执行测试所得到的测试结果应证实每个被测试的安全性功能都按照规定执行。

评估者***应检查***测试文档中的预期测试结果,是否与给出的实际测试结果一致。

由开发者提供的实际测试结果和预期测试结果的比较将揭示出二者间的任何不一致。

只有当对某些数据进行约减或综合后,方可进行实际结果的直接比较。在这种情况下,开发者的测试文档应描述约减或综合真实数据的过程。

例如,开发者可能需要在网络连接建立后测试消息缓冲区以确定缓冲区中的内容。消息缓冲区将包含一个二进制数。这个二进制数应被转换为其他的数据表现形式以使测试更有意义。开发者应足够详细地描述从数据的二进制表示到更高级表示的转换,以便评估者能够实施转换过程(例如,同步或异步传输、停止位位数、奇偶校验位数等)。

应当注意,评估者使用约减或综合真实数据过程的描述,不是实际执行必要的修改,而是评定这一过程是否正确。开发者负责把预期测试结果转换为容易与实际测试结果相比较的格式。

在执行本工作单元时,评估者可能希望采用抽样的策略。

关于抽样的指南参见 A.2“抽样”。

如果任何测试的预期结果和实际结果不相同,那么表明安全功能没有正确执行。这种情况将会影响评估者的独立测试努力,包括隐含安全功能的测试。评估者要考虑增加本工作单元执行的证据样本。

12.9.4.4.12　**工作单元 3:ATE_FUN.1-12**

评估者***应报告***开发者测试工作,概述测试方法、配置、深度和结果。

对于在ETR中报告的开发者测试信息，可以允许评估者转述开发者测试TOE时的方法和成果。提供这种信息的目的是为了对开发者的测试工作给出一个有意义的概述，在ETR中关于开发者测试的信息不是为了精确再现特定的测试步骤或个别测试结果。其目的是要提供足够的细节，以便允许其他评估者和监督者了解开发者的测试方法、执行的测试数量、TOE测试配置和开发者测试的总体结果。

一般可在ETR中找到关于开发者测试工作的信息有：

a) TOE测试配置。被测TOE的特殊配置；

b) 测试方法，开发者全部测试策略的账目；

c) 开发者执行的测试数量，开发者测试覆盖和深度的描述；

d) 测试结果，开发者测试结果的整体描述。

以上列出的信息并不全面，只是为应呈现在ETR中的关于开发者所做测试的信息类型提供借鉴。

12.9.5 独立测试评估(ATE_IND.2)

12.9.5.1 目的

本子活动的目的是通过对TSF的一个子集进行独立测试，确定TOE是否按规定执行。同时，通过抽样执行开发者的测试，以获得对开发者测试结果的信任。

12.9.5.2 输入

本子活动的评估证据是：

a) ST；

b) 功能规范；

c) 用户指南；

d) 管理员指南；

e) 安全安装、生成和启动程序；

f) 测试文档；

g) 测试覆盖分析；

h) 测试深度分析；

i) 适于测试的TOE。

12.9.5.3 行为ATE_IND.2.1E

12.9.5.3.1 工作单元3:ATE_IND.2-1

ISO/IEC 15408-3 ATE_IND.2.1C TOE应适合测试。

评估者*应检查*TOE，以确定测试配置与所评估的ST中规定的配置是一致的。

用于评估者测试的TOE，其唯一参照号应与CM能力(ACM-CAP.*)子活动建立的唯一参照号相同。

ST有可能指定不止一个评估配置，TOE可能由多个不同的硬件和软件实现组成，应根据ST对它们进行测试。评估者的TOE测试配置应与ST中所描述的每个评估配置相一致。

评估者应考虑ST中所描述的可用于测试环境的关于TOE环境安全方面的假设。ST中可能有一些假设不适用于测试环境。例如，关于用户许可方面的假设可能就不适用，但关于网络单点接入的假设就适用。

如果使用了任何测试资源(例如仪表、分析仪)，评估者有责任保证这些资源是校准正确的。

12.9.5.3.2 工作单元 3:ATE_IND.2-2

评估者*应检查*TOE,以确定它已被正确安装并处于一个已知状态。

评估者可能以多种方式来确定 TOE 的状态。例如,只要评估者仍然相信正在用于测试的 TOE 是正确安装的并且处于一个已知状态,先前的 ADO_IGS.1“安装、生成和启动程序”子活动的成功完成将满足本工作单元。如果情况不是这样,那么评估者只需根据提供的指南按照开发者的规程来安装、生成和启动 TOE。

如果由于 TOE 处于未知状态,评估者不得不执行安装过程,在成功完成后即可满足工作单元 ADO_IGS.1-2 的要求。

12.9.5.3.3 工作单元 3:ATE_IND.2-3

ISO/IEC 15408-3 ATE_IND.2.2C 开发者应提供一组相当的资源,该资源曾被用于开发者的 TSF 功能测试。

评估者*应检查*开发者提供的资源集,以确认它们与开发者做 TSF 功能测试时使用的资源集等同。

资源集可能包括实验室和专用测试设备等。这里的资源与开发者所使用的资源不一定完全相同,但在对测试结果的影响方面上,两者应是等同的。

12.9.5.4 行为 ATE_IND.2.2E

12.9.5.4.1 工作单元 3:ATE_IND.2-4

评估者*应设计*一个测试子集。

评估者选择一个适合于 TOE 的测试子集和测试策略。一个极端的测试策略是让测试子集包含尽可能多的安全功能,但不是很严格地测试它们。另一个极端的测试策略是根据觉察到的相关性,让测试子集包含少数几个安全功能,并严格地测试这些安全功能。

评估者采用的测试方法一般会处于这两种极端情况之间。评估者应至少使用一项测试来试验 ST 中标明的大部分安全功能要求,但不必进行所有的规范测试。

评估者在选择被测 TSF 子集时应该考虑以下因素:

a) 开发者测试证据。开发者测试证据包括:测试覆盖分析、测试深度分析和测试文档。开发者测试证据将使评估者了解有关安全功能是如何被开发者测试的。当评估者在开发新的测试来对 TOE 进行独立性测试时会用到这一信息。评估者应特别考虑:
    1) 针对特定安全功能,增加开发者测试。评估者或许希望通过修改参数进行多个同类测试,以便更严格地测试安全功能;
    2) 针对特定安全功能,补充开发者测试策略。评估者或许希望通过使用另外一个测试策略测试某个特定的安全功能,以改变对该安全功能的测试方法。
b) 测试子集中包括的安全功能个数。如果 TOE 只包含少量安全功能,就要对所有安全功能进行严格测试。如果 TOE 包含很多安全功能,执行全班测试将是不合算的,此时可执行抽样测试。
c) 维持评估活动的平衡。评估者花费在测试活动上的工作应与花费在其他评估活动上的工作相称。

评估者选择安全功能组成测试子集。这种选择依赖于很多因素,对这些因素的考虑也可能影响测试子集大小的选择:

a) 开发者对安全功能测试的严格性。根据 ATE_COV.2“覆盖分析”的要求,在功能规范中所标识的所有安全功能应具有开发者测试证据。评估者决定需要补充测试的那些安全功能应包括在测试子集中。

b) 开发者测试结果。如果开发者的测试结果导致评估者对某个安全功能或某个方面产生怀疑，那么评估者应该将这些安全功能包括在测试子集中。

c) 与 TOE 的类型(例如，操作系统、防火墙)相关的已知公共域中的弱点。这些弱点将影响测试子集的选择过程。评估者应将涉及这些弱点的安全功能包含在子集中(这里的已知公共域中的弱点并不是指脆弱性，而是该类 TOE 所带有的不充分的情况或问题区)。如果不知道这样的弱点，那么采用选择更宽范围安全功能的这一通用方法可能更合适。

d) 安全功能的重要性。根据 TOE 的安全目的，那些较重要的安全功能应包含在测试子集中。

e) ST 中给出的 SOF 声明。所有有 SOF 声明的安全功能应包括在测试子集中。

f) 安全功能的复杂性。复杂的安全功能可能需要复杂的测试，这些测试对开发者或评估者施以更繁重的要求，这将不利用提高评估效率。相反，从更易找出错误的角度，复杂的安全功能又是子集的一个理想候选对象。因此，评估者需要在这些考虑因素之间寻求一种平衡。

g) 隐含的测试。某些安全功能的测试可能往往隐含着需要测试其他安全功能，把它们包括在子集中可以使被测安全功能数最大化(虽然是隐含的)。典型地，某些特定接口被用于提供多种安全功能特性，这是一种有效的测试方法。

h) TOE 的接口类型(例如，编程的、命令行的、协议的)。评估者应考虑在子集中包括 TOE 支持的所有不同接口类型的测试。

i) 创新的或不寻常的功能。当 TOE 包含有创新的或不寻常的安全功能时，这些功能在市场宣传中可能颇具分量，应该成为测试的重点候选对象。

这一部分指南清楚地说明了在选择合适的测试子集过程中应考虑的因素，但不代表已详述了所有因素。

关于抽样的指南参见 A.2“抽样”。

12.9.5.4.2 工作单元 3:**ATE_IND**.2-5

评估者**应**为测试子集生成足够详细的测试文档，以便测试情况是可再现的。

参照 ST 和功能规范，在对一个安全功能的预期行为有了一定了解后，评估者应确定测试该功能的最可行的方法。

评估者应特别考虑以下几点：

a) 将采用的方法，例如，是否在外部接口上测试安全功能，是否使用测试设备在内部接口上测试安全功能，或者使用其他测试方法(例如，在异常情况下，代码检查)；

b) 用于激发安全功能并观察响应的安全功能接口；

c) 测试所需的初始条件(例如，任何需要具备的特殊客体或主体以及它们需要拥有的安全属性)；

d) 激发安全功能或观察安全功能所需的专用测试设备(例如，包发生器、网络分析仪)。

评估者可能发现，使用一系列测试用例测试每个安全功能是切实可行的，而每个测试用例将测试预期行为的某个特定的方面。

评估者的测试文档应指明每个测试的出处，如有必要，将其追溯到相关的设计规范和 ST。

12.9.5.4.3 工作单元 3:**ATE_IND**.2-6

评估者**应实施**测试。

评估者使用测试文档作为对 TOE 进行测试的基础。测试文档用作测试的基础，但是这并不排除评估者执行附加的特别测试。基于测试中发现的 TOE 行为，评估者可以设计新的测试，这些新的测试应记录在测试文档中。

12.9.5.4.4　工作单元 3：ATE_IND.2-7

评估者***应记录***包含在测试子集中的如下测试信息：

a）待测试的安全功能行为的标识；

b）测试设备的连接说明与设置说明；

c）测试所需初始条件的说明；

d）激发安全功能的说明；

e）观察安全功能行为的说明；

f）所有预期结果的描述，以及用以比较预期结果的必要分析；

g）总结测试和为 TOE 建立必要的测试后状态的说明；

h）实际测试结果。

测试文档中的细节描述应达到这样的程度：使其他评估者能重复测试并获得相同的结果，尽管测试结果的某些特定细节可能不同(例如审计记录中的时间和日期字段)，但整体结果应该是相同的。

有些情况可以不必提供本工作单元中出现的全部信息(例如，在可以与预期结果做比较前，可能不需要对实际测试结果进行任何分析)。这些信息的省略由评估者决定，这样才合理。

12.9.5.4.5　工作单元 3：ATE_IND.2-8

评估者***应核查***所有的实际测试结果，是否与预期测试结果一致。

实际测试结果和预期测试结果间的任何差别可能表明 TOE 与其规定不一致，或者评估者的测试文档是错误的。出现意料之外的实际测试结果，可能需要对 TOE 或测试文档进行纠正维护，也许需要重新运行受到影响的测试，并且修改测试样本的数量和组成。该决定由评估者作出，这样才合理。

12.9.5.5　行为 ATE_IND.2.3E

12.9.5.5.1　工作单元 3：ATE_IND.2-9

评估者***应***使用在开发者测试计划和测试流程中抽取的测试样本***实施***测试。

本工作单元的总体目的是要实施足够数量的开发者测试，以确认开发者的测试结果的有效性。评估者必须确定样本量和构成样本的开发者测试。

考虑到整个测试活动的评估工作，通常应该完成 20％的开发者测试，当然这可以根据 TOE 的特性和所提交的测试证据而改变。

所有的开发者测试都能被追溯到特定的安全功能。因此，在选择构成样本的测试时，所需考虑的因素要相似于在工作单元 ATE_IND.2-4 中为子集选择列出的那些因素。此外，评估者可以使用一个随机抽样的方法来选择构成样本的开发者测试。

关于抽样的指南参见 A.2“抽样”。

12.9.5.5.2　工作单元 3：ATE_IND.2-10

评估者***应核查***所有的实际测试结果，是否与预期测试结果一致。

开发者的预期测试结果和实际测试结果之间的不一致将迫使评估者解决这个差异。评估者最初遇到的不一致性可由开发者提供的合理解释和不一致性解决办法予以解决。

如果没有一个满意的解释或解决办法，评估者可能会降低对开发者测试结果的信任，并且有必要增加试样量，以便重新获取对开发者测试的信任。如果增加试样量还不能满足评估者的要求，就有必要重复整个开发者测试集。最后，就充分测试在工作单元 ATE_IND.2-4 中所标识的 TSF 子集而言，开发者测试的不足将导致要么需要对开发者测试进行纠正,要么由评估者产生新的测试。

12.9.5.5.3 工作单元 3:ATE_IND.2-11

评估者**应**在 ETR 中***报告***评估者的测试成果、测试大纲、配置、深度和结果。

在 ETR 中报告的评估者测试信息允许评估者告知总体测试方法和在评估过程中测试活动所付出的效果。提供这种信息的目的是对测试工作给出一个有意义的概述,这并不是为了精确再现特定的测试说明或个别测试结果。其目的是要提供足够的细节,以便允许其他评估者和监督者了解评估者所选择的测试方法、执行的评估者测试数量、执行的开发者测试数量、TOE 测试配置和测试活动的总体结果。

一般可在 ETR 中找到关于评估者测试工作的信息有:

a) TOE 测试配置。被测 TOE 的特殊配置;
b) 所选子集的大小。在评估中要被测试的安全功能的数量和确定子集大小的理由;
c) 构成子集的安全功能选择标准。简要说明在选择组成子集的安全功能时考虑的因素;
d) 被测的安全功能。包含在子集中的安全功能的简表;
e) 所执行的开发者测试。所执行的开发者测试的数量和对用于选择测试标准的一个简要描述;
f) 活动的裁定。对测试结果的总体判断。

以上列出的信息并不全面,只是为应呈现在 ETR 中的关于评估期间评估者所做测试的信息类型提供借鉴。

12.10 脆弱性评定活动

脆弱性评定活动的目的是确定 TOE 在预期使用环境下的缺陷或弱点的存在性和可利用性。这种确定是基于开发者和评估者所进行的分析,并由评估者的测试予以支持。

12.10.1 误用评估(AVA_MSU.1)

12.10.1.1 目的

本子活动的目的是确定指南是否是令人误解的、不合理的或是自相矛盾的,是否已经提出了关于所有操作方式的安全流程,以及指南的使用是否便于防止和检测到不安全的 TOE 状态。

12.10.1.2 输入

本子活动的评估证据是:

a) ST;
b) 功能规范;
c) 高层设计;
d) 用户指南;
e) 管理员指南;
f) 安全安装、生成和启动程序;
g) 测试文档。

12.10.1.3 应用注释

术语“指南”在本子活动中指用户指南、管理员指南和安全安装、生成和启动程序。安装、生成和启动程序指管理员负责执行的使 TOE 从交付状态进入运行状态的全部流程。

12.10.1.4 行为 AVA_MSU.1.1E

12.10.1.4.1 工作单元 3:AVA_MSU.1-1

ISO/IEC 15408-3 AVA_MSU.2.1C 指导性文档应标识所有可能的 TOE 操作模式(包括失败或操作失误后的操作)、它们的后果以及对于保持安全运行的意义。

评估者***应检查***指南和其他评估证据,以确定指南标识了所有可能的 TOE 操作模式(例如:失败或操作失误后的操作)、它们的后果以及对于保持安全运行的意义。

其他评估证据,特别是功能规范和测试文档,为评估者提供了信息源。评估使用这些信息确认指南是否包含了足够的指导信息。

评估者应每次只关注单个安全功能,并将其他评估证据与指南中有关安全地使用安全功能的部分相比较,从而确定指南中有关安全功能的部分足以保证安全功能的安全使用(即与 TSP 一致)。评估者也应考虑安全功能之间的关系,并寻找潜在的冲突。

12.10.1.4.2 工作单元 3:AVA_MSU.1-2

ISO/IEC 15408-3 AVA_MSU.2.2C 指导性文档应是完备的、清晰的、一致的、合理的。

评估者***应检查***指南,以确定它是清晰的和内在一致的。

如果指南可能能被管理员或用户曲解,并且以有害于 TOE 或 TOE 安全的方式使用,那么这个指南就是不清晰的。

关于一致性的指南参见 A.3"一致性分析"。

12.10.1.4.3 工作单元 3:AVA_MSU.1-3

评估者***应检查***指南和其他评估证据,以确认指南是完备的和合理的。

评估者应利用从其他评估活动中所获得的对 TOE 的熟悉程度来确认指南是完备的。

评估者特别要考虑功能规范和 TOE 概要规范。所有这些文档中描述的安全功能应在指南中加以描述,以便安全地管理和使用。评估者也可以在指南和这些文件之间找出非形式化的映射关系。在这个映射关系中任何省略都意味着不全面。

如果指南对 TOE 的使用或运行环境要求与 ST 不一致,或者维持安全的负担过于繁重,那么这个指南就是不合理的。

评估者应注意到,执行 AGD_ADM 子活动的工作单元所得到的结果将对此检查提供有用的输入。

12.10.1.4.4 工作单元 3:AVA_MSU.1-4

ISO/IEC 15408-3 AVA_MSU.2.3C 指导性文档应列出关于预期使用环境的所有假设。

评估者***应检查***指南,以确定其列出了关于预期使用环境的所有假设。

评估者分析 ST 中预期 TOE 安全环境的假设,并且与指南相比较,以确保在指南中适当地描述了所有与管理员和用户有关的 ST 预期 TOE 安全环境的假设。

12.10.1.4.5 工作单元 3:AVA_MSU.1-5

ISO/IEC 15408-3 AVA_MSU.2.4C 指导性文档应列出对外部安全措施(包括外部程序的、物理的或人员的控制)的所有要求。

评估者***应检查***指南,以确定其列出了所有外部安全措施要求。

评估者分析指南,以确保其列出了所有的外部程序的、物理的、人员的和连接控制。ST 中非 IT 环境的安全目的将指出什么是必需的。

12.10.1.5 行为 AVA_MSU.1.2E

12.10.1.5.1 工作单元 3:AVA_MSU.1-6

评估者*应执行*所有管理员和用户(可用的话)流程,这些流程对于 TOE 的配置和安装是必要的,从而确定只要利用所提供的指南就能配置并安全地使用 TOE。

配置和安装要求评估者将 TOE 从一个可交付状态,推进到 TOE 运行的状态,并促使 TSP 与 ST 中规定的安全目的一致。

评估者应仅遵循正式提交给 TOE 使用者的用户和管理员指南中给出的开发者制定的流程。在操作中遇到任何困难都说明指南是不完备的、不清晰的、不一致的或者不合理的。

注意,满足本工作单元的工作,同时也满足评估者行为 ADO_IGS.1-2E 的要求。

12.10.1.6 行为 AVA_MSU.1.3E

12.10.1.6.1 工作单元 3:AVA_MSU.1-7

评估者*应检查*指南,以确定其给用户提供了足够的指导信息,使得他们能有效地管理和使用 TOE 的安全功能,并能检测不安全的状态。

TOE 可能使用多种方法来帮助用户安全地使用 TOE。在 TOE 处于不安全的状态时,TOE 可以使用某种功能(特性)来警告用户。同时 TOE 可以在带有增强型指南的情况下被交付,其中增强型指南包括建议、提示、流程等内容,以更有效使用现有安全特性。例如,关于使用审计特性的指南就有助于检测不安全的状态。

为作出对本工作单元的裁定,评估者考虑 TOE 的功能性、目的、预期使用环境,以及关于使用方法或用户的假设。如果 TOE 可能会转变到不安全状态,但使用指南可以一种及时的方式检测到不安全状态,对此情况,评估者应给出结论。可使用诸如 ST、TSF 的功能规范和高层设计这样的评估交付件来确定 TOE 转换到不安全状态的可能性。

12.10.2 TOE 安全功能强度评估(AVA_SOF.1)

12.10.2.1 目的

本子活动的目的是确定,在 ST 中是否为所有概率或置换机制作出了 SOF 声明,以及开发者在 ST 中所作的 SOF 声明是否都是有正确的分析予以支持。

12.10.2.2 输入

本子活动的评估证据是:

a) ST;

b) 功能规范;

c) 高层设计;

d) 用户指南;

e) 管理员指南;

f) TOE 安全功能强度分析。

12.10.2.3 应用注释

对 SOF 进行的分析在本质上是针对概率或置换的机制(例如:口令机制或生物识别)而实施的。尽管密码机制在本质上也是概率性的并且经常用“强度”来描述,但是 AVA_SOF.1“TOE 安全功能强度评估”却不适用于密码机制。对这种情况，评估者应遵循评估体制的规定来执行。

尽管 SOF 分析是在单个机制的基础上进行的，但是对 SOF 的总体判断却是基于功能的。当采用多个概率或置换机制来实现一个安全功能时，应分析每个不同的机制。提供安全功能的这些机制的组合方式将决定这个功能的总体 SOF 级别。评估者需要设计信息以理解这些机制如何协同工作才能实现一个功能，并且依据 ADV_HLD.1“描述性高层设计”给出这些信息的最小级别。评估者可获得由 EAL 确定的实际的设计信息，并且在必要时这些信息应能被用于支持评估者的分析。

对于涉及多个 TOE 域的 SOF 的讨论参见 ASE_REQ.1“IT 安全要求评估”。

12.10.2.4 行为 AVA_SOF.1.1E

12.10.2.4.1 工作单元 3:AVA_SOF.1-1

ISO/IEC 15408-3 AVA_SOF.1.1C 对于每个具有 TOE 安全功能强度声明的安全机制，TOE 安全功能强度分析应说明该机制达到或超过 PP/ST 中定义的最低强度级别。

评估者*应核查*开发者是否已为每个具有 SOF 声明的安全机制提供了 SOF 分析，该声明在 ST 中是以 SOF 级别的方式予以表示的。

如果仅以 SOF 度量标准的方式来声明 SOF，那么本工作单元是不适用的，视为已满足要求

SOF 级别分为基本级功能强度、中级功能强度或高级功能强度，这些级别是根据攻击潜力来定义的，参见 ISO/IEC 15408-1 第 2 章。表示成一个级别的最小整体 SOF 要求适用于所有非密码的概率或置换安全机制。但个别机制可能具有一个被表示成超出整体 SOF 要求级别的 SOF 声明。

确定实现一个攻击所必需的攻击潜力，从而确定出 SOF 级别的指南参见附录 A.8“功能强度和脆弱性分析”。

SOF 分析中要包含基本原理以证明 ST 中所作的 SOF 声明。

12.10.2.4.2 工作单元 3:AVA_SOF.1-2

ISO/IEC 15408-3 AVA_SOF.1.2C 对于每个具有特定 TOE 安全功能强度声明的安全机制，TOE 安全功能强度分析应说明该机制达到或超过 PP/ST 中定义的特定功能强度度量标准。

评估者*应核查*开发者是否已为每个具有 SOF 声明的安全机制提供了 SOF 分析，该声明在 ST 中是以度量标准的方式予以表示的。

如果仅以 SOF 级别的方式来声明 SOF，那么本工作单元是不适用的，视为已满足要求。

表示成一个级别的最小整体 SOF 要求适用于所有非密码的概率或置换机制。但个别机制可能具有一个被表示成满足或超出整体 SOF 要求度量的 SOF 声明。

SOF 分析中要包含基本原理以证明 ST 中所作的 SOF 声明。

12.10.2.4.3 工作单元 3:AVA_SOF.1-3

评估者*应核查*SOF 分析，以确定支持分析的任何主张或假设都是有效的。

例如，认为伪随机数发生器的特定实现将拥有必要的熵，该熵是产生与 SOF 分析相关的安全机制所必需的，那么该假设就是有缺陷的。

支持 SOF 分析的假设应该反映“最差情形”，除非“最差情形”被 ST 确定是无效的。当许多不同的情形存在时，并且这些情形都是依赖于人类用户或攻击者行为时，代表最低强度的情形应被假设，除非如以上所述该情况无效。

例如，基于最大理论口令空间(例如所有可打印的 ASCII 码)的强度声明，就不是“最差情形”，因为人类习惯于使用自然语言口令，但这样的行为却大大地减少了口令空间和相关强度。然而，如果在 ST 中列出了 TOE 使用的 IT 措施，例如用口令过滤器将自然语言口令的使用降至最少，那么这样的假设

就是适当的。

12.10.2.4.4 工作单元 3:AVA_SOF.1-4

评估者*应检查*SOF 分析,以确定用以支持分析的任何算法、原理、性质和计算都是正确的。

本工作单元高度依赖于所考虑的机制类型。A.8“功能强度和脆弱性分析”提供了一个使用口令机制实现标识和鉴别功能的 SOF 分析实例;该分析考虑用最大口令空间以最终达到一个 SOF 级别。对于生物测量学,该分析应考虑解决方法和其他影响机制的欺骗敏感性的因素。

SOF 表示成一个级别,该级别是基于可击败安全机制所必需的最小攻击潜力。SOF 级别是在 ISO/IEC 15408-1 第 2 章中以攻击潜力进行定义的。

关于攻击潜力的指南参见 A.8“功能强度和脆弱性分析”。

12.10.2.4.5 工作单元 3:AVA_SOF.1-5

评估者*应检查*SOF 分析,以确定每个 SOF 声明被满足或超过。

关于 SOF 声明级别的指南参见 A.8“功能强度和脆弱性分析”。

12.10.2.4.6 工作单元 3:AVA_SOF.1-6

评估者*应检查*SOF 分析,以确定所有带有 SOF 声明的功能都达到了 ST 中所定义的最低强度级别。

12.10.2.5 行为 AVA_SOF.1.2E

12.10.2.5.1 工作单元 3:AVA_SOF.1-7

评估者*应检查*功能规范、高层设计、低层设计、用户指南和管理员指南,以确定所有的概率或置换机制都具有相应的 SOF 声明。

通过概率或置换机制实现的安全功能应由开发者予以标识,该标识应在 ST 评估活动期间予以验证。但是,由于 TOE 概要规范可能是执行此项活动的唯一有效证据,因此这种机制的识别可能是不完备的。作为本子活动输入的附加评估证据,可能识别出未在 ST 中列出的额外的概率或置换机制。如果是这样的话,那么应适当地更新 ST 以反映附加的 SOF 声明,而且开发者需提供额外的分析以证明该声明合理的,其可以作为评估者行为 AVA_SOF.1.1E 的输入。

12.10.2.5.2 工作单元 3:AVA_SOF.1-8

评估者*应检查*SOF 声明,以确定它们是正确的。

当 SOF 分析包括断言或假设时(例如,每分钟可能有多少次鉴别尝试),评估者应独立地确认它们是正确的。这可通过测试或独立的分析来完成。

12.10.3 脆弱性分析评估(AVA_VLA.1)

12.10.3.1 目的

本子活动的目的是确定在其预期使用环境中的 TOE 是否存在可利用的明显脆弱性。

12.10.3.2 输入

本子活动的评估证据是:

a) ST;

b) 功能规范;

c) 高层设计；

d) 用户指南；

e) 管理员指南；

f) 安全安装、生成和启动程序；

g) 脆弱性分析；

h) 功能强度声明分析；

i) 适于测试的 TOE。

本子活动的其他输入有：

a) 关于明显脆弱性的当前信息(例如来自监督者)。

12.10.3.3 应用注释

术语“指南”在本子活动中指用户指南、管理员指南和安全安装、生成和启动程序。

对可利用脆弱性的考虑是由 ST 中安全目的和功能要求确定的。例如，如果 ST 中不要求描述防止安全功能被旁路的措施(不选 FPT_PHP“TSF 物理保护”、FPT_RVM“参照仲裁”和 FPT_SEP“域分离”)，那么基于旁路的脆弱性就无需考虑。

脆弱性可能存在于公共域中，也可能不在，并且利用它可能需要技巧，也可能不要。这两方面是相关的，但是有区别的。不应仅仅因为脆弱性存在于公共域中而认为其容易被利用。

指南中的以下术语具有特定含义：

a) 脆弱性：在一定条件下能被利用来违反安全策略的 TOE 的弱点；

b) 脆弱性分析：系统地搜寻 TOE 中的脆弱性并且对所寻找到的脆弱性进行评判，以确定它们与 TOE 预期使用环境的关系；

c) 明显脆弱性：只要求对 TOE 有最低程度的了解、最小的技术复杂性和最少的资源就可公开利用的脆弱性；

d) 潜在脆弱性：怀疑在 TOE 中存在(根据假定的攻击途径)但并未被证实的脆弱性；

e) 可利用的脆弱性：在 TOE 预期使用环境下可被利用的脆弱性；

f) 不可利用的脆弱性：在 TOE 预期使用环境下不能被利用的脆弱性；

g) 残余脆弱性：一种几乎无法利用的脆弱性，但是在 TOE 预期使用环境下却能够被那些在预计之外的具备更大攻击潜力的攻击者所利用；

h) 穿透性测试：在 TOE 的预期使用环境下进行的测试，以确定已标识的 TOE 潜在脆弱性的可利用程度。

12.10.3.4 行为 AVA_VLA.1.1E

12.10.3.4.1 工作单元 3：AVA_VLA.1-1

ISO/IEC 15408-3 AVA_VLA.1.1C 脆弱性分析文档应描述对 TOE 交付件的分析，以寻找用户能够违反 TSP 的明显途径。

ISO/IEC 15408-3 AVA_VLA.1.2C 脆弱性分析文档应描述如何处理明显的脆弱性。

ISO/IEC 15408-3 AVA_VLA.1.3C 脆弱性分析文档应针对所有已标识的脆弱性，说明该脆弱性不能在 TOE 的预期使用环境中被利用。

评估者*应检查*开发者的脆弱性分析，以确定对明显脆弱性的搜索是否已经考虑了所有相关的信息。

开发者的脆弱性分析应涵盖开发者在所有评估交付件和公共域信息源中搜索到的明显脆弱性。评估者应使用交付件，不是执行独立的脆弱性分析(AVA_VLA.1“开发者脆弱性分析”中没有要求)，而是将其作为评价开发者搜索明显脆弱性的基础。

公共域中的信息是高度动态的。因此，在开发者执行脆弱性分析和评估完成之间的这一段时间内可能在公共域中有新的脆弱性报告。具体在那一个点停止对公共域信息的监测是评估授权机构的问题，因此相应的指南和协议应从评估授权机构得到。

12.10.3.4.2 工作单元 3:AVA_VLA.1-2

评估者***应检查***开发者的脆弱性分析，以确定每个明显的脆弱性都已被描述，并就它在 TOE 的预期使用环境中为什么是不可利用的给出合理的解释。

希望开发者基于对 TOE 和公共域信息源的了解来寻找明显的脆弱性。如果指定的要求是仅识别明显脆弱性，则不需要进行详细的脆弱性分析。开发者根据以上的定义将信息过滤整理，从而说明在预期使用环境中明显的脆弱性是不可利用的。

评估者需要关注开发者脆弱性分析的以下三个方面：

a) 开发者的分析是否已考虑所有的评估交付件；

b) 在预期使用环境中是否有适当的措施来防止明显脆弱性被利用；

c) 是否有一些明显的脆弱性仍然未被识别。

评估者不宜过分关注已识别的脆弱性本身是不是明显的，除非其被开发者用来作为确定脆弱性是不可利用的依据。在这种情况下，对于已识别的脆弱性，评估者可通过确定是否可阻止拥有低攻击潜力的攻击者的攻击来验证这种论断。

明显脆弱性的概念与攻击潜力无关，后者由评估者在独立的脆弱性分析中确定。因为 AVA _VLA.1“开发者脆弱性分析”并不进行这样的活动，通常评估者不是以攻击潜力为基础对脆弱性进行搜索和过滤。然而，评估者仍可以在评估期间发现潜在的脆弱性，并且可通过参照明显脆弱性的定义和低攻击潜力的概念，确定应如何描述这些潜在的脆弱性。

只能限于评价开发者分析的有效性、对获得自公共域脆弱性信息的比较和对评估者在其他评估活动过程中所标识的其他脆弱性的比较，来确定是否仍然存在未识别的明显脆弱性。

如果存在下列条件中的一个或多个，那么脆弱性就是不可利用的：

a) (IT 或非 IT)环境中的安全功能或措施防止了在预期使用环境中脆弱性的利用。例如，限定只有授权用户可对 TOE 进行物理访问，可以有效地致使一个 TOE 脆弱性成为不可利用的脆弱性。

b) 脆弱性只能被拥有中级或高级攻击潜力的攻击者利用。例如，对于分布式 TOE 的会话劫持攻击的脆弱性来说，就需要一个高于能够利用明显脆弱性的攻击者才能利用该脆弱性。然而，这样的脆弱性在 ETR 中被报告为残余脆弱性。

c) 在 ST 中既没有声明要抵抗的威胁，也没有声明要满足的组织安全策略。例如，一个防火墙，其 ST 中没有作有效性策略声明并易受到 TCP SYN 攻击(一种基于通用 Internet 协议的攻击，使得主机无法为连接请求提供服务)，不应仅基于这种脆弱性认为该评估活动失败。

关于确定利用某个脆弱性所应具备的攻击潜力的指南，请参见 A.8“功能强度和脆弱性分析”。

12.10.3.4.3 工作单元 3:AVA_VLA.1-3

评估者***应检查***开发者的脆弱性分析，以确定其与 ST 和指南都是一致的。

开发者的脆弱性分析可通过建议对 TOE 功能进行特殊配置或设置来处理一个脆弱性。如果认为这样的操作限制是有效的并与 ST 是一致的，那么所有这样的配置/设置都应该在指南中得到充分描述，这样才可能被用户使用。

12.10.3.5 行动 AVA_VLA.1.2E

12.10.3.5.1 工作单元 3:AVA_VLA.1-4

评估者**应**基于开发者的脆弱性分析***设计***穿透性测试。

评估者准备穿透性测试：

a) 当需尝试驳斥开发者的分析，质疑开发者关于脆弱性为什么不可利用的解释时；

b) 当需确定 TOE 在其预期使用环境中对未被开发者考虑到的脆弱性的敏感程度时。评估者应有权使用关于公共域中开发者尚未考虑到的明显脆弱性的最新信息（例如，来自监督者的信息），也可拥有一些作为执行其他评估活动的结果而识别出的潜在脆弱性。

不能期望评估者对除明显脆弱性之外的脆弱性进行测试（即使那些脆弱性包括在公共域中）。然而，许多情况下，在确定可利用性之前，应先进行测试。如果作为评估专家意见，评估者发现一个明显脆弱性之外的脆弱性，则这样的脆弱性在 ETR 中被报告为残余脆弱性。

在理解可疑脆弱性的基础上，评估者决定出最合理的方法测试 TOE 是否存在这样的脆弱性。评估者应特别考虑：

a) 用于激发 TSF 和观察反应的安全功能接口；

b) 测试所需的初始条件（例如任何需要存在的特殊客体或主体及它们需要拥有的安全属性）；

c) 激发安全功能或观察安全功能所需的专用测试设备（尽管不可能要求使用专门设备来利用一个明显的脆弱性）。

评估者可能会将发现采用一系列测试用例来进行穿透性测试是可行的，其中每个测试用例将测试一个特定的脆弱性。

12.10.3.5.2 工作单元 3:AVA_VLA.1-5

评估者**应**基于开发者的脆弱性分析***编制***穿透性测试文档，并且应足够详尽使得测试可重复。测试文档应包括：

a) 标识被测 TOE 的明显脆弱性；

b) 进行穿透性测试所需的所有测试设备连接和设置的说明；

c) 建立所有穿透性测试的必备条件的说明；

d) 激发 TSF 的说明；

e) 观察 TSF 行为的说明；

f) 所有预期结果的描述，并对用于比较预期结果的观察行为进行必要的分析；

g) 总结测试和为 TOE 建立必要的测试后状态的说明。

测试文档中的细节描述应达到这种程度：其他的评估者能再现测试并获得相同的结果。

12.10.3.5.3 工作单元 3:AVA_VLA.1-6

评估者**应**基于开发者的脆弱性分析***实施***透性测试。

评估者使用工作单元 4:AVA_VLA.1-4 产生的穿透性测试文档作为对 TOE 进行穿透性测试的基础，但这并不排除评估者执行其他特别的穿透性测试。如果有必要的话，评估者可根据在穿透性测试期间（如果由评估者执行）所获得的信息设计特别的测试，这些测试应记录在穿透性测试文档中。这些测试有必要深入研究意外的结果或观察结果，或在预先测试计划阶段评估者所要研究的潜在脆弱性。

12.10.3.5.4 工作单元 3:AVA_VLA.1-7

评估者***应记录***穿透性测试的实际结果。

尽管实际测试结果的某些特定细节可能与预期的不同(例如审计记录中的时间和日期字段),但整体结果应该是相同的。任何差异都应被证明是合理的。

12.10.3.5.5　工作单元 3:**AVA_VLA.**1-8

评估者***应检查***所有的穿透性测试结果和所有脆弱性分析的结论,以确定 TOE 在其预期环境中没有可被利用的明显脆弱性。

如果结果显示 TOE 在预期环境中有可被利用的明显脆弱性,则评估者活动裁定为"不通过"。

12.10.3.5.6　工作单元 3:**AVA_VLA.**1-9

评估者***应***在 ETR 中***报告***穿透性测试工作、测试方法大纲、配置、深度和结果。

在 ETR 中报告的穿透性测试信息允许评估者描述全部穿透性测试方法和本子活动所做的工作。提供该信息的目的是对评估者的穿透性测试工作给出一个有意义的概述。这不意味着 ETR 中关于穿透性测试的信息完全复制于单个穿透性测试的具体测试步骤或测试结果。其目的是提供足够的细节,以便其他评估者和监督者了解所选择的穿透性测试方法、执行穿透性测试的数量、TOE 测试配置和穿透性测试活动的总体结果。

在 ETR 中,在有关评估者穿透性测试工作的章节中通常应包括以下信息:

a)　TOE 测试配置。进行穿透性测试的 TOE 的特殊配置;

b)　进行穿透性测试的安全功能。穿透性测试所关注的安全功能简单列表;

c)　子活动的裁定。穿透性测试结果的总体判断。

以上列出的并不全面,只是为应在 ETR 中出现的,在评估期间评估者所做穿透性测试的信息的类型提供一些借鉴。

12.10.3.5.7　工作单元 3:**AVA_VLA.**1-10

评估者***应***在 ETR 中***报告***所有可利用的脆弱性和残余脆弱性,每种脆弱性应包括以下细节:

a)　来源(例如,在进行评估方法活动时构想到的、评估者知晓的、出版物上读到的);

b)　牵涉到哪些或哪个安全功能,哪些或哪个目的没有满足,违反了哪些或哪个组织安全策略和实现了哪些或哪个威胁;

c)　描述;

d)　在其预期环境中是否可被利用(例如,可利用的,还是残余的);

e)　识别出该脆弱性的评估方(例如开发者、评估者)的标识。

13　EAL4 评估

13.1 简介

EAL4 提供了一个中到高的保证级。使用功能规范、指导性文档、TOE 的高层设计和低层设计以及实现的子集,对安全功能进行分析,以理解安全行为。这种分析由 TOE 安全功能子集的独立测试、开发者基于功能规范和高层设计进行测试的证据、对开发者测试结果的选择性确认、功能强度分析、开发者搜索脆弱性的证据以及可抵御具有低攻击潜力的穿透性攻击者攻击进行论证的独立脆弱性分析等来支持。通过 TOE 安全策略非形式化模型的使用和开发环境控制措施的使用、自动化 TOE 配置管理和安全交付程序的证据,也可获得进一步的保证。

13.2 目的

本章目的是定义达到 EAL4 级评估所需的最少评估努力,并对完成评估的方式方法提供指导。

13.3 EAL4评估相互关系

EAL4 级评估包括以下任务：

a) 评估输入任务(第 7 章)。

b) EAL4 评估活动包括：

1) ST 评估(第 9 章)；

2) 配置管理评估(13.4)；

3) 交付和运行文档评估(13.5)；

4) 开发文档评估(13.6)；

5) 指导性文档评估(13.7)；

6) 生命周期支持评估(13.8)；

7) 测试评估(13.9)；

8) 测试(13.9)；

9) 脆弱性评定评估(13.10)。

c) 评估输出任务(第 7 章)。

评估活动源于 ISO/IEC 15408-3 所包含的 EAL4 保证要求。

ST 评估应在所有 TOE 评估子活动之前启动，因为 ST 为执行这些评估子活动提供了基础和背景。

本章描述了构成 EAL4 评估的子活动。尽管各子活动通常可以或多或少的同时进行，但评估者应考虑子活动间的依赖关系。

有关依赖关系的指南参见附录 A。

13.4 配置管理活动

配置管理活动的目的是帮助客户识别被评估的 TOE，确保配置项都已被唯一标识，并确保开发者用于控制和跟踪 TOE 改变的程序是充分的。这包括跟踪哪些改变、潜在的改变如何体现以及为减少错误而实现自动化的程度等方面的详细信息。

13.4.1 CM 自动化评估(ACM_AUT.1)

13.4.1.1 目的

本子活动的目的是确定实现表示的更改是否在自动化工具的支持下受到控制，从而减少人为错误和疏忽对 CM 系统的影响。

13.4.1.2 输入

本子活动的评估证据是：

a) 配置管理文档。

13.4.1.3 行为 ACM_AUT.1.1E

13.4.1.3.1 工作单元 4:ACM_AUT.1-1

ISO/IEC 15408-3 ACM_AUT.1.1C CM 系统应提供一种自动方式，通过该方式确保只能对 TOE 的实现表示进行已授权的改变。

评估者***应核查***CM 计划，是否描述自动化的措施，以实现对 TOE 实现表示的访问控制。

13.4.1.3.2 工作单元 4:ACM_AUT.1-2

评估者*应检查*自动访问控制措施,以确定它们有效地阻止了对 TOE 实现表示的非授权修改。

评估者审核配置管理文档,以确认标识了那些对 TOE 实现表示进行了修改的已授权人员或角色。例如,一旦在配置管理之下,仅允许担当软件集成角色的人员访问实现表示的一个元素。

评估者应执行自动访问控制措施来确定他们能否被未授权的角色和用户旁路。做出这一判断仅需执行几个基本测试。

13.4.1.3.3 工作单元 4:ACM_AUT.1-3

ISO/IEC 15408-3 ACM_AUT.1.2C CM 系统应提供一种自动方式来支持 TOE 的生成。

评估者*应核查*CM 文档,确认其支持从实现表示自动的生成 TOE。

本工作单元中,术语“生成”用于那些由开发者采用的,使 TOE 从其实现演变到可交付给最终用户状态的过程。

评估者应核实在 CM 文档中存在自动生成支持程序。

13.4.1.3.4 工作单元 4:ACM_AUT.1-4

评估者*应检查*自动生成程序,以确定它们能用于支持 TOE 的生成。

评估者确定依据生成程序将产生出反映其实现表示的 TOE。客户就能够确信交付安装的 TOE 版本实现了 ST 中所描述的 TSP。例如,在一个软件 TOE 中,可包括检查自动生成程序是否有助于确保所有用来实施 TSP 的源文件和相关库都已包含在编译好的目标代码中。

应注意,这一要求仅是支持性的,例如,将 Unix makefile 置于配置管理之下的方法就足以达到此目的,在这种情况下自动化将对精确产生 TOE 起到显著作用。自动程序能够有助于识别用于产生 TOE 的正确配置项。

13.4.1.3.5 工作单元 4:ACM_AUT.1-5

ISO/IEC 15408-3 ACM_AUT.1.3C CM 计划应描述在 CM 系统中所使用的自动工具。

评估者*应核查*CM 计划,确认其是否包括在 CM 系统中所使用的自动化工具的信息。

13.4.1.3.6 工作单元 4:ACM_AUT.1-6

ISO/IEC 15408-3 ACM_AUT.1.4C CM 计划应描述在 CM 系统中如何使用自动工具。

评估者*应检查*在 CM 计划中提供的有关自动化工具的信息,确定其描述了自动化工具的使用方法。

CM 计划应为 CM 系统的用户提供如何正确操作自动化工具,从而保持 TOE 完整性的必要细节信息。例如,所提供的信息可能包含以下描述:

a) 由工具所提供的功能;
b) 开发者如何使用自动化工具对实现表示的更改进行控制;
c) 开发者如何使用自动化工用于支持 TOE 的生成。

13.4.1.4 隐含的评估者行为

13.4.1.4.1 工作单元 4:ACM_AUT.1-7

ISO/IEC 15408-3 ACM_AUT.1.1D 开发者应使用一个 CM 系统。

评估者*应检查*CM 系统,以确定使用了 CM 计划中所述的自动工具和程序。

本工作单元可视为一个附加活动，该活动可与评估者对 ACM_CAP“CM 能力”要求的 CM 系统使用的核查同时进行。评估者寻找使用工具和程序的相关证据，包括对开发现场的核查以证实这些工具和程序的使用，还应包括对工具和程序使用过程中所产生证据的核查。

有关现场检查的指南参见 A.5“现场核查”。

13.4.2 CM 能力评估(ACM_CAP.4)

13.4.2.1 目的

本子活动的目的是确定开发者是否已清楚地标识了 TOE 及其相关配置项，以及改变这些配置项的能力是否完全受控制。

13.4.2.2 输入

本子活动的评估证据是：

a) ST；

b) 适于测试的 TOE；

c) 配置管理文档。

13.4.2.3 行为 ACM_CAP.4.1E

13.4.2.3.1 工作单元 4:ACM_CAP.4-1

ISO/IEC 15408-3 ACM_CAP.4.1C TOE 参照号对 TOE 的每一个版本应是唯一的。

评估者***应核查***用于评估的 TOE 版本有唯一的参照号。

评估者应当使用开发者的 CM 系统来确认参照号的唯一性，通过核查配置清单确认配置项是被唯一标识的。如果在评估过程中仅仅检查了一个版本，该项评估的证据是不完备的，因此评估者应该查找能够支持唯一参照号的参照系统(如，使用数字、字母或日期)。除非评估者确信该 TOE 能够被唯一标识，否则缺少任何一项参照都将导致对这项要求裁定为“不通过”。

评估者应该设法检查多个 TOE 版本(如修正某个漏洞后的版本)，以核查两个版本参照号的不同。

13.4.2.3.2 工作单元 4:ACM_CAP.4-2

ISO/IEC 15408-3 ACM_CAP.4.2C 应给 TOE 标记上参照号。

评估者***应核查***提交评估的 TOE 是否标记有参照号。

评估者应确保 TOE 包含唯一的参照号，以便区分 TOE 的不同版本。可以在包装或介质上粘贴标签，也可以让 TOE 在运行时显示标记，以确保客户(例如：在购买或使用时)能够识别出。

TOE 可提供某种方式使得它易于识别。例如，软件形式的 TOE 可以在启动例程中，或者在响应命令行输入时，显示其名称和版本号。硬件或固件形式的 TOE 可以通过将零件号码以物理方式铭刻在 TOE 上来标识。

13.4.2.3.3 工作单元 4:ACM_CAP.4-3

评估者***应核查***所使用的 TOE 参照号是一致的。

如果 TOE 要多处标记，所有的标记应当是一致的。例如，作为 TOE 一部分而提交的任何一份已标记过的指导性文档都应与被评估的、使用的 TOE 相关。这样就可以确保客户能确认自己所购买和安装的 TOE 版本是经过评估的，并且他们所使用的指南与 ST 一致，可以正确的指导自己使用 TOE。评估者可以通过 CM 文档中的配置清单来验证标记使用的一致性。

评估者还应验证该 TOE 的参照号是否与 ST 一致。

有关一致性分析的指南参见 A.3“一致性分析”。

13.4.2.3.4　工作单元 4:ACM_CAP.4-4

ISO/IEC 15408-3 ACM_CAP.4.3C CM 文档应包括一个配置清单、一个 CM 计划和一个接受计划。

评估者**应核查**所提交的 CM 文档包括了一份配置清单。

配置清单标识了在配置管理控制下维护的配置项。

13.4.2.3.5　工作单元 4:ACM_CAP.4-5

评估者**应核查**所提交的 CM 文档包括一份 CM 计划。

13.4.2.3.6　工作单元 4:ACM_CAP.4-6

评估者**应核查**所提交的 CM 文档包括一份接受计划。

13.4.2.3.7　工作单元 4:ACM_CAP.4-7

ISO/IEC 15408-3 ACM_CAP.4.4C 配置清单应唯一标识组成 TOE 的所有配置项。

评估者**应核查**配置清单,确认其唯一标识了每个配置项。

配置清单包括组成 TOE 的配置项列表,以及足以唯一标识所使用的每个配置项的版本信息(例如:版本号)。评估者使用该清单来进行核查,确认在评估过程中使用了正确的配置项和正确的版本。

13.4.2.3.8　工作单元 4:ACM_CAP.4-8

ISO/IEC 15408-3 ACM_CAP.4.5C 配置清单应描述组成 TOE 的配置项。

评估者**应核查**配置清单,确认其标识了组成 TOE 的配置项。

配置清单所涵盖配置项的最小范围由 ACM_SCP“CM 范围”给出。

13.4.2.3.9　工作单元 4:ACM_CAP.4-9

ISO/IEC 15408-3 ACM_CAP.4.6C CM 文档应描述用于唯一标识 TOE 所包含配置项的方法。

评估者**应检查**标识配置项的方法,以确定其描述了如何唯一地标识配置项。

13.4.2.3.10　工作单元 4:ACM_CAP.4-10

ISO/IEC 15408-3 ACM_CAP.4.7C CM 系统应唯一标识 TOE 所包含的所有配置项。

评估者**应核查**配置项,以确定它们是用一种与 CM 文档一致的方式来标识的。

通过核查配置项的标识来确认 CM 系统唯一标识了所有配置项。无论是组成 TOE 的所有配置项还是开发者作为评估证据提交的配置项初稿,评估者确认每个配置项具有一个唯一的标识,并且在一定程度上是与 CM 文档所描述的唯一标识方法相一致。

13.4.2.3.11　工作单元 4:ACM_CAP.4-11

ISO/IEC 15408-3 ACM_CAP.4.8C CM 计划应描述 CM 系统是如何使用的。

评估者**应检查**CM 计划,以确定其描述了怎样使用 CM 系统以保持 TOE 配置项的完整性。

CM 计划应包括:

a) 在配置管理程序控制之下的开发环境中执行的所有活动(例如:配置项的建立、修改和删除);
b) 需要对配置项进行操作的人员角色及其责任(对于不同类型的配置项(如设计文档或源代码)标识不同的角色);

c) 用于确保只有授权人员才能够修改配置项的程序；
d) 用于确保多个配置项同时修改而不会导致并发问题的程序；
e) 由于程序的应用而产生的证据。例如，对于某个配置项的修改，CM 系统应记录所做的修改、修改的说明、受影响的所有配置项的标识、状态(例如：挂起或完成)、修改的日期和时间，这些内容可以记录在所作修改的审计迹或修改控制记录中；
f) TOE 版本的版本控制和确定唯一参照号的方法(例如，操作系统补丁的发布以及随后对其使用的检测)。

13.4.2.3.12 工作单元 4:**ACM_CAP.**4-12

ISO/IEC 15408-3 ACM_CAP.4.9C 证据应证实 CM 系统的运行与 CM 计划是一致的。

评估者*应核查*CM 文档，以确定其包括了 CM 计划中所标识的 CM 系统记录。

由 CM 系统产生的输出应向评估者提供所需的证据，使其确信 CM 计划正在被执行，而且所有的配置项都是按照 ACM_CAP.4.10C 所要求的那样，由 CM 系统进行维护的。输出一般包括修改控制表格或者配置项访问批准表格。

13.4.2.3.13 工作单元 4:**ACM_CAP.**4-13

评估者*应检查*证据，以确定 CM 系统的使用方式与 CM 计划中描述的一致。

评估者应选取并检查对一个配置项执行了各种 CM 相关操作(例如：创建、修改、删除、恢复到以前版本)的证据样本，以证实 CM 系统的所有操作都已经完全按照文档化的程序执行。评估者确认这些证据包括了 CM 计划中所标识操作的全部信息。核查证据时评估者可以要求使用 CM 工具，可以选择对证据抽样。

有关抽样的指南参见 A.2“抽样”。

通过与选定的开发人员进行访谈，可以建立对 CM 系统正确运行和配置项有效维护的进一步信任。通过进行访谈，评估者可以进一步理解 CM 系统如何在实际中应用，并确认 CM 程序与 CM 文档中描述的一致。值得注意的是，这种访谈只能是对核查的补充而不能取代对文档证据的核查；如果单独进行文档核查即可满足要求，就没有必要再进行访谈。然而，对于一个内容范围很宽泛的 CM 计划，单从 CM 计划和记录来确认某些方面(例如：角色和职责)不是很清楚的情况下，就有必要通过访谈来确认。

建议评估者通过核查开发现场以支持本活动。

有关现场检查的指南参见 A.5“现场核查”。

13.4.2.3.14 工作单元 4:**ACM_CAP.**4-14

ISO/IEC 15408-3 ACM_CAP.4.10C CM 文档应提供所有配置项都已经和正在 CM 系统下有效地进行维护的证据。

评估者*应核查*配置清单中标识的配置项是否正在 CM 系统下进行维护。

开发者使用的 CM 系统应当维持 TOE 的完整性。评估者应核查，对配置清单中的每类配置项(例如：高层设计或源代码模块)，都存在由 CM 计划所描述程序产生的证据样本。在这种情况下，抽样方法依赖于 CM 系统中用于控制 CM 项的粒度等级。例如，在配置清单中标识了 10000 个源代码模块，与只有 5 个或甚至只有 1 个源代码模块的情况相比，应采用不同的抽样策略。该活动应着重于确保 CM 系统的正确运行，而不是检测小错误。

有关抽样的指南参见 A.2“抽样”。

13.4.2.3.15 工作单元 4:**ACM_CAP.**4-15

ISO/IEC 15408-3 ACM_CAP.4.11C CM 系统应提供措施使得只能对配置项进行授权改变。

评估者*应检查*CM计划中描述的访问控制措施，以确定其能够有效地防止对配置项的非授权访问。

评估者可使用多种方法确定CM访问控制措施的有效性。例如，评估者可以实施访问控制措施，以验证该程序措施不会被旁路。评估者可以使用由CM系统程序的输出结果，以及在工作单元ACM_CAP.4-13中核查的部分结果。评估者还可通过CM系统现场演示，确保所使用的访问控制措施得到有效执行。

开发者可能提供的CM系统访问控制措施是自动化的，严格意义上这样的访问控制措施的适宜性需要在ACM_AUT.1“部分CM自动化”组件下进行验证。

13.4.2.3.16 工作单元4：ACM_CAP.4-16

ISO/IEC 15408-3 ACM_CAP.4.12C CM系统应支持TOE的生成。

评估者*应核查*支持TOE生成程序的CM文档。

本工作单元中，术语“生成”用于那些由开发者采用的、使TOE从其实现演变到可交付给最终用户状态的过程。

评估者应核实CM文档中是否存在支持TOE生成的程序。由开发者提供的生成支持程序可能是自动的，严格意义上他们的存在性需要在ACM-AUT.1.2C组件下进行验证。

13.4.2.3.17 工作单元4：ACM_CAP.4-17

评估者*应检查*TOE生成程序，以确定它们有助于确保正确的配置项被用于生成TOE。

评估者确定依据生成支持程序将会生成用户所期望的TOE版本(即与TOE的ST所描述的一致并且由正确的配置项构成)，并且同一版本的TOE也被交付到客户现场进行安装。例如，对于一个软件TOE，应确保所有源文件和相关库的生成程序都已包含在编译好的目标代码中。

评估者应谨记CM系统不一定非要具有生成TOE的能力，但应为TOE生成过程减少人为错误提供支持。

13.4.2.3.18 工作单元4：ACM_CAP.4-18

ISO/IEC 15408-3 ACM_CAP.4.13C 接受计划应描述用来接受修改过的或新建的作为TOE组成部分的配置项的程序。

评估者*应检查*接受程序以确定其描述了用于接受新创建的或已修改的配置项的所依据的标准。

接受计划描述了确保TOE组成部分在被集成到TOE之前都具有良好质量的程序。接受计划描述的接受程序被应用于以下情况：

a) 构造TOE的每个阶段(例如，模块阶段、集成阶段和系统阶段)；

b) 对软件、固件和硬件部件的接受；

c) 对以前评估过的部件的接受。

接受标准的描述应包括以下内容：

a) 负责接受配置项的开发者角色或相关人员；

b) 在配置项被接受前应通过的接受标准(例如，通过文档审查或通过软件级、固件级或硬件级的测试)。

13.4.3 CM范围评估(ACM_SCP.2)

13.4.3.1 目的

本子活动的目的是确定开发者是否对TOE的实现表示、设计、测试、用户和管理员指南、CM文档及安全缺陷执行了配置管理。

13.4.3.2 输入

本子活动的评估证据是：

a) 配置项列表。

13.4.3.3 行为 ACM_SCP.2.1E

13.4.3.3.1 工作单元 4:ACM_SCP.2-1

ISO/IEC 15408-3 ACM_SCP.2.1C 配置项列表应包括：TOE 实现表示、安全缺陷和 ST 中的保证组件所要求的评估证据。

评估者***应核查***配置项列表是否包括了 ISO/IEC 15408 所要求的一组配置项。

该列表包括以下内容：

a) TOE 实现表示(即组成 TOE 的部件或子系统)。对纯软件 TOE 而言，实现表示可以只包括源代码；对包括硬件平台的 TOE 而言，实现表示就会是软件、固件以及相关硬件描述的结合体；

b) ST 中保证组件所要求的评估证据；

c) 记录与实现相关并已报告的安全缺陷细节相关文档(例如，从开发者问题数据库中获得的问题现状报告)。

13.5 交付和运行活动

交付和运行活动的目的是判断描述用于确保是以开发者期望的方式安装、生成和启动 TOE，以及 TOE 在交付过程中没有被更改的相关程序文档的内容是否充分。这里既包含括运输过程使用的程序又包括安装、生成和启动程序。

13.5.1 交付评估(ADO_DEL.2)

13.5.1.1 目的

本子活动的目的是确定交付文档是否描述了在将 TOE 分发到用户方时，用于维护其安全性并对 TOE 更改或替代情况进行检测的所有程序。

13.5.1.2 输入

本子活动的评估证据是：

a) 交付文档。

13.5.1.3 行为 ADO_DEL.2.1E

13.5.1.3.1 工作单元 4:ADO_DEL.2-1

ISO/IEC 15408-3 ADO_DEL.2.1C 交付文档应描述，在向用户方分发 TOE 版本时，用以维护其安全性所必需的所有程序。

评估者***应检查***交付文档，以确定其描述了将 TOE 或其一部分提交给用户方时，为维护其安全性所必需的所有程序。

对术语"必需的"的解释应考虑 TOE 的自身属性和 ST 中包含的信息。提供的保护措施程度应与 ST 中标识的假设、威胁、组织安全策略以及安全目的相称。在某些情况下，ST 中的这些内容可能没有明确的说明与交付相关。评估者应当确定是否已采取了一种均衡手段，使得在非安全开发过程中交付也不存在明显弱点。

交付程序应描述 TOE 或其一部分在传输过程中为确定 TOE 的标识和维持其安全性而采取的相关程序。程序应当描述 TOE 的哪些部分需要按这些程序执行。适当时还应包括物理或电子的分发程序(例如:从因特网下载)。交付程序涉及整个 TOE,包括应用软件、硬件、固件和文档。

交付文档的重点很可能是完整性度量的相关措施,如在 TOE 交付过程中所使用的验证其完整性的技术措施。然而,在某些 TOE 的交付过程中,交付的保密性和可用性却是重点,因而相关内容也应在交付程序中论述。

交付程序应适用于从生产环境到安装环境的整个交付过程(例如:包装、存储和分发)的各个阶段。

标准的商业化包装和交付惯例是可以接受的。这包括紧压包装、安全带或密封套。对于分发而言,邮寄或私人快递都是可以接受的。

交付程序选择是否适当受 TOE(例如,是软件还是硬件产品)和安全目的的影响。即使 TOE 的不同部分,交付程序不相同,但全部程序应适于满足全部安全目的。

13.5.1.3.2 工作单元 4:ADO_DEL.2-2

ISO/IEC 15408-3 ADO_DEL.2.2C 交付文档应描述不同的程序和技术措施如何检测修改,或检测开发者的主拷贝和用户方所收到版本之间的任何差异。

评估者***应检查***交付文档,以确定其描述了不同的程序和技术措施如何检测开发者主拷贝和用户方所接收版本间的修改或任何差异。

开发者可使用校验和程序、软件签名或防篡改封条来确保篡改能够被检测出来。开发者也可使用其他程序(例如:有记录的交付服务),登记发送方姓名并将其提供给接收方。

交付程序应描述用于检测开发者主拷贝和用户方所接收版本之间任何差异的技术措施。

13.5.1.3.3 工作单元 4:ADO_DEL.2-3

ISO/IEC 15408-3 ADO_DEL.2.3C 交付文档应描述不同的程序如何检测试图伪装成开发者的情况,甚至在开发者没有向用户方发送任何东西的情况下。

评估者***应检查***交付文档,以确定其描述了如何检测试图伪装的不同机制和程序,甚至在开发者没有向用方发送任何东西的情况下。

这一要求可通过 TOE 或部分 TOE 的交付方式来满足(例如,通过一个开发者和用户都了解并信任的代理)。对软件 TOE 而言,交付过程可采用数字签名机制。

如果 TOE 可以电子形式下载,则可通过使用数字签名、完整性校验和或加密来保证其安全性。

13.5.1.4 隐含的评估者行为

13.5.1.4.1 工作单元 4:ADO_DEL.2-4

ISO/IEC 15408-3 ADO_DEL.2.2D 开发者应使用交付程序。

评估者***应检查***交付过程的各个方面,以确定交付程序得到了应用。

评估者检查交付程序执行情况所采取的方法,取决于 TOE 的种类和交付过程自身。除检查交付程序本身外,评估者还应当确保程序得到切实执行。可采取的核查方法如下:

a) 对可观察到程序实际运行情况的分发场所进行现场核查;

b) 在交付的中间阶段,或在用户现场对 TOE 进行检查(例如,检查篡改封条);

c) 评估者通过从常规渠道获得 TOE 来观察交付过程是否在实际中得到使用;

d) 询问最终用户 TOE 是如何被交付的。

有关现场检查的指南参见 A.5“现场核查”。

可能有这样的情况:新开发的 TOE,交付程序还尚未实施。对于这种情况,评估者应确信有适当的程序和设施供以后的交付使用,而且所有相关人员都清楚各自的责任。可行的话,评估者可以要求演习交付过程。如果开发者还生产了其他类似产品,评估者还可以通过对这些产品交付程序的检查来进行确认。

13.5.2 安装、生成和启动评估(ADO_IGS.1)

13.5.2.1 目的

本子活动的目的是确定 TOE 的安全安装、生成和启动的程序和步骤是否都已文档化,并最终形成了一个安全的配置。

13.5.2.2 输入

本子活动的评估证据是:

a) 管理员指南;

b) 安全安装、生成和启动程序;

c) 适于测试的 TOE。

13.5.2.3 应用注释

安装、生成和启动程序是指配置 TOE 达到在 ST 中所描述的安全配置的所必需的所有安装、生成和启动程序,不管它们是运行在用户现场,还是运行在开发现场。

13.5.2.4 行为 ADO_IGS.1.1E

13.5.2.4.1 工作单元 4:ADO_IGS.1-1

ISO/IEC 15408-3 ADO_IGS.1.1C 安装、生成和启动文档应描述 TOE 安全地安装、生成和启动必需的所有步骤。

评估者***应核查***是否已经提供了 TOE 安全安装、生成和启动所必需的所有程序。

如果不期望安装、生成和启动程序再次使用(例如,TOE 已经在运行状态下交付),本工作单元(或者与此相关的部分)就不再适用,并视为已经满足。

13.5.2.5 行为 ADO_IGS.1.2E

13.5.2.5.1 工作单元 4:ADO_IGS.1-2

评估者***应检查***所提供的安装、生成和启动程序,以确认其描述了 TOE 安全安装、生成和启动所需的步骤。

如果不期望安装、生成、启动程序再次使用(例如,TOE 已经在运行状态下交付),本工作单元(或者与此相关的部分)就不再适用,并视为已经满足。

安装、生成和启动程序可以提供以下详细信息:

a) 对 TSF 控制下相关实体的特定安全特性所做的修改;

b) 对异常情况和问题的处理;

c) 如果适用,列出安全安装所需的最低系统要求。

为了确认安装、生成和启动程序能够形成安全配置,评估者可以只使用所提供的指导性文档,按照开发者的程序,实施客户通常执行的活动以完成对 TOE 的安装、生成和启动(在适用于 TOE 的情况下)。本工作单元可以与工作单元 ATE_IND.1-2 一起被执行。

13.6 开发活动

开发活动的目的是根据对 TSF 是如何提供 TOE 安全功能的充分理解来评价设计文档。这种理解是通过检查 TSF 设计文档的逐步完善的描述来获得的。设计文档包括一个功能规范(描述 TOE 的外部接口)和一个高层设计(按照内部子系统描述 TOE 的结构)、低层设计(按照内部模块描述 TOE 的结构)。此外还有实现描述(源码级描述)、安全策略模型(描述 TOE 实施的安全策略)和表示对应性(将 TOE 的一种表示映射到另一种表示,以保证一致性)。

13.6.1 应用注释

ISO/IEC 15408 要求设计文档根据形式化程度来分级。ISO/IEC 15408 将文档的形式化程度分为非形式化、半形式化、形式化三级。非形式化文档是指用自然语言来描述的文档。评估方法没有规定应采用某种语言,这个问题留给评估方案。以下段落分别描述不同非形式化文档内容上的差别。

一个非形式化功能规范包括一个安全功能描述(类似于 TOE 概要规范的安全功能描述)和一个 TSF 外部可见接口描述。例如,如果一个操作系统提供给用户一些方法来进行自我身份鉴别、创建文件、修改或删除文件、设置允许哪些其他用户可以访问文件、与远程的机器进行通信,那么它的功能规范应包含对上述每一个功能的描述。如果还有检测和记录这些事件发生的审计功能,那么关于这些审计功能的描述也应该包含在功能规范中;尽管这些审计功能在技术上不直接被用户在外部接口调用,但确实受到了在用户外部接口所发生事件的影响。

一个非形式化高层设计就是按照每个子系统在其接口激发响应行为的先后顺序来描述的。例如,一个防火墙可能包含一些处理包过滤、远程管理、审计和传输层过滤的子系统。防火墙的高层设计应当按照当一个输入包到达防火墙时,每个子系统所采取的行为来对防火墙采取的行为加以描述。

一个非形式化低层设计就是按照每个模块对其接口激发响应行为的先后顺序来描述的。例如,一个 VPN 子系统可能包含如下模块:生成会话密钥、加密通信、解密通信、决定通信是否需要加密。加密模块的低层描述应描述当模块接收到需要加密的信息流时该模块所采取的步骤。

当功能规范描述功能和服务时,模型描述这些功能和服务执行的策略。非形式化模型是对外部接口处可用的服务或功能所执行的安全策略的简单描述。例如,访问控制策略描述受保护资源和访问所应满足的许可条件;审计策略描述 TOE 的可审计事件,标识出哪些事件可以由管理员选择,哪些事件总是被审计;标识和鉴别策略描述用户如何被标识,那些宣称的标识如何被鉴别,以及任何影响标识如何被鉴别的规则(如公司内联网的用户不需要鉴别,而外部用户需要一次性口令鉴别)。

对应性的非形式化证实不需要采用叙述的方式,一个简单的二维映射就足够了。例如,一个矩阵,沿一个轴的方向列出了模块,沿另一个方向列出了子系统,其中的单元(cell)表示两者的对应性,这将在高层设计和底层设计之间提供足够的非形式化对应性。

13.6.2 功能规范评估(ADV_FSP.2)

13.6.2.1 目的

本子活动的目的是确认开发者对 TOE 安全功能是否作了充分描述,以及 TOE 提供的安全功能是否充分足以满足 ST 的安全功能要求。

13.6.2.2 输入

本子活动的评估证据是:

a) ST;

b) 功能规范;

c) 用户指南；

d) 管理员指南。

13.6.2.3 行为 ADV_FSP.2.1E

13.6.2.3.1 工作单元 4:ADV_FSP.2-1

ISO/IEC 15408-3 ADV_FSP.2.1C 功能规范应使用非形式化风格来描述 TSF 及其外部接口。

评估者***应检查***功能规范，以确定其包括了所有必需的非形式化解释文本。

如果整个功能规范都是非形式化的，则本工作单元不适用，并视为已经满足要求。

对于那些只采用半形式化或形式化语言进行描述，难以被人理解的功能规范的某些组成部分(例如，为解释任何形式化符号的含义)，有必要使用辅助性的叙述描述来帮助理解。

13.6.2.3.2 工作单元 4:ADV_FSP.2-2

ISO/IEC 15408-3 ADV_FSP.2.2C 功能规范应是内在一致的。

评估者***应检查***功能规范，以确定它是内在一致的。

评估者通过检查 TSFI 接口描述与 TSF 功能描述是否一致来验证功能规范的一致性。

13.6.2.3.3 工作单元 4:ADV_FSP.2-3

ISO/IEC 15408-3 ADV_FSP.2.3C 功能规范应描述所有外部 TSF 接口的用途与使用方法，适当时应提供效果、例外情况和错误消息的细节。

评估者***应检查***功能规范，以确定其标识了所有的外部 TOE 安全功能接口。

术语“外部”指对用户而言是可见的。TOE 的外部接口或者是 TSF 的直接接口，或者是 TOE 的非 TSF 部分的接口。不过，这些非 TSF 接口可能最终通向 TSF。这些直接或间接通向 TSF 的外部接口共同组成了 TOE 安全功能接口(TSFI)。图 12 表示一个包含 TSF 部分(阴影部分)和非 TSF 部分(空白部分)的 TOE。该 TOE 有三个外部接口：接口 c 是 TSF 的直接接口；接口 b 是 TSF 的间接接口；接口 a 是 TOE 非 TSF 部分的接口。因此，接口 b 和 c 组成了 TSFI。

应该注意的是，所有反映 ISO/IEC 15408-2 功能要求(或者在其扩展组件中)的安全功能应该有某种外部可见的表现形式。尽管有些安全功能不一定能通过其接口来验证，但由于它们在某种程度上是外部可见的，因此也应包含在功能规范中。

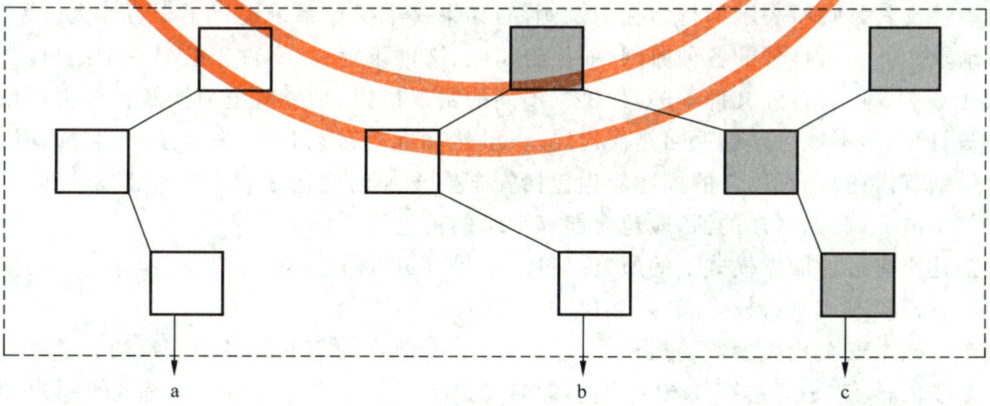

图 12 TSF 接口

13.6.2.3.4 工作单元 4:ADV_FSP.2-4

评估者***应检查***功能规范,以确定其描述了所有外部的 TOE 安全功能接口。

对于一个没有恶意用户威胁的 TOE(即 FPT_PHP“TSF 物理保护”、FPT_RVM“参照仲裁”和 FPT_SEP“域分离”都被排除在 ST 之外),功能规范中描述的(和在其他 TSF 表示描述中进行了扩展的)只是那些通向和来自 TSF 的接口。缺少 FPT_PHP“TSF 物理保护”、FPT_RVM“参照仲裁”和 FPT_SEP“域分离”,就假设没有考虑任何安全特性的旁路,因而不用考虑其他接口可能施加给 TSF 的任何可能的影响。

另一方面,如果 TOE 存在恶意用户或旁路之类的威胁(即 FPT_PHP“TSF 物理保护”、FPT_RVM“参照仲裁”和 FPT_SEP“域分离”被包含在 ST 中),所有外部接口都需要在功能规范中进行描述,但是仅需描述到每一种影响都已明确的程度:安全功能的接口(即图 12 中的接口 b 和 c)都被描述了,然而其他接口仅仅描述到明确 TSF 不能通过这些接口(即图 12 中的接口 a,而不是 b)访问的程度。包含 FPT_PHP“TSF 物理保护”、FPT_RVM“参照仲裁”和 FPT_SEP“域分离”,意味着所有的接口将对 TSF 有某些影响。由于每一个外部接口都是潜在的 TSF 接口,因此,功能规范应对每一个接口进行详细的描述,以使得评估者能够确定接口是否与安全相关。

某些体系结构易于为外部接口群提供足够详细的描述。例如,在内核结构中所有对操作系统的调用都由内核程序来处理;任何有可能违反 TSP 的调用应由具备这种特权的程序来调用。所有实行特权的程序应被包含在功能规范中。任何在内核之外的没有实行特权的程序是无能力影响 TSP 的(即,这种程序是图 12 中的 a 类的接口,而不是 b 类),因而,可以被排除在功能规范之外。如果是基于上述的内核结构,而且评估者对这种结构能够顺利的了解,那么这种结构不是必需的。

13.6.2.3.5 工作单元 4:ADV_FSP.2-5

评估者***应检查***对 TSFI 的陈述,以确定其正确并充分地描述了每个表示效果、异常和出错信息的外部接口处的 TOE 行为。

为了评估接口描述的充分性和正确性,评估者使用功能规范、ST 的 TOE 概要规范以及用户和管理员指南来评估以下因素:

a) 应标识所有与安全相关的用户输入参数(或这些参数的特性)。为了全面起见,宜标识出管理员可用而普通用户无法直接控制的参数。
b) 对功能规范中语义的描述应当反映所审查指南中描述的所有安全相关行为。它包括一系列通过事件及其影响所表示的行为标识。例如,如果一个操作系统提供了丰富的文件系统接口,并对请求文件无法打开的各种原因(如拒绝访问、文件不存在、文件正被另一个用户使用、用户无权在下午 5 点后打开文件等等)提供了不同的错误代码,功能规范应当解释该文件或者在请求下被打开,如不能打开则返回错误代码。(虽然功能规范可以列举所有错误的原因,但不需要提供细节描述)。对语义的描述应当包括安全要求如何应用于接口(例如,是否可以审计接口的使用情况,假如这样的话,应包含能够记录的信息)。
c) 应描述所有可能操作模式下的所有接口。如果 TSF 提供了特权的概念,对接口的描述应分别解释特权模式或非特权模式时,接口的工作方式。
d) 整个文档中安全相关参数的描述和接口的语法所包含的信息应当是一致的。

对以上因素的核实,是通过审核安全规范和 ST 的 TOE 概要规范、开发者提供的用户和管理员指南来完成的。例如,如果 TOE 是一个操作系统及其底层硬件,评估者可以查找用户可访问的程序的讨论、用于指导程序活动的协议的描述、用于指导程序活动的用户可访问数据库的描述,并查找适用于 TOE 的用户接口(例如命令、应用程序接口)。评估者还要确定处理器的指令集已进行描述。

这种核查可以反复进行,直到包含参数和出错信息的设计、源代码或其他证据都被检查为止,以避免发生功能规范描述不全的情况被评估者忽略。

13.6.2.3.6 工作单元 4:ADV_FSP.2-6

ISO/IEC 15408-3 ADV_FSP.1.4C 功能规范应完备地表示 TSF。

评估者***应检查***功能规范,以确定 TSF 已被完全表示。

为了评估 TSF 表示的完备性,评估者可查阅 ST 的 TOE 概要规范、用户指南和管理员指南。它们应当没有描述在功能规范的 TSF 表示中没有的安全功能。

13.6.2.3.7 工作单元 4:ADV_FSP.2-7

ISO/IEC 15408-3 ADV_FSP.2.5C 功能规范应包括 TSF 是完备地表示的基本原理。

评估者***应检查***功能规范,以确定其涵盖一个可以证明 TSF 能被功能规范完备地表示这样一个令人信服的证据。

评估者确定功能规范涵盖一个可以证明 TSFI 所有接口都包含在功能规范中这样一个令人信服的证据。该证据应涵盖一个开发者用以确定所有外部接口都能被覆盖所使用的程序或方法的描述。如果评估者在其他评估证据中发现诸如命令、参数、错误信息或其他通向 TSF 的接口,而这些都没有包含在功能规范中,则该证据就是不充分的。

13.6.2.4 行为 ADV_FSP2.2E

13.6.2.4.1 工作单元 4:ADV_FSP.2-8

评估者***应检查***功能规范,以确定它是 TOE 安全功能要求的一个完备地实例。

为了确保功能规范涵盖了所有的 ST 安全功能要求,评估者应当建立 TOE 概要规范和功能规范之间的映射。为了满足(ADV_RCR.*“表示对应性”)的对应要求,开发者可能已经提交了这种映射证据;这时评估者只需要验证映射的完备性,确定所有的安全功能要求都映射到功能规范中适当的 TSFI 表示。

13.6.2.4.2 工作单元 4:ADV_FSP.2-9

评估者***应检查***功能规范,以确定它是 TOE 安全功能要求的一个准确实例化。

对于每个具有某种特性的安全功能的接口,功能规范中的详细信息应与 ST 中的相关信息所表述准确一致。例如,如果 ST 中的用户鉴别要求规定了口令长度应为 8 个字符,那么 TOE 应有 8 个字符的口令;如果功能规范描述的是 6 字符的固定长度口令,那么功能规范就不是 TOE 安全功能要求的一个准确实例化。

功能规范中对在受控资源上运行的每个接口,评估者应确定它是否返回了一个错误代码,该错误代码是因为某个安全要求的实施失败而导致的,如果没有返回错误代码,评估者应确定是否需要返回一个错误代码。例如,操作系统可以提供一个接口用于打开一个受控对象,该接口描述中可包含因对受控对象作了未授权的访问而产生的一个错误代码。如果没有这种错误代码,评估者应当确认是否合理。(因为,也许访问仲裁是针对读、写的操作执行的,而不是针对打开的)。

13.6.3 高层设计评估(ADV_HLD.2)

13.6.3.1 目的

本子活动的目的是确定高层设计是否按照主要结构单元(如子系统)提供了 TSF 的描述,提供了这些结构单元接口的描述,并是功能规范的一个正确实现。

13.6.3.2　**输入**

本子活动的评估证据是：

a)　ST；

b)　功能规范；

c)　高层设计。

13.6.3.3　**行为 ADV_HLD.2.1E**

13.6.3.3.1　**工作单元 4:ADV_HLD.2-1**

ISO/IEC 15408-3 ADV_HLD.2.1C 高层设计的表示应是非形式化的。

评估者***应检查***高层设计，以确定它包括了所有必需的非形式化解释性文本。

如果整个高层设计都是非形式化的，则本工作单元被视为不适用，并认为已经满足要求。

对于高层设计中那些仅以半形式化或形式化描述难以理解的部分(例如，为解释清楚任何形式化符号的含义)，那么起辅助作用的叙述性描述是必需的。

13.6.3.3.2　**工作单元 4:ADV_HLD.2-2**

ISO/IEC 15408-3 ADV_HLD.2.2C 高层设计应是内在一致的。

评估者***应检查***高层设计的表述，以确定它是内在一致的。

有关一致性分析的指南见 A.3"一致性分析"。

评估者通过确定接口规范都是与子系统的用途描述一致的，来验证子系统的接口规范。

13.6.3.3.3　**工作单元 4:ADV_HLD.2-3**

ISO/IEC 15408-3 ADV_HLD.2.3C 高层设计应按子系统描述 TSF 的结构。

评估者***应检查***高层设计，以确定 TSF 是按子系统描述的。

关于高层设计中的术语"子系统"指的是大的相关单元(如内存管理、文件管理、进程管理)。通过把一个设计分成多个基本功能区，有助于理解设计思路。

检查高层设计的主要目的是帮助评估者理解 TOE。开发者对子系统定义的选择以及各个子系统中 TSF 分组的选择，是使高层设计有益于理解 TOE 预期运行的一个重要方面。作为本工作单元的一部分，评估者应当评估开发者列举的子系统数目是否恰当，各个子系统中功能分组的选择是否恰当。评估者应确定把 TSF 分解成子系统，足以使评估者从高层的角度来理解 TSF 的功能是如何提供的。

不必非得用"子系统"这个术语来描述高层设计中子系统这个概念，子系统应当代表一类相似级别的分解。例如，可以使用"层"、"管理器"对设计进行分解。

在子系统定义的选择和评估者分析范围之间可能存在某些相互影响。对这种相互影响的讨论见工作单元 4:ADV_HLD.2-10。

13.6.3.3.4　**工作单元 4:ADV_HLD.2-4**

ISO/IEC 15408-3 ADV_HLD.2.4C 高层设计应描述每个 TSF 子系统所提供的安全功能性。

评估者***应检查***高层设计，以确定它描述了每个子系统的安全功能。

子系统的安全功能行为是对子系统"做些什么"进行的描述。不仅要对子系统直接执行其功能的行为进行描述，而且还要将子系统对 TOE 的安全状态可能产生的影响进行描述(例如：改变主体、对象、安全数据库)。

13.6.3.3.5 工作单元 4:ADV_HLD.2-5

ISO/IEC 15408-3 ADV_HLD.2.5C 高层设计应标识 TSF 所要求的任何基础性硬件、固件或软件,以及在这些硬件、固件或软件中实现的支持性保护机制所提供功能的一个表示。

评估者***应核查***高层设计,以确定它标识了 TSF 所需的所有硬件、固件和软件。

如果 ST 中没有对 IT 环境的安全要求,则本工作单元被视为不适用,并视为已经满足。

如果 ST 包含可选的 IT 环境安全要求,评估者比较高层设计中陈述的 TSF 所需硬件、固件或软件列表与 IT 环境安全要求的陈述,以确定两者的一致性。ST 中的信息刻画了 TOE 赖以运行的底层抽象机。

如果高层设计中的 IT 环境安全要求不属于 ST 中的已定义的 IT 环境安全要求,或者它们与包含在 ST 中的要求不同,那么评估者应根据 ADV_HLD.2.2E 评估行为对这种不一致性进行评估。

13.6.3.3.6 工作单元 4:ADV_HLD.2-6

评估者***应检查***高层设计,以确认它描述了在底层硬件、固件、软件中实现的保护支持机制提供的功能。

如果 ST 中没有 IT 环境安全要求,则本工作单元不适用,并视为已经满足。

TOE 赖以运行的"根本抽象机"所提供功能的表示,不必像作为 TSF 组成部分的功能的表示那样详细。表示应当解释 TOE 如何使用硬件、固件或软件提供的功能,这些硬件、固件或软件实现了 TOE 用来支持 TOE 安全目的的 IT 环境安全要求。

IT 环境安全要求的陈述可以是抽象的,特别是当它打算由各种硬件、固件或软件的不同组合来满足时。作为测试活动的一部分,当能够为评估者提供至少一个声称满足 IT 环境安全要求的"根本机"的实例时,评估者就能够确定其是否为 TOE 提供了必要的安全功能。评估者的这种确认不需要测试和分析"根本机",只需要确定期望它提供的功能确实存在。

13.6.3.3.7 工作单元 4:ADV_HLD.2-7

ISO/IEC 15408-3 ADV_HLD.2.6C 高层设计应标识 TSF 子系统的所有接口。

评估者***应核查***高层设计是否标识了 TSF 子系统的接口。

对每个子系统,高层设计应当包括它的每个入口点的名称。

13.6.3.3.8 工作单元 4:ADV_HLD.2-8

ISO/IEC 15408-3 ADV_HLD.2.7C 高层设计应标识 TSF 子系统的哪些接口是外部可见的。

评估者***应核查***高层设计是否标识了 TSF 子系统的哪些接口是外部可见的。

正如在工作单元 4:ADV_FSP.1-3 所讨论的那样,外部接口(即用户可见的接口)可以直接或间接访问 TSF,任何直接或间接访问 TSF 的外部接口都应该包含在本工作单元的标识范围内,而那些不能访问 TSF 的外部接口则不必包含在内。

13.6.3.3.9 工作单元 4:ADV_HLD.2-9

ISO/IEC 15408-3 ADV_HLD.2.8C 高层设计应描述 TSF 子系统所有接口的用途与使用方法,适当时应提供效果、例外情况和错误消息的细节。

评估者***应检查***高层设计,以确定它按照接口的用途和使用方法描述了每个子系统的接口,并且适当地提供了效果、例外情况和错误消息的详细描述。

高层设计应当按照用途和使用方法对每个子系统所有接口提供描述。这样的描述对某些接口可能是使用通用术语,而对其他的接口则可能提供更详细的描述。在决定应提供的效果、例外情况和错误消息的详细程度时，评估者应当考虑该分析的目的和 TOE 对接口的使用。例如，评估者需要理解子系统间交互作用的本质，以确认 TOE 设计是合理的，并能够通过子系统间某些接口的通用描述来获得这种理解。尤其是不被其他子系统调用的内部子系统入口点通常不需要进行详细描述。

描述的详细程度还依赖于为达到 ATE_DPT“深度”的要求而采用的测试方法。例如，只使用外部接口进行测试，和同时使用子系统的内外部接口相比，对描述的详细程度要求是不同的。

详细描述应当包括所有输入输出参数、接口的效果、接口产生的任何例外情况或错误消息的细节。对于外部接口，所需的描述很可能包括在功能规范中，可以在高层设计中引用而无需复制。

13.6.3.3.10 工作单元 4:ADV_HLD.2-10

ISO/IEC 15408-3 ADV_HLD.2.9C 高层设计应把 TOE 分成 TSP-实施和其他子系统来描述。

评估者*应核查*高层设计是否把 TOE 分成 TSP-实施和其他子系统来描述。

TSF 包括了 TSP 赖以实施的所有 TOE 组成部分。因为 TSF 既包括直接实施 TSP 的功能，也包括间接实施 TSP 的功能，所以 TSF 中包括了所有的 TSP-实施子系统。子系统如果不参与 TSP 的实施，就不是 TSF 的组成部分。如果子系统的任何部分都是 TSF 的组成部分，那么整个子系统就是 TSF 的组成部分。

正如在工作单元 4:ADV_HLD2-3 中所说明的那样，开发者对子系统定义的选择以及每个子系统内 TSF 分组的选择是使高层设计有益于理解 TOE 的预期运作的一个重要方面。但是，子系统内 TSF 分组的选择也会影响到 TSF 的范围，因为一个具有直接或间接实施 TSP 功能的子系统是 TSF 的组成部分。尽管可理解性是很重要的，但限制 TSF 范围以减少所需分析的数量也同样重要。可理解性和范围减少有时相互矛盾，评估者在评估子系统定义的选择时，应牢记这一点。

13.6.3.4 行为 ADV_HLD.2.2E

13.6.3.4.1 工作单元 4:ADV_HLD.2-11

评估者*应检查*高层设计，以确定它是 TOE 安全功能要求的一个准确实例化。

评估者分析每个 TOE 安全功能的高层设计，确定功能被准确的描述。评估者还应确定没有依赖关系的功能都没有被包含在高层设计中。

评估者还分析在 ST 和高层设计中的 IT 环境安全要求，以确定它们是一致的。例如，如果 ST 包含了关于审计踪迹存储的 TOE 安全功能要求，但高层设计规定审计踪迹存储是由 IT 环境提供的，那么高层设计就不是 TOE 安全功能要求的一个准确实例化。

评估者应通过确定接口规范和子系统用途描述是一致的，来确认子系统接口的规范。

13.6.3.4.2 工作单元 4:ADV_HLD.2-12

评估者*应检查*高层设计，以确定它是 TOE 安全功能要求的一个完备实例化。

为了确保高层设计涵盖了所有的 ST 安全功能要求，评估者可以在 TOE 安全功能要求和高层设计之间建立映射。

13.6.4 实现表示评估(ADV_IMP.1)

13.6.4.1 目的

本子活动的目的是确定实现表示是否足以满足 ST 的功能要求并且是低层设计的正确实现。

13.6.4.2 输入

本子活动的评估证据是：

a) ST;

b) 低层设计;

c) 实现表示的子集。

13.6.4.3 行为 ADV_IMP.1.1E

13.6.4.3.1 工作单元 4:ADV_IMP.1-1

ISO/IEC 15408-3 ADV_IMP.1.1C 实现表示应无歧义地定义 TSF,且详细程度达到无需进一步设计就能生成 TSF 的程度。

评估者***应检查***实现表示,以确定其无歧义地定义了 TSF,且详细程度达到了不需要进一步的设计就能生成 TSF 的程度。

本工作单元要求评估者确认实现表示适于分析。评估者应考虑从提供的表示生成 TSF 时所需要的过程。如果过程是明确定义的,无需作进一步的设计(例如,仅需编译源代码,或根据硬件图制作硬件),那么实现表示就是合适的。

所使用的任何编程语言应明确定义,所有的陈述都是无歧义的,以及用于产生目标码的编译器选项也是明确定义的。这一确定应作为 ALC_TAT.1“明确定义的开发工具”子活动的一部分。

13.6.4.3.2 工作单元 4:ADV_IMP.1-2

评估者***应检查***开发者提供的实现表示,以确定它是充分表示的。

要求开发者仅为 TSF 的一个子集提供实现表示。如果 PP 或 ST 指定了一个已选子集,那么也要求开发者提供该子集。开发者可选择并提供一个初始子集,然而评估者可要求提供额外的部分,甚至可以是不同的子集。

评估者通过抽样原理的应用来确认子集的充分性和适合性。

关于抽样的指南见 A.2“抽样”

为确保子集的适合性,评估者决定子集是否有助于评估者理解并确信 TSF 机制实现的正确性。在作决定时,评估者应考虑开发者所用表示方式的不同,以便评估者满意所选的表示子集。

例如,对于以传统操作系统方式实现的 TOE,为源代码所选的子集应包括来自内核或核心的样本以及内核外的样本,如命令或应用程序。如果已知某些源代码来自于不同的开发组织,那么所选子集应包括每个来自不同开发组织的样本。如果实现表示源码包括不同形式的编程语言,那么子集应包括每种不同语言的样本。

如果实现表示包括硬件图,那么 TOE 的几个不同部分应包括在子集内。例如,一个 TOE 如果包含桌面计算机,所选子集应包括外围控制器以及计算机主板的样本。

可能影响子集确定的其他因素包括:

a) 设计的复杂性(如果 TOE 中设计的复杂性多样化,那么子集应包括某些高复杂性的部分);

b) 方案要求;

c) 其他设计分析子活动的结果(例如与低层设计或高层设计有关的工作单元),这些结果也许能指出 TOE 的某些部分在设计中存在着被混淆的可能性;

d) 评估者对于实现表示部分的判断可能有助于独立脆弱性分析(见 AVA_VLA.2 评估子活动)

13.6.4.3.3 工作单元 4:ADV_IMP.1-3

ISO/IEC 15408-3 ADV_IMP.1.2C 实现表示应是内在一致的。

评估者***应检查***实现表示,以确定它是内在一致的。

由于仅要求开发者提供实现表示的一个子集,本工作单元要求评估者仅通过所提供的子集来确定一致性。评估者通过比较实现表示的各部分来查找不一致之处。例如对于源代码而言,如果源代码的一个部分包括调用另一部分的子程序,那么评估者应查看调用程序的变量是否与被调用程序处理的变量相匹配。对于硬件图而言,评估者应寻找在电路两端之间性质和特性的约定事项(例如,电压水平、逻辑走向、信号时序要求)。

有关一致性分析的指南见 A.3“一致性分析”。

13.6.4.4 行为 ADV_IMP.1.2E

13.6.4.4.1 工作单元 4:ADV_IMP.1-4

评估者**应检查**实现表示子集,以确定其准确例证了和子集相关的 TOE 安全功能要求。

对于实现表示子集中直接提供安全功能的那些部分,评估者应确定实现是否符合 TOE 的安全功能要求。实现表示子集的其余部分可用于支持某些 TOE 功能要求,在对其余这些部分作决定时,评估者利用低层设计来评估实现表示子集中的这些部分,看他们是否能和低层设计中所作的论述一起例证 TOE 的安全功能要求。

实现表示子集如果有其余部分,那么通常可以忽略,因为它们与实现子集支持的任何 TOE 安全功能要求无关。但是评估者应注意不要忽略在支持 TOE 安全功能方面起间接作用的部分,不管该部分作用多小。例如,通常在操作系统中,核心(或内核)部分的源代码在支持 TOE 安全功能方面可能不起任何直接作用,但能影响内核中起直接作用的那部分的功能。如果发现所提供的实现表示子集中存在任何一个这样的部分,而 ST 要求这些部分互不影响,则应评估这些部分确实和那些起直接作用的部分没有相互影响,这种评估一般不要求与在支持 TOE 安全功能中起直接作用的那些实现表示部分进行相同级别的详细检查。

13.6.5 低层设计评估(ADV_LLD.1)

13.6.5.1 目的

本子活动的目的是确定低层设计是否充分满足 ST 中的功能要求,以及是不是高层设计的一个正确且有效的细化。

13.6.5.2 输入

本子活动的评估证据是:

a) ST;
b) 功能规范;
c) 高层设计;
d) 低层设计。

13.6.5.3 行为 ADV_LLD.1.1E

13.6.5.3.1 工作单元 4:ADV_LLD.1-1

ISO/IEC 15408-3 ADV_LLD.1.1C 低层设计的表示应是非形式化的。

评估者**应检查**低层设计,以确定其包括了所有必需的非形式化的解释性文本。

如果整个低层设计都是非形式化的,则本工作单元不再适用,并认为已满足要求。

对于低层设计中那些仅以半形式化或形式化描述难以理解的部分(例如,为解释清楚任何形式化符号的含义),那么起辅助作用的叙述性描述是必需的。

13.6.5.3.2 工作单元 4:ADV_LLD.1-2

ISO/IEC 15408-3 ADV_LLD.1.2C 低层设计应是内在一致的。

评估者***应检查***低层设计表示,以确定它是内在一致的。

有关一致性分析的指南见 A.3“一致性分析”。

13.6.5.3.3 工作单元 4:ADV_LLD.1-3

ISO/IEC 15408-3 ADV_LLD.1.3C 低层设计应按模块描述 TSF。

评估者***应核查***低层设计,以确定它以模块的方式描述了 TSF。

ISO/IEC 15408 使用术语“模块”来表示比子系统更少抽象的实体,这意味着它包括更多细节,不仅有模块的目的,而且有模块达到目的而采用的方法。理想情况下,低层设计应描述实现模块所必需的所有信息。本子活动中后面的工作单元要求进行特定的分析,以确定已包括足够的细节。对本工作单元来说,评估者只要证实每个模块都被清晰且无歧义地标识就足够了。

13.6.5.3.4 工作单元 4:ADV_LLD.1-4

ISO/IEC 15408-3 ADV_LLD.1.4C 低层设计应描述每一个模块的用途。

评估者***应检查***低层设计,以确定其描述了各个模块的用途。

低层设计包括各个模块用途的描述。这些描述应足够清楚,以告知模块将提供哪些功能,并且应提供模块用途概述,但不必像模块接口规范那样详细。

13.6.5.3.5 工作单元 4:ADV_LLD.1-5

ISO/IEC 15408-3 ADV_LLD.1.5C 低层设计应根据所提供的安全功能性和对其他模块的依赖关系,定义模块间的相互关系。

评估者***应检查***低层设计,以确定低层设计应根据所提供的安全功能性和对其他模块的依赖关系,定义模块间的相互关系。

为达到这一分析的目的,应按下面两种相互作用方式来审核模块:

a) 相互提供服务;

b) 合作支持安全功能。

低层设计应包括这些相互关系的具体信息。例如,如果一个模块执行运算依赖于其他模块的计算结果,应列出所依赖的其他模块。另外,如果一个模块在支持某安全功能运行的同时提供了其他模块可用的服务,这个服务也应被描述。如前一个工作单元分析的那样,模块用途描述有可能足以提供本工作单元所需要的信息。

13.6.5.3.6 工作单元 4:ADV_LLD.1-6

ISO/IEC 15408-3 ADV_LLD.1.6C 低层设计应描述每一个 TSP-实施功能是如何被提供的。

评估者***应检查***低层设计,以确定其描述了每个 TSP-实施功能是如何提供的。

TSP-实施功能是 TSF 中直接或间接实施 TSP 的那些功能。

对于评估来说描述的关键是低层设计是否充分地细化到允许创建一个实现。

评估者应当从实现者的观点来分析这种描述。当评估者使用实现者的观点时,仍不清楚模块的任一方面是如何实现的,这个描述就不是完备的。应注意到一个模块并不要求作为一个独立单元被实现(可以是一个程序、子程序、或硬件元件);但是低层设计应该足够详细,以允许这种实现。

13.6.5.3.7 工作单元 4:ADV_LLD.1-7

ISO/IEC 15408-3 ADV_LLD.1.7C 低层设计应标识 TSF 模块的所有接口。

评估者*应核查*低层设计中所标识的 TSF 模块接口。

对于每个模块而言，低层设计应包括该模块各入口点的名称。

13.6.5.3.8 工作单元 4:ADV_LLD.1-8

ISO/IEC 15408-3 ADV_LLD.1.8C 低层设计应标识 TSF 模块的哪些接口是外部可见的。

评估者*应核查*低层设计，是否标识了哪些 TSF 模块接口是外部可见的。

正如在工作单元 4:ADV_FSP.2-3 中所讨论的那样，外部接口（即用户可见的接口）可以直接或间接访问 TSF。任何直接或间接访问 TSF 的外部接口都应包括在本工作单元的标识中，不能访问 TSF 的外部接口则不需被包含其中。

13.6.5.3.9 工作单元 4:ADV_LLD.1-9

ISO/IEC 15408-3 ADV_LLD.1.9C 低层设计应描述 TSF 模块所有接口的用途和用法，适当时应提供效果、例外情况和错误消息的细节。

评估者*应检查*低层设计，以确定其按照各模块接口的用途和使用方法描述了这些接口，并适当地提供了效果、例外情况和错误消息的细节。

对模块接口的描述中可以对某些接口使用通用术语，而对其他的接口则可提供更详细的描述。为了确定对效果、例外情况和错误消息等细节的程度，评估者应当考虑该分析的目的和 TOE 对接口的使用。例如，评估者需要理解模块间交互作用的本质，以确认 TOE 设计是合理的，并能够通过模块间某些接口的通用描述获得这种理解。尤其是不被其他模块调用的内部入口点通常不需要进行详细描述。

本工作单元可以与评估者独立脆弱性分析一起执行。（独立脆弱性分析是 AVA_VLA"脆弱性分析"子活动的一部分）

详细描述应当包括所有输入输出参数、接口的效果、接口产生的任何例外情况或错误消息的细节。对于外部接口，所需的描述很可能包括在功能规范中，在低层设计中可以引用而不需复制。

13.6.5.3.10 工作单元 4:ADV_LLD.1-10

ISO/IEC 15408-3 ADV_LLD.1.10C 低层设计应把 TOE 分成 TSP-实施模块和其他模块来描述。

评估者*应核查*低层设计是否将 TOE 分解成 TSP-实施和其他模块来描述。

TSF 包括 TSP 实施所依赖的所有 TOE 组成部分。因为 TSF 既包括直接实施 TSP 的功能，也包括虽然不直接实施 TSP 但以更间接方式实施 TSP 的那些功能，所以 TSF 中包括所有 TSP-实施模块。不能影响 TSP 实施的模块就不是 TSF 的组成部分。

13.6.5.4 行为 ADV_LLD.1.2E

13.6.5.4.1 工作单元 4:ADV_LLD.1-11

评估者应检查低层设计，以确定它是 TOE 安全功能要求的一个准确实例化。

评估者应通过确定下列几方面以验证模块接口规范：

a) 接口规范与模块用途描述是一致的；

b) 接口规范与其他模块对其使用是一致的；

c) 已正确规定了支持各 TSP-实施功能所需模块间的相互关系。

13.6.5.4.2 工作单元 4:ADV_LLD.1-12

评估者*应检查*低层设计，以确定它是 TOE 安全功能要求的一个完备实例化。

评估者确定所有 ST 功能要求都被映射到低层设计的适当部分，这一决定应结合子活动 ADV_

RCR.1“非形式化对应性证实”作出。

评估者应分析低层设计以确定每个 TOE 安全功能都被模块规范完全描述,并且没有 TOE 安全功能所依赖的模块,在低层设计中没有规范。

13.6.6 表示对应性评估(ADV_RCR.1)

13.6.6.1 目的

本子活动的目的是确定开发者是否在实现表示中正确且完备地执行了 ST、功能规范、高层设计和低层设计中的要求。

13.6.6.2 输入

本子活动的评估证据包括:

a) ST;
b) 功能规范;
c) 高层设计;
d) 低层设计;
e) 实现表示的子集;
f) TOE 概要规范和功能规范之间的对应性分析;
g) 功能规范和高层设计之间的对应性分析;
h) 高层设计和低层设计之间的对应性分析;
i) 低层设计和实现表示子集之间的对应性分析。

13.6.6.3 行为 ADV_RCR.1.1E

13.6.6.3.1 工作单元 4:ADV_RCR.1-1

ISO/IEC 15408-3 ADV_RCR.1.1C 对于所提供 TSF 表示的每个相邻对,分析应证实,较为抽象的 TSF 表示的所有相关安全功能都在较不抽象的 TSF 表示中得到正确且完备地细化。

评估者*应检查*TOE 概要规范和功能规范之间的对应性分析,以确认功能规范是 TOE 安全功能的一个正确且完备的表示。

本工作单元中,评估者的目的是确定 TOE 概要规范中标识的所有安全功能都在功能规范中得到了体现并且是准确地体现。

评估者审核 TOE 概要规范中的 TOE 安全功能和功能规范中的 TOE 安全功能之间的对应性。评估者检查对应的一致性和准确性。当对应性分析中指明了 TOE 概要规范中的一个安全功能和功能规范中一个接口描述之间的关系时,评估者应验证两者中描述的是同一个安全功能。如果 TOE 概要规范的安全功能在所对应的接口中能够正确且完备地实现,那么本工作单元将被视为满足。

本工作单元可与工作单元 ADV_FSP.2-8 和 ADV_FSP.2-9 关联使用。

13.6.6.3.2 工作单元 4:ADV_RCR.1-2

评估者*应检查*功能规范与高层设计之间的对应性分析,以确定高层设计是功能规范的一个正确且完备的表示。

评估者通过使用对应性分析、功能规范以及高层设计来确定将功能规范中标识的每项安全功能映射到高层设计中所描述的一个 TSF 子系统是可行的。并且对于每个 TOE 安全功能,对应性还可以指明该功能涵盖了哪些子系统。评估者应审核高层设计所涵盖的每一个安全功能得以正确实现的描述。

13.6.6.3.3　工作单元 4:ADV_RCR.1-3

评估者***应检查***高层设计与低层设计之间的对应性分析,以确定低层设计是高层设计的一个正确且完备的表示。

评估者通过使用对性应分析、高层设计和低层设计,确定将低层设计中标识的每一个 TSF 模块映射到高层设计中描述的一个 TSF 子系统是可行的。并且对于每个 TOE 安全功能,对应性还可以指明该功能涵盖了哪些 TSF 模块。评估者应审核低层设计所涵盖的每一个安全功能得以正确实现的描述。

13.6.6.3.4　工作单元 4:ADV_RCR.1-4

评估者***应检查***低层设计和实现表示子集的对应性分析,以确定子集是在实现表示细化后的那些低层设计部分的一个正确且完备的表示。

由于评估者只检查实现表示的子集,那么本工作单元评估的是实现表示子集与低层设计相关部分的对应性分析,而不是试图将每个 TOE 安全功能都能追溯到实现表示。实现表示子集可能覆盖不到某些功能。

13.6.7　安全策略模型评估

13.6.7.1　目的

本子活动的目的是要确定安全策略模型是否一致且清晰地描述了安全策略的规则及特征,并确定这些描述是否与功能规范中对安全功能的描述一致。

13.6.7.2　输入

本子活动的评估证据是:

a) ST;
b) 功能规范;
c) TOE 安全策略模型;
d) 用户指南;
e) 管理员指南。

13.6.7.3　行为 ADV_SPM.1.1E

13.6.7.3.1　工作单元 4:ADV_SPM.1-1

ISO/IEC 15408-3 ADV_SPM.1.1C TSP 模型应是非形式化的。

评估者***应检查***安全策略模型,以确定它包含了所有必要的非形式化解释性文本。

如果整个安全策略模型是非形式化的,则本工作单元不再适用,并视为已经满足。

对于那些只靠半形式化或形式化描述难以理解的模型部分(例如,为说明任何形式化符号的含义),起支撑作用的叙述性描述是必需的。

13.6.7.3.2　工作单元 4:ADV_SPM.1-2

ISO/IEC 15408-3 ADV_SPM.1.2C TSP 模型应描述所有能被模型化的 TSP 策略的规则与特征。

评估者***应核查***安全策略模型,以确定所有明确包含在 ST 中的安全策略都被模型化。

安全策略通过 ST 中功能性安全要求的集合来表述。因此为确定安全策略的性质(策略应被模型化),评估者应分析那些策略所调用的 ST 功能要求(如果包含在 ST 中,可通过 FDP_ACC“访问控制策略”和 FDP_IFC“信息流控制策略”)。

依靠 TOE,对访问控制进行形式/半形式模型化甚至是不可能的(例如,对于一个连在 Internet 上的防火墙来说,访问控制策略就不可能以有效的方式形式化地模型化,因为 Internet 的状态不能被完全定义)。对于任何不能用形式或半形式模型化的安全策略,应以一种非形式化方式提出。

如果 ST 中没有包含明确的策略(因为在 ST 中既没有 FDP_ACC“访问控制策略”,也没有 FDP_IFC“信息流控制策略”),则本工作单元不再适用,并视为已经满足要求。

13.6.7.3.3 **工作单元 4:ADV_SPM.1-3**

评估者***应检查***安全策略模型,以确定所有由在 ST 中所声明的安全功能要求表达的安全策略都被模型化了。

除明确列出的策略(见工作单元 4:ADV_SPM.1-2)外,评估者应针对那些隐含在其他功能性安全要求类中的策略分析 ST 功能要求。例如,包含 FDP“用户数据保护”要求(除了 FDP_ACC“访问控制策略”和 FDP_IFC“信息流控制策略”),需要一个正在实施的数据保护策略描述;包含任何 FIA“标识和鉴别”要求,标识和鉴别策略描述出现在 TSP 模型中是必要的;包含 FAU“安全审计”要求,则需要审计策略的描述等。虽然其他功能要求族和通常所指的安全策略没有明显联系,它们仍然应实施那些应包含在安全策略模型中的安全策略(例如,抗抵赖、参照仲裁、私密性等)。

如果安全策略模型的表示是非形式化的,所有安全策略都能被模型化(即被描述),而且应被包含。当安全策略不能用形式化或半形式化安全策略模型表示时,应以一种非形式化方式提出策略。

如果 ST 没有包含隐含的策略,则本工作单元不再适用,并视为已经满足要求。

13.6.7.3.4 **工作单元 4:ADV_SPM.1-4**

评估者***应检查***安全策略模型的规则和特点,以确定 TOE 安全行为的模型化是清楚明白的。

规则和特点描述了 TOE 的安全状态。这种描述有可能包括在一个已评估和证实过的 ST 中。出于清晰的考虑,这样的描述应定义 TOE 的安全概念,识别 TOE 所控制实体的安全属性,和识别改变这些属性的 TOE 行为。例如,如果一个策略试图关注数据完整性,那么策略模型应当:

a) 定义 TOE 的完整性概念;
b) 识别那些 TOE 将保护其完整性的数据类型;
c) 识别能够修改数据的实体;
d) 识别潜在的修改者修改数据应遵守的规则。

13.6.7.3.5 **工作单元 4:ADV_SPM.1-5**

ISO/IEC 15408-3 ADV_SPM.1.3C TSP 模型应包含一个基本原理,证实该模型相对所有能被模型化的 TSP 策略是一致的和完备的。

评估者***应检查***安全策略模型基本原理,以确定被模型化了的行为与安全策略所描述的策略(如 ST 中功能要求明确规定的那样)是一致的。

在判断一致性方面,评估者验证基本原理是否说明了在安全策略模型中描述的每条规则和特征准确地反映了安全策略的意图。例如,如果策略规定访问控制应达到单个个体这样的粒度,那么从控制用户组方面描述 TOE 安全行为的模型就与访问控制策略的描述不是一致的。同样,如果策略规定访问控制应针对用户组,那么从控制单个用户方面描述 TOE 安全行为的模型也与策略就不是一致的。

保证是从策略的明确且概括性陈述中获得的,该策略以 TOE 安全功能要求为基础。保证获得是双重的:聚集每个安全策略的描述到一个简明的整体,有助于理解所实施策略的细节;另外,如此集中描述,使得更容易发现任何差异或不一致之处(作为安全策略模型 ADV_SPM.*.3C 元素的组成部分,应满足),并提供了安全状态的一个清晰特征(作为安全策略模型 ADV_SPM.*.2C 元素的组成部分,应满足)。

信息安全策略模型(ISPM)的要求是由安全策略的一个清晰陈述来满足。关于单独ISPM的需求不是绝对的,因为对于特别简单的策略或对于在ST中非常清晰地说明了的那些策略,就可以不需要单独的ISPM。在这种情况下,ST的不同章节(例如,安全要求、TOE概要规范)可以组合在一起,提供安全策略的充分细节。但是,不是总是这样。例如,审计要求可以分散到TOE安全功能要求的陈述中,不可能提供整个策略的一个明确模型。除非,ST的另外章节(可能是TOE概要规范)将审计要求聚集成一个具有内聚性的整体,这样就需要一个单独的ISPM,以便允许检测ST要求的不一致之处,这种不一致也可通过另外的方式来检测。

当开发者声明关于某些或所有安全策略的ISPM要求都由ST满足时,评估者需要通过采用ADV_SPM.1"非形式化安全策略模型"组件的要求,来确定策略是清晰表述的,并且模型与ST的其他部分是一致的。作为ISPM基本原理的一部分,或许开发者声明ISPM完全由ST来满足,这样基本原理就可以参考ST不同部分间适宜性和对应性的证明。在评估本工作单元时,评估者可以利用ST评估在这方面的结果。

关于一致性分析的指南见A.3"一致性分析"。

13.6.7.3.6 工作单元 4:ADV_SPM.1-6

评估者***应检查***安全策略模型基本原理,以确定模型化的行为对于由安全策略描述的策略是完备的(如ST中功能要求明确规定的那样)。

在确定基本原理完备性方面,评估者应考虑安全策略模型的规则和特征,并将这些规则和特征映射到明确的策略陈述中(即功能性要求)。基本原理应说明所有需要被模型化的策略都与安全策略模型中描述的规则和特征相关。

当开发者声明关于某些或所有安全策略的ISPM要求都由ST满足时,评估者需要通过采用ADV_SPM.1"非形式化安全策略模型"组件的要求,来确定策略是清晰表述的,并且模型与ST的其他部分是完全一致的。在评估本工作单元时,评估者可以利用ST评估在这方面的结果。

13.6.7.3.7 工作单元 4:ADV_SPM.1-7

ISO/IEC 15408-3 ADV_SPM.1.4C TSP模型和功能规范之间对应性的证实应说明功能规范中的所有安全功能相对TSP模型是一致的和完备的。

评估者***应检查***功能规范对应的安全策略模型的证实,以确定它标识了在功能规范中描述的所有安全功能,这些功能实现了一部分策略。

在确定完备性时,评估者审查功能规范,标识哪种功能直接支持安全策略模型,并验证这些功能存在于功能规范的安全策略模型的相应说明中。

13.6.7.3.8 工作单元 4:ADV_SPM.1-8

评估者***应检查***功能规范对应安全策略模型的证实,以确定那些被标识为实现模型的功能描述与功能规范的描述是一致的。

为了证实一致性,评估者要验证功能规范对应性,该对应性应说明,那些在功能规范中实现了策略模型的功能的描述,能标识该模型定义的属性和特征,并实施了模型定义的规则。

当对不被信任的用户和管理员实施不同的安全策略时,对用户和管理员实施的安全策略与用户指南和管理员指南中对其各自行为的描述是一致的。例如,针对远程不可信用户所实施的"标识与鉴别"策略,可比那些针对只能访问被物理保护区域的管理员所实施的策略更严格。鉴别的不同应与用户指南和管理员指南中的鉴别描述的差异相一致。

关于一致性分析的指南见A.3"一致性分析"。

13.7 指导性文档活动

指导性文档活动的目的是判断该文档是否充分描述了应如何操作 TOE。这些文档针对两类用户：一类是可信的管理员和非管理员用户，他们的不正确行为可能影响 TOE 安全性，另一类是那些不可信用户，他们的不正确行为可能影响其拥有的数据的安全性。

13.7.1 应用注释

指导性文档活动关注那些与 TOE 安全性相关的功能和接口。TOE 的安全配置在 ST 中进行了描述。

13.7.2 管理员指南评估（AGD_AMD.1）

13.7.2.1 目的

本子活动的目的是确定管理员指南是否描述了如何以安全方式管理 TOE。

13.7.2.2 输入

本子活动的评估证据是：

a） ST；

b） 功能规范；

c） 高层设计

d） 用户指南；

e） 管理员指南；

f） 安全安装、生成和启动程序；

g） 生命周期定义。

13.7.2.3 应用注释

术语“管理员”指在 TOE 中执行关键安全操作(例如，设置 TOE 配置参数)的可信人员。这些操作可能影响 TSP 的执行，因此管理员拥有特殊的权限来执行这些操作。管理员角色应当与 TOE 中的非管理员用户角色明确区分开。

在 ST 中可定义有不同的管理员角色或管理员组，这些角色和组能可被 TOE 识别并可执行 TOE 的安全功能，例如审计员、管理员或日常管理者。每个角色可能具备多种或一种能力。这些角色的能力和相应的特权在 FMT 类中进行描述。管理员指南中应考虑不同的管理员角色和管理员组。

13.7.2.4 行为 AGD_ADM.1.1E

13.7.2.4.1 工作单元 4：AGD_ADM.1-1

ISO/IEC 15408-3 AGD_ADM.1.1C 管理员指南应描述 TOE 管理员可使用的管理功能和接口。

评估者***应检查***管理员指南，以确定其描述了 TOE 管理员可用的管理性安全功能和接口。

管理员指南应包含安全功能的概述，这些安全功能在管理员界面中是可见的。

管理员指南应标识并描述管理性安全接口与功能的用途、行为和相互关系。

对于每个管理性安全接口和功能，管理员指南应当：

a） 描述调用接口的方法(如命令行、程序语言系统调用、菜单选择、命令按钮)；

b） 描述由管理员设置的参数及其有效值和默认值；

c） 描述即时的 TSF 响应、消息或返回代码。

13.7.2.4.2 **工作单元 4:AGD_ADM.1-2**

ISO/IEC 15408-3 AGD_ADM.1.2C 管理员指南应描述如何以安全的方式管理 TOE。

评估者***应检查***管理员指南,以确定它描述了如何以安全的方式管理 TOE。

管理员指南描述如何在 IT 环境中依照 TSP 运行 TOE,这应与 ST 所描述的情况一致。

13.7.2.4.3 **工作单元 4:AGD_ADM.1-3**

ISO/IEC 15408-3 AGD_ADM.1.3C 管理员指南应包含了在安全处理环境中受控的功能和特权的警示信息。

评估者***应检查***管理员指南,以确定其包含了在安全处理环境中受控的功能和特权的警示信息。

TOE 的配置可以允许用户拥有不同的特权来使用 TOE 的不同功能,这意味着可以授权某些用户执行某些功能,而其他用户无权执行,这些功能和特权应在管理员指南中进行描述。

管理员指南应标识出应控制的功能和特权、控制的类型以及控制的理由。警告应说明预期的效果、可能的负面影响以及与其他功能和特权可能的相互作用。

13.7.2.4.4 **工作单元 4:AGD_ADM.1-4**

ISO/IEC 15408-3 AGD_ADM.1.4C 管理员指南应描述所有与安全操作 TOE 有关的用户行为假设。

评估者***应检查***管理员指南,以确定它描述了所有与安全操作 TOE 有关的用户行为假设。

关于用户行为的假设可以在 ST 的 TOE 安全环境陈述中比较详细的描述,而只有涉及安全操作 TOE 的信息才需要包含在管理员指南中。

例如:要安全操作 TOE 用户有责任对他们的口令进行保密。

13.7.2.4.5 **工作单元 4:AGD_ADM.1-5**

ISO/IEC 15408-3 AGD_ADM.1.5C 管理员指南应描述所有受管理员控制的安全参数,并说明适当的安全值。

评估者***应检查***管理员指南,以确定它描述了所有受管理员控制的安全参数,并说明适当的安全值。

对于每个安全参数,管理员指南应描述参数的用途、参数的有效值和缺省值,以及这些参数安全与非安全的使用设置。这些参数可以分别描述,也可以综合起来描述。

13.7.2.4.6 **工作单元 4:AGD_ADM.1-6**

ISO/IEC 15408-3 AGD_ADM.1.6C 管理员指南应描述每一种与需要执行的管理功能有关的安全相关事件,包括改变在 TSF 控制下的实体的安全特性。

评估者***应检查***管理员指南,以确定它描述了每一种与需要执行的管理功能有关的安全相关事件,包括改变在 TSF 控制下的实体的安全特性。

应详尽描述所有类型的安全相关事件,以便管理员知道可能发生什么事件以及为保持安全管理员应采取哪些动作。应充分定义在 TOE 的操作过程中可能发生的安全相关事件(例如,审计迹的溢出、系统崩溃、用户记录的更新——如当用户离开组织时撤消该用户账号),以允许管理员介入来保持安全。

13.7.2.4.7 **工作单元 4:AGD_ADM.1-7**

ISO/IEC 15408-3 AGD_ADM.1.7C 管理员指南应与评估提交的所有其他文档保持一致。

评估者***应检查***管理员指南,以确定它与评估提交的所有其他文档是一致的。

特别是在 ST 中可能包含一些对 TOE 管理员提出的关于 TOE 安全环境和安全目的的详细的警告

信息。

有关一致性分析的指南参见 A.3“一致性分析”。

13.7.2.4.8 工作单元 4:AGD_ADM.1-8

ISO/IEC 15408-3 AGD_ADM.1.8C 管理员指南应描述所有与管理员有关的 IT 环境安全要求。

评估者***应检查***管理员指南，以确定它描述了所有与管理员有关的 关于 TOE 的 IT 环境的 IT 安全要求。

如果 ST 没有包括关于 IT 环境的 IT 安全要求，则本工作单元不适用，并视为已经满足。

本工作单元仅与 IT 安全要求有关，而与组织安全策略无关。

评估者应当分析关于 TOE 的 IT 环境安全要求(ST 中的可选陈述)，并与管理员指南比较，以确保与管理员有关的 ST 的所有安全要求都在管理员指南中得到适当的描述。

13.7.3 用户指南评估(AGD_USR.1)

13.7.3.1 目的

本子活动的目的是为了确定用户指南是否描述了由 TSF 提供的安全功能和接口，以及指南是否提供了安全使用 TOE 的相关说明和指导。

13.7.3.2 输入

本子活动的评估证据是：

a) ST；
b) 功能规范；
c) 高层设计
d) 用户指南；
e) 管理员指南；
f) 安全安装、生成和启动程序。

13.7.3.3 应用注释

在 ST 中可定义不同的用户角色或用户组，这些角色和组能被 TOE 识别并可执行 TOE 的安全功能。这些角色的能力和相应的特权在 FMT 类中进行描述。用户指南中应考虑不同的用户角色和组。

13.7.3.4 行为 AGD_USR.1.1E

13.7.3.4.1 工作单元 4:AGD_USR.1-1

ISO/IEC 15408-3 AGD_USR.1.1C 用户指南应描述 TOE 的非管理员用户可使用的功能和接口。

评估者***应检查***用户指南，以确定其描述了 TOE 的非管理员用户可使用的安全功能和接口。

用户指南应包含安全功能的概述，这些安全功能在用户界面中可见的。

用户指南应当标识和描述安全接口和功能的用途。

13.7.3.4.2 工作单元 4:AGD_USR.1-2

ISO/IEC 15408-3 AGD_USR.1.2C 用户指南应描述用户可访问的由 TOE 提供的安全功能的使用。

评估者***应检查***用户指南，以确定它描述了用户可访问的由 TOE 提供的安全功能的使用。

用户指南应标识和描述用户可用安全接口和功能的行为及其相互关系。

如果允许用户调用 TOE 安全功能，用户指南应为用户提供该功能接口的描述。

对每个接口和功能,用户指南应当:

a) 描述调用接口的方法(如命令行、程序语言系统调用、菜单选择、命令按钮);

b) 描述由用户设置的参数及其有效值和默认值;

c) 描述即时的 TSF 响应、消息或返回代码。

13.7.3.4.3 **工作单元 4:AGD_USR.1-3**

ISO/IEC 15408-3 AGD_USR.1.3C 用户指南应包含了在安全处理环境中受控的用户可访问功能和特权的警示信息。

评估者***应检查***用户指南,以确定其包含了在安全处理环境中受控的用户可访问功能和特权的警示信息。

TOE 的配置可以允许用户拥有不同的特权来使用 TOE 的不同功能,这意味着可以授权某些用户执行某些功能,而其他用户无权执行,这些用户可访问的功能和特权应在用户指南应中进行描述。

用户指南应标识可用的功能和特权、所需命令的类型以及使用这些命令的理由。用户指南应当包含使用受控的功能和特权时的警告。警告应当说明预期的效果、可能的负面影响以及与其他功能和特权可能的相互作用。

13.7.3.4.4 **工作单元 4:AGD_USR.1-4**

ISO/IEC 15408-3 AGD_USR.1.4C 用户指南应清晰地阐述安全操作 TOE 所必需的所有用户职责,这些职责包括那些在 TOE 安全环境陈述中的与用户行为相关的假设。

评估者***应检查***用户指南,以确定其阐述了安全操作 TOE 所必需的所有用户职责,这些职责包括那些在 TOE 安全环境陈述中的与用户行为相关的假设。

关于用户行为的假设可以在 ST 的 TOE 安全环境陈述中有比较详细的描述,在用户指南中只需包含涉及 TOE 安全操作的信息。

用户指南应当提供关于有效使用这些安全功能的建议(如审查口令组合的习惯、对用户文件备份频率的建议、对改变用户访问特权所产生影响的讨论)。

例如:要安全操作 TOE 用户有责任对他们的口令进行保密。

用户指南应指出用户是否能够调用某项功能,或者用户是否需要管理员的帮助。

13.7.3.4.5 **工作单元 4:AGD_USR.1-5**

ISO/IEC 15408-3 AGD_USR.1.5C 用户指南应与评估提交的所有其他文档保持一致。

评估者***应检查***用户指南,以确定其与评估提交的所有其他文档是一致的。

评估者要确保用户指南和评估提交的所有其他文档不会相互矛盾。如果 ST 包含任何对 TOE 用户提出的关于 TOE 安全环境和安全目的的详细警告信息,这一点就尤其重要。

有关一致性分析的指南参见 A.3“一致性分析”。

13.7.3.4.6 **工作单元 4:AGD_USR.1-6**

ISO/IEC 15408-3 AGD_USR.1.6C 用户指南应描述所有与用户有关的 IT 环境安全要求。

评估者***应检查***用户指南,以确定其描述了所有与用户有关的 TOE 的 IT 环境安全要求。

如果 ST 中不包含 IT 环境的 IT 安全要求,本工作单元不适用,并视为已经满足。

本工作单元仅与 IT 安全要求相关,而与组织安全策略无关。

评估者应分析 TOE 的 IT 环境安全要求(ST 中的可选陈述),并与用户指南比较,以确保所有与用户有关的 ST 安全要求都在用户指南中得到了恰当的描述。

13.8 生命周期支持活动

生命周期支持活动的目的是确定开发者在TOE开发和维护期间所使用程序的充分性。这些程序包括TOE开发全过程所使用的安全措施、开发者使用的生命周期模型以及开发者在整个TOE生命周期中使用的工具。

开发者安全程序是为了保护TOE及其相关的设计信息，以防它们受到干扰或暴露。开发过程中的干扰使故意引入脆弱性成为可能。而设计信息的暴露可能导致脆弱性更容易被人利用。这些程序的充分性依赖于TOE的性质和开发过程。

如果TOE的开发和维护过程没有得到很好的控制，将会带来实现方面的脆弱性。与所定义的生命周期模型一致有助于这方面控制的改进。

使用明确定义的开发工具有助于确保在细化过程中不会不经意地引入脆弱性。

13.8.1 开发安全评估(ALC_DVS.1)

13.8.1.1 目的

本子活动的目的是确定开发者对开发环境的安全控制是否足以提供TOE设计和实现的保密性和完整性，这是保证TOE的安全操作不受危害所必需的。

13.8.1.2 输入

本子活动的评估证据是：

a) ST；

b) 开发安全文档。

此外，评估者可以检查其他交付件，以确定安全控制定义明确且得到了遵循。评估者特别要检查开发者的配置管理文件(用作ACM_CAP.4“产生支持和接受程序”和ACM_SCP.2“问题跟踪CM覆盖”子活动的输入)。此过程使用的证据也是必需的。

13.8.1.3 行为 ALC-DVS.1.1E

13.8.1.3.1 工作单元 4:ALC_DVS.1-1

ISO/IEC 15408-3 ALC-DVS.1.1C 开发安全文档应描述用于保护TOE设计和实现中保密性和完整性所必需的所有物理的、程序的、人员的及其他在TOE的开发环境中的安全措施。

评估者*应检查*开发安全文档，以确定其详细描述了在TOE的开发环境中使用的用于保护TOE设计和实现保密性与完整性所必需的所有安全措施。

评估者要确定哪些是必需的，这可首先从ST中，特别是关于威胁、组织安全策略和假设等章节中查阅可帮助确定必要保护的任何信息，(也可能找不到明确提及的信息)。在这方面，环境安全目的陈述也可能有用。

如果从ST中得不到明确的信息，评估者就需要根据对TOE预期使用环境的考虑，确定必要的措施。如果开发者的措施考虑得不够全面，开发者就应该根据潜在的可利用脆弱性，为评估提供一份清晰的理由说明。

评估者在检查文档时应该考虑下面几种安全措施类型：

a) 物理上的，例如，用于阻止对TOE开发环境未授权访问(在正常工作时间和其他时间里)的物理访问控制。

b) 过程上的，例如涵盖：

——准许对开发环境或者环境中的特定部分(如开发设备)的访问;
——在开发者离开开发团队时撤消其访问权;
——将受保护的材料转移出开发环境;
——容许并陪同来访者参观开发环境;
——建立角色和责任以确保持续地采取安全措施并检查安全违背情况。

c) 人员上的,例如为建立对新开发成员的信任所采取的任何控制或检查。

d) 其他安全措施,例如对所有开发设备的逻辑保护。

开发安全文档应明确开发的场所,并描述执行哪方面的开发以及在每个场所使用的安全措施。比如说,开发行为可能发生在一幢建筑内的多个设备上、同一场所的多个建筑内,或者分布在多个场所。开发工作也包括诸如创建多个 TOE 拷贝之类的任务(若可行的话)。本工作单元不应与 ADO_DEL“交付”的工作单元重叠,但评估者应确保所有的方面都被某个子活动或其他子活动覆盖。

此外,开发安全文档可以描述不同的安全措施,按照功能和所需的输入与输出的特点,这些措施可被运用到开发的不同方面。例如,不同的过程可能被运用到 TOE 不同部分的开发中,或者开发过程的不同阶段。

13.8.1.3.2 工作单元 4:ALC_DVS.1-2

评估者***应检查***开发的保密性和完整性策略,以确定所使用安全措施的充分性。

包括的策略管理有:

a) 与 TOE 开发相关的哪些信息需要保证保密性,以及允许哪些开发成员访问这些材料;

b) 为了保持 TOE 的完整性,应保护哪些材料,以防止其被未授权修改,以及允许哪些开发成员修改这些材料。

评估者应确定在开发安全文档中描述了这些策略,所使用的安全措施与策略是一致的并且策略是完备的。

应注意,配置管理程序有助于保护 TOE 的完整性,评估者应避免与 ACM_CAP“CM 能力”子活动的工作单元相重叠。例如,CM 文档可以描述控制可访问开发环境和修改 TOE 的角色或个人的安全程序。

虽然 ACM_CAP“CM 能力”要求是固定的,但那些关于 ALC_DVS“开发安全”的要求,若仅强制执行必需的措施,将主要依赖于 TOE 的性质和 ST 的安全环境部分所提供的信息。例如,ST 可以标识组织安全策略,以要求 TOE 由具有安全许可的人员来开发。这样,评估者就可以确定这一策略是应用在本子活动中的。

13.8.1.3.3 工作单元 4:ALC_DVS.1-3

ISO/IEC 15408-3 ALC_DVS.1.2C 开发安全文档应提供在 TOE 的开发和维护过程中执行安全措施的证据。

评估者***应核查***开发安全文档,以确定作为程序应用结果的文档证据都已经产生。

评估者检查文档证据的产生,以确定其是否遵守程序。例如,证据产生可能包括登录日志和审计迹。评估者可以选择抽样检查证据。

有关抽样的指南见 A.2“抽样”。

13.8.1.4 行为 ALC_DVS.1.2E

13.8.1.4.1 工作单元 4:ALC_DVS.1-4

评估者***应检查***开发安全文档和相关的证据,以确定开发者正在采取安全措施。

本工作单元要求评估者确定在开发安全文档中描述的安全措施都已被采用，以确定 TOE 的完整性和相关文档的保密性正受到充分保护。例如，可以通过检查所提供的文档证据来确认这一点，并通过检查开发环境来补充文件证据。对开发环境的现场核查将允许评估者：

a) 观察安全措施（如物理措施）的应用状况；

b) 检查程序应用的文档证据；

c) 会见开发人员，检查其对开发安全策略、程序以及他们责任的认识。

对开发场所的现场核查是信任措施正在使用的一个有用方法。任何不采用这种检查而作出的决定都应该在和监督者商议后作出。

有关检查开发场所的指南参见 A.5“现场核查”。

13.8.2 生命周期定义评估（ALC_LCD.1）

13.8.2.1 目的

本子活动的目的是确定开发者是否使用了 TOE 生命周期的一个文档化模型。

13.8.2.2 输入

本子活动的评估证据是：

a) ST；

b) 生命周期定义文档。

13.8.2.3 行为 ALC_LCD.1.1E

13.8.2.3.1 工作单元 4：ALC_LCD.1-1

ISO/IEC 15408-3 ALC_LCD.1.1C 生命周期定义文档应描述用于开发和维护 TOE 的模型。

评估者***应检查***生命周期模型的文档化描述，以确定它是否覆盖了开发和维护过程。

生命周期模型包括 TOE 开发和维护中所使用的程序、工具和技术。生命周期模型的描述应包括开发者使用的程序、工具及技术的信息（如关于设计、编码、测试、缺陷修复），还应描述管理程序应用的总体管理结构（如识别和描述在生命周期模型所涵盖的开发和维护过程所要求的每个程序的个体责任）。ALC_LCD.1“开发者定义的生命周期模型”不要求所使用的模型符合任何标准生命周期模型。

13.8.2.3.2 工作单元 4：ALC_LCD.1-2

ISO/IEC 15408-3 ALC_LCD.1.2C 生命周期模型应提供对 TOE 的开发和维护进行的必要控制。

评估者***应检查***生命周期模型，以确定生命周期模型所描述的程序、工具及技术的使用将对 TOE 的开发和维护作出积极贡献。

生命周期模型中提供的信息使评估者确信已采用的开发和维护程序能使安全缺陷存在的可能性降到最低。比如，如果生命周期模型描述审查过程，而不记录组件的变化，评估者将难以确信 TOE 不会引入错误。通过比较模型描述和从其他与 TOE 开发相关的评估者行为（如 ACM 活动所覆盖的那些行为）中获得对开发过程的理解后，评估者会得到更进一步的保证。如果生命周期中的不足之处可能会在 TOE 中引入缺陷，无论偶然或故意，这些标识出来的不足之处都应该受到关注。

ISO/IEC 15408 不强制要求任何特殊的开发方法，每种方法都有其优点。例如，在受控环境下，可以应用循环法、快速原型法和瀑布法来产生一个高质量的 TOE。

13.8.3 工具与技术评估(ALC_TAT.1)

13.8.3.1 目的

本子活动的目的是确定开发者是否使用了明确定义的开发工具(如程序语言或计算机辅助设计(CAD)系统)来产生一致且可预测的结果。

13.8.3.2 输入

本子活动的评估证据是:

a) 开发工具文档;

b) 实现表示的子集。

13.8.3.3 应用注释

本次工作可以与子活动 ADV_IMP.1“TSF 实现的子集”同时进行,特别是在确定那些会影响目标代码的工具的特征时(如编译选项)。

13.8.3.4 行为 ALC_TAT.1.1E

13.8.3.4.1 工作单元 4:ALC_TAT.1-1

ISO/IEC 15408-3 ALC_TAT.1.1C 所有用于实现的开发工具应是明确定义的。

评估者***应检查***所提供的开发工具文档,以确定所有开发工具都是明确定义的。

例如,认为明确定义的编程语言、编译器或 CAD 系统,就是遵循一种公认标准,如 ISO 标准的那些编程语言、编译器或 CAD 系统。明确定义的编程语言是指语法有清晰完备的描述,且每一种结构的语义也都有详细描述的那种编程语言。

13.8.3.4.2 工作单元 4:ALC_TAT.1-2

ISO/IEC 15408-3 ALC_TAT.1.2C 开发工具文档应无歧义地定义实现中每个语句的含义。

评估者***应检查***开发工具文档,以确定它是否无歧义地定义了用于实现的所有陈述的含义。

开发工具文档(如,程序语言规范和用户手册)应覆盖 TOE 实现表示中的所有陈述,并对每一项陈述定义了一个清晰且无歧义的目的和作用。这部分工作可以与评估者在子活动 ADV_IMP.1“TSF 实现的子集”中执行的实现表示检查同时进行。测试的关键是确定文档是否足够清晰,以致评估者能够理解实现表示。例如,文档不应假定读者是所用程序语言的专家。

倘若评估者可以获得一些文献标准,那么引用这些文献标准就是一种满足该要求的可接受的方法,开发工具文档中任何与标准之间的差异都应记录下来。

关键是测试在对子活动 ADV_IMP“实现表示”涵盖的源代码进行分析时,评估者能否理解源代码。另外,下述要点可用于发现问题域:

a) 在语言定义方面,诸如“此结构的作用未定义”、“实现依赖的”以及“错误的”等句子或术语都可能表明那些定义不是十分明确的区域;

b) 别称(允许以不同方式引用同一内存)是引发歧义的普遍来源;

c) 异常处理(如,内存用尽或堆栈溢出后的处理)常常都定义得不是很好。

通常使用的多数语言,尽管设计得很好,也会有一些有问题的结构。如果实现语言大部分都是明确定义的,只是有些有问题的结构,就应赋予一种不确定的裁定,暂缓对源代码的检查。

评估者应核实在源代码的检查过程中,问题结构的使用不会引入脆弱性,也应确保通过文档化标准排除掉的结构不会被使用。

13.8.3.4.3 工作单元 4:ALC_TAT.1-3

ISO/IEC 15408-3 ALC_TAT.1.3C 开发工具文档应无歧义地定义所有实现依赖选项的含义。

评估者**应检查**开发工具文档,以确定它是否无歧义地定义了所有实现依赖选项的含义。

软件开发工具文档应定义哪些可能影响可执行代码含义的实现依赖选项,以及与文档化标准语言的差异之处。给评估者提供源代码时,也应提供所用的编译和链接选项的信息。

硬件设计和开发工具的文档应描述所有影响工具输出(如详细的硬件规范或真实硬件)的选项用法。

13.9 测试活动

本活动的目的是通过独立测试 TSF 的一个子集来确定在设计文档中规定的 TSF 行为是否与在 ST 中规定的 TOE 安全功能要求一致。本活动是通过确定开发者已经根据 TSF 的功能规范及其高层设计测试了 TSF 来完成的,可以通过对开发者的测试进行抽样验证和独立测试 TSF 的一个子集而获得对开发者测试结果的信任。

13.9.1 应用注释

评估者测试子集的构成和大小依赖于独立测试子活动(ATE_IND.2“独立测试——抽样”)中所讨论的几个因素。已知的公开弱点便是这类因素之一,评估者需访问这些信息(例如,从评估体制获取)。

ISO/IEC 15408 已经将覆盖和深度从功能测试中分离出来,以便增强使用族中组件的灵活性。但希望这些族的要求被一起应用,以确认 TSF 是根据规范进行运行的。这些族的紧密结合已经导致评估工作的子活动有一些重复,以下的这些应用注释将使相同活动的子活动和 EAL 之间的文本重复减到最少。

13.9.1.1 理解 TOE 的预期行为

在正确评估测试文档是否充分之前,或在新的测试创建之前,评估者应理解安全功能在满足要求的情况下所期望的预期行为。

评估者可以选择每一次只关注 TSF 的一个安全功能。对于每个安全功能,评估者检查 ST 要求和功能规范、高层设计与指导性文档的相关部分,以获得对 TOE 预期行为方式的理解。

在理解预期行为之后,评估者要检查测试计划,以获得对测试方法的理解。在大多数情况下,测试方法要通过在外部或内部接口处激发安全功能并观察其反应来进行。但,有些情况下安全功能不能在一个接口处被充分测试(比如对于残余信息的保护功能而言),此时需要使用其他的方法。

13.9.1.2 测试与验证安全功能预期行为的替代方法

如果在接口处不能进行测试或者没有充分测试,测试计划应确定其他替代方法验证预期行为。评估者有责任确定替代方法的适用性。但是,在评估替代方法的适用性时应考虑以下几个方面:

a) 对实现表示进行分析,确定 TOE 应该执行的必要行为就是一个可接受的替代方法。这意味着可以检查一个软件 TOE 的代码,或者可以对一个硬件 TOE 进行芯片掩膜检查。

b) 即使 EAL 与低层设计或实现的评估不匹配时,使用开发者集成或模块化测试的证据也是可接受的。如果在检验一个安全功能的预期行为时使用了开发者集成或模块化测试的证据,应注意确认测试证据是否反映了 TOE 的当前实现。如果因为测试导致子系统或者模块发生了改变,那么通常需要通过分析或进一步测试来跟踪和处理证据的变化。

应该强调的是，只有在开发者和评估者都确认不存在其他实际手段对某一安全功能的预期行为进行测试时，方可用替代方法进行补充测试。这种替代使开发者可以把在上述环境下测试的开销（时间或金钱）减少到最小；这并不是为赋予评估者更多自由，索要不必要的 TOE 附加信息而设计的，也不会取代原有测试计划。

13.9.1.3 确认测试的充分性

测试前应建立测试所需的初始条件，可用应设置的参数形式表示，也可用测试顺序表示即以一个测试的完成作为另一个测试的必备条件。为了使观察测试结果不偏向预期测试结果，评估者应确定初始条件是完备的、适当的。

测试步骤和预期结果描述用于接口的行为和参数，就像预期结果应该是什么样的以及怎样被验证。评估者应确定测试步骤和预期结果与功能规范和高层设计是一致的。测试应验证规范中确定的行为。这意味着在功能规范和高层设计中明确描述的每个安全功能行为特征都应具有可测性和预期结果，以验证其行为。

虽然开发者应测试所有 TSF，但不要求对接口的所有规范进行测试。本活动的总体目的是确定已经依据功能规范和高层设计中的行为声明，对每个安全功能进行了充分测试。测试程序将提供了解开发者在测试中是如何检验安全功能的方法。当评估者开发附加测试进行 TOE 独立测试时，可以使用这种信息。

13.9.2 覆盖评估（ATE_COV.2）

13.9.2.1 目的

本子活动的目的是确定测试（像文件说明的那样）是否充分保证已经依据功能规范系统地测试过 TSF。

13.9.2.2 输入

本子活动的评估证据是：

a) ST；

b) 功能规范；

c) 测试文档；

d) 测试覆盖分析。

13.9.2.3 行为 ATE_COV.2.1E

13.9.2.3.1 工作单元 4:ATE_COV.2-1

ISO/IEC 15408-3 ATE_COV.2.1C 测试覆盖的分析应证实测试文档中的测试项与功能规范中所描述的 TSF 之间的对应性。

评估者***应检查***测试覆盖分析，以确定测试文档中所标识的测试与功能规范之间的对应是准确的。

对应性可采用表格或矩阵的形式来表示。有时映射关系足以表明测试的对应关系；但有时，开发者提供的基本原理（一般性描述）应补充对应关系的分析。

图 13 示意了功能规范中所描述的安全功能与测试文档中概括的测试之间对应关系的概念框架。测试中可能包括一项或几项安全功能，这取决于测试依赖性或实施测试的总体目标。

测试覆盖分析中列出的测试和安全功能的标识应是明确无误的。测试覆盖分析可使评估者把所标识的测试追溯到测试文档，并把被测试的特殊安全功能追溯到功能规范。

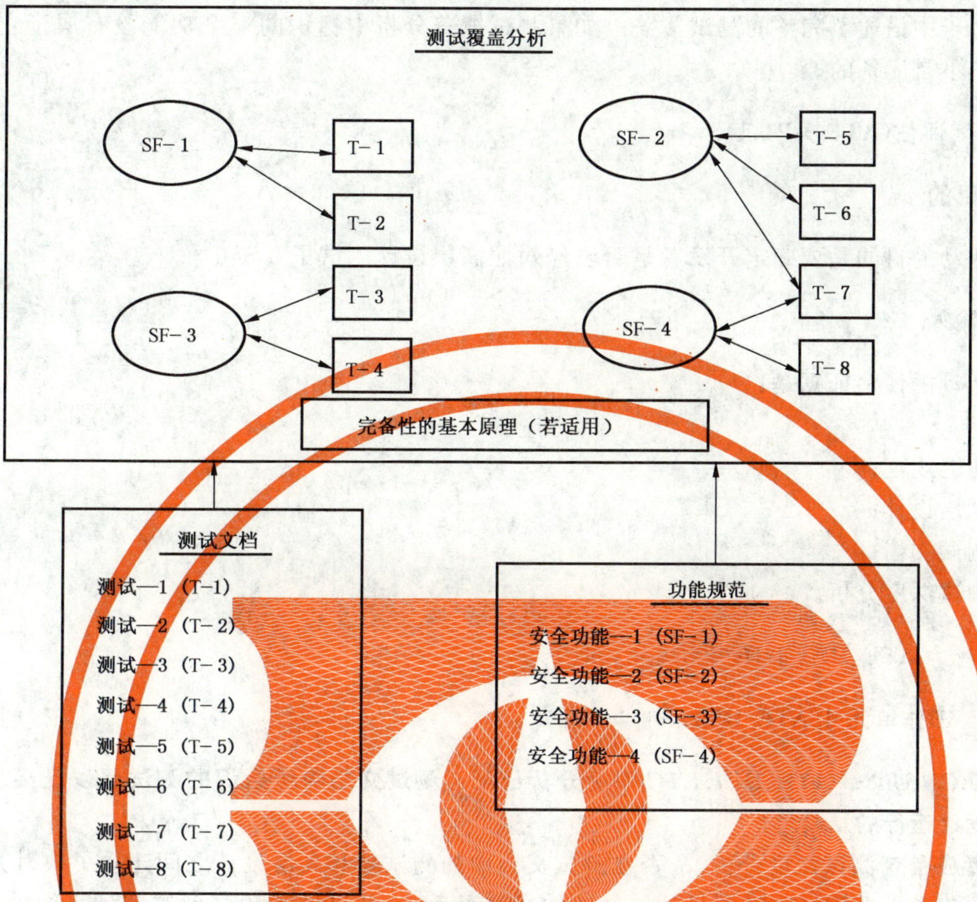

图 13　测试覆盖分析的概念框架

13.9.2.3.2　工作单元 4:ATE_COV.2-2

评估者**应检查**测试计划，以确定关于 TSF 每个安全功能的测试方法适于证实预期行为。

本工作单元的指南参见：

a)　13.9.1.1 应用注释“理解 TOE 的预期行为”；

b)　13.9.1.2 应用注释“测试与验证安全功能预期行为的替代方法”。

13.9.2.3.3　工作单元 4:ATE_COV.2-3

评估者**应检查**测试程序，以确定测试的初始条件、测试步骤和预期结果足以测试每个安全功能。

本工作单元的指南与功能规范相关，可参见：

a)　13.9.1.3 应用注释“确认测试的充分性”。

13.9.2.3.4　工作单元 4:ATE_COV.2-4

ISO/IEC 15408-3 ATE_COV.2.2C 测试覆盖的分析应证实功能规范中所描述的 TSF 与测试文档所标识的测试之间的对应性是完备的。

评估者**应检查**测试覆盖的分析，以确定功能规范中所描述的 TSF 与测试文档中标识的测试之间的对应性是完备的。

尽管不要求详尽的接口规范测试，但所有在功能规范中描述的安全功能和接口应在测试覆盖的分析中说明,并映射到测试中,以满足完备性的要求。如图 13 所示,所有的安全功能具有相应的测试,因此在这个例子中描述了完整的测试覆盖。如果测试覆盖分析中标识的安全功能没有属于它的测试,那么说明覆盖不是完备的。

13.9.3 深度评估(ATE_DPT.1)

13.9.3.1 目的

本子活动的目的是要确定开发者是否已经对照高层设计测试了 TSF。

13.9.3.2 输入

本子活动的评估证据是:

a) ST;

b) 功能规范;

c) 高层设计;

d) 测试文档;

e) 测试深度分析。

13.9.3.3 行为 ATE_DPT.1.1E

13.9.3.3.1 工作单元 4:ATE_DPT.1-1

ISO/IEC 15408-3 ATE_DPT.1.1C 深度分析应证实测试文档中所标识的测试足以证实该 TSF 是依照其高层设计运行的。

评估者***应检查***测试深度分析,是否在测试文档中的测试项和高层设计之间建立了映射关系。

测试深度分析标识了在高层设计中描述的所有子系统,并提供了测试到这些子系统的一个映射关系。对应性可以采用表格或矩阵形式来表示。在有些情况下,映射关系可以充分说明测试的对应性。在其他情况下,开发者有必要用一个基本原理(一般的描述)来补充映射关系的证据。

在高层设计中可映射到并满足 TOE 安全要求的设计细节都应该经过测试,从而应映射到测试文档。图 14 展示了在高层设计中描述的子系统和用于测试这些子系统的 TOE 测试文档中所描述测试之间映射关系的一个概念框架。测试项可能涉及一个或多个安全功能,这依赖于测试依赖性或执行测试的总体目标。

13.9.3.3.2 工作单元 4:ATE_DPT.1-2

评估者***应检查***开发者的测试计划,以确定 TSF 的每个安全功能的测试方法适用于证实预期的行为。

本工作单元的指南参见:

a) 13.9.1.1 应用注释“理解 TOE 的预期行为”;

b) 13.9.1.2 应用注释“测试与验证安全功能预期行为的替代方法”。

TSF 的测试可以在外部接口、内部接口或两处同时执行。无论何种情况,评估者都应考虑其对充分测试安全功能的适当性,特别要确定对某个安全功能内部接口的测试是否有必要,或者能否通过操纵外部接口的方式来充分地测试这些内部接口(虽然是隐含的)。出于公正的目的,这个决定留给评估者。

13.9.3.3.3 工作单元 4:ATE_DPT.1-3

评估者***应检查***测试程序,以确定测试的初始条件、测试步骤和期望结果足以测试每个安全功能。

本工作单元的指南与高层设计相关,可参见:

a) 13.9.1.3 应用注释“确认测试的充分性”。

13.9.3.3.4 工作单元 4:ATE_DPT.1-4

评估者**应检查**测试深度分析,以确保高层设计中定义的 TSF 完全映射到测试文档中的测试项。

测试深度分析提供了高层设计和测试计划与程序之间对应性的一个完备陈述。在高层设计中描述的所有子系统和内部接口应在测试深度分析中说明。所有在测试深度分析中说明的子系统和内部接口应有对应的测试,从而满足完备性的要求。如图 14 所示,所有的子系统和内部接口都有属于它们的测试,因此这个例子描述了完整的测试深度。如果测试深度分析中标识的子系统或内部接口没有属于它们的测试,那么说明覆盖不是完备的。

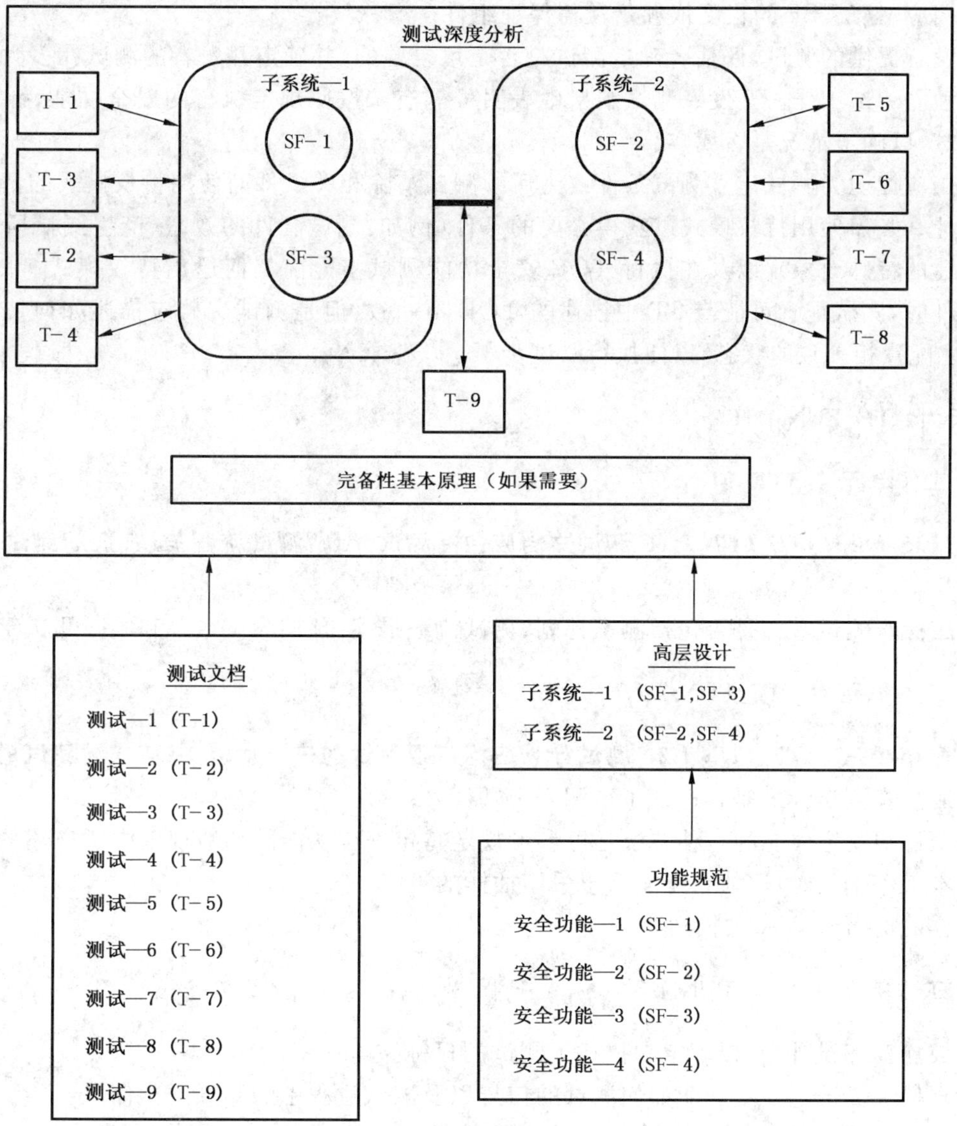

图 14 测试深度分析的概念框架

13.9.4 功能测试评估(ATE_FUN.1)

13.9.4.1 目的

本子活动的目的是确定开发者的功能测试文档是否可充分地证实安全功能都以按规定实现。

13.9.4.2 输入

本子活动的评估证据是：

a） ST；

b） 功能规范；

c） 测试文档；

d） 测试流程。

13.9.4.3 应用注释

测试文档应覆盖 TSF 的程度依赖于覆盖保证组件。

对于开发者提供的测试，评估者确定测试是否是可复验的，并确定开发者的测试在多大程度上可用于评估者的独立测试工作。开发者测试结果中表明可能有未按照规定执行的安全功能，评估者应对其进行独立测试，以确定情况是否属实。

测试文档应标识为测试建立测试条件或为后续测试清除相关条件而使用特权模式的情况。测试文档要描述为什么必需使用特权模式以获得必要的条件（例如：测试套件的效率、产生测试所需的非特权用户不能创建的特殊对象），以及在执行 TOE 安全功能测试步骤前如何退出特权模式。因此，虽然在建立测试条件时，测试配置可能与 ST 中描述的 TOE 不一致，但是测试文档应描述如何使配置返回到与 ST 所描述配置相一致的状态，以便执行测试步骤。

13.9.4.4 行为 ATE_FUN.1.1E

13.9.4.4.1 工作单元 4：ATE_FUN.1-1

ISO/IEC 15408-3 ATE_FUN.1.1C 测试文档应包括测试计划、测试流程描述、预期测试结果和实际测试结果。

评估者***应检查***测试文档是否包括测试计划、测试流程描述、预期测试结果和实际测试结果。

13.9.4.4.2 工作单元 4：ATE_FUN.1-2

ISO/IEC 15408-3 ATE_FUN.1.2C 测试计划应标识要测试的安全功能，并应描述测试的目标。

评估者***应核查***测试计划是否标识了待测安全功能。

用于标识待测安全功能的一种方法是可参考规定特定安全功能的功能规范中所描述的相应部分。

在执行本工作单元时，评估者可能希望采用抽样的策略。

关于抽样的指南参见 A.2“抽样”。

13.9.4.4.3 工作单元 4：ATE_FUN.1-3

评估者***应检查***测试计划，以确定它描述了测试的目标。

测试计划提供了关于安全功能如何测试的信息以及测试过程中的测试配置信息。

在执行本工作单元时，评估者可能希望采用抽样的策略。

关于抽样的指南参见 A.2“抽样”。

13.9.4.4.4 工作单元 4：ATE_FUN.1-4

评估者***应检查***测试计划，以确定 TOE 测试配置是否与在 ST 中列出的评估配置一致。

开发者测试计划中所提到的 TOE，其唯一参照号应与 CM 能力（ACM-CAP.*）子活动建立的唯一参照号相同。

ST 有可能指定不止一个评估配置，TOE 可能由多个不同的硬件和软件实现组成，应根据 ST 对它们进行测试。评估者要核实在开发者测试文档中所标识的测试配置是否与 ST 中描述的每个评估配置相一致。

评估者应考虑 ST 中描述的可适用于测试环境的关于 TOE 环境安全方面的假设。ST 中的某些假设可能不适用于测试环境。例如，关于用户许可方面的假设就可能不适用，但关于网络单点接入的假设就适用。

13.9.4.4.5 工作单元 4:ATE_FUN.1-5

评估者***应检查***测试计划，以确定它是否与测试流程描述一致。

在执行本工作单元时，评估者可能希望采用抽样的策略。

关于抽样的指南参见 A.2“抽样”，关于一致性分析的指南参见 A.3“一致性分析”。

13.9.4.4.6 工作单元 4:ATE_FUN.1-6

ISO/IEC 15408-3 ATE_FUN.1.3C 测试流程描述应标识要执行的测试和描述每个安全功能的测试情景。这些情景应包括对于其他测试结果的任何顺序依赖性。

评估者***应核查***测试流程描述是否标识了每一个待测安全功能行为。

用于标识待测安全功能行为的一种方法是引用设计规范中规定特定待测行为的相应部分。

在执行本工作单元时，评估者可能希望采用抽样的策略。

关于抽样的指南参见 A.2“抽样”。

13.9.4.4.7 工作单元 4:ATE_FUN.1-7

评估者***应检查***测试流程描述，以确定是否提供了足够的命令以建立可重复的测试初始条件，有时也包括顺序依赖关系。

为建立初始条件可能要采取一些步骤。例如，用户帐号应在其能被删除前添加。对于与其他测试结果有顺序依赖关系的一个例子是，在依靠审计功能对其他安全机制如访问控制产生审计记录之前，需要测试审计功能。另一个顺序依赖关系的例子是，某个测试用例所产生的数据文件被用作其他测试用例的输入。

在执行本工作单元时，评估者可能希望采用抽样的策略。

关于抽样的指南参见 A.2“抽样”。

13.9.4.4.8 工作单元 4:ATE_FUN.1-8

评估者***应检查***测试流程描述，以确定是否提供了足够的命令，以便拥有可重复的手段来激发安全功能和观察安全功能行为。

激励通常通过 TSFI 从外部提供给安全功能。一旦输入(激励)传给了 TSFI，安全功能行为就可以在 TSFI 观察到。除非测试流程包含足够的细节以明确无误地描述激励和期望作为该激励结果的行为，否则不能保证测试是可重复执行的。

在执行本工作单元时，评估者可能希望采用抽样的策略。

关于抽样的指南参见 A.2“抽样”。

13.9.4.4.9 工作单元 4:ATE_FUN.1-9

评估者***应检查***测试流程描述，以确定它们与实际测试流程是一致的。

如果两者一致，那么本工作单元就不适用，并认为已经满足要求。

在执行本工作单元时，评估者可能希望采用抽样的策略。

关于抽样的指南参见 A.2“抽样”,关于一致性分析的指南参见 A.3“一致性分析”。

13.9.4.4.10 工作单元 4:ATE_FUN.1-10

ISO/IEC 15408-3 ATE_FUN.1.4C 预期测试结果应指出测试成功执行后的预期输出。

评估者***应检查***测试文档,以确定其包括了足够的预期测试结果。

预期的测试结果用以确定测试是否成功执行。如果预期测试结果是明确无误的并且与给定测试方法的预期行为是一致的,那么该预期结果就足够了。

在执行本工作单元时,评估者可能希望采用抽样的策略。

关于抽样的指南参见 A.2“抽样”。

13.9.4.4.11 工作单元 4:ATE_FUN.1-11

ISO/IEC 15408-3 ATE_FUN.1.5C 开发者执行测试所得到的测试结果应证实每个被测试的安全性功能都按照规定执行。

评估者***应检查***测试文档中的预期测试结果,是否与给出的实际测试结果一致。

由开发者提供的实际测试结果和预期测试结果的比较将揭示出二者间的任何不一致。

只有当对某些数据进行约减或综合后,方可进行实际结果的直接比较。在这种情况下,开发者的测试文档应描述约减或综合真实数据的过程。

例如,开发者可能需要在网络连接建立后测试消息缓冲区以确定缓冲区中的内容。消息缓冲区将包含一个二进制数。这个二进制数应被转换为其他的数据表现形式以使测试更有意义。开发者应足够详细地描述从数据的二进制表示到更高级表示的转换,以便评估者能够实施转换过程(例如:同步或异步传输、停止位位数、奇偶校验位数等)。

应当注意,评估者使用约减或综合真实数据过程的描述,不是实际执行必要的修改,而是评定这一过程是否正确。开发者负责把预期测试结果转换为容易与实际测试结果相比较的格式。

在执行本工作单元时,评估者可能希望采用抽样的策略。

关于抽样的指南参见 A.2“抽样”。

如果任何测试的预期结果和实际结果不相同,那么表明安全功能没有正确执行。这种情况将会影响评估者的独立测试工作,包括隐含安全功能的测试。评估者要考虑增加本工作单元执行的证据样本。

13.9.4.4.12 工作单元 4:ATE_FUN.1-12

评估者***应报告***开发者测试工作,概述测试方法、配置、深度和结果。

对于在 ETR 中报告的开发者测试信息,可以允许评估者转述开发者测试 TOE 时的方法和成果。提供这种信息的目的是为了对开发者的测试工作给出一个有意义的概述,在 ETR 中关于开发者测试的信息不是为了精确再现特定的测试步骤或个别测试结果。其目的是要提供足够的细节,以便允许其他评估者和监督者了解开发者的测试方法、执行的测试数量、TOE 测试配置和开发者测试的总体结果。

一般可在 ETR 中找到关于开发者测试工作的信息有:

a) TOE 测试配置,被测 TOE 的特殊配置;

b) 测试方法,开发者全部测试策略的账目;

c) 开发者执行的测试数量,开发者测试覆盖和深度的描述;

d) 测试结果,开发者测试结果的整体描述。

以上列出的信息并不全面,只是为应呈现在 ETR 中的关于开发者所做测试的信息类型提供借鉴。

13.9.5 独立测试评估(ATE_IND.2)

13.9.5.1 目的

本子活动的目的是通过对 TSF 的一个子集进行独立测试,确定 TOE 是否按规定执行。同时,通过抽样执行开发者的测试,以获得对开发者测试结果的信任。

13.9.5.2 输入

本子活动的评估证据是:

a) ST;
b) 功能规范;
c) 用户指南;
d) 管理员指南;
e) 安全安装、生成和启动程序;
f) 测试文档;
g) 测试覆盖分析;
h) 测试深度分析;
i) 适于测试的 TOE。

13.9.5.3 行为 ATE_IND.2.1E

13.9.5.3.1 工作单元 4:ATE_IND.2-1

ISO/IEC 15408-3 ATE_IND.2.1C TOE 应适合测试。

评估者***应检查***TOE,以确定测试配置与所评估的 ST 中规定的配置是一致的。

用于评估者测试的 TOE,其唯一参照号应与 CM 能力(ACM-CAP. *)子活动建立的唯一参照号相同。

ST 有可能指定不止一个评估配置,TOE 可能由多个不同的硬件和软件实现组成,应根据 ST 对它们进行测试。评估者的 TOE 测试配置应与 ST 中所描述的每个评估配置相一致。

评估者应考虑 ST 中所描述的可用于测试环境的关于 TOE 环境安全方面的假设。ST 中可能有一些假设不适用于测试环境。例如,关于用户许可方面的假设可能就不适用,但关于网络单点接入的假设就适用。

如果使用了任何测试资源(例如仪表、分析仪),评估者有责任保证这些资源是校准正确的。

13.9.5.3.2 工作单元 4:ATE_IND.2-2

评估者***应检查***TOE,以确定它已被正确安装并处于一个已知状态。

评估者可能以多种方式来确定 TOE 的状态。例如,只要评估者仍然相信正在用于测试的 TOE 是正确安装的并且处于一个已知状态,先前的 ADO_IGS.1“安装、生成和启动程序”子活动的成功完成将满足本工作单元。如果情况不是这样,那么评估者只需根据提供的指南按照开发者的规程来安装、生成和启动 TOE。

如果由于 TOE 处于未知状态,评估者不得不执行安装过程,在成功完成后即可满足工作单元 ADO_IGS.1-2 的要求。

13.9.5.3.3 工作单元 4:ATE_IND.2-3

ISO/IEC 15408-3 ATE_IND.2.2C 开发者应提供一组相当的资源,该资源曾被用于开发者的 TSF 功

能测试。

评估者***应检查***开发者提供的资源集，以确认它们与开发者做 TSF 功能测试时使用的资源集等同。

资源集可能包括实验室和专用测试设备等。这里的资源与开发者所使用的资源不一定完全相同，但在对测试结果的影响方面上，两者应是等同的。

13.9.5.4 行为 ATE_IND.2.2E

13.9.5.4.1 工作单元 4：ATE_IND.2-4

评估者***应设计***一个测试子集。

评估者选择一个适合于 TOE 的测试子集和测试策略。一个极端的测试策略是让测试子集包含尽可能多的安全功能，但不是很严格地测试它们。另一个极端的测试策略是根据觉察到的相关性，让测试子集包含少数几个安全功能，并严格地测试这些安全功能。

评估者采用的测试方法一般会处于这两种极端情况之间。评估者应至少使用一项测试来试验 ST 中标明的大部分安全功能要求，但不必进行所有的规范测试。

评估者在选择被测 TSF 子集时应该考虑以下因素：

a） 开发者测试证据。开发者测试证据包括：测试覆盖分析、测试深度分析和测试文档。开发者测试证据将使评估者了解有关安全功能是如何被开发者测试的。当评估者在开发新的测试来对 TOE 进行独立性测试时会用到这一信息。评估者应特别考虑：
    1） 针对特定安全功能，增加开发者测试。评估者或许希望通过修改参数进行多个同类测试，以便更严格地测试安全功能；
    2） 针对特定安全功能，补充开发者测试策略。评估者或许希望通过使用另外一个测试策略测试某个特定的安全功能，以改变对该安全功能的测试方法。
b） 测试子集中包括的安全功能个数。如果 TOE 只包含少量安全功能，就要对所有安全功能进行严格测试。如果 TOE 包含很多安全功能，执行全班测试将是不合算的，此时可执行抽样测试。
c） 维持评估活动的平衡。评估者花费在测试活动上的工作应与花费在其他评估活动上的工作相称。

评估者选择安全功能组成测试子集。这种选择依赖于很多因素，对这些因素的考虑也可能影响测试子集大小的选择：

a） 开发者对安全功能测试的严格性。根据 ATE_COV.2“覆盖分析”的要求，在功能规范中所标识的所有安全功能应具有开发者测试证据。评估者决定需要补充测试的那些安全功能应包括在测试子集中。
b） 开发者测试结果。如果开发者的测试结果导致评估者对某个安全功能或某个方面产生怀疑，那么评估者应该将这些安全功能包括在测试子集中。
c） 与 TOE 的类型（例如，操作系统、防火墙）相关的已知公共域中的弱点。这些弱点将影响测试子集的选择过程。评估者应将涉及这些弱点的安全功能包含在子集中（这里的已知公共域中的弱点并不是指脆弱性，而是该类 TOE 所带有的不充分的情况或问题区）。如果不知道这样的弱点，那么采用选择更宽范围安全功能的这一通用方法可能更合适。
d） 安全功能的重要性。根据 TOE 的安全目的，那些较重要的安全功能应包含在测试子集中。
e） ST 中给出的 SOF 声明。所有有 SOF 声明的安全功能应包括在测试子集中。
f） 安全功能的复杂性。复杂的安全功能可能需要复杂的测试，这些测试对开发者或评估者施以更繁重的要求，这将不利用提高评估效率。相反，从更易找出错误的角度，复杂的安全功能又是子集的一个理想候选对象。因此，评估者需要在这些考虑因素之间寻求一种平衡。

g) 隐含的测试。某些安全功能的测试可能往往隐含着需要测试其他安全功能,把它们包括在子集中可以使被测安全功能数最大化(虽然是隐含的)。典型地,某些特定接口被用于提供多种安全功能特性,这是一种有效的测试方法。

h) TOE 的接口类型(例如,编程的、命令行的、协议的)。评估者应考虑在子集中包括 TOE 支持的所有不同接口类型的测试。

i) 创新的或不寻常的功能。当 TOE 包含有创新的或不寻常的安全功能时,这些功能在市场宣传中可能颇具分量,应该成为测试的重点候选对象。

这一部分指南清楚地说明了在选择合适的测试子集过程中应考虑的因素,但不代表已详述了所有因素。

关于抽样的指南参见 A.2“抽样”。

13.9.5.4.2 工作单元 4:ATE_IND.2-5

评估者*应*为测试子集生成足够详细的测试文档,以便测试情况是可再现的。

参照 ST 和功能规范,在对一个安全功能的预期行为有了一定了解后,评估者应确定测试该功能的最可行的方法。

评估者应特别考虑以下几点:

a) 将采用的方法,例如,是否在外部接口上测试安全功能,是否使用测试设备在内部接口上测试安全功能,或者使用其他测试方法(例如在异常情况下,代码检查);

b) 用于激发安全功能并观察响应的安全功能接口;

c) 测试所需的初始条件(例如:任何需要具备的特殊客体或主体以及它们需要拥有的安全属性);

d) 激发安全功能或观察安全功能所需的专用测试设备(例如,包发生器、网络分析仪)。

评估者可能发现,使用一系列测试用例测试每个安全功能是切实可行的,而每个测试用例将测试预期行为的某个特定的方面。

评估者的测试文档应指明每个测试的出处,如有必要,将其追溯到相关的设计规范和 ST。

13.9.5.4.3 工作单元 4:ATE_IND.2-6

评估者*应实施*测试。

评估者使用测试文档作为对 TOE 进行测试的基础。测试文档用作测试的基础,但是这并不排除评估者执行附加的特别测试。基于测试中发现的 TOE 行为,评估者可以设计新的测试,这些新的测试应记录在测试文档中。

13.9.5.4.4 工作单元 4:ATE_IND.2-7

评估者*应记录*包含在测试子集中的如下测试信息:

a) 待测试的安全功能行为的标识;

b) 测试设备的连接说明与设置说明;

c) 测试所需初始条件的说明;

d) 激发安全功能的说明;

e) 观察安全功能行为的说明;

f) 所有预期结果的描述,以及用以比较预期结果的必要分析;

g) 总结测试和为 TOE 建立必要的测试后状态的说明;

h) 实际测试结果。

测试文档中的细节描述应达到这样的程度:使其他评估者能重复测试并获得相同的结果,尽管测试结果的某些特定细节可能不同(例如,审计记录中的时间和日期字段),但整体结果应该是相同的。

有些情况可以不必提供本工作单元中出现的全部信息(例如,在可以与预期结果做比较前,可能不需要对实际测试结果进行任何分析)。这些信息的省略由评估者决定,这样才合理。

13.9.5.4.5 工作单元 4:ATE_IND.2-8

评估者***应核查***所有的实际测试结果,是否与预期测试结果一致。

实际测试结果和预期测试结果间的任何差别可能表明 TOE 与其规定不一致,或者评估者的测试文档是错误的。出现意料之外的实际测试结果,可能需要对 TOE 或测试文档进行纠正维护,也许需要重新运行受到影响的测试,并且修改测试样本的数量和组成。该决定由评估者作出,这样才合理。

13.9.5.5 行为 ATE_IND.2.3E

13.9.5.5.1 工作单元 4:ATE_IND.2-9

评估者***应***使用在开发者测试计划和测试流程中抽取的测试样本***实施***测试。

本工作单元的总体目的是要实施足够数量的开发者测试,以确认开发者的测试结果的有效性。评估者必须确定样本量和构成样本的开发者测试。

考虑到整个测试活动的评估工作,通常应该完成 20%的开发者测试,当然这可以根据 TOE 的特性和所提交的测试证据而改变。

所有的开发者测试都能被追溯到特定的安全功能。因此,在选择构成样本的测试时,所需考虑的因素要相似于在工作单元 ATE_IND.2-4 中为子集选择列出的那些因素。此外,评估者可以使用一个随机抽样的方法来选择构成样本的开发者测试。

关于抽样的指南参见 A.2“抽样”。

13.9.5.5.2 工作单元 4:ATE_IND.2-10

评估者***应核查***所有的实际测试结果,是否与预期测试结果一致。

开发者的预期测试结果和实际测试结果之间的不一致将迫使评估者解决这个差异。评估者最初遇到的不一致性可由开发者提供的合理解释和不一致性解决办法予以解决。

如果没有一个满意的解释或解决办法,评估者可能会降低对开发者测试结果的信任,并且有必要增加试样量,以便重新获取对开发者测试的信任。如果增加试样量还不能满足评估者的要求,就有必要重复整个开发者测试集。最后,就充分测试在工作单元 ATE_IND.2-4 中所标识的 TSF 子集而言,开发者测试的不足将导致要么需要对开发者测试进行纠正,要么由评估者产生新的测试。

13.9.5.5.3 工作单元 4:ATE_IND.2-11

评估者***应***在 ETR 中***报告***评估者的测试成果、测试大纲、配置、深度和结果。

在 ETR 中报告的评估者测试信息允许评估者告知总体测试方法和在评估过程中测试活动所付出的效果。提供这种信息的目的是对测试工作给出一个有意义的概述,这并不是为了精确再现特定的测试说明或个别测试结果。其目的是要提供足够的细节,以便允许其他评估者和监督者了解评估者所选择的测试方法、执行的评估者测试数量、执行的开发者测试数量、TOE 测试配置和测试活动的总体结果。

一般可在 ETR 中找到关于评估者测试工作的信息有:

a) TOE 测试配置。被测 TOE 的特殊配置;
b) 所选子集的大小。在评估中要被测试的安全功能的数量和确定子集大小的理由;
c) 构成子集的安全功能选择标准。简要说明在选择组成子集的安全功能时考虑的因素;
d) 被测的安全功能。包含在子集中的安全功能的简表;

e) 所执行的开发者测试。所执行的开发者测试的数量和对用于选择测试标准的一个简要描述;

f) 活动的裁定。对测试结果的总体判断。

以上列出的信息并不全面,只是为应呈现在 ETR 中的关于评估期间评估者所做测试的信息类型提供借鉴。

13.10 脆弱性评定活动

脆弱性评定活动的目的是确定 TOE 在预期使用环境下的缺陷或弱点的存在性和可利用性。这种确定是基于开发者和评估者所进行的分析,并由评估者的测试予以支持。

13.10.1 误用评估(AVA_MSU.2)

13.10.1.1 目的

本子活动的目的是确定指南是否是令人误解的、不合理的或是自相矛盾的,是否已经提出了关于所有操作方式的安全流程,以及指南的使用是否便于防止和检测到不安全的 TOE 状态。

13.10.1.2 输入

本子活动的评估证据是:

a) ST;

b) 功能规范;

c) 高层设计;

d) 低层设计;

e) 实现表示的子集;

f) TOE 安全策略模型;

g) 用户指南;

h) 管理员指南;

i) 安全安装,生成与启动程序;

g) 指南的误用分析;

k) 测试文档;

l) 适于测试的 TOE。

13.10.1.3 应用注释

术语"指南"在本子活动中指用户指南、管理员指南和安全安装、生成和启动程序。安装、生成和启动程序指管理员负责执行的使 TOE 从交付状态进入运行状态的全部流程。

本组件包括了未在 AVA_MSU.1"指南检查"中呈现的关于开发者分析的要求。开发者分析的确认不应用来代替评估者对指南文档的检查,而应用来提供开发者已明确地表述了误用问题的证据。

13.10.1.4 行为 AVA_MSU.2.1E

13.10.1.4.1 工作单元 4:AVA_MSU.2-1

ISO/IEC 15408-3 AVA_MSU.2.1C 指导性文档应标识所有可能的 TOE 操作模式(包括失败或操作失误后的操作)、它们的后果以及对于保持安全运行的意义。

评估者***应检查***指南和其他评估证据,以确定指南标识了所有可能的 TOE 操作模式(例如:失败或操作失误后的操作)、它们的后果以及对于保持安全运行的意义。

其他评估证据,特别是功能规范和测试文档,为评估者提供了信息源。评估使用这些信息确认指南是否包含了足够的指导信息。

评估者应每次只关注单个安全功能，并将其他评估证据与指南中有关安全地使用安全功能的部分相比较，从而确定指南中有关安全功能的部分足以保证安全功能的安全使用(即与 TSP 一致)。评估者也应考虑安全功能之间的关系，并寻找潜在的冲突。

13.10.1.4.2　工作单元 4:AVA_MSU.2-2

ISO/IEC 15408-3 AVA_MSU.2.2C 指导性文档应是完备的、清晰的、一致的、合理的。

评估者***应检查***指南，以确定它是清晰的和内在一致的。

如果指南可能能被管理员或用户曲解，并且以有害于 TOE 或 TOE 安全的方式使用，那么这个指南就是不清晰的。

关于一致性的指南参见 A.3“一致性分析”。

13.10.1.4.3　工作单元 4:AVA_MSU.2-3

评估者***应检查***指南和其他评估证据，以确认指南是完备的和合理的。

评估者应利用从其他评估活动中所获得的对 TOE 的熟悉程度来确认指南是完备的。

评估者特别要考虑功能规范和 TOE 概要规范。所有这些文档中描述的安全功能应在指南中加以描述，以便安全地管理和使用。评估者也可以在指南和这些文件之间找出非形式化的映射关系。在这个映射关系中任何省略都意味着不全面。

如果指南对 TOE 的使用或运行环境要求与 ST 不一致，或者维持安全的负担过于繁重，那么这个指南就是不合理的。

评估者应注意到，执行 AGD_ADM 子活动的工作单元所得到的结果将对此检查提供有用的输入。

13.10.1.4.4　工作单元 4:AVA_MSU.2-4

ISO/IEC 15408-3 AVA_MSU.2.3C 指导性文档应列出关于预期使用环境的所有假设。

评估者***应检查***指南，以确定其列出了关于预期使用环境的所有假设。

评估者分析 ST 中预期 TOE 安全环境的假设，并且与指南相比较，以确保在指南中适当地描述了所有与管理员和用户有关的 ST 预期 TOE 安全环境的假设。

13.10.1.4.5　工作单元 4:AVA_MSU.2-5

ISO/IEC 15408-3 AVA_MSU.2.4C 指导性文档应列出对外部安全措施(包括外部程序的、物理的或人员的控制)的所有要求。

评估者***应检查***指南，以确定其列出了所有外部安全措施要求。

评估者分析指南，以确保其列出了所有的外部程序的、物理的、人员的和连接控制。ST 中非 IT 环境的安全目的将指出什么是必需的。

13.10.1.4.6　工作单元 4:AVA_MSU.2-6

ISO/IEC 15408-3 AVA_MSU.2.5C 分析文档应证实指导性文档是完备的。

评估者***应检查***开发者的分析，以确定开发者已采取足够的措施确保指南是完备的。

开发者的分析可以由从 ST 或功能规范到指南的映射组成，以证明指南是完备的。开发者无论提供什么证据来表明指南是完备的，评估者都应评定开发者的分析，这种分析要对照在执行工作单元 AVA_MSU.2-1 至 AVA_MSU.2-5，AVA_MSU.2-7 时发现的缺陷来进行。

13.10.1.5 行为 AVA_MSU.2.2E

13.10.1.5.1 工作单元 4:AVA_MSU.2-7

评估者*应执行*所有管理员和用户(可用的话)流程,这些流程对于 TOE 的配置和安装是必要的,从而确定只要利用所提供的指南就能配置并安全地使用 TOE。

配置和安装要求评估者将 TOE 从一个可交付状态,推进到 TOE 运行的状态,并促使 TSP 与 ST 中规定的安全目的一致。

评估者应仅遵循正式提交给 TOE 使用者的用户和管理员指南中给出的开发者制定的流程。在操作中遇到任何困难都说明指南是不完备的、不清晰的、不一致的或者不合理的。

注意,满足本工作单元的工作,同时也满足评估者行为 ADO_IGS.1-2E 的要求。

13.10.1.5.2 工作单元 4:AVA_MSU.2-8

评估者*应执行*指南中规定的其他安全相关流程,以确定只需使用所提供的指南就能够安全地配置和使用 TOE。

评估者应仅遵循正式提交给 TOE 使用者的用户和管理员指南中给出的开发者制定的流程。

评估者应采用抽样的办法实施本工作单元。当选择样本时,评估者应考虑:

a) 指南的清晰程度:指南中任何潜在不清晰的部分应包含在样本中;
b) 最常使用的指南部分:指南中不常使用的部分通常不应包含在样本中;
c) 指南的复杂性:指南中的复杂部分应包含在样本中;
d) 错误的严重程度:那些因错误可严重损害安全的程序应包含在样本中;
e) TOE 特性:指南中有关 TOE 正式或最可能使用的部分应包含在样本中。

关于抽样方法的指南,参照 A.2“抽样”。

13.10.1.6 行为 AVA_MSU.2.3E

13.10.1.6.1 工作单元 4:AVA_MSU.2-9

评估者*应检查*指南,以确定其给用户提供了足够的指导信息,使得他们能有效地管理和使用 TOE 的安全功能,并能检测不安全的状态。

TOE 可能使用多种方法来帮助用户安全地使用 TOE。在 TOE 处于不安全的状态时,TOE 可以使用某种功能(特性)来警告用户。同时 TOE 可以在带有增强型指南的情况下被交付,其中增强型指南包括建议、提示、流程等内容,以更有效使用现有安全特性。例如,关于使用审计特性的指南就有助于检测不安全的状态。

为作出对本工作单元的裁定,评估者考虑 TOE 的功能性、目的、预期使用环境,以及关于使用方法或用户的假设。如果 TOE 可能会转变到不安全状态,但使用指南可以一种及时的方式检测到不安全状态,对此情况,评估者应给出结论。可使用诸如 ST、TSF 的功能规范和高层设计这样的评估交付件来确定 TOE 转换到不安全状态的可能性。

13.10.1.7 行为 AVA_MSU.2.4E

13.10.1.7.1 工作单元 4:AVA_MSU.2-10

评估者*应检查*开发者对指南的分析,以确定为 TOE 所有操作模式中的安全操作提供了指南。

评估活动 AVA_MSU.2.1E 的结果应为评估开发者的分析提供基础。当完成指南的潜在误用评估后,评估者应能够确定开发者所进行的误用分析是否满足本子活动的目的。

13.10.2 TOE 安全功能强度评估(AVA_SOF.1)

13.10.2.1 目的

本子活动的目的是确定,在 ST 中是否为所有概率或置换机制作出了 SOF 声明,以及开发者在 ST 中所作的 SOF 声明是否都是有正确的分析予以支持。

13.10.2.2 输入

本子活动的评估证据是:

a) ST;

b) 功能规范;

c) 高层设计;

d) 低层设计;

e) 实现表示的子集;

f) 用户指南;

g) 管理员指南;

h) TOE 安全功能强度分析。

13.10.2.3 应用注释

对 SOF 进行的分析在本质上是针对概率或置换的机制(例如:口令机制或生物识别)而实施的。尽管密码机制在本质上也是概率性的并且经常用"强度"来描述,但是 AVA_SOF.1"TOE 安全功能强度评估"却不适用于密码机制。对这种情况,评估者应遵循评估体制的规定来执行。

尽管 SOF 分析是在单个机制的基础上进行的,但是对 SOF 的总体判断却是基于功能的。当采用多个概率或置换机制来实现一个安全功能时,应分析每个不同的机制。提供安全功能的这些机制的组合方式将决定这个功能的总体 SOF 级别。评估者需要设计信息以理解这些机制如何协同工作才能实现一个功能,并且依据 ADV_HLD.1"描述性高层设计"给出这些信息的最小级别。评估者可获得由 EAL 确定的实际的设计信息,并且在必要时这些信息应能被用于支持评估者的分析。

对于涉及多个 TOE 域的 SOF 的讨论参见 ASE_REQ.1"IT 安全要求评估"。

13.10.2.4 行为 AVA_SOF.1.1E

13.10.2.4.1 工作单元 4:AVA_SOF.1-1

ISO/IEC 15408-3 AVA_SOF.1.1C 对于每个具有 TOE 安全功能强度声明的安全机制,TOE 安全功能强度分析应说明该机制达到或超过 PP/ST 中定义的最低强度级别。

评估者*应核查*开发者是否已为每个具有 SOF 声明的安全机制提供了 SOF 分析,该声明在 ST 中是以 SOF 级别的方式予以表示的。

如果仅以 SOF 度量标准的方式来声明 SOF,那么本工作单元是不适用的,视为已满足要求。

SOF 级别分为基本级功能强度、中级功能强度或高级功能强度,这些级别是根据攻击潜力来定义的,参见 ISO/IEC 15408-1 第 2 章。表示成一个级别的最小整体 SOF 要求适用于所有非密码的概率或置换安全机制。但个别机制可能具有一个被表示成超出整体 SOF 要求级别的 SOF 声明。

确定实现一个攻击所必需的攻击潜力,从而确定出 SOF 级别的指南参见 A.8"功能强度和脆弱性分析"。

SOF 分析中要包含基本原理以证明 ST 中所作的 SOF 声明。

13.10.2.4.2　工作单元 4:AVA_SOF.1-2

ISO/IEC 15408-3 AVA_SOF.1.2C 对于每个具有特定 TOE 安全功能强度声明的安全机制,TOE 安全功能强度分析应说明该机制达到或超过 PP/ST 中定义的特定功能强度度量标准。

评估者**应核查**开发者是否已为每个具有 SOF 声明的安全机制提供了 SOF 分析,该声明在 ST 中是以度量标准的方式予以表示的。

如果仅以 SOF 级别的方式来声明 SOF,那么本工作单元是不适用的,视为已满足要求。

表示成一个级别的最小整体 SOF 要求适用于所有非密码的概率或置换机制。但个别机制可能具有一个被表示成满足或超出整体 SOF 要求度量的 SOF 声明。

SOF 分析中要包含基本原理以证明 ST 中所作的 SOF 声明。

13.10.2.4.3　工作单元 4:AVA_SOF.1-3

评估者**应核查**SOF 分析,以确定支持分析的任何主张或假设都是有效的。

例如,认为伪随机数发生器的特定实现将拥有必要的熵,该熵是产生与 SOF 分析相关的安全机制所必需的,那么该假设就是有缺陷的。

支持 SOF 分析的假设应该反映"最差情形",除非"最差情形"被 ST 确定是无效的。当许多不同的情形存在时,并且这些情形都是依赖于人类用户或攻击者行为时,代表最低强度的情形应被假设,除非如以上所述该情况无效。

例如,基于最大理论口令空间(例如,所有可打印的 ASCII 码)的强度声明,就不是"最差情形",因为人类习惯于使用自然语言口令,但这样的行为却大大地减少了口令空间和相关强度。然而,如果在 ST 中列出了 TOE 使用的 IT 措施,例如用口令过滤器将自然语言口令的使用降至最少,那么这样的假设就是适当的。

13.10.2.4.4　工作单元 4:AVA_SOF.1-4

评估者**应检查**SOF 分析,以确定用以支持分析的任何算法、原理、性质和计算都是正确的。

本工作单元高度依赖于所考虑的机制类型。A.8"功能强度和脆弱性分析"提供了一个使用口令机制实现标识和鉴别功能的 SOF 分析实例;该分析考虑用最大口令空间以最终达到一个 SOF 级别。对于生物测量学,该分析应考虑解决方法和其他影响机制的欺骗敏感性的因素。

SOF 表示成一个级别,该级别是基于可击败安全机制所必需的最小攻击潜力。SOF 级别是在 ISO/IEC 15408-1 第 2 章中以攻击潜力进行定义的。

关于攻击潜力的指南参见 A.8"功能强度和脆弱性分析"。

13.10.2.4.5　工作单元 4:AVA_SOF.1-5

评估者**应检查**SOF 分析,以确定每个 SOF 声明被满足或超过。

关于 SOF 声明级别的指南参见 A.8"功能强度和脆弱性分析"。

13.10.2.4.6　工作单元 4:AVA_SOF.1-6

评估者**应检查**SOF 分析,以确定所有带有 SOF 声明的功能都达到了 ST 中所定义的最低强度级别。

13.10.2.5　行为 AVA_SOF.1.2E

13.10.2.5.1　工作单元 4:AVA_SOF.1-7

评估者**应检查**功能规范、高层设计、低层设计、用户指南和管理员指南,以确定所有的概率或置换机制都具有相应的SOF声明。

通过概率或置换机制实现的安全功能应由开发者予以标识,该标识应在ST评估活动期间予以验证。但是,由于TOE概要规范可能是执行此项活动的唯一有效证据,因此这种机制的识别可能是不完备的。作为本子活动输入的附加评估证据,可能识别出未在ST中列出的额外的概率或置换机制。如果是这样的话,那么应适当地更新ST以反映附加的SOF声明,而且开发者需提供额外的分析以证明该声明合理的,其可以作为评估者行为AVA_SOF.1.1E的输入。

13.10.2.5.2 工作单元4:AVA_SOF.1-8

评估者**应检查**SOF声明,以确定它们是正确的。

当SOF分析包括断言或假设时(例如,每分钟可能有多少次鉴别尝试),评估者应独立地确认它们是正确的。这可通过测试或独立的分析来完成。

13.10.3 脆弱性分析评估(AVA_VLA.2)

13.10.3.1 目的

本子活动的目的是确定在其预期使用环境中的TOE是否有可被具备低攻击潜力的攻击者利用的脆弱性。

13.10.3.2 输入

本子活动的评估证据是:

a) ST;

b) 功能规范;

c) 高层设计;

d) 低层设计;

e) 实现表示的子集;

f) TOE安全策略模型;

g) 用户指南;

h) 管理员指南;

i) 安全安装、生成和启动程序;

j) 脆弱性分析;

k) 功能强度声明分析;

l) 适于测试的TOE。

本子活动的其他输入有:

a) 关于明显脆弱性的当前信息(例如:来自监督者)。

13.10.3.3 应用注释

术语"指南"在本子活动中指用户指南、管理员指南和安全安装、生成和启动程序。

对可利用脆弱性的考虑是由ST中安全目的和功能要求确定的。例如,如果ST中不要求描述防止安全功能被旁路的措施(不选FPT_PHP"TSF物理保护"、FPT_RVM"参照仲裁"和FPT_SEP"域分离"),那么基于旁路的脆弱性就无需考虑。

脆弱性可能存在于公共域中,也可能不在,并且利用它可能需要技巧,也可能不要。这两方面是相关的,但是有区别的。不应仅仅因为脆弱性存在于公共域中而认为其容易被利用。

指南中的以下术语具有特定含义:

a) 脆弱性:在一定条件下能被利用来违反安全策略的 TOE 的弱点;
b) 脆弱性分析:系统地搜寻 TOE 中的脆弱性并且对所寻找到的脆弱性进行评判,以确定它们与 TOE 预期使用环境的关系;
c) 明显脆弱性:只要求对 TOE 有最低程度的了解、最小的技术复杂性和最少的资源就可公开利用的脆弱性;
d) 潜在脆弱性:怀疑在 TOE 中存在(根据假定的攻击途径)但并未被证实的脆弱性;
e) 可利用的脆弱性:在 TOE 预期使用环境下可被利用的脆弱性;
f) 不可利用的脆弱性:在 TOE 预期使用环境下不能被利用的脆弱性;
g) 残余脆弱性:一种几乎无法利用的脆弱性,但是在 TOE 预期使用环境下却能够被那些在预计之外的具备更大攻击潜力的攻击者所利用;
h) 穿透性测试:在 TOE 的预期使用环境下进行的测试,以确定已标识的 TOE 潜在脆弱性的可利用程度。

13.10.3.4 行为 AVA_VLA.2.1E

13.10.3.4.1 工作单元 4:AVA_VLA.2-1

ISO/IEC 15408-3 AVA_VLA.2.1C 脆弱性分析文档应描述对 TOE 交付件的分析,以寻找用户能够违反 TSP 的途径。

ISO/IEC 15408-3 AVA_VLA.2.2C 脆弱性分析文档应描述如何处理已标识的脆弱性。

ISO/IEC 15408-3 AVA_VLA.2.3C 脆弱性分析文档应针对所有已标识的脆弱性,说明该脆弱性不能在 TOE 的预期使用环境中被利用。

ISO/IEC 15408-3 AVA_VLA.2.4C 脆弱性分析文档应证明带有已标识脆弱性的 TOE 可以抵御明显的穿透性攻击。

评估者***应检查***开发者的脆弱性分析,以确定对脆弱性的搜索已经考虑了所有相关的信息。

开发者的脆弱性分析应涵盖开发者在所有评估交付件和公共域信息源中搜索到的脆弱性。

公共域中的信息是高度动态的。因此,在开发者执行脆弱性分析和评估完成之间的这一段时间内可能在公共域中有新的脆弱性报告。具体在那一个点停止对公共域信息的监测是评估授权机构的问题,因此相应的指南和协议应从评估授权机构得到。

13.10.3.4.2 工作单元 4:AVA_VLA.2-2

评估者***应检查***开发者的脆弱性分析,以确定每个已标识的脆弱性都已被描述,并就它在 TOE 的预期使用环境中为什么是不可利用的给出合理的解释。

如果存在下列条件中的一个或多个,那么脆弱性就是不可利用的:

a) (IT 或非 IT)环境中的安全功能或措施防止了在预期使用环境中脆弱性的利用。例如,限定只有授权用户可对 TOE 进行物理访问,可以有效地致使一个 TOE 脆弱性成为不可利用的脆弱性。
b) 脆弱性只能被拥有中级或高级攻击潜力的攻击者利用。例如,对于分布式 TOE 的会话劫持攻击的脆弱性来说,就需要一个高于低攻击潜力的攻击者才能利用该脆弱性。然而,这样的脆弱性在 ETR 中被报告为残余脆弱性。
c) 在 ST 中既没有声明要抵抗的威胁,也没有声明要满足的组织安全策略。例如,一个防火墙,其 ST 中没有作有效性策略声明并易受到 TCP SYN 攻击(一种基于通用 Internet 协议的攻击,使得主机无法为连接请求提供服务),不应仅基于这种脆弱性认为该评估活动失败。

关于确定利用某个脆弱性所应具备的攻击潜力的指南,请参见 A.8“功能强度和脆弱性分析”。

13.10.3.4.3 工作单元 4:AVA_VLA.2-3

评估者**应检查**开发者的脆弱性分析,以确定其与 ST 和指南都是一致的。

开发者的脆弱性分析可通过建议对 TOE 功能进行特殊配置或设置来处理一个脆弱性。如果认为这样的操作限制是有效的并与 ST 是一致的,那么所有这样的配置/设置都应该在指南中得到充分描述,这样才可能被用户使用。

13.10.3.5 行动 AVA_VLA.2.2E

13.10.3.5.1 工作单元 4:AVA_VLA.2-4

评估者**应**基于开发者的脆弱性分析**设计**穿透性测试。

评估者准备穿透性测试:

a) 当需尝试驳斥开发者的分析,质疑开发者关于脆弱性为什么不可利用的解释时;

b) 当需确定 TOE 在其预期使用环境中对未被开发者考虑到的脆弱性的敏感程度时。评估者应有权使用关于公共域中开发者尚未考虑到的脆弱性的最新信息(例如,来自监督者的信息),也可拥有一些作为执行其他评估活动的结果而识别出的潜在脆弱性。

不能期望评估者对具备低攻击潜力的攻击者无法利用的脆弱性进行测试(包括那些在公共域中的)。然而,许多情况下,在确定攻击所需潜力之前,应先进行测试。如果作为评估专家意见,评估者发现一个脆弱性超出了低攻击潜力,则这样的脆弱性在 ETR 报告中被报告为残余脆弱性。

在理解可疑脆弱性的基础上,评估者决定出最合理的方法测试 TOE 是否存在这样的脆弱性。评估者应特别考虑:

a) 用于激发 TSF 和观察反应的安全功能接口;

b) 测试所需的初始条件(例如:任何需要存在的特殊客体或主体及它们需要拥有的安全属性);

c) 激发安全功能或观察安全功能所需的专用测试设备。

评估者可能会将发现采用一系列测试用例来进行穿透性测试是可行的,其中每个测试用例将测试一个特定的脆弱性。

13.10.3.5.2 工作单元 4:AVA_VLA.2-5

评估者**应**基于开发者的脆弱性分析**编制**穿透性测试文档,并且应足够详尽使得测试可重复。测试文档应包括:

a) 标识被测 TOE 的脆弱性;

b) 进行穿透性测试所需的所有测试设备连接和设置的说明;

c) 建立所有穿透性测试的必备条件的说明;

d) 激发 TSF 的说明;

e) 观察 TSF 行为的说明;

f) 所有预期结果的描述,并对用于比较预期结果的观察行为进行必要的分析;

g) 总结测试和为 TOE 建立必要的测试后状态的说明。

测试文档中的细节描述应达到这种程度:其他的评估者能再现测试并获得相同的结果。

13.10.3.5.3 工作单元 4:AVA_VLA.2-6

评估者**应**基于开发者的脆弱性分析**实施**穿透性测试。

评估者使用工作单元 4:AVA_VLA.2-4 产生的穿透性测试文档作为对 TOE 进行穿透性测试的基础,但这并不排除评估者执行其他特别的穿透性测试。如果有必要的话,评估者可根据在穿透性测试期间(如果由评估者执行)所获得的信息设计特别的测试,这些测试应记录在穿透性测试文档中。这些测试有必要深入研究意外的结果或观察结果,或在预先测试计划阶段评估者所要研究的潜在脆弱性。

13.10.3.5.4 工作单元 4:AVA_VLA.2-7

评估者***应记录***穿透性测试的实际结果。

尽管实际测试结果的某些特定细节可能与预期的不同(例如:审计记录中的时间和日期字段),但整体结果应该是相同的。任何差异都应被证明是合理的。

13.10.3.5.5 工作单元 4:AVA_VLA.2-8

评估者***应***在 ETR 中***报告***穿透性测试工作、测试方法大纲、配置、深度和结果。

在 ETR 中报告的穿透性测试信息允许评估者描述全部穿透性测试方法和本子活动所做的工作。提供该信息的目的是对评估者的穿透性测试工作给出一个有意义的概述。这不意味着 ETR 中关于穿透性测试的信息完全复制于单个穿透性测试的具体测试步骤或测试结果。其目的是提供足够的细节,以便其他评估者和监督者了解所选择的穿透性测试方法、执行穿透性测试的数量、TOE 测试配置和穿透性测试活动的总体结果。

在 ETR 中,在有关评估者穿透性测试工作的章节中通常应包括以下信息:

a) TOE 测试配置。进行穿透性测试的 TOE 的特殊配置;

b) 进行穿透性测试的安全功能。穿透性测试所关注的安全功能简单列表;

c) 子活动的裁定。穿透性测试结果的总体判断。

以上列出的并不全面,只是为应在 ETR 中出现的,在评估期间评估者所做穿透性测试的信息的类型提供一些借鉴。

13.10.3.6 行为 AVA-VLA.2.3E

13.10.3.6.1 工作单元 4:AVA_VLA.2-9

评估者***应检查***本子活动的所有输入,以确定开发者的脆弱性分析未提及一些可能的安全脆弱性。

应当使用缺陷假设方法借以分析 TOE 的规范和文档,于是 TOE 中的脆弱性都成为了假设或推测。假设的脆弱性列表基于以下几个方面进行优先级排序:估计脆弱性存在的可能性;假设脆弱性存在时,利用该脆弱性所需的攻击潜能;该脆弱性的可控范围或危害程度。潜在脆弱性的优先级列表通常用于指导对 TOE 的穿透性测试。

关于确定利用某个脆弱性所应具备的攻击潜力的指南,参见 A.8“功能强度和脆弱性分析”。

假设只能由拥有中级或高级攻击潜力的攻击者利用的脆弱性,不会导致本评估者行为失败。这里所做的分析用以支持该假设,不必将其作为穿透性测试的输入而进一步加以考虑。但是,这些脆弱性应在 ETR 中报告为残余脆弱性。

假设可被具有低攻击潜力的攻击者利用的脆弱性,不会违背 ST 中规定的安全目的,也不会导致本评估者行为失败。这里所做的分析用以支持该假设,不必将其作为穿透性测试的输入而进一步加以考虑。

假设可被具有低攻击潜力的攻击者潜在利用,并导致违反安全目的的脆弱性,这些脆弱性组成具有最高优先级的潜在脆弱性列表,该列表用于指导对 TOE 进行的穿透性测试。

依据在预期使用环境中面临的威胁,评估者的独立脆弱性分析应考虑以下几种一般脆弱性:

a) 与被评估 TOE 的类型相关的一般脆弱性(可能由监督者提供);

b) 旁路;

c) 篡改;

d） 直接攻击；

e） 误用。

下文给出 b)～d)项的详细解释。

13.10.3.6.1.1 旁路

旁路包括攻击者能够避开安全强制措施所采取的以下任何手段：

a） 对 TOE 接口的利用，或者对能与 TOE 交互的实用程序的利用；

b） 对特权或其他能力的继承，否则应被拒绝；

c） （如果涉及保密性的话）对存储或复制到未被充分保护区域的敏感数据的读取。

在评估者独立脆弱性分析中，应考虑以下方面（如相关的话）：

a） 基于利用接口或实用程序的攻击，通常可以借助接口缺乏必要的安全强制措施来达到目的。例如，在较低级别而不是在加强的访问控制措施上获取对功能的访问。包括以下几方面：
   1） 改变功能调用的预定义序列；
   2） 执行附加的功能；
   3） 在意想不到的情况或目的下使用部件；
   4） 对较抽象的陈述中引入的实现细节的利用；
   5） 访问核查和使用之间的时间延时的利用。

b） 应该考虑改变部件调用的预定义序列，其中存在一个预期顺序：调用 TOE 的接口（例如：用户命令）是为了执行某些安全功能（例如，为访问打开文件，并从中读取数据）。如果一个安全功能是在一个 TOE 接口被调用的（例如访问控制核查），评估者应该考虑是否可以通过调用序列中稍后的某一点或不执行该调用的方式旁路安全功能。

c） 类似于前面描述的攻击形式，执行附加部件（在预定义序列中），但是牵涉到在序列中某些点上对其他 TOE 接口的调用。这种攻击涉及到通过使用网络通信分析工具对网络上传输的敏感数据进行侦听截获（这里的附加部件是指网络通信分析工具）。

d） 在意想不到的情况或目的下使用部件，包括使用一个 TOE 接口绕过安全功能，通过使用这个接口以达到设计或预期之外的目的。隐蔽信道就是这类攻击的例子。使用未在文档中描述的接口（这可能是不安全的）的也属于此类攻击（包括未在文档中描述的支持或帮助工具）。

e） 再次利用在较低级别表示中引入的实施细节，包括隐蔽信道的使用，攻击者利用隐蔽信道向 TOE 中引入附加功能、资源或属性（例如：使一个锁变量作为隐蔽信道）。附加功能可能还包括软件模块中的测试代码。

f） 核查和使用之间的延时的利用，包括以下情形：如果实施访问控制核查并且该访问是被允许的，同时攻击者随后可利用访问核查的时间来创造条件导致核查失败。例如，用户创建一个后台进程来读取和发送高敏感性的数据到用户终端，随后退出登录并回到较低敏感级别的登录状态。如果该后台进程在用户退出登录时没有被终止，那么 MAC 核查将被旁路。

g） 基于权限继承的攻击一般是基于对某些特权部件的特权或能力的非法获得，通常是以非受控或非预期的方式从某些特权的部件中退出时获得的。相关项目包括：
   1） 执行不期望运行的数据，或使之可执行；
   2） 使部件产生意外的输入；
   3） 使低级别部件所依赖的假设和属性失效。

h） 执行不期望运行的数据或使之可运行，包括与病毒有关的攻击（例如：当文件被编辑或访问时，在该文件中植入可以自动运行的代码或命令，从而继承该文件所有者的全部特权）。

i） 使部件产生意外的输入，能够造成被攻击者利用的结果。例如，如果 TOE 是一个实现安全功能的应用程序，如果用户获得了对底层操作系统的访问权限，那么就有可能通过探测登录顺序得到不同控制权限,或者通过鉴别口令时的换码顺序获得访问权限,那么TOE的安全功能就会被旁路。

j) 使低级别部件所依赖的假设和属性失效,包括基于摆脱应用程序的约束,以得到底层操作系统访问权限的攻击,其目的是旁路由应用程序实现的安全功能。在这种情况下,失效的假设是指应用程序用户不可能得到该访问权限。如果安全功能是由底层数据库管理系统上的应用程序实现的,那么可以设想的类似攻击:如果攻击者能够摆脱应用程序的约束,那么安全功能就能再次被旁路。

k) 基于读取存储在未被充分保护区域中(当涉及机密性时)的敏感数据的攻击,作为获得敏感数据访问权限的可能的方式,应考虑以下几方面的问题:
   1) 磁盘清理;
   2) 访问未受保护的内存;
   3) 利用对共享可写文件或其他共享资源(例如,交换文件)的访问。

l) 启动错误恢复以确定用户能够获得哪些访问权限。例如,当系统崩溃后,自动文件恢复系统可为磁盘上没有标签的无头文件启用一个丢失和找到目录。如果TOE实现了强制访问控制,则审查该目录处于什么安全级别(例如,处于系统级)并且谁有访问权就显得重要了。

13.10.3.6.1.2 篡改

篡改包括基于攻击者试图影响安全功能或机制的行为(例如:破坏或使失效)的任何攻击,例如通过:

a) 访问某些数据,而安全功能或机制依赖这些数据的机密性或完整性;
b) 迫使TOE处理异常或意外情况;
c) 禁止或延迟安全实施。

在评估者的独立脆弱性分析中,应考虑下列的每一种情况:

a) 某些攻击基于对某些数据的访问,而安全功能或机制依赖这些数据的机密性或完整性。这样的攻击包括:
   1) 直接或间接地读、写或修改内部数据;
   2) 在意想不到的情况或目的下使用某个部件;
   3) 利用在更高抽象层中不可见的部件之间的干扰。

b) 对于直接或间接地读、写或修改内部数据的攻击类型应考虑下列情况:
   1) 读取内部存储的秘密信息,例如用户口令;
   2) 骗取安全执行机制所依赖的内部数据;
   3) 修改环境变量(例如,逻辑名称),或者修改配置文件或临时文件中的数据。

c) 可能欺骗一个可信进程以修改某个受保护的文件,而该文件通常是不可访问的。

d) 评估者也应考虑下列"危险要素":
   1) 源代码连同编译器驻留在TOE中(比如,可能修改登录源代码);
   2) 一个交互式的调试和补丁工具(比如,可能修改可执行映像);
   3) 改变设备控制器级别的可能性,在这里不存在文件保护;
   4) 源代码中的诊断用代码,它可以选择性地包括在源代码内;
   5) 开发者的工具遗留在TOE中。

e) 在意想不到的情况或目的下使用某个部件,包括(例如)当TOE是构建在某操作系统上的一个应用,用户利用某个文字处理工具或其他编辑器的知识,修改自己的命令文件(例如试图获得更高的权限)。

f) 利用在更高抽象层中不可见的部件之间的干扰,包括利用对资源的共享访问进行攻击,在这种情况下，通过一个部件修改某个资源可能影响到其他(可信)部件的行为。例如，在源代码级，可以通过使用全局数据或间接机制如共享内存或信号机。

g) 总是应考虑迫使TOE处理异常或意外情况的攻击。相关的事项包括：
 1) 为某个部件产生意外的输入；
 2) 使得较低级别部件所依赖的假设和属性失效。

h) 某个部件产生意外的输入，当下列情况发生时检查TOE的行为：
 1) 命令输入中的缓冲区溢出(攻击者可以利用“堆栈崩溃”来覆盖其他存储空间，或者强制崩溃置转储如明文口令之类包含的敏感信息)；
 2) 输入无效的命令或参数(包括向接口提供一个只读参数，期望通过该参数返回数据)；
 3) 在某个审计迹中插入文件结束标记(例如CTRL/Z或CTRL/D)或空字符。

i) 使较低级别部件所依赖的假设和属性失效的攻击，这类攻击包括利用源代码中的错误，假定这些代码中(明确地或隐含地)与安全有关的数据具有特定的格式或特定的数值范围。在这种情况下，评估者应确定攻击者是否通过修改数据格式或数值范围就能够使得这部分源代码失效，并且如果他能够这样做的话，攻击者是否可从中受益。

j) 安全功能的正确行为可能依赖这样的假设：在诸如资源达到极限 或者参数达到最大数值等极端情况下将失效。评估者应考虑(如果可行)TOE在这些极端情况下的行为。例如：
 1) 改变日期(例如当超过一个关键日期阈值时，检查TOE的行为)；
 2) 磁盘的存储空间满时；
 3) 超过最大用户数；
 4) 审计日志的存储空间满时；
 5) 控制台的安全警告队列饱和时；
 6) 过于依赖通信部件的多用户TOE的各个部分过载；
 7) 使用流量淹没网络或单个主机；
 8) 缓冲区或字段的存储空间满时。

k) 基于禁止或延迟安全实施的攻击包括以下方面：
 1) 使用中断或调度功能来扰乱先后顺序；
 2) 扰乱并发；
 3) 利用在更高抽象层中不可见的部件之间的干扰。

l) 使用中断或调度功能来扰乱先后顺序，当在下列情况发生时需检查TOE的行为：
 1) 某个命令被中断(使用CTRL/C、CTRL/Y等)；
 2) 在第一个中断未响应前就发出第二个中断。

m) 应探测终止安全关键进程(例如审计守护程序)的影响。与此类似，还可延迟审计日志的记录或延迟告警的发出和接收，以至于这些信息对管理员来说是无用的(因为攻击可能已经成功)。

n) 扰乱并发包括当两个或更多的主体试图同时访问时，检查TOE的行为。当两个主体试图同时访问时，TOE也许能够处理所需的交替操作，但是出现更多的主体时，其行为可能将变得很难确定。例如，如果两个其他的进程正在访问一个安全关键进程所需要的资源时，那么这个安全进程就可能只好进入资源等待状态。

o) 利用在更高抽象层中不可见的部件之间的干扰，可能会提供一种延迟与时间有关的可信进程的手段。

13.10.3.6.1.3 直接攻击

直接攻击包括证实或否定所声称的最小功能强度时所必需的任何穿透性测试的鉴定结果。当在此前提下鉴定穿透性测试时，评估者还应该注意到脆弱性存在的可能性，因为脆弱性的存在可导致安全机制直接受到攻击。

13.10.3.6.1.4　误用

误用包括证实或否定误用分析时所必需的任何穿透性测试的鉴定结果。要考虑的问题包括：

a)　当进行启动、关闭或错误恢复时的 TOE 行为；

b)　在极端情况下(比如过载或渐近行为)的 TOE 行为，特别是在可能会导致激活或禁用安全执行的功能或机制的情况下的行为；

c)　在前面"篡改"条款中提到的，任何可能因无意的错误配置或不安全的使用所带来的攻击。

13.10.3.7　行动 AVA_VLA.2.4E

13.10.3.7.1　工作单元 4:AVA_VLA.2-10

评估者**应**基于独立的脆弱性分析***设计***穿透性测试。

评估者应基于在评估者活动 AVA_VLA.2.3E 中所假设的脆弱性优先级列表准备穿透性测试。

不能期望评估者测试那些高于低攻击潜力的攻击者所能利用的脆弱性。但作为评估专家意见，评估者可能发现了可被高于低攻击潜力的攻击者所利用的脆弱性，这样的脆弱性在 ETR 中报告为残余脆弱性。

在理解可疑脆弱性的基础上，由评估者确定出最合理的方法测试 TOE 受脆弱性的影响。评估者应特别考虑：

a)　用于激发 TSF 并观察反应的安全功能接口；

b)　测试所需的初始条件(例如：任何需要存在的特殊客体或主体及它们需要拥有的安全属性)；

c)　激发安全功能或观察安全功能所需的专用测试设备。

评估者很可能发现采用一系列测试用例来进行穿透性测试是可行的，每个测试用例测试一个特定的脆弱性。

13.10.3.7.2　工作单元 4:AVA_VLA.2-11

评估者**应**基于独立的脆弱性分析***编制***穿透性测试文档，并且文档应足够详尽使得测试可重复。测试文档应包括：

a)　被测 TOE 的明显脆弱性的标识；

b)　进行穿透性测试所需的所有测试设备连接和设置的说明；

c)　建立所有穿透性测试必备的初始条件的说明；

d)　激活 TSF 的说明；

e)　观察 TSF 行为的说明；

f)　所有预期结果的描述，并对用于比较预期结果的观察行为进行必要的分析；

g)　总结测试和为 TOE 建立必要的测试后状态的说明。

在测试文档中进行详细描述的目的是使其他的评估者能够重复测试并获得相同的结果。

13.10.3.7.3　工作单元 4:AVA_VLA.2-12

评估者**应**基于独立的脆弱性分析***实施***穿透性测试。

评估者使用工作单元 AVA_VLA.2-10 产生的穿透性测试文档，作为对 TOE 进行穿透性测试的基础，但这并不妨碍评估者执行额外特别的穿透性测试。如果有必要的话，评估者可设计新的测试，作为在穿透性测试期间(如果由评估者执行)了解到的信息的结果，如果评估者执行了这样的测试，那么这些测试应记录在穿透性测试文档中。这样的测试可能需要跟进意想不到的结果或意见，或建议评估者在测试前期计划阶段研究潜在脆弱性。

如果穿透性测试结果显示某个假设的脆弱性不存在，那么评估者应确定评估者本人的分析是否正确，或者是否评估交付件是不正确或不完备的。

13.10.3.7.4 工作单元 4:AVA_VLA.2-13

评估者***应记录***穿透性测试的实际结果。

尽管实际测试结果的某些特定细节可能与预期的不同(例如，审计记录中的时间和日期字段)，但整体结果应该是相同的。任何差异都应被证明是合理的。

13.10.3.7.5 工作单元 4:AVA_VLA.2-14

评估者***应***在 ETR 中***报告***评估者的穿透性测试工作、测试方法大纲、配置、深度和结果。

在 ETR 中报告的穿透性测试信息允许评估者描述全部穿透性测试方法和本子活动所做的工作。提供该信息的目的是对评估者的穿透性测试工作给出一个有意义的概述。这不意味着 ETR 中关于穿透性测试的信息完全复制于单个穿透性测试的具体测试步骤或测试结果。其目的是提供足够的细节，以便其他评估者和监督者了解所选择的穿透性测试方法、执行穿透性测试的数量、TOE 测试配置和穿透性测试活动的总体结果。

在 ETR 中，在有关评估者穿透性测试工作的章节中通常应包括以下信息：

a) TOE 测试配置。进行穿透性测试的 TOE 的特殊配置；
b) 进行穿透性测试的安全功能。穿透性测试所关注的安全功能简单列表；
c) 子活动的裁定。穿透性测试结果的总体判断。

以上列出的并不全面，只是为应在 ETR 中出现的，在评估期间评估者所做穿透性测试的信息的类型提供一些借鉴。

13.10.3.8 行动 AVA_VLA.2.5E

13.10.3.8.1 工作单元 4:AVA_VLA.2-15

评估者***应检查***所有穿透性测试结果和所有脆弱性分析的结论，以确定 TOE 在其预期使用环境中可以抵御拥有低攻击潜力的攻击者的攻击。

如果结果表明，TOE 在其预期使用环境中具有的脆弱性可以被拥有低于中等攻击潜力的攻击者所利用，那么本评估者行为就是失败的。

13.10.3.8.2 工作单元 4:AVA_VLA.2-16

评估者***应***在 ETR 中***报告***所有可利用的脆弱性和残余脆弱性，每种脆弱性应包括以下细节：

a) 来源(例如，在进行评估方法活动时构想到的、评估者知晓的、出版物上读到的)；
b) 牵涉到哪些或哪个安全功能，哪些或哪个目的没有满足，违反了哪些或哪个组织安全策略和实现了哪些或哪个威胁；
c) 描述；
d) 在其预期环境中是否可被利用(例如，可利用的，还是残余的)；
e) 识别出该脆弱性的评估方(例如开发者、评估者)的标识。

14 缺陷纠正子活动

14.1 缺陷纠正评估(ALC_FLR.1)

14.1.1 目的

本子活动的目的是确定开发者是否已建立了缺陷纠正程序,该程序用以描述安全缺陷跟踪、纠正行为标识,以及如何分发纠正行为信息到 TOE 用户。

14.1.2 输入

本子活动的评估证据是:

a) 缺陷纠正程序文档。

14.1.3 行为 ALC_FLR.1.1E

14.1.3.1 工作单元 ALC_FLR.1-1

ISO/IEC 15408-3 ALC_FLR.1.1C 缺陷纠正程序文档应描述用于跟踪每个在 TOE 发布版本中已报告的所有安全缺陷的程序。

评估者***应检查***缺陷纠正程序文档以确定它描述了用于跟踪每个 TOE 发布版本中已报告所有安全缺陷的程序。

程序描述了从每个可疑的安全缺陷被报告起到它被解决完毕为止,开发者所采取的行为。这包括缺陷的整个生存期,从最初的发现,到确定其为安全缺陷,直到安全缺陷被解决。

如果发现一个缺陷不是和安全相关的,则(根据 ALC_FLR“缺陷纠正”要求的目的)不需继续实施缺陷纠正程序予以跟踪,只需要阐述为何该缺陷不是和安全相关的。

虽然这些要求都不是强制的,TOE 用户可以通过公开方式报告安全缺陷,但是所有已报告的安全缺陷应被跟踪却是强制的。也就是,不能因为一个已报告的安全缺陷来自于开发组织外部,就简单地忽略它。

14.1.3.2 工作单元 ALC_FLR.1-2

ISO/IEC 15408-3 ALC_FLR.1.2C 缺陷纠正程序应要求描述所提供的每个安全缺陷的性质和影响,以及缺陷修正的情况。

评估者***应检查***缺陷纠正程序以确定这些程序的应用可产生一种按照性质和影响对每个安全缺陷的描述。

程序应确定开发者行为并详细地描述每个安全缺陷的性质和影响,以便能够重现它。安全缺陷性质的描述指出它是否为一个文档性错误,是否为一个 TSF 设计缺陷,是否为一个 TSF 实现缺陷等。安全缺陷影响的描述则标明 TSF 受影响的部分和它们是如何被影响的。例如,一个实现方面的安全缺陷可能通过允许使用带口令“BACKDOOR”的鉴别,而影响了 TSF 实施的标识和鉴别被发现。

14.1.3.3 工作单元 ALC_FLR.1-3

评估者***应检查***缺陷纠正程序以确定这些程序的应用可标识出每个安全缺陷修正发现的状态。

缺陷纠正程序需标识出安全缺陷的不同阶段,至少包括如下阶段:可疑安全缺陷已被报告、可疑安全缺陷已被确认为安全缺陷和安全缺陷的解决方案已被实现。还可以包括其他阶段(例如,缺陷已被报告但尚未调查、缺陷正在被调查中、安全缺陷的解决方案已被发现但尚未实施)。

14.1.3.4 工作单元 ALC_FLR.1-4

ISO/IEC 15408-3 ALC_FLR.1.3C 缺陷纠正程序应要求标识对每个安全缺陷所采取的修正行为。

评估者**应检查**缺陷纠正程序以确认程序的应用可标识对每个安全缺陷的修正行为。

“修正行为”可能包括对 TOE 硬件、固件和软件部分的修补，TOE 指南的修改，或者两者都有。构成 TOE 指南修改的修正行为(例如，用来消除安全缺陷的详细程序性措施)包括只作为过渡性方案(直至补丁发布)的那些措施和作为最终方案(即程序措施已被认定为最佳方案)的那些措施。

如果安全缺陷的来源是一个文档性错误，则修正行为包括更新受影响的 TOE 指南。如果修正行为是一个程序性措施，那么此措施应包括对受影响 TOE 指南所作的更新，以反映这些修正程序。

14.1.3.5 工作单元 ALC_FLR.1-5

ISO/IEC 15408-3 ALC_FLR.1.4C 缺陷纠正程序文档应描述用于向 TOE 用户提供缺陷信息、修正行为和修正行为指南给的方法。

评估者**应检查**缺陷纠正程序文档，以确定它描述了向 TOE 用户提供每个安全缺陷必需信息的方法。

关于每个安全缺陷的“必要信息”包括安全缺陷描述(在详细程度上可以不必和工作单元 ALC_FLR.1-2 所提供的一样)、规定的修正行为和关于实现修正的任何相关指南。

可通过几种途径为 TOE 用户提供信息、修正和文档更新，比如通过网站发布、邮件发送和安排由开发者安装修正等。当提供这些信息的方式要求由用户来发起时，评估者应检查 TOE 指南以确保它包含获取相关信息的规程。

评定用于提供信息、修正和指南的方法是否充分的唯一度量是存在一个合理的期望：TOE 用户能够获取或接收到。例如，考虑将必要的数据在网站发布一个月的分发方法时，要确保 TOE 用户知道这一情况将要发生并知道何时将要发生。这种方法可能不是非常合理或有效的(与在网站上永久发布相比)，但是切实可行的，因为 TOE 用户能够获取这些必要的信息。另一方面，如果信息仅在网站发布一个小时，再加上 TOE 用户无法得知这些或它何时将被发布，那么这对 TOE 用户总能得到这些必要的信息而言，就是不切实际的。

14.2 缺陷纠正评估(ALC_FLR.2)

14.2.1 目的

本子活动的目的是确定开发者是否建立了描述安全缺陷跟踪、修正行为标识、分发修正行为信息到 TOE 用户的缺陷纠正程序。此外，这一子活动还确定开发者的程序是否提供了安全缺陷的修正、来自 TOE 用户的缺陷报告的接受以及修正不会引入新安全缺陷的保证。

为了开发者能够正确处理来自 TOE 用户的安全缺陷报告，TOE 用户需要了解如何提交安全缺陷报告给开发者，开发者需要知道如何接收这些报告。缺陷纠正指南应针对 TOE 用户，以确保 TOE 用户知道如何与开发者进行沟通；缺陷纠正程序应描述开发者在沟通中的角色。

14.2.2 输入

本子活动的评估证据是：

a) 缺陷纠正程序文档；

b) 缺陷纠正指南文档。

14.2.3 行为 ALC_FLR.2.1E

14.2.3.1 工作单元 ALC_FLR.2-1

ISO/IEC 15408-3 ALC_FLR.2.1C 缺陷纠正程序文档应描述用于跟踪每一个 TOE 发布版本中所有已报告安全缺陷的程序。

评估者***应检查***缺陷纠正程序文档以确定它描述了用来跟踪每个 TOE 发布版本中所有已报告安全缺陷的程序。

程序描述从每个可疑的安全缺陷被报告起到它被解决完毕为止,开发者所采取的行为。这包括缺陷的整个生存期,从最初的发现,到确定其为安全缺陷,直到安全缺陷被解决。

如果发现一个缺陷不是和安全相关的,则(根据 ALC_FLR“缺陷纠正”要求的目的)不需继续实施缺陷纠正程序予以跟踪,只需要阐述为何该缺陷不是和安全相关的。

14.2.3.2 工作单元 ALC_FLR.2-2

ISO/IEC 15408-3 ALC_FLR.2.2C 缺陷纠正程序应要求描述所提供的每个安全缺陷的性质和影响,以及缺陷修正的情况。

评估者***应检查***缺陷纠正程序以确定这些程序的应用可产生一种按照性质和影响对每个安全缺陷的描述。

程序应确定开发者行为并详细地描述每个安全缺陷的性质和影响,以便能够重现它。安全缺陷性质的描述指出它是否为一个文档性错误,是否为一个 TSF 设计缺陷,是否为一个 TSF 实现缺陷等。安全缺陷影响的描述则标明 TSF 受影响的部分和它们是如何被影响的。例如,一个实现方面的安全缺陷可能通过允许使用带口令“BACKDOOR”的鉴别,而影响了 TSF 实施的标识和鉴别被发现。

14.2.3.3 工作单元 ALC_FLR.2-3

评估者***应检查***缺陷纠正程序以确定这些程序的应用可标识出对每个安全缺陷发现修正的状态。

缺陷纠正程序需标识出安全缺陷的不同阶段,至少包括如下阶段:可疑安全缺陷已被报告、可疑安全缺陷已被确认为安全缺陷和安全缺陷的解决方案已被实现。还可以包括其他阶段(例如,缺陷已被报告但尚未调查、缺陷正在被调查中、安全缺陷的解决方案已被发现但尚未实施)。

14.2.3.4 工作单元 ALC_FLR.2-4

ISO/IEC 15408-3 ALC_FLR.2.3C 缺陷纠正程序应要求标识对每个安全缺陷所采取的修正行为。

评估者***应检查***缺陷纠正程序以确认程序的应用可标识对每个安全缺陷的修正行为。

“修正行为”可能包括对 TOE 硬件、固件和软件部分的修补,TOE 指南的修改,或者两者都有。构成 TOE 指南修改的修正行为(例如,用来消除安全缺陷的详细程序性措施)包括只作为过渡性方案(直至补丁发布)的那些措施和作为最终方案(即程序措施已被认定为最佳方案)的那些措施。

如果安全缺陷的来源是一个文档性错误,则修正行为包括更新受影响的 TOE 指南。如果修正行为是一个程序性措施,那么此措施应包括对受影响 TOE 指南所作的更新,以反映这些修正程序。

14.2.3.5 工作单元 ALC_FLR.2-5

ISO/IEC 15408-3 ALC_FLR.2.4C 缺陷纠正程序文档应描述用于提供缺陷信息、修正行为和修正行为指南给 TOE 用户的方法。

评估者***应检查***缺陷纠正程序文档,以确定它描述了向 TOE 用户提供每个安全缺陷必需信息的方法。

关于每个安全缺陷的"必要信息"包括安全缺陷描述(在详细程度上可以不必和工作单元 ALC_FLR.2-2 所提供的一样)、规定的修正行为和关于实现修正的任何相关指南。

可通过几种途径为 TOE 用户提供信息、修正和文档更新,比如通过网站发布、邮件发送和安排由开发者安装修正等。当提供这些信息的方式要求由用户来发起时,评估者应检查 TOE 指南以确保它包含获取相关信息的规程。

评定用于提供信息、修正和指南的方法是否足够的唯一度量是存在一个合理的期望:TOE 用户能够获取或接收到。例如,考虑将必要的数据在网站发布一个月的分发方法时,要确保 TOE 用户知道这一情况将要发生并知道何时将要发生。这种方法可能不是非常合理或有效的(与在网站上永久发布相比),但是切实可行的,因为 TOE 用户能够获取这些必要的信息。另一方面,如果信息仅在网站发布一个小时,再加上 TOE 用户无法得知这些或它何时将被发布,那么这对 TOE 用户总能得到这些必要的信息而言,就是不切实际的。

14.2.3.6 工作单元 ALC_FLR.2-6

ISO/IEC 15408-3 ALC_FLR.2.5C 缺陷纠正程序应描述开发者接收 TOE 用户报告并询问 TOE 中可疑安全缺陷的手段。

评估者***应检查***缺陷纠正程序,以确定其描述了开发者接受安全缺陷报告或缺陷修正请求的程序。

程序要确保 TOE 用户拥有与 TOE 开发者沟通的手段。通过拥有开发者的联系方式,用户能够报告安全缺陷、询问安全缺陷的现状和请求修正缺陷。这种联系方式对报告非安全相关问题来说是更通用的联系方法的组成部分。

这些程序的使用不限于 TOE 用户,但是,仅向 TOE 用户主动提供这些程序的详细内容。其他可访问 TOE 或熟悉 TOE 的人员也可以采用同样的程序,向开发者提交报告,以便开发者处理。除了开发者标明的方式之外,向开发者提交报告的任何其他方式都超出了本工作单元的范围,通过其他产生方式产生的报告无需处理。

14.2.3.7 工作单元 ALC_FLR.2-7

ISO/IEC 15408-3 ALC_FLR.2.6C 处理所报告安全缺陷的程序应确保任何已报告的缺陷都已被修正,并且该修正已发布给 TOE 用户。

评估者***应检查***缺陷纠正程序,以确定这些程序的应用可帮助确保修正了被报告的每个安全缺陷。

缺陷纠正程序不仅涵盖开发人员所发现和报告的安全缺陷,还包括 TOE 用户报告的安全缺陷。程序应足够详细,以便描述如何确保每个被报告的安全缺陷都被修正。程序包含合理的步骤,展示提出最终的、必然的解决办法的进程。

程序描述从一个可疑的缺陷被确定为安全缺陷到其被解决,所采取的处理过程。

14.2.3.8 工作单元 ALC_FLR.2-8

评估者***应检查***缺陷纠正程序以确定这些程序的应用可帮助确保向 TOE 用户发布了每个安全缺陷的修正行为。

程序描述从安全缺陷被确定到修正行为被提供出来,所采取的处理过程。修正行为交付程序应与安全目的一致;如果这些程序包含在保证要求内,它们不需与用于交付 TOE 的程序完全相同,即不需要书面说明满足 ALC_DEL 要求。例如,如果 TOE 的硬件部分最初是通过速递的方式交付的,那么由于缺陷纠正导致的硬件升级同样也可采用速递的方式来分发。与缺陷纠正无关的更新宜遵循满足 ALC_DEL"交付"要求的程序。

14.2.3.9 工作单元 ALC_FLR.2-9

ISO/IEC 15408-3 ALC_FLR.2.7C 处理所报告安全缺陷的程序应提供预防措施，确保对这些安全缺陷的任何修正不会引入任何新的缺陷。

评估者***应检查***缺陷纠正程序，以确定这些程序的应用可保证潜在的修正不会带来不良影响。

通过分析、测试或者两者的结合，开发者可以降低在修正安全缺陷时引入不良影响的可能性。评估者评估该程序是否详细提供了针对给定修正，如何确定分析和测试行为的必要联合。

评估者还需确定当安全缺陷来源于文档问题时，纠正程序是否包含了防止引入与其他文档矛盾之处的保障手段。

14.2.3.10 工作单元 ALC_FLR.2-10

ISO/IEC 15408-3 ALC_FLR.2.8C 缺陷纠正指南应描述 TOE 用户将 TOE 中任何可疑安全缺陷报告给开发者的手段。

评估者***应检查***缺陷纠正指南，以确定这些程序的应用可为 TOE 用户提供报告可疑安全缺陷或请求对该缺陷进行修正的手段。

指南要确保 TOE 用户拥有能够与 TOE 开发者进行沟通的方式。通过拥有与开发者的联系方式，TOE 用户能够报告安全缺陷、询问安全缺陷的现状和请求对缺陷进行修正。

14.3 缺陷纠正评估(ALC_FLR.3)

14.3.1 目的

本子活动的目的是确定开发者是否建立了描述安全缺陷跟踪、修正行为标识、分发修正行为信息到 TOE 用户的缺陷纠正程序。此外，这一子活动还确定开发者的程序是否描述了安全缺陷的修正、来自 TOE 用户的缺陷报告的接受、修正不会引入新安全缺陷的保证、每个 TOE 用户联系点的建立、给 TOE 用户的修正行为的及时发布。

为了开发者能够正确处理来自 TOE 用户的安全缺陷报告，TOE 用户需要了解如何提交安全缺陷报告给开发者，开发者需要知道如何接收这些报告。缺陷纠正指南针对 TOE 用户，保证 TOE 用户知道如何与开发者进行沟通；缺陷纠正程序描述了开发者在沟通中的角色。

14.3.2 输入

本子活动的评估证据是：

a) 缺陷纠正程序文档；

b) 缺陷纠正指南文档。

14.3.3 行为 ALC_FLR.3.1E

14.3.3.1 工作单元 ALC_FLR.3-1

ISO/IEC 15408-3 ALC_FLR.3.1C 缺陷纠正程序文档应描述用于跟踪每一个 TOE 发布版本中所有已报告安全缺陷的程序。

评估者***应检查***缺陷纠正程序文档以确定它描述了用来跟踪每个 TOE 发布版本中所有已报告安全缺陷的程序。

程序描述从每个可疑的安全缺陷被报告起到它被解决完毕为止，开发者所采取的行为。这包括缺陷的整个生存期，从最初的发现，到确定其为安全缺陷，到安全缺陷被解决。

如果发现一个缺陷不是和安全相关的，则(根据 ALC_FLR“缺陷纠正”要求的目的)不需继续实施缺陷纠正程序跟踪它，只需要阐述为何该缺陷不是和安全相关的。

14.3.3.2 工作单元 ALC_FLR.3-2

ISO/IEC 15408-3 ALC_FLR.3.2C 缺陷纠正程序应要求描述所提供的每个安全缺陷的性质和影响，以及缺陷修正的情况。

评估者*应检查*缺陷纠正程序以确定这些程序的应用可产生一种按照性质和影响对每个安全缺陷的描述。

程序应确定开发者行为并详细地描述每个安全缺陷的性质和影响，以便能够重现它。安全缺陷性质的描述指出它是否为一个文档性错误，是否为一个 TSF 设计缺陷，是否为一个 TSF 实现缺陷等。安全缺陷影响的描述则标明 TSF 受影响的部分和它们是如何被影响的。例如，一个实现方面的安全缺陷可能通过允许使用带口令"BACKDOOR"的鉴别，而影响了 TSF 实施的标识和鉴别被发现。

14.3.3.3 工作单元 ALC_FLR.3-3

评估者*应检查*缺陷纠正程序以确定这些程序的应用可标识出对每个安全缺陷发现修正的状态。

缺陷纠正程序需标识出安全缺陷的不同阶段，至少包括如下阶段：可疑安全缺陷已被报告、可疑安全缺陷已被确认为安全缺陷和安全缺陷的解决方案已被实现。还可以包括其他阶段(例如缺陷已被报告但尚未调查、缺陷正在被调查中、安全缺陷的解决方案已被发现但尚未实施)。

14.3.3.4 工作单元 ALC_FLR.3-4

ISO/IEC 15408-3 ALC_FLR.3.3C 缺陷纠正程序应要求标识对每个安全缺陷所采取的修正行为。

评估者*应检查*缺陷纠正程序以确认程序的应用可标识对每个安全缺陷的修正行为。

"修正行为"可能包括对 TOE 硬件、固件和软件部分的修补，TOE 指南的修改，或者两者都有。构成 TOE 指南修改的修正行为(例如，用来消除安全缺陷的详细程序性措施)包括只作为过渡性方案(直至补丁发布)的那些措施和作为最终方案(即程序措施已被认定为最佳方案)的那些措施。

如果安全缺陷的来源是一个文档性错误，则修正行为包括更新受影响的 TOE 指南。如果修正行为是一个程序性措施，那么此措施应包括对受影响 TOE 指南所作的更新，以反映这些修正程序。

14.3.3.5 工作单元 ALC_FLR.3-5

ISO/IEC 15408-3 ALC_FLR.3.4C 缺陷纠正程序文档应描述用于提供缺陷信息、修正行为和修正行为指南给 TOE 用户的方法。

评估者*应检查*缺陷纠正程序文档，以确定它描述了向 TOE 用户提供每个安全缺陷必需信息的方法。

关于每个安全缺陷的"必要信息"包括安全缺陷描述(在详细程度上可以不必和工作单元 ALC_FLR.3-2 所提供的一样)、规定的修正行为和关于实现修正的任何相关指南。

可通过几种途径为 TOE 用户提供信息、修正和文档更新，比如通过网站发布、邮件发送和安排由开发者安装修正等。当提供这些信息的方式要求由用户来发起时，评估者检查 TOE 指南以确信它包含获取相关信息的规程。

评定用于提供信息、修正和指南的方法是否足够的唯一度量是存在一个合理的期望：TOE 用户能够获取或接收到。例如，考虑将必要的数据在网站发布一个月的分发方法时，要确保 TOE 用户知道这一情况将要发生并知道何时将要发生。这种方法可能不是非常合理或有效的(与在网站上永久发布相比)，但是切实可行的，因为 TOE 用户能够获取这些必要的信息。另一方面，如果信息仅在网站发布一个小时，再加上 TOE 用户无法得知这些或它何时将被发布，那么这对 TOE 用户总能得到这些必要的信息而言，就是不切实际的。

对于已向开发者注册的 TOE 用户(参见工作单元 ALC_FLR.3-12)而言，仅仅被动地获得该信息是不够的。开发者应主动地向已注册的 TOE 用户发送该信息(或该信息可用的提示)。

14.3.3.6 工作单元 ALC_FLR.3-6

ISO/IEC 15408-3 ALC_FLR.3.5C 缺陷纠正程序应描述开发者接收 TOE 用户报告并询问 TOE 中可疑安全缺陷的手段。

评估者***应检查***缺陷纠正程序，以确定其描述了开发者接收安全缺陷报告或缺陷修正请求的程序。

程序要确保 TOE 用户拥有与 TOE 开发者沟通的手段。通过拥有开发者的联系方式，用户能够报告安全缺陷、询问安全缺陷的现状和请求修正缺陷。这种联系方式对报告非安全相关问题来说是更通用的联系方法的组成部分。

这些程序的使用不限于 TOE 用户，但是，仅向 TOE 用户主动提供这些程序的详细内容。其他可访问 TOE 或熟悉 TOE 的人员也可以采用同样的程序，向开发者提交报告，以便开发者处理。除了开发者标明的方式之外，向开发者提交报告的任何其他方式都超出了本工作单元的范围，通过其他产生方式产生的报告无需处理。

14.3.3.7 工作单元 ALC_FLR.3-7

ISO/IEC 15408-3 ALC_FLR.3.6C 处理所报告安全缺陷的程序应确保任何已报告的缺陷都已被修正，并且该修正已发布给 TOE 用户。

评估者***应检查***缺陷纠正程序，以确定这些程序的应用可帮助确保修正了被报告的每个安全缺陷。

缺陷纠正程序不仅涵盖开发人员所发现和报告的安全缺陷，还包括 TOE 用户报告的安全缺陷。程序应足够详细，以便描述如何确保每个被报告的安全缺陷都被修正。程序包含合理的步骤，展示提出最终的、必然的解决办法的进程。

程序描述从一个可疑的缺陷被确定为安全缺陷到其被解决，所采取的处理过程。

14.3.3.8 工作单元 ALC_FLR.3-8

评估者***应检查***缺陷纠正程序以确定这些程序的应用可帮助确保向 TOE 用户发布了每个安全缺陷的修正行为。

程序描述从安全缺陷被确定到修正行为被提供出来，所采取的处理过程。修正行为交付程序应与安全目的一致；如果这些程序包含在保证要求内，它们不需与用于交付 TOE 的程序完全相同，即不需要书面说明满足 ALC_DEL 要求。例如，如果 TOE 的硬件部分最初是通过速递的方式交付的，那么由于缺陷纠正导致的硬件升级同样也可采用速递的方式来分发。与缺陷纠正无关的更新宜遵循满足 ALC_DEL“交付”要求的程序。

14.3.3.9 工作单元 ALC_FLR.3-9

ISO/IEC 15408-3 ALC_FLR.3.7C 处理所报告安全缺陷的程序应提供预防措施，确保对这些安全缺陷的任何修正不会引入任何新的缺陷。

评估者***应检查***缺陷纠正程序，以确定这些程序的应用可保证潜在的修正不会带来不良影响。

通过分析、测试或者两者的结合，开发者可以降低在修正安全缺陷时引入不良影响的可能性。评估者评估该程序是否详细提供了针对给定修正，如何确定分析和测试行为的必要联合。

评估者还需确定当安全缺陷来源于文档问题时，纠正程序是否包含了防止引入与其他文档矛盾之处的保障手段。

14.3.3.10　工作单元 ALC_FLR.3-10

ISO/IEC 15408-3 ALC_FLR.3.8C 缺陷纠正指南应描述 TOE 用户将 TOE 中任何可疑安全缺陷报告给开发者的手段。

评估者*应检查*缺陷纠正指南，以确定这些程序的应用可为 TOE 用户提供报告可疑安全缺陷或请求对该缺陷进行修正的手段。

指南要确保 TOE 用户拥有能够与 TOE 开发者进行沟通的方式。通过拥有与开发者的联系方式，TOE 用户能够报告安全缺陷、询问安全缺陷的现状和请求对缺陷进行修正。

14.3.3.11　工作单元 ALC_FLR.3-11

ISO/IEC 15408-3 ALC_FLR.3.9C 缺陷纠正程序应包含一个程序，要求及时对安全缺陷报告和相关修正的自动分发做出响应，将其分发给可能受到安全缺陷影响的注册用户。

评估者*应检查*缺陷纠正程序，以确定这些程序的应用可以带来一种及时向可能受影响的 TOE 注册用户提供每个安全缺陷报告和相关修正的方法。

及时发布适用于安全缺陷报告和相关修正的发布。但是它们不必在同一时间被发布。下面的做法是得到认可的：一旦过渡性解决方案被提出，即使该解决方案是和关掉 TOE 一样极端，缺陷报告就应立即被产生和发布。同样的，当一个更持久（且不过激）的修正方案被提出时，则该修正不应该被拖延发布。

不必把安全缺陷报告和相关修正的接受者仅限于可能受此安全缺陷影响的 TOE 用户，把所有安全缺陷的此类报告和修正都提供给全部 TOE 用户是允许的，且应及时提供此类信息。

14.3.3.12　工作单元 ALC_FLR.3-12

评估者*应检查*缺陷纠正程序，以确定这些程序的应用可实现向可能受安全缺陷影响的 TOE 注册用户自动发布安全缺陷报告和相关修正。

“自动发布”并不意味着禁止采用人工参与发布方式。实际上，发布方式可能全部由手工处理程序组成，可通过一个带自动调整手段的严密的监控程序监测报告或修正发布的不足之处。

把安全缺陷报告和相关修正的接受者仅限于可能受此安全缺陷影响的 TOE 用户是不必要的，提供所有安全缺陷的此类报告和修正给全部 TOE 用户是允许的，应自动提供此类信息。

14.3.3.13　工作单元 ALC_FLR.3-13

ISO/IEC 15408-3 ALC_FLR.3.10C 缺陷纠正指南应描述 TOE 用户向开发者注册以便有资格接收安全缺陷报告和修正的手段。

评估者*应检查*缺陷纠正指南，以确定它描述了使 TOE 用户能向开发者注册的方法。

*“使 TOE 用户能向开发者注册”*仅仅指对每个 TOE 用户都有一个途径向开发者提供联系方式；此联系方式可被用来向 TOE 用户提供与可能影响 TOE 用户的安全缺陷相关的信息，连同对安全缺陷的所有修正。TOE 用户注册可以作为 TOE 用户为了向开发者标识自己而需要执行的标准程序的一部分来完成，不管该过程是为了注册软件许可证，还是为了获得更新和其他有用的信息。

无需为每个 TOE 的安装注册一个 TOE 用户；通常一个组织注册一个 TOE 用户就足够了。例如，一个公司性质的 TOE 用户可能有一个面向它的全部场所的集中采购办公室。在这种情况下，采购办公室可能是一个对于所有 TOE 用户场所都满足要求的联系点，这样 TOE 的所有 TOE 用户安装只需使用一个注册的联系点。

另一方面，为了确保每一个 TOE 都有一个注册用户，将每一个 TOE 同它被交付给的组织进行关联应是可行的。对于拥有多个办公地址的组织，这种方法可以确保不存在某个用户被错误的假设为已被一个 TOE 注册用户涵盖。

注意,TOE 用户不是必须注册,仅需要给他们提供注册的方法。但对于选择注册的用户必须直接发送这些信息(或其可用的提示)。

14.3.3.14 工作单元 ALC_FLR.3-14

ISO/IEC 15408-3 ALC_FLR.3.11C 缺陷纠正指南应标识特定的联系点,以便完全地报告和询问涉及 TOE 的安全问题。

评估者***应检查***缺陷纠正指南,以确定它标识了特定的联系点,便于用户报告和询问涉及 TOE 的安全问题。

指南包含一种手段,据此 TOE 注册用户可以同开发者交互,向其报告所发现的 TOE 安全缺陷或询问关于已发现的 TOE 安全缺陷方面的问题。

附 录 A
（规范性附录）
通用评估指南

A.1 目的

本章的目的是要涵盖提供评估结果技术性证据的基本评估技术。这些技术的使用有助于评估者所完成的工作满足客观性、可重复性和可再现性。

A.2 抽样

本条为抽样提供通用的技术指导。具体和详细的信息在那些与包含抽样的特定评估者行为元素相关的工作单元中给出。

抽样是评估者的一个既定程序，据此检查某个能代表整个评估证据规定集合的子集，以允许评估者不用对全部证据进行分析，就能足够信任特定评估证据的正确性。抽样的目的是在保证足够保证级别的前提下节约资源。对证据进行抽样可能出现两个结果：

a） 子集没有揭示错误，因此评估者对整个集合的正确性产生一定的信任；

b） 子集揭示了错误，因此整个集合正确性值得怀疑。即使找到了针对所有错误的解决办法，评估者也不能对此产生足够的信任，因此评估者可能会增加子集的大小，或者对该特定的证据不再采取抽样的办法。

抽样是一种从一组本质特征相似的证据中获得可靠结论的技术，例如，通过一个明确定义的过程产生的证据。

ISO/IEC 15408 指出在以下评估者行为元素中，抽样是明确接受的：

a） ADV_RCR.3.2E“评估者应选择性地验证形式化分析过程来决定对应性证明的准确性”。

b） ATE_IND.＊.2E“评估者应适当地测试 TSF 的一个子集，以确认 TOE 按照规定运行”。

c） ATE_IND.2.3E“评估者应执行测试文档中的一个测试样本，以验证开发者的测试结果”。

d） AVA_CCA.＊.3E“评估者应通过测试，有选择地验证隐蔽信道分析”。

e） AVA_MSU.2.2E 和 AVA_MSU.3.2E“评估者应重复所有的配置和安装程序，并有选择地重复其他的程序，以确认只使用所提供的指导性文档就能安全配置和使用 TOE”。

此外，ADV_IMP.1.1D 要求开发者提供一个 TSF 子集的实现表示，子集样本的选取应该得到评估者的同意。通过所提供的实现表示样本，评估者可以评估实现表示本身的陈述，并通过对可追溯性证据进行抽样，得到低层设计和实现表示之间相对应的保证。

除 ISO/IEC 15408 认可的抽样外，在本标准的下列行为中抽样也是可接受的：

a） 行为 ACM_CAP.＊.1E：“评估者应确认所提供的信息满足证据的内容和形式的所有要求”。
其中对 EAL3 和 EAL4 中的 ACM_CAP.＊.8C 和 ACM_CAP.＊.9C 的证据的内容和形式元素进行抽样是可接受的。

b） 行为 ATE_FUN.1.1E：“评估者应确认所提供的信息满足证据的内容和形式的所有要求”。
其中对 EAL2、EAL3 和 EAL4 中的 ATE_FUN.1.3C、ATE_FUN.1.4C 和 ATE_FUN.1.5C 的证据的内容和形式元素进行抽样是可接受的。

c） 行为 ALC_DVS.1.1E：“评估者应确认所提供的信息满足证据的内容和形式的所有要求”。
其中对 EAL3 和 EAL4 中的 ALC_DVS.1.2C 的证据的内容和形式元素进行抽样是可接受的。

在执行评估者行为时,实施 ISO/IEC 15408 中标识的抽样和在通用评估方法工作项中所作的特定抽样,是一种比较合算的方法。其他的抽样只在一些特殊情况下才被允许,例如,某项特殊评估活动的开销整体上与其他活动不成比例,且付出这种开销又无法相应地提高保证性时。在这种情况下,应制定在这些领域实施抽样的基本原理。TOE 本身的庞大、复杂,或内在的众多安全功能要求,都不能成为使用抽样的充分理由,因为对于庞大复杂的 TOE 的评估只是需要付出更多的努力。更确切些,例外办法只是针对以下特殊情况考虑的:TOE 开发方法产生了大量的关于特定 ISO/IEC 15408 要求的素材,这些素材通常都需要被核查或检查,但这些行为又不指望能够相应地提高保证性。

论证抽样的合理性也是必要的。这可通过分析抽样对安全目的以及 TOE 的威胁可能产生的影响来实现。这种影响依赖于因抽样而被遗漏的东西。另外,还需要考虑抽样证据的性质,不能因抽样而降低或忽略任何安全功能要求等。

应该认识到,与 TOE 实现直接相关的证据的抽样(例如,开发者测试结果)方法,和确定一个过程是否被遵循相关的证据抽样方法存在差异。在很多情况下,评估者需要确定某个过程是否被遵循了,这有一个推荐的抽样策略。此时的抽样方法与对开发者测试结果进行抽样时所采用的方法不一样。这是因为前者关心的是确保过程是合理的,而后者却是考虑 TOE 是否被正确实现了。通常,在和 TOE 正确实现有关的情况下,应当分析的样本比需要确保过程合理的情况下的样本多。

抽样应遵守下列原则:

a) 样本量应该与评估的成本效率相称,同时还应考虑许多与 TOE 相关的因素(例如,TOE 的大小和复杂程度、文档的数量等)。作为一个基准,对与 TOE 实现相关的材料进行抽样时,应当抽取至少 20%的样本量。但是,当抽取与某个过程(例如访问者控制或设计审查过程)正被遵循的证据相关的样本时,样本大小为一个百分数就不再恰当了。评估者应当抽取足够的信息样本以确信该过程正在被遵循,并证明样本量是合适的。

b) 样本应该能代表被抽样素材相关的各个方面。特别是,应当选择覆盖多种组件、安全功能、开发和运行场所(如果包括不止一个)以及硬件平台类型(如果包括不止一个)。

c) 在确保样本和支持性交付件及时交付的条件下(例如,依照评估计划,将测试套件和设备交付给评估者),不应事先告知评估发起者和开发者样本的确切组成。

d) 样本的选择应当尽可能的公正(评估者不应总是选择第一项或最后一项)。理想情况下,样本应当由评估者之外的人员选择。

在样本中找到的错误可以按系统性或者偶然性进行分类。如果是系统性错误,则应该纠正问题并且采用一个全新的样本。如果是偶然性错误,只要解释恰当,不需要新样本就可能解决问题,当然这些解释需要得到确认。在此情况下,评估者应决定是扩大样本量,还是使用不同的样本。

A.3 一致性分析

本条提供一致性分析的通用指南。具体和详细的信息在特定评估者行为元素中的那些工作单元给出,这些元素应进行一致性分析。

一致性分析是评估者的一个既定程序,此过程或者要对评估交付件的特定部分进行分析(内在一致),或者将其与一个或多个其他评估交付件进行比较。

ISO/IEC 15408 区分了不同种类的一致性分析:

a) 评估者应分析评估交付件的内在一致性。例如:

——ADV_FSP.1.2C:“功能规范应是内在一致的”。

——ADV_HLD.1.2C:“高层设计应是内在一致的”。

——ADV_IMP.1.2C:“实现表示应是内在一致的”。

——ADV_LLD.1.2C:“低层设计应是内在一致的”。

当进行内在一致性分析时，评估者应确信所提供的交付件不包括模棱两可的内容。评估交付件不应包含交付件不同部分相互矛盾的陈述。例如，对同一个证据采用的非形式化、半形式化和形式化描述都应相互一致。

评估者应该考虑一个评估交付件的各个部分可能存在于不同文档中的情况（例如，安全安装、生成和启动程序可能存在于三个不同的文件中）。

b） 评估者应分析评估交付件是与另外一个或多个交付件一致的。例如：

——AGD_ADM.1.7C："管理者指南应与供评估的所有其他文档保持一致"。

——AGD_USR.1.5C："用户指南应与供评估的所有其他文档保持一致"。

一致性分析要求评估者证实，在一个文档中描述的功能、安全参数、程序和安全相关事件与供评估的其他文档所描述的相关内容是一致的。这意味着评估者应该考虑可能会出现与其他信息来源不一致的地方。例如：

——与其他安全功能使用指南不一致。

——与ST不一致（例如威胁、安全使用假设、非IT安全目的或者IT安全功能等）。

——与功能规范或低层设计中对安全参数使用的描述不一致。

——与高层设计或低层设计文档中对安全相关事件的描述不一致。

——安全强制功能与非形式化TSP模型的冲突。

c） 评估者应分析两方面的情况，即评估交付件是内在一致的以及评估交付件与其他交付件也是一致的。例如：

——AVA_MSU.1.2C："指导性文档应是完备的、清晰的、一致的和合理的"。

此处说明指南整体上应满足一致性的要求。假设该指导性材料包含在一个单独的文档中，或者分散到多个不同的文档中，则不管是在文档内部还是文档之间，一致性要求都应覆盖所有指南。

d） 评估者应核查开发者为论证一致性所提供的分析，例如：

——ADV_SPM.1.3C："TSP模型应包含一个基本原理，以证实该模型与所有可被模型化的TSP策略是一致的和完备的"。

——ADV_SPM.1.4C："TSP模型和功能规范之间对应性的证明应说明功能规范中的所有安全功能在TSP模型下是一致的和完备的"。

在这些情况下，开发者应提交一致性证据。然而，评估者应理解并确认这种分析，必要时甚至还要进行独立分析。

一致性分析可以通过检查评估交付件来完成。评估者应该采用合理的结构化方法分析文件的一致性，并且可以把它与其他活动结合起来，例如，映射或者可追溯性，以作为其他工作单元的一部分来开展。评估者也许能够解决任何借助形式化描述发现的不一致问题（如果存在的话）。类似地，在交付件中使用半形式化符号，虽不象形式化符号那样准确，也可用于减少交付件的模糊性。

歧义产生于相互冲突的陈述，也可隐含在不够准确的陈述中。应该注意到，繁琐本身不足以作为裁定一致性为"不通过"的依据。

对交付件的一致性核查可省略那些要求重做已执行的工作单元的活动。例如，安全目的一致性核查可以指定省略一个或者多个安全要求，在这种情况下评估者应该检查安全目的与TSF之间的对应性。

A.4 依赖性

一般来讲，可以任何次序，也可以并行方式执行需要的评估活动、子活动和行为。但是，存在多种不同的依赖性需要评估者考虑。本条提供不同活动、子活动和行为之间依赖性分析的通用指南。

A.4.1 活动之间的依赖性

由于某些原因，不同的保证类可以推荐甚至要求一个关于相关活动的执行顺序。一个特定的实例是 ST 评估活动。因为 ST 提供了 TOE 评估活动的基础和背景，所以 ST 评估活动应先于这些评估活动启动。但是直到 TOE 评估完成后，对 ST 的评估才能得出最终裁定，这是因为 TOE 评估活动中的发现可能会用于修改 ST。

A.4.2 子活动之间的依赖性

评估者需要考虑在 ISO/IEC 15408-3 中标识出的组件之间的依赖性。这种依赖性的一个例子是 AVA_VLA.1 "开发者脆弱性分析"组件，该组件声明依赖于 ADV_FSP.1"非形式化功能规范"、ADV_HLD.1"描述性高层设计"、AGD_ADM.1 "管理员指南"和 AGD_USR.1"用户指南"。

通常一个子活动只有在所有和它有依赖关系的其他子活动都成功完成后才能被裁定为"通过"。例如，通常只有在与 ADV_FSP.1"非形式化功能规范"、ADV_HLD.1"描述性高层设计"、AGD_ADM.1 "管理员指南"和 AGD_USR.1"用户指南"相关的子活动都被裁定为"通过"时，AVA_VLA.1 才能够被正式裁定为"通过"。

因此，当需要确定一个子活动是否会影响另一个子活动时，评估者需要考虑这个活动是否依赖于来自其他相关子活动的潜在评估结果。事实上，可能是这样的情况，即一个相关的子活动会影响该子活动，这时需要重新执行先前已完成的评估者行为。

在评估者探测到缺陷时，一种重要的依赖性影响将发生。如果在某个子活动中发现了一个缺陷，那么只有当所有和该子活动相关的缺陷都被解决后，该依赖性子活动才有可能被赋予"通过"的裁定。

注意 ISO/IEC 15408-3 中的某些组件是相互依赖的，例如 ASE_INT 和 ASE_DES，因此上述依赖性问题将可能出现在每个相关子活动的评估序列中。

A.4.3 行为之间的依赖性

可能的情况是，评估者在一个行为中产生的结果，被用来执行另一个行为。例如，只有对内容和形式的检查完成以后，关于完备性和一致性的行为才能完成。这意味着，只有当评估者对 PP/ST 的要素部分评估完成以后，才推荐评估者评估 PP/ST 的基本原理。

A.5 现场核查

本条提供了关于现场核查的通用指南。具体和详细的信息在下列需要执行现场核查活动的工作单元中给出：

a) ACM_AUT"CM 自动化"；

b) ACM_CAP.n (其中 n>2)"CM 能力"；

c) ADO_DEL"交付"；

d) ALC_DVS"开发安全"。

进行现场核查是，评估者借以确定程序执行的方式是否与文档描述的方式一致的有效手段。

现场核查的动机主要有：

a) 观察 CM 规划中所描述的 CM 系统的使用；

b) 观察交付程序的实际应用；

c) 观察在开发中安全措施的应用。

在评估过程中，评估者经常需要与开发者反复会谈，如何很好地将现场核查与其他的会谈相结合以降低成本是一个问题。例如，评估者可以将针对配置管理、开发安全及交付的现场核查组合在一起，一次完成。为了核查所有的开发阶段，对同一场所进行多次访问也是有必要的。同时，还应该考虑开发活动是在一幢建筑内的多个设备上、在同一个场所多个建筑内或者在多个场所内进行的情形。

在评估过程初期，应计划好第一次现场核查。如果评估是在TOE开发阶段开始的，在必要的情况下，可以允许采取纠正行为。如果评估是TOE开发后才开始，及早的现场核查能够在程序使用过程中出现严重缺陷时，及时采取纠正措施，这可避免不必要的评估开销。

会谈也是确定所编写的程序是否反映了其功能的一种有效手段。在进行会谈时，评估者应有意识获得开发现场程序分析的更深层理解，进一步了解这些程序在实践中是如何应用的，以及它们是否像所提供的评估证据中所描述的那样被使用。这样的会谈可作为补充但不能取代对评估证据的检查。

为了准备一个现场核查，评估者应根据所提供的评估证据形成一个相关事项清单。现场核查的结果应该被记录。

如果开发场所最近被另外一个TOE评估调查过或确认符合特定的ISO9000程序，那么可以认为现场核查不是必需的。应当考虑其他获得信任的方法，提供同等级别的保证(例如分析评估证据)。任何不做调查的决定应当和监督者商量后决定。

A.6 TOE边界

被评估对象的标识将会出现在ETR、证书、ST和评估产品列表中。尽管产品通常是用于买卖的，但评估活动关心的是TOE。下列各部分连同其内在关系以及对评估和认证的影响一起将作为本标准中所采用的定义的基础。

A.6.1 产品和系统

产品是可使用的硬件和软件的集合。一些销售商可能将某些产品(例如文字处理器、制表软件、图像应用)绑定到另外一个产品(例如办公自动化系统)。但是，假定该产品可以被大众、其他生产商、有限的客户使用，那么该绑定后的软件、硬件集合可认为是一个产品。

在已知的运行环境中，一个系统由一个或多个产品组成。产品评估和系统评估的主要区别是，评估者在系统评估中需要考虑实际的环境，但在产品评估中考虑的则是理论上的假想环境。

A.6.2 TOE

TOE是通过ST定义的被评估的实体。虽然有时TOE代表了一个完整的产品，但这并不是必然的情形。TOE可以是在某个特定配置或一组配置下的一个产品、产品的一部分或一组产品，也可以是某项从未被制成产品的独特技术，或者是这些东西的组合。这个特定配置或配置集被称作‘评估配置’。ST清楚地描述了TOE与任何关联产品的关系。

评估配置非常清楚地标识了其所包含的硬件，而未被包含的硬件部分也可能从TOE所在的产品中获得。这种标识有助于潜在客户明确地选择购买哪些产品及使用何种配置选项，以便TOE能安全运行。

A.6.3 TSF

TSF是TOE中实施ST所定义的TOE安全性的那些功能的集合。TOE中的一些功能可能并没有对ST所定义的TOE安全性起多大作用，因此不是TSF的组成部分。

TSF硬件部分的描述细节与保证要求相称，这些保证要求与相应的开发文档(功能规范、高层设计和低层设计)及测试文档有关。硬件标识的细节程度由硬件特征对已声称的安全功能和保证要求产生的影响来决定。

A.6.4 评估

所有评估的一个隐含假设是TOE(根据定义)是在其评估配置下的产品和系统。这个假设不需要显性的出现在评估假设列表中。TOE经过评估的仔细审查:分析只在评估配置内进行,测试是在评估配置上执行,可利用的脆弱性在该评估配置中被标识,假设只有在评估配置中才是相关的。TOE脱离该配置的情形是很重要的,应该在AVA_MSU“误用”发生时进行考虑。这需要考虑TOE配置的健壮性以及任何无法检测到的偶然或有意的偏差带来的影响。

下面的例子给出了三个TOE,它们都是基于相同虚拟专网(VPN)的防火墙产品,但是由于ST的差异得出了不同的评估结果。

1) **VPN防火墙被配置为关闭VPN功能。ST中的所有威胁都和从不安全网络访问安全网络相关。**

该TOE是被配置为关闭VPN功能的VPN防火墙。如果管理员将全部或部分VPN功能激活,产品将不在评估配置下的。因此,将不考虑对其进行评估,也不会对它的安全性作任何声明。

2) **VPN防火墙,ST中的所有威胁都和从不安全网络访问安全网络相关。**

该TOE是整个VPN防火墙。VPN功能是这个TOE的一部分,因此在评估期间需要确定的一件事情是:是否存在通过VPN功能从不安全网络获得安全网络访问权的手段。

3) **VPN防火墙,ST中的所有威胁都和从不安全网络访问安全网络相关,或者与不安全网络中通信的保密性相关。**

该TOE是整个VPN防火墙。VPN功能是这个TOE的一部分,因此在评估期间需要确定的一件事情是:VPN功能是否允许ST中描述的任何威胁变为现实。

A.6.5 认证

上面几段清楚的表明,评估具有不同ST的同一件产品,将导致具有不同TSF的不同TOE 。因此,证书、ETR、ST和评估产品列表中的条目都应区分不同的评估,以便潜在的客户使用。

需要注意的是,上面三个不同的防火墙评估例子,它们之间明显的不同在证书中的表述是很微妙的,三个VPN防火墙都将导致在证书中如下标识TOE:

XYZ防火墙产品,如在ST#ABC中标识的评估配置所描述的那样。

其中,每一个ST ABC有一个不同的标识符。

因此,评估者应根据评估范围内的TOE功能,确保ST充分描述了TOE。一份清楚的解释是至关重要的,因为被评估产品的预期客户在考虑是否购买该产品时将要查阅产品的ST,以便确定这些产品的哪些安全功能是通过了评估的。

A.7 威胁与FPT需求

PP/ST作者标识威胁(从威胁角度看,来自恶意用户的威胁与通过TSF外部接口可利用的非正确实现带来的威胁并没有截然不同),并以此决定在PP/ST中是包含,还是排除FPT_PHP“TSF物理保护”、FPT_SEP“域分离”或FPT_RVM“参照仲裁”。也就是说,所有这些要求族预先假定了一个对TOE物理篡改、用户干扰或旁路的威胁:

a) 关于TSF保护的要求直接与TOE环境陈述有关。当提及篡改或旁路威胁时,不管是显性的还是隐性的,TOE或其运行环境应提供相关措施处理该威胁。
b) 通常,当TOE环境中出现了不可信主体(通常是人类用户),其存在攻击TOE意图保护的资产的动机时,篡改或旁路威胁就要被提及。
c) 在评估PP/ST中安全要求的陈述时,评估者确定TSF保护的需求以满足安全目的,并在该需求建立处检查功能要求的存在性以满足安全目的。当保护需求被标识出，但 TOE 或其环境没有提供该保护，那么 PP/ST 评估子活动 APE/ASE_REQ 将判定为“不通过”。

如果 TOE 能够实施其安全策略，就应为 TOE 提供某些形式的保护。毕竟，如果 TSF 没有提供防止破坏的保护，那么就不能保证其策略实施功能将按所期望的执行。

这种保护可以由多种方式提供。一个操作系统，存在多个用户拥有丰富的 TOE(编程)接口，TSF 应能自我保护。然而，如果 TOE 只有一个受限接口，或接口的使用受到限制，则可能借助 TOE 之外的手段来提供必要的保护。

PP/ST 作者有责任选择 TOE 安全功能的组合、IT 环境假设和其他需要 TOE 安全功能自我保护的假设。评估者的职责是确认已经提供了必需的保护。依赖于 TOE 和假设，需要的保护可以从 FPT 类中得到功能安全要求，但在有些情况下也不必这样。

A.7.1 未必需要 FPT 类的 TOE

可以想象，有些 TOE(比如无用户接口的嵌入式 TOE)不会遇到这些威胁。一个针对提供了丰富用户接口的 TOE 的 PP/ST，若包含上述威胁但没有 FPT_PHP“TSF 物理保护”、FPT_RVM“参照仲裁”和 FPT_SEP“域分离”这些要求，则它很可能是一个无用的 PP/ST。不必包括 FPT:“TSF 保护”自我保护要求的 TOE 可分为以下三种类型。

A.7.1.1 包含受限用户接口的 TOE

向(非信任)用户提供受限接口的 TOE，由于受限接口对用户的行为能产生足够的约束，即使恶意用户也不能破坏它。例如，计算器或用户认证令牌这样的设备，仅有少数几个可输入键。非信任用户与诸如路由器、防护装置之类的通信设备的接口甚至受到更严格的限制：用户只能通过协议数据单元或消息，进行间接通信。

A.7.1.2 未实施相关安全策略的 TOE

对未实施访问控制或信息流控制策略的 TOE，不必担心一个用户访问另一用户或 TSF 的数据这样的事情。在这种情况下，几乎不需要 FPT_SEP“域分离”所暗指的用户分离。类似的，如果认为没有资产(如 IT 资源)需要保护(如对付拒绝服务攻击)，那么就不需要 FPT 要求。

A.7.1.3 由环境提供保护

TSF 的保护经常由 TOE 环境提供，而不是 TOE 自身(例如，一个运行在可信操作系统之上的应用程序，其中应用程序就是 TOE)。在这种情况下，评估将考虑环境机制是否提供了所需的保护。即使保护措施本身都是操作正确的，其用以保护 TOE 的方式也能影响到评估的范围。

例如，操作系统赋予某个应用程序中的目标文件的权限，将决定应用程序侵害底层操作系统的 TSP 的潜力。可以想象，对同一个应用程序采用两种不同操作系统保护措施的实现将意味着显著不同的 TSF。此时，即使由 TOE 环境来实现保护机制，仍然需要在判断 TSF 前，检查这些机制的使用。

A.7.2 对保证族的影响

在 PP/ST 中是否包括 FPT 自我保护要求将影响以下要求。

A.7.2.1 ADV

如果篡改或旁路威胁不存在，评估将集中在 TSF 的运行正确性上。这将包括考虑 TOE 中直接或间接作用于 TSP 实施的所有功能，不属于这些范畴的功能不需要检查(这些功能实现中的错误能够妨碍 TSF 的正确操作，这些错误可以通过 TSF 测试来找出)。

当宣称 TOE 具备了自我保护功能时，对其实现方法的描述应确定其保护机制，据此以确定 TSF 的边界。TSF 边界和接口的标识，与所宣称的 TSF 保护机制的性能一起，将限制评估的范围。这种限制将排除 TSF 以外的功能，因为这些功能不会干预正确的 TSF 运行。在很多情况下，TSF 边界将包括一些功能，这些功能不作用于 TSP 实施，但在评估过程中将被检查。那些可以断定不属于 TSF 的功能不需要评估者检查。

A.7.2.2 AVA_VLA

ISO/IEC 15408 中脆弱性分析决定了脆弱性在 TOE 预期使用环境中对 TOE 运行的影响。如果 ST 中没有标识篡改或旁路威胁，开发者和评估者(如果需要)查找脆弱性的时应不考虑此类攻击。

A.7.2.3 ATE_IND

ATE_IND“独立测试”中应用注释要求对可能适用于 TOE 的明确公开的弱点进行测试。这种基于故意篡改或旁路 TOE 的弱点，只需在威胁已经被标识的地方考虑就可以了。

A.8 功能强度和脆弱性分析

对比表明 TOE 安全功能强度分析和脆弱性分析既有明显的不同，也有显著的相似之处。

一个显著的相似之处在于它们对攻击潜力的运用上。对这两种分析，评估者确定攻击者发起一个有效攻击所需要的最小攻击潜力，并且得出某些关于 TOE 攻击抵抗力的结论。表 A.1 和表 A.2 显示并进一步描述了这些分析和攻击潜力的关系。

表 A.1 脆弱性分析和攻击潜力

脆弱性组件	TOE 抵抗具有如下攻击潜力的攻击者	只对具有如下攻击潜力的攻击者才可利用的残余脆弱性
VLA.4	高	不适用——成功攻击超过了实际范围
VLA.3	中	高
VLA.2	低	中

表 A.2 TOE 安全功能强度和潜在攻击

SOF 级别	足以防范具有如下攻击能力的攻击者	不足以防范具有如下攻击能力的攻击者
高级 SOF	高	不适用——成功攻击超过了实际范围
中级 SOF	中	高
基本级 SOF	低	中

这些分析的显著不同根源于 TOE 安全功能及攻击的本质。TOE 安全功能强度分析只针对概率或置换功能执行，不包括那些基于密码的功能。进一步说，这种分析假定概率或置换安全功能能正确地执行，并且假定在受到攻击时这些安全功能正运行于其设计和实现的限制要求内。正如表 A.2 所示，SOF 级别用攻击潜力反映了概率或置换安全功能针对的攻击。

脆弱性分析适用于所有的非密码 TOE 安全功能，包括那些在本质上是概率或置换的功能。与

SOF分析不同,这里没有关于安全功能设计和实现正确性的任何假设,也没有对攻击方法或者攻击者与TOE的交互方式进行限制——如果攻击可行,脆弱分析期间将考虑该攻击。正如表A.1所示,对脆弱性保证组件的成功评估反映了威胁的程度,该程度用攻击潜力来描述,所有TOE安全功能都是根据这些威胁的程度来设计的。

对攻击潜力概念的共用,在SOF声明与脆弱性评估之间建立了一种联系,但这种联系不应被看作是SOF声明级别与从AVA_VLA"脆弱性分析"中所选保证组件之间的一种强制绑定。例如,AVA_VLA.2"独立脆弱性分析"需要对抗具有低攻击潜力的攻击者,但并没有把SOF级别的选择限制为基本级SOF。假设一个脆弱性是任何概率或置换功能固有的,并且这些功能通常是实现公开接口的主导方式(例如口令),为抵御对这些方面的攻击,PP/ST作者可要求较高级别的抵抗力,以及一个较高的SOF级别。只要有声明AVA_SOF"TOE安全功能强度"的地方,就至少需要声明一个基本级SOF。所声明的AVA_VLA"脆弱性分析"组件建立在SOF声明之上,基本级SOF的声明应当被看作是与AVA_VLA.3"中级抵抗力"的选择不一致的。

A.8.1 攻击潜力

A.8.1.1 攻击潜力的应用

攻击潜力是专业技能、资源和动机的一个函数,下面将分别讨论这些因素。在ST评估和脆弱性评定活动期间,评估者尤其需要用两种截然不同的方式来考虑攻击潜力。在ST评估期间,评估者确定对保证要求组件的选择,特别是AVA"脆弱性评定"类的组件,是否与威胁攻击潜力相匹配(见ASE_REQ.1.4C)。如果保证是不相称的,则可能意味着评估不会提供充足的保证,或者表明评估需要一些不必要的开销。在脆弱性评估期间,评估者使用攻击潜力来确定已标识脆弱性在预期使用环境中的可利用性。

A.8.1.2 动机的处理

动机是表达攻击潜力的一个因素,可用来描述与攻击者及攻击者想得到的资产相关的多个方面的情况。首先,动机能暗示攻击的可能性——我们能够从一个被描述为高动机性的威胁推测出一个攻击即将发生,或者从没有动机的威胁中推测出没有攻击。然而,除了这两种极端情况外,很难从动机中推测出攻击发生的可能性。

其次,动机能暗示资产对攻击者和资产所有者的价值,以金钱价值或其他方式来衡量。与低价值的资产相比,高价值的资产更容易引发攻击。然而,除此之外,很难把资产价值同动机联系起来,因为资产的价值具有主观性,它在很大程度上依赖于资产所有者赋予它的价值。

其三,动机能暗示攻击者发动攻击所拥有的专业技能和愿意付出的资源。我们可以得出高动机的攻击者可能会获得足够的专业技能和并付出足够的资源来挫败资产的保护措施。相反,如果攻击者的动机是低的,拥有大量专业技能和资源的攻击者就不愿意利用这些技能和资源来发动一个攻击。

在评估工作准备及开展期间,对上述关于动机的三个方面都应该在某种程度上加以考虑。第一方面,攻击的可能性是引起开发者执行评估的主要原因。如果开发者认为攻击者有发动攻击的足够动机,那么评估就能提供TOE能够阻止攻击者企图的保证。如果预期使用环境是明确定义的,例如在系统评估时,攻击动机的高低可能是已知道的,并将影响对抗措施的选择。

考虑到第二方面,资产的所有者可能会认为资产的价值(不论怎样估量)足以诱发攻击。评估一旦被认为是必要的,就要考虑攻击者的动机,以便确定攻击者可能采用的攻击方法以及这些攻击所使用的专业技能和资源。一旦完成了检查,开发者就能选定适当的保证级别,特别是AVA要求组件,以便与威胁的攻击潜力相匹配。在评估过程中,特别是作为脆弱性评定活动完成的结果时,评估者确定在预期使用环境中运行的TOE是否足以挫败拥有专业技能和资源的攻击者。

A.8.2 攻击潜力的计算

本条详细论述攻击潜力的几个决定因素，并提供一些指导性意见，以帮助评估者摒弃评估过程中的一些主观性。除非评估者认为这个方法是不适当的，否则就应该采纳它。要是评估者认为不适当，就需要提供一个原理来证明可选方法的有效性。

A.8.2.1 标识和利用

对攻击者而言，要想利用一个脆弱性，应首先将这个脆弱性标识出来。划分脆弱性标识和利用这两个过程看起来无关紧要，但实际上却是一个很重要的工作。为了说明这一点，首先考虑那些经过专家几个月的分析后仍然没有发现的脆弱性，以及发布在因特网上的一个简单的攻击方法。与某个已经认知的脆弱性相比，未知脆弱性的利用则需要大量时间和资源。很明显，在这些情况下，诸如时间之类的因素需要被区别对待。

对于 SOF 分析而言，脆弱性利用问题常常是最重要的，因为概率或置换机制方面的脆弱性通常是不证自明的。然而，应该注意情况并不总是这样。以密码机制为例，很少的脆弱性知识也可能会极大地影响强力攻击的效率。而系统用户倾向于选择名字作为口令这样的知识，也将处于类似的境况。对于比 AVA_VLA.1“开发者脆弱性分析”更高的脆弱性评估，从头开始的脆弱性标识工作将成为更加重要的考虑因素，因为发掘脆弱性的难度可能是众人皆知的，而其利用往往显得非常简单。

A.8.2.2 值得考虑的因素

在分析那些利用脆弱性所需的攻击潜力时，应该考虑下列因素：

a) 标识
   1) 标识所需的时间；
   2) 专家的技术专长；
   3) TOE 的设计和操作知识；
   4) TOE 的访问；
   5) 分析所需的 IT 硬件/软件或者其他设备。
b) 利用
   1) 利用所需的时间；
   2) 专家的技术专长；
   3) TOE 的设计和操作知识；
   4) TOE 的访问；
   5) 利用所需的 IT 硬件/软件或者其他设备。

在很多情况下这些因素都不是相互独立的，但在不同的程度上又是可以相互替代的。例如，技术专长或者硬件/软件可以替代时间。下面将讨论这些因素。

时间指的是攻击者用于标识或利用一次攻击的连续时间。针对本讨论的目的而言，“在几分钟内”意味着一次攻击可以在不到半个小时内被标识或者利用，“在几小时内”意味着一次攻击可以在不到一天内就能成功进行，“在几天内”意味着一次攻击可以在不到一个月内就能成功进行，“在几个月内”意味着一次成功的攻击至少需要一个月。

专家技术专长指的是掌握应用领域或者产品类型(例如 Unix 操作系统、因特网协议)的通用知识的水平。确定的级别如下：

a) 专家，熟悉产品或系统类中实现的底层算法、协议、硬件和结构等，以及所采用的安全原理和概念；
b) 精通者，知识渊博，对产品或系统类的安全行为很熟悉；

c) 外行，相对于专家或者精通者，知识不够渊博，并没有专门技能。

TOE 知识指的是与 TOE 有关的专门技能。TOE 知识与通用的技能截然不同，但也并不是毫不相关的。确定的级别如下：

a) 除了 TOE 的通用用途外，没有关于 TOE 的信息；

b) 关于 TOE 的公共信息(例如从用户手册获得)；

c) 关于 TOE 的敏感信息(例如内部设计的知识)。

应该注意区别标识脆弱性所需的信息和利用该脆弱性所需的信息，特别是在一些敏感信息方面。获取关于利用的敏感信息是不常见的。

TOE 访问同样也是一个值得重点考虑的因素，它与时间因素有关。对于脆弱性的标识或利用可能需要进行大量的 TOE 访问，这样可能会增加被探测到的可能性。某些攻击可能需要相当多的离线工作，而只对 TOE 进行短暂的访问就可以实施脆弱性利用。访问可以是连续的，也可以经由多个会话实现的。针对本讨论的目的而言，“在几分钟内”意味着一次访问需要不到半个小时时间，“在几小时内”意味着访问需要不到一天时间，“在几天内”意味着访问需要不到一个月时间，“在几个月内”意味着访问需要至少一个月时间。当访问 TOE 不会增加被探测的可能性时(例如攻击者拥有的智能卡)，这个因素应该被忽略。

IT 硬件/软件或者其他设备指的是标识或者利用一个脆弱性所需的设备。

a) 标准设备指不论是标识一个脆弱性，还是标识一个攻击，攻击者都很容易得到的设备。这个设备可能是 TOE 本身的一部分(例如，操作系统中的一个调试器)，或者能够很容易得到的(例如从因特网上下载，或简单的攻击脚本)。

b) 专业设备指对于攻击者来说不容易得到，但是不需要过度的代价就能获得的。这可能包括购买一定数量的设备(例如协议分析仪)或者开发更多的攻击脚本或程序。

c) 定制设备指对于公众来说是不容易得到的，它可能需要专门制造(例如非常复杂的软件)，或者因为设备十分特殊以至于它的销售受到了控制，甚至可能是受限的，或者该设备可能十分昂贵。将成百上千的 PC 机通过因特网进行连接就是这种情况。

专家技能和 TOE 知识与 TOE 攻击者所需的信息有关。攻击者的专门技能和实施攻击时有效利用设备的能力之间存在一个隐含的关系。攻击者的专门技能越少，使用设备的潜力越低。同样，攻击者的专门知识越多，在攻击中使用设备的潜力越高。尽管没有明确说明，技能和设备可利用性之间的这个关系并不总是适用的，例如，当环境措施可防止专业的攻击者对设备的利用时，或者当通过其他人的努力，可有效利用且只需很少专业技能就可掌握的攻击工具将会被制造并免费发放(例如通过因特网)时。

A.8.2.3 计算方法

上一条确定了评估攻击潜力需要考虑的因素。然而，如果依据标准进行评估，还需要更进一步的指导。下面的方法将辅助这一过程。另外下面还提供了一些数据，其目的是实现与相应的评估级别一致的分级。

表 A.3 标识了上一条讨论过的因素，并为标识和利用脆弱性这两个方面列出了相关的数据值。当为某个给定的脆弱性确定攻击潜力时，应该从每个因素对应的脆弱性标识和利用列中各选一个值(这样产生了 10 个值)。在选择值时，应该先假定 TOE 的预期使用环境。这 10 个值的和将给出一个值，然后参照表 A.4，用这个值就可以确定相应的等级了。

在一个因素与一个范围的边界很接近时，评估者应该考虑使用表中所列值的中间值。例如，为了利用脆弱性，如果需要访问 TOE 1 小时，或者如果访问很快就会被探测到时，可以为该因素选择 0 和 4 之间的某个值。这个表只是起一个引导的作用。

表 A.3　攻击潜力的计算

因素	范围	标识值	利用值
消耗的时间	<0.5 小时	0	0
	<1 天	2	3
	<1 月	3	5
	>1 月	5	8
	不实际	*	*
专业技能	外行	0	0
	精通者	2	2
	专家	5	4
TOE 知识	无	0	0
	公共知识	2	2
	敏感知识	5	4
TOE 访问	<0.5 小时，或者访问无法检测到	0	0
	<1 天	2	4
	<1 月	3	6
	>1 月	4	9
	不实际	*	*
设备	无	0	0
	标准	1	2
	专业	3	4
	预定	5	6
"*"表示在某个时间范围内，攻击者可用的攻击途径是不可利用的。任何值"*"表示一个"高"等级。			

对于一个给定的脆弱性，可能有必要针对不同的攻击情形，利用这个表来进行好几趟计算（例如，在专业技能和时间及设备之间进行折衷考虑时）。这多次计算得到的最低值将被保留。

当脆弱性已经被标识并处于公开可知的状态时，脆弱性标识值应该体现攻击者从公开领域获取该脆弱性的难易程度，而不是反映攻击者从头开始标识该脆弱性的情况。

接下来，表 A.4 宜被用于获得脆弱性级别。

表 A.4　脆弱性级别

值的范围	抵抗具有如下攻击潜力的攻击者	SOF 级别
<10	无级别	
10-17	低	基本级
18-24	中	中级
>25	高	高级

这样的方法不可能考虑到每一种环境或者因素，但应该能更好地揭示那些要求达到标准级别的抗

攻击水平的实际情况。其他因素,例如对不太可能发生的偶然事件的依赖性,或者在攻击完成前被探测的可能性,都没有包含在基本模型中。不过除基本模型所含因素外,这些因素也可以被评估者视为评级的依据。

在某些情况下,例如在评定口令机制时,TOE 的实现只允许在攻击被阻断之前进行少量的尝试,这时强度评定就大致和在那几次尝试中正确猜中的可能性完全相关。这样的阻断措施可被看作是访问控制功能的一部分,所以口令机制本身只接收中等 SOF 级别,而访问控制功能可能被判定为 SOF 高级。

应该指出的是,尽管对大量脆弱性的单独评级可能会显示出高等级的抗攻击性,但对其他脆弱性的评级却可能会更改表的值,使得这样的脆弱性组合表现出更低的整体等级。换句话说,一个脆弱性的存在可能会使得另一个脆弱性很容易被利用。这样的评估应当构成开发者和评估者脆弱性分析的一部分。

A.8.3 功能强度分析示例

对假定的通行数机制的 SOF 分析如下。

从 ST 和设计证据中收集到的信息表明,鉴别和认证为控制从广泛分布的终端上访问网络资源提供了基础。对终端的物理访问未受任何有效手段的控制,对终端进行访问的持续时间也未受任何有效手段的控制。在初始化授权阶段,系统的授权用户可以选择自己的通行数,以后也可以应用户要求重新选择。系统对用户选择的通行数作出了如下限制:

a) 通行数至少为 4 位数字,最长不超过 6 位;

b) 不允许为连续的数字序列(如,7、6、5、4、3);

c) 不允许有重复数字(每个数字应唯一)。

在选择通行数时,对用户的指导意见是通行数应尽可能随机并且不能以某种方式与用户关联(例如,出生日期)。

通行数空间计算如下:

a) 人的使用惯例是一个非常值得考虑的因素,它会影响搜索口令空间的方法,从而影响 SOF。考虑最糟的情况,用户选择的通行数仅有 4 位,如果每位数字应是唯一的,则通行数的排列数即为:

$$7(8)(9)(10)=5\ 040$$

b) 可能的连续递增序列数目为 7,连续递减序列数目也为 7。减去这些序列后的通行数空间为:

$$5\ 040-14=5\ 026$$

依据从设计证据得到的进一步信息,通行数机制是按照终端锁定特点设计的。规定第六次不成功的鉴别尝试后,终端“锁定”一个小时。不成功的鉴别计数在 5 min 之后重新设置,这样攻击者每 5 min 内最多能尝试 5 次通行数输入,或者每小时 60 次通行数输入。

在输入正确的通行数前,一个攻击者平均应输入通行数 2 513 次,耗时超过 2 513 min。结果是,平均成功攻击时间略小于:

$$\frac{2\ 513\ \text{min}}{60\ \text{min/h}}\approx 42\ \text{h}$$

用上条描述的方法,标识值将是每个类别的最小值(总值为 0),因为该脆弱性在该功能中是明显存在的。对于脆弱性利用,依据以上的测算,一个外行在几天之内不用任何设备,没有任何 TOE 的知识,挫败通行数字机制(获得 TOE 的访问控制权)也是可能的,因此得到的赋值为 11。给定结果值 11,则要成功发起攻击的攻击潜力测定为最少是中级。

SOF 级别可根据 ISO/IEC 15408-1 第 2 章中的术语“攻击潜力”来定义。因为该机制应抵抗具有低攻击潜力的攻击者,以声明基本级 SOF,同时因为通行数机制是用来抵抗具有低攻击潜力的攻击者的,因此该通行数机制级别最好定义为基本级 SOF。

A.9 体制责任

本标准描述了在监督(体制)机构的监督下,评估至少应执行的技术性工作。然而,本标准也(明确或隐含地)承认有一些活动或方法是评估结果的互认所未依赖的。为了更加全面和清楚,也为了更好地描述本标准在哪里结束,单个评估体制的方法从哪里开始,列举以下的材料以供这些体制自行取舍。体制可以选择性地提供下列材料,也可保留下一些材料待定(本标准为保证此列表的完整性已经作了很多努力;当评估者遇到一个既没有在以下列表中列出、也没有在本标准中出现的问题时,应当商议其评估体制,以决定该问题由谁解决)。

体制可以选择详细说明的事项包括:

a) 在确保评估工作完成的充分性方面——要求每个体制都有核实其评估者工作的方式,不管是要求评估者提交他们的发现给监督机构,还是要求监督机构重做评估者的工作,还是通过其他方式确保该体制下所有的评估机构都是可以胜任和比较的。
b) 为完成评估而进行的评估证据处置过程。
c) 任何保密性要求(关于评估者的以及不披露在评估过程中所获信息的要求)。
d) 评估中遇到问题时采取的对策(是在问题解决后继续评估,还是立即终止并要求修补过的产品应重新提交评估)。
e) 文件编制所采用的特定(自然)语言。
f) 任何在 ETR 中应被提交的记录证据——本标准规定了在 ETR 中报告事项的最小集;然而,个别评估体制可能需要在 ETR 中包括额外的信息。
g) 需要评估者提交的任何附加报告(除 ETR 外),如测试报告。
h) 任何特定的体制需要的 OR,包括 OR 的结构、接受者等。
i) 任何特定的作为 ST 评估结果的书面报告的目录结构——体制可能有一个特定的格式,用于报告评估的详细结果,该评估可能是 TOE 评估或 ST 评估。
j) 任何必需的附加的 PP/ST 标识信息。
k) 任何确定 ST 中明确陈述要求适合性的活动。
l) 任何关于评估者证据准备的要求,以支持证据再评估和再利用。
m) 任何关于体制标识符、标志和商标等的特定处理办法。
n) 任何特定的处理密码问题的指导意见。
o) 体制的应用和管理办法、国内和国际的解释办法。
p) 在测试不可行时,适当的可选测试方法的列表或特征。
q) 监督者能够确定评估者在测试时所采用步骤的机制。
r) 首选测试途径(如果有):内部接口或外部接口。
s) 用于指导评估者脆弱性分析的可接受方式的列表或特征(如缺陷假设方法)。
t) 值得考虑的任何脆弱性和弱点的相关信息。

ICS 35.040
L 80

中华人民共和国国家标准

GB/T 30271—2013

信息安全技术 信息安全服务能力评估准则

Information security technology—Assessment criteria for information security service capability

2013-12-31 发布　　2014-07-15 实施

中华人民共和国国家质量监督检验检疫总局
中国国家标准化管理委员会　发布

前言

本标准按照 GB/T 1.1—2009 给出的规则起草。

本标准由全国信息安全标准化技术委员会(SAC/TC 260)提出并归口。

本标准主要起草单位:中国信息安全测评中心、北京江南博仁科技有限公司、北京中天安信息技术服务有限公司。

本标准主要起草人:张利、佟鑫、李斌、班晓芳、王琰、刘作康、任育波、吴慎夕。

引　言

本标准是对提供信息安全服务的组织进行能力评估，在编制过程中考虑到国内环境与信息安全行业的实际情况，同时结合 GB/T 20261—2006、ISO/IEC 20000—2011、COBIT 4.1、NIST SP800 系列等国际或区域标准制定而成。

信息安全技术
信息安全服务能力评估准则

1 范围

本标准规定了服务过程模型和信息安全服务商的服务能力的评估准则。

本标准适用于对信息安全服务提供商的能力进行评估,也适用于服务提供商对于自身能力的改善提供指导。

2 规范性引用文件

下列文件对于本文件的应用是必不可少的。凡是注日期的引用文件,仅注日期的版本适用于本文件。凡是不注日期的引用文件,其最新版本(包括所有的修改单)适用于本文件。

GB/T 20984—2007 信息安全风险评估规范

GB/T 25069—2010 信息安全技术 术语

GB/T 30283 信息安全技术 信息安全服务 分类

3 术语、定义和缩略语

3.1 术语和定义

GB/T 25069—2010 界定的以及下列术语和定义适用于本文件。

3.1.1

能力等级 ability level

流程领域内流程改善达到的程度。

注:能力等级由流程领域内适当的特定及一般执行方法所定义。

3.1.2

基本实践 base practices

系统工程过程中应存在的性质,只有当所有这些性质完全实现后,才可说满足了这个过程域的要求。

注:一个过程域由基本实践(BP)组成。

3.1.3

能力成熟度模型 capability maturity model

有关组织的服务或开发过程中各个发展阶段的定义、实现、质量控制和改善的模型化描述。

注:模型专注于改善组织的流程,包含一个或多个有效流程的必要元素,并且描述由特定的、不成熟的流程到有组织的、成熟的流程的品质改善与效率的成熟模型。

3.1.4

信息安全服务 information security service

面向组织或个人的各类信息安全保障需求,由服务提供方按照服务协议所执行的一个信息安全过程或任务。

注:通常是基于信息安全技术、产品或管理体系的,通过外包的形式,由专业信息安全人员所提供的支持和帮助。

3.1.5

信息安全服务提供方 information security service provider

按照服务协议,通过专业的信息安全人员提供信息安全服务的各类组织机构。

信息安全服务提供方在每项具体的服务中,其服务角色和服务职责应是明确的。如果服务内容仅涉及供需双方的,则服务提供方为乙方角色;在上述服务的基础上,就所涉及的问题,独立于有关各方提供评估、证明等服务并承担相关社会责任的,则服务提供方为第三方角色。服务角色与服务提供方的组织机构类型无关。

3.1.6

信息安全服务能力 information safety service ability

信息安全服务提供方能够满足需求方规定和潜在需求的特征和特性的程度。

3.1.7

信息安全服务需求方 information security service demander

有偿采购(或免费使用)外部所提供的信息安全服务,以满足信息系统安全保障需求,实现自身业务目标的组织(或个人用户)。

3.1.8

信息安全服务能力级别 information safety service level

提供信息安全服务的组织在完成工程、服务项目时,执行组织已定义过程的能力成熟程度。

3.1.9

过程 process

为了一个给定目的而执行的一系列活动。

注:过程包括活动定义、每个活动的输入输出定义以及控制活动执行的机制。

3.1.10

过程域 process area

一组相关系统工程过程的性质,当这些性质全部实施后即能够达到过程域定义的目的。

3.1.11

过程能力 process capability

遵循一个过程可达到的可量化范围。

注:一个组织的过程能力可帮助预见项目目标的能力。低能力级别组织的项目在达到预定的成本、进度、功能和质量目标上会有很大的变化。

3.1.12

过程管理 process management

一系列用于预见、评价和控制过程执行的活动和基础设施。

注:过程管理意味着过程已定义好。注重过程管理含义是项目或组织需在计划、执行、评价、监控和校正活动中既要考虑产品相关因素,也要考虑过程相关因素。

3.1.13

工作产品 work products

在执行任何过程中产生出的所有文档、报告、文件、数据等。

注:本标准按特定的基本实践列出其"典型的工作产品",其目的在于对所需的基本实践范围可做进一步定义。列举的工作产品只是说明性的,目的在于反映组织机构和产品的范围,不是"强制"的产品。

3.2 缩略语

下列缩略语适用于本文件。

BP:基本实践(Base Practices)

CF:公共特征(Common Function)
GP:通用实践(Generic Practices)
PA:过程域(Process Area)

4 概述

4.1 信息安全服务过程概述

4.1.1 信息安全服务过程模型

从组织信息安全治理角度,描述信息安全服务过程模型如图1所示。

图1 信息安全服务过程模型

组织战略是信息安全活动的基础,各信息安全活动涵盖在信息系统规划设计、实施交付、监视支持生命周期的各阶段,并通过有效的检查和改进机制,提升组织信息安全管理能力。

4.1.2 组织战略

组织战略作为信息安全服务过程模型的中心环节,是本模型的重要组成并处于主导地位。信息安全服务提供者建立有效的、全面的安全制度和管理规定,全面覆盖规划设计、实施交付、监视支持、检查改进等各个环节,确保其符合本标准的相关要求。

4.1.3 规划设计

从客户战略出发,以客户需求为中心,参考组织战略对其进行全面系统的规划设计,并建立业务战略、IT战略和安全服务之间清晰的匹配和连接关系。规划设计阶段需要根据业务战略、运营模式及业务流程的特点确定所需要的业务服务组件,为安全服务的部署实施做好准备,以确保为最终客户提供满足其需求的服务。

4.1.4 实施交付

在规划设计的基础上,建立管理体系,部署专用工具及服务解决方案。实施完成后根据其结果,依据本标准要求,实现服务与业务的有机结合。重点包括业务运营和IT运营,主要采用过程方法,对基础设施、服务流程、人员和业务连续性进行全面管理。

4.1.5 监视支持

在交付过程中，应根据本标准要求，对业务运营和 IT 运营等交付措施过程进行记录。并确保交付记录的实时性、可追溯性、完整性以及可用性。还应根据客户的需求采用外包、供应商等形式在可控的情况下完善信息安全服务的交付过程。

4.1.6 检查改进

检查与改进过程伴随着整个信息安全服务生命周期的始终。检查改进过程伴随着组织管理、规划设计、实施交付、监视支持的方方面面。通过对监视支持产生的记录进行详细的分析，并结合本标准的内容，对现有规章制度、规划设计、交付过程和支持手段进行改进和完善，且应采用可控制、可记录的手段来完成这一过程。

4.2 能力评定原则

4.2.1 综合考虑原则

信息安全服务能力级别的划分应对组织的综合能力进行考察，它主要与组织的技术实力、信息安全服务能力等级以及其他要求有关。

4.2.2 可裁剪原则

安全服务有多种类型，对不同类型的安全服务可进行适当的裁剪，同时可灵活定义新的服务类型。参见 GB/T 30283。

4.2.3 符合性原则

应遵从国家有关主管部门颁布的相关法律、法规、规章、制度、与相关网络与信息安全标准相一致。

4.2.4 可操作性原则

应考虑国内安全服务商以及安全服务市场的实际情况，保证标准客观、实际、可操作性。

5 信息安全服务过程

5.1 D01 组织战略[1)]

5.1.1 D01PA01 制定信息安全章程

5.1.1.1 概述

信息安全章程是信息安全管理的方针，制定信息安全章程，需要明确安全管理目标、宗旨，确定并定义安全管理范围，符合相关法律法规要求，并建立适用性声明。信息安全章程应定期评审其合理性和适用性。

5.1.1.2 目标

建立清晰的安全方针指导，并在整个组织中颁布实施，从而支持组织信息安全活动。

---

1) 编号说明：D 表示过程；PA 表示过程域；BP 表示基本实践，分别按照相应的标号顺序依次编号。

5.1.1.3 过程域注解

无。

5.1.1.4 基本实践清单

基本实践清单包括：

a) BP010101 明确安全管理目的、宗旨；

b) BP010102 定义安全边界和范围；

c) BP010103 遵从法规、合约与安全要求；

d) BP010104 建立适用性声明；

e) BP010105 管理层评审。

5.1.1.5 BP010101 明确安全管理目的、宗旨

5.1.1.5.1 描述

安全管理的宗旨、权力和职责应在章程中进行定义并获取认可。章程应：

a) 确定安全管理活动在组织中的地位；

b) 授权人员接触与开展工作相关的记录、人员和实物财产；

c) 规定安全管理活动的范围；

d) 证据以书面形式存在并批准；

e) 定期评价章程中所规定的宗旨、权力和职责是否足以使安全管理活动实现其目标。这种定期评价的结果应通报高级管理层。

5.1.1.5.2 工作产品

信息安全管理章程。

5.1.1.6 BP010102 定义安全管理范围

5.1.1.6.1 描述

应根据组织目标与安全需求，结合业务特点、组织结构、位置、资产和技术，确定安全管理的边界与范围。

5.1.1.6.2 工作产品

信息安全管理范围。

5.1.1.7 BP010103 遵从法规、合约与安全要求

5.1.1.7.1 描述

安全管理首先要求考虑区域法律、行业规章、机构规定、合同等方面的要求，并综合考虑系统的安全需求。

5.1.1.7.2 工作产品

信息安全符合性规范。

5.1.1.8 BP010104 建立适用性声明

5.1.1.8.1 描述

应建立安全管理相关适用性声明。适用性声明应包括：

a) 选择的过程域目标和措施，以及选择的理由；

b) 当前实施的过程域目标和措施。

5.1.1.8.2 工作产品

适用性声明。

5.1.1.9 BP010105 管理层评审

5.1.1.9.1 描述

信息安全管理层机构应负责定期组织相关部门和相关人员对信息安全章程的合理性和适用性进行审定。对存在不足或需要改进的内容进行修订。

5.1.1.9.2 工作产品

管理评审记录。

5.1.2 D01PA02 建立信息安全组织

5.1.2.1 概述

信息安全组织机构是信息安全管理的基础，需要得到组织机构最高管理层的承诺和支持，建立完善的信息安全组织结构。建立相应的岗位、职责和职权，建立完善的内部和外部沟通协作组织和机制，同组织机构内部和外部信息安全保障的所有相关方进行充分沟通、学习、交流和合作等。进一步将信息安全融至组织机构的整个环境和文化中，使信息安全真正满足安全策略和风险管理的要求，实现保障组织机构资产和使命的最终目的。

5.1.2.2 目标

由安全组织执行安全管理程序，管理组织范围内的信息安全，并为组织业务目标提供合理保证。

5.1.2.3 过程域注释

无。

5.1.2.4 基本实践清单

基本实践清单包括：

a) BP010201 信息安全管理支持；

b) BP010202 岗位及人员设置；

c) BP010203 定义工作描述、角色资质、技能要求、人员培训要求；

d) BP010204 制定人员选择、变更和终止程序。

5.1.2.5 BP010201 信息安全管理支持

5.1.2.5.1 描述

组织高级管理层通过清晰的指导、明确信息安全职责的分配和反馈，提供对安全的主动支持。

5.1.2.5.2 工作产品

信息安全愿景。

5.1.2.6 BP010202 岗位及人员设置

5.1.2.6.1 描述

应成立指导和管理信息安全工作的委员会和领导小组，并设立信息安全管理工作的职能部门，应设立系统管理员、网络管理员、安全管理员等岗位，定义各个岗位的职责，并给出岗位要求。例如，采用关键岗位配备多人共同管理，配备专职的安全管理员、不可兼任等机制。

5.1.2.6.2 工作产品

信息安全岗位设置原则。

5.1.2.7 BP010203 定义工作描述、角色资质、技能要求、人员培训要求

5.1.2.7.1 描述

安全管理组织应考虑工作描述、角色资质、技能要求、人员培训要求等事项。

5.1.2.7.2 工作产品

工作产品包括：

a) 信息安全职责描述；

b) 人员技能需求；

c) 信息安全培训准则。

5.1.2.8 BP010204 制定人员选择、变更和终止程序

5.1.2.8.1 描述

安全管理负责人应在人员选择、变更和终止程序、保密协议等方面提供指导。

5.1.2.8.2 工作产品

工作产品包括：

a) 保密协议；

b) 聘用流程；

c) 解雇流程。

5.1.3 D01PA03 制定信息安全策略

5.1.3.1 概述

制定安全策略目的在于通过考察业务目标与安全需求，考虑组织的策略、程序、制度、指南等多层次的管理流程与规范，保证业务目标的实现。

5.1.3.2 目标

通过完善的安全策略管理体系，提供管理指导，保证信息安全，促进业务目标与安全需求的有效实现。

5.1.3.3 过程域注解

无。

5.1.3.4 基本实践清单

基本实践清单包括：

a) BP010301 制定安全策略；

b) BP010302 制定安全制度、规范与指南；

c) BP010303 策略与程序文件维护、评估与更新。

5.1.3.5 BP010301 制定安全策略

5.1.3.5.1 描述

管理层应制定一个明确的安全策略方向，并通过在整个组织中发布和维护信息安全策略，表明自己对信息安全的支持和保护责任。

策略文档应由管理层批准，根据情况向所有员工公布传达。文档应说明管理人员承担的义务和责任，并制定组织的管理信息安全的步骤。

5.1.3.5.2 工作产品

信息安全方针。

5.1.3.6 BP010302 制定安全制度、规范与指南

5.1.3.6.1 描述

依据组织的高层安全策略和系统安全策略，制定运营、操作管理程序框架，指导安全管理工作。

安全管理程序框架包括强制性制度、技术规范、实施指南等程序文件。

5.1.3.6.2 工作产品

工作产品包括：

a) 信息安全策略；

b) 信息安全规范；

c) 信息安全指南。

5.1.3.7 BP010303 策略与程序文件维护、评估与更新

5.1.3.7.1 描述

应定期或在重大变更时对信息安全路线与实施（策略、控制目标、控制、过程、程序）进行独立审查、评估与更新。

应确保在发生影响最初风险评估的基础的变化（如发生重大安全事故、出现新的漏洞以及组织或技术基础结构发生变更）时，对策略进行相应的审查。还应进行以下预定的、阶段性的审查：

a) 检查策略的有效性，通过所记录的安全事故的性质、数量以及影响反映出来；

b) 控制措施的成本及其业务效率的影响；

c) 技术变化带来的影响。

5.1.3.7.2 工作产品

评审与修订方法。

5.1.4 D01PA04 制定安全管理程序

5.1.4.1 概述

为了落实信息安全策略体系，维护系统的可用性与保护信息的机密性、完整性，组织需要建立和维护包括IT安全角色和责任、策略、标准和程序的安全管理程序，包括进行安全监控、定期测试，纠正明确的安全脆弱性与事故。

5.1.4.2 目标

落实信息安全策略，进行有效安全管理，通过最小化安全脆弱性和安全事件对业务影响，以保护IT资产。

5.1.4.3 过程域注解

无。

5.1.4.4 基本实践清单

制定安全管理程序的基本实践清单包括：

a） BP010401 管理IT安全；
b） BP010402 制定IT安全计划；
c） BP010403 身份管理；
d） BP010404 用户账户管理；
e） BP010405 安全性测试和监控；
f） BP010407 数据分类；
g） BP010408 访问权限集中管理；
h） BP010410 事件处理；
i） BP010412 可信任的路径；
j） BP010413 安全功能的保护；
k） BP010414 密钥管理；
l） BP010415 恶意软件的预防、检测和纠正；
m） BP010416 网络安全；
n） BP010417 敏感数据交换。

5.1.4.5 BP010401 管理IT安全

5.1.4.5.1 描述

应确保最高的适当的组织机构来管理IT安全，并保证安全管理行为和业务需求一致性。

5.1.4.5.2 工作产品

信息安全战略。

5.1.4.6 **BP010402 制定 IT 安全计划**

5.1.4.6.1 **描述**

将业务信息需求、IT 配置、信息风险行动计划、信息安全文化转换为一个整体的 IT 安全计划。通过将安全策略、程序以及在服务、人事、软件、硬件方面的投资，以使计划得以实施。

5.1.4.6.2 **工作产品**

信息安全计划。

5.1.4.7 **BP010403 身份管理**

5.1.4.7.1 **描述**

应唯一标识所有用户及在 IT 系统中的行为，用户访问系统和数据的权限应符合已定义的、正式规定的业务需求和工作要求。

用户的权限由用户的管理者申请，系统的所有者批准，安全责任人员实施。通过使用有效的技术和程序来用于建立用户身份、完成身份认证、实施访问权限。

5.1.4.7.2 **工作产品**

身份管理规范。

5.1.4.8 **BP010404 用户账户管理**

5.1.4.8.1 **描述**

保证用户账户管理者处理用户账户的申请、建立、发布、修改和关闭以及相关的用户特权。应建立一个描述数据和系统的所有者授予访问权限的批准程序，适用于管理员、内部用户、外部用户的正常、紧急情形。所有账户和相关权限应实施定期的管理评审。

5.1.4.8.2 **工作产品**

账户管理规范。

5.1.4.9 **BP010405 安全性测试、监控和报告**

5.1.4.9.1 **描述**

应保证主动地测试和监控 IT 安全实施。IT 安全性应定期检查，保证已批准的 IT 安全水平得到维护，日志和监控功能应能够发现需要说明的例外和异常行为。根据业务需求，确定日志信息的访问权限。对计算机资源责任信息的逻辑访问(安全和其他日志文件)应基于最小特权或者“需要才能知道”的原则来准予。

IT 安全管理员应确保侵犯和安全活动被记入日志，任何即将来临的安全侵犯的迹象要立即报告给所有相关内部、外部人员，并及时采取行动。报告、评价有规律地适时逐步升级，以便确认和解决有关未授权活动。

5.1.4.9.2 **工作产品**

工作产品包括：

a) 安全测试规范；

b） 日志管理规范；

c） 安全事件报告管理规范。

5.1.4.10 BP010407 数据分类

5.1.4.10.1 描述

应执行一个程序，确保所有的数据，按照数据分类的计划安排，由数据的所有者通过正式和明确的决策，根据敏感性进行分类。即使数据"不需要保护"，也需要一个正式决策以指明这样设计的理由。所有者应决定数据的布置与共享，也就是是否、何时进行程序和文件的维护、存档或删除。所有者批准和数据布置的证据应被维护。政策应被定义，以基于变化的敏感性，支持信息的重新分类。分类方案应包括管理机构之间信息交换的规范，要注意安全以及对有关法律的遵从性。

5.1.4.10.2 工作产品

数据分类规范。

5.1.4.11 BP010408 访问权限管理

5.1.4.11.1 描述

应设置一个控制，确保用户身份识别和访问权限以及系统的身份和数据的拥有权以唯一和中心管理的方式被建立和管理，以此来获得全局访问控制的一致性和有效性。

机构的政策应确保在合适的地方执行控制，以提供操作的授权，并建立用户自己对系统声称的身份校验。这要求使用密码技术进行签名和校验操作。

5.1.4.11.2 工作产品

工作产品包括：

a） 授权管理流程；

b） 权限定义规范；

c） 操作安全规范。

5.1.4.12 BP010410 事件处理

5.1.4.12.1 描述

应建立计算机安全事件处理规范，通过提供足够的专家意见和装备、迅速而安全的通讯设施的集中化平台，来处理安全事件。应建立事件管理的责任和程序，确保对安全事件适当、有效和及时的响应。

5.1.4.12.2 工作产品

工作产品包括：

a） 应急响应预案；

b） 安全事件处置规范。

5.1.4.13 BP010412 可信任的路径

5.1.4.13.1 描述

机构政策应确保敏感交易数据只能通过可信任的路径来交换。敏感信息包括：安全管理信息、敏感交易数据、口令和密钥。为了实现这些，可信任的通道需要使用用户之间、用户和系统之间、系统和系统之间的加密来建立。

5.1.4.13.2 工作产品

敏感信息管理规范。

5.1.4.14 BP010413 安全功能的保护

5.1.4.14.1 描述

应防止所有涉及硬件和软件安全的损害，以维持它们的完整性，并要防止密钥的泄露。另外，机构应对他们的安全设计保持一种低调的形象，但是安全不能基于对设计的保密。

5.1.4.14.2 工作产品

完整性保护规范。

5.1.4.15 BP010414 密钥管理

5.1.4.15.1 描述

管理层应定义并执行程序和协议，用于密钥的生成、更改、撤消、毁坏、分发、认证、存储、输入、使用和存档，确保密钥不被更改和未经授权的泄露。如果一个密钥危及安全，管理层应确保这个信息，通过认证撤消列表或其他类似的机制，传播到所有利益相关方。

5.1.4.15.2 工作产品

密钥管理规范。

5.1.4.16 BP010415 恶意软件的预防、检测和纠正

5.1.4.16.1 描述

应建立一个适当的预防、检测和纠正控制措施以及出现时的响应和报告的框架。业务和IT管理层应确保建立一个跨越全机构的程序，避免信息系统和技术遭受计算机病毒的侵害。程序应结合病毒预防、检测、发生时的响应和报告。

5.1.4.16.2 工作产品

恶意代码管理规范。

5.1.4.17 BP010416 网络安全

5.1.4.17.1 描述

确保采用了安全技术和相关管理程序(如防火墙、网络分段、入侵检测)用于授权访问和控制进出网络的信息流。

5.1.4.17.2 工作产品

网络管理规范。

5.1.4.18 BP010417 敏感数据交换

5.1.4.18.1 描述

为了提供内容的真实性、提交验证、接收验证和数据源地抗抵赖性，应保证敏感数据仅通过可信路

径或介质交换。

5.1.4.18.2 工作产品

敏感数据保护规范。

5.1.5 D01PA05 协调信息安全

5.1.5.1 概述

协调安全的目的在于保证所有部门都有一种参与安全工程的意识。由于安全工程不能独立地取得成功,所以这种参与工作是至关重要的。这种协调性涉及保持安全组织、其他工程组织和外部组织之间的开放交流。多种机制可以用于在这些部门之间协调和沟通安全工程的决定和建议,包括备忘录、文档、电子邮件、会议和工作组。

5.1.5.2 目标

项目组的所有成员都要具有并参与安全工程工作的意识,才能充分发挥他们的作用。

有关安全的决定和建议是相互沟通和协调一致的。

5.1.5.3 过程域注解

本过程域保证安全是整个工程项目的一个完整部分。安全工程师应是所有主要设计队伍和工作组的一部分。在作出关键设计决定后的工程生命期早期就建立起安全工程与其他工程队伍间的联系是特别重要的。本过程域能够同等地用于开发和运行机构。

5.1.5.4 基本实践清单

基本实践清单包括:

a) BP010501 定义安全工作协调目标和相互关系;

b) BP010502 识别出安全工程的机制;

c) BP010503 促进安全工程的一致性;

d) BP010504 用识别出的机制去协调有关安全的决定和建议。

5.1.5.5 BP010501 定义协调目标

5.1.5.5.1 描述

许多其他的组织也需要有一种参与安全工程的意识。与这些组织共享信息的目标是通过检查项目结构、信息需求和项目要求来决定的。建立与其他组织之间的联系和义务关系,成功的联系可有许多形式,但应被全体参与的部门所接受。

5.1.5.5.2 工作产品

工作产品包括:

a) 信息共享协议:描述组织间共享信息的过程,标识参与部门、介质、格式、期望值和频率;

b) 工作组的成员关系和日程表:描述本组织的工作组,包括他们的隶属关系、成员的作用、目的、议程和后勤;

c) 组织标准:描述各工作组之间及用户之间沟通安全相关信息的过程和程序。

5.1.5.6 BP010502 识别协调机制

5.1.5.6.1 描述

有许多方法可以与其他组织共享安全工程的决定和建议。本活动识别在项目中协调安全的不同方法。

在同样一个项目上有多个安全组是常见的。这些情况下，所有的工作组都应为了一个共同的目标而工作，接口标识、安全机制选择、培训及开发工作都需要以某种方式进行，以保证每个安全组件放置在运行系统中时都能如愿工作。另外，安全工程的作用应得到所有其他工程组和工程机构的理解，以便使安全能完好地集成到系统中去。顾客也应认识有关安全的事情和工作，以便保证恰当地识别和提出要求。

5.1.5.6.2 工作产品

工作产品包括：

a) 沟通计划：包括用于工作组成员之间以及与其他团体之间需要共享的信息、会议日期、过程和程序；
b) 通信基础设施的要求：标识工作组成员之间以及与其他团体之间共享信息需要的基础设施和标准；
c) 会议报告、报文、备忘录的模板：描述各种文档的格式，保证标准化和有效的工作。

5.1.5.7 BP010503 促进协调

5.1.5.7.1 描述

成功的关系依赖于完善的促进。在具有不同优先级的不同组织之间进行沟通有可能会发生一些冲突。本基本实践确保争端以合适的富有成果的方式得到解决。

5.1.5.7.2 工作产品

工作产品包括：

a) 冲突解决的程序：识别出有效解决组织中实体之间和实体内部冲突的方法；
b) 会议议程、目标、行动条目：描述会议中讨论的议题、强调需要阐述的目标和行动条目；
c) 行动条目的跟踪：识别工作和项目分解的计划，包括职责、时间表和优先级。

5.1.5.8 BP010504 协调安全决定和建议

5.1.5.8.1 描述

本基本实践的目的在于在各种安全工程组织、其他工程组织、外部实体及其他合适的部门中沟通安全决定和建议。

5.1.5.8.2 工作产品

工作产品包括：

a) 决定：通过会议报告、备忘录、工作组会议纪要、电子邮件、安全指南或公告牌将有关安全的决定告诉有关工作组；
b) 建议：通过会议报告、备忘录、工作组会议纪要、电子邮件、安全指南或公告牌将有关安全的建议通报给有关工作组。

5.2 D02 规划设计

5.2.1 D02PA01 指定安全需求

5.2.1.1 概述

指定安全需求的目的在于，明确地为系统识别出与安全相关的需求。指定安全需求涉及定义系统安全的基本原则，以此满足有关安全的所有法律、策略、组织要求。这些需求按照系统的目标运行安全的前后联系、组织的当前安全和系统环境，以及一系列被识别的安全目标来进行裁剪。与安全相关的需求集合被定义为系统安全的基线。

5.2.1.2 目标

在所有部门，包括用户之间达成对安全需求的共同认识。

5.2.1.3 过程域注解

本过程域包括定义整个信息系统中所有安全方面(例如物理的、功能的、程序的)的活动。本基本实践提出了安全需求如何被识别，并被提炼为与安全要求相关的、连贯的基线，以用于系统设计、开发、检验、运行和维护。在大多数的情况下，有必要考虑现有环境和与安全需求相关的因素。通过这一过程域所获得和产生的信息在整个项目中被收集、提炼、使用和更新，详见“提供安全输入”(D02PA06)，以此提出顾客需求。

5.2.1.4 基本实践清单

基本实践清单包括：

a) BP020101 获得对顾客安全需求的理解；

b) BP020102 识别出管理该系统的法律、策略、标准、外部影响和约束；

c) BP020103 识别出系统的用途，以此来决定安全上下文关系；

d) BP020104 收集系统运行的一个高层的面向安全的思想；

e) BP020105 收集定义系统安全的高层目标；

f) BP020106 定义一套确定在系统中实施保护措施的一致性陈述；

g) BP020107 达成特定的安全协议以满足顾客要求。

5.2.1.5 BP020101 获得对用户安全需求的理解

5.2.1.5.1 描述

本基本实践的目的在于，收集所有用于全面理解用户安全需求所需的信息。这些需求受到安全风险对用户重要性的影响。系统预期操作的目标环境也会影响用户与安全相关的需求。

5.2.1.5.2 工作产品

用户安全需求的叙述：对用户所要求的安全的高层描述。

5.2.1.6 BP020102 识别可用的法律、策略和约束

5.2.1.6.1 描述

本基本实践的目的在于，收集所有对系统安全产生影响的外部影响。一个具有可适用性的决定应识别出支配系统目标环境的法律、规则、策略和商务标准。应执行全局和局部间优先权的决定。由系统

用户对系统提出的安全需求应被标识并提出安全含意。

5.2.1.6.2 工作产品

工作产品包括：

a) 安全约束：影响系统安全的法律、策略、规则和其他约束条件；
b) 安全轮廓：安全环境（威胁、组织策略）、安全目标（例如需对抗的威胁）、安全功能和保证需求；开发出满足目标需求的系统合理性。

5.2.1.7 BP020103 识别系统安全关联性

5.2.1.7.1 描述

本基本实践的目的在于识别出系统间的关系是如何影响安全的。它涉及了对系统（例如，情报、金融、医疗）用途的理解。任务的处理和运行概要作为安全因素加以评估。对系统遭受到的，或可能的威胁，在这一阶段有深入理解。评估性能和功能需求对安全可能产生的影响。就安全含意而言，运行的约束条件也要受到检查。

定义的系统安全边界，环境可能也包括与其他组织或系统的接口。接口部件被确定为位于安全边界的内侧或外侧。

组织的许多外部因素也影响组织安全需求的变化程度。这些因素包括策略上的倾向性和策略重点的改变、技术开发、经济影响、全局性事件以及信息战。由于这些因素没有一个是静态的，它们需要监视和定期地评估这些变化潜在的影响。

5.2.1.7.2 工作产品

识别系统安全关联性的工作产品包括：

a) 预期的威胁环境：对系统资产的已知或假定的威胁，包括威胁作用力（专门技术、可用资源、动机）、攻击（方法、可开发的脆弱性、机会）、资产；
b) 评估目标：描述被评估的系统或产品的安全特性（类型、预期的应用、通用特性、使用限制）。

5.2.1.8 BP020104 收集系统运行的安全思想

5.2.1.8.1 描述

本基本实践的目的在于开发一个高层的、面向安全的规划思想，包括任务、职责信息流、资产、资源、人员保护以及物理保护。这一描述应包括对规划如何都能在系统要求约束条件内实施的讨论。系统的这一思想在运行安全概念中典型地被提了出来，而且应包括一个有关体系结构、过程和环境的高层的安全思想。与系统开发环境有关的要求也要在这一阶段进行收集。

5.2.1.8.2 工作产品

收集系统运行的安全思想的工作产品包括：

a) 运行安全概念：系统高层的、面向安全的思想（任务、职责、资产、信息流、过程）；
b) 概念性安全体系结构。

5.2.1.9 BP020105 收集安全的高层目标

5.2.1.9.1 描述

本基本实践的目的在于，识别出在运行环境中怎样提供足够的安全才能为该系统满足其安全目标。

5.2.1.9.2 工作产品

收集安全的高层目标的工作产品包括：

a) 运行/环境的安全策略：支配资产怎样在一个组织的内部和外部进行管理、保护和发布的规则、指令和实施；

b) 系统安全策略：支配资产怎样被系统或产品进行管理、保护和发布的规则、指令和实施。

5.2.1.10 BP020106 定义安全相关需求

5.2.1.10.1 描述

本基本实践的目的在于定义与系统的安全相关的需求。这一实施应确保每个需求与可适用的策略、法律、标准、安全需求以及系统的约束条件协调一致。这些需求应完全地定义出系统的安全需求，包括那些通过非技术手段提供的需求。通常有必要定义或确定目标的逻辑或物理边界，以确保所有的方面都被提到。这些需求应与系统目标建立映射关系或发生关联。与安全相关的需求应被清楚地、简明地陈述，而且彼此不应发生矛盾。无论何时，安全都应将对系统功能和性能的任何影响降到最小。与安全相关的需求应为在目标环境中对系统安全的评价提供一个基础。

5.2.1.10.2 工作产品

定义安全相关需求的工作产品包括：

a) 与安全相关的需求：直接影响系统的安全运行，或强迫与某一特殊安全策略的一致性需求；

b) 可跟踪模型：将安全需求映射成为必需条件、解决方法（例如，体系结构、设计、实现）、测试和测试结果。

5.2.1.11 BP020107 达成安全协议

5.2.1.11.1 描述

本基本实践的目的在于，在系统的安全需求中所有适用部分与特定安全之间达成协议。在未被识别的特殊用户，而不是一个通用用户组的情况下，特定安全要满足目标设置。特定的安全应是完整地、一致地反映对策略、法律和用户需求的管理。问题应被识别并修改直到达成协议。

5.2.1.11.2 工作产品

达成安全协议的工作产品包括：

a) 被审定的安全目标：陈述需对抗的已识别的威胁，和/或遵从已识别的安全策略（已被顾客认可）的计划；

b) 与安全相关的需求基线：在特定的重要阶段，被所有的适用部分（特别是顾客）认可的，与安全相关的最低要求。

5.2.2 D02PA02 评估影响

5.2.2.1 概述

评估影响的目的在于识别对该系统有关系的影响，并对发生影响的可能性进行评估。影响可能是有形的，例如税收或财政罚款的丢失，或可能是无形的，例如声誉和信誉的损失。

5.2.2.2 目标

对该系统风险的安全影响进行标识和特征化。

5.2.2.3 过程域注解

影响是意外事件的后果，对系统资产产生影响，可由故意行为或偶然原因引起。这一后果可能毁灭某些资产，危及该IT系统以及丧失机密性、完整性、可用性、可记录性、可鉴别性或可靠性。间接后果可以包括财政损失、市场份额或公司形象的损失。对影响是被允许在意外事件的结果与防止这些意外事件所需安全措施费用之间达成平衡。应对发生意外事件的频率予以考虑。特别重要的是，即使每一次影响新引起的损失并不大，但长期积累的众多意外事件的影响总和则可造成严重损失。影响的评估是评估风险和选择安全措施的要素。

本过程域所产生的影响信息在本过程域中，与来自D02PA03的威胁信息和来自D02PA04的脆弱性信息一起使用。当涉及与收集威胁、脆弱性和影响信息有关的活动被综合成单个PA后，它们是相互依存的。目的在于寻找认为是有足够风险的威胁、脆弱性和影响的组合，以证明新采取的措施是合理的。因此，对影响的搜索应通过现有相应的威胁和脆弱性进行一定延伸。

由于影响要经历变化，应定期进行监视，以保证由本过程域产生的理解始终得到维持。

5.2.2.4 基本实践清单

评估影响的基本实践清单主要包括：

a) BP020201 对系统中起关键作用的运行、商务或任务的影响进行识别、分析和优先级排列；

b) BP020202 对支持系统的关键性运行能力或安全目标的系统资产进行识别和特征化；

c) BP020203 选择用于评估的影响度量标准；

d) BP020204 对选择的用于评估的度量标准及其转换因子(如有要求)之间的关系进行标识；

e) BP020205 标识和特征化影响；

f) BP020206 监视所有影响中的不断变化。

5.2.2.5 BP020201 对影响进行优先级排列

5.2.2.5.1 描述

对运行、商务或任务指令进行识别、分析和优先级排列。商务战略的影响也应予以考虑。它们可能影响和缓解该组织可能遭受的影响。其次，它们可能影响在其他基本实践和过程域中对风险的顺序。因此重要的是当其测试潜在影响时要对这些影响因素进行分解。基本实践与D02PA01“指定安全需求”的工作有关。

5.2.2.5.2 工作产品

对影响进行优先级排列的工作产品主要包括：

a) 系统优先级清单和影响修改者；

b) 系统能力轮廓：描述系统能力及其对系统目标的重要性。

5.2.2.6 BP020202 识别系统资产

5.2.2.6.1 描述

对支持系统的安全目标或关键性能力(运行，商务或任务功能)所必需的系统资源和数据进行识别。通过对给定环境中提供这种支持的每项资产的意义进行评估，来对每项资产进行定义。

5.2.2.6.2 工作产品

工作产品包括：

a) 产品资产分析:包含产品资产及系统运行意义的识别;

b) 系统资产分析:包含系统资产及系统运行意义的识别。

5.2.2.7 BP020203 选择影响的度量标准

5.2.2.7.1 描述

许多度量标准可用来测量事件的影响。预先确定哪种度量标准适合用于考虑中的特殊系统是有好处的。

5.2.2.7.2 工作产品

选择影响的度量标准。

5.2.2.8 BP020204 表示度量标准关系

5.2.2.8.1 描述

某些影响可能需要使用不同度量标准进行评估。不同度量标准之间的关系应建立起来以保证在整个影响评估中对所有暴露均保持一致性方法。在某些情况下,将需要把各种度量标准方法组合起来,以使能够产生出单一的统一结果。因此需要建立起一种可以产生统一结果的方法。这种方法通常将随系统而变化。当使用量化的度量标准时,也需要建立起规则用来在合并阶段指导量化因子的组合。

5.2.2.8.2 工作产品

工作产品包括:

a) 影响度量标准关系清单:描述度量标准之间的关系;

b) 影响度量标准组合规则:描述组合影响度量标准的规则。

5.2.2.9 BP020205 识别和特征化影响

5.2.2.9.1 描述

利用多重度量标准或统一度量标准的合适方法对意外事件的意外影响进行识别和特征化。

5.2.2.9.2 工作产品

暴露影响清单:潜在影响及其相关度量的清单。

5.2.2.10 BP020206 监视影响

5.2.2.10.1 描述

适用于任何位置和状态的影响都是动态的。新的影响可以变得与此相关。因此重要的是监视现有影响并有规律地检查潜在的新影响。本基本实践与 D04PA02 中的通用性监视活动紧密相连。

5.2.2.10.2 工作产品

工作产品包括:

a) 影响监视报告:描述监视影响的结果;

b) 影响变化报告:描述影响的变化情况。

5.2.3 D02PA03 评估威胁

5.2.3.1 概述

评估威胁过程域的目的在于识别安全威胁及其性质和特征。

5.2.3.2 目标

对系统安全的威胁进行标识和特征化。

5.2.3.3 过程域注解

许多方法和方法论可用于进行威胁评估。确定使用哪一种方法论的重要考虑因素是该方法论如何与被选定的风险评估过程中其他部分所使用的方法论进行衔接和工作。

本过程域产生的威胁信息被安排在本过程域中，与来自 D02PA04 的脆弱性信息和来自 D02PA02 的影响信息一起使用。当这些涉及收集威胁、脆弱性和影响信息的工作已组合成单独的 PA 时，它们是相互依存的。其目的在于寻找被认为是足够危险的威胁、脆弱性和影响的组合，从而证明相应行动的合理性。因此，搜索威胁就根据现有的相应脆弱性和影响进行某些延伸。

由于威胁可能发生变化，因此应定期地对其进行监视，以保证由本过程域所产生的安全理解始终得到维持。

5.2.3.4 基本实践清单

基本实践清单包括：

a） BP020301 识别由自然因素所引起的适当威胁；

b） BP020302 识别由人为因素所引起的适当威胁，偶然的或故意的；

c） BP020303 识别在一特定环境中合适的测量块和适用范围；

d） BP020304 评估由人为因素引起的威胁影响的能力和动机；

e） BP020305 评估威胁事件出现的可能性；

f） BP020306 监视威胁频谱的变化以及威胁特征的变化。

5.2.3.5 BP020301 识别自然威胁

5.2.3.5.1 描述

由自然原因引起的威胁，包括地震、海啸和台风。不过，并非有威胁的所有自然灾害都会在所有地方发生。例如，在大量内陆中心地带就不可能出现台风。因此，重要的是识别出在一特定地方到底会发生哪一种具有威胁的自然灾害。

5.2.3.5.2 工作产品

合适的自然威胁表：保存自然威胁特征和可能性的表格。

5.2.3.6 BP020302 识别人为威胁

5.2.3.6.1 描述

人为原因引起的威胁基本上有两种类型：一是由偶然原因引起的威胁；二是由故意行为引起的威胁。某些人为威胁在目标环境中并不适用，这些应在分析中通过进一步的思考后予以取消。

5.2.3.6.2 工作产品

工作产品包括：

a) 威胁概要描述：对威胁如何工作的描述；

b) 威胁严重性测定：对威胁可能影响程度的度量。

5.2.3.7 BP020303 识别威胁的测量块

5.2.3.7.1 描述

大量的自然和人为威胁都有其与之相关的测量块。关于地震的 Richter 换算法就是一例。在大多数情况下，测量块的整体范围并不适用于特定位置。因此，对可能在特定位置中出现预期的事件，应根据具体情况建立最大和最小测量块范围。

5.2.3.7.2 工作产品

工作产品是与测量块和位置范围有关的威胁表。

5.2.3.8 BP020304 评估影响威胁的效力

5.2.3.8.1 描述

本过程域集中确定对系统进行成功攻击的潜在的人类敌对势力的能力和效力。能力指的是攻击者的敌对知识(例如，他们拥有知识、经过训练)。效力则是一个有能力的敌手能够进行攻击的可能性(例如，他们拥有攻击的手段)。

5.2.3.8.2 工作产品

工作产品是威胁影响的效力评估和描述。

5.2.3.9 BP020305 评估威胁的可能性

5.2.3.9.1 描述

对威胁事件如何发生的可能性进行评估。在对从自然事件发生概率到个别的故障行为或偶然事件进行评估中需要考虑多种因素。考虑诸多因素并对其进行计算或测量，度量标准应是需要的、一致的。

5.2.3.9.2 工作产品

威胁事件可能性评估报告。

5.2.3.10 BP020306 监视威胁及其特征

5.2.3.10.1 描述

适合于任何位置和状态的威胁频谱都是动态的。新的威胁可能变得相关，而现有威胁的特征也可能发生变化。因此重要的是有规律地对现有威胁及其特征进行监视，并检查新的威胁。本基本实践与 D04PA02 监视威胁、脆弱性、影响和环境变化的一般化监视活动紧密相连。

5.2.3.10.2 工作产品

工作产品包括：

a) 威胁监视报告：描述威胁监视活动结果的文档；

b) 威胁变化报告:描述威胁分布情况变化的文档。

5.2.4 D02PA04 评估脆弱性

5.2.4.1 概述

评估安全脆弱性的目的在于识别和特征化系统的安全脆弱性。本过程域包括分析系统资产、定义特殊的脆弱性以及提供对整个系统脆弱性的评估。

与安全风险和脆弱性评估有关的术语,在许多不同上下文环境中用起来是不同的。就用途而言,"脆弱性"指的是可被开发利用(而不是那些原本就有安全漏洞和程序缺陷的易被威胁所攻击)的系统的一个方面。这些脆弱性与任何特殊的威胁或攻击形成并不相干。评估活动在系统生命期内任何时间都可进行,以支持在已知环境中对开发、维护和运行系统做出决策。

5.2.4.2 目标

获得对一确定环境中系统安全脆弱性的理解。

5.2.4.3 过程域注解

与本过程原有关的分析和实施通常是"书面研究"。通过常用工具和技术发现系统脆弱性是另一种补充方法,但不能代替其他脆弱性分析技术。这些常用技术可看作是一种特殊的脆弱性分析形式。这种分析方法,在重要的系统升级后试图证实安全脆弱性,或在两个系统互联后对其安全脆弱性进行识别时可能是有用的。在某些情况下,为了证实系统安全态势并增加对现在安全脆弱性的理解和体会,需要进行主动的脆弱性分析。有时称之为渗透测试的主动脆弱性分析是一个过程,安全工程师在这一过程中尝试推翻该系统的安全特性。安全工程师是以与用户具有相同约束条件下开展工作的,但假定他们可以使用全部的设计和实现文档。攻击安全的这一过程并非无止境地进行下去,而必然受到时间和费用的制约。

由本过程域产生的脆弱性信息打算在本过程域中,与来自 D02PA03 的威胁信息和来自 D02PA02 的影响信息一起使用。当与收集威胁、脆弱性和影响信息有关的活动,综合成单独的 PA 时,这些 PA 是互相依存的。其目的在于寻找认为是足够危险的威胁、脆弱性和影响的组合方式,以证明所采取措施的合理性。因此,搜索脆弱性的工作应根据现有相应威胁和影响情况进行某些延伸。由于脆弱性要经历变化,它们应定期受到监视,以保证由本过程域产生的理解始终得到维持。

5.2.4.4 基本实践清单

基本实践清单包括:

a) BP020401 选择对一给定环境中的系统脆弱性进行识别和特征化的方法、技术和标准;
b) BP020402 识别系统安全脆弱性;
c) BP020403 收集与脆弱性性质有关的数据;
d) BP020404 评估系统脆弱性并将特定脆弱性及各种特定脆弱性的组合结果进行综合;
e) BP020405 监视可用的脆弱性的变化及其特征的变化。

5.2.4.5 BP020401 选择脆弱性分析方法

5.2.4.5.1 描述

本基本实践包括定义对系统建立安全脆弱性的方法,这种方法允许对安全脆弱性进行识别和特征化。这些可以包括一个对基于威胁及其可能性、运行功能、安全需求或提供的其他相关领域的脆弱性进行分类和优先级排列的方案。识别这些分析的深度和广度,允许安全工程师和用户确定目标系统是否为本方案的一部分。所有分析应在预先安排和指定时间内，在一个已知的并记录有配置的框架内进行。该种分析的方法论应包括预期结果。分析的特定目标应陈述清楚。

5.2.4.5.2 工作产品

工作产品包括：

a) 脆弱性分析方法：标识寻找和提出系统安全脆弱性的方法，包括分析、报告和跟踪过程；

b) 脆弱性分析格式：描述脆弱性分析结果的格式，保证方法的特征化；

c) 攻击方法论和工作原理：包括执行攻击测试的目标和方法；

d) 攻击过程：执行攻击测试的详细步骤；

e) 攻击规划：包括资源、时间安排和攻击方法论的描述；

f) 渗透研究：以识别未知脆弱性为目标的攻击概要分析和方案；

g) 攻击概要：描述将要进行的特定攻击。

5.2.4.6 BP020402 识别脆弱性

5.2.4.6.1 描述

系统脆弱性可以在系统的安全和非安全的相关部分被发现。许多情况下，支持与安全机制相关的安全功能和工作的非安全机制，被发现具有可利用的脆弱性。BP020401 中研究过的攻击概要方法论应延伸到对脆弱性的证实。所有发现的系统脆弱性应予以记录。

5.2.4.6.2 工作产品

工作产品包括：

a) 描述系统经受各种攻击的脆弱性清单；

b) 包括攻击测试结果(例如脆弱性)的渗透轮廓。

5.2.4.7 BP020403 收集脆弱性数据

5.2.4.7.1 描述

脆弱性具有自身的性质。本基本实践打算将与这些性质相关的数据收集起来。在某种情况下，脆弱性的测量单位可能与 BP020303“识别攻击的测量单位”中有关威胁的测量单位相同。由于脆弱性易于被利用，因此脆弱性存在的可能性应予识别，其数据应被收集。

5.2.4.7.2 工作产品

脆弱性性质表：保存产品或系统脆弱性特征的表格。

5.2.4.8 BP020404 合成系统脆弱性

5.2.4.8.1 描述

分析那些脆弱性或脆弱性的总和会对系统造成问题。所有分析应识别出该脆弱性的特征，例如脆弱性被开发的可能性以及成功开发脆弱性的概率。提出合成脆弱性的建议也可以包括在分析结果之中。

5.2.4.8.2 工作产品

工作产品包括：

a) 脆弱性评估报告:包括对系统造成问题的脆弱性的定性或定量的描述,这些问题是攻击的可能性、攻击成功的可能性及攻击产生的影响;
b) 攻击报告:对已发现的脆弱性、被开发的潜在可能性和推荐的处置方法的分析过程和结果进行书面总结。

5.2.4.9 BP020405 监视脆弱性及其特征

5.2.4.9.1 描述

适合于任何位置和状态的脆弱性频谱都是动态的。新的脆弱性变得与之相关,而现有脆弱性的特征可能发生变化。因此,重要的是有规律地监视现有脆弱性及其特征并检查新的脆弱性。本基本实践与 D04PA02 监视威胁、脆弱性、影响、风险和环境变化的一般性监视活动紧密相连。

5.2.4.9.2 工作产品

工作产品包括:
a) 脆弱性监视报告:描述脆弱性监视活动结果的文档;
b) 脆弱性变化报告:描述新的或已变化的脆弱性文档。

5.2.5 D02PA05 评估安全风险

5.2.5.1 概述

评估安全风险的目的在于识别出一给定环境中涉及对某一系统有依赖关系的安全风险。这一过程域着重于确定一些风险,这些风险是基于对运行能力和可用资源在抗威胁方面脆弱程度的已有理解上的。这一工作特别涉及对出现暴露的可能性进行识别和评估。“暴露”一词指的是可能对系统造成重大伤害的威胁、脆弱性和影响的组合。在系统生命期的任何时候都可进行这一系列活动,以便支持在一已知环境中开发、维护和运行该系统有关的决策。

5.2.5.2 目标

获得对在一给定环境中运行该系统相关的安全风险的理解。

5.2.5.3 过程域注解

安全风险多为将会出现不希望事件的影响的可能性。当其论及与费用和进度有关的项目风险时,安全风险特别涉及对某一系统的资产和能力的影响。

风险总是包括一种依赖于某一特定情况而变化的不确定因素。这就意味着安全风险只能在某一限度内被预测。此外,对某一特定风险进行的评估也会具有相关的不确定性,例如,不希望事件并不一定出现。因此,很多因素都具有不确定性,例如对与风险有关的预测的准确性就不确定。在许多情况下,这些不确定性可以很大。这就使得安全的规划和调整非常困难。

可以降低与特定情况相关的不确定性的任何措施都具有相当重要性。有鉴于此,保证是重要的。因为它间接地降低了该系统的风险。

由本过程域产生的风险信息,取决于来自 D02PA03 的威胁信息,来自 D02PA04 的脆弱性信息和来自 D02PA02 的影响信息。当涉及收集威胁、脆弱性和影响信息的活动分别组合成单独的 PA 时,它们是互相依存的。其目标在于寻找认为是足够危险的威胁、脆弱性和影响的组合,从而证明相应行动的合理性。这一信息形成了在 D02PA01 中定义安全需要的基础以及由 D02PA06 提供的安全输入。

由于风险环境要经历变化,因此应对其进行定期监视,以保证由本过程域生成的风险理解始终得到以维持。

5.2.5.4 实施清单

实施清单包括：
a） BP020501 选择用于分析、评估和比较给定环境中系统安全风险所依据的方法、技术和准则；
b） BP020502 识别威胁/脆弱性/影响三组合（暴露）；
c） BP020503 评估与出现暴露相关的风险；
d） BP020504 评估与该暴露风险相关的总体不确定性；
e） BP020505 排列风险的优先顺序；
f） BP020506 监视风险频谱及其特征的不断变化。

5.2.5.5 BP020501 选择风险分析方法

5.2.5.5.1 描述

选择用于分析、评估和比较给定环境中系统安全风险所依据的方法、技术和准则。

本基本实践包括定义用于识别给定环境中系统安全风险的方法，这种方法允许对安全风险进行分析、评估和比较。它应包括一个对风险进行分类和分级的方案，其依据是威胁、运行作用、已建立的系统脆弱性、潜在损失、安全需求等相关问题。

5.2.5.5.2 工作产品

工作产品包括：
a） 风险评估方法：描述对风险进行识别和特征化的方法；
b） 风险评估格式：描述风险归档和跟踪的格式，包括风险的描述、重要性和相关性。

5.2.5.6 BP020502 识别暴露

5.2.5.6.1 描述

识别威胁/脆弱性/影响三组合（暴露）。识别该暴露的目的在于认识这些威胁和脆弱性的利害关系，进而识别出现威胁和脆弱性造成的影响。这些暴露将是在选择系统保护措施中应予以考虑的。

5.2.5.6.2 工作产品

系统暴露清单：描述该系统的所有暴露。

5.2.5.7 BP020503 识别暴露的风险

5.2.5.7.1 描述

评估与每个暴露有关的风险。识别出现一个暴露出现的可能性。

5.2.5.7.2 工作产品

工作产品包括：
a） 暴露风险清单；
b） 暴露优先级表。

5.2.5.8 BP020504 评估总体不确定性

5.2.5.8.1 描述

每种风险都有与之相关的不确定性。总体风险不确定性是在 D04PA02 中已被标识的威胁、脆弱性和影响及其特征不确性的积累。D02PA03“评估出现威胁事件的可能性”；D02PA04 收集与脆弱性性质有关的数据；以及 D02PA02 评估出现暴露的影响。本基本实践与“D03PA03 建立保证论据”密切相关，因为保证能用于修改，从而在某种输入下降低不确定性。

5.2.5.8.2 工作产品

暴露与不确定性有关的风险。

5.2.5.9 BP020505 风险优先级排列

5.2.5.9.1 描述

已经被识别的风险应以组织优先权，风险出现的可能性，与这些因素相关的不确定性和可用财力为依据进行排序。风险可以被减轻、避免、转移或接受，也可以使用这些措施的组合。“减轻”这一措施能够对付威胁、脆弱性、影响或风险本身。安全措施的选择要适当考虑到 D02PA01“指定安全需求”中的要求，商务优先级和整个系统体系结构。

5.2.5.9.2 工作产品

工作产品包括：

a) 风险优先级清单；

b) 安全措施需求清单；

c) 优先顺序的关系。

5.2.5.10 BP020506 监视风险及其特征

5.2.5.10.1 描述

监视风险频谱变化和风险特征的变化。

应用于任何位置和状态的风险频谱都是动态的。新的风险可能关联进来，而现有风险也可能发生变化。因此，监视现有风险及其特征，有规律地检查新的风险是十分重要的。本基本实践与 D04PA02“监视威胁、脆弱性、影响、风险和环境变化”中一般性监视活动紧密相联。

5.2.5.10.2 工作产品

工作产品包括：

a) 风险监视报告；

b) 风险变化报告：描述系统的运行能力以及对该系统目标的重要性。

5.2.6 D02PA06 提供安全输入

5.2.6.1 概述

提供安全输入的目的在于为系统的规划者、设计者、实施者或用户提供他们所需的安全信息。这些信息包括安全体系结构、设计或实施选择以及安全指南。输入是被开发、分析并加以提供的。同时与基于 D02PA01“指定安全需求”中定义的安全需求中的适当组织机构成员协调一致。

5.2.6.2 目标

所有具有安全意义的系统问题都应受到检查，并按照安全目标的要求予以解决。

所有项目组成员都要理解安全问题，以使他们各司其职。

解决方法反映出所提供的安全输入。

5.2.6.3 过程域注解

本过程域提供支持系统设计和实施活动的安全输入。焦点是关于安全如何成为系统开发的一个完整部分,而且是无止境的。每项基本实践都来自利用整个工程组织的输入,产生出安全特定结果,再把那些结果传回给整个工程组织。这些识别出的过程适用于新设备的开发或对现有设备的运行和维护。

这一过程域包括适用于开发(设计者和实现者)和运行(用户和管理员)的安全输入。另外,通过把设计和实现安全活动结合为单个过程域,强调这些活动虽然非常近似,但处于不同的抽象层。可选择的解决办法涉及的范围是从整个系统的体系结构到单个组成部分。安全要求的某些方面会对系统的开发环境而不是系统本身产生影响。

这一过程域中所有的基本实践都可重复进行,并且都发生在整个系统生命期中的多个点。

5.2.6.4 基本实践清单

基本实践清单包括:

a) BP020601 同设计者、开发者和用户一起,确保相应的部分对安全输入要求有一个共同的理解;
b) BP020602 决定作出有科学依据的工程选择所需的安全约束和考虑的因素;
c) BP020603 标识出与安全相关的工程问题替换解决方法;
d) BP020604 利用安全约束和考虑因素对工程的比较方案进行分析并区分优先级;
e) BP020605 向其他工程组提供安全相关的指南;
f) BP020606 向运行系统的用户和管理员提供与安全相关的指南。

5.2.6.5 BP020601 理解安全输入要求

5.2.6.5.1 描述

同设计者、开发者和用户一起,确保相应部门对安全输入具有一个共同的理解。安全工程与其他科目相协调,才能确定安全输入的类型有助于那些科目。安全输入包括任何种类的、应被其他科目所考虑的、与安全相关的指南、设计、文档或思想。输入可以为多种形式包括文档、备忘录、电子邮件、培训和咨询。

这样的输入基于D02PA01"指定安全需求"中确定的需求。例如,一套安全规则可能需要由软件工程师来开发。同系统相比,某些输入与环境则更有关系。

5.2.6.5.2 工作产品

工作产品包括:

a) 安全工程和其他科目间的协议:定义安全工程将如何把输入提供给其他科目(例如,文档、备忘录、培训、咨询);
b) 所需输入描述:对提供安全输入的每种机制的标准化定义。

5.2.6.6 BP020602 确定安全约束和考虑

5.2.6.6.1 描述

本基本实践的目的在于确定作出有科学依据的工程选择所需的所有安全约束和考虑。安全工程组进行分析以决定在需求、设计、实现、配置和文档方面的任何安全限制和考虑。约束可在系统生命期内的所有时间进行标识。它们也可在许多不同的抽象层上进行标识。注意这些约束或是肯定(总是如此)或是否定(绝不如此)。

5.2.6.6.2 工作产品

工作产品包括：

a) 安全设计标准:对整个系统或产品设计作决定时所需的安全约束和考虑；

b) 安全实施原则:用于系统或产品实现(例如,使用特定机制、编码标准)的安全限制和考虑；

c) 文档要求:对支持安全要求所需的特定文档(例如,管理员手册、用户手册、特定设计文件)的标识。

5.2.6.7 BP020603 识别安全选项

5.2.6.7.1 描述

本基本实践的目的在于识别出与安全相关的工程问题的解决办法选项。这一过程是反复进行的,把与安全相关的要求转化到实现中。这些解决办法可以多种形式提供,如体系结构、模型和原型。本基本实践涉及与安全相关的需要进行分解、分析和重组,直到识别出有效的解决办法。

5.2.6.7.2 工作产品

工作产品包括：

a) 系统体系结构的安全思想:以能满足安全要求的方式,从理论层次上描述系统体系结构中各关键元素间的关系；

b) 安全设计文件:包括系统资产和信息流的细节,以及具有强制性安全或与安全相关的系统功能的描述；

c) 安全模型:对系统强制性安全策略的一个形式上的说明文献,应识别控制一个系统如何管理、保护和发布信息的一套规则和实施;这些规则有时也以精确的数学术语来表示；

d) 安全体系结构:集中于系统体系结构的安全方面,描述与系统安全有关的规则、基本概念、功能和服务；

e) 信任分析(防护关系和依赖性):描述安全服务和机制间如何相互关联,并如何相互协调,以产生对整个系统行之有效的安全保证;确定补充防护措施所需的区域。

5.2.6.8 BP020604 分析工程选项的安全性

5.2.6.8.1 描述

本基本实践的目的在于分析和区分工程选项的优先级。当决定安全约束和考虑后(BP020602),利用识别的安全约束和考虑,设计组可以评估每个工程选项并提出对工程组的建议。安全工程组同样应考虑其他工程组的工程指南。

这些工程选项不受所标识的安全选项的限制(BP020603),但也可以包括来自其他科目的选项。

5.2.6.8.2 工作产品

工作产品包括：

a) 比较研究结果和建议；

b) 端端比较研究结果:整个产品、系统或过程的生命期中各种选择的结果,集中于安全要求已被降低以满足其他目标(例如,成本、功能性)的区域。

5.2.6.9 BP020605 提供安全工程指南

5.2.6.9.1 描述

本基本实践的目的在于，开发出与安全相关的指南，并把它提供给工程组。安全工程指南被工程组用于作出有关体系结构、设计和实现选择决定。

5.2.6.9.2 工作产品

工作产品包括：

a) 体系结构建议：包括能支持可满足安全要求的系统体系结构的约束和开发规则；
b) 设计建议：包括指导系统设计的规则或约束；
c) 实现建议：包括指导系统实现的规则或约束；
d) 安全体系结构建议：包括定义系统安全特性的规则或约束；
e) 保护的哲学：对如何强化安全，包括自动的、物理的、个人的以及管理机制的高层次描述；
f) 设计标准、哲学、规则：关于系统如何设计的约束(例如，最少的特权、隔离安全控制)；
g) 编码标准：关于系统如何实现的约束。

5.2.6.10 BP020606 提供运行安全指南

5.2.6.10.1 描述

本基本实践的目的在于，开发与安全相关的指南并提供给系统用户和管理员。本运行指南告诉用户和管理员在以安全模式进行安装、配置、运行和淘汰系统时应做些什么。为确保这一可能性，运行安全指南的开发应在生命期内提早开始。

5.2.6.10.2 工作产品

工作产品包括：

a) 管理员手册：描述系统管理员以安全模式安装、配置、运行和淘汰系统的功能和特权；
b) 用户手册：描述使用户使用的指南以及系统提供的安全机制；
c) 安全轮廓：安全环境(威胁、组织策略)；安全目标(例如被对抗的威胁)；安全功能和保证需求；开发能满足目标需求的系统合理性；
d) 系统配置指令：确保运行能满足安全目标的系统配置指令。

5.2.7 D02PA07 识别资产

5.2.7.1 BP020701 资产分类

5.2.7.1.1 描述

机密性、完整性和可用性是评价资产的三个安全属性。风险评估中资产的价值不是以资产的经济价值来衡量，而是由资产在这三个安全属性上的达成程度或者其安全属性未达成时所造成的影响程度来决定的。安全属性达成程度的不同将使资产具有不同的价值，而资产面临的威胁、存在的脆弱性、以及已采用的安全措施都将对资产安全属性的达成程度产生影响。为此，有必要对组织中的资产进行识别。

在一个组织中，资产有多种表现形式；同样的两个资产也因属于不同的信息系统而重要性不同，而且对于提供多种业务的组织，其支持业务持续运行的系统数量可能更多。这时首先需要将信息系统及相关的资产进行恰当的分类，以此为基础进行下一步的风险评估。在实际工作中，具体的资产分类方法可以根据具体的评估对象和要求,由评估者灵活把握。根据资产的表现形式,可将资产分为数据、软件、硬件、文档、服务、人员等类型。GB/T 20984—2007 中列出了一种资产分类方法,见表 1。

表 1 一种基于表现形式的资产分类方法

分类	示例
数据	保存在信息媒介上的各种数据资料,包括源代码、数据库数据、系统文档、运行管理规程、计划、报告、用户手册等
软件	系统软件:操作系统、语句包、工具软件、各种库等; 应用软件:外部购买的应用软件,外包开发的应用软件等; 源程序:各种共享源代码、自行或合作开发的各种代码等
硬件	网络设备:路由器、网关、交换机等; 计算机设备:大型机、小型机、服务器、工作站、台式计算机、移动计算机等; 存储设备:磁带机、磁盘阵列、磁带、光盘、软盘、移动硬盘等; 传输线路:光纤、双绞线等; 保障设备:动力保障设备(UPS、变电设备等)、空调、保险柜、文件柜、门禁、消防设施等; 安全保障设备:防火墙、入侵检测系统、身份验证等; 其他:打印机、复印机、扫描仪、传真机等
服务	办公服务:为提高效率而开发的管理信息系统(MIS),包括各种内部配置管理、文件流转管理等服务; 网络服务:各种网络设备、设施提供的网络连接服务; 信息服务:对外依赖该系统开展的各类服务
文档	纸质的各种文件,如传真、电报、财务报告、发展计划等
人员	掌握重要信息和核心业务的人员,如主机维护主管、网络维护主管及应用项目经理等
其他	企业形象、客户关系等

5.2.7.1.2 工作产品

资产清单。

5.2.7.2 BP020702 资产赋值

5.2.7.2.1 描述

对资产的赋值不仅要考虑资产的经济价值,更重要的是要考虑资产的安全状况对于系统或组织的重要性,由资产在其三个安全属性上的达成程度决定。为确保资产赋值时的一致性和准确性,组织应建立资产价值的评价尺度,以指导资产赋值。

资产赋值的过程也就是对资产在机密性、完整性和可用性上的达成程度进行分析,并在此基础上得出综合结果的过程。达成程度可由安全属性缺失时造成的影响来表示,这种影响可能造成某些资产的损害以至危及信息系统,还可能导致经济效益、市场份额、组织形象的损失。

5.2.7.2.2 工作产品

资产赋值。

5.3 D03 实施交付

5.3.1 D03PA01 获取资源

5.3.1.1 概述

组织应根据财务要求，获取实施所需要的各种资源，包括外购软件、硬件，甚至服务，并维持供应商关系。

5.3.1.2 目标

满足实施要求，并获取有效支持。

5.3.1.3 过程域注释

无。

5.3.1.4 基本实践清单

基本实践清单包括：

a) BP030101 确定资源清单；

b) BP030102 自行开发；

c) BP030103 产品采购；

d) BP030104 获取服务；

e) BP030105 管理供应商。

5.3.1.5 BP030101 确定资源清单

5.3.1.5.1 描述

制定详细的实施所需要的资源清单。

5.3.1.5.2 工作产品

工作产品包括：

a) 软件资源；

b) 硬件资源；

c) 服务资源。

5.3.1.6 BP030102 自行开发

5.3.1.6.1 描述

组织的开发应遵循信息安全要求，具备代码安全编制规范，确保代码质量，并执行测试。

5.3.1.6.2 工作产品

工作产品包括：

a) 代码安全规范；

b) 代码安全测试；

c) 测试报告。

5.3.1.7 **BP030103 采购产品**

5.3.1.7.1 **描述**

明确外购产品，包括软件、硬件等的具体需求，根据组织采购要求进行采购。

5.3.1.7.2 **工作产品**

工作产品包括：

a) 产品采购清单；

b) （可能）招标书；

c) 采购记录；

d) 产品服务协议；

e) 合同。

5.3.1.8 **BP030104 获取服务**

5.3.1.8.1 **描述**

获取外部服务支持，包括人力的，或基础设施服务提供的（例如，灾难恢复资源）。

5.3.1.8.2 **工作产品**

工作产品包括：

a) 外部服务清单；

b) 服务协议；

c) 合同。

5.3.1.9 **BP030105 管理供应商**

5.3.1.9.1 **描述**

选择供应商以满足产品的目标，决定最能补充本组织能力的供应商特征，识别合格的候选者。

5.3.1.9.2 **工作产品**

工作产品包括：

a) 供应商的要求；

b) 选定的供应商；

c) 供应商协调记录。

5.3.2 **D03PA02 管理实施过程**

5.3.2.1 **概述**

通过制定实施方面的管理制度、过程控制方法和行为准则，授权专门的部门或人员负责工程实施过程的管理，确保正式的执行工程过程。

5.3.2.2 **目标**

保证按照预期设计进行实施。

5.3.2.3 过程域注释

无。

5.3.2.4 基本实践清单

基本实践清单包括：

a) BP030201 制定方案；

b) BP030202 控制变更；

c) BP030203 管理进度；

d) BP030204 管理报告。

5.3.2.5 BP030201 制定方案

5.3.2.5.1 描述

工程实施方案应详细说明安全过程各个阶段的建设目标、工作内容、施工人员、任务分工、进度安排、产品选型、产品采购、资金投入等情况，并给出每一项的依据和理由，分析每项工作的作用、意义和局限性，明确实施各方的工作关系、责权和协调协同机制。

5.3.2.5.2 工作产品

工作产品包括：

a) 实施方案；

b) 资源清单；

c) 沟通与协调机制；

d) 任务分工。

5.3.2.6 BP030202 控制变更

5.3.2.6.1 描述

通过有效的控制项目变更，确保实施进度，规避风险。

5.3.2.6.2 工作产品

工作产品包括：

a) 项目变更管理办法；

b) 变更记录；

c) 变更实施记录。

5.3.2.7 BP030203 管理进度

5.3.2.7.1 描述

根据实施进度进行跟踪和调整，确保实施有序。

5.3.2.7.2 工作产品

工作产品包括：

a) 实施进度跟踪表；

b） 进度调整记录。

5.3.2.8 BP030204 管理报告

5.3.2.8.1 描述

集中管理实施过程中的各种报告。

5.3.2.8.2 工作产品

工作产品包括：

a） 问题报告；

b） 建议。

5.3.3 D03PA03 建立保证论据

5.3.3.1 概述

建立保证论据的目的在于清楚地告诉用户，其安全需求已获满足。一个保证论据是一系列陈述性的保证目标。这些目标，是由多个来源和等级的保证证据构成的。本过程包括对与需求有关的保证进行识别和定义；证据的产生和分别活动；支持保证需求所需的附加证据。此外，对这些活动所生成的证据进行收集、打包并准备随时递交。

5.3.3.2 目标

工作产品和过程清晰地向顾客提供已满足其安全需求的证据。

5.3.3.3 过程域注解

建立一个保证证据有关的活动，包括管理标识、封装和提交安全保证证据。

5.3.3.4 基本实践清单

基本实践清单包括：

a） BP030301 识别安全保证目标；

b） BP030302 定义实现所有保证目标的一个安全保证策略；

c） BP030303 识别并控制安全保证证据；

d） BP030304 对安全保证证据进行分析；

e） BP030305 提供一个已证明顾客的安全需求得到满足的安全保证论据。

5.3.3.5 BP030301 识别保证目标

5.3.3.5.1 描述

一个由用户确定的保证目标，标识了在该系统中所需的机密性等级。系统安全保证目标指定了强制性的系统安全策略的机密性等级。该目标的充分性由开发者、集成者、顾客和签名授权者确定。

新的和经修改的安全保证目标的标识要保持与所有内部和外部工程组织（例如，顾客、系统安全认证者、签名授权者、用户）的安全相关性团体协调一致。

为反映变化，应更新安全保证目标。需求对安全保证目标进行修改的例子包括顾客，系统安全认证者、签名授权和用户的可接受风险程度变化，或需求以及时需求的解释变化。

安全保证目标应清晰地沟通。如有必要应给出合适的解释。

5.3.3.5.2 **工作产品**

安全保证目标的陈述:对系统安全特性中用户所需的机密性等级进行识别。

5.3.3.6 **BP030302 定义保证策略**

5.3.3.6.1 **描述**

安全保证策略的目的在于规划并确保正确地强制性地实现安全目标。通过实现安全保证策略所产生的证据应(向系统签名授权者)提供一个可接受的机密性等级,此等级安全的测量足以管理安全风险。通过开发并颁布安全保证策略,获得对保证的相关活动进行有效管理。早期对需求相关的保证进行的识别和定义产生必要的支持证据是必要的。通过不断外部协调,理解和监视顾客保证需求的满意程度,确保高质量组合保证要求。

5.3.3.6.2 **工作产品**

安全保证策略:对满足用户安全保证目标的规划进行描述并标识应负责的责任方。

5.3.3.7 **BP030303 控制保证证据**

5.3.3.7.1 **描述**

安全保证证据与所有安全工程过程域相结合,识别收集不同层面证据。该证据受到控制,以确保现有工作产品的可用性和与安全保证目标的关联性。

5.3.3.7.2 **工作产品**

安全保证证据仓库(例如数据、工程笔记本、测试结果、证据日志记录):存储开发、测试和使用期间产生的所有证据,可以采用数据库、工程笔记、测试结果或证据日志记录的形式。

5.3.3.8 **BP030304 分析证据**

5.3.3.8.1 **描述**

引入保证证据分析,为收集起来的满足安全目标进而满足用户的安全需求的证据提供了可信性。保证证据的分析决定了系统安全工程和安全验证过程是否充分和足够完善,因而是否可以结论为实现的安全机制和安全特性是令人满意的。此外,对保证证据的分析,保证了工程产品相对于基线系统是完善和正确的。当保证证据不充分或不足够的情况下,本分析可能导致对支持安全目标的系统、安全工作产品和过程进行必要的修订。

5.3.3.8.2 **工作产品**

保证证据分析结果:识别和概述论据仓库中证据的强弱程度。

5.3.3.9 **BP030305 提供保证论据**

5.3.3.9.1 **描述**

开发出一个完整的被证明与安全目标相一致的安全保证论据,并使其提供给用户。保证论据是多层抽象中获得的保证论据的组合所支持的一系列陈述性保证目标。为了满足安全目标,应对提交证据中的缺陷和安全保证目标中的缺陷进行复查。

5.3.3.9.2　工作产品

具有支持证据的保证论据:由各种保证论据支持的一系列结构化的保证目标。

5.3.4　D03PA04 验证和证实安全

5.3.4.1　概述

验证和证实安全的目的在于确保解决安全问题的办法被验证和证实。通过观察、演示、分析和测试,依照安全需求、体系结构和设计确认解决方案。依照用户的运行安全需求证实解决方案。

5.3.4.2　目标

解决方案应满足安全需求,满足用户运行安全需求。

5.3.4.3　过程域注解

本过程域是系统验证和证实的重要部分,可在所有的抽象层上进行。解决方案包括从运行概念到体系结构到实现的所有方面,并跨越包括环境和过程的整个信息系统。

为了获得有价值的目标结果,验证和证实工作组应不同于工程组;不过,这个组可以和工程组并行工作。验证和证实的结果可在解决方案的生命期内的任何时间反馈给整个工程组。验证和证实有时也与正确性和有效性的概念相关联。

5.3.4.4　基本实践清单

基本实践清单包括:

a)　BP030401　识别待验证和证实的解决方案;

b)　BP030402　定义验证和证实每种解决方案的方法和严密等级;

c)　BP030403　验证解决方案实现了与上一抽象层相关的要求;

d)　BP030404　通过显示解决办法满足了与上一抽象层相关的需求,并最终满足用户的运行安全需求,来证实解决方案;

e)　BP030405　为其他工程组收集验证和证实的结果。

5.3.4.5　BP030401 识别验证和证实的目标

5.3.4.5.1　描述

本基本实践的目的在于,分别识别出验证和证实的目标。验证证明了解决方案被正确地实施,而证实则证明了解决方案是有效的。它也涉及与整个生命期内所有工程组的协调。

5.3.4.5.2　工作产品

验证和证实计划:验证和证实工作的定义(包括资源、时间表、验证和证实的工作产品)。

5.3.4.6　BP030402 定义验证和证实方法

5.3.4.6.1　描述

本基本实践的目的在于,定义验证和证实每种解决方案的方法和严密等级。识别这种方法涉及选择每个需求如何得到验证和证实。严密等级应指示出验证和证实的审查到底有多严格,而且要受到D03PA03“建立保证论据”中保证策略输出的影响。例如,某些项目只对一致性需求进行简单地审查,而另一些则可能要求非常严密的检查。

这一方法论还应包括一种可跟踪保持从顾客的运行安全需求到安全需要，到解决办法，到验证和证实结果的方法。

5.3.4.6.2 工作产品

工作产品包括：

a) 测试、分析、演示和观察计划：待使用的验证和证实方法（例如，测试、分析）和严密等级（例如非正规或正规的方法）的定义；
b) 测试过程：定义测试每种解决办法时所采取的步骤；
c) 跟踪方法：描述被跟踪的是什么样的验证和证实结果才能满足顾客的安全需求和需要。

5.3.4.7 BP030403 执行验证

5.3.4.7.1 描述

本基本实践的目的在于，通过显示解决办法实现了与上一抽象层相关的要求，包括作为 D03PA03 "建立保证论据"所识别的保证需要，从而验证解决办法是正确的。有许多验证需求的方法，包括测试、分析、观察和演示。所用的方法在 D02PA05 中标识。个人需求和整个系统都要受到检测。

5.3.4.7.2 工作产品

工作产品包括：

a) 来自测试、分析、演示和观察得出的原始数据：验证解决办法满足要求的过程中所采取的任何方法所得出的结果；
b) 问题报告：在验证解决办法满足要求过程中发现的矛盾。

5.3.4.8 BP030404 执行证实

5.3.4.8.1 描述

本基本实践的目的在于证实解决办法满足与上一抽象层关联的需要。证实表明解决办法有效地满足了这些需要。有许多种方法可以用来证实这些需要已被满足，包括在一个运行着的，或有代表性的测试环境中测试解决办法。所使用的方法在 D02PA05 中被标识。

5.3.4.8.2 工作产品

工作产品包括：

a) 问题报告：在证实解决办法满足安全需要的过程中发现的问题；
b) 不能满足的解决办法：解决办法不能满足安全需要的范围；
c) 无效的解决办法：不能满足用户安全需要的解决办法。

5.3.4.9 BP030405 提供验证和证实的结果

5.3.4.9.1 描述

本基本实践的目的在于收集并提供验证和证实的结果。验证和证实的结果应以某种易被理解和使用的方式所提供。所有结果应被跟踪，以使从需要到解决办法，到测试结果的可跟踪性不被丢失。

5.3.4.9.2 工作产品

工作产品包括：

a) 测试结果:测试结论文档;

b) 可跟踪模型:将安全需求映射到解决办法(例如体系结构、设计、实现)到测试和测试结果。

5.3.5 D03PA05 确保交付

5.3.5.1 概述

组织根据定义的系统交付清单,执行测试和验收,并使系统维护人员具备相应的技能,保证在信息系统运行之前正常交付。

5.3.5.2 目标

保证信息系统正常稳定运行。

5.3.5.3 过程域注释

5.3.5.4 基本实践清单

基本实践清单包括:

a) BP030501 制定交付清单;

b) BP030502 执行测试;

c) BP030503 执行验收。

5.3.5.5 BP030501 制定交付清单

5.3.5.5.1 描述

信息系统交接时应对运行维护人员进行系统使用培训,并提交如系统使用白皮书、系统 FAQ 等说明文档,以确保系统运行。

5.3.5.5.2 工作产品

工作产品包括:

a) 设计文档;

b) 开发文档;

c) 配置文档;

d) 应急预案;

e) 产品资料;

f) 维护文档。

5.3.5.6 BP030502 执行测试

5.3.5.6.1 描述

在信息系统交付验收时,应测试系统的安全功能和安全性能是否能满足预定要求。应检查在质量管理、用户操作培训、试运行和应急响应以及售后服务体系等方面的情况。

5.3.5.6.2 工作产品

工作产品包括:

a) 测试方案;

b) 测试报告。

5.3.5.7 **BP030503 执行验收**

5.3.5.7.1 **描述**

依据系统验收标准,严格交付验收过程。

5.3.5.7.2 **工作产品**

工作产品包括:

a) 验收方案;

b) 验收报告。

5.4 D04 监视支持

5.4.1 D04PA01 定义服务水平

5.4.1.1 **概述**

组织应对所需服务的有效沟通能够通过书面的定义和服务水平协议来约束,并及时监控与报告达到的服务水平,保证运维服务可满足相关业务需求。

5.4.1.2 **目标**

保证关键服务和业务策略的一致性。

5.4.1.3 **过程域注解**

无。

5.4.1.4 **基本实践清单**

基本实践清单包括:

a) BP040101 定义服务水平管理框架;

b) BP040102 定义服务水平协议;

c) BP040103 定义运营服务水平协议;

d) BP040104 监控、报告、评审服务水平协议的执行。

5.4.1.5 **BP040101 定义服务水平管理框架**

5.4.1.5.1 **描述**

以服务特征和业务需求为基础,定义服务及其框架,在用户与服务提供者间提供正式的服务水平管理程序。通过该框架维护对业务需求、优先级、公共设计理解的持续一致性。

5.4.1.5.2 **工作产品**

工作产品包括:

a) 服务需求;

b) 人物和责任;

c) 服务定义。

5.4.1.6 **BP040102 定义服务水平协议**

5.4.1.6.1 **描述**

基于客户需求和IT容量，为所有关键的服务定义并签署服务水平协议。协议应当包括：客户承诺、服务支持需求、衡量服务水平定性或定量的标准、角色与责任、服务监督等，需要考虑可用性、可靠性、性能、增长能力、支持的水平、安全的要求等。

5.4.1.6.2 **工作产品**

服务级别协议。

5.4.1.7 **BP040103 定义运营服务水平协议**

5.4.1.7.1 **描述**

定义运营服务水平协议，详细说明有针对性的技术流程，以说明技术上如何交付这些服务，以便最好的支持服务水平协议。

5.4.1.7.2 **工作产品**

运营服务协议。

5.4.1.8 **BP040104 监控、报告、评审服务水平协议的执行**

5.4.1.8.1 **描述**

定期或持续监控服务水平绩效的标准，并及时报告给相关客户，审核服务水平协议的有效性、适当性以满足需求的变化。

5.4.1.8.2 **工作产品**

服务报告。

5.4.2 **D04PA02 监视安全态势**

5.4.2.1 **概述**

监视安全态势的目的在于保证识别出并报告所有的安全违规、已尝试过的违规或能够潜在地导出安全违规的错误。监视外部和内部环境可能影响系统安全的所有因素。

5.4.2.2 **目标**

目标包括：

a) 探测和跟踪与内部和外部安全有关的事件；
b) 根据安全策略，进行突发事件响应；
c) 根据安全目标，识别并处理安全态势运行的变更。

5.4.2.3 **过程域注解**

安全态势表明系统及其环境已准备好处理目前的威胁、脆弱性和对系统及其资源的任何影响。本过程域因而涉及D02PA04“确定安全脆弱性”和D02PA05“评估运行安全风险”中的工作。对内部及外部环境收集的数据进行分析的方法是：根据上下文联系和它们与其他数据的相关性进行分析，这里的其他数据可能是有问题的事件出现之前、同时或之后导出的另外的数据。本过程域提出了系统准备的目标环境和开发系统的环境。任何特殊的系统应与影响整体安全的现有系统一起工作,因此这些现有系统应包括在监视之中。

5.4.2.4 基本实践清单

基本实践清单包括:

a) BP040201 分析事件记录,以确定事件的原因,它如何发生以及将来可能出现的事件;

b) BP040202 监视威胁、脆弱性、影响、风险和环境方面的变化;

c) BP040203 识别与安全相关的突发事件;

d) BP040204 监视安全措施的性能和功能的有效性;

e) BP040205 检查系统的安全状态以识别必要的变更;

f) BP040206 管理对相关安全突发事件的响应;

g) BP040207 保证与安全监视有关的记录数据得到适当的保护。

5.4.2.5 BP040201 分析事件记录

5.4.2.5.1 描述

分析事件记录,以确定一个事件的原因,它如何发生以及将来可能的事件。检测安全相关性信息的历史和事件记录(包括日志记录)。通过多条记录中的相关事件所用元素,应能识别出感兴趣的事件。多条事件记录然后可以融合为一条事件记录。

5.4.2.5.2 工作产品

工作产品包括:

a) 描述每个事件:识别出每个探测到的事件的来源、影响和重要性;

b) 建立日志记录和来源:从各种来源生成安全相关事件的记录;

c) 事件标识参数:描述事件是否由系统的各个部分进行收集;

d) 列出所有目前的单个日志记录报警状态:标识根据单个日志记录采取行动的所有要求;

e) 列出所有目前的单个事件报警状态:找出根据事件采取行动的所有要求,这些事件由多个日志记录形成;

f) 定期报告已出现的所有报警状态:将从多个系统得到的报警列表进行综合处理并作初步分析;

g) 日志分析和归纳:对最近出现的报警进行分析并报告基本流量的结果。

5.4.2.6 BP040202 监视变化

5.4.2.6.1 描述

监视威胁、脆弱性、影响、风险和环境方面的变化。查找可能影响当前安全状态有效性的任何变化,不管这种影响是正面的还是负面的。

任何系统实现的安全应与威胁、脆弱性、影响和风险相关联,因为它们与系统的内部和外部环境有关。这些因素没有一个是静态的,而变化既影响有效性,也影响适应性。应监视所有因素的变化,并分析这些变化以评估它们对安全有效性的意义。

5.4.2.6.2 工作产品

工作产品包括:

a) 变化报告:识别出任何可能影响系统安全状态的内部或外部变化;

b） 对变化的意义进行定期评估：对安全状态的变化进行分析，确定它们的影响和作出响应的需要。

5.4.2.7 **BP040203 识别安全突发事件**

5.4.2.7.1 **描述**

确定是否发生了一个有关安全的突发事件，识别出事件详细情况并且必要时提出报告。有关安全的突发事件可利用历史事件的数据、系统配置数据、完整性工具和其他系统信息诊断出来。由于某些突发事件会经过一个长周期时间后才出现，因此这种分析可能涉及与前系统状态进行比较。

5.4.2.7.2 **工作产品**

工作产品包括：

a） 突发事件清单和定义：识别出共同的安全突发事件并进行易于识别的描述；

b） 突发事件响应指南：描述对出现安全突发事件的恰当响应；

c） 突发事件报告：描述出现了什么突发事件及其全部相关详细情况，包括突发事件的来源、任何形式的危险、应采取的响应和需要进一步采取的行动；

d） 探测到的每个入侵事件有关的报告：描述探测到的每个入侵事件并提供全部相关详细情况，包括突发事件的来源、任何形式的危险、采取的响应和需要进一步采取的行动；

e） 周期性的突发事件的综述：提供最近的安全突发事件的概述，指出趋势，要求更为安全的区域以及降低安全可能节约的经费。

5.4.2.8 **BP040204 监视安全防护措施**

5.4.2.8.1 **描述**

监视安全防护措施的性能和功能有效性。检测安全防护措施的执行情况，以便识别出安全防护措施执行中的变化。

5.4.2.8.2 **工作产品**

工作产品包括：

a） 定期安全防护状态：描述现有安全防护措施的状态，目的在于探测出可能的错误配置或其他问题；

b） 定期安全防护措施状态综述：提供一份现有安全防护措施的状态综述，指出趋势、需要改进的地方和降低安全可能节约的经费。

5.4.2.9 **BP040205 检查安全态势**

5.4.2.9.1 **描述**

一个系统的安全态势要经受基于威胁环境、运行要求和系统配置出现的变化。本基本实践在于复查实施安全的理由，并根据其他的规则检查需要安全的地方。

5.4.2.9.2 **工作产品**

工作产品包括：

a） 安全检查：包括描述当前安全风险环境，现有的安全态势和对这两者是否兼容进行的分析；

b） 风险容忍检查：由适当的正式授权机构提供报告，以表明运行该系统有关的风险是可以接受的。

5.4.2.10 BP040206 管理安全突发事件响应

5.4.2.10.1 描述

在许多情况中,系统的连续可用性是非常关键的。由于许多事件不能预防,因而对破坏的响应能力是至关重要的。应急计划要求识别出系统失效的最长时间;识别出系统正常工作的基本元素;识别出并开发一个可恢复策略和计划;测试这个计划;维护这个计划。

在某些情况中,应急措施可能包括对突发事件的响应和与敌方代理(例如病毒、黑客等)的对抗。

5.4.2.10.2 工作产品

工作产品包括:

a) 系统恢复优先级清单:包括对系统功能在突发事件引起失效时的保护和恢复顺序的描述;
b) 测试时间表:包括系统周期性测试的日期,以保证与安全有关的功能和过程是可运行的和成熟的;
c) 测试结果:描述周期性测试的结果以及为保持系统安全应采取的行动;
d) 维护时间表:包括对所有系统维护(指更新和预防)的日期,典型情况是与测试时间表结合起来;
e) 突发事件报告:描述出现了什么样的突发事件及其全部的相关详细情况,包括突发事件的来源、任何形式的危害防护措施、采取的响应和进一步要求的行动;
f) 定期检查:描述系统安全的定期检查期间执行的过程,包括谁参与了检查、作了什么检查和包含什么结果;
g) 应急计划:标识系统失效的最长可接受时间、系统运行的基本元素、系统恢复的策略及计划、重新开始的状态的管理以及计划的测试及维护过程。

5.4.2.11 BP040207 保护安全监视的记录数据

5.4.2.11.1 描述

如果监视活动的成果不可信任,那么监视活动就没有价值。监视活动包括封存和归档相关的日志、审计报告和相关分析结果。

5.4.2.11.2 工作产品

工作产品包括:

a) 列出全部归档的日志和相应的保存周期:标识出与安全监视有关的活动应存储,以及什么时候进行处理;
b) 应提交归档的日志的定期现场检查结果:描述任何损失的报告并标识出恰当的响应;
c) 归档日志的使用:识别归档日志的使用者,包括访问时间、目的及任何注解;
d) 定期检查随机选择的归档日志的有效性和可利用性结果:分析随机选取的日志并确定它们是否完整、正确和有用,以保证对系统安全的充分监视。

5.4.3 D04PA03 管理服务台

5.4.3.1 概述

及时有效地响应用户的查询和问题,需要一个很好的设计和执行服务台和紧急事件的管理程序。包括:设定服务台功能,登记、逐步升级事件等。

5.4.3.2 目标

通过保障对最终用户的查询、问题和事件的解决和分析，使系统与应用有效使用。

5.4.3.3 过程域注解

无。

5.4.3.4 基本实践清单

基本实践清单包括：

a) BP040301 建立服务台；

b) BP040302 登记、沟通、分发、分析用户请求；

c) BP040303 趋势分析。

5.4.3.5 BP040301 建立服务台

5.4.3.5.1 描述

建立服务台功能与操作程序，以登记、沟通、分发、分析用户请求，报告事件，根据服务水平协议分类与优先级排序，通过服务台和系统服务质量衡量用户满意度。

5.4.3.5.2 工作产品

服务台流程。

5.4.3.6 BP040302 登记、沟通、分发、分析用户请求

5.4.3.6.1 描述

登记、沟通、分发、分析用户请求，报告事件，根据服务水平协议分类与优先级排序，通过服务台和系统服务质量衡量用户满意度。

5.4.3.6.2 工作产品

工作产品包括：

a) 服务请求优先级规范；

b) 满意度调查；

c) 服务请求分类。

5.4.3.7 BP040303 趋势分析

5.4.3.7.1 描述

产生服务台的行为报告，使管理者能够衡量服务绩效、服务响应时间、分析趋势和复发的问题，使服务得到持续的改进。

5.4.3.7.2 工作产品

服务报告分析。

5.4.4 D04PA04 管理问题

5.4.4.1 概述

有效的问题管理需要识别和分类问题，分析问题根本起因并解决问题。问题管理流程也包括改进

建议的制定,问题记录的维护和纠正操作状态的审阅。一个有效的问题管理流程能最大化系统的可用性,改善服务水平,减少成本和提高客户的便利和满意度。

5.4.4.2 目标

确保最终用户对服务提供和服务水平的满意度,减少处理和服务交付的过失和返工。

5.4.4.3 过程域注解

无。

5.4.4.4 基本实践清单

基本实践清单包括:

a) BP040401 标识和分类问题;

b) BP040402 追踪和解决问题;

c) BP040403 综合管理变更、配置和问题。

5.4.4.5 BP040401 标识和分类问题

5.4.4.5.1 描述

应确定问题的类别、影响力、紧急性、优先级,并关联到角色或责任。

5.4.4.5.2 工作产品

问题分类规范。

5.4.4.6 BP040402 追踪和解决问题

5.4.4.6.1 描述

问题管理系统应提供追踪、分析、确定所有被报告的问题起因等充分审计的设施,考虑所有相关配置项目、未解决的突出问题和事件、已知和被怀疑的错误等。问题应被监控、报告,并通过变更请求的优先级考虑纳入解决过程中。

5.4.4.6.2 工作产品

问题处理报告。

5.4.4.7 BP040403 综合管理变更、配置和问题

5.4.4.7.1 描述

为保证问题和事件的有效管理,综合变更、配置和问题管理的相关程序。在必要时,改进程序以使问题减到最小。

5.4.4.7.2 工作产品

问题管理分析。

5.4.5 D04PA05 管理物理环境

5.4.5.1 概述

计算机设备和人员的保护需要良好设计和良好管理的基础设施,管理物理环境的流程包括定义物

理地点的需求，选择适当的设施，设计有效的流程来监控环境因素以及管理物理访问，物理环境的有效管理减少了由于计算机设备和人员侵害而引起的业务中断。

5.4.5.2 目标

保护计算机资产和业务数据，减少业务中断的风险。

5.4.5.3 过程域注解

无。

5.4.5.4 基本实践清单

基本实践清单包括：

a） BP040501 制定物理安全措施；

b） BP040502 控制物理访问；

c） BP040503 管理物理设施。

5.4.5.5 BP040501 制定物理安全措施

5.4.5.5.1 描述

为 IT 设备选择适当物理场所，考虑自然灾害/相关法规要求，定义和实施符合业务需求的物理安全措施，包括部署安全边界、安全区域、关键设备的位置、装运和接收区域、场所监控等。

5.4.5.5.2 工作产品

物理安全措施。

5.4.5.6 BP040502 控制物理访问

5.4.5.6.1 描述

定义和实施根据业务需求授予、限制和取消对场所、区域访问的程序，包括紧急事件，应提供正当理由、授权、记录和监控对场所、区域的访问。安装专业设备和装置监测和控制环境。

5.4.5.6.2 工作产品

物理访问控制。

5.4.5.7 BP040503 管理物理设施

5.4.5.7.1 描述

管理物理设施，包括电力和通信设施，以符合法规、技术、业务需求和健康安全指南。

5.4.5.7.2 工作产品

物理设施管理。

5.4.6 D04PA06 管理数据

5.4.6.1 概述

有效的数据管理需要识别数据需求，数据管理程序应包括建立有效的管理程序、管理介质库、数据备份与恢复、介质的适当处理等，确保业务数据的质量、时效性和有效性。

5.4.6.2 目标

优化信息的使用，确保在必要时数据的可用性。

5.4.6.3 过程域注解

无。

5.4.6.4 基本实践清单

基本实践清单包括：

a) BP040601 定义数据管理的业务需求和安全需求；

b) BP040602 建立数据存储和保留程序；

c) BP040603 建立介质库管理和备份与恢复系统。

5.4.6.5 BP040601 定义数据管理的业务需求和安全需求

5.4.6.5.1 描述

建立计划保证所有预期处理的业务被接收、业务数据被处理、业务输出被交付。建立计划应用于敏感信息的接收、物理存储、处理、输出等物理记录、数据传输、数据异地存储的安全需求。

5.4.6.5.2 工作产品

数据管理规范。

5.4.6.6 BP040602 建立数据存储和保留程序

5.4.6.6.1 描述

建立数据存储和保留程序，以使数据保持可访问性和可用性。根据成本、恢复需求、持续完整性和安全性需求，建立文件、数据、档案、程序、报告及其加密盒授权数据的存储和保留计划和程序。

5.4.6.6.2 工作产品

数据存储管理程序。

5.4.6.7 BP040603 建立介质库管理和备份与恢复系统

5.4.6.7.1 描述

定义和实施维护本地介质的目录程序，组织对设备和介质的非授权访问。确保介质程序的完整性和可用性。

为系统、数据、文档的备份和恢复，定义和实施符合业务需求和持续性计划的程序，测试介质备份和恢复过程。

5.4.6.7.2 工作产品

工作产品包括：

a) 介质管理程序；

b) 备份和恢复管理程序。

5.4.7 D04PA07 管理操作

5.4.7.1 概述

完整、准确地处理数据，需要数据处理流程的有效管理和硬件的认真维护，这个流程包括定义操作规程来有效管理预处理、敏感信息输出的保护、基础设施的性能监控和确保硬件的预防性维护。

有效的运营操作管理能够保证维护数据的完整性，减少业务中断和IT运营成本。

5.4.7.2 目标

维护数据的完整性，保证IT基础设施能够抵御错误或故障，以及能从错误或故障中安全恢复。

5.4.7.3 过程域注解

无。

5.4.7.4 基本实践清单

基本实践清单包括：

a) BP040701 建立运营程序和指令；

b) BP040702 调度作业；

c) BP040703 监控IT基础设施；

d) BP040704 保护敏感资产。

5.4.7.5 BP040701 建立运营程序和指令

5.4.7.5.1 描述

为IT运营定义、实施、维护标准程序，保证操作者熟悉、移交相关任务，确保运营的持续性。

5.4.7.5.2 工作产品

运营流程，包括交接班、运营活动的移交、状态更新、运营问题、升级流程、当前职责等。

5.4.7.6 BP040702 调度作业

5.4.7.6.1 描述

依据有效的序列组织作业、进程和任务调度，提高吞吐量和利用率以符合业务需求。最初的计划和改变的计划应被授权，与标准作业偏离的程序应被适当识别、调查和批准。

5.4.7.6.2 工作产品

任务管理规范。

5.4.7.7 BP040703 监控IT基础设施

5.4.7.7.1 描述

定义和实施监控IT基础设施和事件的程序，保证充分地按时间排序的信息被保存在运营日志中，使能够恢复、审查、测试运营的时间序列及运营支持的行为。

5.4.7.7.2 工作产品

监控规范。

5.4.7.8 **BP**040704 保护敏感资产

5.4.7.8.1 描述

建立适当物理安全措施，记录实际使用中的IT敏感资产。定义和实施保证基础设施的预防性维护机制，减少失效或硬件退化的频率和影响的程序。

5.4.7.8.2 工作产品

敏感资产保护规范。

5.4.8 **D04PA**08 管理性能与容量

5.4.8.1 概述

应组织并周期性检查现有IT资源的性能与容量，并基于流量负载、存储和应急需求，分析与预测未来需求。

5.4.8.2 目标

优化IT基础架构的性能、资源、容量以响应业务的需求。

5.4.8.3 过程域注解

无。

5.4.8.4 基本实践清单

基本实践清单包括：

a) BP040801 计划性能和容量；
b) BP040802 监控和报告资源性能和容量；
c) BP040803 维护和调整当前性能和容量。

5.4.8.5 **BP**040801 计划性能和容量

5.4.8.5.1 描述

建立一个IT资源性能和容量的计划流程，以保障服务水平协议的执行，根据当前的性能与容量预测IT资源的性能、容量和吞吐量。

5.4.8.5.2 工作产品

性能和容量计划。

5.4.8.6 **BP**040802 监控和报告资源性能和容量

5.4.8.6.1 描述

持续的监控IT资源性能和容量，为决策提供支持。

5.4.8.6.2 工作产品

性能监控报告。

5.4.8.7 **BP**040803 维护和调整当前性能和容量

5.4.8.7.1 描述

评估当前资源的性能和容量是否能够满足已达成协议服务水平的交付要求，进行维护和调整，保证服务有效性。

5.4.8.7.2 工作产品

性能改进。

5.4.9 **D04PA09** 管理配置

5.4.9.1 概述

确保硬件和软件配置的完整性，需要建立和维护一个准确和完整的配置库，这个过程包括收集初始的配置信息，建立基线，校验和审计配置信息，更新配置库。有效的配置管理促进更高的系统利用率，减少问题，快速解决问题。

5.4.9.2 目标

目标包括：

a) 建立全部配置项目的中心配置库；
b) 识别及维护配置项目；
c) 检查配置数据的完整性。

5.4.9.3 过程域注解

无。

5.4.9.4 基本实践清单

基本实践清单包括：

a) BP040901 建立配置库和安全基线；
b) BP040902 标识与维护配置项；
c) BP040903 检查与保证配置项的完整性。

5.4.9.5 **BP**040901 建立配置库和安全基线

5.4.9.5.1 描述

确保中心配置库包括所有配置项的相关信息，包括硬件、软件、应用软件、中间件、参数、文档、程序，以及运行、访问和使用系统和服务的工具。建立命名、版本控制、检查点的规则与信息。

5.4.9.5.2 工作产品

配置基线。

5.4.9.6 **BP**040902 标识与维护配置项

5.4.9.6.1 描述

采取适当的程序，确定配置项及其属性，记录新的、修改的、删除的配置项，确定和维护配置库中配置项的关系，防止包含未授权的软件。

5.4.9.6.2 工作产品

配置管理规范。

5.4.9.7 BP040903 检查与保证配置项的完整性

5.4.9.7.1 描述

采用适当的机制与工具，确保检查、验证、审核、确认配置状态的完整性。

5.4.9.7.2 工作产品

配置完整性检查规范。

5.4.10 D04PA10 确保业务连续性

5.4.10.1 概述

通过业务持续性管理过程的实施，综合使用预防及恢复控制，把因灾难或安全故障(例如，来自于天灾、意外、设备故障及故意破坏行动)而造成的业务中断降低到可接受的程度。

应分析灾难、安全故障及业务中断的影响。应开发和实施持续性计划以保证业务过程能够在所需的时间范围内恢复。应经常修改和实践这些计划，使之最终变成所有其他管理过程的不可分割的一部分。

5.4.10.2 目标

防止业务过程中断，保护关键业务流程不会受信息系统重大失效或自然灾害的影响，并确保及时恢复。确保如果发生 IT 服务中断对业务影响最小。

5.4.10.3 过程域注解

无。

5.4.10.4 基本实践清单

基本实践清单包括：

a) BP041001 建立 IT 连续性框架；
b) BP041002 测试、维护 IT 连续性计划；
c) BP041003 培训、分发 IT 连续性计划。

5.4.10.5 BP041001 建立 IT 连续性框架

5.4.10.5.1 描述

IT 连续性框架支持客户业务的持续性管理。包括服务提供角色、责任、任务。

5.4.10.5.2 工作产品

业务连续性管理准则。

5.4.10.6 BP041002 测试、维护 IT 连续性计划

5.4.10.6.1 描述

定期或持续测试、评审 IT 连续性计划的适当性与有效性，确保 IT 连续性计划保持最新版本并持

续反映业务真实需求。

5.4.10.6.2　**工作产品**

工作产品包括：

a）业务连续性计划；

b）计划评审与修订；

c）计划演练。

5.4.10.7　**BP041003 培训、分发 IT 连续性计划**

5.4.10.7.1　**描述**

确保所有相关部门与角色接受正式培训，明确角色、责任与操作流程。

5.4.10.7.2　**工作产品**

工作产品包括：

a）计划培训；

b）计划管理。

5.5　**D05 检查改进**

5.5.1　**D05PA01 执行安全检查**

5.5.1.1　**概述**

组织应定期采取自检查、外部审计等方式，确保系统安全。

5.5.1.2　**目标**

保持动态安全过程，并达到合规要求。

5.5.1.3　**过程域注释**

5.5.1.4　**基本实践清单**

基本实践清单包括：

a）BP050101 建立检查机制；

b）BP050102 制定检查计划；

c）BP050103 实施安全检查。

5.5.1.5　**BP050101 建立检查机制**

5.5.1.5.1　**描述**

通过建立检查和审计机制，有序开展信息安全检查工作。

5.5.1.5.2　**工作产品**

工作产品包括：

a）信息安全检查机制；

b）审计准则。

5.5.1.6 BP050102 制定检查计划

5.5.1.6.1 描述

组织应制定全面的检查计划。

5.5.1.6.2 工作产品

检查计划。

5.5.1.7 BP050103 实施安全检查

5.5.1.7.1 描述

采取访谈、测试、核查等方式，分析安全状态，验证安全水平，并对检查结果进行跟踪。

5.5.1.7.2 工作产品

工作产品包括：

a） 检查方案；

b） 检查报告；

c） 加固方案。

5.5.2 D05PA02 实施与跟踪改进

5.5.2.1 概述

对安全管理相关程序建立评估总结、持续改进的机制。

5.5.2.2 目标

确保安全管理程序的适用性范围与持续改进。

5.5.2.3 过程域注解

无。

5.5.2.4 基本实践清单

基本实践清单包括：

a） BP050201 实施改进；

b） BP050202 跟踪改进。

5.5.2.5 BP050201 实施改进

5.5.2.5.1 描述

根据监视、检查，以及运行过程中的问题或事件，采取修补、修订的方式对安全技术和管理能力进行有效改进。

5.5.2.5.2 工作产品

工作产品包括：

a） 改进准则；

b） 改进计划；

c） 评审记录；

d） 修订记录；

e） 改进记录。

5.5.2.6 BP050202 跟踪改进

5.5.2.6.1 描述

提供安全管理程序的跟踪评估、持续改进机制。

5.5.2.6.2 工作产品

工作产品包括：

a） 跟踪计划；

b） 改进效果验证。

5.5.3 D05PA03 实施培训

5.5.3.1 概述

要确保这些只可能从员工得到的至关重要的资源的有效应用，应先识别组织内对知识和技能的要求，以及特定项目的或组织的要求(诸如那些与紧急项目或技术、新产品、过程和政策有关的要求)。

所需的技能和知识可以通过在组织内进行培训，和及时地从组织外部来源中获得。可获得技术和知识的外部来源包括用户资源、临时雇员、新雇员、顾问和次承包商。

5.5.3.2 目标

确保项目和组织拥有必要的知识和技能来达到项目和组织的目标。

5.5.3.3 过程域注解

对所需技能与知识的选择或外部来源，经常取决于是否具备培训的专门技术，项目进度和商务目标。成功的培训程序来自一个组织的承诺。另外，它们以一种优化学习过程的方法来管理，而且为满足组织的新要求，它们是可重复的、可评估的和容易改变的。培训不限于“教室”：它包括许多支持技能增进和知识建立的手段。当培训不能达到培训资源的进度或有效性时，就得要寻求所需技能和知识的外部来源。

5.5.3.4 基本实践清单

下列清单包括了构成良好系统工程基础元素的那些基本实践：

a） BP050301 以项目的要求、组织的战略计划和现有的雇员技能情况为指导，识别组织在技能与知识方面所需的改进；

b） BP050302 评价和选择通过培训或其他资源获取的知识或技能的适当模式；

c） BP050303 确保适当的技能和知识对系统工程活动是适用的；

d） BP050304 根据已识别的培训要求准备培训材料；

e） BP050305 培训人员要具备执行赋予他们的角色的技能与知识；

f） BP050306 评估培训的有效性以满足所识别的培训要求；

g） BP050307 维护培训和经验的记录；

h） BP050308 在可访问的数据仓库中维护培训材料。

5.5.3.5 **BP050301 识别培训需求**

5.5.3.5.1 **描述**

这一基本实践确定了组织在技能与知识方面所需的改进。利用从现有的程序、组织的战略计划和现有雇员技能的综合得来的输入，确定这些要求。项目输入有助于识别那些可以通过培训或以其他方式获得的技能与知识来弥补现有不足。利用组织的战略计划来帮助识别正出现的新技术，现有的技能水平则用来评估当前的能力。

对技能与知识要求的识别还应确定能够巩固达到的规模效率的培训，和能够通过在组织内使用共同的工具来增加沟通。在组织的系统工程过程中和在为特定项目进行剪裁的过程中，都应提供培训。

5.5.3.5.2 **工作产品**

工作产品包括：

a） 培训要求；

b） 项目所需技能和知识。

5.5.3.6 **BP050302 选择知识或技能的获取模式**

5.5.3.6.1 **描述**

本基本实践的目的是确保所选择的方法是最佳的，以使得所需的技能和知识对项目及时有效。分析项目和组织要求，并使用“分析候选解决办法”过程域的方法，在一些选取项中进行选择，这些选取项如咨询、分包合同、从识别的专家处获得的知识、或培训。

5.5.3.6.2 **工作产品**

所需技能或知识的调查。

5.5.3.7 **BP050303 确保技能和知识的可用性**

5.5.3.7.1 **描述**

本基本实践列出了全部的技能与知识的获取法，而这些技能与知识应适用于项目系统工程活动。通过认真的评估与准备，可以制定并执行计划以便所要求的全部知识和技能都适用，这里的知识和技能包括：功能的工程技能，应用问题域知识，人际关系，有关多种科目的技能，与过程有关的技能。所需的技能识别之后，利用对知识或技能获取的合适模式评估选择最有效的解决方法。

5.5.3.7.2 **工作产品**

工作产品包括：

a） 技能范畴所需的技能类型评价；

b） 项目知识获取计划；

c） 培训计划；

d） 已识别的和可用的专家名单。

5.5.3.8 **BP050304 准备培训材料**

5.5.3.8.1 **描述**

为每一个正在开发且由组织内部人员促进的组织编制培训材料，或为每一个正在实现的组织获取培训材料。

5.5.3.8.2 工作产品

工作产品包括：

a) 课程描述和要求；

b) 培训材料。

5.5.3.9 BP050305 培训人员

5.5.3.9.1 描述

要根据培训计划和编制的材料进行人员培训。

5.5.3.9.2 工作产品

经过培训的人员。

5.5.3.10 BP050306 评估培训有效性

5.5.3.10.1 描述

培训的一个关键方面是确定其有效性。评估有效性的方法应与培训计划编制和培训材料的拟定同时列出；在有些情况下，这些方法应是培训材料的一个完整部分。应及时报告有效性评估的结果，以便对培训做出相应调整。

5.5.3.10.2 工作产品

工作产品包括：

a) 培训有效性分析；

b) 培训调整与改进。

5.5.3.11 BP050307 维护培训记录

5.5.3.11.1 描述

维护记录以追踪每个学员已接受培训的情况，以及学员的技能和能力。

5.5.3.11.2 工作产品

工作产品包括：

a) 培训记录；

b) 经验记录。

5.5.3.12 BP050308 维护培训材料

5.5.3.12.1 描述

在一个数据仓库中维护课件材料以供学员今后访问，并且在课程材料变动时可供跟踪。

5.5.3.12.2 工作产品

工作产品包括：

a) 基线培训材料；

b) 对培训材料的修改。

6 信息安全服务能力级别

6.1 概述

本章包含了可应用于所有过程的通用实践。这些通用实践可在过程评定中用于确定任何过程的能力。通用实践依据公共特征中的过程域进行分级，按照增量方式评定，高的级别必先满足低级别的组件要求。

通用实践划分为如下的能力级别，每个级别包含了几个公共特征如下：

- 能力级别1：基本执行。
- 能力级别2：计划跟踪。
- 能力级别3：充分定义。
- 能力级别4：量化控制。
- 能力级别5：连续改进。

摘要描述包括了一个公共特征目标的简明看法。每个级别分解为一系列的包含通用实践的过程域。

6.2 能力级别1 基本执行

6.2.1 摘要描述

执行了过程域的基本实践，但没有严格地计划和跟踪基本实践的执行，仅依靠个人的知识和努力。过程域的工作产品证实基本实践的执行。组织中的个别人认识到应执行一些活动，有需要时都会认为需要且同意执行此活动。

6.2.2 公共特征列表

本能力级别包括以下公共特征：

a) CF 1.1 执行基本实践，此公共特征的通用实施只是保证过程域的基本实施以某种方式执行。然而，所产生的工作产品的一致性、性能和质量会因已有的控制的特别本质而存在极大的差异。
   1) GP 1.1.1 执行过程：执行一个实现过程域的基本实践的过程，从而为用户提供工作产品和/或服务。

6.3 能力级别2 计划跟踪

6.3.1 摘要描述

计划和跟踪过程域中基本实践的执行。依据既定的规程验证执行过程。工作产品与特定的标准和要求相符。使用度量标准来跟踪过程域的执行，使组织能够根据实际执行情况管理活动。与能力级别1基本执行的主要差别是计划和管理过程的执行。

6.3.2 公共特征列表

本能力级别包括以下公共特征：

a) CF 2.1 计划执行，此通用实践引入了第一级的可测量的成熟度(例如一个计划)。它的目的是建立在供应商组织机构中所使用的基准能力。此计划并不必成为组织机构的标准化过程，但它们应适用于特定人员组(例如评估小组、网络小组和威胁分析小组)。

1） GP2.1.1 分派资源：为执行过程域提供充分的资源（包括时间、工具和人）。

2） GP2.1.2 分配责任：为开发工作产品和/或提供过程域服务分配责任。

3） GP2.1.3 文档化过程：将过程域执行的方法形成标准化和/或程序化文档。

4） GP2.1.4 提供工具：为支持过程域的执行提供适当的工具。

5） GP2.1.5 保证培训：保证过程域执行人员获得适当的过程执行方面的培训。

6） GP2.1.6 规划过程：计划过程域的执行。

b） CF 2.2 规范执行，一旦建立一套基准文档，组织机构应提供其实现级别 2 所对应实施的相关证据。

1） GP 2.2.1 使用计划、标准和流程：在执行过程域中，使用文档化的计划、标准和/或程序。

2） GP 2.2.2 进行配置过程：将过程域工作产品适当的置于版本控制和/或配置过程下。

c） CF 2.3 验证执行，本通用实践是级别 2 行动的确认和验证。

1） GP 2.3.1 验证过程符合性：验证过程与可用标准和/或程序的符合性。

2） GP 2.3.2 审计工作产品：验证工作产品与可适用的标准和/或需求的一致性。

d） CF 2.4 跟踪执行，本通用实践是用于搜集过程相关的测量，以此作为建立一个标准化的过程能力的基础。修正行动用于精炼当前过程以确保创建最有效的标准。

1） GP 2.4.1 使用测量跟踪：适用测量跟踪过程域的状态。

2） GP 2.4.2 采取修正措施：当过程与计划间有重大差别时适当地采取修正措施。

6.4 能力级别 3 充分定义

6.4.1 摘要描述

根据经认可和裁剪的标准并文档化而充分定义的过程来执行基本实践。与能力级别 2 计划跟踪主要区别是使用组织范围的标准的过程来计划和管理过程。

6.4.2 公共特征列表

本能力级别包括以下公共特征：

a） CF 3.1 定义标准的过程，此公共特征的通用实践注重于组织标准过程的制度化。制度化过程的起因和基础可能是一个或多个相似过程在特定项目中的成功应用。一个组织机构的标准过程可能需要裁剪以适合特定环境的使用，所以如何进行裁剪也应考虑。因此，为组织提出了标准过程的文档和为满足特定用途对标准过程进行裁剪。这些通用过程形成了执行已定义过程的基础。

1） GP 3.1.1 过程标准化：为组织文档化一个过程或过程族，描述了如何实现过程域的基本实践。

2） GP 3.1.2 裁剪标准过程：裁剪组织机构的标准过程族以建立一个满足专门用途的特定需要的定义过程。

b） CF 3.2 执行既定的过程，此公共特征的这些通用实践注重于充分定义过程的可重复执行。因此它们解决了针对缺陷的制度化过程的使用、过程结果和工作产品的复查审阅，并解决了过程执行及其结果数据的使用。这些通用实践构成了协调过程行动的重要基础。

1） GP 3.2.1 使用充分定义的过程：在过程域的实施中使用充分定义的过程。

2） GP 3.2.2 执行缺陷复查：对过程域的相应工作产品进行缺陷复查。

3） GP 3.2.3 使用充分定义的数据：使用执行已定义过程的数据。

c） CF 3.3 协调安全实践

1） GP 3.3.1 执行组内协调：在一个过程域行动组内的协调沟通。

2) GP 3.3.2 执行组间协调:协调组织内不同组间的协调沟通。

3) GP 3.3.3 执行外部协调:协调同外部组之间的协调沟通。

6.5 能力级别 4 量化控制

6.5.1 摘要描述

收集和分析详细的执行情况的衡量。这将量化理解过程能力并获得改进能力以预计执行情况。建立流程绩效的量化目标,量化目标应基于客户、最终使用者、组织和流程执行者的需要,并以该目标为管理流程的准则。客观地管理执行情况,同时量化地了解工作产品的质量。与能力级别 3 充分定义主要区别是量化地理解和控制既定的过程。

6.5.2 公共特征列表

本能力级别包括以下公共特征:

a) CF 4.1 建立可度量的质量目标,此公共特征的通用实践注重于就组织过程开发的工作产品而言建立可测量目标。因此这个公共特征提出了质量目标的建立。这些通用实践为客观地执行过程提供了相应的基础。

   1) GP 4.1.1 建立质量目标:为组织标准过程族的工作产品建立可测量的质量目标。

b) CF 4.2 客观的管理执行情况,此公共特征的通用实践注重于确定过程能力的量化测量并使用量化测量来进行过程。这个公共特征提出了确定量化过程能力和以量化测量作为修正行动的基础。这些通用实践构成了获得持续改进能力的必要基础。

   1) GP 4.2.1 确定过程能力:量化地确定已定义过程的过程能力。

   2) GP 4.2.2 使用过程能力:当过程未按过程能力执行时,适当地采取修正行动。

6.6 能力级别 5 连续改进

6.6.1 摘要描述

根据组织的业务目标,为过程有效和高效建立量化的执行目标。通过来自执行既定过程以及领先的创新思想和技术的量化反馈,专注于持续改善流程绩效,使根据这些目标的连续过程改进成为可能。建立组织量化流程改善目标,且持续修改以反映经营目标的变动,以及用作管理流程改善的准则。与能力级别 4 量化控制主要区别是根据量化理解这些过程变更的影响和原因,连续地细化和改进既定过程和标准过程,以改善流程绩效,达成已建立的量化流程改善目标。

6.6.2 公共特征列表

本能力级别包括以下公共特征:

a) CF 5.1 改进组织的能力,此公共特征的通用实践注重于在整个组织范围内对标准过程的使用进行比较和在这些不同使用之间进行比较。当这些过程被使用时,寻找改进标准过程的机会,分析产生的缺陷以识别对标准过程的其他可能改进。因此,这个公共特征对过程的有效性建立了目标、标识对标准过程的改进以及分析对标准过程的可能变更。这些通用实践构成了改进过程有效性的必要基础。

   1) GP 5.1.1 建立过程有效性目标:根据组织的业务目标和当前过程能力,为改进标准过程族的过程有效性建立量化目标。

   2) GP 5.1.2 持续改进标准过程:通过改变组织机构的标准过程持续地改进过程,从而提高其有效性。

b) CF 5.2 改进过程的有效性,此公共特征的通用实践注重于制定处于受控改进的连续状态下的标准过程。

1） GP 5.2.1 执行因果分析：执行缺陷的因果分析。

2） GP 5.2.2 减少差错起因：有选择的减少已定义过程中缺陷产生的原因。

3） GP 5.2.3 持续改进已定义过程：通过改变已定义过程来连续地改进过程实施，以提高其有效性。

7 信息安全服务能力评定

本标准的架构设计是为了能够确定安全服务组织在整个安全服务范围的过程成熟度。架构的目标是要清楚地区分安全服务过程的基本特征与管理和制度化特征。

首先，需要确定信息安全服务类型。在整个信息系统生命周期中，根据信息安全过程中各活动，可定义多种信息安全服务类型，见 GB/T 30283；其次，为了确保区分，能力级别评定有两个维度，成为"域"和"能力"描述如下。

信息安全服务能力评定有两个维度，"域"和"能力"。域维度由所有共同定义安全服务的实践组成，这些实践称作"基本实践"。

能力维度表示指明信息安全服务过程的管理和规范化能力的实践。这些实践称作"通用实践"，应用于广泛范围的域。通用实践表示作为进行基本实践的一部分应执行的活动见图 2。图 3 给出了某机构风险评估服务能力评估示例。

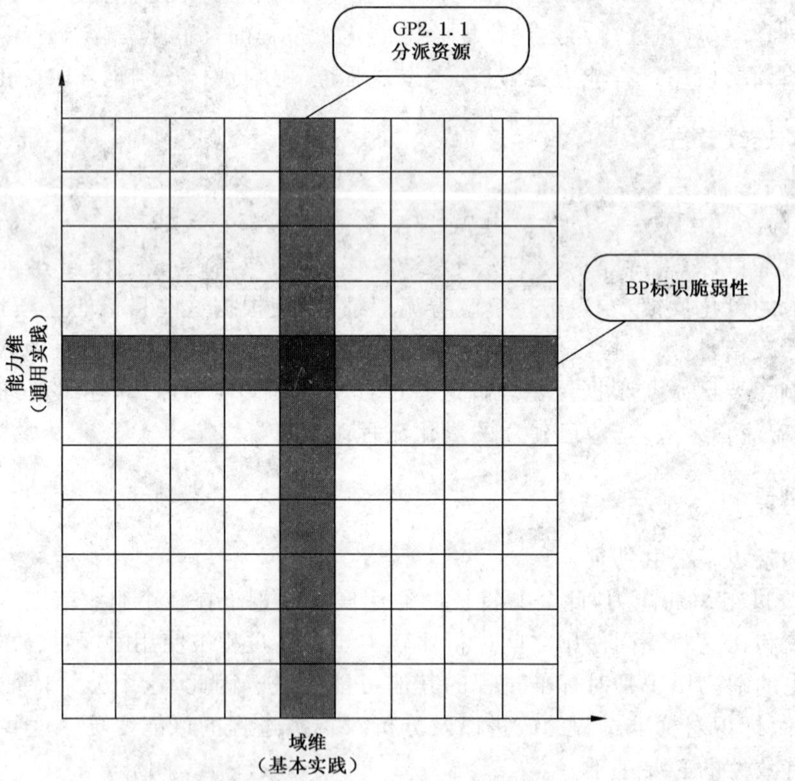

图 2 基本实践与通用实践的关系

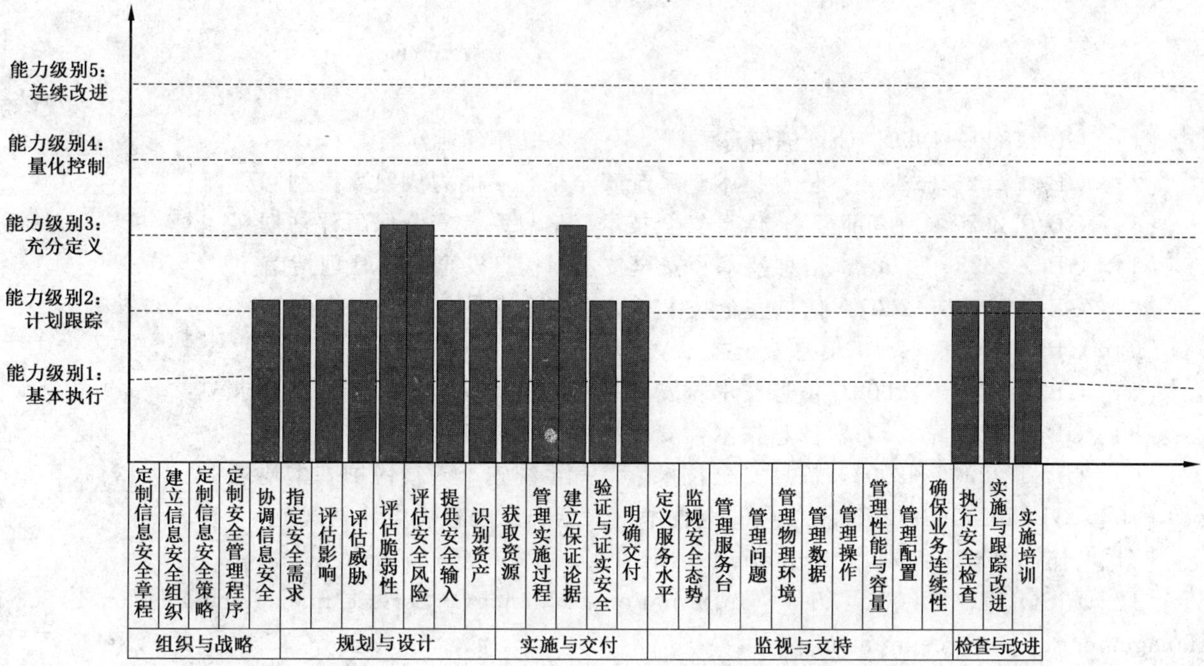

图 3　某机构风险评估服务能力评估示例

参 考 文 献

[1] GB 17859—1999 计算机信息系统 安全保护等级划分准则

[2] GB/T 20261—2006 信息技术 系统安全工程 能力成熟度模型

[3] GB/T 20274(所有部分) 信息安全技术 信息系统安全保障评估框架

[4] GB/Z 20985—2007 信息技术 安全技术 信息安全事件管理指南

[5] GB/Z 20986—2007 信息安全技术 信息安全事件分类分级指南

[6] GB/T 20988—2007 信息安全技术 信息系统灾难恢复规范

[7] GB/T 22080—2008 信息技术 安全技术 信息安全管理体系 要求

[8] GB/T 22081—2008 信息技术 安全技术 信息安全管理实用规则

[9] GB/T 22239—2008 信息安全技术 信息系统安全等级保护基本要求

[10] GB/T 24363—2009 信息安全技术 信息安全应急响应计划规范

[11] ISO/IEC 15504 Information technology—Process assessment

[12] ISO/IEC 20000-1:2011 Information technology—Service management—Part 1:Service management system requirements

[13] ISO/IEC 20000-2:2012 Information technology—Service management—Part 2:Guidance on the application of service management systems

[14] ISO/IEC 27003:2010 Information technology—Security techniques—Information security management system implementation guidance

[15] ISO/IEC 27004:2009 Information technology—Security techniques—Information security management—Measurement

[16] ISO/IEC 27005:2011 Information technology—Security techniques—Information security risk management

[17] ISO/IEC 27006:2011 Information technology—Security techniques—Requirements for bodies providing audit and certification of information security management systems

[18] ISO/IEC 27007:2011 Information technology—Security techniques—Guidelines for information security management systems auditing

[19] NIST Special Publication 800-18.Guide for Developing.Security Plans for Information.

[20] NIST Special Publication 800-26. Security Self—Assessment Guide for Information Technology

[21] NIST Special Publication 800-30. Risk Management Guide for Information Technology Systems

[22] NIST Special Publication 800-53. Security and Privacy Controls for Federal Information Systemsand Organizations

ICS 35.040
L 80

中华人民共和国国家标准

GB/T 30272—2013

信息安全技术　公钥基础设施
标准一致性测试评价指南

Information security technology—Public Key Infrastructure—Testing and evaluation guide on standard conformance

2013-12-31 发布　　2014-07-15 实施

中华人民共和国国家质量监督检验检疫总局
中国国家标准化管理委员会　发布

前　言

本标准按照 GB/T 1.1—2009 给出的规则起草。

本标准由全国信息安全标准化技术委员会(SAC/TC 260)提出并归口。

本标准起草单位:公安部计算机信息系统安全产品质量监督检验中心。

本标准主要起草人:邱梓华、顾健、张笑笑、顾玮、邹春明、宋好好、张艳、张岚。

引　言

本标准是用以指导测试评价者，如何测试与评价公钥基础设施是否达到国家标准要求。

本标准依据国家已颁布、实施的6个公钥基础设施标准，即：

——GB/T 19713—2005　信息技术　安全技术　公钥基础设施　在线证书状态协议

——GB/T 19714—2005　信息技术　安全技术　公钥基础设施　证书管理协议

——GB/T 19771—2005　信息技术　安全技术　公钥基础设施　PKI组件最小互操作规范

——GB/T 20518—2006　信息安全技术　公钥基础设施　数字证书格式

——GB/T 20519—2006　信息安全技术　公钥基础设施　特定权限管理中心技术规范

——GB/T 20520—2006　信息安全技术　公钥基础设施　时间戳规范

本标准以此6个标准为基础，对相应评价测试方法做了详细描述。对以后新发布的公钥基础设施标准规范，将在修改版本中给出。

信息安全技术　公钥基础设施 标准一致性测试评价指南

1　范围

本标准规定了公钥基础设施相关组件的测试评价指南，涉及CA、RA、终端实体、证书资料库、时间戳子系统、特定权限管理子系统、在线证书状态查询子系统。

本标准适用于按照GB/T 19713—2005、GB/T 19714—2005、GB/T 19771—2005、GB/T 20518—2006、GB/T 20519—2006和GB/T 20520—2006进行研制开发的产品类公钥基础设施相关组件的测试和评价。

2　规范性引用文件

下列文件对于本文件的应用是必不可少的。凡是注日期的引用文件，仅注日期的版本适用于本文件。凡是不注日期的引用文件，其最新版本(包括所有的修改单)适用于本文件。

GB/T 19713—2005　信息技术　安全技术　公钥基础设施　在线证书状态协议

GB/T 19714—2005　信息技术　安全技术　公钥基础设施　证书管理协议

GB/T 19771—2005　信息技术　安全技术　公钥基础设施　PKI组件最小互操作规范

GB/T 20518—2006　信息安全技术　公钥基础设施　数字证书格式

GB/T 20519—2006　信息安全技术　公钥基础设施　特定权限管理中心技术规范

GB/T 20520—2006　信息安全技术　公钥基础设施　时间戳规范

3　术语和定义

GB/T 19713—2005、GB/T 19714—2005、GB/T 19771—2005、GB/T 20518—2006、GB/T 20519—2006和GB/T 20520—2006界定的术语和定义适用于本文件。

4　公钥基础设施测试评价指南

4.1　在线证书状态协议测试评价指南

4.1.1　总则

4.1.1.1　请求

评价内容：

见GB/T 19713—2005中5.2的内容。

对开发者的要求：

a)　开发者应提供文档，对所使用的在线证书状态协议进行说明；

b)　开发者应提供工具模拟不满足条件的请求。

测试评价指南：

a) 由 OCSP 请求者发送多个不同状态证书的状态请求，检测 OCSP 响应器是否提供了正确的证书状态响应；
b) 检测 OCSP 请求是否包含以下数据：协议颁布、服务请求、目标证书标识符、其他扩展数据（如 OCSP 请求者的签名、随机数等）；
c) 使用工具发送不正确报文格式的请求，检测 OCSP 响应器是否发出错误信息；
d) 使用工具发送响应器没有配置所要求服务的请求，检测 OCSP 响应器是否发出错误信息；
e) 使用工具发送不完整信息的请求，检测 OCSP 响应器是否发出错误信息。

记录测试结果并对该结果是否完全符合上述测试评价指南要求作出判断。

如果以上结果全部正确，则本项满足。

4.1.1.2 响应

评价内容：

见 GB/T 19713—2005 中 5.3 的内容。

对开发者的要求：

开发者应提供文档，对响应签名的密钥、响应消息格式、响应消息内容等进行说明。

测试评价指南：

a) 模拟各种身份的 OCSP 请求者，发送多个不同状态证书的状态请求，OCSP 响应请求，检测此过程中是否对所有明确的响应报文都进行数字签名。
b) 检测响应签名的密钥是否为下列三种情况之一：
   1) 签发待查询证书的 CA；
   2) 可信赖的响应器，即请求者信任该响应器的公钥；
   3) CA 指定的响应器。
c) 由 OCSP 请求者发送多个不同状态证书的状态请求，检测 OCSP 响应器的响应消息中是否包含以下内容：
   1) 响应语法的版本；
   2) 响应器的名称；
   3) 对请求中每个证书的响应；
   4) 可选择的扩展；
   5) 签名算法的 OID；
   6) 响应的哈希签名。
d) 检测对请求中每个证书的响应，是否包含以下内容：
   1) 目标证书标识符；
   2) 证书状态值；
   3) 响应有效期限；
   4) 可选的扩展。
e) 检测 OCSP 响应消息中，证书状态值是否为以下三种响应标识符：
   1) Good，表示对状态查询的肯定响应；
   2) Revoked（已撤销），表示证书已被撤销；
   3) Unknown（未知）：表示不能鉴别待验证状态的证书。

记录测试结果并对该结果是否完全符合上述测试评价指南要求作出判断。

如果以上结果全部正确，则本项满足。

4.1.1.3 异常情况

评价内容：

见 GB/T 19713—2005 中 5.4 的内容。

对开发者的要求：

a） 开发者应提供文档，对 OCSP 响应器返回的错误消息进行说明；

b） 开发者应提供工具模拟各种异常情况。

测试评价指南：

a） 使用工具发送一个没有遵循 OCSP 语法的请求，检测 OCSP 响应器是否发出相应的错误信息；

b） 使响应器处于非协调的工作状态，发送一个正常请求，检测 OCSP 响应器是否发出相应的错误信息；

c） 使响应器处于不能返回所请求证书的状态，发送一个证书请求，检测 OCSP 响应器是否发出相应的错误信息；

d） 使用工具发送一个没有签名的请求，检测 OCSP 响应器是否发出相应的错误信息；

e） 使用工具发送一个未授权的请求，检测 OCSP 响应器是否发出相应的错误信息。

记录测试结果并对该结果是否完全符合上述测试评价指南要求作出判断。

如果以上结果全部正确，则本项满足。

4.1.1.4 thisUpdate、nextUpdate 和 producedAt 的语义

评价内容：

见 GB/T 19713—2005 中 5.5 的内容。

对开发者的要求：

开发者应提供文档，对 thisUpdate、nextUpdate 和 producedAt 的语义进行说明。

测试评价指南：

a） 发送多个证书请求，检测 OCSP 响应消息是否包含以下时间字段：

   1） thisUpdate：此次更新时间；

   2） nextUpdate（可选字段）：下次更新时间；若没有设置此字段，需指明随时可以获得更新的撤销信息；

   3） producedAt：签发时间。

记录测试结果并对该结果是否完全符合上述测试评价指南要求作出判断。

如果以上结果全部正确，则本项满足。

4.1.1.5 OCSP 签名机构的委托

评价内容：

见 GB/T 19713—2005 中 5.7 的内容。

对开发者的要求：

开发者应提供文档，对所使用的在线证书状态协议中 OCSP 签名机构的委托过程进行说明。

测试评价指南：

a） 如果签署证书状态信息的密钥与签署证书的密钥不同，由 CA 向响应器签发一个含有 extendedKeyUsage 唯一值的证书；

b） 发送一个证书状态查询请求，检测响应器能否用上述证书对证书状态信息进行签名。

记录测试结果并对该结果是否完全符合上述测试评价指南要求作出判断。

如果以上结果全部正确，则本项满足。

4.1.1.6 CA 密钥泄露

评价内容：

见 GB/T 19713—2005 中 5.8 的内容。

对开发者的要求：

开发者应提供文档，对 CA 密钥泄露时 OCSP 响应器的设置进行说明。

测试评价指南：

a） 在 OCSP 响应器中，将某一个 CA 的状态设置为私钥泄露；

b） 发送一个上述 CA 签发的证书状态查询请求，检测 OCSP 响应器能否返回证书已撤销的状态信息。

记录测试结果并对该结果是否完全符合上述测试评价指南要求作出判断。

如果以上结果全部正确，则本项满足。

4.1.2 功能要求

4.1.2.1 证书内容

评价内容：

见 GB/T 19713—2005 中 6.1 的内容。

对开发者的要求：

开发者应提供文档，对 CA 的证书相关内容进行说明。

测试评价指南：

a） 检测 CA 是否在 AccessDescription SEQUENCE 中包含 URI accessLocation 值和对象标识符 id-adocsp。

b） 检测 OCSP 响应器的访问位置，是否通过以下两种方式之一给出：

  1） 在证书扩展项中提供用于 OCSP 访问的 AuthorityInfoAccess；

  2） 在 OCSP 客户端配置。

记录测试结果并对该结果是否完全符合上述测试评价指南要求作出判断。

如果以上结果全部正确，则本项满足。

4.1.2.2 签名响应的接收要求

评价内容：

见 GB/T 19713—2005 中 6.2 的内容。

对开发者的要求：

开发者应提供文档，对所使用的在线证书状态协议进行说明。

测试评价指南：

检测在把 OCSP 响应视作有效之前，OCSP 客户端是否确认以下内容：

a） 响应中所鉴别的证书和请求中的证书一致；

b） 响应器的签名是有效的；

c） 响应器的签名者身份和请求的预定接收者一致；

d） 签名者已被授权对响应进行签名；

e） 指明证书状态的时间(thisUpdate)为当前最近的时间；

f） 如果设置了 nextUpdate 字段，此时间晚于客户端当前时间。

记录测试结果并对该结果是否完全符合上述测试评价指南要求作出判断。

如果以上结果全部正确，则本项满足。

4.1.3 安全考虑

评价内容：

见 GB/T 19713—2005 中第 8 章的内容。

对开发者的要求：

开发者应提供文档，对所使用的在线证书状态协议进行脆弱性分析。

测试评价指南：

查看开发者提供的脆弱性分析报告，检测 OCSP 系统能否抵御标准中的相关攻击(至少应该包括拒绝服务攻击和重放攻击)。

记录测试结果并对该结果是否完全符合上述测试评价指南要求作出判断。

如果以上结果全部正确，则本项满足。

4.2 证书管理协议测试评价指南

4.2.1 必需的 PKI 管理功能

4.2.1.1 根 CA 初始化

评价内容：

见 GB/T 19714—2005 中 8.1 的内容。

对开发者的要求：

开发者应提供文档，针对根 CA 初始化的过程进行说明。

测试评价指南：

a) 根据开发者文档，产生一对根 CA 的密钥对，并将密钥对分散保存，检测根密钥的保存方式是否安全；
b) 选择此密钥对进行根 CA 初始化，用产生的私钥为公钥签发证书，产生自己的自签名证书，检测这个证书的结构是否和"newWithNew"证书结构相同；
c) 为 CA 的公钥产生一个指纹，并检测传递指纹的数据结构是否为 OOBCertHash。

记录测试结果并对该结果是否完全符合上述测试评价指南要求作出判断。

如果以上结果全部正确，则本项满足。

4.2.1.2 根 CA 密钥更新

评价内容：

见 GB/T 19714—2005 中 8.2 的内容。

对开发者的要求：

开发者应提供文档，针对根 CA 密钥更新的过程进行说明。

测试评价指南：

a) 在 CA 的生命周期到期前，模拟一次根 CA 密钥更新的过程；
b) 产生新的根 CA 的密钥对；
c) 产生一个用新私钥为旧公钥签名的证书("old with new"证书)；
d) 产生一个用旧私钥为新公钥签名的证书("new with old"证书)；
e) 产生一个用新私钥为新公钥签名的证书("new with new"证书)；
f) 发布这些新证书；
g) 导出 CA 的新公钥；
h) 使用 CA 的新密钥为一个终端实体签发一个新证书；
i) 利用 CA 旧公钥的终端实体，验证上述新证书，检测验证者是否进行以下操作：在数据库中查找 caCertificate 属性，获得 NewWithOld 证书，并利用 CA 旧密钥验证该 NewWithOld 证书是否正确，如果正确，利用 CA 新密钥验证新证书；

j) 利用CA新公钥的终端实体，验证CA旧密钥签发的旧证书，检测验证者是否进行以下操作：在数据库中查找caCertificate属性，获得OldWithNew证书，并利用CA新密钥验证该OldWithNew证书是否正确，如果正确，利用CA旧密钥验证旧证书。

记录测试结果并对该结果是否完全符合上述测试评价指南要求作出判断。

如果以上结果全部正确，则本项满足。

4.2.1.3 下级CA初始化

评价内容：

见GB/T 19714—2005中8.3的内容。

对开发者的要求：

开发者应提供文档，针对下级CA初始化的过程进行说明。

测试评价指南：

a) 在下级CA初始化之前，检测下级CA能否获得以下PKI信息：
   1) 当前根CA的公钥，并使用哈希值对根CA公钥进行带外验证；
   2) 撤销列表以及撤销列表的认证路径；
   3) 所支持的每一种相关应用的算法和算法变量。
b) 模拟一次下级CA初始化的过程：产生下级CA密钥，利用根证书产生下级CA的签名证书。
c) 产生初始的撤销列表。

记录测试结果并对该结果是否完全符合上述测试评价指南要求作出判断。

如果以上结果全部正确，则本项满足。

4.2.1.4 CRL产生

评价内容：

见GB/T 19714—2005中8.4的内容。

对开发者的要求：

开发者应提供文档，针对CRL产生的过程进行说明。

测试评价指南：

a) 在发布证书之前，在新建立CA中产生空的CRL列表；
b) 检测能否操作成功。

记录测试结果并对该结果是否完全符合上述测试评价指南要求作出判断。

如果以上结果全部正确，则本项满足。

4.2.1.5 PKI信息请求

评价内容：

见GB/T 19714—2005中8.5的内容。

对开发者的要求：

开发者应提供文档，针对PKI信息请求进行说明。

测试评价指南：

a) 评价者模拟各种PKI信息请求，检测CA是否能够向请求者提供至少请求者要求的所有请求信息，如果某些信息不能提供，CA是否给请求者返回错误信息；
b) 检测文档是否和标准的规定一致。

记录测试结果并对该结果是否完全符合上述测试评价指南要求作出判断。

如果以上结果全部正确，则本项满足。

4.2.1.6 交叉认证

评价内容：

见 GB/T 19714—2005 中 8.6 的内容。

对开发者的要求：

开发者应提供文档，针对交叉认证过程进行说明。

测试评价指南：

评价者模拟一次交叉认证过程：

a) 新建三个 CA 系统，分别命名为 A、B、C；

b) 分别使用三个 CA 系统，签发三个证书，分别命名为：a、b、c；

c) 以 CA 系统 A 为请求者，CA 系统 B 为响应者，进行交叉认证操作，检测操作过程和消息结构是否符合标准要求；

d) 在拥有证书 b 的终端实体上，使用交叉认证证书验证证书 a，应能验证成功；

e) 在拥有证书 b 的终端实体上，验证证书 c，验证应不成功。

记录测试结果并对该结果是否完全符合上述测试评价指南要求作出判断。

如果系统提供交叉认证功能，以上结果全部正确，则本项满足；如果系统不提供交叉认证功能，在此项不作为最终结果的判断依据。

4.2.1.7 终端实体初始化

4.2.1.7.1 获得 PKI 信息

评价内容：

见 GB/T 19714—2005 中 8.7.1 的内容。

对开发者的要求：

开发者应提供文档，针对终端实体初始化过程中的“获得 PKI 信息”这一步骤进行说明。

测试评价指南：

在终端实体初始化之前，检测能否获得以下 PKI 信息：

a) 当前根 CA 的公钥；

b) 撤销列表以及撤销列表的认证路径；

c) 所支持的每一种相关应用的算法和算法变量。

记录测试结果并对该结果是否完全符合上述测试评价指南要求作出判断。

如果以上结果全部正确，则本项满足。

4.2.1.7.2 根 CA 密钥的带外验证

评价内容：

见 GB/T 19714—2005 中 8.7.2 的内容。

对开发者的要求：

开发者应提供文档，针对终端实体初始化过程中的“根 CA 密钥的带外验证”这一步骤进行说明。

测试评价指南：

检测系统是否能够通过一些安全的“带外”方法给终端实体提供 CA 的证书指纹。

记录测试结果并对该结果是否完全符合上述测试评价指南要求作出判断。

如果以上结果全部正确，则本项满足。

4.2.1.8 证书请求

评价内容：

见 GB/T 19714—2005 中 8.8 的内容。

对开发者的要求：

开发者应提供文档，针对证书模板和证书请求进行说明。

测试评价指南：

检测经过初始化的终端实体是否能够请求一个额外的证书：

a) 对每一种证书模板，选择一个经过初始化的终端实体，提出证书请求；
b) 检测这个请求是否使用认证请求(cr)消息；
c) 检测能否返回新的证书；
d) 选择一个已经拥有一对签名密钥(带有相应的验证证书)的终端实体，提出证书请求；
e) 检测请求(cr)消息是否使用此实体的数字签名来保护；
f) 检测能否返回新的证书；
g) 检查文档是否和标准的规定一致。

记录测试结果并对该结果是否完全符合上述测试评价指南要求作出判断。

如果以上结果全部正确，则本项满足。

4.2.1.9 密钥更新

评价内容：

见 GB/T 19714—2005 中 8.9 的内容。

对开发者的要求：

开发者应提供文档，针对密钥更新进行说明。

测试评价指南：

a) 在终端实体的证书将要过期前，评价者模拟密钥更新的过程；
b) 检查文档是否和标准的规定一致。

记录测试结果并对该结果是否完全符合上述测试评价指南要求作出判断。

如果以上结果全部正确，则本项满足。

4.2.2 传输

评价内容：

见 GB/T 19714—2005 中第 9 章的内容。

对开发者的要求：

开发者应提供文档，说明在 EE、RAs、CAs 之间传输 PKI 消息的传输协议和消息格式。

测试评价指南：

a) 如果 PKI 消息通过文件传输，检测 PKI 消息的格式是否符合标准要求；
b) 如果 PKI 消息通过 TCP 管理协议传输，检测 PKI 消息的格式是否符合标准要求；
c) 如果 PKI 消息通过 E-mail 方式传输，检测 PKI 消息的格式是否符合标准要求；
d) 如果 PKI 消息通过 HTTP 方式传输，检测 PKI 消息的格式是否符合标准要求。

记录测试结果并对该结果是否完全符合上述测试评价指南要求作出判断。

如果系统支持的每种传输方式的消息格式和传输协议均符合标准要求，则本项满足。

4.2.3 必选的 PKI 管理消息结构

4.2.3.1 初始的注册/认证(基本认证方案)

评价内容：

见 GB/T 19714—2005 中 B.4 的内容。

对开发者的要求：

开发者应提供文档，说明初始的注册/认证的消息格式。

测试评价指南：

通过未初始化的终端实体向 CA 请求第一个证书，根据开发者所提供的文档，检测终端实体和 PKI 之间的通信消息是否符合标准要求。

记录测试结果并对该结果是否完全符合上述测试评价指南要求作出判断。

如果以上结果全部正确，则本项满足。

4.2.3.2 证书请求

评价内容：

见 GB/T 19714—2005 中 B.5 的内容。

对开发者的要求：

开发者应提供文档，说明证书请求的消息格式。

测试评价指南：

通过已经初始化的终端实体向 CA 请求证书，根据开发者所提供的文档，检测终端实体和 PKI 之间的通信消息是否符合标准要求。

记录测试结果并对该结果是否完全符合上述测试评价指南要求作出判断。

如果以上结果全部正确，则本项满足。

4.2.3.3 密钥更新请求

评价内容：

见 GB/T 19714—2005 中 B.6 的内容。

对开发者的要求：

开发者应提供文档，说明密钥更新请求的消息格式。

测试评价指南：

在密钥即将过期前，通过已经初始化的终端实体向 CA 请求证书(用于更新密钥对和/或已经拥有的相应证书)，根据开发者所提供的文档，检测终端实体和 PKI 之间的通信消息是否符合标准要求。

记录测试结果并对该结果是否完全符合上述测试评价指南要求作出判断。

如果以上结果全部正确，则本项满足。

4.3 PKI 组件最小互操作规范测试评价指南

4.3.1 PKI 组件规范

4.3.1.1 证书认证机构(CA)

4.3.1.1.1 颁发数字签名证书

评价内容：

见 GB/T 19771—2005 中 5.2.2 a)的内容。

对开发者的要求：

开发者应提供文档，针对数字签名证书的颁发进行说明。

测试评价指南：

a) 对每一种证书模板，通过授权 RA 产生多个签名数字证书请求，并发送给 CA，检测 CA 能否生成新证书并将其放在资料库中；

b) 通过非授权 RA 产生一个签名数字证书请求，并发送给 CA，检测 CA 能否拒绝该证书申请，能否向 RA 报告失败并说明原因；

c) 通过授权 RA 产生一个包含不匹配信息的签名数字证书请求，并发送给 CA，检测 CA 能否拒绝该证书申请，能否向 RA 报告失败并说明原因；

d) 对每一种证书模板，产生多个自我注册的证书请求，并发送给 CA，检测 CA 是否验证请求者的身份并验证申请者的相应私钥，如果验证成功，检测 CA 能否生成新证书并将其放在资料库中；如果验证失败，检测 CA 能否拒绝该证书申请，能否向申请者报告失败并说明原因；

e) 对每一种证书模板，产生多个更新的证书请求，并发送给 CA，检测 CA 是否验证请求者的身份，如果验证成功，检测 CA 能否生成新证书并将其放在资料库中；如果签名无效或者 CA 策略不允许更新，检测 CA 能否拒绝该证书更新请求，并向申请者报告失败并说明原因；

f) 以非法的请求者产生一个更新的证书请求，检测 CA 能否拒绝该证书更新请求，能否向申请者报告失败并说明原因。

记录测试结果并对该结果是否完全符合上述测试评价指南要求作出判断。

如果以上结果全部正确，则本项满足。

4.3.1.1.2 颁发加密证书

评价内容：

见 GB/T 19771—2005 中 5.2.2 b)的内容。

对开发者的要求：

开发者应提供文档，针对加密证书的颁发进行说明。

测试评价指南：

a) 由第三方集中产生加密密钥对，并通过带外方式提供给 CA；

b) 由证书持有者生成多个加密证书请求，说明自己想要的加密算法，并对该请求进行数字签名，将该请求发送给 CA；

c) 检测 CA 能否验证请求者身份，并颁发加密证书和加密密钥给请求者。

记录测试结果并对该结果是否完全符合上述测试评价指南要求作出判断。

如果以上结果全部正确，则本项满足。

4.3.1.1.3 交叉认证

评价内容：

见 GB/T 19771—2005 中 5.2.2 c)的内容。

对开发者的要求：

开发者应提供文档，针对 CA 间的交叉认证进行说明。

测试评价指南：

a) 在两个交叉认证的 CA 之间交换 CA 的公钥，分别为对方的公钥生成证书，并将其存放到资料库中；

b) 检测双方之间的证书能否交叉认证。

记录测试结果并对该结果是否完全符合上述测试评价指南要求作出判断。

如果系统提供交叉认证功能，以上结果全部正确，则本项满足；如果系统不提供交叉认证功能，在此项不作为最终结果的判断依据。

4.3.1.1.4 撤销证书

评价内容：

见 GB/T 19771—2005 中 5.2.2d)的内容。

对开发者的要求：

开发者应提供文档，针对证书的撤销进行说明。

测试评价指南：

a) 以多个证书持有者身份请求撤销证书，并将请求发送给 CA，检测 CA 是否验证请求者身份，验证成功后能否将证书放入 CRL 中；
b) 检测新的 CRL 产生时，老 CRL 中的全部信息是否放到新 CRL 中；
c) 通过 RA 向 CA 发送多个证书撤销请求，检测 CA 是否验证请求者身份，验证成功后能否将证书放入 CRL 中。

记录测试结果并对该结果是否完全符合上述测试评价指南要求作出判断。

如果以上结果全部正确，则本项满足。

4.3.1.1.5 请求 CA 证书

评价内容：

见 GB/T 19771—2005 中 5.2.2f)的内容。

对开发者的要求：

开发者应提供文档，针对向更高层次 CA 申请证书进行说明。

测试评价指南：

通过 CA 向层次更高的 CA 申请证书，检测能否申请成功。

记录测试结果并对该结果是否完全符合上述测试评价指南要求作出判断。

如果以上结果全部正确，则本项满足。

4.3.1.2 注册机构(RA)

评价内容：

见 GB/T 19771—2005 中 5.3 的内容。

对开发者的要求：

开发者应提供文档，针对 RA 的操作规范进行说明。

测试评价指南：

a) 针对每一种证书模板，向 RA 提交多个 CertReq 格式的证书请求；
b) 检测 RA 是否审查请求者的身份；
c) 检测 RA 是否确认请求者是否拥有相应的完整的密钥对；
d) 验证通过后，检测 RA 能否抽取公钥信息并用 RA 的名字和签名建立一个新的 CertReq 消息；
e) 检测 RA 能否将新的 CertReq 消息发送给 CA；
f) 如果证书请求被接受，检测 RA 能否接收 CA 颁发的新证书，并将新证书发送给请求者；
g) 如果证书请求被拒绝，检测 RA 能否审查从 CA 发来的错误代码；
h) 向 RA 提交多个证书撤销请求，检测 RA 是否验证请求者身份，并产生新的 RevReq 消息；
i) 检测 RA 能否将新的 RevReq 消息发送给 CA；
j) 如果证书撤销请求被接受，检测 RA 能否接收 CA 回应的 RevReq 消息，能否将此信息提交给请求者；
k) 如果证书撤销请求被拒绝，检测 RA 能否审查错误代码，并再次产生撤销请求。

记录测试结果并对该结果是否完全符合上述测试评价指南要求作出判断。

如果以上结果全部正确，则本项满足。

4.3.1.3 证书持有者规范

评价内容：

见 GB/T 19771—2005 中 5.4 的内容。

对开发者的要求：

开发者应提供文档，针对证书持有者规范进行说明。

测试评价指南：

a) 以多个用户身份申请签名证书，检测能否成功申请并且获取证书；

b) 以多个用户身份申请加密证书，检测能否成功申请并且获取证书；

c) 以多个证书持有者身份，申请撤销签名证书，检测能否成功撤销证书；

d) 以多个证书持有者身份，申请更新签名证书，检测能否成功更新证书。

记录测试结果并对该结果是否完全符合上述测试评价指南要求作出判断。

如果以上结果全部正确，则本项满足。

4.3.1.4 客户规范

评价内容：

见 GB/T 19771—2005 中 5.5 的内容。

对开发者的要求：

开发者应提供文档，针对客户规范进行说明。

测试评价指南：

a) 验证客户能否验证签名；

b) 验证客户能否从查询服务器检索证书和 CRLs；

c) 验证客户能否验证证书认证路径。

记录测试结果并对该结果是否完全符合上述测试评价指南要求作出判断。

如果以上结果全部正确，则本项满足。

4.3.2 数据格式

4.3.2.1 证书撤销列表

评价内容：

见 GB/T 19771—2005 中 6.3 的内容。

对开发者的要求：

开发者应提供文档，针对证书撤销列表的格式进行说明。

测试评价指南：

a) 由 CA 颁发证书撤销列表；

b) 下载证书撤销列表，检测证书撤销列表的格式是否符合标准要求；

c) 多次进行上述操作。

记录测试结果并对该结果是否完全符合上述测试评价指南要求作出判断。

如果以上结果全部正确，则本项满足。

4.3.2.2 事务消息格式

4.3.2.2.1 全体 PKI 消息组件

评价内容：

见 GB/T 19771—2005 中 6.5.2 的内容。

对开发者的要求：

开发者应提供文档，针对 PKI 消息的格式进行说明。

测试评价指南：

根据开发者提供的文档，检测 PKI 消息(包括：header、body、protection、extraCerts 字段)的格式是否符合标准要求。

记录测试结果并对该结果是否完全符合上述测试评价指南要求作出判断。

如果以上结果全部正确，则本项满足。

4.3.2.2.2 通用数据结构

评价内容：

见 GB/T 19771—2005 中 6.5.3 的内容。

对开发者的要求：

开发者应提供文档，针对证书模板、签名私钥的拥有证明、证书请求消息、协议加密密钥控制、PKI 消息状态码、失败信息、确认协议、证书识别、Centrally Generated Keys 和带外信息的格式进行说明。

测试评价指南：

a) 根据开发者提供的文档，检测证书模板的消息格式是否符合标准要求；
b) 根据开发者提供的文档，检测签名私钥的拥有证明消息格式是否符合标准要求；
c) 根据开发者提供的文档，检测证书请求的消息格式是否符合标准要求；
d) 根据开发者提供的文档，检测协议加密密钥控制的消息格式是否符合标准要求；
e) 根据开发者提供的文档，检测 PKI 消息状态码的消息格式是否符合标准要求；
f) 根据开发者提供的文档，检测失败信息的消息格式是否符合标准要求；
g) 根据开发者提供的文档，检测确认协议的消息格式是否符合标准要求；
h) 根据开发者提供的文档，检测证书识别的消息格式是否符合标准要求；
i) 根据开发者提供的文档，检测 Centrally Generated Keys 的消息格式是否符合标准要求；
j) 根据开发者提供的文档，检测带外信息的消息格式是否符合标准要求。

记录测试结果并对该结果是否完全符合上述测试评价指南要求作出判断。

如果以上结果全部正确，则本项满足。

4.3.2.2.3 特殊操作的数据结构

评价内容：

见 GB/T 19771—2005 中 6.5.4 的内容。

对开发者的要求：

开发者应提供文档，针对注册/证书请求、注册/证书响应、撤销请求的内容、撤销响应内容、PKCS#10 证书请求的消息格式进行说明。

测试评价指南：

a) 根据开发者提供的文档，检测注册/证书请求的消息格式是否符合标准要求；
b) 根据开发者提供的文档，检测注册/证书响应的拥有证明消息格式是否符合标准要求；
c) 根据开发者提供的文档，检测撤销请求的内容的消息格式是否符合标准要求；
d) 根据开发者提供的文档，检测撤销响应内容的消息格式是否符合标准要求；
e) 根据开发者提供的文档，检测 PKCS#10 证书请求的消息格式是否符合标准要求。

记录测试结果并对该结果是否完全符合上述测试评价指南要求作出判断。

如果以上结果全部正确，则本项满足。

4.3.2.3 PKI 事务

4.3.2.3.1 RA 发起的注册请求

评价内容：

见 GB/T 19771—2005 中 6.6.2 的内容。

对开发者的要求：

如果产品支持远端 RA，则开发者应提供文档，针对 RA 发起的注册请求进行说明。

测试评价指南：

a） 根据开发者提供的文档，对每一种证书模板，在远端 RA 上向 CA 请求多个终端实体的证书；

b） 检测从 RA 到 CA 的证书请求消息的格式是否符合标准要求；

c） 检测从 CA 到 RA 的证书回应消息的格式是否符合标准要求；

d） 检测确认消息的格式是否符合标准要求。

记录测试结果并对该结果是否完全符合上述测试评价指南要求作出判断。

如果以上结果全部正确，则本项满足。

4.3.2.3.2 新实体的自我注册请求

评价内容：

见 GB/T 19771—2005 中 6.6.3 的内容。

对开发者的要求：

如果 CA 接受自我注册请求，则开发者应提供文档，针对新实体的自我注册请求进行说明。

测试评价指南：

a） 根据开发者提供的文档，对每一种证书模板，以多个新实体身份直接向 CA 申请新的证书；

b） 检测从证书持有者到 CA 的自我注册请求消息的格式是否符合标准要求；

c） 检测从 CA 到证书请求者的自我注册请求回应消息的格式是否符合标准要求；

d） 检测确认消息的格式是否符合标准要求。

记录测试结果并对该结果是否完全符合上述测试评价指南要求作出判断。

如果以上结果全部正确，则本项满足。

4.3.2.3.3 已知实体的自我注册请求

评价内容：

见 GB/T 19771—2005 中 6.6.4 的内容。

对开发者的要求：

如果 CA 接受自我注册请求，则开发者应提供文档，针对已知实体的自我注册请求进行说明。

测试评价指南：

a） 根据开发者提供的文档，对每一种证书模板，以多个已知实体身份直接向 CA 申请新的证书；

b） 检测从证书持有者到 CA 的自我注册请求消息的格式是否符合标准要求；

c） 检测从 CA 到证书请求者的自我注册请求回应消息的格式是否符合标准要求；

d） 检测确认消息的格式是否符合标准要求。

记录测试结果并对该结果是否完全符合上述测试评价指南要求作出判断。

如果以上结果全部正确，则本项满足。

4.3.2.3.4 证书更新

评价内容：

见 GB/T 19771—2005 中 6.6.5 的内容。

对开发者的要求：

如果 CA 的 CPS 支持证书更新，则开发者应提供文档，针对证书的更新进行说明。

测试评价指南：

a） 根据开发者提供的文档，对每一种证书模板，以多个拥有当前有效证书的实体身份直接向 CA 申请新的证书；
b） 检测从证书持有者到 CA 的证书更新申请消息的格式是否符合标准要求；
c） 检测从 CA 到证书持有者的自证书更新响应消息的格式是否符合标准要求；
d） 检测确认消息的格式是否符合标准要求。

记录测试结果并对该结果是否完全符合上述测试评价指南要求作出判断。

如果以上结果全部正确，则本项满足。

4.3.2.3.5 PKCS＃10 自我注册请求

评价内容：

见 GB/T 19771—2005 中 6.6.6 的内容。

对开发者的要求：

如果 CA 接受自我注册请求，则开发者应提供文档，针对 PKCS＃10 自我注册请求进行说明。

测试评价指南：

a） 根据开发者提供的文档，对每一种证书模板，以多个新实体身份直接向 CA 申请新的 PKCS＃10 证书；
b） 检测从证书持有者到 CA 的自我注册请求消息的格式是否符合标准要求；
c） 检测从 CA 到证书请求者的 PKCS 证书请求响应消息的格式是否符合标准要求。

记录测试结果并对该结果是否完全符合上述测试评价指南要求作出判断。

如果以上结果全部正确，则本项满足。

4.3.2.3.6 撤销请求

评价内容：

见 GB/T 19771—2005 中 6.6.7 的内容。

对开发者的要求：

开发者应提供文档，针对撤销请求进行说明。

测试评价指南：

a） 根据开发者提供的文档，以多个拥有当前有效证书的实体身份直接申请撤销自己的证书；
b） 检测从证书持有者到 RA 的撤销请求消息的格式是否符合标准要求；
c） 检测从 RA 到 CA 的撤销请求消息的格式是否符合标准要求；
d） 检测从 CA 到 RA 的撤销响应消息的格式是否符合标准要求；
e） 检测从 RA 到证书持有者的撤销响应消息的格式是否符合标准要求。

记录测试结果并对该结果是否完全符合上述测试评价指南要求作出判断。

如果以上结果全部正确，则本项满足。

4.3.2.3.7 集中产生密钥对和密钥管理证书申请

评价内容：

见 GB/T 19771—2005 中 6.6.8 的内容。

对开发者的要求：

开发者应提供文档，针对集中产生密钥对和密钥管理证书申请进行说明。

测试评价指南：

a) 根据开发者提供的文档，以多个拥有当前有效证书的实体身份向CA申请产生加密密钥并签发证书；
b) 检测集中产生密钥对申请消息的格式是否符合标准要求；
c) 检测集中产生密钥对回应消息的格式是否符合标准要求；
d) 检测确认消息的格式是否符合标准要求。

记录测试结果并对该结果是否完全符合上述测试评价指南要求作出判断。

如果以上结果全部正确，则本项满足。

4.3.2.3.8 组合证书申请

评价内容：

见GB/T 19771—2005中6.6.9的内容。

对开发者的要求：

如果CA支持组合证书，则开发者应提供文档，针对组合证书申请进行说明。

测试评价指南：

a) 根据开发者提供的文档，以多个新实体身份向CA申请组合证书：一个签名密钥证书和加密证书；
b) 检测组合证书申请消息的格式是否符合标准要求；
c) 检测组合证书回应消息的格式是否符合标准要求；
d) 检测确认消息的格式是否符合标准要求。

记录测试结果并对该结果是否完全符合上述测试评价指南要求作出判断。

如果以上结果全部正确，则本项满足。

4.4 数字证书格式测试评价指南

4.4.1 基本证书域的数据结构

评价内容：

见GB/T 20518—2006中5.2.1的内容。

对开发者的要求：

开发者应提供文档，针对所颁发的数字证书格式进行说明。

测试评价指南：

a) 对每一种证书模板，使用公钥基础设施颁发多个数字证书；
b) 检测所颁发数字证书的基本数据结构是否和标准一致。

记录测试结果并对该结果是否完全符合上述测试评价指南要求作出判断。

如果以上结果全部正确，则本项满足。

4.4.2 TBSCertificate及其数据结构

4.4.2.1 版本 version

评价内容：

见GB/T 20518—2006中5.2.2.1的内容。

对开发者的要求：

开发者应提供文档，针对所颁发的数字证书格式进行说明。

测试评价指南：

a） 检测所颁发数字证书中是否包含版本项；

b） 检测证书中版本项的格式、内容是否和标准一致。

记录测试结果并对该结果是否完全符合上述测试评价指南要求作出判断。

如果以上结果全部正确，则本项满足。

4.4.2.2 序列号 serial number

评价内容：

见 GB/T 20518—2006 中 5.2.2.2 的内容。

对开发者的要求：

开发者应提供文档，针对所颁发的数字证书格式进行说明。

测试评价指南：

a） 检测所颁发数字证书中是否包含序列号项；

b） 检测证书中序列号项的格式、内容是否和标准一致。

记录测试结果并对该结果是否完全符合上述测试评价指南要求作出判断。

如果以上结果全部正确，则本项满足。

4.4.2.3 签名算法 signature

评价内容：

见 GB/T 20518—2006 中 5.2.2.3 的内容。

对开发者的要求：

开发者应提供文档，针对所颁发的数字证书格式进行说明。

测试评价指南：

a） 检测所颁发数字证书中是否包含签名算法项；

b） 检测证书中签名算法项的格式、内容是否和标准一致。

记录测试结果并对该结果是否完全符合上述测试评价指南要求作出判断。

如果以上结果全部正确，则本项满足。

4.4.2.4 颁发者 issuer

评价内容：

见 GB/T 20518—2006 中 5.2.2.4 的内容。

对开发者的要求：

开发者应提供文档，针对所颁发的数字证书格式进行说明。

测试评价指南：

a） 检测所颁发数字证书中是否包含颁发者项；

b） 检测证书中颁发者项的格式、内容是否和标准一致。

记录测试结果并对该结果是否完全符合上述测试评价指南要求作出判断。

如果以上结果全部正确，则本项满足。

4.4.2.5 有效期 validity

评价内容：

见 GB/T 20518—2006 中 5.2.2.5 的内容。

对开发者的要求：

开发者应提供文档，针对所颁发的数字证书格式进行说明。

测试评价指南：

a) 检测所颁发数字证书中是否包含有效期项；

b) 检测证书中有效期项的格式、内容是否和标准一致。

记录测试结果并对该结果是否完全符合上述测试评价指南要求作出判断。

如果以上结果全部正确，则本项满足。

4.4.2.6 主体 subject

评价内容：

见 GB/T 20518—2006 中 5.2.2.6 的内容。

对开发者的要求：

开发者应提供文档，针对所颁发的数字证书格式进行说明。

测试评价指南：

a) 检测所颁发数字证书中是否包含主体项；

b) 检测证书中主体项的格式、内容是否和标准一致。

记录测试结果并对该结果是否完全符合上述测试评价指南要求作出判断。

如果以上结果全部正确，则本项满足。

4.4.2.7 主体公钥信息 Subject Public Key Info

评价内容：

见 GB/T 20518—2006 中 5.2.2.7 的内容。

对开发者的要求：

开发者应提供文档，针对所颁发的数字证书格式进行说明。

测试评价指南：

a) 检测所颁发数字证书中是否包含主体公钥信息项；

b) 检测证书中主体公钥信息项的格式、内容是否和标准一致。

记录测试结果并对该结果是否完全符合上述测试评价指南要求作出判断。

如果以上结果全部正确，则本项满足。

4.4.2.8 颁发者唯一标识符 IssuerUniqueID

评价内容：

见 GB/T 20518—2006 中 5.2.2.8 的内容。

对开发者的要求：

开发者应提供文档，针对所颁发的数字证书格式进行说明。

测试评价指南：

a) 检测所颁发数字证书中是否未包含颁发者唯一标识符项；

b) 记录测试结果并对该结果是否完全符合上述测试评价指南要求作出判断。

如果以上结果全部正确，则本项满足。

4.4.2.9 主体唯一标识符 SubjectUniqueID

评价内容：

见 GB/T 20518—2006 中 5.2.2.9 的内容。

对开发者的要求：

开发者应提供文档,针对所颁发的数字证书格式进行说明。

测试评价指南:

检测所颁发数字证书中是否未包含主体唯一标识符项。

记录测试结果并对该结果是否完全符合上述测试评价指南要求作出判断。

如果以上结果全部正确,则本项满足。

4.4.3 证书扩展项

4.4.3.1 标准扩展

4.4.3.1.1 颁发机构密钥标识符 authorityKeyIdentifier

评价内容:

见 GB/T 20518—2006 中 5.2.3.2.1 的内容。

对开发者的要求:

开发者应提供文档,针对所颁发的数字证书格式进行说明。

测试评价指南:

a) 检测所颁发数字证书中是否包含颁发机构密钥标识符项;

b) 检测证书中颁发机构密钥标识符项的格式、内容是否和标准一致。

记录测试结果并对该结果是否完全符合上述测试评价指南要求作出判断。

如果以上结果全部正确,则本项满足。

4.4.3.1.2 主体密钥标识符 subjectKeyIdentifier

评价内容:

见 GB/T 20518—2006 中 5.2.3.2.2 的内容。

对开发者的要求:

开发者应提供文档,针对所颁发的数字证书格式进行说明。

测试评价指南:

a) 检测所颁发数字证书中是否包含主体密钥标识符项;

b) 检测证书中主体密钥标识符项的格式、内容是否和标准一致。

记录测试结果并对该结果是否完全符合上述测试评价指南要求作出判断。

如果以上结果全部正确,则本项满足。

4.4.3.1.3 密钥用法 keyUsage

评价内容:

见 GB/T 20518—2006 中 5.2.3.2.3 的内容。

对开发者的要求:

开发者应提供文档,针对所颁发的数字证书格式进行说明。

测试评价指南:

a) 检测所颁发数字证书中是否包含密钥用法项;

b) 检测证书中密钥用法项的格式、内容是否和标准一致。

记录测试结果并对该结果是否完全符合上述测试评价指南要求作出判断。

如果以上结果全部正确,则本项满足。

4.4.3.1.4 扩展密钥用途 extKeyUsage

评价内容:

见 GB/T 20518—2006 中 5.2.3.2.4 的内容。

对开发者的要求：

开发者应提供文档，针对所颁发的数字证书格式进行说明。

测试评价指南：

a） 如果公钥基础设施支持扩展密钥用途扩展项，则此项为检测项，否则为非检测项；

b） 检测所颁发数字证书中是否包含扩展密钥用途项；

c） 检测证书中扩展密钥用途项的格式、内容是否和标准一致。

记录测试结果并对该结果是否完全符合上述测试评价指南要求作出判断。

如果以上结果全部正确，则本项满足。

4.4.3.1.5 私有密钥使用期 privateKeyUsagePeriod

评价内容：

见 GB/T 20518—2006 中 5.2.3.2.5 的内容。

对开发者的要求：

开发者应提供文档，针对所颁发的数字证书格式进行说明。

测试评价指南：

a） 如果公钥基础设施支持私有密钥使用期扩展项，则此项为检测项，否则为非检测项；

b） 检测所颁发数字证书中是否包含私有密钥使用期项；

c） 检测证书中私有密钥使用期项的格式、内容是否和标准一致。

记录测试结果并对该结果是否完全符合上述测试评价指南要求作出判断。

如果以上结果全部正确，则本项满足。

4.4.3.1.6 证书策略 certificatePolicies

评价内容：

见 GB/T 20518—2006 中 5.2.3.2.6 的内容。

对开发者的要求：

开发者应提供文档，针对所颁发的数字证书格式进行说明。

测试评价指南：

a） 检测所颁发数字证书中是否包含证书策略项；

b） 检测证书中证书策略项的格式、内容是否和标准一致。

记录测试结果并对该结果是否完全符合上述测试评价指南要求作出判断。

如果以上结果全部正确，则本项满足。

4.4.3.1.7 策略映射 policyMappings

评价内容：

见 GB/T 20518—2006 中 5.2.3.2.7 的内容。

对开发者的要求：

开发者应提供文档，针对所颁发的数字证书格式进行说明。

测试评价指南：

a） 如果公钥基础设施支持策略映射扩展项，则此项为检测项，否则为非检测项；

b） 检测所颁发数字证书中是否包含策略映射项；

c） 检测证书中策略映射项的格式、内容是否和标准一致。

记录测试结果并对该结果是否完全符合上述测试评价指南要求作出判断。

如果以上结果全部正确，则本项满足。

4.4.3.1.8 主体替换名称 subjectAltName

评价内容：

见 GB/T 20518—2006 中 5.2.3.2.8 的内容。

对开发者的要求：

开发者应提供文档，针对所颁发的数字证书格式进行说明。

测试评价指南：

a) 如果证书中的唯一主体身份是一个选择名称格式（如一个电子邮件地址），主体的甄别名为空序列，则本项为检测项目，否则为非检测项；

b) 检测证书中主体替换名称项的格式、内容是否和标准一致。

记录测试结果并对该结果是否完全符合上述测试评价指南要求作出判断。

如果以上结果全部正确，则本项满足。

4.4.3.1.9 颁发者替换名称 issuerAltName

评价内容：

见 GB/T 20518—2006 中 5.2.3.2.9 的内容。

对开发者的要求：

开发者应提供文档，针对所颁发的数字证书格式进行说明。

测试评价指南：

a) 如果公钥基础设施支持颁发者替换名称扩展项，则此项为检测项，否则为非检测项；

b) 检测所颁发数字证书中是否包含颁发者替换名称项；

c) 检测证书中颁发者替换名称项的格式、内容是否和标准一致。

记录测试结果并对该结果是否完全符合上述测试评价指南要求作出判断。

如果以上结果全部正确，则本项满足。

4.4.3.1.10 主体目录属性 subjectDirectoryAttributes

评价内容：

见 GB/T 20518—2006 中 5.2.3.2.10 的内容。

对开发者的要求：

开发者应提供文档，针对所颁发的数字证书格式进行说明。

测试评价指南：

a) 如果公钥基础设施支持主体目录属性扩展项，则此项为检测项，否则为非检测项；

b) 检测所颁发数字证书中是否包含主体目录属性项；

c) 检测证书中主体目录属性项的格式、内容是否和标准一致。

记录测试结果并对该结果是否完全符合上述测试评价指南要求作出判断。

如果以上结果全部正确，则本项满足。

4.4.3.1.11 基本限制 basicConstraints

评价内容：

见 GB/T 20518—2006 中 5.2.3.2.11 的内容。

对开发者的要求：

开发者应提供文档，针对所颁发的数字证书格式进行说明。

测试评价指南：

a） 检测所颁发数字证书中是否包含基本限制项；

b） 检测证书中基本限制项的格式、内容是否和标准一致。

记录测试结果并对该结果是否完全符合上述测试评价指南要求作出判断。

如果以上结果全部正确，则本项满足。

4.4.3.1.12 名称限制 nameConstraints

评价内容：

见 GB/T 20518—2006 中 5.2.3.2.12 的内容。

对开发者的要求：

开发者应提供文档，针对所颁发的数字证书格式进行说明。

测试评价指南：

a） 如果公钥基础设施支持名称限制扩展项，则此项为检测项，否则为非检测项；

b） 检测所颁发数字证书中是否包含名称限制项；

c） 检测证书中名称限制项的格式、内容是否和标准一致。

记录测试结果并对该结果是否完全符合上述测试评价指南要求作出判断。

如果以上结果全部正确，则本项满足。

4.4.3.1.13 策略限制 policyConstraints

评价内容：

见 GB/T 20518—2006 中 5.2.3.2.13 的内容。

对开发者的要求：

开发者应提供文档，针对所颁发的数字证书格式进行说明。

测试评价指南：

a） 如果公钥基础设施支持策略限制扩展项，则此项为检测项，否则为非检测项；

b） 检测所颁发数字证书中是否包含策略限制项；

c） 检测证书中策略限制项的格式、内容是否和标准一致。

记录测试结果并对该结果是否完全符合上述测试评价指南要求作出判断。

如果以上结果全部正确，则本项满足。

4.4.3.1.14 证书撤销列表分发点 CRLDistributionPoints

评价内容：

见 GB/T 20518—2006 中 5.2.3.2.14 的内容。

对开发者的要求：

开发者应提供文档，针对所颁发的数字证书格式进行说明。

测试评价指南：

a） 如果公钥基础设施支持证书撤销列表分发点扩展项，则此项为检测项，否则为非检测项；

b） 检测所颁发数字证书中是否包含证书撤销列表分发点项；

c） 检测证书中证书撤销列表分发点项的格式、内容是否和标准一致。

记录测试结果并对该结果是否完全符合上述测试评价指南要求作出判断。

如果以上结果全部正确，则本项满足。

4.4.3.1.15 限制所有策略 inhibitAnyPolicy

评价内容：

见 GB/T 20518—2006 中 5.2.3.2.15 的内容。

对开发者的要求：

开发者应提供文档，针对所颁发的数字证书格式进行说明。

测试评价指南：

a) 如果公钥基础设施支持限制所有策略扩展项，则此项为检测项，否则为非检测项；

b) 检测所颁发数字证书中是否包含限制所有策略项；

c) 检测证书中限制所有策略项的格式、内容是否和标准一致。

记录测试结果并对该结果是否完全符合上述测试评价指南要求作出判断。

如果以上结果全部正确，则本项满足。

4.4.3.1.16 最新证书撤销列表 freshestCRL

评价内容：

见 GB/T 20518—2006 中 5.2.3.2.16 的内容。

对开发者的要求：

开发者应提供文档，针对所颁发的数字证书格式进行说明。

测试评价指南：

a) 如果公钥基础设施支持最新证书撤销列表扩展项，则此项为检测项，否则为非检测项；

b) 检测所颁发数字证书中是否包含最新证书撤销列表项；

c) 检测证书中最新证书撤销列表项的格式、内容是否和标准一致。

记录测试结果并对该结果是否完全符合上述测试评价指南要求作出判断。

如果以上结果全部正确，则本项满足。

4.4.3.1.17 个人身份标识码 IdentifyCode

评价内容：

见 GB/T 20518—2006 中 5.2.3.2.17 的内容。

对开发者的要求：

开发者应提供文档，针对所颁发的数字证书格式进行说明。

测试评价指南：

a) 如果公钥基础设施支持个人身份标识码扩展项，则此项为检测项，否则为非检测项；

b) 检测所颁发数字证书中是否包含个人身份标识码项；

c) 检测证书中个人身份标识码项的格式、内容是否和标准一致。

记录测试结果并对该结果是否完全符合上述测试评价指南要求作出判断。

如果以上结果全部正确，则本项满足。

4.4.3.1.18 个人社会保险号 InsuranceNumber

评价内容：

见 GB/T 20518—2006 中 5.2.3.2.18 的内容。

对开发者的要求：

开发者应提供文档，针对所颁发的数字证书格式进行说明。

测试评价指南：

a) 如果公钥基础设施支持个人社会保险号扩展项，则此项为检测项，否则为非检测项；

b) 检测所颁发数字证书中是否包含个人社会保险号项；

c) 检测证书中个人社会保险号项的格式、内容是否和标准一致。

记录测试结果并对该结果是否完全符合上述测试评价指南要求作出判断。

如果以上结果全部正确,则本项满足。

4.4.3.1.19 企业工商注册号 ICRegistrationNumber

评价内容:

见 GB/T 20518—2006 中 5.2.3.2.19 的内容。

对开发者的要求:

开发者应提供文档,针对所颁发的数字证书格式进行说明。

测试评价指南:

a) 如果公钥基础设施支持企业工商注册号扩展项,则此项为检测项,否则为非检测项;
b) 检测所颁发数字证书中是否包含企业工商注册号项;
c) 检测证书中企业工商注册号项的格式、内容是否和标准一致。

记录测试结果并对该结果是否完全符合上述测试评价指南要求作出判断。

如果以上结果全部正确,则本项满足。

4.4.3.1.20 企业组织机构代码 OrganizationCode

评价内容:

见 GB/T 20518—2006 中 5.2.3.2.20 的内容。

对开发者的要求:

开发者应提供文档,针对所颁发的数字证书格式进行说明。

测试评价指南:

a) 如果公钥基础设施支持企业组织机构代码扩展项,则此项为检测项,否则为非检测项;
b) 检测所颁发数字证书中是否包含企业组织机构代码项;
c) 检测证书中企业组织机构代码项的格式、内容是否和标准一致。

记录测试结果并对该结果是否完全符合上述测试评价指南要求作出判断。

如果以上结果全部正确,则本项满足。

4.4.3.1.21 企业税号 TaxationNumber

评价内容:

见 GB/T 20518—2006 中 5.2.3.2.21 的内容。

对开发者的要求:

开发者应提供文档,针对所颁发的数字证书格式进行说明。

测试评价指南:

a) 如果公钥基础设施支持企业税号扩展项,则此项为检测项,否则为非检测项;
b) 检测所颁发数字证书中是否包含企业税号项;
c) 检测证书中企业税号项的格式、内容是否和标准一致。

记录测试结果并对该结果是否完全符合上述测试评价指南要求作出判断。

如果以上结果全部正确,则本项满足。

4.4.3.2 专用因特网扩展 PrivateInternetExtensions id-pkix

4.4.3.2.1 机构信息访问 authorityInfoAccess

评价内容:

见 GB/T 20518—2006 中 5.2.3.3.1 的内容。

对开发者的要求：

开发者应提供文档，针对所颁发的数字证书格式进行说明。

测试评价指南：

a） 如果公钥基础设施支持机构信息访问扩展项，则此项为检测项，否则为非检测项；

b） 检测所颁发数字证书中是否包含机构信息访问项；

c） 检测证书中机构信息访问项的格式、内容是否和标准一致。

记录测试结果并对该结果是否完全符合上述测试评价指南要求作出判断。

如果以上结果全部正确，则本项满足。

4.4.3.2.2 主体信息访问 SubjectInformationAccess

评价内容：

见 GB/T 20518—2006 中 5.2.3.3.2 的内容。

对开发者的要求：

开发者应提供文档，针对所颁发的数字证书格式进行说明。

测试评价指南：

a） 如果公钥基础设施支持主体信息访问扩展项，则此项为检测项，否则为非检测项；

b） 检测所颁发数字证书中是否包含主体信息访问项；

c） 检测证书中主体信息访问项的格式、内容是否和标准一致。

记录测试结果并对该结果是否完全符合上述测试评价指南要求作出判断。

如果以上结果全部正确，则本项满足。

4.5 特定权限管理中心技术规范测试评价指南

4.5.1 系统相关协议

4.5.1.1 代理点 PA 与属性注册机构 ARA 间的通信协议

4.5.1.1.1 功能支持

评价内容：

见 GB/T 20519—2006 中 6.1.2 的内容。

对开发者的要求：

开发者应提供文档，针对协议所支持的操作功能进行说明。

测试评价指南：

a） 如代理点 PA 与属性注册机构 ARA 采用在线方式，则本项为检测项目，否则为非检测项；

b） 通过 PA 申请多个属性证书，检测 ARA 能否对申请的属性证书进行注册；

c） 通过 ARA 对各种类型的注册信息进行分析、鉴别，检测 ARA 能否给予认可或不认可的决定；

d） 检测 ARA 能否对注册信息进行修改；

e） 检测 ARA 能否对已经生效的有效证书进行撤销。

记录测试结果并对该结果是否完全符合上述测试评价指南要求作出判断。

如果以上结果全部正确，则本项满足。

4.5.1.1.2 PA 与 ARA 之间的认证机制

评价内容：

见 GB/T 20519—2006 中 6.1.3 的内容。

对开发者的要求：

开发者应提供文档，针对 PA 与 ARA 之间的认证机制进行说明。

测试评价指南：

a) 如代理点 PA 与属性注册机构 ARA 采用在线方式，则本项为检测项目，否则为非检测项；
b) 根据开发者提供的文档，检测 PA 与 ARA 之间是否采用安全认证机制；
c) 以合法的实体身份请求属性证书，检测 ARA 能否对请求的实体身份进行强鉴别；
d) 检测 PA 与 ARA 之间的强鉴别机制是否符合 GB/T 20519—2006 附录 B 中 B.1 的要求；
e) 以非法的实体身份请求属性证书，检测 ARA 能否对请求的实体身份进行强鉴别。

记录测试结果并对该结果是否完全符合上述测试评价指南要求作出判断。

如果以上结果全部正确，则本项满足。

4.5.1.1.3 PA 数据签名

评价内容：

见 GB/T 20519—2006 中 6.1.4 的内容。

对开发者的要求：

开发者应提供文档，针对 PA 提交数据的签名过程进行说明。

测试评价指南：

a) 如代理点 PA 与属性注册机构 ARA 采用在线方式，则本项为检测项目，否则为非检测项；
b) 检测 PA 是否对提交的数据，进行数字签名；
c) 检测签名数据的内容是否符合 GB/T 20519—2006 附录 B 中 B.2 的要求；
d) 检测接收者是否验证所提交数据的签名。

记录测试结果并对该结果是否完全符合上述测试评价指南要求作出判断。

如果以上结果全部正确，则本项满足。

4.5.1.2 属性注册机构 ARA 与属性授权机构 AA 间的通信协议

评价内容：

见 GB/T 20519—2006 中 6.2 的内容。

对开发者的要求：

开发者应提供文档，针对 ARA 与 AA 间的通信协议进行说明。

测试评价指南：

a) 如属性注册机构 ARA 与属性授权机构 AA 采用在线申请方式，则本项为检测项目，否则为非检测项；
b) 检测 AA 和 ARA 之间，是否采用双向强鉴别机制进行网络连接；
c) 检测 AA 和 ARA 之间的双向强鉴别机制是否符合 GB/T 20519—2006 附录 B 中 B.4 的要求；
d) 由 ARA 向 AA 提交一个属性证书的签发请求，检测请求的内容是否包括：标识名称、待签发实体公钥证书、实体属性集、待签发实体对实体属性集的签名和由请求证书实体对上述内容的完整签名；
e) 检测 AA 是否请求实体进行鉴别；
f) 检测 AA 是否验证签发实体的公钥证书；
g) 检测 AA 是否验证实体签名；

h) 如果一切合法，由 AA 签发一个属性证书，并将签发的属性证书发布出去；

i) 检测签发的属性证书是否符合 GB/T 20519—2006 附录 A 的要求。

记录测试结果并对该结果是否完全符合上述测试评价指南要求作出判断。

如果以上结果全部正确，则本项满足。

4.5.1.3 属性授权机构 AA 与认证机构源 SOA 间的通信协议

评价内容：

见 GB/T 20519—2006 中 6.3 的内容。

对开发者的要求：

开发者应提供文档，针对 AA 与 SOA 间的通信协议进行说明。

测试评价指南：

a) 如果 AA 与 SOA 间采用离线方式，将 AA 的公钥证书、必要批件、填写的属性权限申请表提交给 SOA，检测 SOA 能否授予 AA 相匹配的权限、管理策略，能否签发属性授权证书、策略证书；

b) 如果 AA 与 SOA 间采用在线申请方式，将 AA 的公钥证书、批件号和申请材料在线发送给 SOA，检测 AA 和 SOA 之间是否进行双向强鉴别。

记录测试结果并对该结果是否完全符合上述测试评价指南要求作出判断。

如果以上结果全部正确，则本项满足。

4.5.2 PMI/AA 的安全实施

4.5.2.1 证书撤销安全

评价内容：

见 GB/T 20519—2006 中 8.1 的内容。

对开发者的要求：

开发者应提供文档，针对属性证书失效后的证书撤销措施进行说明。

测试评价指南：

a) 颁发一个长周期的属性证书，并更改时间使其失效；

b) 在 ARA 和 AA 上设置自动监测管理；

c) 失效的属性证书应及时被撤销。

记录测试结果并对该结果是否完全符合上述测试评价指南要求作出判断。

如果以上结果全部正确，则本项满足。

4.5.2.2 算法强度安全

评价内容：

见 GB/T 20519—2006 中 8.2 的内容。

对开发者的要求：

开发者应提供文档，针对属性证书的算法强度进行说明。

测试评价指南：

a) 检查属性证书的加密算法是否得到国家密码管理部门的认可；

b) 颁发一个属性证书，检测在 AC 所有者和属性间的绑定，是否和批准算法一致。

记录测试结果并对该结果是否完全符合上述测试评价指南要求作出判断。

如果以上结果全部正确，则本项满足。

4.5.2.3 身份标识安全

评价内容：

见 GB/T 20519—2006 中 8.3 的内容。

对开发者的要求：

开发者应提供文档，针对属性证书的身份标识进行说明。

测试评价指南：

颁发多个属性证书，检测属性证书中的 holder.entityName 项，是否编码以区分姓名。

记录测试结果并对该结果是否完全符合上述测试评价指南要求作出判断。

如果以上结果全部正确，则本项满足。

4.5.2.4 LDAP 服务访问安全

评价内容：

见 GB/T 20519—2006 中 8.4 的内容。

对开发者的要求：

开发者应提供文档，针对属性证书的 LDAP 访问控制进行说明。

测试评价指南：

a) 在 PMI/AA 系统中，分别以不同授权的用户访问发布属性证书的 LDAP 服务器，检测能否获取授权范围内的属性证书；

b) 尝试获取授权范围以外的属性证书，检测能否获取成功。

记录测试结果并对该结果是否完全符合上述测试评价指南要求作出判断。

如果以上结果全部正确，则本项满足。

4.5.2.5 属性内容安全

评价内容：

见 GB/T 20519—2006 中 8.5 的内容。

对开发者的要求：

开发者应提供文档，针对属性证书的内容安全进行说明。

测试评价指南：

a) 如果属性证书被完整地包含在应用协议中，或者属性证书包含敏感信息，则必须对属性证书加密；

b) 检测属性证书的密文内容和密文格式是否符合标准要求。

记录测试结果并对该结果是否完全符合上述测试评价指南要求作出判断。

如果以上结果全部正确，则本项满足。

4.5.3 属性证书格式

评价内容：

见 GB/T 20519—2006 中附录 A 的内容。

对开发者的要求：

开发者应提供文档，针对属性证书的格式进行说明。

测试评价指南：

检测属性证书的结构、内容、扩展域和互斥扩展域的格式是否符合标准要求。

记录测试结果并对该结果是否完全符合上述测试评价指南要求作出判断。

如果以上结果全部正确，则本项满足。

4.6 时间戳规范测试评价指南

4.6.1 时间戳的产生和颁发

4.6.1.1 申请和颁发方式

评价内容：

见 GB/T 20520—2006 中 6.1 的内容。

对开发者的要求：

开发者应提供文档，针对进行说明。

测试评价指南：

a) 根据开发者提供的时间戳申请和颁发方式，向 TSA 申请时间戳；

b) 检测 TSA 是否向申请者返回时间戳。

记录测试结果并对该结果是否完全符合上述测试评价指南要求作出判断。

如果以上结果全部正确，则本项满足。

4.6.1.2 可信时间的产生方法

评价内容：

见 GB/T 20520—2006 中 6.2 的内容。

对开发者的要求：

开发者应提供文档，针对可信时间的产生方法进行说明。

测试评价指南：

检测 TSA 能否按规定方式获得时间。

记录测试结果并对该结果是否完全符合上述测试评价指南要求作出判断。

如果以上结果全部正确，则本项满足。

4.6.1.3 时间的同步

评价内容：

见 GB/T 20520—2006 中 6.3 的内容。

对开发者的要求：

开发者应提供文档，针对时间同步的措施和步骤进行说明。

测试评价指南：

a) 在获得可信时间后，检测 TSA 能否对所有部件的时间进行调整；

b) 检测 TSA 能否在规定时间间隔内定期同步时间；

c) 调整时间同步的间隔时间，检测 TSA 能否在规定时间间隔内定期同步时间；

d) 检测 TSA 各个部件是否采取统一行动同步时间；

e) 检测可信时间源是否为第一个启动的部件；

f) 检测在 TSA 开始工作之前，是否进行了时间同步；

g) 在定期同步时间的过程中，模拟无法获得可信时间的情况，检测 TSA 是否立即停止接受时间戳申请和时间同步，检测是否向管理者发出警报并写入审计日志；

h) 在定期同步时间的过程中，模拟篡改时间信息的情况，检测 TSA 是否立即停止接受时间戳申请和时间同步，检测是否向管理者发出警报并写入审计日志。

记录测试结果并对该结果是否完全符合上述测试评价指南要求作出判断。

如果以上结果全部正确，则本项满足。

4.6.1.4 申请和颁发过程

评价内容：

见 GB/T 20520—2006 中 6.4 的内容。

对开发者的要求：

开发者应提供文档，针对时间戳的申请和颁发过程进行说明。

测试评价指南：

a) 向 TSA 提交时间戳申请请求，检测请求消息的格式是否符合标准；

b) 提交一个不合法的请求信息，检测 TSA 是否产生一个时间戳的失败响应，检测 TSA 是否填写申请被拒绝的原因；

c) 提交一个合法的请求信息，并且使 TSA 无法颁发这个时间戳，检测 TSA 是否产生一个时间戳的失败响应，检测 TSA 是否填写申请被拒绝的原因；

d) 提交一个合法的请求信息，并且 TSA 运行正常，检测 TSA 能否颁发一个格式正确的时间戳并签名；

e) 检测 TSA 签名系统是否通过可信通道把新生成的时间戳发送给时间戳数据库，并由时间戳数据库将其归档保存；

f) 使 TSA 系统将合法的时间戳按规定方式发给用户，检测能否发送成功；在收到合法的时间戳后，检测用户是否验证时间戳的合法性；

g) 使 TSA 系统将不合法或错误的时间戳按规定方式发给用户，检测能否发送成功；在收到不合法或错误的时间戳后，检测用户能否验证出不合法或错误的时间戳；检测用户是否立即向 TSA 管理者报告异常情况；

h) 检测 TSA 对 g)中的情况是否有完备的处理预案，并检测处理预案的可行性。

记录测试结果并对该结果是否完全符合上述测试评价指南要求作出判断。

如果以上结果全部正确，则本项满足。

4.6.2 时间戳的管理

4.6.2.1 时间戳的保存

4.6.2.1.1 在 TSA 方的保存

评价内容：

见 GB/T 20520—2006 中 7.1.1 的内容。

对开发者的要求：

开发者应提供文档，针对 TSA 系统中时间戳的保存进行说明。

测试评价指南：

a) 根据说明，检测 TSA 系统是否保存了所有颁发的时间戳；

b） 检测是否保存了时间戳的以下信息：入库时间、序列号、完整编码。

记录测试结果并对该结果是否完全符合上述测试评价指南要求作出判断。

如果以上结果全部正确，则本项满足。

4.6.2.1.2 在用户方的保存

评价内容：

见 GB/T 20520—2006 中 7.1.2 的内容。

对开发者的要求：

开发者应提供文档，针对进行说明。

测试评价指南：

用户在收到时间戳后，检测能否以文件的形式保存时间戳。

记录测试结果并对该结果是否完全符合上述测试评价指南要求作出判断。

如果以上结果全部正确，则本项满足。

4.6.2.2 时间戳的备份

评价内容：

见 GB/T 20520—2006 中 7.2 的内容。

对开发者的要求：

开发者应提供文档，针对时间戳的备份进行说明。

测试评价指南：

a） 检测时间戳的备份是否使用异地备份的方式；

b） 检测开发者是否采取严格的措施保护时间戳的备份介质，防止备份介质被盗、被毁和受损；

c） 检测时间戳的备份数据是否以方便检索的方式存放。

记录测试结果并对该结果是否完全符合上述测试评价指南要求作出判断。

如果以上结果全部正确，则本项满足。

4.6.2.3 时间戳的检索

评价内容：

见 GB/T 20520—2006 中 7.3 的内容。

对开发者的要求：

开发者应提供文档，针对时间戳的检索进行说明。

测试评价指南：

a） 检测 TSA 是否提供一个时间戳检索的方式；

b） 检测 TSA 是否提供现存以及备份的时间戳以供检索；

c） 检测 TSA 能否通过时间戳入库的时间进行检索；

d） 检测 TSA 能否通过时间戳的序列号进行检索；

e） 检测 TSA 能否通过时间戳的完整编码进行检索；

f） 检测时间戳的检索结果能否发送给用户。

记录测试结果并对该结果是否完全符合上述测试评价指南要求作出判断。

如果以上结果全部正确，则本项满足。

4.6.2.4 时间戳的删除和销毁

4.6.2.4.1 时间戳的删除

评价内容：

见 GB/T 20520—2006 中 7.4.1 的内容。

对开发者的要求：

开发者应提供文档，针对时间戳的删除进行说明。

测试评价指南：

a) 以 TSA 管理员身份登录系统，备份要删除的时间戳，然后删除此时间戳，检测能否删除成功；

b) 以非授权用户身份登录系统，尝试删除时间戳，检测能否删除成功。

记录测试结果并对该结果是否完全符合上述测试评价指南要求作出判断。

如果以上结果全部正确，则本项满足。

4.6.2.4.2 时间戳的销毁

评价内容：

见 GB/T 20520—2006 中 7.4.2 的内容。

对开发者的要求：

开发者应提供文档，针对时间戳的销毁进行说明。

测试评价指南：

a) 在 TSA 证书失效前，尝试销毁所有时间戳，检测能否销毁成功；

b) 在 TSA 证书失效后，并且超过了规定的保存时间，以非授权用户身份登录系统，销毁所有时间戳（包括备份），检测能否销毁成功；

c) 在 TSA 证书失效后，并且超过了规定的保存时间，以 TSA 管理员身份登录系统，销毁所有时间戳（包括备份），检测能否销毁成功。

记录测试结果并对该结果是否完全符合上述测试评价指南要求作出判断。

如果以上结果全部正确，则本项满足。

4.6.2.5 时间戳的查看和验证

4.6.2.5.1 时间戳的查看

评价内容：

见 GB/T 20520—2006 中 7.5.1 的内容。

对开发者的要求：

开发者应提供文档，针对时间戳的查看进行说明。

测试评价指南：

通过 TSA 提供的查看时间戳的方法，检测用户能否查看时间戳中所有可查看的内容。

记录测试结果并对该结果是否完全符合上述测试评价指南要求作出判断。

如果以上结果全部正确，则本项满足。

4.6.2.5.2 时间戳的验证

评价内容：

见 GB/T 20520—2006 中 7.5.2 的内容。

对开发者的要求：

开发者应提供文档，针对时间戳的验证进行说明。

测试评价指南：

a) 通过 CRL 或 OCSP 协议，检测用户能否验证 TSA 证书的有效性；

b) 通过 TSA 提供的验证时间戳的方法，检测用户能否验证时间戳是由该 TSA 签发；

c） 通过 TSA 提供的验证时间戳的方法，检测用户能否验证时间戳是指定文件的时间戳。

记录测试结果并对该结果是否完全符合上述测试评价指南要求作出判断。

如果以上结果全部正确，则本项满足。

4.6.3 时间戳的格式

4.6.3.1 对 TSA 的要求

评价内容：

见 GB/T 20520—2006 中 8.1 的内容。

对开发者的要求：

开发者应提供文档，针对 TSA 系统进行说明。

测试评价指南：

a） 检测所颁发的时间戳里，是否包含以下内容：
   1） 一个可信时间值；
   2） 一个一次性随机整数(nonce 域)；
   3） 一个唯一的标识符(表明了时间戳生成时的安全策略)。

b） 检测 TSA 能否检查单向散列函数的标识符，能否验证散列值长度的正确性。

c） 检测是否只在散列值上盖时间戳。

d） 检测时间戳内是否包含任何请求方的标识，如果包含，则此项不符合。

e） 检测 TSA 系统是否使用专门的密钥对时间戳签名，并检测密钥对应证书中是否说明了该密钥的这个用途。

f） 使请求方在申请消息的扩展域内提出一些额外的要求，如果 TSA 支持这些扩展，检测时间戳内是否包含相应的扩展信息。

g） 使请求方在申请消息的扩展域内提出一些额外的要求，如果 TSA 不支持这些扩展，检测 TSA 是否返回一个出错信息。

记录测试结果并对该结果是否完全符合上述测试评价指南要求作出判断。

如果以上结果全部正确，则本项满足。

4.6.3.2 密钥标识

评价内容：

见 GB/T 20520—2006 中 8.2 的内容。

对开发者的要求：

开发者应提供文档，针对密钥标识进行说明。

测试评价指南：

检测 TSA 系统的所有密钥对应的证书中，是否包含唯一的 Key Usage 扩展域，并检测格式是否正确。

记录测试结果并对该结果是否完全符合上述测试评价指南要求作出判断。

如果以上结果全部正确，则本项满足。

4.6.3.3 时间的表示格式

评价内容：

见 GB/T 20520—2006 中 8.3 的内容。

对开发者的要求：

开发者应提供文档，针对时间的表示格式进行说明。

测试评价指南：

检测时间戳的时间表示格式是否正确。

记录测试结果并对该结果是否完全符合上述测试评价指南要求作出判断。

如果以上结果全部正确，则本项满足。

4.6.3.4 时间戳申请和响应消息格式

4.6.3.4.1 申请消息格式

评价内容：

见 GB/T 20520—2006 中 8.4.1 的内容。

对开发者的要求：

开发者应提供文档，针对申请消息格式进行说明。

测试评价指南：

检测时间戳的申请消息格式是否正确。

记录测试结果并对该结果是否完全符合上述测试评价指南要求作出判断。

如果以上结果全部正确，则本项满足。

4.6.3.4.2 响应消息格式

评价内容：

见 GB/T 20520—2006 中 8.4.2 的内容。

对开发者的要求：

开发者应提供文档，针对响应消息格式进行说明。

测试评价指南：

检测时间戳的响应消息格式是否正确。

记录测试结果并对该结果是否完全符合上述测试评价指南要求作出判断。

如果以上结果全部正确，则本项满足。

4.6.3.5 保存文件

评价内容：

见 GB/T 20520—2006 中 8.5 的内容。

对开发者的要求：

开发者应提供文档，针对时间戳申请和响应消息的文件保存格式进行说明。

测试评价指南：

a) 将时间戳申请消息保存为文件，检测文件扩展名是否为：tsg；使用二进制查看工具查看文件是否只包含消息的 DER 编码，并检测编码格式是否正确；
b) 将时间戳响应消息保存为文件，检测文件扩展名是否为：tsr；使用二进制查看工具查看文件是否只包含消息的 DER 编码，并检测编码格式是否正确。

记录测试结果并对该结果是否完全符合上述测试评价指南要求作出判断。

如果以上结果全部正确，则本项满足。

4.6.3.6 所用 MIME 对象定义

4.6.3.6.1 电子邮件传输

评价内容：

见 GB/T 20520—2006 中 8.6.1 的内容。

对开发者的要求：

开发者应提供文档，针对电子邮件传输格式进行说明。

测试评价指南：

a） 如果使用电子邮件传输时间戳申请和响应消息，则本项为检测项目，否则为非检测项；

b） 使用电子邮件进行时间戳申请，并获取时间戳；

c） 使用协议分析仪截取整个时间戳申请和响应的数据包，并进行协议还原，检测时间戳申请和响应消息的格式是否符合标准。

记录测试结果并对该结果是否完全符合上述测试评价指南要求作出判断。

如果以上结果全部正确，则本项满足。

4.6.3.6.2 HTTP 传输

评价内容：

见 GB/T 20520—2006 中 8.6.2 的内容。

对开发者的要求：

开发者应提供文档，针对 HTTP 传输格式进行说明。

测试评价指南：

a） 如果使用 HTTP 协议传输时间戳申请和响应消息，则本项为检测项目，否则为非检测项；

b） 使用 HTTP 协议进行时间戳申请，并获取时间戳；

c） 使用协议分析仪截取整个时间戳申请和响应的数据包，并进行协议还原，检测时间戳申请和响应消息的格式是否符合标准。

记录测试结果并对该结果是否完全符合上述测试评价指南要求作出判断。

如果以上结果全部正确，则本项满足。

4.6.3.7 时间戳格式的安全考虑

评价内容：

见 GB/T 20520—2006 中 8.7 的内容。

对开发者的要求：

开发者应提供文档，针对时间戳格式的安全考虑进行说明。

测试评价指南：

a） 检测请求方在产生 nonce 时，是否使用一次性随机数；

b） 检测请求方是否不采用局部时钟来考虑等待响应的时间；

c） 分别以不同实体身份用同样的数据和同样的散列算法申请时间戳，检测 TSA 系统的处理措施是否正确；

d） 以同一实体身份对同一对象多次申请时间戳，检测 TSA 系统和客户端的处理措施是否正确；

e） 检测 TSA 系统是否采用 nonce 域申请消息，以检查重放攻击；

f） 检测 TSA 系统是否采用局部时钟和移动的时间窗口，以检查重放攻击。

记录测试结果并对该结果是否完全符合上述测试评价指南要求作出判断。

如果以上结果全部正确，则本项满足。

4.6.4 时间戳系统的安全

4.6.4.1 可信时间源

评价内容：

见 GB/T 20520—2006 中 9.2.2 的内容。

对开发者的要求：

开发者应提供文档，针对时间戳的完整性保护措施进行说明。

测试评价指南：

a) 通过协议分析仪截取可信时间传输的网络数据包，检测是否采取完整性保护措施；

b) 篡改时间信息，检测签名系统能否发现时间信息已被篡改，检测能否向 TSA 管理者发出警报。

记录测试结果并对该结果是否完全符合上述测试评价指南要求作出判断。

如果以上结果全部正确，则本项满足。

4.6.4.2 审计

4.6.4.2.1 审计数据产生

评价内容：

见 GB/T 20520—2006 中 9.2.5.1 的内容。

对开发者的要求：

开发者应提供文档，针对审计事件进行说明。

测试评价指南：

a) 检测 TSA 的签名系统是否对以下事件产生审计记录：

   1) 审计功能的启动和结束；

   2) 表 1 中的事件。

表 1 审计事件

TSA 功能	事 件	附加信息
安全审计	所有对审计变量(如:时间间隔，审计事件的类型)的改变	
	所有删除审计记录的企图	
	对审计日志签名	数字签名，散列结果或认证码应该保存在审计日志之中
本地数据输入	所有的安全相关数据输入系统	若输入的数据与其他数据相关则须验证用户访问相关数据的权限
远程数据输入	所有被系统所接受的安全相关信息	
数据输出	所有对关键的或安全相关的信息进行输出的请求	
私钥载入	部件私钥的载入	
私钥的存储	对为私钥恢复而保存的证书主体私钥读取	
可信公钥的输入，删除和存储	所有对于可信公钥的改变(如：添加、删除)	包括公钥和与公钥相关的信息

表 1（续）

TSA 功能	事　件	附加信息
私钥和对称密钥的输出	私钥和对称密钥（包括一次性会话密钥）的输出	
时间戳申请	所有的时间戳申请请求	若申请成功，在日志中保存申请请求和产生的时间戳的拷贝； 若申请失败，在日志中保存失败原因和产生的时间戳失败响应的拷贝
部件的配置	所有的与安全相关的配置	
可信时间的获取和同步	根据可信时间源同步时间	包括如果可信时间和本地时间不匹配时，根据可信时间改变本地时间，以及同步过程中发生的所有错误

b） 对于表 1 中的每一个事件，检测审计记录是否包括以下内容：事件的日期和时间、用户、事件类型、事件是否成功，表中附加信息栏中要求的内容。

c） 检测日志记录中是否出现以下内容：明文形式的私钥、非对称密钥和其他安全相关的参数，如果出现，则此项不符合。

d） 检测每个可审计事件是否与发起该事件的系统用户身份关联。

记录测试结果并对该结果是否完全符合上述测试评价指南要求作出判断。

如果以上结果全部正确，则本项满足。

4.6.4.2.2 审计查阅

评价内容：

见 GB/T 20520—2006 中 9.2.5.2 的内容。

对开发者的要求：

开发者应提供文档，针对审计查阅进行说明。

测试评价指南：

a） 以审计员身份登录系统，尝试对审计记录进行查阅，检测是否成功查看日志信息；

b） 查看日志信息的内容是否为人所理解。

记录测试结果并对该结果是否完全符合上述测试评价指南要求作出判断。

如果以上结果全部正确，则本项满足。

4.6.4.2.3 审计事件存储

评价内容：

见 GB/T 20520—2006 中 9.2.5.3 的内容。

对开发者的要求：

开发者应提供文档，针对审计事件存储进行说明。

测试评价指南：

a） 尝试对审计记录进行非授权的修改，检测能否修改成功，能否检测出对审计记录的修改；

b） 产生大量审计记录，直至审计存储已满，检测审计功能部件能否阻止所有审计事件的发生（除非该事件是由审计员发起的）。

记录测试结果并对该结果是否完全符合上述测试评价指南要求作出判断。

如果以上结果全部正确,则本项满足。

4.6.4.2.4 可信的时间

评价内容:

见 GB/T 20520—2006 中 9.2.5.4 的内容。

对开发者的要求:

开发者应提供文档,针对审计记录的可信时间进行说明。

测试评价指南:

检测每条审计记录是否都有时间,并且检测审计记录的时间是否来源于可信时间源。

记录测试结果并对该结果是否完全符合上述测试评价指南要求作出判断。

如果以上结果全部正确,则本项满足。

4.6.4.2.5 审计日志签名

评价内容:

见 GB/T 20520—2006 中 9.2.5.5 的内容。

对开发者的要求:

开发者应提供文档,针对进行说明。

测试评价指南:

a) 检测 TSA 能否定期给审计日志加盖时间戳,并检测时间周期是否可配置;
b) 检测时间戳签名的对象是否为上次生成时间戳后加入的所有审计日志条目以及上次签名的时间戳的值;
c) 检测是否对加盖时间戳的事件进行审计,并检测审计记录中是否包含时间戳。

记录测试结果并对该结果是否完全符合上述测试评价指南要求作出判断。

如果以上结果全部正确,则本项满足。

5 综合评价

对公钥基础设施各测试项目的综合评价,见表 2 综合评价表。

表 2 综合评价表

测试项目	序号	测试子项目	综合评价
在线证书状态协议测试评价指南	4.1.1	总则	如果系统提供了在线证书状态查询功能,每一个子项目都满足相关要求,则系统满足 GB/T 19713—2005 的相关要求
	4.1.2	功能要求	
	4.1.3	安全考虑	
证书管理协议测试评价指南	4.2.1	必需的 PKI 管理功能	每一个子项目都满足相关要求,则系统满足 GB/T 19714—2005 的相关要求
	4.2.2	传输	
	4.2.3	必选的 PKI 管理消息结构	
PKI 组件最小互操作规范测试评价指南	4.3.1	PKI 组件规范	每一个子项目都满足相关要求,则系统满足 GB/T 19771—2005 的相关要求
	4.3.2	数据格式	

表 2（续）

测试项目	序号	测试子项目	综合评价
数字证书格式测试评价指南	4.4.1	基本证书域的数据结构	每一个子项目都满足相关要求，则系统满足 GB/T 20518—2006 的相关要求
	4.4.2	TBSCertificate 及其数据结构	
	4.4.3	证书扩展项	此子项目不作为判断系统是否满足的条件
特定权限管理中心技术规范测试评价指南	4.5.1	系统相关协议	如果系统提供了特定权限管理中心功能，每一个子项目都满足相关要求，则系统满足 GB/T 20519—2006 的相关要求
	4.5.2	PMI/AA 的安全实施	
	4.5.3	属性证书格式	
时间戳规范测试评价指南	4.6.1	时间戳的产生和颁发	如果系统提供了时间戳功能，每一个子项目都满足相关要求，则系统满足 GB/T 20520—2006 的相关要求
	4.6.2	时间戳的管理	
	4.6.3	时间戳的格式	
	4.6.4	时间戳系统的安全	

所有测试项目的汇总表参见附录 A 中的表 A.1 测试项目总表。

6 公钥基础设施测试环境示例

一个最基本的公钥基础设施一般由以下五个组件组成：

a) CA 负责生成、撤销、公布和存档证书的权威机构；

b) RA 是为用户办理证书申请、身份审核、证书下载、证书更新、证书注销以及密钥恢复等实际业务的办事机构或业务受理点；

c) 终端实体是不以签署证书为目的而使用其私钥的证书主体或者是依赖(证书)方；

d) 证书资料库存储证书和 CRL 等信息的数据库，并提供无需验证的信息检索服务；

e) 密码服务器是生成、存储密钥对并进行密码运算的专门设备。

此外，一个完整的 PKI 系统还可能包括时间戳服务器、特定权限管理中心、在线证书状态查询模块等。不同的 PKI 系统包含的组件不同，因此结构也不同。

图 1 给出了公钥基础设施测试环境网络结构图的一个示例。在实际的测试评价活动中，评价者应根据开发者提供的文档和组件搭建合适的测试环境。

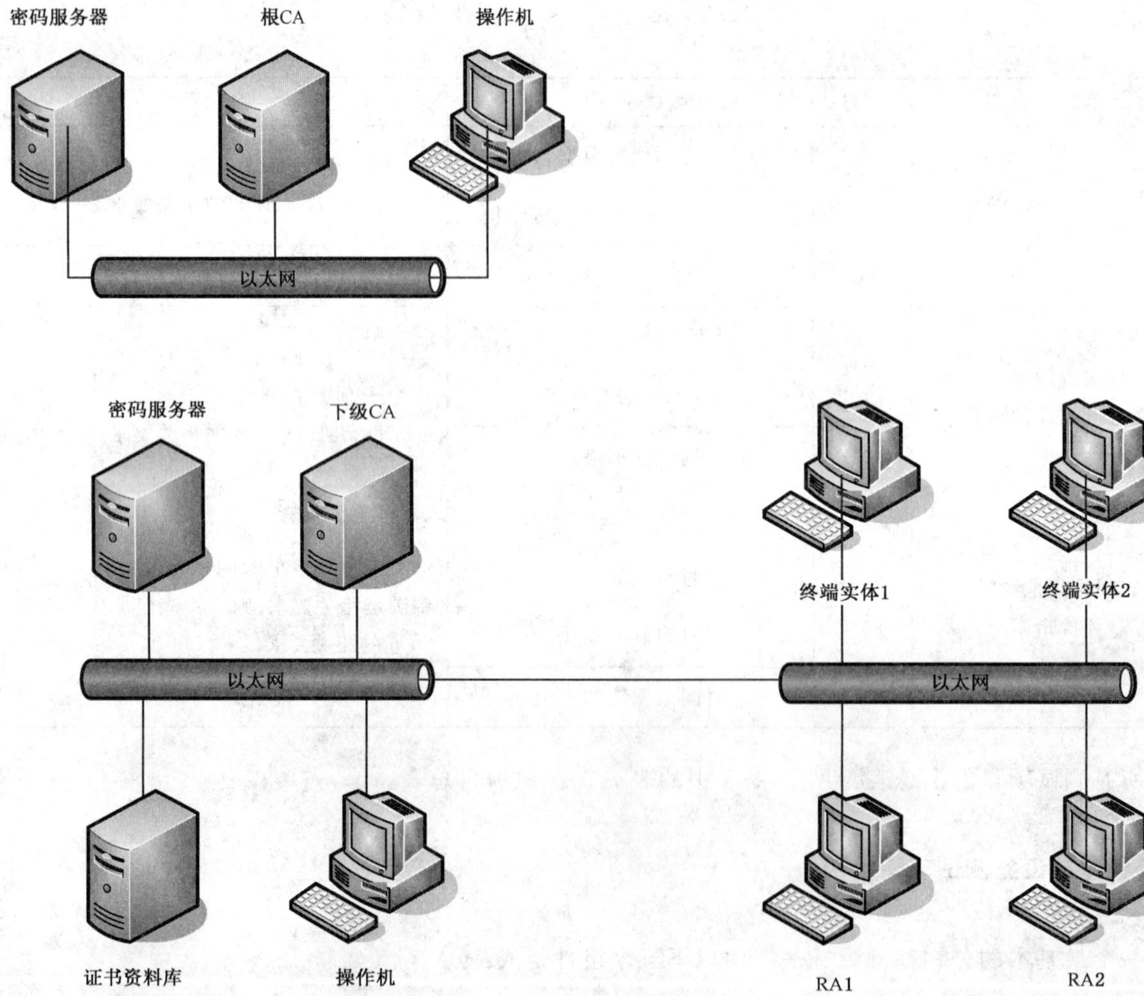

图 1 测试环境网络结构图

附 录 A
（资料性附录）
测试项目总表

所有测试项目的汇总参见表A.1。

表A.1 测试项目总表

序号	测试项目			
1	4.1 在线证书状态协议测试评价指南	4.1.1 总则	4.1.1.1 请求	
2			4.1.1.2 响应	
3			4.1.1.3 异常情况	
4			4.1.1.4 thisUpdate、nextUpdate 和 producedAt 的语义	
5			4.1.1.5 OCSP 签名机构的委托	
6			4.1.1.6 CA 密钥泄露	
7		4.1.2 功能要求	4.1.2.1 证书内容	
8			4.1.2.2 签名响应的接收要求	
9			4.1.3 安全考虑	
10	4.2 证书管理协议测试评价指南	4.2.1 必需的 PKI 管理功能	4.2.1.1 根 CA 初始化	
11			4.2.1.2 根 CA 密钥更新	
12			4.2.1.3 下级 CA 初始化	
13			4.2.1.4 CRL 产生	
14			4.2.1.5 PKI 信息请求	
15			4.2.1.6 交叉认证	
16			4.2.1.7 终端实体初始化	4.2.1.7.1 获得 PKI 信息
17				4.2.1.7.2 根 CA 密钥的带外验证
18			4.2.1.8 证书请求	
19			4.2.1.9 密钥更新	
20		4.2.2 传输		
21		4.2.3 必选的 PKI 管理消息结构	4.2.3.1 初始的注册/认证（基本认证方案）	
22			4.2.3.2 证书请求	
23			4.2.3.3 密钥更新请求	
24	4.3 PKI 组件最小互操作规范测试评价指南	4.3.1 PKI 组件规范	4.3.1.1 证书认证机构（CA）	4.3.1.1.1 颁发数字签名证书
25				4.3.1.1.2 颁发加密证书
26				4.3.1.1.3 交叉认证
27				4.3.1.1.4 撤销证书
28				4.3.1.1.5 请求 CA 证书
29			4.3.1.2 注册机构（RA）	

表 A.1（续）

序号	测试项目			
30	4.3 PKI组件最小互操作规范测试评价指南	4.3.1 PKI组件规范	4.3.1.3 证书持有者规范	
31			4.3.1.4 客户规范	
32		4.3.2 数据格式	4.3.2.1 证书撤销列表	
33			4.3.2.2 事务消息格式	4.3.2.2.1 全体 PKI 消息组件
34				4.3.2.2.2 通用数据结构
35				4.3.2.2.3 特殊操作的数据结构
36			4.3.2.3 PKI 事务	4.3.2.3.1 RA 发起的注册请求
37				4.3.2.3.2 新实体的自我注册请求
38				4.3.2.3.3 已知实体的自我注册请求
39				4.3.2.3.4 证书更新
40				4.3.2.3.5 PKCS＃10 自我注册请求
41				4.3.2.3.6 撤销请求
42				4.3.2.3.7 集中产生密钥对和密钥管理证书申请
43				4.3.2.3.8 组合证书申请
44	4.4 数字证书格式测试评价指南	4.4.1 基本证书域的数据结构		
45		4.4.2 TBSCertificate 及其数据结构	4.4.2.1 版本 version	
46			4.4.2.2 序列号 serial number	
47			4.4.2.3 签名算法 signature	
48			4.4.2.4 颁发者 issuer	
49			4.4.2.5 有效期 validity	
50			4.4.2.6 主体 subject	
51			4.4.2.7 主体公钥信息 Subject Public Key Info	
52			4.4.2.8 颁发者唯一标识符 IssuerUniqueID	
53			4.4.2.9 主体唯一标识符 SubjectUniqueID	
54		4.4.3 证书扩展项	4.4.3.1 标准扩展	
55			4.4.3.2 专用因特网扩展	
56	4.5 特定权限管理中心技术规范测试评价指南	4.5.1 系统相关协议	4.5.1.1 代理点 PA 与属性注册机构 ARA 间的通信协议	4.5.1.1.1 功能支持
57				4.5.1.1.2 PA 与 ARA 之间的认证机制
58				4.5.1.1.3 PA 数据签名
59			4.5.1.2 属性注册机构 ARA 与属性授权机构 AA 间的通信协议	
60			4.5.1.3 属性授权机构 AA 与认证机构源 SOA 间的通信协议	
61		4.5.2 PMI/AA 的安全实施	4.5.2.1 证书撤销安全	
62			4.5.2.2 算法强度安全	
63			4.5.2.3 身份标识安全	
64			4.5.2.4 LDAP 服务访问安全	
65			4.5.2.5 属性内容安全	
66		4.5.3 属性证书格式		

表 A.1（续）

序号	测 试 项 目			
67	4.6 时间戳规范测试评价指南	4.6.1 时间戳的产生和颁发	4.6.1.1 申请和颁发方式	
68			4.6.1.2 可信时间的产生方法	
69			4.6.1.3 时间的同步	
70			4.6.1.4 申请和颁发过程	
71		4.6.2 时间戳的管理	4.6.2.1 时间戳的保存	4.6.2.1.1 在 TSA 方的保存
72				4.6.2.1.2 在用户方的保存
73			4.6.2.2 时间戳的备份	
74			4.6.2.3 时间戳的检索	
75			4.6.2.4 时间戳的删除和销毁	4.6.2.4.1 时间戳的删除
76				4.6.2.4.2 时间戳的销毁
77			4.6.2.5 时间戳的查看和验证	4.6.2.5.1 时间戳的查看
78				4.6.2.5.2 时间戳的验证
79		4.6.3 时间戳的格式	4.6.3.1 对 TSA 的要求	
80			4.6.3.2 密钥标识	
81			4.6.3.3 时间的表示格式	
82			4.6.3.4 时间戳申请和响应消息格式	4.6.3.4.1 申请消息格式
83				4.6.3.4.2 响应消息格式
84			4.6.3.5 保存文件	
85			4.6.3.6 所用 MIME 对象定义	4.6.3.6.1 电子邮件传输
86				4.6.3.6.2 HTTP 传输
87			4.6.3.7 时间戳格式的安全考虑	
88		4.6.4 时间戳系统的安全	4.6.4.1 可信时间源	
89			4.6.4.2 审计	4.6.4.2.1 审计数据产生
90				4.6.4.2.2 审计查阅
91				4.6.4.2.3 审计事件存储
92				4.6.4.2.4 可信的时间
93				4.6.4.2.5 审计日志签名

ICS 35.040
L 80

中华人民共和国国家标准

GB/T 30273—2013

信息安全技术
信息系统安全保障通用评估指南

Information security technology—Common methodology for information systems security assurance evaluation

2013-12-31 发布　　2014-07-15 实施

中华人民共和国国家质量监督检验检疫总局
中国国家标准化管理委员会　发布

前 言

本标准按照 GB/T 1.1—2009 给出的规则起草。

本标准由全国信息安全标准化技术委员会(SAC/TC 260)提出并归口。

本标准主要起草单位:中国信息安全测评中心、华北计算技术研究所、中国信息安全测评中心华中测评中心。

本标准主要起草人:江常青、张利、姚轶崭、佟鑫、班晓芳、翁正军、王鸿娴。

引　　言

本标准是 GB/T 20274 系列标准《信息安全技术　信息系统安全保障评估框架》的配套指南文件。

本标准的目标读者是采用 GB/T 20274 系列标准对信息系统进行安全性评估的评估者以及评估申请者、开发者、ISPP/ISST 编制者。

信息安全技术
信息系统安全保障通用评估指南

1 范围

本标准描述了评估者在使用GB/T 20274系列标准所定义的准则进行评估时需要完成的评估活动,为评估者在具体评估活动中的评估行为和活动提供指南。

本标准适用于采用GB/T 20274系列标准对信息系统进行安全性的评估和对ISPP/ISST的评估。

2 规范性引用文件

下列文件对于本文件的应用是必不可少的。凡是注日期的引用文件,仅注日期的版本适用于本文件。凡是不注日期的引用文件,其最新版本(包括所有的修改单)适用于本文件。

GB/T 20274.1—2006 信息安全技术 信息系统安全保障评估框架 第1部分:简介和一般模型

GB/T 20274.2—2008 信息安全技术 信息系统安全保障评估框架 第2部分:技术保障

GB/T 20274.3—2008 信息安全技术 信息系统安全保障评估框架 第3部分:管理保障

GB/T 20274.4—2008 信息安全技术 信息系统安全保障评估框架 第4部分:工程保障

3 术语和定义

下列术语和定义适用于本文件。

3.1

核查 check

评估者采用简单比较形成一个裁决。

注:使用此动词的语句描述了需要核查的内容。

3.2

评估交付件 evalution deliverable

评估者为执行一个或多个评估活动所必需的,来自申请者或开发者的任何资源。

3.3

评估证据 evaluation evidence

有形的评估交付件。

3.4

评估报告 evaluation technical report

由评估者编写的以文档形式记录总体裁决及其理由的报告。

3.5

检查 examination

评估者采用专业技能分析形成一个裁决。

注:使用此动词的语句表明哪些是需要分析的以及什么样的性质需要分析。

3.6

解释 interpretation

对标准内容的一种澄清或详述。

3.7

方法论　methodology

用于安全评估的原则、程序和过程。

3.8

总体裁决　overall verdict

评估者关于评估结果是通过还是不通过的决定。

3.9

记录　record

足够详细地记载程序、事件、观察结果、所了解事项和结果的一个书面描述，以使得评估过程中执行的工作能够在以后重建。

3.10

报告　reporting

将评估结果和支持性材料编写到评估报告或测试/核查报告中。

3.11

体制　scheme

由评估机构制定的执行评估行为的一套准则、规范和方法。

3.12

测试　testing

通过对评估对象按照预定的方法/工具使其产生特定的行为，获取证据以证明被测对象安全保障措施是否有效的一种方法。

3.13

评估对象　target of evaluation

指信息系统，是用于采集、处理、存储、传输、分发和部署信息的整个基础设施、组织结构、人员等的总和。

3.14

裁决　verdict

评估者发布一个关于工作单元、评估行为或评估活动是通过、不通过，还是待定的决定。

3.15

工作单元　work unit

评估工作的最基本行为。

注：与 GB/T 20274.2—2008、GB/T 20274.3—2008 和 GB/T 20274.4—2008 保障组件有关。每个评估行为由一个或多个工作单元组成，这些工作单元又按保障组件进行分组。

4　符号和缩略语

下列缩略语适用于本文件：

ISAL：信息系统保障级(Information System Assurance Level)

ISPP：信息系统保护轮廓(Information System Protection Profile)

ISST：信息系统安全目标(Information System Security Target)

IT：信息技术(Information Technology)

SOF：功能强度(Strength of Function)

SF：安全功能(Security Function)

SFP：安全功能策略(Security Function Policy)

TOE：评估对象(Target of Evaluation)

TSC：TSF 控制范围(TSF Scope of Control)

TSF：TOE 安全功能(TOE Security Functions)

TSP：TOE 安全策略(TOE Security Policy)

5 概述

5.1 GB/T 20274 系列标准和本标准结构之间的关系

GB/T 20274 系列标准和本标准的结构之间有直接的关系，图 1 表明 GB/T 20274 系列标准类、子类、组件的结构与本标准活动、评估行为和工作单元之间的对应关系。

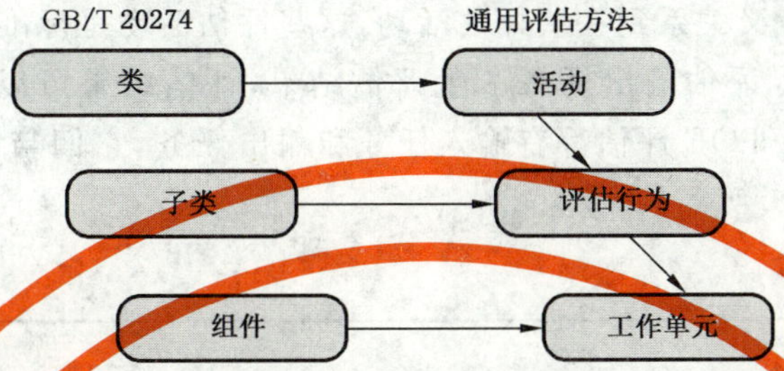

图 1 GB/T 20274 系列标准和本标准结构之间的对应关系

5.2 评估裁决

评估者根据 GB/T 20274 系列标准以及依据其产生的 ISPP 和 ISST 的要求而不是本标准的要求给予裁决，给予裁决的最小结构是组件。作为执行相应评估行为及其组成工作单元的结果，每个适用的 GB/T 20274 系列标准组件都会被赋予一个裁决。

在规范的评估中，本标准认可三种裁决结果：

裁决结果为“通过”，如果评估者完成了本标准评估工作单元并确定关于经受评估的 ISPP、ISST 或 TOE 的要求都已满足；

裁决结果为“待定”，如果评估者未完成本标准评估工作单元；

裁决结果为“不通过”，如果评估者完成了本标准评估工作单元并确定关于经受评估的 ISPP、ISST 或 TOE 的要求未满足。

当且仅当所有工作单元裁决都为“通过”，总体裁决才为“通过”。在图 2 所示的示例中，如果一个评估工作单元的裁决为“不通过”，则相应评估行为、评估活动的裁决和最终裁决都为“不通过”。

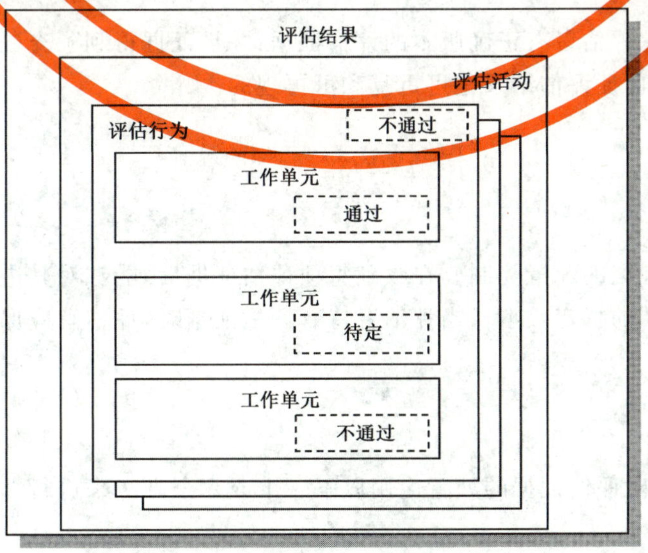

图 2 裁决规则示例

6 通用评估模型

6.1 评估模型概述

一般地，一个评估工作应包括评估输入任务、评估活动和评估输出任务3个部分内容，如图3所示。评估输入任务是评估者在接收到评估证据之后，进行的评估证据管理。评估证据可以随着评估类型的不同而变化。同时，每项任务又关系到一些评估活动，这些评估活动是标准化的，包括ISPP评估、ISST评估和TOE评估三种类型。评估输出任务产生评估结果，评估结果可以是评估报告或测试/核查报告。ISPP评估、ISST评估和TOE评估都有输入任务和输出任务，它们与评估证据的管理和评估报告的生成有关。

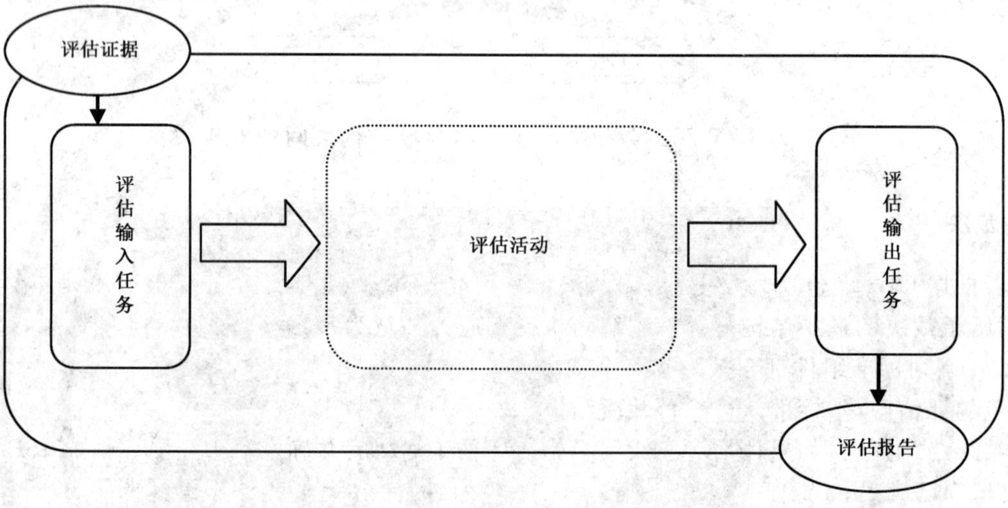

图3 通用评估模型

6.2 评估输入任务

6.2.1 目的

评估输入任务是确保评估者有正确版本的评估证据，并且证据得到了充分地保护。否则，就不能保证评估的准确性，也不能保证评估结果是可重复和可再现的。

6.2.2 评估证据的管理

6.2.2.1 配置控制

评估者应执行评估证据的配置控制。在收到每项评估证据后，能够对其进行标识和定位，并且能够确定评估者是否拥有文档的特定版本。当评估者持有评估证据时，评估者应保护评估证据，防止证据被变更或丢失。

6.2.2.2 证据处置

在完成总体裁决后，对评估证据的处置应用以下一个或几个方法来进行：

a) 归还评估证据；

b) 存档评估证据；

c) 销毁评估证据。

6.2.2.3 保密性

在评估过程中,评估者可能接触到申请者和开发者的一些商业性敏感信息(例如 TOE 设计信息、专门工具),还可能接触到一些政府敏感信息。评估者应维护评估证据的保密性。申请者和评估者可以互相协商一些附加要求(例如保密协议),只要这些要求和该评估体制协调一致。

保密性要求可能会影响评估工作的许多方面,包括对评估证据的接收、处理、存储和处置。

6.3 评估活动

评估活动是评估者根据评估证据判断信息系统是否满足信息系统安全保障措施要求和安全保障级要求的一系列活动。本标准的第 8 章介绍了执行 ISPP 评估必需的评估活动;第 9 章介绍了了执行 ISST 评估必需的评估活动;第 10 章介绍了对安全保障措施评估所需的评估活动;第 11 章介绍了评估 ISAL1 至 ISAL5 所需的评估活动。

6.4 评估输出任务

6.4.1 目的

评估者应执行以下两个任务:

a) 编写测试/核查报告(根据评估工作需要);

b) 编写评估报告。

评估活动可能还需要额外的评估报告。本标准只规定了报告所需最少的内容,并不排除在这些报告中加入其他附加信息。

6.4.2 编写测试/核查报告

测试/核查报告为评估者提供证据,用来澄清或识别评估中的某些问题。

测试/核查报告应包含以下信息:

a) 被评估的 ISPP/ISST 或 TOE 的标识;

b) 在哪一个评估任务/活动期间产生了测试/核查项;

c) 测试/核查的方法与内容;

d) 问题严重程度估计;

e) 整改建议。

测试/核查报告的预期读者和处理报告的程序取决于报告内容的性质和评估体制。评估体制可根据所要求的信息和分发的不同,区分测试/核查报告的不同类型,或者定义附加类型。

6.4.3 编写评估报告

6.4.3.1 目的

评估者应提供评估报告,用来描述总体裁决的依据。

本标准定义了评估报告的最少内容要求,但评估体制可以提出附加的内容、特定的陈述和结构要求。例如,可以要求评估报告中包含某些介绍性材料(例如免责声明和版权声明条款)。

6.4.3.2 ISPP/ISST 评估报告

6.4.3.2.1 概述

ISPP/ISST 评估报告所需要的最少内容如图 4 所示。在构建评估报告文档的结构大纲时,该图可以用作指南。

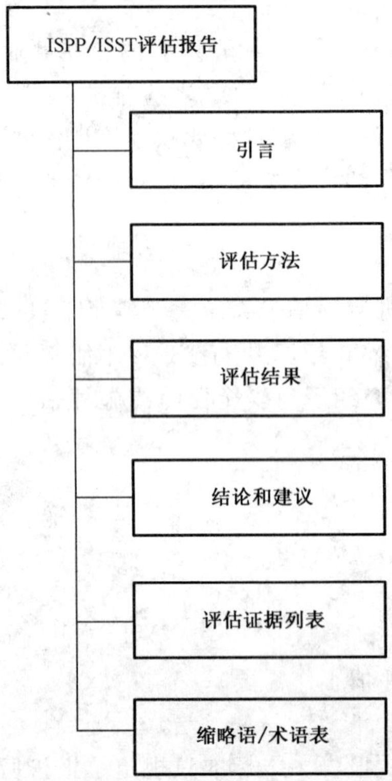

图 4 ISPP/ISST 评估报告信息内容

评估者**应报告**评估体制的标识符。评估体制标识符(例如标志)是明确地标识负责评估机构的信息。

评估者**应报告**评估报告的配置控制标识符。评估报告的配置控制标识符包含标识评估报告的信息(例如名称、日期、版本号)。

评估者**应报告** ISPP/ISST 配置控制标识符(例如名称、日期、版本号),以标识出哪一个 ISPP/ISST 正在被评估。

评估者**应报告**开发者的身份,以标识出谁负责产生该 ISPP/ISST。

评估者**应报告**申请者的身份,以标识出谁负责向评估者提供评估证据。

评估者**应报告**评估者的身份,以标识出谁执行评估并且对评估裁决负责。

6.4.3.2.2 评估方法

评估者**应报告**所使用的评估方法、技术、工具和标准。评估者可以注明在评估 ISPP/ISST 时所使用的评估准则、方法和解释。

评估者**应报告**所有对评估结果有影响的假设和限制。

评估者可在报告中加入与法律法规、组织机构、保密性等相关的信息。

6.4.3.2.3 评估结果

评估者应针对组成 ISPP 评估活动中的每个评估行为,给出所做的裁决结果和支持裁决结果的基本原则,作为执行相应评估行为和评估活动的结果。

注:基本原则应使用 GB/T 20274 系列标准、解释说明和已确认过的评估证据来证明评估裁决是正确的,并指出评估证据如何满足或不满足评估标准的每个方面。基本原则包括对所做工作、所使用方法以及结果推导的描述。

6.4.3.2.4 结论和建议

评估者**应报告**评估的结论。

评估者应提供一些对申请者、开发者可能有用的建议。这些建议可以包括在评估期间发现的 ISPP 的缺陷。

6.4.3.2.5 评估证据列表

评估者**应报告**每项评估证据的以下信息：

a) 评估证据提供者(例如开发者、申请者)；

b) 标题；

c) 唯一索引(例如发布日期、版本号)。

6.4.3.2.6 缩略语/术语表

评估者**应报告**评估报告中使用的所有缩略语或缩写词。

已由 GB/T 20274 系列标准或本标准定义的术语在评估报告中不需要重复。

6.4.3.3 TOE 评估报告

6.4.3.3.1 概述

本条描述 TOE 评估报告所需要的最少内容。TOE 评估报告的内容如图 5 所示；在构建评估报告文档的结构大纲时，该图可以用作指南。

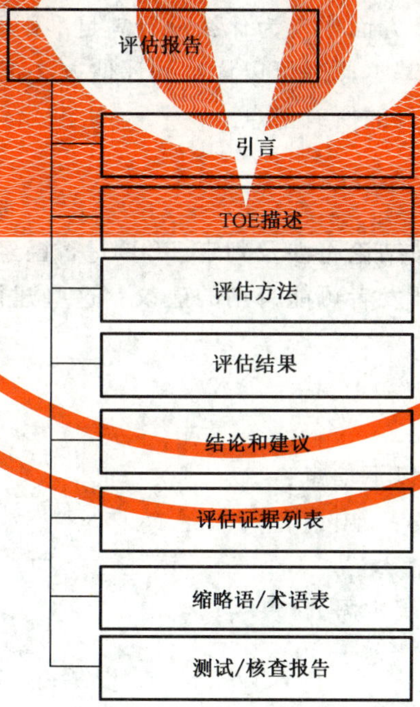

图 5 TOE 评估报告信息内容

评估者**应报告**评估体制的标识符(例如标志)，以明确地标识负责评估机构的信息。

评估者**应报告**评估报告的配置控制标识符，包含有标识评估报告的信息(例如名称、日期和版本号)。

评估者**应报告** TOE 配置控制标识符，以标识出哪些正在被评估。

如果 ISST 声明 TOE 遵从一个或几个 ISPP 的要求，则评估报告应声明所遵从的 ISPP。

ISPP 引言中应含有能唯一地标识出 ISPP 的信息(例如标题、日期、版本号)。

评估者**应报告**开发者的身份,以标识出谁负责产生该 TOE。

评估者**应报告**申请者的身份,以标识出谁负责向评估者提供评估证据。

评估者**应报告**评估者的身份,以标识出谁执行评估并且对评估裁决负责。

6.4.3.3.2 TOE 描述

评估者**应报告** TOE 描述,包括信息系统描述、信息系统技术、管理和业务体系的详细描述。

6.4.3.3.3 评估方法

评估者**应报告**所使用的评估方法、技术、工具和标准。

评估者可以注明在评估 TOE 时所使用的评估准则、方法和解释,注明在执行测试时所使用的设备。

评估者**应报告**所有对评估结果有影响的假设和限制。

评估者可在报告中加入与法律法规、组织机构、保密性等相关的信息。

6.4.3.3.4 评估结果

对于每个 TOE 评估活动,评估者应报告:

a) 评估活动名称;

b) 对组成该活动的每个评估行为所做的裁决和支持性基本原理,作为执行相应评估行为及其组成工作单元的结果。

基本原理应使用 GB/T 20274 系列标准、解释说明和已检查过的评估证据来证明评估裁决是正确的,并指出证据如何满足准则的每个方面或者为什么没有满足准则要求。基本原理包括对所做工作、所使用方法以及结果推导等的描述。基本原理可以详细到评估方法工作单元这种程度。

评估者**应报告**工作单元明确需要的所有信息。

6.4.3.3.5 结论和建议

评估者**应报告**评估的结论,评估结论将涉及判定 TOE 是否已经满足其相关 ISST。

评估者应提供一些对申请者、开发者可能有用的建议。这些建议可以包括在评估期间发现的信息系统的缺陷。

6.4.3.3.6 评估证据列表

评估者**应报告**每项评估证据的以下信息:

a) 评估证据提供者(例如开发者、申请者);

b) 标题;

c) 唯一索引(例如发布日期、版本号)。

6.4.3.3.7 缩略语/术语表

评估者**应报告**评估报告中使用的所有缩略语或缩写词。

已由 GB/T 20274 系列标准或本标准定义的术语在评估报告中不需要重复。

6.4.3.3.8 测试/核查报告

评估者**应报告**在评估期间产生的并能够唯一标识测试/核查报告及其状态的完整列表。该列表应包含测试/核查报告的标识符、标题或其内容的摘要。

7 信息系统保护轮廓评估

7.1 概述

每一个 ISPP 评估的要求和方法都是相同的,不考虑 ISPP 中提出的 ISAL。

7.2 目的

ISPP 的评估方法建立在 GB/T 20274.1—2006 附录 A 中 ISPP 内容的基础上。

ISPP 定义了某种类型信息系统与实现无关的一组系统级安全保障要求。在 ISPP 的描述中,应确定其安全保障要求。安全保障要求应能执行已定义的组织安全策略,并能对抗限定前提下确定的安全威胁。

ISPP 的评估是为了确定 ISPP 是否是:

a) 完备的:安全要求应能对抗每个被确定的安全威胁,并实现所有的组织安全策略;
b) 合理的:针对被确定的安全威胁和组织安全策略,所述安全保障要求是合适的;
c) 连贯的:ISPP 应是连贯的;
d) 一致的:ISPP 应是内在一致的。

7.3 评估相关要求

完备的 ISPP 评估应包括以下活动:

a) 评估输入任务;
b) ISPP 评估活动,包含以下活动:
   1) ISPP 引言的评估;
   2) 安全环境的评估;
   3) 信息系统描述的评估;
   4) 安全保障目的的评估;
   5) 安全保障要求的评估;
   6) 符合性声明的评估。
c) 评估输出任务。

7.4 评估活动

7.4.1 ISSP 引言的评估

7.4.1.1 目的

本条的目的是确定 ISPP 引言是否完整并与 ISPP 的其他部分是否保持一致,以及是否正确标识了 ISPP。

7.4.1.2 输入

ISPP 文档。

7.4.1.3 评估行为

工作单元 1:ISPP 标识

评估者**应核查** ISPP 引言,是否提供了必要的标识信息以识别、注册和交叉引用 ISPP。

评估者应确定 ISPP 标识信息包括:

a) 控制和唯一标识 ISPP 的必要信息(例如 ISPP 标题、版本号、出版日期、作者和申请机构);
b) 用于开发 ISPP 的 GB/T 20274 系列标准版本信息;
c) 注册信息,如果 ISPP 在评估前已注册;
d) 交叉引用,如果 ISPP 与其他 ISPP(s)有关联;
e) 评估体制要求的其他信息。

工作单元 2:ISPP 概述

评估者**应核查** ISPP 引言,是否以叙述形式提供了 ISPP 概述。

ISPP 概述应为 ISPP 内容提供概要描述(更详细的描述在信息系统描述中提供),且应详细到能使 ISPP 的使用者确定 ISPP 是否是他所需要的。

工作单元 3:连贯性

评估者**应检查** ISPP 引言,以确定它是连贯的。

如果 ISPP 引言的正文和陈述结构能为其目标读者理解,那么 ISPP 引言就是连贯的。

工作单元 4:一致性

a) 评估者**应检查** ISPP 引言,以确定它是内在一致的:
ISPP 概述应为 ISPP 内容提供概要描述,因此有关内在一致性分析会集中在 ISPP 概述上。
一致性分析指南见附录 A.1。
b) 评估者**应检查** ISPP 引言,以确定 ISPP 引言与 ISPP 的其他部分是一致的:
评估者应确定 ISPP 概述提供了 TOE 描述的精确概括。评估者特别应确定 ISPP 概述与信息系统描述是一致的,且没有陈述或暗示存在评估范围之外的安全特征;
评估者还应确定 GB/T 20274 系列标准一致性声明与 ISPP 的其他部分一致。
一致性分析指南见附录 A.1。

7.4.2 信息系统描述的评估

7.4.2.1 目的

本条的目的是确定信息系统描述是否包含了有助于理解 TOE 的相关信息,确定该描述是否是完备的和一致的。

ISPP 中的信息系统描述部分可以帮助了解评估对象的安全保障要求。在信息系统安全保障评估框架中,评估对象是信息系统整体或信息系统技术、工程和管理领域。无论是信息系统整体还是信息系统某一领域,在评估对象描述中都应先给出整个信息系统的完整描述,然后再对评估对象作进一步描述。

评估对象的描述提供了用于评估的背景。在评估对象描述中给出的信息将用于在评估过程中识别不一致的地方。由于一般不指明特定的实现,因此描述的评估对象特性可能是假设的。评估对象描述的具体内容可参考 GB/T 20274.1 的附录内容。

7.4.2.2 输入

ISPP 文档。

7.4.2.3 评估行为

工作单元 1:系统使命描述

评估者**应检查**信息系统描述,以确定它描述了信息系统的使命。

工作单元 2:信息系统概述

评估者**应检查**信息系统描述,以确定它对信息系统进行了整体描述:

a) 评估者应确定信息系统描述是否给出了对信息系统的标识的描述；

b) 评估者应确定信息系统描述是否给出了对信息系统环境的描述；

c) 评估者应确定信息系统描述是否给出了对信息系统评估边界和接口的描述；

d) 评估者应确定信息系统描述是否给出了信息系统安全域的描述。

工作单元 3:信息系统详细描述

评估者**应确定**信息系统描述是否对包含在信息系统中的评估对象进行了进一步描述：

a) 评估者应确定信息系统描述中是否包含了对信息系统技术体系的描述,应检查信息系统描述中是否包含对信息系统适用的技术标准、网络基础设施、技术应用等方面的描述；

b) 评估者应确定信息系统描述中是否包含了对信息系统管理体系的描述,应检查信息系统描述中是否包含对组织机构、管理制度及法规、系统资产等方面的描述；

c) 评估者应检查信息系统描述中是否包含了对信息系统业务体系的描述,应检查信息系统描述中是否包含对主要业务应用、业务流程和业务信息流等方面的描述。

工作单元 4:连贯性

评估者**应检查** ISPP,以确定信息系统描述是连贯的。如果信息系统描述的陈述结构和正文能为 TOE 的目标读者(即评估者和用户)理解的话,信息系统描述就是连贯的。

工作单元 5:一致性

a) 评估者**应检查** ISPP,以确定 TOE 的描述是内在一致的。

评估者应注意,ISPP 的这一节仅用于定义 TOE 的目的。

一致性分析指南见附录 A.1。

b) 评估者**应检查** ISPP,以确定信息系统描述与 ISPP 的其他部分是一致的。

评估者尤其应确定信息系统描述不包括那些评估范围以外的安全威胁、安全特征或 TOE 的配置。

一致性分析指南见附录 A.1。

7.4.3 安全环境的评估

7.4.3.1 目的

本条的目的是确定在 ISPP 中安全环境的陈述是否为有关 TOE 及其预期应用环境的安全问题提供了清晰、一致的定义。

7.4.3.2 输入

ISPP 文档。

7.4.3.3 评估行为

工作单元 1:假设

评估者**应检查**安全环境的陈述,以确定它标明并解释了所有假设。这些假设可以分成 TOE 预期使用方面的假设和 TOE 使用环境方面的假设。

a) 评估者应确定 TOE 预期使用的假设阐明了 TOE 预期使用的各个方面,如:TOE 预期应用,需要 TOE 保护的资产的潜在价值,以及使用 TOE 可能存在的限制。

b) 评估者应确定 ISPP 中对 TOE 预期使用的所有假设都进行了详细解释,以保证用户确定其预期使用与这些假设相匹配。

评估者确定 TOE 使用环境的假设包括物理、人员、连接性方面：

1) 物理方面:包括为了使 TOE 以安全方式行使其功能,而对 TOE 的物理位置或附加的外围设施而做的所有假设。

例如：假设管理员控制台严格限制在管理员个人范围内；假设 TOE 所有文件的存储只能在 TOE 运行的工作站上进行。

2） 人员方面：包括为了使 TOE 以安全方式行使其功能，而对在安全环境内的用户和 TOE 管理员，或其他个人（包括具有潜在威胁的主体）所做的所有假设。

例如：假设用户具有特殊技能或专门技术；或用户具有确定的最小权限；管理员每月更新防病毒数据库。

3） 连接性方面：包括为了使 TOE 以安全方式行使其功能，而对 TOE 与其他信息系统或产品（硬件、软件、固件或它们的组合）之间连接的所有假设。

例如：假设存储 TOE 产生的日志文件至少需要 100 MB 的外部磁盘空间；假设 TOE 是在特定工作站上运行的唯一的非操作系统应用程序；假设 TOE 的软驱是禁用的；假设 TOE 不会连接到任何不可信的网络。

工作单元 2：威胁

评估者**应确定** TOE 使用环境的所有假设都得到详细的解释，使用户能够确定他们的预期环境与假设环境相匹配。

a） 如果没有清楚地理解这些假设，最终可能导致 TOE 在不能安全行使其功能的环境中使用。评估者应检查安全环境的陈述，以确定所有威胁都被标识并得以解释。

b） 如果 TOE 和其环境安全目的只源于组织的安全策略和假设，那么 ISPP 中就可以不含安全威胁陈述，如果 ISPP 不包括安全威胁陈述，则该工作单元不适用，并视为满足。

c） 评估者应确定所有已标识的安全威胁都用已标识安全威胁主体、攻击和攻击的资产的术语进行了清楚的解释。

d） 评估者还应确定安全威胁主体可在专业技术、可用资源和动机等方面具有表征，攻击可在攻击方法、可利用的脆弱性和时机等方面具有表征。

工作单元 3：组织安全策略

评估者**应检查**安全环境陈述，以确定它标识并解释了所有组织安全策略。

如果 TOE 及其环境的安全目的只源于假设和威胁，那么 ISPP 中就可以不包含组织安全策略。如果 ISPP 中不包含组织安全策略陈述，则该工作单元不适用，并视为满足。

a） 评估者应确定组织安全策略陈述是否遵循 TOE 及其环境的应遵守的规则、惯例或指南，这些规则、惯例或指南是由控制 TOE 使用环境的组织制定的。例如，组织安全策略可能要求口令生成和加密应符合国家政府制定的标准。

b） 评估者应确定 ISPP 中对所有组织安全策略都进行了详细解释，以便读者能够清晰的理解以及在允许跟踪安全目的时，应对安全策略进行清楚表述。

工作单元 4：连贯性

评估者**应检查**安全环境的陈述，以确定它是连贯的。如果安全环境描述的结构和正文能为 TOE 的目标读者（即评估者和用户）理解的话，安全环境描述就是连贯的。

工作单元 5：一致性

评估者**应检查**安全环境的表述，以确定它是内在一致的。

表征安全环境内在不一致性的示例：

a） 安全环境的表述包含这样一种威胁，其攻击方法不在威胁主体的能力范围内；

b） 安全环境的表述包含“TOE 不与因特网相连”这样的组织安全策略，其威胁主体是来自因特网的入侵者的威胁。

一致性分析指南见附录 A.1。

7.4.4 安全保障目的的评估

7.4.4.1 目的

本条的目的是确定安全目的的描述是否完整和一致，并确定安全目的是否能对抗已标识的威胁，达到确定的组织安全策略并遵循规定的假设。

7.4.4.2 输入

ISPP 文档。

7.4.4.3 评估行为

工作单元 1:安全环境

评估者**应检查**安全保障目的陈述,确认其是否定义了 TOE 及其环境的安全保障目的。评估者应确定是否明确地说明每个安全保障目的的适用对象。

工作单元 2:连贯性

评估者**应检查**安全保障目的的表述,以确定它是连贯的。

如果安全保障目的的正文和陈述结构能为其目标读者(如评估者和用户)所理解,那么安全保障目的的表述就是连贯的。

工作单元 3:完备性

评估者**应检查**安全保障目的的表述,以确定它是完备的。

如果安全保障目的足以对抗所有已标识的安全威胁,并能覆盖所有已标识的组织安全策略和假设,那么安全保障目的是完备的。

工作单元 4:一致性

评估者**应检查**安全保障目的的表述,以确定它是内在一致的。

如果安全保障目的之间不相冲突,安全保障目的表述就是内在一致的。有这样一个冲突的例子:两个安全保障目的,一个是"用户身份信息永远不会被发布",另一个则是"其他用户可以获得该用户的身份信息"。

一致性分析指南见附录 A.1。

7.4.5 安全保障要求的评估

7.4.5.1 目的

本条的目的是确定安全保障要求(包括信息系统安全保障技术要求、信息系统安全保障管理要求、信息系统安全保障工程要求)是否完整和一致,并为信息系统的建设提供充分的依据,以达到其安全保障目的。

7.4.5.2 输入

ISPP 文档。

7.4.5.3 评估行为

工作单元 1:概要描述

评估者**应核查**安全保障要求的叙述,是否给出了信息系统整体的安全保障要求的概要性描述;

工作单元 2:安全技术保障要求

ISPP 中的安全技术保障要求评估主要包括:

a) 评估者**应核查**安全技术保障要求的叙述,是否标识了从 GB/T 20274.2—2008 中的安全技术保障要求组件中抽取的那些安全技术组件和安全技术能力成熟度要求。

   评估者应确定从 GB/T 20274.2—2008 中的安全技术保障要求组件中抽取的所有安全技术保障要求以及安全技术能力成熟度要求是否都已明确标识。

b) 评估者**应核查**涉及的每个 TOE 安全技术保障要求组件的正确性。

评估者应确定 GB/T 20274.2—2008 是否包含文中涉及的安全技术保障要求组件。

c) 评估者**应核查**从 GB/T 20274.2—2008 中抽取出的安全技术保障要求组件，在 ISPP 中是否得以正确重现。

评估者应确定在没有对允许操作进行检查的情况下，安全技术保障要求叙述是否正确地重现了这些要求。

工作单元 3：安全管理保障要求

ISPP 中的安全管理保障要求评估主要包括：

a) 评估者**应核查**安全管理保障要求的叙述，是否标识了从 GB/T 20274.3—2008 安全管理保障要求组件中抽取的那些安全管理组件和安全管理能力成熟度要求。

评估者应确定从 GB/T 20274.3—2008 安全管理保障要求组件中抽取的所有安全管理保障要求以及安全管理能力成熟度要求是否都已明确标识。

b) 评估者**应核查**涉及的每个安全管理保障要求组件的正确性。

评估者应确定 GB/T 20274.3—2008 是否包含文中涉及的安全管理保障要求组件。

c) 评估者**应核查**从 GB/T 20274.3—2008 中抽取出的安全管理保障要求组件，在 ISPP 中是否得以正确重现。

评估者应确定在没有对允许操作进行检查的情况下，安全管理保障要求叙述是否正确地重现了这些要求。

工作单元 4：安全工程保障要求

ISPP 中的安全工程保障要求评估主要包括：

a) 评估者**应核查**安全工程保障要求的叙述，是否标识了从 GB/T 20274.4—2008 安全工程保障要求组件中抽取的那些安全工程组件和安全工程能力成熟度要求。

评估者应确定从 GB/T 20274.4—2008 安全工程保障要求组件中抽取的所有安全工程保障要求以及安全工程能力成熟度要求是否都已明确标识。

b) 评估者**应核查**涉及的每个安全工程保障要求组件的正确性。

评估者应确定 GB/T 20274.4—2008 是否包含文中涉及的安全工程保障要求组件。

c) 评估者**应核查**从 GB/T 20274.4—2008 中抽取出的安全工程保障要求组件，在 ISPP 中是否得以正确重现。

评估者应确定在没有对允许操作进行检查的情况下，安全工程保障要求叙述是否正确地重现了这些要求。

工作单元 5：组件操作

ISPP 中的组件操作主要包括：

a) 评估者**应核查**信息系统安全保障要求的所有操作都被标识。

GB/T 20274.2—2008 技术组件允许的操作是赋值、反复、选择和细化。赋值和选择操作只允许用于组件中特别指定的地方。反复和细化能用于所有技术组件。

GB/T 20274.3—2008 管理组件和 GB/T 20274.4—2008 工程组件允许的操作是反复和细化。

b) 评估者**应确定**所有操作都在使用该操作的组件中被标出。完成的操作和未完成的操作应通过排版、周围的文本或其他方式加以明显区分。

c) 评估者**应检查**信息系统安全保障要求的表述，确定是否正确实施了操作。

评估者应比较每条陈述和导出陈述的元素，以确定：

1) 对于赋值操作，所选的参数或变量值符合赋值要求的指定类型；

2) 对于选择操作，选择项是在元素选择部分中指定的一项或多项；评估者也应确定所选项是否符合要求；

3) 对于细化操作,组件以这样的方式细化:满足细化要求的TOE也满足非细化要求。如果细化的要求超过该界限,就被认为是扩展要求;

4) 对于反复操作,组件内的每个反复操作各不相同(至少一个组件的某个元素不同于另一个组件的对应元素),或这个组件应用于TOE的不同部分。

d) 评估者**应检查**是否标识了ISPP中信息系统安全保障要求的所有未完成操作。

评估者应确定所有操作都在使用该操作的组件中被标出。完成的操作和未完成的操作应通过排版、周围的文本或其他方式加以明显区分。

工作单元6:依赖性

ISPP中的组件依赖性主要包括:

a) 评估者**应检查**安全保障要求的陈述,以确定安全保障要求使用的组件间的要求的依赖性被满足。

依赖性可以通过安全保障要求陈述中的相关组件的内涵(或分出的层次)来满足,或作为一个要求,由TOE的运行环境来满足。

尽管GB/T 20274通过依赖性内涵为相关分析提供支持,但不应用来证明没有其他依赖性。如涉及"所有客体"或"所有主体"的元素与列出这些客体或主体的另一个元素或元素集的细化间存在依赖性。

运行环境中必要的安全要求的依赖性应在ISPP中陈述并得到满足。

b) 评估者**应检查**安全保障要求的陈述,以确定对于没有满足安全要求依赖性的每一种情况都作了适当的证明。例如:给定了已知安全保障目的,评估者应确认这个理由解释了不必包括依赖性原因。

评估者应确认不满足依赖性并没有妨碍安全保障要求充分体现安全保障目的。例如:当一个TOE有这样一个安全保障目的——"鉴别失败时,应将用户的身份、时间和日期记录下来"且采用FAU_GEN.1(审计数据产生)作为满足这个安全保障目的的功能要求。FAU_GEN.1包含了与FPT_STM.1(可靠时间戳)的依赖性。由于TOE不包含时钟机制,FPT_STM.1则被ISPP作者定义为运行环境要求。ISPP作者用这样一个理由说明这个要求没有得到满足:"在特定环境下,可能会攻击时间戳机制,因此环境就不能传送可靠的时间戳。然而,一些安全威胁主体没有执行依赖时间戳机制的能力,而且由这样的安全威胁主体实施的攻击可能会通过记录攻击的时间和日期来分析"。

工作单元7:连贯性

评估者**应检查**安全保障要求陈述,以确定其连贯性。如果安全保障要求描述的陈述结构和正文能为TOE的目标读者(即评估者和用户)所理解的话,安全保障要求陈述就是连贯的。

工作单元8:完备性

评估者**应检查**安全保障要求陈述,以确定它们是完备的。

如果评估者判定安全保障要求足以保证所有安全保障目的的满足,则安全保障要求陈述就是完备的。

工作单元9:一致性

评估者**应检查**安全保障要求陈述,以确定它们是内在一致的。

如果评估者确定安全要求都互不冲突那么安全要求陈述就是内在一致的。

一致性分析指南见A.1。

7.4.6 符合性声明的评估

7.4.6.1 目的

ISPP的符合性声明包括安全保障目的符合性声明和安全保障要求的符合性声明。本条的目的是评估 ISPP 的符合性声明是否给出了评估 ISPP 的依据。

7.4.6.2 输入

ISPP 文档。

7.4.6.3 评估行为

7.4.6.3.1 安全保障目的的符合性声明

工作单元 1:完备性

评估者**应检查**安全保障目的符合性声明,以确定是否 TOE 的所有安全保障目的都能追溯到 TOE 能够对抗的已标识威胁,或 TOE 遵循的组织安全策略。

评估者应确定 TOE 的每个安全保障目的能追溯到至少一个威胁或组织安全策略。

不能追溯就意味着安全保障目的符合性声明是不完备的、威胁或组织安全策略的表述是不完备的,或 TOE 的安全保障目的没有实际意义。

评估者应检查安全保障目的符合性声明,以确定环境安全保障目的是否能追溯到 TOE 环境能够对抗的已标识的威胁,或 TOE 环境遵循的组织安全策略,TOE 环境应满足的假设。

评估者应确定环境的每个安全保障目的能追溯到至少一个假设、威胁或组织安全策略。

不能追溯就意味着安全保障目的符合性声明是不完备的,威胁、假设或组织安全策略的表述是不完备的,或环境的安全目的没有实际意义。

工作单元 2:假设

评估者**应检查**安全保障目的符合性声明,以确定环境安全保障目的都有适于覆盖对应假设的适当理由。

如果没有环境安全目的追溯到对应假设,本工作单元为失败。

假设可以是有关 TOE 预期使用的假设,也可以是有关 TOE 预期使用环境的假设。

评估者应确定有关 TOE 应用环境的假设理由能够证明,如果实现了追溯到假设的所有环境安全保障目的,那么环境就与假设一致。

注:安全保障目的符合性声明中提供的从环境安全保障目的到假设的映射,可能是证明的一部分,但是其本身不构成证明。甚至在环境安全保障目的仅是对假设的重述情形下,也需要说明对应的理由。

工作单元 3:威胁

评估者**应检查**安全保障目的符合性声明,以确定 TOE 安全保障目的都有适于对抗其对应安全威胁的适当理由。

如果没有 TOE 安全保障目的能追溯到对应的威胁,则本工作单元为失败。

评估者应确定有关安全威胁的论证能够阐明,如果所有能追溯到安全威胁的 TOE 安全保障目的都达到,那么就消除了这个威胁,或是这种威胁降低到可以接受的水平,或是这种威胁得到适当地减轻。

消除安全威胁的例子如下:

a) 消除使用来自安全威胁主体的攻击方法的能力;

b) 通过威慑方法,消除安全威胁主体的动机;

c) 消除安全威胁主体(如移走经常导致网络崩溃的机器)。

降低安全威胁的例子如下:

a) 在攻击方法上限制安全威胁主体;

b) 限制安全威胁主体的攻击机会;

c) 减少成功发起攻击的可能性;

d) 要求安全威胁主体有更高的专业知识或更多的资源。

减轻安全威胁后果的例子如下:

a) 资产的经常备份;

b) 拥有 TOE 备份;

c) 经常改变通讯会话使用的密钥,这样可以相对减小密钥被攻破的机会。

注:安全保障目的符合性声明中提供的从 TOE 安全保障目的到安全威胁的映射,可能是理由的一部分,但是其本身不构成证明。即使在 TOE 安全保障目的仅仅反映防止特定安全威胁被发现的情形下,还是需要说明对应的理由,但是在这种情况下这个理由是最基本的。

工作单元 4:组织安全策略

评估者**应检查**安全保障目的符合性声明,以确定安全保障目的都有适于满足对应的组织安全策略的适当理由。

如果没有 TOE 安全保障目的能追溯到相应的组织安全策略,本工作单元为失败。

评估者应确定采用组织安全策略的理由能够证明,如果实现了追溯到组织安全策略的所有 TOE 安全保障目的,那么就实现了组织安全策略。

注:安全保障目的符合性声明中提供的从安全保障目的到组织安全策略的映射,可能是证明的一部分,但是其本身不构成证明。即使在安全保障目的仅反映实现特定的组织安全策略的情形下,也还需要说明对应的理由。

7.4.6.3.2 安全保障要求的符合性声明

工作单元 1:完备性

评估者**应检查**安全要求符合性声明,以确定安全保障要求(信息系统和环境)适于满足安全保障目的,并能够追溯到安全保障目的。

评估者应确定每个安全保障要求至少能映射到一个安全保障目的。

如果不能映射,则表明安全要求符合性声明是不完备的,安全保障目的是不完备的,或安全保障要求没有实际意义。

工作单元 2:合理性

评估者**应检查**安全要求符合性声明,是否充分证明了安全保障要求是恰当的。

评估者应确定安全要求符合性声明充分证明了安全环境和安全保障目的陈述充分地导出了管理要求和工程要求。

可能包含的理由如:

a) 在 ISST 声称符合的 ISPP 中出现的管理要求和工程要求;

b) 评估体制、政府或其他组织实施的特定要求;

c) 与安全技术保障要求相关的管理要求和工程要求;

d) 与 TOE 一起使用的系统/产品的管理要求;

e) 用户的要求。

工作单元 3:相互支持

评估者**应检查**安全要求符合性声明,以确定它表明该组安全保障要求形成一个互相支持的整体。

本工作单元要求评估者考虑这种可能性:因缺乏其他安全保障要求的支持,安全保障目的实际上不能实现。

由于存在这样的情况:安全保障要求 A 依赖安全保障要求 B,而 B 通过定义支持 A,所以本工作单元建立在前面工作单元依赖性分析的基础上。

评估者应确定安全要求符合性声明能够表明安全保障要求在必要的时候互相支持,即使没有迹象表明这些要求之间存在依赖性。例如:

a) 防止其他安全功能要求的旁路,如 FDP_RVM.1;

b) 防止其他安全功能要求的篡改,如 FPT_SEP;

c) 防止其他安全功能要求的失效,如 FPT_MOF.1;

d) 激活挫败其他安全功能要求的攻击的探测,如 FAU 类的组件。

在分析时评估者应考虑已执行的操作是否影响要求间的相互支持。

工作单元 4:一致性

评估者**应检查**安全要求符合性声明,以确定它表明该组安全保障要求是一致的。

评估者应确定在不同安全保障要求应用到同一类型的事件、操作、数据和实施的测试等情况下,这些要求可能会互相冲突,此时应提供适当的证明来说明事实并非如此。

如果 ISST 包含用户匿名方面的要求,则需要阐明这些要求不冲突。单个用户审计的可审计事件与用户匿名的操作无关。

一致性分析指南见 A.1。

8 信息系统安全目标评估

8.1 概述

由于 ISST 为 TOE 评估活动提供依据和评估背景,所以 ISST 评估应在所有 TOE 评估活动之前进行。鉴于 TOE 评估过程中有关发现可能会引起 ISST 的变化,因此可能会到 TOE 评估完成后,才形成 ISST 评估的最终裁定。

本章所述的评估方法是建立在 GB/T 20274.1—2006 中特别在附录 B ISST 规范中进行详细说明的 ISST 要求基础上。

8.2 目的

ISPP 定义了对于特定类型信息系统的安全保障要求和规范。因此,需要在 ISST 的描述中,确定其安全保障要求,包括信息系统安全保障的技术要求、管理要求、工程要求和它们的综合要求以及该信息系统所要达到的安全目标;在给定的前提下,该安全保障要求应能够实现已定义的组织安全策略,并能对抗已定义的威胁。此外,还要定义信息系统为正确对抗威胁和实现组织安全策略提供保证而采取的安全保障措施。

ISST 的评估是为了确定 ISST 是否是:

a) 完备的:所述安全功能能对抗每个威胁,并实现所有的组织安全策略;
b) 合理的:针对威胁和组织安全策略而言,所述安全功能是适当的,且保证措施为安全功能正确实现提供充分的保证;
c) 一致的:ISST 应是内在一致的;
d) 连贯的:ISST 应是连贯的;
e) 精确实现:如果 ISST 声称与一个或多个 ISPP 符合,那么该 ISST 肯定是所有相关 ISPP 的完全、精确的实现。这样,在评估 ISST 时可以重复使用这些 ISPP 的评估结果。

8.3 评估要求

完备的 ISST 评估应包括以下活动:

a) 评估输入任务;
b) ISST 评估活动,包含以下活动:
   1) ISST 引言的评估;
   2) 信息系统描述的评估;
   3) 安全环境的评估;
   4) 安全保障目的的评估;
   5) 安全保障要求的评估;

6） TOE 概要规范的评估；

7） ISPP 声明的评估；

8） 符合性声明的评估。

c） 评估输出任务。

在进行 ISST 评估应注意：

a） 尽管通常所述的活动有可能同时进行，但是评估者应考虑活动之间的依赖性。

b） 不是所有的 ISST 评估都要进行 ISPP 声明的评估，只有做了 ISPP 声明才需要进行 ISPP 声明的评估。

c） 如果 ISST 声称与已评估的 ISPP 保持一致，且很大程度依赖 ISPP 的内容，那么在实施上述评估活动时，可以使用 ISPP 的评估结果。特别在评估安全环境的描述、安全保障目的和信息系统安全保障要求时可以重复使用 ISPP 评估结果。在 ISST 中允许包含与多个 ISPP 保持一致的声明。

8.4 评估活动

8.4.1 ISST 引言的评估

8.4.1.1 目的

本条的目的是确定 ISST 引言是否完整并与 ISST 的其他部分保持一致，以及是否正确标识了 ISST。

8.4.1.2 输入

ISST 文档。

8.4.1.3 评估行为

工作单元 1：ISST 标识

评估者**应核查** ISST 引言，以确定其是否提供了必要的 ISST 标识信息以控制和识别 ISST 和与 ISST 相关的 TOE。

评估者应确定 ISST 标识信息包括：

a） 控制和唯一标识 ISST 的必要信息(例如 ISST 标题、版本号、出版日期和作者)；

b） 控制和唯一标识与 ISST 相关的 TOE 的必要信息(例如 TOE 的标识、TOE 版本号)；

c） 用于开发 ISST 的 GB/T 20274 系列标准版本信息；

d） 评估体制要求的其他信息。

工作单元 2：ISST 概述

评估者**应核查** ISST 引言，以叙述形式提供 ISST 概述。

ISST 概述应为 ISST 内容提供概要描述(更详细的描述在信息系统描述中提供)，且详细到能使潜在的用户确定 TOE(和 ISST 的其余部分)是否是他所需要的。

工作单元 3：符合性声明

评估者**应核查** ISST 引言，确认其是否包含 TOE 与 GB/T 20274 系列标准符合性的声明。

a） 评估者应确定符合性声明与 GB/T 20274.1—2006 的 6.4 中定义的一样。

b） 评估者确定符合性声明包含与 GB/T 20274.2—2008 符合或与 GB/T 20274.2—2008 扩展内容一致的声明。

c） 评估者确定符合性声明包含与 GB/T 20274.3—2008 符合或 GB/T 20274.3—2008 增加、扩展内容相一致的声明。

d） 评估者确定符合性声明包含与 GB/T 20274.4—2008 符合或 GB/T 20274.4—2008 增加、扩展

内容相一致的声明。

e) 如果声明与 ISPP 一致，评估者就应确定此声明与哪个或哪些 ISPP 保持一致。

工作单元 4：连贯性

评估者**应检查** ISST 引言，以确定它是连贯的。

如果 ISST 引言的正文和结构能为其目标读者理解，那么 ISST 引言就是连贯的。

工作单元 5：一致性

a) 评估者**应检查** ISST 引言，以确定它是内在一致的。

ISST 概述为 ISST 内容提供概要描述，因此有关内在一致性分析会自然集中在 ISST 概述上。

一致性分析指南见 A.1。

b) 评估者**应检查** ISST 引言，以确定 ISST 引言与 ISST 其他部分的一致性。

评估者应确定 ISST 概述提供 TOE 的精确概括。评估者特别应确定 ISST 概述与信息系统描述的一致性，且没有陈述或暗示存在评估范围之外的安全特征。

评估者还应确定 GB/T 20274 一致性声明与 ISST 的其他部分一致。

一致性分析指南见 A.1。

8.4.2 信息系统描述的评估

8.4.2.1 目的

本条的目的是确定信息系统描述是否包含了有助于理解 TOE 的目的和功能的相关信息，以及确定该描述是否完整和一致。

8.4.2.2 输入

ISST 文档。

8.4.2.3 评估行为

工作单元 1：使命描述

评估者**应检查**信息系统描述，以确定它是否描述了 TOE 的使命。

评估者应确定信息系统描述是否描述了建设信息系统的目的和意义，是否能够帮助读者全面理解信息系统的高层要求。

工作单元 2：信息系统概述

评估者**应检查**信息系统描述，以确定它是否对所要评估的信息系统进行概括性说明和描述。描述内容是否包括以下几个方面：

a) 信息系统标识：应给出系统的正式名称和标识。系统标识包括其名称、所属的组织机构及其地点和包含最终用户的组织机构及其地点等相关信息；

b) 信息系统环境描述：描述的运行环境以及系统开发、集成和维护的环境；

c) 信息系统评估边界和接口描述：描述所要评估系统的边界和相应的外部接口，此描述应用图表或文字清晰地描述和界定所要评估的系统部件和边界；

d) 信息系统安全域描述：根据系统的重要性（描述系统的重要性以及系统的可接受的风险级别）、数据的分类和密级（描述系统所处理的数据类型和机密级别）和系统用户（描述使用系统的用户描述）等方面划分系统的安全域。

评估者应确定信息系统描述对相关部分进行了详细讨论，且详细到使读者对其能够全面理解的程度。如果 TOE 与信息系统不完全相同，评估者应确定信息系统描述充分描述了 TOE 与信息系统之间的物理关系。

工作单元 3:信息系统详细描述

评估者**应检查**信息系统描述,以确定它是否对信息系统进行了详细描述。

a) 评估者应确定信息系统描述是否包含了对管理体系的描述;描述是否包含下述内容:
   1) 组织机构描述:描述同信息系统相关的管理/使用/开发/集成/支持组织机构的描述,特别是相关安全管理保障的组织机构的描述;
   2) 管理制度、法规描述:列出同信息系统安全管理相关的目前使用的相应规章制度和相关法规;
   3) 资产描述:描述了信息系统的物理资产(指信息系统中的各种硬件、软件和物理设施)和信息资产(指在信息系统计划组织、开发采购、实施交付、运行维护和废弃这一信息系统系统生命周期过程中产生的同信息系统系统本身相关的有价值的信息以及信息系统所存储、处理和传输的各种相关的办公、管理和业务等信息)。
b) 评估者应确定信息系统描述是否包含了对技术体系的描述,描述是否包含下述内容:
   1) 基础设施描述:描述了系统的网络层次等网络体系结构说明;
   2) 应用描述:描述用户信息系统的各种应用说明;
   3) 技术标准描述:列出相关技术应用等所适用的技术标准。
c) 评估者应确定信息系统描述是否包含了对业务体系的描述,描述是否包含下述内容:
   1) 业务应用描述:列出组织机构的主要业务应用并进行描述;
   2) 流程描述:基于组织机构的管理结构等,描述业务的流程;
   3) 信息流描述:描述主要业务应用的接口和相应数据流,数据流描述应包括数据的类型以及数据传送的一般方式。

工作单元 4:连贯性

评估者**应检查** ISST,以确定信息系统描述是连贯的。

如果信息系统描述的陈述结构和正文能被 TOE 的目标读者(即评估者和用户)理解的话,信息系统描述就是连贯的。

工作单元 5:一致性

a) 评估者**应检查** ISST,以确定 TOE 的描述是内在一致的。
   一致性分析指南见 A.1。
b) 评估者**应检查** ISST,以确定信息系统描述与 ISST 的其他部分是一致的。
   评估者尤其应确定信息系统描述不包括 ISST 范围以外的威胁、安全特征或 TOE 的配置。
   一致性分析指南见 A.1。

8.4.3 安全环境的评估

8.4.3.1 目的

本条的目的是确定 ISST 中对安全环境的陈述,是否对有关 TOE 与其预期应用环境的安全问题提供了清晰、一致的定义。

8.4.3.2 输入

ISST 文档。

8.4.3.3 评估行为

工作单元 1:假设

评估者**应检查**安全环境的陈述,以确定它标明并解释了所有假设。

这些假设可以分成 TOE 预期使用方面的假设和 TOE 使用环境方面的假设。

评估者应确定 TOE 预期使用的假设,阐明 TOE 预期使用的以下方面,如:TOE 预期应用、需要 TOE 保护的资产的潜在价值、使用 TOE 可能存在的限制。评估者应确定 ISST 中对 TOE 预期使用的所有假设都进行了详细解释,以保证用户能确定其预期使用与这些假设相符合。

如果没有清楚理解这些假设,最终可能导致用户在非希望的环境中使用 TOE。

评估者应确定 TOE 使用环境的假设包括物理、人员和连接性方面:

a) 物理方面包括为了使 TOE 以安全方式行使其功能,而对 TOE 的物理位置或附加的外围设施而做的所有假设。例如假设管理员控制台严格限制在管理员个人范围内;假设 TOE 所有文件的存储只能在 TOE 运行的工作站上进行;
b) 人员方面包括为了使 TOE 以安全方式行使其功能,而对在安全环境内的用户和 TOE 管理员,或其他个人(包括具有潜在威胁的主体)所做的所有假设。例如假设用户具有特殊技能或专门技术,或用户具有确定的最小权限,管理员每月更新防病毒数据库;
c) 连接性方面包括为了使 TOE 以安全方式行使其功能,而对 TOE 与其他在 TOE 之外的信息系统或产品(硬件、软件、固件或它们的组合)之间连接的所有假设。例如假设存储 TOE 产生的日志文件至少需要 100 MB 的外部磁盘空间,TOE 假设是在特定工作站上运行的唯一的非操作系统应用程序,假设 TOE 的软驱是禁用的,假设 TOE 不会连接到任何不可信的网络。

评估者应确定 TOE 使用环境的所有假设都得到详细的解释,使用户能够确定他们的预期环境与假设环境相符合。如果没有清楚理解这些假设,最终可能导致 TOE 在不能安全行使其功能的环境中使用。

工作单元 2:威胁

评估者**应检查**安全环境的陈述,以确定所有威胁都被标识并得以解释。

如果 TOE 和其环境安全保障目的只源于组织的安全策略和假设,那么 ISST 中就可以不含威胁陈述,如果 ISST 不包括威胁陈述,则该工作单元不适用,并视为满足。

评估者应确定所有已标识的威胁都用已标识威胁主体、攻击和攻击的资产的术语进行了清楚解释。

评估者还应确定威胁主体可在专业技术、可用资源和动机等方面表明特征,攻击可在攻击方法、可利用的脆弱性和时机等方面表明特征。

工作单元 3:组织安全策略

评估者**应检查**安全环境陈述,以确定它标识并解释了所有组织安全策略。

如果 TOE 及其环境的安全保障目的只源于假设和威胁,那么 ISST 中就可以不包含组织安全策略陈述。如果 ISST 中不包含组织安全策略陈述,则该工作单元不适用,并视为满足。

评估者应确定组织安全策略陈述遵循了 TOE 及其环境应遵守的规则、惯例或指南,这些规则、惯例或指南是由控制 TOE 使用环境的组织制定的。例如,组织安全策略可能要求口令生成和加密应符合相应的国家标准。

评估者应确定 ISST 中对每个组织安全策略都进行了详细解释,以便读者能够清晰理解;为使安全保障目的能够追溯到组织安全策略,应对组织安全策略进行清楚地表述。

工作单元 4:连贯性

评估者**应检查**安全环境的陈述,以确定它是连贯的。

如果安全环境描述的结构和正文能为 TOE 的目标读者(即评估者和用户)理解的话,安全环境描述就是连贯的。

工作单元 5:一致性

评估者**应检查**安全环境的陈述,以确定它是内在一致的。

表征安全环境内在不一致性的示例:

a) 安全环境的表述包含这样一种威胁,其攻击方法不在威胁主体的能力范围内;

b) 安全环境的表述包含“TOE 不与因特网相连”这样的组织安全策略,和其威胁主体是来自因特网的入侵者。

一致性分析指南见 A.1。

8.4.4 安全保障目的的评估

8.4.4.1 目的

本条的目的是确定安全目的描述是否完整和一致,并确定安全目的是否能对抗已标识的威胁,实现已标识的组织安全策略并遵循规定的假设。

8.4.4.2 输入

ISST 文档。

8.4.4.3 评估行为

工作单元 1:安全环境

a) 评估者**应核查**安全保障目的的陈述,确认其是否定义了 TOE 及其环境的安全保障目的。

b) 评估者**应确定**是否明确地说明每个安全保障目的是适用于 TOE,还是环境,或者两者都适用。

工作单元 2:完备性

评估者**应检查**安全保障目的的陈述,以确定它是完备的。

如果安全保障目的足以对抗所有已标识的威胁,并能覆盖所有已标识的组织安全策略和假设,那么安全保障目的是完备的。

工作单元 3:连贯性

评估者**应检查**安全保障目的的陈述,以确定它是连贯的。

如果安全保障目的的正文和陈述结构能为其目标读者所理解,那么安全保障目的的表述就是连贯的。

工作单元 4:一致性

评估者**应检查**安全保障目的的表述,以确定它是内在一致的。

如果安全保障目的之间不互相冲突,安全保障目的就是内在一致的。有这样一个冲突的例子:两个安全保障目的,一个是“用户身份信息永远不会被发布”,另一个则是“其他用户可以获得该用户的身份信息”。

一致性分析指南见 A.1。

8.4.5 安全保障要求的评估

8.4.5.1 目的

本条的目的是确定安全保障要求(包括信息系统安全保障要求、信息系统安全保障技术要求、信息系统安全保障管理要求、信息系统安全保障工程要求、)是否完整和一致,同时作为 TOE 开发的基础,这些要求是充分的。

8.4.5.2 输入

ISST 文档。

8.4.5.3 评估行为

工作单元 1:概要描述

评估者**应检查**安全保障要求的叙述,是否给出信息系统整体安全保障要求的概要性描述。

工作单元 2:安全技术保障要求

a) 评估者**应核查**安全技术保障要求的叙述,是否标识了从 GB/T 20274.2—2008 安全技术保障要求组件中抽取的那些安全技术组件和安全技术能力成熟度要求。

评估者应确定从 GB/T 20274.2—2008 安全技术保障要求组件中抽取的所有安全技术保障要求以及安全技术能力成熟度要求是否都已明确标识。

b) 评估者**应核查**涉及的每个安全技术保障要求组件和安全技术能力成熟度要求的正确性。

评估者应确定 GB/T 20274.2—2008 是否包含文中涉及的安全技术保障要求组件。

评估者应确定 ISPP 是否包含文中涉及的安全技术保障要求组件。

c) 评估者**应核查**从 GB/T 20274.2—2008 中抽取出的安全技术保障要求组件和安全技术能力成熟度要求,在 ISST 中得以正确重现。

评估者应确定在没有对允许操作进行检查的情况下,安全技术保障要求叙述是否正确地重现了这些要求。

工作单元 3:安全管理保障要求

a) 评估者**应核查**安全管理保障要求的陈述,是否标识了从 GB/T 20274.3—2008 安全管理保障要求组件中抽取出的那些安全管理组件和安全管理能力成熟度要求。

评估者应确定从 GB/T 20274.3—2008 安全技术保障要求组件中抽取的所有管理安全管理要求以及安全技术能力成熟度要求是否都已被标识。

b) 评估者**应核查**涉及的每个安全管理保障要求组件的正确性。

评估者应确定 GB/T 20274.3—2008 是否包含文中涉及的安全管理保障要求组件。

c) 评估者**应核查**从 GB/T 20274.3—2008 中抽取出的安全管理保障要求组件和安全管理能力成熟度要求,在 ISST 中得以正确重现。

评估者应确定在没有对允许操作进行检查的情况下,安全管理保障要求叙述是否正确地重现了这些要求。

工作单元 4:安全工程保障要求

a) 评估者**应核查**安全工程保障要求的陈述,是否标识了从 GB/T 20274.4—2008 安全工程保障要求组件中抽取出的那些安全工程组件和安全工程能力成熟度要求。

评估者应确定从 GB/T 20274.4—2008 安全工程保障要求组件中抽取的所有工程安全管理要求以及安全工程能力成熟度要求是否都已被标识。

b) 评估者**应核查**涉及的每个安全工程保障要求组件和安全工程能力成熟度要求的正确性。

评估者应确定 GB/T 20274.4—2008 是否包含文中涉及的安全工程保障要求组件。

评估者应确定 ISPP 是否包含文中涉及的 TOE 安全工程保障要求组件。

c) 评估者**应核查**从 GB/T 20274.4—2008 中抽取出的安全工程保障要求组件和安全工程能力成熟度要求,在 ISST 中得以正确重现。

评估者应确定在没有对允许操作进行检查的情况下,安全工程保障要求叙述正确地重现了这些要求。

工作单元 5:组件操作

a) 评估者**应核查**安全保障要求的所有操作都被标识。

GB/T 20274.2—2008 技术组件允许的操作是赋值、反复、选择和细化。赋值和选择操作只允许用于组件中特别指定的地方。反复和细化能用于所有安全技术保障组件。

GB/T 20274.3—2008 安全管理保障组件和 GB/T 20274.4—2008 安全工程保障组件允许的操作是反复和细化。

评估者应确定所有操作都在使用该操作的组件中被标出。可以通过排版、周围的文本或其他方式来标识。

b) 评估者**应检查**安全保障要求的表述，确定实施了所有的赋值和选择操作。

评估者应确定所有组件中的所有赋值和选择操作都完全实施，或没有完全实施时有适当的证明。

c) 评估者**应检查** ISST，以确定所有操作已正确执行。

评估者应比较每条陈述和导出陈述的元素，以确定：

1) 对于赋值操作，所选的参数或变量值符合赋值要求的指定类型；
2) 对于选择操作，选择项是在元素选择部分中指定的一项或多项，评估者也应确定所选项适合要求；
3) 对于细化操作，组件以这样的方式细化，即满足细化要求的 TOE 也满足非细化要求。如果细化的要求超过该界限，就被认为是扩展要求。对于细化，TSP 模型只需要覆盖访问控制；如果访问控制策略是 TSP 的唯一策略，那么这就是有效的细化。如果 TSP 中还有标识和鉴别策略，而且只有访问控制需要被模型化，那么这就不是一个有效的细化。
4) 对于反复操作，组件内的每个反复操作各不相同(至少一个组件的某个元素不同于另一个组件的对应元素)，或这个组件应用于 TOE 的不同部分。

工作单元 6：连贯性

评估者**应检查**安全保障要求陈述，以确定其连贯性。

如果安全保障要求描述的结构和正文能为 TOE 的目标读者(即评估者和用户)理解的话，安全保障要求陈述就是连贯的。

工作单元 7：完备性

评估者**应检查**安全保障要求陈述，以确定它们是完备的。

如果所有要求的操作都已完成，且评估者判定安全保障要求足以保证所有安全保障目的的满足，则安全要求陈述就是完备的。

工作单元 8：一致性

评估者**应检查**安全保障要求陈述，以确定它们是内在一致的。

该项检查利用前面的结果，特别是评估者对安全保障要求符合性声明的检查结果。

如果评估者确定安全保障要求都互不冲突，那么安全保障要求陈述就是内在一致的。

一致性分析指南见 A.1。

8.4.6 TOE 概要规范的评估

8.4.6.1 目的

本条的目的是确定其是否为安全功能和安全保证措施提供了清晰完备的高层定义，该定义满足指定的 TOE 安全要求。

8.4.6.2 输入

ISST 文档。

8.4.6.3 评估行为

工作单元 1：完整描述

评估者**应核查** TOE 概要规范是否对信息系统整体安全目标进行了完整描述。

工作单元 2：安全技术保障

评估者核查信息系统安全技术保障陈述，主要包括：

a) 评估者**应核查**信息系统安全技术保障陈述，确定其是否包含信息系统安全技术控制和安全技术能力成熟度要求。

评估者应核查信息系统安全技术保障陈述，以确定每个安全技术控制能够回溯到至少一个安全技术控制要求。

如果不能映射则表明 TOE 概要规范是不完备的，安全技术控制要求是不完备的，或者表明安全技术控制是不完备的。

b) 评估者**应核查**信息系统安全技术保障陈述，以确定它是不是以非形式化的方式描述的，且详细程度达到了可以理解其意图的水平。

c) 评估者**应检查** TOE 概要规范符合性声明，以确定对于每个安全技术控制要求而言，它都包含了证明安全技术控制恰好满足安全技术控制要求的合适理由。

如果没有安全技术控制追溯到安全技术控制要求，则本工作单元为不通过。

评估者确定有关安全技术控制要求的证明阐明了：如果所有追溯到安全技术控制要求的安全技术控制都已实现，则该安全技术控制要求就得到满足。

评估者还确定每个可追溯到安全技术控制要求的安全技术控制，当其实现时，实际上促成了安全技术控制要求的满足。

注：将 TOE 概要规范中提供的安全技术控制追溯到安全技术控制要求，可以作为证明的一部分，但其本身并不构成证明。

工作单元 3：安全管理保障

评估者核查信息系统安全管理保障陈述，主要包括：

a) 评估者**应核查**信息系统安全管理保障陈述，确定其是否包含信息系统安全管理控制要求和安全管理能力成熟度要求。

评估者应核查信息系统安全管理保障陈述，以确定每个安全管理控制能够回溯到至少一个安全管理控制要求。

如果不能映射则表明 TOE 概要规范是不完备的，安全管理控制要求是不完备的，或者表明安全管理控制。

b) 评估者**应核查**信息系统安全管理保障陈述，以确定它是不是以非形式化的方式描述的，且详细程度达到了可以理解其意图的水平。

工作单元 4：安全工程保障

评估者核查信息系统安全工程保障陈述，主要包括：

a) 评估者**应核查**信息系统安全工程保障陈述，确定其是否包含信息系统安全工程控制要求和安全工程能力成熟度要求。

评估者**应核查**信息系统安全工程保障陈述，以确定每个安全工程控制能够回溯到至少一个安全工程控制要求。

如果不能映射则表明 TOE 概要规范是不完备的，安全工程控制要求是不完备的，或者表明安全工程控制。

b) 评估者**应核查**信息系统安全工程保障陈述，以确定它是不是以非形式化的方式描述的，且详细程度达到了可以理解其意图的水平。

工作单元 5：完备性

评估者**应检查** TOE 概要规范，以确定它是完备的。

如果评估者判定安全技术控制、安全管理控制和安全工程控制足以保证满足指定的安全保障要求，那么 TOE 概要规范是完备的。

工作单元 6：连贯性

评估者**应检查** TOE 概要规范，以确定它是连贯的。

如果 TOE 概要规范的正文和陈述结构能够为其目标读者（如评估者和开发者）理解的，TOE 概要规范就是连贯的。

工作单元 7:一致性

评估者**应检查** TOE 概要规范,以确定它是内在一致的。

如果评估者确定安全技术控制、安全管理控制和安全工程控制之间没有导致 TOE 安全目的不能完全满足的冲突,那么 TOE 概要规范就是内在一致的。

8.4.7 ISPP 声明的评估

8.4.7.1 目的

本条的目的是确定 ISST 是否是 ISPP 的一个正确实例,该 ISPP 是 ISST 所声明符合的,适用于 ISST 中声明符合一个或多个 ISPP 的情形。

8.4.7.2 输入

本活动的输入包括:

a) ISST 文档;

b) ISST 声称所符合的 ISPP(s)。

8.4.7.3 评估行为

工作单元 1:ISPP 引用

评估者**应核查**每个 ISPP 声明是否标识了所符合的 ISPP。

评估者应确定所有参考的 ISPP 都已被清晰标识(例如通过名称和版本号或 ISPP 引言中的标识)。

工作单元 2:ISPP 剪裁

评估者**应核查**每个 ISPP 声明是否确定了信息系统安全保障保证要求,这些信息系统安全保障保证要求满足 ISPP 允许的操作或进一步证明符合 ISPP 要求。

ISST 不需重述那些没有任何更改的 ISPP 中的安全要求陈述。但如果 ISPP 安全功能要求包括未完成的操作,或 ISST 作者已对所有 ISPP 安全要求实施细化操作,那么这些要求应在 ISST 中明确指出。

工作单元 3:ISPP 附加项

评估者**应核查** ISPP 附加项,主要包括:

a) 评估者**应核查**每个 ISPP 声明是否标识了补充 ISPP 所包含安全目的和信息系统安全保障要求的那些安全目的和信息系统安全保障要求。

   评估者应确定包含在 ISST 中、而不含在 ISPP 中的所有安全目的和安全要求都明确标出。

b) 对每个 ISPP 声明,评估者**应检查** ISST,以确定所有基于 ISPP 中信息系统安全保障要求而实施的操作都在 ISPP 的范围之内。

   本工作单元不仅包括 ISPP 中未完成的赋值或选择操作,还包括对 ISPP 中安全要求的细化操作。

8.4.8 符合性声明的评估

8.4.8.1 目的

本条的目的是评估 ISST 的符合性声明是否给出了评估 ISST 的依据。

8.4.8.2 输入

ISST 文档。

8.4.8.3 评估行为

8.4.8.3.1 安全保障目的的符合性声明

工作单元 1:完备性

评估者**应检查**安全保障目的符合性声明,以确定是否 TOE 的所有安全保障目的都能追溯到 TOE 能够对抗的已标识威胁,或 TOE 遵循的组织安全策略。

评估者应确定 TOE 的每个安全保障目的能追溯到至少一个威胁或组织安全策略。

不能追溯就意味着安全保障目的符合性声明是不完备的、威胁或组织安全策略的表述是不完备的,或 TOE 的安全保障目的没有实际意义。

评估者应检查安全保障目的符合性声明,以确定环境安全保障目的是否能追溯到 TOE 环境能够对抗的已标识的威胁,或 TOE 环境遵循的组织安全策略,TOE 环境应满足的假设。

评估者应确定环境的每个安全保障目的能追溯到至少一个假设、威胁或组织安全策略。

不能追溯就意味着安全保障目的符合性声明是不完备的,威胁、假设或组织安全策略的表述是不完备的,或环境的安全目的没有实际意义。

工作单元 2:假设

评估者**应检查**安全保障目的符合性声明,以确定环境安全保障目的都有适于覆盖对应假设的适当理由。

如果没有环境安全目的追溯到对应假设,本工作单元为失败。

假设可以是有关 TOE 预期使用的假设,也可以是有关 TOE 预期使用环境的假设。

评估者应确定有关 TOE 预期使用的假设理由能够证明,如果实现了追溯到假设的所有环境安全保障目的,那么就支持预期的使用。

评估者应确定达到可以追溯到 TOE 预期使用的假设的所有环境安全保障目的时,这些安全保障目的实际上支持了预期的使用。

评估者应确定有关 TOE 应用环境的假设理由能够证明,如果实现了追溯到假设的所有环境安全保障目的,那么环境就与假设一致。

注:安全保障目的符合性声明中提供的从环境安全保障目的到假设的映射,可能是证明的一部分,但是其本身不构成证明。甚至在环境安全保障目的仅仅是对假设的重述情形下,还是需要说明对应的理由。

工作单元 3:威胁

评估者**应检查**安全保障目的符合性声明,以确定 TOE 安全保障目的都有适于对抗其对应安全威胁的适当理由。

如果没有 TOE 安全保障目的能追溯到对应的威胁,则本工作单元为失败。

评估者应确定有关安全威胁的论证能够阐明,如果所有能追溯到安全威胁的 TOE 安全保障目的都达到,那么就消除了这个威胁,或是这种威胁降低到可以接受的水平,或是这种威胁得到适当地减轻。

消除安全威胁的例子如下:

a) 消除使用来自安全威胁主体的攻击方法的能力;
b) 通过威慑方法,消除安全威胁主体的动机;
c) 消除安全威胁主体(如移走经常导致网络崩溃的机器)。

降低安全威胁的例子如下:

a) 在攻击方法上限制安全威胁主体;
b) 限制安全威胁主体的攻击机会;
c) 减少成功发起攻击的可能性;
d) 要求安全威胁主体有更高的专业知识或更多的资源。

减轻安全威胁后果的例子如下:

a） 资产的经常备份；

b） 拥有 TOE 备份；

c） 经常改变通信会话使用的密钥，这样可以相对减小密钥被攻破的机会。

注：安全保障目的符合性声明中提供的从 TOE 安全保障目的到安全威胁的映射，可能是理由的一部分，但是其本身不构成证明。即使在 TOE 安全保障目的仅仅反映防止特定安全威胁被发现的情形下，还是需要说明对应的理由。

工作单元 4：组织安全策略

评估者**应检查**安全保障目的符合性声明，以确定安全保障目的都有适于满足对应的组织安全策略的适当理由。

如果没有 TOE 安全保障目的能追溯到相应的组织安全策略，本工作单元为失败。

评估者应确定采用组织安全策略的理由能够证明，如果实现了追溯到组织安全策略的所有 TOE 安全保障目的，那么就实现了组织安全策略。

注：安全保障目的符合性声明中提供的从安全保障目的到组织安全策略的映射，可能是证明的一部分，但是其本身不构成证明。即使在安全保障目的仅仅反映实现特定的组织安全策略的情形下，还是需要说明对应的理由。

8.4.8.3.2 安全保障要求的符合性声明

工作单元 1：完备性

评估者**应检查**安全要求符合性声明，以确定安全保障要求（信息系统和环境）适于满足安全保障目的，并能够追溯到安全保障目的。

评估者应确定每个安全保障要求至少能映射到一个安全保障目的。

如果不能映射，则表明安全要求符合性声明是不完备的，安全保障目的是不完备的，或安全保障要求没有实际意义。

工作单元 2：合理性

评估者**应检查**安全要求符合性声明，是否充分证明了安全保障要求是恰当的。

评估者应确定安全要求符合性声明充分证明，安全环境和安全保障目的的陈述充分地导出了管理要求和工程要求。

可能包含的理由如：

a） 在 ISST 声称符合的 ISPP 中出现的管理要求和工程要求；

b） 评估体制、政府或其他组织实施的特定要求；

c） 与安全技术保障要求相关的管理要求和工程要求；

d） 与 TOE 一起使用的系统/产品的管理要求；

e） 用户的要求。

工作单元 3：相互支持

评估者**应检查**安全要求符合性声明，以确定它表明该组安全保障要求形成一个互相支持的整体。

本工作单元要求评估者考虑这种可能性：因缺乏其他安全保障要求的支持，安全保障目的实际上不能实现。

由于存在这样的情况，安全保障要求 A 依赖安全保障要求 B，而 B 通过定义支持 A，所以本工作单元建立在前面工作单元依赖性分析的基础上。

评估者应确定安全要求符合性声明能够表明安全保障要求在必要的时候互相支持，即使没有迹象表明这些要求之间存在依赖性。例如：

a） 防止其他安全功能要求的旁路，如 FDP_RVM.1；

b） 防止其他安全功能要求的篡改，如 FPT_SEP；

c） 防止其他安全功能要求的失效，如 FPT_MOF.1；

d) 激活挫败其他安全功能要求的攻击的探测,如FAU类的组件。

在分析时评估者应考虑已执行的操作是否影响要求间的相互支持。

工作单元4:一致性

评估者**应检查**安全要求符合性声明,以确定它表明该组安全保障要求是一致的。

评估者应确定在不同安全保障要求应用到同一类型的事件、操作、数据和实施的测试等情况下,这些要求可能会互相冲突,此时应提供适当的证明来说明事实并非如此。

如果ISST包含用户匿名方面的要求,则需要阐明这些要求不冲突。单个用户审计的可审计事件与用户匿名的操作无关。

一致性分析指南见A.1。

8.4.8.3.3 TOE概要规范的符合性声明

工作单元1:安全技术保障要求

评估者**应检查**TOE概要规范符合性声明,以确定对于每个安全技术控制要求而言,它都包含了证明安全技术控制恰好满足安全技术控制要求的合适理由。

如果没有安全技术控制追溯到安全技术控制要求,则本工作单元为不通过。

评估者确定有关安全技术控制要求的证明阐明了,如果所有追溯到安全技术控制要求的安全技术控制都已实现,则该安全技术控制要求就得到满足。

注:将TOE概要规范中提供的安全技术控制追溯到安全技术控制要求,可以作为证明的一部分,但其本身并不构成证明。

工作单元2:安全管理保障要求

评估者**应检查**TOE概要规范符合性声明,以确定对于每个安全管理控制要求而言,它都包含了证明安全管理控制恰好满足安全管理控制要求的合适理由。

如果没有安全管理控制追溯到安全管理控制要求,则本工作单元为不通过。

评估者确定有关安全管理控制要求的证明阐明了,如果所有追溯到安全管理控制要求的安全管理控制都已实现,则该安全管理控制要求就得到满足。

注:将TOE概要规范中提供的安全管理控制追溯到安全管理控制要求,可以作为证明的一部分,但其本身并不构成证明。

工作单元3:安全工程保障要求

评估者**应检查**TOE概要规范符合性声明,以确定对于每个安全工程控制要求而言,它都包含了证明安全工程控制恰好满足安全工程控制要求的合适理由。

如果没有安全工程控制追溯到安全工程控制要求,则本工作单元为不通过。

评估者确定有关安全工程控制要求的证明阐明,如果所有追溯到安全工程控制要求的安全工程控制都已实现,则该安全工程控制要求就得到满足。

注:将TOE概要规范中提供的安全工程控制追溯到安全工程控制要求,可以作为证明的一部分,但其本身并不构成证明。

9 信息系统安全保障措施评估

9.1 信息系统安全技术保障措施评估

9.1.1 概述

信息系统安全技术保障要求的评估是建立在GB/T 20274.2—2008基础之上的,以技术保障要求中的类作为评估TOE中技术保障要求的基础,子类作为评估活动,技术组件作为评估时的工作单元。

9.1.2 目的

本标准是对信息系统安全保障技术要求的评估提供指导性信息，以帮助评估者确定信息系统中采用的安全技术保障措施是否有效地符合了 TOE 中已申明的安全保障技术要求。

9.1.3 安全审计

本条是评估 TOE 的安全审计机制是否符合 GB/T 20274.2—2008 中安全审计(FAU)类的要求。

9.1.3.1 安全审计自动应答(FAU_ARP)

9.1.3.1.1 目的

本条的目的是评估信息系统的可审计事件自动响应机制。

9.1.3.1.2 输入

本活动的输入包括：

a) ISST 文档；

b) 信息系统安全策略；

c) 信息系统技术方案；

d) 信息系统风险评估文档；

e) 其他有关文档资料。

9.1.3.1.3 评估行为

工作单元:FAU_ARP.1 安全警告

a) 评估者**应检查**评估证据以确定组织机构是否规定了当 TOE 遭遇到潜在的安全侵害时，TOE 的安全警告机制所应采取的扰乱行动。例如，当发生安全事件时，TOE 通知授权用户，授权用户使产生潜在安全侵害的主体失效。

b) 评估者**应测试**当 TOE 检测到安全侵害事件时，安全警告机制是否采取规定的扰乱行动。

9.1.3.2 安全审计数据产生(FAU_GEN)

9.1.3.2.1 目的

本条的目的是评估 TOE 产生安全审计数据的机制。

9.1.3.2.2 输入

a) ISST 文档；

b) 信息系统安全策略；

c) 信息系统技术方案；

d) 信息系统风险评估文档；

e) 信息系统审计记录；

f) 其他有关文档资料。

9.1.3.2.3 评估行为

工作单元 1:FAU_GEN.1 审计数据产生

a) 评估者**应检查**评估证据以确定：

1） 组织机构定义的可审计事件；

审计活动可能会影响信息系统的性能，组织机构应确定信息系统的哪些组成部分需要参与审计活动，并且哪些事件是可审计事件。信息系统的组成部分可能包含以下组成部分，但不仅限于所述，例如：大型机、服务器(例如：数据库服务器、电子邮件服务器、WEB服务器等)、工作站、网络部件(例如：防火墙、网关、路由器等)、操作系统、中间件、应用系统。

2） 审计数据的产生；

TSF是否对规定的可审计事件生成审计记录；

TSF是否对审计功能的启动和关闭生成审计记录。

3） 审计记录的内容；

审计记录是否至少包含审计数据产生组件中所要求的审计内容；例如：事件发生的日期和时间，可审计事件的类型(及其他审计相关信息)，主体身份，事件的结果(成功或失败)。

b） 评估者**应测试**信息系统实现的审计数据产生机制。

工作单元2：FAU_GEN.2 用户身份关联

评估者**应测试**产生安全审计数据时，审计功能是否可将审计事件与引起该事件的主体身份相关联。

9.1.3.3 安全审计分析(FAU_SAA)

9.1.3.3.1 目的

本条的目的是评估信息系统的安全审计分析机制。

9.1.3.3.2 输入

本活动的输入包括：

a） ISST文档；

b） 信息系统安全策略；

c） 信息系统技术方案；

d） 信息系统风险评估文档；

e） 其他有关文档资料。

9.1.3.3.3 评估行为

工作单元1：FAU_SAA.1 潜在侵害分析

a） 评估者**应检查**评估证据以确定：审计功能在监视和分析系统活动及审计数据时所采用的机制；

b） 评估者**应测试** TOE是否是基于一组固定的规则监视和分析审计数据及系统活动。

工作单元2：FAU_SAA.1 基于轮廓的异常检测

a） 评估者**应检查**评估证据以确定：审计功能在监视和分析系统活动及审计数据时所采用的机制；

1） TSF是否可对系统使用轮廓进行维护；

2） TSF是否可对用户的“置疑等级”进行设置和修改。“置疑等级”代表该用户的当前活动与轮廓中已建立的使用模式不一致的程度；

3） 当用户的“置疑等级”超过规定的报告异常活动的门限条件时，TSF是否可指出即将发生的违背安全策略的事件。

b） 评估者应测试 TOE是否是基于系统轮廓(用户、行为、置疑等级)检测违反安全策略的行为。

工作单元3：FAU_SAA.3 简单攻击探测

a） 评估者**应检查**评估证据以确定：审计功能在监视、分析系统活动和审计数据时所采用的机制；

1） TSF是否可对“特征事件”的内部表示进行维护，“特征事件”代表系统事件的一个子集，这些事件的发生可能预示着 TOE 中发生了违反安全策略的行为；

2) TSF 是否可用“特征事件”与可辩别的系统活动记录进行比较，这些记录是从决定系统活动的检测信息中产生；

3) 在发现一个系统事件与“特征事件”相匹配时，TSF 是否可报告即将发生的违背安全策略的行为。

b) 评估者**应测试** TOE 实现的简单攻击探测机制。

工作单元 4：FAU_SAA.4 复杂攻击探测

a) 评估者**应检查**评估证据以确定：

1) TSF 是否可对“已知入侵情景的事件序列”和“违犯安全策略的特征事件集”的内部表示进行维护；

——已知入侵情景的事件序列：系统事件列表，它们表示发生了已知的渗透攻击；

——特征事件集：代表系统事件的一个子集，这些事件的发生可能预示着产生了违反安全策略的行为。

2) TSF 是否可用“特征事件”和“事件序列”与可辩别的系统活动记录进行比较，这些记录是从决定系统活动的检测信息中产生；

3) 在发现一个系统事件与“特征事件”或“事件序列”相匹配时，TSF 是否可报告即将发生的违背安全策略的行为。

b) 评估者**应测试** TOE 实现的复杂攻击探测机制。

9.1.3.4 安全审计查阅(FAU_SAR)

9.1.3.4.1 目的

本条的目的是评估信息系统的安全审计查阅机制。

9.1.3.4.2 输入

本活动的输入包括：

a) ISST 文档；

b) 信息系统安全策略；

c) 信息系统技术方案；

d) 信息系统风险评估文档；

e) 信息系统审计记录；

f) 其他有关文档资料。

9.1.3.4.3 评估行为

工作单元 1：FAU_SAR.1 审计查阅

a) 评估者**应确定**审计功能是否提供查阅审计数据的工具；

b) 评估者**应确定**查阅的审计数据是否为用户可理解的形式。

工作单元 2：FAU_SAR.2 有限审计查阅

a) 评估者**应检查**评估证据，以确定组织机构是否指派了可查阅审计数据的人员；

b) 评估者**应确定**信息系统是否是仅允许授权人员查阅审计数据。

工作单元 3：FAU_SAR.3 可选审计查阅

评估者**应确定**审计数据查阅工具是否具备可选择性查阅审计数据的能力。

9.1.3.5 安全审计事件选择(FAU_SEL)

9.1.3.5.1 目的

本条的目的是评估信息系统对安全审计事件选择的机制。

9.1.3.5.2 输入

本活动的输入包括:

a) ISST 文档;
b) 信息系统安全策略;
c) 信息系统技术方案;
d) 信息系统风险评估文档;
e) 信息系统审计记录;
f) 其他有关文档资料。

9.1.3.5.3 评估行为

工作单元:FAU_SEL.1 选择性审计

a) 评估者**应检查**评估证据以确定,TSF 是否可根据属性(客体身份、用户身份、主体身份、主机身份、事件类型、或其他属性等)包括或排除审计事件集中的可审计事件;
b) 评估者**应确定**审计功能是否具备选择可审计事件的能力。

9.1.3.6 安全审计事件存储(FAU_STG)

9.1.3.6.1 目的

本条的目的是评估信息系统存储安全审计数据的机制。

9.1.3.6.2 输入

本活动的输入包括:

a) ISST 文档;
b) 信息系统安全策略;
c) 信息系统技术方案;
d) 信息系统风险评估文档;
e) 其他有关文档资料。

9.1.3.6.3 评估行为

工作单元 1:FAU_STG.1 受保护的审计迹存储

a) 评估者**应检查**评估证据以确定:
    1) 组织机构是否在相关文档中规定了保护对审计信息作未授权的访问、修改和删除;
    2) TSF 是否实现了限制审计信息的未授权删除;
    3) TSF 是否实现了防止或检测对审计信息作未授权的修改;
b) 评估者应测试 TOE 实现的受保护的审计迹存储机制。

工作单元 2:FAU_STG.2 审计数据可用性保证

a) 评估者**应检查**评估证据以确定:
    1) 组织机构是否在相关文档中规定了保护对审计信息作未授权的访问、修改和删除;

2） TSF 是否实现了限制未授权删除审计数据；
3） TSF 是否实现了防止或检测对审计信息作未授权的修改；
4） TSF 是否可保证在审计数据可用性保证技术组件中列举的事件发生时(例如，审计迹耗尽、存储失败或受到攻击)，在规定的度量内保存的审计数据的有效性；
例如，度量值为“100 000”，代表存储至少 100 000 条审计记录，在审计迹耗尽、存储失败或受到攻击时，应保证有 100 000 条审计记录没被破坏。

b） 评估者应测试 TOE 实现的保证审计数据可用性的机制。

工作单元 3：FAU_STG.3 在审计数据可能丢失情况下的行为

a） 评估者**应检查**评估证据以确定：
1） 组织机构是否为保存审计数据分配了足够的存储空间；
2） 组织机构是否规定了当审计迹超过预置的限度时应采取的保护行为，以防止审计数据丢失。例如通知授权用户。

b） 评估者应测试审计功能是否在审计数据可能丢失情况下采取了规定的动作。

工作单元 4：FAU_STG.4 防止审计数据丢失

a） 评估者**应检查**评估证据以确定：
1） 组织机构是否为保存审计数据分配了足够的存储空间；
2） TSF 对在审计迹满时，所采取的处理机制是否符合安全审计事件存储子类中防止审计数据丢失技术组件的要求(例如，“忽略可审计事件”或者“阻止产生可审计事件(对有特权的授权用户除外)”或者“覆盖所存储的最早的审计记录”)，并且采取一定的保护措施，例如通知授权用户。

b） 评估者应测试 TOE 防止审计数据丢失的保护机制。

9.1.4 通信

本条评估 TOE 的通信机制是否符合 GB/T 20274.2—2008 中通信(FCO)类的要求。

9.1.4.1 原发抗抵赖(FCO_NRO)

9.1.4.1.1 目的

本条的目的是评估信息系统的原发抗抵赖机制。

9.1.4.1.2 输入

本活动的输入包括：
a） ISST 文档；
b） 信息系统安全策略；
c） 信息系统技术方案；
d） 信息系统风险评估文档件；
e） 其他有关文档资料。

9.1.4.1.3 评估行为

工作单元 1：FCO_NRO.1 选择性原发证明

a） 评估者**应检查**评估证据以确定：
1） 当原发者(接收者或者第三方)请求原发证据时，TSF 是否有能力对所传送的信息(例如：电子 email 消息等)生成原发证据；

2） TSF是否可将申请证据的信息域（例如消息体）和信息原发者的属性（例如，原发者身份、发送时间和发送位置）进行关联；

3） TSF是否可在原发者（接收者或者第三方）验证信息原发证据时，按规定的限制条件对原发证据进行验证（例如，规定的一个条件是“对证据的验证应在24 h内进行”）。

b） 评估者**应测试**TOE实现的选择性原发证明机制。

工作单元2：FCO_NRO.2 强制性原发证明

a） 评估者**应检查**评估证据以确定：

1） TSF是否有能力对所传送的信息（例如电子email消息等）在任何时候强制生成原发证据；

2） TSF是否可将申请证据的信息域（例如消息体）和信息原发者的属性（例如，原发者身份、发送时间和发送位置）进行关联；

3） TSF是否可在原发者（接收者或者第三方）验证信息原发证据时，按规定的限制条件对原发证据进行验证（例如，规定的一个条件是“对证据的验证应在24 h内进行”）；

b） 评估者**应测试**TOE实现的强制性原发证明机制。

9.1.4.2 接收抗抵赖（FCO_NRR）

9.1.4.2.1 目的

本条的目的是评估信息系统的接收抗抵赖机制。

9.1.4.2.2 输入

本活动的输入包括：

a） ISST文档；

b） 信息系统安全策略；

c） 信息系统技术方案；

d） 信息系统风险评估文档件；

e） 其他有关文档资料。

9.1.4.2.3 评估行为

工作单元1：FCO_NRR.1 选择性接收证明

a） 评估者**应检查**评估证据以确定：

1） 当原发者（接收者或者第三方）请求接收证据时，TSF是否有能力对所传送的信息（例如，电子email消息等）生成接收证据；

2） TSF是否可将申请证据的信息域（例如消息体）和信息接收者的属性（例如，接收者身份、接收时间和接收位置）进行关联；

3） TSF是否可在原发者（接收者或者第三方）验证信息接受证据时，按规定的限制条件对接收证据进行验证（例如，规定的一个条件是“对证据的验证应在24 h内进行”）。

b） 评估者**应测试**TOE实现的选择性接收证明机制。

工作单元2：FCO_NRR.2 强制性接收证明

a） 评估者**应检查**评估证据以确定：

1） TSF是否有能力对所传送的信息（例如电子email消息等）在任何时候强制生成接收证据；

2） TSF是否可将申请证据的信息域（例如消息体）和信息接收者的属性（例如，接收者身份、

接收时间和接收位置)进行关联;

3) TSF是否可在原发者(接收者或者第三方)验证信息接收证据时,按规定的限制条件对接收证据进行验证(例如,规定的一个条件是"对证据的验证应在24 h内进行")。

b) 评估者**应测试**TOE实现的强制性接收证明机制。

9.1.5 密码支持

本条评估TOE的密码支持机制是否符合GB/T 20274.2—2008中密码支持(FCS)类的要求。

9.1.5.1 密钥管理(FCS_CKM)

9.1.5.1.1 目的

本条的目的是评估信息系统的密钥管理机制。

9.1.5.1.2 输入

本活动的输入包括:

a) ISST文档;
b) 信息系统安全策略;
c) 信息系统技术方案;
d) 信息系统风险评估文档件;
e) 其他有关文档资料。

9.1.5.1.3 评估行为

工作单元1:FCS_CKM.1密钥产生

评估者**应检查**评估证据以确定在产生密钥时,TSF是否是遵循规定标准的密钥生成算法和密钥长度来生成密钥。

工作单元2:FCS_CKM.2密钥分发

评估者**应检查**评估证据以确定在分发密钥时,TSF是否是遵循规定标准的密钥分发方法来分发密钥。

工作单元3:FCS_CKM.3密钥访问

评估者**应检查**评估证据以确定在执行密钥访问时,TSF是否是遵循规定标准的密钥访问方法来访问密钥。

工作单元4:FCS_CKM.4密钥销毁

评估者**应检查**评估证据以确定在销毁密钥时,TSF是否是遵循规定标准的密钥销毁方法来销毁密钥。

9.1.5.2 密码运算(FCS_COP)

9.1.5.2.1 目的

本条的目的是评估信息系统的密码运算机制。

9.1.5.2.2 输入

本活动的输入包括

a) ISST文档;
b) 信息系统安全策略;

c) 信息系统技术方案；

d) 信息系统风险评估文档；

e) 其他有关文档资料。

9.1.5.2.3 评估行为

工作单元：FCS_COP.1 密码运算

评估者**应检查**评估证据以确定在执行密码运算时，TSF 是否是遵循规定标准的密码算法和密钥长度来进行密码运算。

9.1.6 用户数据保护

本条评估 TOE 的用户数据保护机制是否符合 GB/T 20274.2—2008 中用户数据保护(FDP)类的要求。

9.1.6.1 访问控制策略(FDP_ACC)

9.1.6.1.1 目的

本条的目的是评估信息系统的访问控制策略机制。

9.1.6.1.2 输入

本活动的输入包括：

a) ISST 文档；

b) 信息系统安全策略；

c) 信息系统技术方案；

d) 信息系统风险评估文档；

e) 其他有关文档资料。

9.1.6.1.3 评估行为

工作单元 1：FDP_ACC.1 子集访问控制

a) 评估者**应检查**评估证据以确定 TSF 是否可对指定的主体、客体及 SFP 所涵盖的受控主体和受控客体间的操作执行访问控制 SFP；

b) 评估者应测试 TOE 实现的子集访问控制。

工作单元 2：FDP_ACC.2 完全访问控制

a) 评估者**应检查**评估证据以确定：

   1) TSF 是否可对指定的主体和客体执行访问控制 SFP，并且 SFP 涵盖主体和客体间的所有操作；

   2) TSF 是否可保证在 TSC 内的任何主体和客体之间的任一操作都由一个访问控制 SFP 所涵盖。

b) 评估者**应测试** TOE 实现的完全访问控制。

9.1.6.2 访问控制功能(FDP_ACF)

9.1.6.2.1 目的

本条的目的是评估信息系统的访问控制功能机制。

9.1.6.2.2 **输入**

本活动的输入包括：

a) ISST 文档；
b) 信息系统安全策略；
c) 信息系统技术方案；
d) 信息系统风险评估文档；
e) 其他有关文档资料。

9.1.6.2.3 **评估行为**

工作单元：FDP_ACF.1 基于安全属性的访问控制

a) 评估者**应检查**评估证据以确定：
   1) TSF 是否可基于指定的安全属性(例如，时间、位置、ACL 等)或命名的安全属性组对客体执行访问控制 SFP，在 FDP_ACC 组件中定义访问控制 SFP 和该策略的控制范围；
   2) TSF 是否是通过对受控客体采取受控操作来管理访问的规则，以决定受控主体和受控客体间的操作是否被允许；
   3) TSF 是否是基于安全属性明确授权主体访问客体的规则授权主体对客体的访问；
   4) TSF 是否是基于安全属性明确拒绝主体访问客体的规则拒绝主体对客体的访问。
b) 评估者**应测试** TOE 实现的基于安全属性的访问控制机制。

9.1.6.3 **数据鉴别(FDP_DAU)**

9.1.6.3.1 **目的**

本条的目的是评估信息系统的数据鉴别机制。

9.1.6.3.2 **输入**

本活动的输入包括：

a) ISST 文档；
b) 信息系统安全策略；
c) 信息系统技术方案；
d) 信息系统风险评估文档；
e) 其他有关文档资料。

9.1.6.3.3 **评估行为**

工作单元 1：FDP_DAU.1 基本数据鉴别

a) 评估者**应检查**评估证据以确定：
   1) TSF 是否具备生成证据的能力，该证据可作为验证指定的客体(或信息类型)有效性的保证书；
   2) TSF 是否为指定的主体提供验证证据的能力，以验证指定信息的有效性。
      例如：可通过单向散列函数(密码校验和、指纹、信息摘要)，对一个确定的文档产生一个散列值，用于验证文档信息内容的有效性或真实性。
b) 评估者**应测试** TOE 实现的基本数据鉴别机制。

工作单元 2：FDP_DAU.2 伴有保证者身份的数据鉴别

a) 评估者**应检查**评估证据以确定：

1) TSF 是否具备生成证据的能力，该证据可作为验证指定的客体(或信息类型)有效性的保证书；
2) TSF 是否为指定的主体提供验证证据的能力，以验证指定信息的有效性，并且可提供生成证据的用户身份(例如：可信的第三方)。

b) 评估者**应测试** TOE 实现的伴有保证者身份的数据鉴别机制。

9.1.6.4 输出到 TSF 控制之外(FDP_ETC)

9.1.6.4.1 目的

本条的目的是评估从信息系统输出用户数据的机制。

9.1.6.4.2 输入

本活动的输入包括：

a) ISST 文档；
b) 信息系统安全策略；
c) 信息系统技术方案；
d) 信息系统风险评估文档；
e) 其他有关文档资料。

9.1.6.4.3 评估行为

工作单元 1：FDP_ETC.1 没有安全属性的用户数据输出

a) 评估者**应检查**评估证据以确定：
   1) 当输出用户数据在 TSC 之外时，TSF 是否执行访问控制 SFP 或信息流控制 SFP 来控制用户数据的输出；
   2) TSF 是否只输出用户数据，不输出与用户数据关联的安全属性。
b) 评估者**应测试** TOE 实现的没有安全属性的用户数据输出机制。

工作单元 2：FDP_ETC.2 带有安全属性的用户数据输出

a) 评估者**应检查**评估证据以确定：
   1) 在输出用户数据在 TSC 之外时，TSF 是否执行访问控制 SFP 或信息流控制 SFP 来控制用户数据的输出；
   2) TSF 是否输出用户数据和与用户数据关联的安全属性；
   3) 在输出用户数据在 TSC 之外时，TSF 是否保证将所输出的用户数据与其安全属性准确的关联；
   4) 在输出用户数据在 TSC 之外时，TSF 是否执行其他的输出控制规则。
b) 评估者**应测试** TOE 实现的带有安全属性的用户数据输出机制。

9.1.6.5 信息流控制策略(FDP_IFC)

9.1.6.5.1 目的

本条的目的是评估信息系统的信息流控制策略的机制。

9.1.6.5.2 输入

本活动的输入包括：

a) ISST 文档；

b) 信息系统安全策略；

c) 信息系统技术方案；

d) 信息系统风险评估文档；

e) 其他有关文档资料。

9.1.6.5.3 评估行为

工作单元 1:FDP_IFC.1 子集信息流控制

a) 评估者**应检查**评估证据以确定:TSF 是否可对指定的主体、信息及 SFP 所涵盖的导致受控信息流入、流出受控主体的操作执行信息流控制 SFP；

b) 评估者**应测试** TOE 实现的制定子集信息流控制策略机制。

工作单元 2:FDP_IFC.2 完全信息流控制

a) 评估者**应检查**评估证据以确定：

1) TSF 是否可对指定的主体和信息执行信息流控制 SFP,并且 SFP 涵盖导致信息流入、流出主体的所有操作；

2) TSF 是否可保证导致 TSC 内的任意信息流入、流出 TSC 内的任意主体的每一项操作都被一个信息流控制 SFP 覆盖。

b) 评估者**应测试** TOE 实现的制定完全信息流控制策略机制。

9.1.6.6 信息流控制功能(FDP_IFF)

9.1.6.6.1 目的

本条的目的是评估信息系统的信息流控制功能。

9.1.6.6.2 输入

本活动的输入包括：

a) ISST 文档；

b) 信息系统安全策略；

c) 信息系统技术方案；

d) 信息系统风险评估文档；

e) 其他有关文档资料。

9.1.6.6.3 评估行为

工作单元 1:FDP_IFF.1 简单安全属性

a) 评估者**应检查**评估证据以确定：

1) TSF 是否可基于指定类型的主体和信息的安全属性(例如:主体标识符、主体敏感性标签、信息敏感性标签等)执行信息流控制 SFP,在 FDP_IFC 中定义信息流控制 SFP 的名称和控制范围；

2) TSF 是否是允许在受控主体之间经由受控操作引起信息流的前提条件是:对每一个操作,在主体和信息安全属性间应拥有基于安全属性的关系；

3) TSF 是否可执行附加的信息流控制 SFP 规则；

4) TSF 若可执行附加的信息流控制 SFP 规则,TSF 是否提供了附加 SFP 的能力；

5) TSF 明确准许信息流动的规则是否是:基于安全属性,明确准许信息的流动；

6) TSF 明确拒绝信息流动的规则是否是:基于安全属性,明确拒绝信息的流动。

b) 评估者**应测试** TOE 实现的简单安全属性机制。

工作单元 2:FDP_IFF.2 分级安全属性

a) 评估者**应检查**评估证据以确定:

1) TSF 是否可基于指定类型的主体和信息的安全属性(例如:主体标识符、主体敏感性标签、信息敏感性标签等)执行信息流控制 SFP,在 FDP_IFC 中定义信息流控制 SFP 的名称和控制范围;

2) TSF 是否是允许在受控主体之间经由受控操作引起信息流的前提条件是:对每一个操作,在主体和信息安全属性间应拥有基于安全属性的关系,安全属性的关系为安全属性间的有序关系;

3) TSF 是否可执行附加的信息流控制 SFP 规则;

4) TSF 若可执行附加的信息流控制 SFP 规则,TSF 是否提供了附加 SFP 的能力;

5) TSF 明确准许信息流动的规则是否是:基于安全属性,明确准许信息的流动;

6) TSF 明确拒绝信息流动的规则是否是:基于安全属性,明确拒绝信息的流动;

7) 对任意两个有效的信息流控制安全属性,TSF 是否遵守下面的规则:

——存在排序功能,可对给定的两个有效的安全属性进行比较,以判断它们之间的关系是相等,或其中一个大于另一个,还是两者不可比较;

——在一组安全属性集中存在"最小上界",即:对给定的任意两个有效的安全属性,存在一个有效的安全属性大于或等于这两个有效安全属性;

——在一组安全属性集中存在"最大下界",即:对给定的任意两个有效的安全属性,存在一个有效的安全属性小于或等于这两个有效安全属性。

b) 评估者**应测试** TOE 实现的分级安全属性机制。

工作单元 3:FDP_IFF.3 受限的非法信息流

a) 评估者**应检查**评估证据以确定:TSF 是否执行信息流控制 SFP,以限制指定类型的非法信息流的流量不超过规定的最大容限;

b) 评估者**应测试** TOE 实现的受限的非法信息流机制。

工作单元 4:FDP_IFF.4 部分消除非法信息流

a) 评估者**应检查**评估证据以确定:

1) TSF 是否可执行信息流控制 SFP,以限制指定类型的非法信息流的流量不超过规定的最大容限;

2) TSF 是否可防止指定类型的非法信息流;

b) 评估者**应测试** TOE 实现的部分消除非法信息流机制。

工作单元 5:FDP_IFF.5 无非法信息流

评估者**应检查**评估证据以确定:TSF 是否可确保在指定的信息流控制 SFP 下的信息流中不存在非法信息流。

工作单元 6:FDP_IFF.6 非法信息流监视

a) 评估者**应检查**评估证据以确定:TSF 执行了信息流控制 SFP,以监视指定类型的非法信息流是否超过了指定的最大容限;

b) 评估者**应测试** TOE 实现的非法信息流监视机制。

9.1.6.7 从 TSF 控制之外输入(FDP_ITC)

9.1.6.7.1 目的

本条的目的是评估用户数据导入 TOE 时的机制。

9.1.6.7.2 输入

本活动的输入包括：

a) ISST 文档；

b) 信息系统安全策略；

c) 信息系统技术方案；

d) 信息系统风险评估文档；

e) 其他有关文档资料。

9.1.6.7.3 评估行为

工作单元 1:FDP_ITC.1 没有安全属性的用户数据输入

a) 评估者**应检查**评估证据以确定：

1) 当从 TSC 外输入用户数据时，TSF 是否执行访问控制 SFP 或信息流控制 SFP 来控制用户数据的输入；

2) 当从 TSC 外输入用户数据时，TSF 是否不输入用户数据的任何安全属性；

3) 当从 TSC 外输入用户数据时，TSF 是否执行其他的输入控制规则。

b) 评估者**应测试** TOE 实现的没有安全属性的用户数据输入机制。

工作单元 2:FDP_ITC.2 有安全属性的用户数据输入

a) 评估者**应检查**评估证据以确定：

1) 当从 TSC 外输入用户数据时，TSF 是否执行访问控制 SFP 或信息流控制 SFP 来控制用户数据的输入；

2) TSF 是否输入用户数据和输入与用户数据相关联的安全属性；

3) TSF 是否保证所使用的协议可在安全属性和接收到的用户数据之间提供明确的关联；

4) TSF 是否可保证对输入的用户数据安全属性的解释与用户数据源的使用意图一致；

5) 当从 TSC 外输入用户数据时，TSF 是否执行其他的输入控制规则。

b) 评估者**应测试** TOE 实现的有安全属性的用户数据输入机制。

9.1.6.8 **TOE 内部传输(FDP_ITT)**

9.1.6.8.1 目的

本条的目的是评估信息系统的 TOE 内部传输机制。

9.1.6.8.2 输入

本活动的输入包括：

a) ISST 文档；

b) 信息系统安全策略；

c) 信息系统技术方案；

d) 信息系统风险评估文档；

e) 其他有关文档资料。

9.1.6.8.3 评估行为

工作单元 1:FDP_ITT.1 基本的内部传送保护

a) 评估者**应检查**评估证据以确定：当在 TOE 物理上分隔的部分间传递用户数据时，TSF 是否执

行访问控制 SFP 或信息流控制 SFP,以防止用户数据泄露、修改或可用性丢失;

b) 评估者**应测试** TOE 实现的基本的内部传送保护机制。

工作单元 2:FDP_ITT.2 属性分隔传送

a) 评估者**应检查**评估证据以确定:

1) 当在 TOE 物理上分隔的部分间传递用户数据时,TSF 是否执行访问控制 SFP 或信息流控制 SFP,以防止用户数据泄露、修改或可用性丢失;

2) 当在 TOE 物理上分隔的部分间传递用户数据时,由 SFP 控制的用户数据,TSF 是否可按照指定的安全属性值对用户数据进行分隔;

例如,当分别传送具有不同拥有者的用户数据时,可用用户数据所有者的身份值来决定分隔传送的数据。或许在传送用户数据时,可使用不同的逻辑或物理信道来实现对用户数据的分隔。

b) 评估者**应测试** TOE 实现的属性分隔传送机制。

工作单元 3:FDP_ITT.3 完整性监视

a) 评估者**应检查**评估证据以确定:

1) 当在 TOE 物理上分隔的部分间传递用户数据时,TSF 是否执行访问控制 SFP 或信息流控制 SFP,以监视出现的规定的数据完整性错误,例如,数据篡改、数据替换、数据不可恢复的排序改变、数据重放、不完全的数据等完整性错误;

2) 当检测到一个数据完整性错误时,TSF 是否采取规定的动作,例如,忽略用户数据、重新请求数据,重新路由通过其他线路传输等。

b) 评估者**应测试** TOE 实现的完整性监视机制。

工作单元 4:FDP_ITT.4 基于属性的完整性监视

a) 评估者**应检查**评估证据以确定:

1) 当在 TOE 物理上分隔的部分间传递用户数据时,TSF 是否执行访问控制 SFP 或信息流控制 SFP,以监视基于指定的安全属性值在不同的信道中被传送的用户数据的完整性;

2) 当检测到一个数据完整性错误时,TSF 是否采取规定的动作,例如,忽略用户数据、重新请求数据、重新路由通过其他线路传输等。

b) 评估者**应测试** TOE 实现的基于属性的完整性监视机制。

9.1.6.9 残余信息保护(FDP_RIP)

9.1.6.9.1 目的

本条的目的是评估信息系统的残余信息保护机制。

9.1.6.9.2 输入

本活动的输入包括:

a) ISST 文档;

b) 信息系统安全策略;

c) 信息系统技术方案;

d) 信息系统风险评估文档;

e) 其他有关文档资料。

9.1.6.9.3 评估行为

工作单元 1:FDP_RIP.1 子集残余信息保护

评估者**应检查**评估证据以确定:为 TOE 中指定的客体分配资源或释放资源时,TSF 是否可保证任何以前的信息内容不可再重用。

例如：客体A是一个文件，客体B是驻留该文件的一个磁盘。如果客体A被删除，即使客体A仍是客体B的一部分，但客体“A”中的信息应受残余信息保护的控制。

工作单元2：FDP_RIP.2 完全残余信息保护

评估者**应检查**评估证据以确定：为TOE中的所有客体分配资源或释放资源时，TSF是否可保证任何以前的信息内容不可再重用。

9.1.6.10 回滚(FDP_ROL)

9.1.6.10.1 目的

本条的目的是评估信息系统的回退机制。

9.1.6.10.2 输入

本活动的输入包括：

a) ISST文档；

b) 信息系统安全策略；

c) 信息系统技术方案；

d) 信息系统风险评估文档件；

e) 其他有关文档资料。

9.1.6.10.3 评估行为

工作单元1：FDP_ROL.1 基本回退

a) 评估者**应检查**评估证据以确定：
   1) TSF是否允许按照访问控制SFP或信息流控制SFP回退在指定信息或客体上执行的指定操作；
   2) TSF是否设置了执行回退操作的限制条件，例如：可以回退在过去的2 min内所执行的操作；
   3) 在执行回退操作时，TSF是否遵守回退操作的限制条件。

b) 评估者**应测试**TOE实现的基本回退机制。

工作单元2：FDP_ROL.2 高级回退

a) 评估者**应检查**评估证据以确定：
   1) TSF是否允许按照访问控制SFP或信息流控制SFP回退在指定信息或客体上执行的所有操作；
   2) TSF是否设置了执行回退操作的限制条件，例如：可以回退在过去的2 min内所执行的操作；
   3) 在执行回退操作时，TSF是否遵守回退操作的限制条件。

b) 评估者**应测试**TOE实现的高级回退机制。

9.1.6.11 存储数据的完整性(FDP_SDI)

9.1.6.11.1 目的

本条的目的是评估信息系统存储数据的完整性机制。

9.1.6.11.2 输入

本活动的输入包括：

a) ISST 文档；
b) 信息系统安全策略；
c) 信息系统技术方案；
d) 信息系统风险评估文档件；
e) 其他有关文档资料。

9.1.6.11.3 评估行为

工作单元 1：FDP_SDI.1 存储数据完整性监视

a) 评估者**应检查**评估证据以确定：对 TSC 内的所有客体中存储的用户数据，TSF 是否可基于指定的用户数据属性监视可能出现的指定的完整性错误；
b) 评估者**应测试** TOE 实现的存储数据完整性监视机制。

工作单元 2：FDP_SDI.2 存储数据完整性监视和反应

a) 评估者**应检查**评估证据以确定：
   1) 对 TSC 内所有客体中存储的用户数据，TSF 是否可基于指定的用户数据属性监视可能出现的指定的完整性错误；
   2) 当存储数据时，若出现了指定的完整性错误，TSF 是否规定了处理行为；
   3) 当检测到存储的用户数据出现完整性错误时，TSF 是否采取规定的动作。
b) 评估者**应测试** TOE 实现的存储数据完整性监视和反应机制。

9.1.6.12 TSF 间用户数据保密性传送保护（FDP_UCT）

9.1.6.12.1 目的

本条的目的是评估信息系统传输用户数据时的保密性机制。

9.1.6.12.2 输入

本活动的输入包括：
a) ISST 文档；
b) 信息系统安全策略；
c) 信息系统技术方案；
d) 信息系统风险评估文档；
e) 其他相关资料或记录。

9.1.6.12.3 评估行为

工作单元：FDP_UCT.1 基本的数据交换保密性

a) 评估者**应检查**评估证据以确定：在 TOE 和其他可信信息系统/产品间发送或接受用户数据时，TSF 是否执行了规定的访问控制 SFP 或信息流控制 SFP，以保护用户数据被未授权的泄露；
b) 评估者**应测试** TOE 实现的基本的数据交换保密性机制。

9.1.6.13 TSF 间用户数据完整性传送保护（FDP_UIT）

9.1.6.13.1 目的

本条的目的是评估信息系统传输用户数据时的完整性机制。

9.1.6.13.2 输入

本活动的输入包括：

a) ISST 文档；
b) 信息系统安全策略；
c) 信息系统技术方案；
d) 信息系统风险评估文档；
e) 其他有关文档资料。

9.1.6.13.3 评估行为

工作单元 1:FDP_UDI.1 数据交换完整性

a) 评估者**应检查**评估证据以确定：
   1) 在 TOE 和其他可信信息系统/产品间发送或接受用户数据时，TSF 是否执行了规定的访问控制 SFP 或信息流控制 SFP，以防止用户数据被篡改(删除、插入或重用)；
   2) 在用户数据的接收端，TSF 是否可判断用户数据出现了篡改(删除、插入或重用)错误。
b) 评估者**应测试** TOE 实现的数据交换完整性机制。

工作单元 2:FDP_UDI.2 原发端数据交换恢复

a) 评估者**应检查**评估证据以确定：
   1) 从指明的传输错误中恢复原始用户数据时，TSF 是否执行了规定的访问控制 SFP 或信息流控制 SFP，以确定哪些数据可被恢复以及如何恢复；
   2) 在原发端可信信息系统/产品的帮助下，TSF 是否可从指明的数据完整性错误中恢复原始用户数据。
b) 评估者**应测试** TOE 实现的原发端数据交换恢复机制。

工作单元 3:FDP_UDI.3 接收端数据交换恢复

a) 评估者**应检查**评估证据以确定：
   1) 从指明的传输错误中恢复原始用户数据时，TSF 是否执行了规定的访问控制 SFP 或信息流控制 SFP，以确定哪些数据能被恢复以及如何恢复；
   2) 在没有原发端可信信息系统/产品的帮助下，TSF 是否可从指明的数据完整性错误中恢复原始用户数据。
b) 评估者**应测试** TOE 实现的接收端数据交换恢复机制。

9.1.7 标识和鉴别

本条评估 TOE 的标识和鉴别机制是否符合 GB/T 20274.2—2008 中标识和鉴别(FIA)类的要求。

9.1.7.1 鉴别失败(FIA_AFL)

9.1.7.1.1 目的

本条的目的是评估信息系统的鉴别失败处理机制。

9.1.7.1.2 输入

本活动的输入包括：

a) ISST 文档；
b) 信息系统安全策略；

c） 信息系统技术方案；

d） 信息系统风险评估文档；

e） 其他有关文档资料。

9.1.7.1.3 评估行为

工作单元：FIA_AFL.1 鉴别失败处理

a） 评估者**应检查**评估证据以确定：

1） 组织机构是否规定了允许不成功鉴别尝试的参数值，例如，允许的不成功鉴别尝试的最大次数；

2） 当鉴别尝试达到或超过规定的允许不成功鉴别尝试的最大次数时，组织机构是否规定了应采取的处理行为，例如，使尝试登录的终端失效、用户账号失效或向管理员报警等；

3） 在鉴别失败时，TSF 是否采取了规定的行动。

b） 评估者**应测试** TOE 实现的鉴别失败处理机制。

9.1.7.2 用户属性定义（FIA_ATD）

9.1.7.2.1 目的

本条的目的是评估信息系统的用户属性定义机制。

9.1.7.2.2 输入

本活动的输入包括：

a） ISST 文档；

b） 信息系统安全策略；

c） 信息系统技术方案；

d） 信息系统风险评估文档；

e） 其他有关文档资料。

9.1.7.2.3 评估行为

工作单元：FIA_ATD.1 用户属性定义

a） 评估者**应检查**评估证据以确定：

1） TSF 是否可根据执行 TSP 的要求定义用户安全属性，例如"许可""权限"等；

2） TSF 是否可维护单个用户的安全属性。

b） 评估者**应测试** TOE 实现的用户属性定义机制。

9.1.7.3 秘密的规范（FIA_SOS）

9.1.7.3.1 目的

本条的目的是评估信息系统秘密的规范。

9.1.7.3.2 输入

本活动的输入包括：

a） ISST 文档；

b） 信息系统安全策略；

c） 信息系统技术方案；

d) 信息系统风险评估文档；

e) 其他有关文档资料。

9.1.7.3.3 评估行为

工作单元 1:FIA_SOS.1 秘密的验证

a) 评估者**应检查**评估证据以确定：

1) TOE 使用的秘密的质量量度；

2) TSF 是否按照规定的质量量度验证用户生成的秘密的正确性。

b) 评估者**应测试** TOE 实现的秘密验证机制。

工作单元 2:TSF 秘密的生成(FIA_SOS.2)

a) 评估者**应检查**评估证据以确定：

1) TSF 是否可生成满足规定质量量度的秘密；

2) TSF 所生成的秘密是否是满足一定质量量度,并且符合指定的安全功能所需要的秘密。

b) 评估者**应测试** TOE 实现的 TSF 秘密的生成机制。

9.1.7.4 用户鉴别(FIA_UAU)

9.1.7.4.1 目的

本条的目的是评估信息系统的用户鉴别机制。

9.1.7.4.2 输入

本活动的输入包括：

a) ISST 文档；

b) 信息系统安全策略；

c) 信息系统技术方案；

d) 信息系统风险评估文档；

e) 其他有关文档资料。

9.1.7.4.3 评估行为

工作单元 1:FIA_UAU.1 鉴别定时

a) 评估者**应检查**评估证据以确定：

1) 组织机构是否规定了用户被鉴别前在 TOE 中可执行的动作,例如,可执行的动作仅是了解信息系统使命的必要内容,如 TOE 的联机帮助信息；

2) 对 TOE 执行的其他动作,TSF 是否都要对用户进行鉴别。

b) 评估者**应测试**用户在没有被成功鉴别之前,TSF 是否仅允许用户对 TOE 执行规定的动作。

工作单元 2:FIA_UAU.2 任何行动前的用户鉴别

a) 评估者**应检查**评估证据以确定对 TOE 执行所有动作之前,TSF 是否都要对用户进行鉴别；

b) 评估者**应测试** TOE 实现的任何行动前的用户鉴别机制。

工作单元 3:FIA_UAU.3 不可伪造的鉴别

a) 评估者**应检查**评估证据以确定：

1) TSF 是否可检测或防止用户使用伪造的鉴别数据；

2) TSF 是否可检测或防止用户使用从任何其他用户处复制的鉴别数据。

b) 评估者**应测试** TOE 实现的不可伪造的鉴别机制。

工作单元 4:FIA_UAU.4 一次性鉴别机制

a) 评估者**应检查**评估证据以确定 TOE 的鉴别机制所使用的鉴别数据是否是一次性的,TSF 是否可防止鉴别数据的重复使用;

b) 评估者**应测试** TOE 实现的一次性鉴别机制。

工作单元 5:FIA_UAU.5 多重鉴别机制

a) 评估者**应检查**评估证据以确定:

1) 对用户的鉴别,TSF 是否提供了多重鉴别机制,例如,口令机制、生物测定(视网膜扫描)、S/Key 机制;

2) TSF 是否可根据规定的规则使用多重鉴别机制来鉴别用户,这些规则描述了每一鉴别机制如何提供鉴别以及每一鉴别机制的使用时机。

例如:规定的规则列表中"对特殊权限的用户,使用口令机制和生物测定机制,只有两者都鉴别成功后,这次鉴别才成功;对所有其他用户只使用口令机制。"

b) 评估者**应测试** TOE 实现的多重鉴别机制。

工作单元 6:FIA_UAU.6 重鉴别

a) 评估者**应检查**评估证据以确定:TSF 是否可根据"需要重鉴别的条件列表"重新鉴别用户,例如:"一般用户在 1 天之内至少被鉴别 1 次;管理员可指定经常被重鉴别,但不要比每 10 min 1 次更频繁";

b) 评估者**应测试** TOE 实现的重鉴别机制。

工作单元 7:FIA_UAU.7 受保护的鉴别反馈

a) 评估者**应检查**评估证据以确定:

1) TOE 实现的鉴别过程中的反馈信息,例如,对输入的口令字符,在接收区域显示"哑元"(如星号),不显示原始字符;

2) 在鉴别时,TSF 是否仅提供鉴别反馈信息。

b) 评估者**应测试** TOE 实现的受保护的鉴别反馈机制。

9.1.7.5 用户标识(FIA_UID)

9.1.7.5.1 目的

本条的目的是评估信息系统的用户标识机制。

9.1.7.5.2 输入

本活动的输入包括:

a) ISST 文档;

b) 信息系统安全策略;

c) 信息系统技术方案;

d) 信息系统风险评估文档;

e) 其他有关文档资料。

9.1.7.5.3 评估行为

工作单元 1:FIA_UID.1 标识定时

a) 评估者**应检查**评估证据以确定:

1) 组织机构是否规定了用户被标识前在 TOE 中可执行的动作;

2) 对 TOE 执行的其他动作,TSF 是否都要对用户进行标识。

b) 评估者**应测试**用户在没有被成功标识之前，TSF是否仅允许用户对TOE执行规定的动作。

工作单元2:FIA_UID.2 任何行动前的用户标识

1) 评估者**应检查**评估证据以确定:对TOE执行所有动作之前，TSF是否都要对用户进行标识；

2) 评估者**应测试**TOE实现的任何行动前的用户标识机制。

9.1.7.6 用户_主体绑定(FIA_USB)

9.1.7.6.1 目的

本条的目的是评估信息系统的用户_主体绑定机制。

9.1.7.6.2 输入

本活动的输入包括：

a) ISST文档；

b) 信息系统安全策略；

c) 信息系统技术方案；

d) 信息系统风险评估文档；

e) 其他有关文档资料。

9.1.7.6.3 评估行为

工作单元:FIA_USB.1 用户-主体绑定

a) 评估者**应检查**评估证据以确定：

1) TSF是否将规定的用户安全属性关联到代表用户活动的主体上；

2) 如果规定了初始规则，TSF是否按照初始规则将用户安全属性与用户主体进行关联；

3) 如果规定了变更规则，TSF是否执行管理用户安全属性与用户主体间进行关联的变更规则。

b) 评估者**应测试**TOE实现的用户-主体绑定机制。

9.1.8 安全管理

本条评估TOE的安全管理机制是否符合GB/T 20274.2—2008中安全管理(FMT)类的要求。

9.1.8.1 TSF中功能的管理(FMT_MOF)

9.1.8.1.1 目的

本条的目的是评估信息系统对TSF中功能的管理机制。

9.1.8.1.2 输入

本活动的输入包括：

a) ISST文档；

b) 信息系统安全策略；

c) 信息系统技术方案；

d) 信息系统风险评估文档；

e) 其他有关文档资料。

9.1.8.1.3 评估行为

工作单元:FMT_MOF.1 安全功能行为的管理

a) 评估者**应检查**评估证据以确定:TSF 是否具备仅允许授权用户或角色对指定安全功能进行管理的能力(例如:确定安全功能的行为,禁止某个安全功能,允许某个安全功能,修改安全功能的行为;审计系统管理员启动或停止审计功能。)

b) 评估者**应测试**信息系统实现的安全功能行为的管理机制。

9.1.8.2 安全属性的管理(FMT_MSA)

9.1.8.2.1 目的

本条的目的是评估信息系统的安全属性管理机制。

9.1.8.2.2 输入

本活动的输入包括:

a) ISST 文档;

b) 信息系统安全策略;

c) 信息系统技术方案;

d) 信息系统风险评估文档;

e) 其他有关文档资料。

9.1.8.2.3 评估行为

工作单元 1:FMT_MSA.1 安全属性的管理

a) 评估者**应检查**评估证据以确定:TSF 是否具备仅允许授权用户或角色对规定的安全属性(例如,用户所属的组、用户承担的角色、进程的优先权)进行管理的能力(例如,改变安全属性的默认值、查询安全属性的值、修改或删除安全属性的值或其他操作);

b) 评估者**应测试**信息系统实现的安全属性的管理机制。

工作单元 2:FMT_MSA.1 安全的安全属性

a) 评估者**应检查**评估证据以确定:TSF 是否可使安全属性仅接受安全的值。所有可以接受的安全属性值的组合都使 TOE 处于一种安全状态;

b) 评估者**应测试**信息系统实现的安全的安全属性机制。

工作单元 3:FMT_MSA.3 静态属性初始化

a) 评估者**应检查**评估证据以确定:

  1) TSF 是否为执行访问控制 SFP 和信息流控制 SFP 提供安全属性的默认值(受限、许可、或其他特性);

  2) 当创建客体或信息时,TSF 是否允许指定的授权用户或角色指定初始值选项替代安全属性的默认值。

b) 评估者**应测试**信息系统实现的静态属性初始化机制。

9.1.8.3 TSF 数据的管理(FMT_MTD)

9.1.8.3.1 目的

本条的目的是评估信息系统的 TSF 数据的管理机制。

9.1.8.3.2 输入

本活动的输入包括：

a) ISST文档；

b) 信息系统安全策略；

c) 信息系统技术方案；

d) 信息系统风险评估文档；

e) 其他有关文档资料。

9.1.8.3.3 评估行为

工作单元1:FMT_MTD.1 TSF数据的管理

a) 评估者**应检查**评估证据以确定:TSF是否具备仅允许授权用户或角色对规定的TSF数据(例如,当前的时间、审计迹大小等)进行管理的能力(例如,改变默认值、查询、修改或删除或其他操作);

b) 评估者**应测试**信息系统实现的TSF数据的管理机制。

工作单元2:FMT_MTD.2 TSF数据限值的管理

a) 评估者**应检查**评估证据以确定：

1) TSF是否具备仅允许授权用户或角色对TSF数据的限制值进行修改的能力,例如:可修改审计迹大小的限值；

2) 当TSF数据达到或超过规定的限值时,TSF是否规定处理的行为；

3) 当TSF数据达到或超过规定的限值时,TSF是否采取规定的动作,例如:当审计迹达到或超过规定的审计迹限值时,TSF通知授权用户。

b) 评估者**应测试**信息系统实现的TSF数据限值的管理机制。

工作单元3:FMT_MTD.3 安全的TSF数据

a) 评估者**应检查**评估证据以确定:TSF是否对TSF数据仅接受安全的值,即:保证赋于TSF数据的值就安全状态而言是有效的。

b) 评估者**应测试**TOE实现的安全的TSF数据机制。

9.1.8.4 撤消(FMT_REV)

9.1.8.4.1 目的

本条的目的是评估信息系统的撤消机制。

9.1.8.4.2 输入

本活动的输入包括：

a) ISST文档；

b) 信息系统安全策略；

c) 信息系统技术方案；

d) 信息系统风险评估文档；

e) 其他有关文档资料。

9.1.8.4.3 评估行为

工作单元:FMT_REV.1 撤消

a) 评估者**应检查**评估证据以确定：

1) TSF是否具备使授权用户或角色在TSC内有对用户、主体或客体的安全属性执行撤消操作的能力；
2) TSF是否可按照撤消操作的规则对用户、主体或客体的安全属性执行撤消操作，例如，“对相关资源作下一次操作之前”可执行撤消操作。

b) 评估者**应测试**信息系统实现的撤消机制。

9.1.8.5 安全属性到期(FMT_SAE)

9.1.8.5.1 目的

本条的目的是评估信息系统安全属性有效期机制。

9.1.8.5.2 输入

本活动的输入包括：

a) ISST文档；
b) 信息系统安全策略；
c) 信息系统技术方案；
d) 信息系统风险评估文档；
e) 其他有关文档资料。

9.1.8.5.3 评估行为

工作单元:FMT_SAE.1 时限授权

a) 评估者**应检查**评估证据以确定：
1) TSF是否具备可使授权用户或角色对支持有效期的安全属性规定有效期的能力；
2) 当规定的安全属性的有效期到时，TSF是否可按照规定的动作对已到期的对象采取相应的行动。
例如：创建用户账号时，定义用户账号的有效期安全属性；当用户账号的有效期限达到时，规定采取行动“清除该账号”。

b) 评估者**应测试**TOE实现的时限授权机制。

9.1.8.6 安全管理角色(FMT_SMR)

9.1.8.6.1 目的

本条的目的是评估信息系统的安全管理角色机制。

9.1.8.6.2 输入

本活动的输入包括：

a) ISST文档；
b) 信息系统安全策略；
c) 信息系统技术方案；
d) 信息系统风险评估文档；
e) 其他有关文档资料。

9.1.8.6.3 评估行为

工作单元1:FMT_SMR.1 安全角色

a) 评估者**应检查**评估证据以确定：

1） 组织机构是否建立了适当的责任分工(例如，系统管理、配置管理、网络安全等)，并且职责的分配在利益上互相不冲突；
2） TSF是否可维护安全角色(例如，系统管理员、审计员等)；
3） TSF是否可为个人账号分配安全角色。

b） 评估者**应测试**TOE实现的安全角色机制。

工作单元2:FMT_SMR.2 安全角色限制

a） 评估者**应检查**评估证据以确定：
1） 组织机构是否建立了适当的责任分工(例如，系统管理、配置管理、网络安全等)，并且职责的分配在利益上互相不冲突；
2） TSF是否可维护安全角色(例如，系统管理员、审计员等)；
3） TSF是否可为个人账号分配安全角色；
4） 在为个人账号分配安全角色时，TSF是否设立角色分配限制条件，例如，一个账号不能同时承担审计员和系统管理员两种角色；
5） 在为个人账号分配安全角色时，TSF是否执行规定的角色分配限制条件。

b） 评估者**应测试**TOE实现的安全角色限制机制。

工作单元3:FMT_SMR.3 承担角色

a） 评估者**应检查**评估证据以确定：用户承担一角色时，TSF是否要求用户明确的请求承担该角色；例如：当一用户明确请求承担系统管理员角色时，TSF才赋予该用户系统管理员所具有的能力。

b） 评估者**应测试**TOE实现的承担角色机制。

9.1.9 隐私

本条评估TOE的隐私机制是否符合GB/T 20274.2—2008中隐私(FPR)类的要求。

9.1.9.1 匿名(FPR_ANO)

9.1.9.1.1 目的

本条的目的是评估信息系统的匿名机制。

9.1.9.1.2 输入

本活动的输入包括：

a） ISST文档；
b） 信息系统安全策略；
c） 信息系统技术方案；
d） 信息系统风险评估文档；
e） 其他有关文档资料。

9.1.9.1.3 评估行为

工作单元1:FPR_ANO.1 匿名

a） 评估者**应检查**评估证据以确定：TSF是否可保护规定的用户或主体的真实用户名，即：在该用户或主体与指定的主体、操作或客体关联时其真实姓名可不被泄露，例如“在投票表决应用系统中，主体的真正用户名应受到保护”；

b） 评估者**应测试**TOE实现的匿名机制。

工作单元 2:FPR_ANO.2 无征求信息的匿名

a) 评估者**应检查**评估证据以确定:

1) TSF 是否可对规定的用户或主体提供匿名保护,即在该用户或主体与规定的主体、操作或客体关联时其真实姓名可不被泄露;

2) TSF 是否可对指定的主体提供规定的服务,主体在使用该服务时不询问真实的用户名。

b) 评估者**应测试** TOE 实现的无征求信息的匿名机制。

9.1.9.2 假名(FPR_PSE)

9.1.9.2.1 目的

本条的目的是评估信息系统的假名机制。

9.1.9.2.2 输入

本活动的输入包括:

a) ISST 文档;

b) 信息系统安全策略;

c) 信息系统技术方案;

d) 信息系统风险评估文档;

e) 其他有关文档资料。

9.1.9.2.3 评估行为

工作单元 1:FPR_PSE.1 使用假名

a) 评估者**应检查**评估证据以确定:

1) TSF 是否可保护规定的用户或主体的真实用户名,即在该用户或主体与规定的主体、操作或客体关联时其真实姓名可不被泄露;

2) TSF 是否可为指定主体的真实用户名提供一定数目(一或多个)的化名;

3) TSF 或用户为真实用户名生成的化名是否符合化名的量度。

b) 评估者**应测试** TOE 实现的使用假名机制。

工作单元 2:FPR_PSE.2 可逆假名

a) 评估者**应检查**评估证据以确定:

1) TSF 是否可保护规定的用户或主体的真实用户名,即在该用户或主体与规定的主体、操作或客体关联时其真实姓名可不被泄露;

2) TSF 是否可为指定主体的真实用户名提供一定数目(一或多个)的化名;

3) TSF 或用户为真实用户名生成的化名是否符合化名的量度;

4) TSF 是否提供了可根据化名确定用户身份的能力,即在一定的条件下,授权用户或规定的可信主体可根据化名确定用户的真实身份。

b) 评估者**应测试** TOE 实现的可逆假名机制。

工作单元 3:FPR_PSE.3 化名假名

a) 评估者**应检查**评估证据以确定:

1) TSF 是否可保护规定的用户或主体的真实用户名,即在该用户或主体与规定的主体、操作或客体关联时其真实姓名可不被泄露;

2) TSF 是否可为指定主体的真实用户名提供一定数目(一或多个)的化名;

3) TSF 或用户为真实用户名生成的化名是否符合化名的量度;

4) TSF是否可按照化名引用规则,以决定在何种场合下对真实用户名引用同一化名,在何种场合下对真实用户名引用不同的化名。例如:当用户登录到相同的主机上时,使用唯一的化名。

b) 评估者**应测试**系统提供的化名假名机制。

9.1.9.3 不可关联性(FPR_UNL)

9.1.9.3.1 目的

本条的目的是评估信息系统的不可关联性机制。

9.1.9.3.2 输入

本活动的输入包括:

a) ISST文档;

b) 信息系统安全策略;

c) 信息系统技术方案;

d) 信息系统风险评估文档;

e) 其他有关文档资料。

9.1.9.3.3 评估行为

工作单元:FPR_UNL.1 不可关联性

a) 评估者**应检查**评估证据以确定TSF是否可使指定的用户或主体不能判断出执行某些具体操作的发起者,或不能从某些具体的操作中推断出某种关系;

例如,当一个用户多次的使用一些资源和服务时,其他的人不能将这些使用关联在一起。

b) 评估者**应测试**系统实现的不可关联性机制。

9.1.9.4 不可观察性(FPR_UNO)

9.1.9.4.1 目的

本条的目的是评估信息系统的不可观察性机制。

9.1.9.4.2 输入

本活动的输入包括:

a) ISST文档;

b) 信息系统安全策略;

c) 信息系统技术方案;

d) 信息系统风险评估文档;

e) 其他有关文档资料。

9.1.9.4.3 评估行为

工作单元1:FPR_UNO.1 不可观察性

a) 评估者**应检查**评估证据以确定:TSF是否可使规定的用户或主体不能观察到,受保护的用户或主体对指定的客体进行的规定操作,例如,当一个用户使用一个资源或服务时,第三方不能观察到该资源或服务正在被使用;

b) 评估者**应测试**系统实现的不可观察性机制。

工作单元 2:FPR_UNO.2 影响不可观察性的信息的分配

a) 评估者**应检查**评估证据以确定:
   1) TSF 是否可使规定的用户或主体不能观察到,受保护的用户或主体对指定的客体进行的规定操作;
   2) TSF 是否可在 TOE 的不同部分间分派与不可观察性有关的信息,并且在信息的整个生命周期内要保持这种情形;
   例如,与用户隐私有关的信息在 TOE 内是分布式的,这样攻击者可能就不知道应将 TOE 的哪一部分作为攻击目标,或者是否需要攻击 TOE 的多个部分。
b) 评估者**应测试**系统实现的影响不可观察性的信息的分配机制。

工作单元 3:FPR_UNO.3 无征求信息的不可观察性

a) 评估者**应检查**评估证据以确定:TSF 是否对指定的主体提供规定的服务,在使用这些服务时不需要涉及与私密性相关的信息;
b) 评估者**应测试**系统实现的无征求信息的不可观察性机制。

工作单元 4:FPR_UNO.4 授权用户可观察性

a) 评估者**应检查**评估证据以确定:TSF 是否可为指定的授权用户提供观察资源或服务使用情况的能力;
b) 评估者**应测试**系统实现的授权用户可观察性机制。

9.1.10 TSF 保护

本条评估 TOE 的 TSF 保护机制是否符合 GB/T 20274.2—2008 中 TSF 保护(FPT)类中的要求。

9.1.10.1 基本抽象机测试(FPT_AMT)

9.1.10.1.1 目的

本条的目的是评估信息系统的基本抽象机测试机制。

9.1.10.1.2 输入

本活动的输入包括:

a) ISST 文档;
b) 信息系统安全策略;
c) 信息系统技术方案;
d) 信息系统风险评估文档;
e) 其他有关文档资料。

9.1.10.1.3 评估行为

工作单元:FPT_AMT.1 抽象机测试

a) 评估者**应检查**评估证据以确定:TSF 是否可(在初始化启动期间、正常运转时周期性地、由授权用户提出请求时)执行一组测试以验证 TSF 所依赖的抽象机所提供的安全假定可正确运行;抽象机:可以是一个硬件/固件平台或者是底层的且先前已评估的硬件/软件组合构成的一个虚拟机。对抽象机的测试可使用上电测试,受载测试等。
b) 评估者**应测试** TOE 实现的抽象机测试机制。

9.1.10.2　**抗失败安全(FPT_FLS)**

9.1.10.2.1　**目的**

本条的目的是评估信息系统的抗失败安全机制。

9.1.10.2.2　**输入**

本活动的输入包括：

a)　ISST 文档；

b)　信息系统安全策略；

c)　信息系统技术方案；

d)　信息系统风险评估文档；

e)　其他有关文档资料。

9.1.10.2.3　**评估行为**

工作单元:FPT_FLS.1 带保持安全状态的失败

a)　评估者**应检查**评估证据以确定 TSF 是否在安全功能发生某些类型的失败时,使 TOE 仍能保持在一个安全状态下；

“安全状态”表示在此状态下 TSF 数据是一致的,TSF 仍可继续正确执行 TSP。

b)　评估者**应测试** TOE 实现的带保持安全状态的失败处理机制。

9.1.10.3　**输出 TSF 数据的可用性(FPT_ITA)**

9.1.10.3.1　**目的**

本条的目的是评估信息系统的输出 TSF 数据的可用性机制。

9.1.10.3.2　**输入**

本活动的输入包括：

a)　ISST 文档；

b)　信息系统安全策略；

c)　信息系统技术方案；

d)　信息系统风险评估文档；

e)　其他有关文档资料。

9.1.10.3.3　**评估行为**

工作单元:FPT_ITA.1 在所定义可用性量度范围内的 TSF 间的可用性

a)　评估者**应检查**评估证据以确定在 TSF 与远程可信任信息系统/产品之间传输 TSF 数据(例如:口令、密钥、审计数据)时,TSF 是否在确保可用性的条件下(例如:在信息系统和远程可信任信息系统/产品之间应建立一个连接),针对不同类型的 TSF 数据所定义的可用性量度值内可保证 TSF 数据的可用性；

b)　评估者**应测试** TOE 实现的可用性量度范围内的 TSF 间的可用性的保护机制。

9.1.10.4　**输出 TSF 数据的保密性(FPT_ITC)**

9.1.10.4.1　**目的**

本条的目的是评估信息系统的输出 TSF 数据的保密性机制。

9.1.10.4.2 输入

本活动的输入包括：

a) ISST 文档；

b) 信息系统安全策略；

c) 信息系统技术方案；

d) 信息系统风险评估文档；

e) 其他有关文档资料。

9.1.10.4.3 评估行为

工作单元：FPT_ITC.1 传输过程中 TSF 间的保密性

a) 评估者**应检查**评估证据以确定：在 TSF 与远程可信任信息系统/产品之间传输 TSF 数据（例如：口令、密钥、审计数据）时，TSF 是否可保护 TSF 数据不被泄露；

b) 评估者**应测试** TOE 实现的传输过程中 TSF 间的保密性机制。

9.1.10.5 输出 TSF 数据的完整性（FPT_ITI）

9.1.10.5.1 目的

本条的目的是评估信息系统的输出 TSF 数据的完整性机制。

9.1.10.5.2 输入

本活动的输入包括：

a) ISST 文档；

b) 信息系统安全策略；

c) 信息系统技术方案；

d) 信息系统风险评估文档；

e) 其他有关文档资料。

9.1.10.5.3 评估行为

工作单元 1：FPT_ITI.1TSF 间修改的检测

a) 评估者**应检查**评估证据以确定：

1) 在 TSF 和远程可信任信息系统/产品之间传输 TSF 数据（例如，口令、密钥、审计数据）时，TSF 是否可根据“修改度量标准”检测对 TSF 数据的修改。修改度量标准：定义的所期望的修改检测强度；

2) TSF 是否可验证在 TSF 与远程可信信息系统间传输的所有 TSF 数据的完整性；

3) 如果检测到 TSF 数据已被修改时，TSF 是否有相应的处理行为，例如忽略 TSF 数据，要求原发可信系统/产品再一次发送 TSF 数据等。

b) 评估者**应测试** TOE 实现的 TSF 间修改的检测机制。

工作单元 2：FPT_ITI.2 TSF 间修改的检测与改正

a) 评估者**应检查**评估证据以确定：

1) 在 TSF 和远程可信任信息系统/产品之间传输 TSF 数据（例如，口令、密钥、审计数据）时，TSF 是否可根据“修改度量标准”检测对 TSF 数据的修改；

2) TSF 是否可验证在 TSF 与远程可信信息系统间传输的所有 TSF 数据的完整性；

3) 如果检测到 TSF 数据已被修改时,TSF 是否具备采取相应动作的能力,例如:忽略 TSF 数据,要求原发可信系统/产品再一次发送 TSF 数据等;
4) 在规定的修改类型内,TSF 是否可对检测到已被修改的 TSF 数据进行恢复。

b) 评估者**应测试** TOE 实现的 TSF 间修改的检测与改正机制。

9.1.10.6 TOE 内 TSF 数据的传送(FPT_ITT)

9.1.10.6.1 目的

本条的目的是评估信息系统的 TOE 内 TSF 数据的传送机制。

9.1.10.6.2 输入

本活动的输入包括:

a) ISST 文档;
b) 信息系统安全策略;
c) 信息系统技术方案;
d) 信息系统风险评估文档;
e) 其他有关文档资料。

9.1.10.6.3 评估行为

工作单元 1:FPT_ITT.1 内部 TSF 数据传输的基本保护

a) 评估者**应检查**评估证据以确定通过内部信道在 TOE 不同部分间传输 TSF 数据时,TSF 是否可防止泄露或修改被传输的 TSF 数据;
b) 评估者**应测试** TOE 实现的内部 TSF 数据传输的基本保护机制。

工作单元 2:FPT_ITT.2 TSF 数据传输的分离

a) 评估者**应检查**评估证据以确定:
   1) 通过内部信道在 TOE 不同部分间传输 TSF 数据时,TSF 是否可防止泄露或修改被传输的 TSF 数据;
   2) 当在 TOE 不同部分间传输 TSF 数据与用户数据的混合数据时,TSF 是否可将用户数据和 TSF 数据分开。
b) 评估者**应测试** TOE 实现的 TSF 数据传输的分离机制。

工作单元 3:FPT_ITT.3 TSF 数据完整性的监视

a) 评估者**应检查**评估证据以确定:
   1) 通过内部信道在 TOE 不同部分间传输 TSF 数据时,TSF 是否可监测被传输的 TSF 数据的完整性,例如,在传输 TSF 数据时,可监视的完整性错误:对数据的修改、替换、重排、删除或任何其他的类型的变更;
   2) 当检测到数据完整性错误时,TSF 是否可采取相应的处理动作。
b) 评估者**应测试** TOE 实现的 TSF 数据完整性的监视机制。

9.1.10.7 TSF 物理保护(FPT_PHP)

9.1.10.7.1 目的

本条的目的是评估信息系统的 TSF 物理保护机制。

9.1.10.7.2 输入

本活动的输入包括:

a) ISST 文档；
b) 信息系统安全策略；
c) 信息系统技术方案；
d) 信息系统风险评估文档；
e) 其他有关文档资料。

9.1.10.7.3 评估行为

工作单元 1：FPT_PHP.1 物理攻击的被动检测

a) 评估者**应检查**评估证据以确定：
   1) TSF 是否可对危及 TSF 安全的物理攻击（例如，机械攻击、辐射、温度改变）做明确检测，是赋予授权用户验证侵害是否发生的职责，TSF 具备为授权用户提供检测被篡改的能力；
   2) 在 TSF 设备或 TSF 元件已被物理篡改时，TSF 是否具有判断的能力（例如一个基于硬件对电路检测的系统，当授权用户按下一个按钮时，若电路是断开的，一个发光二级管就亮了）。
b) 评估者**应测试** TOE 实现的物理攻击的被动检测机制。

工作单元 2：FPT_PHP.2 物理攻击报告

a) 评估者**应检查**评估证据以确定：
   1) TSF 是否可对危及 TSF 安全的物理攻击（例如，机械攻击、辐射、温度改变）做明确检测；
   2) TSF 是否具有判断 TSF 设备或 TSF 元件已被物理篡改的能力；
   3) TSF 是否可监视需要主动检测的 TSF 设备及元件，在该类 TSF 设备或 TSF 元件遭受到物理篡改时，TSF 是否可通知指定的授权用户或角色。
b) 评估者**应测试** TOE 实现的物理攻击报告机制。

工作单元 3：FPT_PHP.3 物理攻击抵抗

a) 评估者**应检查**评估证据以确定：对指定的 TSF 设备或 TSF 元件子集，TSF 是否可对物理篡改的特定情节（例如，观察、分析或修改）自动作出响应；
b) 评估者**应测试** TOE 实现的物理攻击抵抗机制。

9.1.10.8 可信恢复（FPT_RCV）

9.1.10.8.1 目的

本条的目的是评估信息系统的可信恢复机制。

9.1.10.8.2 输入

本活动的输入包括：
a) ISST 文档；
b) 信息系统安全策略；
c) 信息系统技术方案；
d) 信息系统风险评估文档；
e) 其他有关文档资料。

9.1.10.8.3 评估行为

工作单元 1：FPT_RCV.1 手工恢复

a) 评估者**应检查**评估证据以确定：当 TOE 发生指定的失败或服务中断时（例如：电力故障、审计耗尽、任何失效或中断)，TSF 是否可进入一种维护模式，在该模式下 TOE 具备可恢复到一个安全状态的能力；

b) 评估者**应测试** TOE 实现的手工恢复机制。

工作单元 2:FPT_RCV.2 自动恢复

a) 评估者**应检查**评估证据以确定：

1) 当 TOE 不能从指定的失败或服务中断中自动恢复时，TSF 是否可进入一种维护模式，在该模式下 TOE 具备可恢复到一个安全状态的能力；

2) 当 TOE 发生指定的失败或服务中断时，TSF 是否可通过自动化过程使 TOE 返回到一个安全状态。

b) 评估者**应测试** TOE 实现的自动恢复机制。

工作单元 3:FPT_RCV.3 无过度损失的自动恢复

a) 评估者**应检查**评估证据以确定：

1) 当 TOE 不能从指定的失败或服务中断中自动恢复时，TSF 是否可进入一种维护模式，在该模式下 TOE 具备可恢复到一个安全状态的能力；

2) 当 TOE 发生列举的失败或服务中断时，TSF 是否可通过自动化过程使 TOE 返回到一个安全状态；

3) 由 TSF 提供的从失败或服务中断状态下的恢复功能，TSF 是否可保证损失的 TSF 数据或 TSC 内的客体是在规定的度量范围内，并使 TOE 恢复到安全初始状态。在规定的度量范围内损失的 TSF 数据或 TSC 内的客体数量是可接受的；

4) TSF 是否具备判断客体应具有的能力已被恢复的能力。

b) 评估者**应测试** TOE 实现的无过度损失的自动恢复机制。

工作单元 4:FPT_RCV.4 功能恢复

a) 评估者**应检查**评估证据以确定：TSF 是否可确保对列举的安全功能和失败情景进行完备的恢复，即：安全功能或者可成功地执行完成，或者对指明的失败情景恢复到一致且安全的状态；

b) 评估者**应测试** TOE 实现的功能恢复机制。

9.1.10.9 重放检测(FPT_RPL)

9.1.10.9.1 目的

本条的目的是评估信息系统的重放检测机制。

9.1.10.9.2 输入

本活动的输入包括：

a) ISST 文档；

b) 信息系统安全策略；

c) 信息系统技术方案；

d) 信息系统风险评估文档；

e) 其他有关文档资料。

9.1.10.9.3 评估行为

工作单元：FPT_RPL.1 重放检测

a) 评估者**应检查**评估证据以确定：

1) TSF 是否可对规定类型的实体(例如，消息、服务请求、服务响应和用户会话等)进行重放行为的检测；

2） 当检测到重放行为时，TSF 是否可采取相应的动作（例如忽略被重放的实体，请求确认实体的来源，并且终止重放实体的原发主体）。

b） 评估者**应测试** TOE 实现的重放检测机制。

9.1.10.10 参照仲裁（FPT_RVM）

9.1.10.10.1 目的

本条的目的是评估信息系统的参照仲裁机制。

9.1.10.10.2 输入

本活动的输入包括：

a） ISST 文档；

b） 信息系统安全策略；

c） 信息系统技术方案；

d） 信息系统风险评估文档；

e） 其他有关文档资料。

9.1.10.10.3 评估行为

工作单元：FPT_RVM.1 TSP 的不可旁路性

a） 评估者**应检查**评估证据以确定 TSF 是否可使 TSP 中的所有 SFP 都不被旁路，即在 TSC 内的每一项功能可以继续执行之前，执行 TSP 的功能都要被调用并且执行成功；

b） 评估者**应测试** TOE 实现的 TSP 的不可旁路性机制。

9.1.10.11 域分离（FPT_SEP）

9.1.10.11.1 目的

本条的目的是评估信息系统的域分离机制。

9.1.10.11.2 输入

本活动的输入包括：

a） ISST 文档；

b） 信息系统安全策略；

c） 信息系统技术方案；

d） 信息系统风险评估文档；

e） 其他有关文档资料。

9.1.10.11.3 评估行为

工作单元 1：FPT_SEP.1 TSF 域分离

a） 评估者**应检查**评估证据以确定：

1） TSF 是否为自身的执行提供了保护域，以防止 TSF 受到不可信主体的干扰和篡改（例如：修改 TSF 代码或 TSF 数据结构）；

2） TSF 是否在 TSC 中各主体之间划分了不同的安全域。

b） 评估者**应测试** TOE 实现的 TSF 域分离机制。

工作单元 2:FPT_SEP.2 SFP 域分离

a) 评估者**应检查**评估证据以确定:
   1) TSF 是否为 TSF 中执行 SFP 的部分提供了保护域,以防止该部分受到不可信主体的干扰和篡改;
   2) TSF 是否在 TSC 中各主体之间划分了不同的安全域;
   3) TSF 是否为 TSF 中涉及访问控制策略和信息流控制策略的部分提供了保护域,以防止该部分受到 TSF 中的剩余部分及相对于这些 SFP 而言是不可信的主体的干扰和篡改。
b) 评估者**应测试** TOE 实现的 SFP 域分离机制。

工作单元 3:FPT_SEP.3 完全的参照监视器

a) 评估者**应检查**评估证据以确定:
   1) TSF 是否为 TSF 中执行 SFP 的部分提供了保护域,以防止该部分受到不可信主体的干扰和篡改;
   2) TSF 是否在 TSC 中各主体之间划分了不同的安全域;
   3) TSF 是否为 TSF 中执行访问控制策略和信息流控制策略的部分提供了保护域,以防止该部分受到 TSF 中的剩余部分及相对于这些 SFP 而言是不可信的主体的干扰和篡改。
b) 评估者**应测试** TOE 实现的完全的参照监视器机制。

9.1.10.12 状态同步协议(FPT_SSP)

9.1.10.12.1 目的

本条的目的是评估分布式信息系统的状态同步协议机制。

9.1.10.12.2 输入

本活动的输入包括:

a) ISST 文档;
b) 信息系统安全策略;
c) 信息系统技术方案;
d) 信息系统风险评估文档;
e) 其他有关文档资料。

9.1.10.12.3 评估行为

工作单元 1:FPT_SSP.1 简单的可信回执

a) 评估者**应检查**评估证据以确定:在 TOE(例如:分布式系统)的不同部分间传输 TSF 数据时,TSF 是否可为接收方接收到了未被修改的 TSF 数据提供确认;
b) 评估者**应测试** TOE 实现的简单的可信回执机制。

工作单元 2:FPT_SSP.2 相互的可信回执

a) 评估者**应检查**评估证据以确定:
   1) 在 TOE(例如:分布式系统)的不同部分间传输 TSF 数据时,TSF 是否可为接收方接收到了未被修改的 TSF 数据提供确认回执,同时为发送方向接收方发送已收到回执的确认;例如:TSF 的本地部分发送一些数据到 TSF 的远程部分。TSF 的远程部分确认已成功地收到了该数据,并发送一收到回执,同时请求发送方发送已收到了这一回执的确认。
   2) 在传输数据时若采用相互确认的技术,TSF 是否可确保在 TOE 的各部分之间传输数据时,各部分可确认对方是处于数据传输的正确状态。

b) 评估者**应测试** TOE 实现的相互的可信回执机制。

9.1.10.13 时间戳(FPT_STM)

9.1.10.13.1 目的

本条的目的是评估信息系统的时间戳。

9.1.10.13.2 输入

本活动的输入包括:

a) ISST 文档;

b) 信息系统安全策略;

c) 信息系统技术方案;

d) 信息系统风险评估文档;

e) 其他有关文档资料。

9.1.10.13.3 评估行为

工作单元:FPT_STM.1 可靠的时间戳

a) 评估者**应检查**评估证据以确定:TOE 时间戳的来源,TSF 是否可提供可靠的时间戳,例如:在审计记录中时间戳(包括:日期和时间)的来源;

b) 评估者**应测试** TOE 实现的时间戳生成机制。

9.1.10.14 TSF 间 TSF 数据的一致性(FPT_TDC)

9.1.10.14.1 目的

本条的目的是评估信息系统与其他可信信息系统交换 TSF 数据保持一致性的机制。

9.1.10.14.2 输入

a) ISST 文档;

b) 信息系统安全策略;

c) 信息系统技术方案;

d) 信息系统风险评估文档;

e) 其他有关文档资料。

9.1.10.14.3 评估行为

工作单元:FPT_TDC.1 TSF 间基本 TSF 数据的一致性

a) 评估者**应检查**评估证据以确定:

1) 在 TOE 与其他可信信息系统/产品之间进行 TSF 数据(例如,审计信息、标识信息等)交换时,对规定的 TSF 数据类型,TSF 是否可将在各系统中的不同数据解释进行一致性转换;

例如,在两个不同的系统中,对 TSF 数据可能有不同的内部约定。为了使两个不同的系统,在交换 TSF 数据时,接收方可正确理解和使用 TSF 数据。不同的系统之间应使用一个预先建立好的协议来进行 TSF 数据交换;

2) TSF 是否可使用预先定义好的解释规则解释来自其他可信信息系统/产品的 TSF 数据;

b) 评估者**应测试** TOE 实现的 TSF 间基本 TSF 数据的一致性机制。

9.1.10.15 TOE 内 TSF 数据复制的一致性(FPT_TRC)

9.1.10.15.1 目的

本条的目的是评估信息系统的 TOE 内 TSF 数据复制的一致性机制。

9.1.10.15.2 输入

本活动的输入包括：

a) ISST 文档；

b) 信息系统安全策略；

c) 信息系统技术方案；

d) 信息系统风险评估文档；

e) 其他有关文档资料。

9.1.10.15.3 评估行为

工作单元:FPT_TRC.1 内部 TSF 的一致性

a) 评估者**应检查**评估证据以确定：

 1) TSF 是否可保证在 TOE 各部分间复制 TSF 数据时的一致性；

 2) 在复制 TSF 数据时,当 TOE 中执行 TSF 数据部分复制的连接被断开了,在重新连接后,规定的安全功能(承担 TSF 数据的复制工作)在请求开始继续复制之前,TSF 是否可保证已被复制的数据是一致的；

b) 评估者**应测试** TOE 实现的内部 TSF 的一致性机制。

9.1.10.16 TSF 自检(FPT_TST)

9.1.10.16.1 目的

本条的目的是评估信息系统的 TSF 自检机制。

9.1.10.16.2 输入

本活动的输入包括：

a) ISST 文档；

b) 信息系统安全策略；

c) 信息系统技术方案；

d) 信息系统风险评估文档；

e) 其他有关文档资料。

9.1.10.16.3 评估行为

工作单元:FPT_TST.1 TSF 检测

a) 评估者**应检查**评估证据以确定：

 1) TSF 是否可运行一套自检程序(在初始化启动期间、正常工作期间周期性地、授权用户要求或其他条件满足时),以证明 TSF 或 TSF 某些组成部分的操作的正确性；

 2) TSF 是否可为授权用户提供验证 TSF 数据或 TSF 各部分完整性的能力；

 3) TSF 是否可为授权用户提供对存储的 TSF 可执行代码完整性的进行验证能力；

b) 评估者**应测试** TOE 实现的 TSF 检测机制。

9.1.11 资源利用

本条评估 TOE 的资源利用机制是否符合 GB/T 20274.2—2008 中资源利用(FRU)类的要求。

9.1.11.1 容错(FRU_FLT)

9.1.11.1.1 目的

本条的目的是评估信息系统的容错机制。

9.1.11.1.2 输入

本活动的输入包括:

a) ISST 文档;
b) 信息系统安全策略;
c) 信息系统技术方案;
d) 信息系统风险评估文档件;
e) 其他有关文档资料。

9.1.11.1.3 评估行为

工作单元 1:FRU_FLT.1 低容错

a) 评估者**应检查**评估证据以确定:TSF 是否可在规定的系统故障发生期间或发生之后(例如:计算机房进水、电力短暂中断、CPU 或主机崩溃),TOE 的某些指定能力仍可运转;
b) 评估者**应测试** TOE 实现的低容错机制。

工作单元 2:FRU_FLT.2 受限容错

a) 评估者**应检查**评估证据以确定:TSF 是否可在规定的系统故障发生期间或发生之后(例如:计算机房进水、电力短暂中断、CPU 或主机崩溃),TOE 的所有能力仍可运转;
b) 评估者**应测试** TOE 实现的受限容错机制。

9.1.11.2 服务优先级(FRU_PRS)

9.1.11.2.1 目的

本条的目的是评估信息系统的服务优先级机制。

9.1.11.2.2 输入

本活动的输入包括:

a) ISST 文档;
b) 信息系统安全策略;
c) 信息系统技术方案;
d) 信息系统风险评估文档件;
e) 其他有关文档资料。

9.1.11.2.3 评估行为

工作单元 1:FRU_PRS.1 有限的服务优先级

a) 评估者**应检查**评估证据以确定:
   1) TSF 是否可以为 TSF 中的每个主体指定优先级别;

2) TSF是否可基于主体的优先级别调度TSF中的主体每次对受控资源的访问。

b) 评估者**应测试**TOE实现的有限服务优先级机制。

工作单元2:FRU_PRS.2 完全的服务优先级

a) 评估者**应检查**评估证据以确定:

1) TSF是否可以为TSF中的每个主体指定优先级别;

2) TSF是否可基于主体的优先级别调度TSF中的主体每次对所有可共享资源的访问。

b) 评估者**应测试**TOE实现的完全服务优先级机制。

9.1.11.3 资源分配(FRU_RSA)

9.1.11.3.1 目的

本条的目的是评估信息系统的资源分配机制。

9.1.11.3.2 输入

本活动的输入包括:

a) ISST文档;

b) 信息系统安全策略;

c) 信息系统技术方案;

d) 信息系统风险评估文档件;

e) 其他有关文档资料。

9.1.11.3.3 评估行为

工作单元1:FRU_RSA.1 最高配额

a) 评估者**应检查**评估证据以确定:TSF是否可对用户(用户组、主体或三者的结合)限制使用受控资源时的最高配额(例如:磁盘空间、内存、带宽等),以便用户(用户组、主体或三者的结合)可同时或在规定时间间隔内使用受控资源;

b) 评估者**应测试**TOE实现的最高配额机制。

工作单元2:FRU_RSA.1 最低和最高配额

a) 评估者**应检查**评估证据以确定:

1) TSF是否可对用户(用户组、主体或三者的结合)限制使用受控资源时的最高配额(例如,磁盘空间、内存、带宽等),以便用户(用户组、主体或三者的结合)可同时或在指定时间间隔内使用受控资源;

2) TSF是否可对用户(用户组、主体或三者的结合)分配使用受控资源时的最低配额(例如:磁盘空间、内存、带宽等),以便用户(用户组、主体或三者的结合)可同时或在指定时间间隔内使用受控资源。

b) 评估者**应测试**TOE实现的最低和最高配额机制。

9.1.12 TOE访问

本条评估TOE的TOE访问机制是否符合GB/T 20274.2—2008中TOE访问(FTA)类的要求。

9.1.12.1 可选属性范围限定(FTA_LSA)

9.1.12.1.1 目的

本条的目的是评估信息系统的可选属性范围限定机制。

9.1.12.1.2 输入

本活动的输入包括：

a) ISST文档；

b) 信息系统安全策略；

c) 信息系统技术方案；

d) 信息系统风险评估文档件；

e) 其他有关文档资料。

9.1.12.1.3 评估行为

工作单元：FTA_LSA.1 可选属性范围限定

a) 评估者**应检查**评估证据以确定：TSF是否可基于属性（例如，访问时间、访问方式、访问地点、用户身份等）限制在与TOE建立会话时，会话的安全属性范围；

例如：允许一个用户在正常的工作时间（基于访问时间）内建立一个“秘密会话”，在除此之外的时间里，该用户与TOE建立会话时可能会受到限定，用户会话所具备的安全属性可能是非机密的，即只可能建立“非机密会话”。

b) 评估者**应测试**TOE实现的限制会话安全属性范围的机制。

9.1.12.2 多重并发会话限定(FTA_MCS)

9.1.12.2.1 目的

本条的目的是评估信息系统的多重并发会话限定机制。

9.1.12.2.2 输入

本活动的输入包括：

a) ISST文档；

b) 信息系统安全策略；

c) 信息系统技术方案；

d) 信息系统风险评估文档件；

e) 其他有关文档资料。

9.1.12.2.3 评估行为

工作单元1：FTA_MCS.1 多重并发会话的基本限定

a) 评估者**应检查**评估证据以确定：

1) 组织机构是否规定了允许同一用户与TOE建立会话时的最大并发数；

2) TSF是否可基于规定的最大并发会话数限制同一用户与TOE建立会话；

3) 在缺省情况下，TSF是否为每个用户与TOE建立会话时限定了缺省次数。

b) 评估者**应测试**TOE实现的多重并发会话的基本限定机制。

工作单元2：FTA_MCS.2 基于每个用户属性的多重并发会话限定

a) 评估者**应检查**评估证据以确定：

1) TSF是否可基于一些规则规定允许同一用户与TOE建立会话时的最大并发数；

例如：基于用户属性（例如：用户角色）规定允许同一用户与TOE建立会话的最大并数；如果用户的角色为“administrator”，则允许的最大并发会话数为4，其他角色允许的最大并发会话数为2；

2） 在缺省情况下，TSF是否为每个用户与TOE建立会话时限定了缺省次数。

b） 评估者**应测试**TOE实现的基于每个用户属性的多重并发会话限定机制。

9.1.12.3 会话锁定(FTA_SSL)

9.1.12.3.1 目的

本条的目的是评估信息系统的会话锁定机制。

9.1.12.3.2 输入

本活动的输入包括：

a） ISST文档；

b） 信息系统安全策略；

c） 信息系统技术方案；

d） 信息系统风险评估文档件；

e） 其他有关文档资料。

9.1.12.3.3 评估行为

工作单元1:FTA_SSL.1 TSF原发会话锁定

a） 评估者**应检查**评估证据以确定：

1） 组织机构是否规定了在访问TOE时用户不活动的会话锁定时间间隔；

2） TSF是否可在规定的用户不活动时间间隔后锁定一个交互式会话，并且使显示设备的当前内容不可读；

3） TSF是否可在执行规定的动作后，解除已锁定的交互式会话的锁定状态。

b） 评估者**应测试**TOE实现的TSF原发会话锁定机制。

工作单元2:FTA_SSL.2 用户原发会话锁定

a） 评估者**应检查**评估证据以确定：

1） 组织机构是否规定了在访问TOE时用户不活动的会话锁定时间间隔；

2） TSF是否可在规定的用户不活动时间间隔后启动会话锁定机制；

3） TSF是否具备可使用户直接启动会话锁定机制的能力；

4） TSF是否可在用户重新执行了规定的动作后(例如：标识与鉴别)，解除用户会话被锁定的状态。

b） 评估者**应测试**TOE实现的用户原发会话锁定机制。

工作单元3:FTA_SSL.3 TSF原发会话终止

a） 评估者**应检查**评估证据以确定：

1） 组织机构是否规定了在访问TOE时的不活动的会话(例如：远程会话)的终止时间间隔；

2） TSF是否可在规定的用户不活动的时间间隔后终止一个交互式会话。

b） 评估者**应测试**TOE实现的TSF原发会话终止机制。

9.1.12.4 TOE访问旗标(FTA_TAB)

9.1.12.4.1 目的

本条的目的是评估信息系统的TOE访问旗标机制。

9.1.12.4.2 输入

本活动的输入包括：

a) ISST 文档；

b) 信息系统安全策略；

c) 信息系统技术方案；

d) 信息系统风险评估文档件；

e) 其他有关文档资料。

9.1.12.4.3 评估行为

工作单元：FTA_TAB.1 缺省的 TOE 访问旗标

a) 评估者**应检查**评估证据以确定：

1) 组织机构是否规定了 TOE 的使用警示信息；

2) TOE 的使用警示信息在使用前是否已得到组织机构的批准；

3) 在准予使用者访问 TOE 之前，TSF 是否显示了使用警示信息。

例如：用户正在访问×××信息系统

警示信息：

——×××信息系统的使用也许被监视、录音、审计；

——×××信息系统禁止不经授权的使用，等等；

——×××信息系统的使用表明已同意被监视和录音；

b) 评估者**应测试** TOE 实现的缺省的 TOE 访问旗标机制。

9.1.12.5 TOE 访问历史(FTA_TAH)

9.1.12.5.1 目的

本条的目的是评估信息系统的 TOE 访问历史机制。

9.1.12.5.2 输入

本活动的输入包括：

a) ISST 文档；

b) 信息系统安全策略；

c) 信息系统技术方案；

d) 信息系统风险评估文档件；

e) 其他有关文档资料。

9.1.12.5.3 评估行为

工作单元：FTA_TAH.1 TOE 访问历史

a) 评估者**应检查**评估证据以确定：

1) 在会话成功建立时，TSF 是否可向用户显示上一次成功登录 TOE 的日期、时间(或方式、位置)；

2) 在会话成功建立时，TSF 是否可向用户显示上一次不成功尝试登录 TOE 的日期、时间(或方式、位置)和不成功尝试的次数；

3) 在没有向用户提供审阅访问历史信息的时机时，TSF 是否可从用户界面擦除显示的信息。

b) 评估者**应测试** TOE 实现的 TOE 访问历史机制。

9.1.12.6 TOE 会话建立(FTA_TSE)

9.1.12.6.1 目的

本条的目的是评估信息系统的 TOE 会话建立机制。

9.1.12.6.2 输入

本活动的输入包括：

a) ISST 文档；

b) 信息系统安全策略；

c) 信息系统技术方案；

d) 信息系统风险评估文档；

e) 其他有关文档资料。

9.1.12.6.3 评估行为

工作单元:FTA_TSE.1 TOE 会话建立

a) 评估者**应检查**评估证据以确定:TSF 是否具备可基于属性(例如:访问时间、访问方式、访问地点、用户身份等)拒绝与 TOE 建立会话的能力；

b) 评估者**应测试** TOE 实现的 TOE 会话建立机制。

9.1.13 可信路径/信道

本条评估 TOE 的可信路径/信道机制是否符合 GB/T 20274.2—2008 中可信路径/信道(FTP)类的要求。

9.1.13.1 TSF 间可信信道(FTP_ITC)

9.1.13.1.1 目的

本条的目的是评估信息系统 TSF 间可信信道机制。

9.1.13.1.2 输入

本活动的输入包括：

a) ISST 文档；

b) 信息系统安全策略；

c) 信息系统技术方案；

d) 信息系统风险评估文档；

e) 其他有关文档资料。

9.1.13.1.3 评估行为

工作单元:FTP_ITC.1 TSF 间可信信道

a) 评估者**应检查**评估证据以确定：

1) TSF 是否可在自身与远程可信系统之间提供一条通信信道,该信道在逻辑上与其他通信信道完全不同,它对其端点提供确定的标识,并且保护信道中数据免遭修改和泄露；

2） TSF是否允许TSF自身或远程可信信息系统经可信信道发起通信；

3） 对规定的需要经可信信道通信的功能项，TSF是否是经可信信道发起通信。

b） 评估者**应测试**TOE实现的TSF间可信信道机制。

9.1.13.2 可信路径（FTP_TRP）

9.1.13.2.1 目的

本条的目的是评估信息系统的可信路径机制。

9.1.13.2.2 输入

本活动的输入包括：

a） ISST文档；

b） 信息系统安全策略；

c） 信息系统技术方案；

d） 信息系统风险评估文档；

e） 其他有关文档资料。

9.1.13.2.3 评估行为

工作单元：FTP_TRP.1 可信路径

a） 评估者**应检查**评估证据以确定：

1） 组织机构是否规定了用户与TOE中的哪些安全功能之间需要建立可信的通信路径，例如：用户鉴别、重鉴别安全功能；

2） 组织机构规定的需要建立可信通信路径的安全功能是否包含鉴别及重鉴别功能；

3） TSF是否可在自身与（本地或远程）用户之间提供一条通信路径，该路径在逻辑上与其他通信路径完全不同，它对其端点提供确定的标识，并且保护通信中的数据免遭修改和泄露；

4） TSF是否允许TSF本身或（本地或远程）用户经可信路径发起通信；

5） TSF是否允许需要建立可信通信路径的服务使用可信路径。

b） 评估者**应测试**TOE实现的可信路径机制。

9.2 信息系统安全管理保障措施评估

9.2.1 概述

信息系统安全管理保障要求的评估内容是建立在GB/T 20274.3—2008要求基础之上的，以管理保障要求中的类作为评估TOE中管理保障要求的基础，子类作为评估活动，管理组件作为评估时的工作单元。

9.2.2 目的

本条是对信息系统安全保障管理要求的评估提供指导性信息，以帮助评估者确定信息系统中采用的管理安全措施是否是有效地符合了TOE中已申明的安全保障管理要求。

9.2.3 风险管理评估活动

信息系统安全管理保障是以风险和策略为核心。本类的目的是评估组织机构是否建立了一套风险管理体系，通过对象确立、风险评估和风险控制三个基本步骤，并将沟通与监控贯穿于这三个步骤中，进行信息安全风险管理与防范，将系统风险降低到可接受的水平。

9.2.3.1 对象确立的评估(MRM_TEM)

9.2.3.1.1 目的

评估组织机构是否要保护系统的业务目标和特性，确定风险管理对象；是否识别信息系统资产，并评价资产价值；是否根据信息系统安全需求，确定风险评价准则。

9.2.3.1.2 输入

本活动的输入包括：

a) 相关的系统资产资料；

b) 管理制度和技术平台；

c) 国家、地区或行业的相关政策、法律、法规和标准。

9.2.3.1.3 评估行为

工作单元1:MRM_TEM.1 风险管理对象确定

评估者**应检查**组织机构在确定风险管理对象时是否综合考虑组织机构的使命、业务、组织结构、管理制度和技术平台，以及国家、地区或行业的相关政策、法律、法规和标准等，是否进行了下述活动：

1) 进行信息系统调查：调查风险管理对象的业务目标、业务特性、管理特性、技术特性；

2) 进行信息系统分析：分析信息系统的体系结构和关键要素；

3) 进行信息安全分析：分析信息系统的安全环境和安全要求。

工作单元2:MRM_TEM.2 资产识别和评价

a) 评估者**应检查**组织机构是否识别了与风险管理对象相关的系统资产，是否根据资产安全价值进行了估值。

b) 评估者**应检查**组织机构对资产保密性、完整性和可用性影响分析的过程，是否从敏感性、关键性和昂贵性等方面制定了资产价值尺度（资产评估标准），是否对资产进行了明确的赋值。

工作单元3:MRM_TEM.3 安全基线制定

评估者**应检查**组织机构是否在风险评估前制定了系统安全基线，所制定的系统安全基线是否考虑了系统使命、系统安全环境、国家法律法规和系统所属行业的安全要求。

9.2.3.2 风险评估(MRM_RAM)

9.2.3.2.1 目的

评估组织机构是否识别、分析和评价了信息系统所面临的风险。

9.2.3.2.2 输入

本活动的输入包括：

a) 信息系统风险评估文档；

b) 其他有关文档资料。

9.2.3.2.3 评估行为

工作单元1:MRM_RAM.1 风险识别

评估者**应检查**组织机构是否能识别信息系统面临的威胁和存在的脆弱性；

评估者**应检查**信息系统风险评估文档及其他有关文档资料，确认其是否识别了系统资产所面临的威胁，是否识别了信息系统资产存在的脆弱性。

工作单元 2：MRM_RAM.2 风险分析

评估者**应检查**组织机构是否对威胁源动机、威胁行为的能力、脆弱点被利用的可能性以及脆弱点被利用后对系统造成的影响进行分析。

根据信息系统调查结果和可能面临的威胁，从利益、复仇、好奇和自负等驱使因素，分析威胁源动机的强弱；应从攻击的强度、广度、速度和深度等方面，分析威胁行为能力的高低；应按威胁/脆弱性分析脆弱性被威胁利用的难易程度；应从资产损失、使命妨碍和人员伤亡等方面，分析影响程度的深浅。

工作单元 3：MRM_RAM.3 风险评价

评估者**应检查**组织机构是否评价了威胁源动机的等级、威胁行为能力的等级、脆弱性被利用的等级、资产价值等级和影响程度等级，是否进行了综合的评价风险的等级。

9.2.3.3 风险控制(MRM_RCT)

9.2.3.3.1 目的

评估组织机构是否针对风险评估结果，选择并实施了恰当的安全措施，是否可将风险控制在可接受的范围内。

9.2.3.3.2 输入

本活动的输入包括：

a) 风险等级评价表；
b) 风险控制措施；
c) 风险控制实施计划；
d) 风险控制措施实施时过程和结果的记录；
e) 控制措施验证报告。

9.2.3.3.3 评估行为

工作单元 1：MRM_RCT.1 控制目标确立

a) 评估者**应检查**组织机构是否确定了可接受风险的等级，判断现存风险是否可接受，确立风险控制目标。
b) 评估者**应检查**组织机构是否依据系统安全基线，确定了可接受风险的等级，是否把风险评估得出的风险等级划分为可接受和不可接受两种。是否将不可接受风险视为风险控制目标。

工作单元 2：MRM_RCT.2 控制措施选择

评估者**应检查**组织机构是否为不可接受风险选择了风险控制方式和风险控制措施。

评估者**应检查**组织机构是否依据系统安全基线和风险控制目标，选择合适的风险控制方式(包括规避方式、转移方式和降低方式)，是否说明选择的理由以及被选控制方式的使用方法和注意事项等。是否选择了风险控制措施，并说明选择的理由以及被选控制措施的成本、使用方法和注意事项等。

工作单元 3：MRM_RCT.3 控制措施实施

评估者**应检查**组织机构是否制定了风险控制实施计划，实施风险控制措施。

评估者**应检查**组织机构是否依据系统安全基线、风险控制目标和风险控制方式，制定风险控制实施计划。风险控制实施计划中是否包括风险控制的范围、对象、目标、实施方法、成本预算和进度安排等，在实施风险控制措施时是否记录了实施的过程和结果。

工作单元 4:MRM_RCT.4 控制措施验证

评估者**应检查**组织机构验证风险控制的结果是否满足信息系统的安全要求,是否有控制措施验证报告。

9.2.3.4 沟通与监控(MRM_CAM)

9.2.3.4.1 目的

a) 评估组织机构是否为对象确立;

b) 风险评估和风险控制的实施提供人员沟通机制和过程控制。

9.2.3.4.2 输入

本活动的输入包括:

a) 风险管理过程的会议记录;

b) 培训记录和监控记录。

9.2.3.4.3 评估行为

工作单元 1:MSP_CAM.1 沟通

评估者**应询问**组织机构涉及风险管理的相关人员是否注重在风险管理过程中的沟通。

评估者**应确认组织机构**是否为直接参与风险管理人员提供交流途径;是否为所有相关人员提供学习途径,以提高他们的风险意识、知识和技能,配合实现安全目标。

工作单元 2:MSP_CAM.2 监控

评估者**应检查**组织机构是否跟踪风险管理对象自身或所处环境的变化,采取适当的措施进行控制和纠正,以保证风险控制措施的有效性。在对象确立、风险评估和风险控制的监控过程中,组织机构是否关注:

a) 过程质量管理:监视和控制风险管理过程,以保证过程的有效性;

b) 成本效益管理:分析和平衡成本效益,以保证成本的有效性;

c) 结果的有效性:监控信息系统自身或环境的变化以保证现有控制措施的有效性。

9.2.4 信息安全策略评估活动

信息系统安全保障策略体系规范和指导了整个组织机构的信息安全保障工作。信息安全策略类提供了信息安全策略在制定和维护方面的管理,为信息安全提供符合业务要求和相关法律法规的管理指导和支持。

9.2.4.1 信息安全策略(MSP_SPL)

9.2.4.1.1 目的

评估组织机构是否通过定义一套规则来规范信息安全体系的建设、运行和管理,为信息安全建设指明方向,使信息安全工作符合业务要求和相关的法律法规要求。评估组织机构是否建立清晰的安全策略,安全策略是否符合组织机构的业务目标。验证在整个组织机构中发布和维护信息安全策略是否可以表明管理层对信息安全的支持和信息安全承诺。

9.2.4.1.2 输入

本活动的输入包括:

a) 安全策略文件;

b） 安全策略维护与更新记录。

9.2.4.1.3 评估行为

工作单元 1：MSP_SPL.1 安全策略制定

a） 评估者**应检查**组织机构是否编制了安全策略文件。

b） 评估者**应检查**组织机构评估信息安全策略时，是否考虑如下几点：

1） 确定应用范围。在评估安全策略之前一个必要的步骤是确认该策略所应用的范围，例如是在整个组织还是在某个部门。如果没有明确范围就制订策略无异于无的放矢；

2） 获得管理支持。获得管理层的支持，不仅可以从管理层获得足够的承诺，可以为后面的工作铺平道路，还可以了解组织总体上对安全策略的重视程度，而且与管理层的沟通也是将安全工作进一步导向更理想状态的一个契机；

3） 进行安全分析。在安全分析中确定需要保护的信息资产，信息资产的价值、需要方法的威胁源和受到攻击的可能性，在攻击发生时可能造成的损失，能够采取什么防范措施，防范措施的成本和效果评估等；

4） 关键人员参与。在制定信息安全策略时至少应有技术部门和业务部门的人员参与，应共同探讨安全分析结果并取得一致。应向这些人员灌输在分析阶段所得出的结论并争取这些人员的认同。如果有其他属于安全策略应用范围内的业务单位，也应让其加入到这项工作。

工作单元 2：MSP_SPL.2 安全策略审核与批准

评估者**应检查**组织机构的安全策略文件是否经过组织机构决策层审核和批准。

工作单元 3：MSP_SPL.3 安全策略发布与落实

评估者**应检查**组织机构是否向全体员工发布了安全策略文件，各级员工是否以安全策略为指导进行日常工作。

工作单元 4：MSP_SPL.4 安全策略维护与更新

评估者**应检查**组织机构是否定期或在系统发生重大变更时，审核安全策略以保持策略的适用性、合理性和有效性。

9.2.5 信息安全组织机构评估活动

信息安全组织机构是信息安全管理的基础，需要得到组织机构最高管理层的承诺和支持，建立完善的信息安全组织结构。建立相应的岗位、职责和职权，建立完善的内部和外部沟通协作组织和机制，同组织机构内部和外部信息安全保障的所有相关方进行充分沟通、学习、交流和合作等。进一步将信息安全融至组织机构的整个环境和文化中，使信息安全真正满足安全策略和风险管理的要求，实现保障组织机构资产和使命的最终目的。

9.2.5.1 信息安全的管理支持（MSO_SOM）

9.2.5.1.1 目的

评估组织机构是否为建立信息安全小组提供了保障和支持。

9.2.5.1.2 输入

信息安全职责的分配文件。

9.2.5.1.3 评估行为

工作单元：MSO_IOA.1 管理层的支持

a） 评估者**应检查**组织机构是否通过清晰的指导、明确信息安全职责的分配和确认，提供对安全的主动支持。

b） 评估者**应检查**组织机构管理层是否：

1） 明确了信息安全目标，且安全目标满足组织机构要求并落实至相关的过程中；

2） 规划、审核和批准信息安全策略；

3） 审核信息安全策略实施的有效性；

4） 为安全提供清晰的方向以及可见的管理支持；

5） 提供信息安全所需的资源；

6） 在组织机构内批准信息安全的特定角色和职责；

7） 确保信息安全控制的实施在整个组织机构中的协调。

c） 评估者**应检查**组织机构管理层是否对获取的信息安全的建议和需求进行论证，并在整个组织机构内审核和协调建议得出结果。

9.2.5.2 信息安全组织架构（MSO_ORG）

9.2.5.2.1 目的

评估组织机构是否建立了完善的信息安全组织体系，以启动和控制组织机构内的信息安全。

9.2.5.2.2 输入

信息安全组织机构方案。

9.2.5.2.3 评估行为

工作单元：MSO_ORG.1 组织架构的建立和维护

a） 评估者**应检查**组织机构是否形成架构清晰的信息安全组织机构，保持整体组织结构的稳定性。

b） 评估者**应检查**组织机构是否：

1） 结合行政组织结构，建立由决策层、管理层、执行层组成的信息安全组织机构；

2） 高级行政管理层有责任组织建设信息安全组织机构；

3） 聘用或启用较稳定的人员从事信息安全有关工作，以维持组织整体结构稳定性；

4） 信息系统骨干工作人员在较长时期内保持工作稳定；

5） 信息系统骨干工作人员基于适当的培训长期保持具有能够胜任工作的技术水平；

6） 应有正式的合同文本以及人事相关规定；

7） 确保提供信息安全需要的基础资源和投资；

8） 信息系统工作人员具备安全意识并能得到适度的行为监控。

9.2.5.3 信息安全职责（MSO_RES）

9.2.5.3.1 目的

评估组织机构是否为信息安全组织机构内的岗位分配了相应的职责。

9.2.5.3.2 输入

本活动的输入包括：

a） 资产或安全活动指定责任人的书面证明；

b） 独立审核的记录。

9.2.5.3.3 评估行为

工作单元 1：MSO_RES.1 信息安全职责分配

a） 评估者**应检查**组织机构是否清晰地定义了组织机构的所有的信息安全职责。

b) 评估者**应检查**组织机构是否清晰地标识了保护个人资产和执行特定安全活动的职责。
c) 评估者**应检查**组织机构是否清晰地描述了个人所负责的内容，特别是包括下列内容：
   1) 清晰地标识并定义每个特定的与系统相关的资产和安全活动；
   2) 为每个资产或安全活动指定责任人，并且给出书面证明；
   3) 清晰地定义和文档化授权级别。

工作单元 2：MSO_RES.2 职责分离要求

a) 评估者**应检查**组织机构是否分离了某些任务的管理、执行和职责范围，以降低非法修改或误用职权带来的风险。
b) 评估者**应检查**组织机构是否考虑了职责分离，是否注意了以下内容：
   1) 不允许独自一人在没有经过授权或未经过检查的情况下访问、修改或使用资产；
   2) 把事件的授权与执行分开，如关键数据修改的审批与执行分开；
   3) 保持安全审计独立；
   4) 在无法实现职责分离的情况下，考虑其他控制措施，例如监控和审计跟踪。

工作单元 3：MSO_RES.3 独立审计要求

评估者**应检查**组织机构是否在计划的时间内或在对安全实施有重要变更时，对组织机构信息系统安全及其控制策略（如，信息安全的控制目标、策略、过程、流程等）进行独立审核。

9.2.5.4 沟通协作（MSO_CAC）

9.2.5.4.1 目的

评估组织机构是否根据业务持续性和风险评估的需要，建立和维护组织机构内部及外部的有效联系和协作机制。

9.2.5.4.2 输入

本活动的输入包括：
a) 内部协调机制方案；
b) 与外部机构的协作记录。

9.2.5.4.3 评估行为

工作单元 1：MSO_CAC.1 信息安全活动的内部协调

评估者**应检查**组织机构是否建立一个内部协调机制以保证信息安全活动的有效沟通和实施。

工作单元 2：MSO_CAC.2 维护与外部机构的协作

a) 评估者**应检查**组织机构是否建立了同组织机构系统和业务相关的各有关职能机构、运营商、服务方等的沟通和协作，是否维护了与外部机构协作的及时性和有效性。
b) 评估者**应检查**组织机构是否保持了与信息安全有关执法机构、管理机关（如，执法、消防、监管机构等）的有效沟通和协作，在信息安全法律法规方面是否服从其管理和指导。
c) 评估者**应检查**组织机构是否保持与相关服务方（如，因特网服务提供商（ISP）的支持、电信运营商、产品提供商等）的有效沟通和协作，是否能够保证当异常事件发生时的及时沟通和解决问题。
d) 评估者**应检查**组织机构是否建立了有效的信息获取和更新渠道，以跟上信息安全的最新发展。是否确保对信息安全环境的理解是最新和完备的；是否能够接收告警的早期预警、同攻击和脆弱性相关的建议和补丁；是否能够共享和交换有关新技术、产品、威胁或脆弱性的信息等。

9.2.6 人员安全评估活动

人员安全是信息安全管理的基础。应建立规范的人员安全管理，对组织机构的聘用人员进行严格的审查，明确人员的安全职责和保密要求。加强人员的安全意识培训和教育，并建立考核和奖惩机制，使信息安全融至组织机构的整个环境和文化中，减少有意、无意的内、外部威胁，确保组织机构顺利完成系统使命。

9.2.6.1 人员审查(MPS_PEC)

9.2.6.1.1 目的

评估组织机构是否能够确保聘用的员工、合约方和用户符合聘用要求，并理解其安全责任，以降低偷窃、欺骗或误用对系统造成的风险。

9.2.6.1.2 输入

本活动的输入包括：

a) 推荐函；

b) 应聘人员的简历；

c) 学历学位证书以及身份证(护照)的复印件；

d) 聘用合同，保密协议。

9.2.6.1.3 评估行为

工作单元 1:MPS_PEC.1 人员审查

a) 评估者**应检查**组织机构是否根据相关的法律、法规和道德以及业务的需求、要访问信息的类别以及所认识到的风险，来对所有应聘人员进行背景验证检查。

b) 评估者**应确认**组织机构对应聘人员的审查是否包含下列内容：

  1) 检查应聘人员是否有满意的推荐人，例如，一个业务上行为的推荐，一个关于个人品德的推荐；

  2) 检查应聘人员的简历完整和准确性；

  3) 确认应聘人员所声称的学历及职业资格；

  4) 对应聘人员进行独立的身份检查(身份证或其他文件)；

  5) 更多的细节检查，例如诚信问题和犯罪记录。

c) 评估者**应检查**组织机构对接触信息处理设备，特别是要处理敏感信息(例如财务信息或特别机要信息)设备的人员是否进行了严格审查。

d) 评估者**应检查**组织机构是否为确认检查的流程定义了标准和限制。

e) 评估者**应检查**组织机构是否对承包人和用户执行审查过程。如果承包人是通过中介机构介绍的，在与中介机构的合同中是否明确定义了中介机构的审查职责，对没有进行审查或是审查结果给出了令人质疑理由情况是否定义了中介机构需遵循的通告流程。同样的，同第三方的协议是否明确定义了各自的职责和通告审查的流程。

f) 评估者**应检查**当组织机构因考虑内部岗位的候选人而搜集和处理人员信息时是否符合法律规定的权限。在执行审查活动之前，是否通知候选人。

工作单元 2:MPS_PEC.2 人员聘用条款中的安全责任

a) 评估者**应检查**组织机构聘用条款中是否说明了员工的信息安全责任，是否确保了同应聘者进行清晰的沟通。如需要，这些责任是否在聘用期满后持续一段时间，还包括如果员工如果不领会安全要求，是否采取了员工培训等措施。

b) 评估者**应检查**聘用条款是否反映了组织机构的安全策略并说明了以下情况：
   1) 所有员工、合约方和用户在对信息处理设施的敏感信息进行存取时，应事先标识信息的保密性或签署保密协议；
   2) 员工、合约方和任何其他用户的合法责任和权力，例如，关于版权保护和数据保护立法；
   3) 信息责任的分配和组织机构资产的管理关系到信息系统和员工、承包人和用户的服务；
   4) 员工、合约方或用户在接收其他公司或外部信息时的处理的职责；
   5) 组织机构在处理个人信息时的职责，包括组织机构雇佣过程中或最终的信息；
   6) 在组织外面办公的前提和职责，以及正常的外部工作时间，例如在家工作；
   7) 若员工、合约方或用户忽略了组织机构的安全要求后所应采取的措施。
c) 评估者**应检查**组织机构是否确保员工、合约方和用户对合约中关于访问权限的信息安全条款达成一致意见，这些访问权限是他们访问组织机构中与信息系统和信息服务相关的资产所需的访问权限。
d) 在可能的情况下，评估者**应检查**聘用条款中是否包含预先定义的聘用之后的职责。

工作单元 3：MPS_PEC.3 保密协议

a) 评估者**应检查**组织机构中所有和信息系统安全相关的人员是否都签署了保密协议。保密协议的要求是否反应组织机构对信息的保护。
b) 基于组织机构的安全要求，评估者**应检查**保密性和抗抵赖性是否还包含其他元素。
c) 评估者**应检查**保密协议是否遵从所有适用的法律和现有的公平规则。
d) 评估者**应检查**保密协议的需求是否定期的复查并当发生变化时是否相应改变这些需求。

9.2.6.2 安全意识和培训(MPS_SAT)

9.2.6.2.1 目的

评估组织机构是否确保员工、合约方和用户了解信息安全威胁的存在，以及他们的安全责任，并获取必要的安全技能。

9.2.6.2.2 输入

本活动的输入包括：

a) 培训方案；
b) 培训内容；
c) 培训记录。

9.2.6.2.3 评估行为

工作单元 1：MPS_SAT.1 安全意识

a) 评估者**应检查**组织机构是否对员工、合约方和用户进行了安全意识的教育和培训，是否确保信息系统的所有合法用户了解信息安全的基本要求、必要性以及他们所担负的安全责任。
b) 评估者**应检查**组织机构是否依据具体的需求和工作人员授权访问的信息系统，来确定安全意识培训内容、制定培训计划和维持信息安全意识。培训是否覆盖了组织机构内部所有能够访问信息和系统的个人。

工作单元 2：MPS_SAT.2 安全培训

a) 评估者**应检查**组织机构是否确定了每个工作人员在信息系统中的安全角色和职责，在工作人员访问信息系统之前是否给他们提供恰当的信息系统安全培训，之后是否按组织规定的频率继续培训。

b) 评估者**应检查**组织机构是否确保系统管理员，系统行政管理人员和其他有权访问系统层软件的人员在执行各自的任务前进行了必要的技术培训。

9.2.6.3 **考核和奖惩(MPS_CRP)**

9.2.6.3.1 **目的**

评估组织机构是否通过适当的考核和奖罚机制，对人员进行激励和约束，减少人员对系统造成的风险。

9.2.6.3.2 **输入**

本活动的输入包括：

a) 考核和奖惩制度；

b) 考核和奖惩记录。

9.2.6.3.3 **评估行为**

工作单元：MPS_CRP.1 考核和奖惩

评估者**应检查**组织机构是否建立了人员的考核和奖惩机制，对人员行为和能力进行考核，是否对遵守和违反组织机构安全策略及程序的员工进行奖励或处罚。

9.2.6.4 **人事变更(MPS_PCM)**

9.2.6.4.1 **目的**

评估组织机构是否确保在雇员离职或转岗以及合约方和用户解约时能够得到合理安排，避免由于管理失控增加对系统的风险。

9.2.6.4.2 **输入**

本活动的输入包括：

a) 合同；

b) 保密协议；

c) 资产和权限的分配记录。

9.2.6.4.3 **评估行为**

工作单元1：MPS_PCM.1 人员解聘的管理

a) 评估者**应检查**组织机构是否明确定义和指派了雇佣关系的终止和变更职责。一旦聘用、合约终止组织机构是否接收了所有员工、合约方和用户交还的所有组织机构资产，是否删除了其对信息和信息处理设施的所有访问权限。

b) 评估者**应检查**组织机构在终止雇佣时是否遵循现有的安全需求和法律责任要求，保密性协议和雇佣条款中规定的职责是否在指定的时间继续生效。

c) 评估者**应检查**组织机构在雇员、承包方或第三方的合同中是否规定雇佣关系终止后职能和责任是否有效。

d) 评估者**应检查**职责和雇佣关系变更是否与职责和雇佣关系的终止在管理方式上相同。是否合理管理新的职责和雇佣关系。

工作单元 2:MPS_PCM.2 人事调动的管理

a) 评估者**应检查**组织机构在不同岗位间进行人员调动时,是否重新对用户的资产和权限进行重新评估和分配。

b) 评估者**应检查**组织机构在不同岗位间进行人员调动时,是否重新分配授予权限,并进行相应的操作,如:重发钥匙,鉴别卡,通行证;关闭账户建立新的账户;改变系统访问授权等。

9.2.7 资产管理评估活动

资产管理是信息安全管理的基础,同时也是信息安全保障的重要内容,组织机构应通过规范资产的管理和使用来保障资产的安全,来保证系统的安全,最终保障组织机构使命。

9.2.7.1 资产登记管理(MAM_ARM)

9.2.7.1.1 目的

评估组织机构是否清晰了解自身所有的有形和无形资产。

9.2.7.1.2 输入

资产清单。

9.2.7.1.3 评估行为

工作单元:MAM_ARM.1 资产清单

a) 评估者**应检查**组织机构是否清晰地识别和确认了所有资产,是否制定并维护一份重要资产清单。

b) 评估者**应检查**组织机构是否对所识别和确认的所有资产记录了资产的重要程度等必要信息。**应检查**各部门是否负责维护各自范围之内的重要资产清单,组织机构是否保留一份完备的资产汇总清单。

c) 评估者**应检查**组织机构的资产清单是否包含所有的必要信息,是否包括资产的类型、格式、位置、备份信息、许可信息和业务值等。在资产清单中,每个资产的所有权和信息分类是否经过认同,并被文档化。基于资产的重要程度、业务值和安全分类,是否识别与资产重要程度相对应的保护级别。

9.2.7.2 资产管理职责(MAM_AMR)

9.2.7.2.1 目的

评估组织机构是否维持适当的保护措施保护组织机构的资产,所有重要的信息资产是否有负责人,是否选定的所有者,资产的责任制是否保证实施了适当的保护措施。所有重要的资产是否确定所有者,并制定维护适当控制的责任。实施控制的责任是否可以委派。是否清晰了解组织机构所有的有形和无形资产。

9.2.7.2.2 输入

本活动的输入包括:

a) 信息和资产的登记和使用清单;

b) 资产管理的规章制度和指南。

9.2.7.2.3 评估行为

工作单元 1:MAM_AMR.1 资产管理职责

a) 评估者**应检查**组织机构同信息处理设施相关的所有信息和资产是否都指定到机构中的部门,并对所拥有的资产负责,对同信息处理设施相关的信息和资产的登记和使用是否都实施适当控制。

b) 评估者**应检查**组织机构是否对信息系统内部所有的重要资产(例如硬件、软件、操作系统、数据、信息等)建立健全管理架构,是否规定相应资产责任人,对责任人的权责进行规定。是否可以委派实施控制的责任,每个资产的所有权和分类是否经过认同,并被文档化。

c) 评估者**应检查**组织机构的资产所有者是否承担以下责任:

1) 确保同信息处理设施相关的信息和资产都被恰当地分级;

2) 根据使用的访问控制策略,定义访问控制内容和访问分类方法并定期审查。

d) 评估者**应检查**组织机构是否将所有权分配到一个业务过程、一组活动、一个应用或一组数据。

工作单元 2:MAM_AMR.3 资产的使用

a) 评估者**应检查**组织机构是否规范了有关信息处理设施相关的信息和资产的可接受使用方面的管理。

b) 评估者**应检查**所有员工、合约方和第三方用户是否遵循同信息处理设施相关的信息和资产的可接受使用的规章制度,包括但不限于:

1) 使用电子邮件和互联网的规章制度;

2) 使用移动设备,特别是在组织机构边界外使用移动设备时的指南。

c) 评估者**应检查**具体的规章制度和指南是否由相关的管理部门提供。**应确认**使用或访问组织机构资产的员工、合约方和第三方用户是否知道在使用同信息处理设施相关的信息和资产以及相应的资源时有哪些限制,以及应对其使用的信息处理资源和在职责范围内使用的方法所负的责任。

9.2.7.3 资产分类管理(MAM_ACM)

9.2.7.3.1 目的

评估组织机构是否确保信息得到相应级别的保护,信息是否被分类来确认保护的需求、优先及程度,信息是否有不同程度的敏感度及重要性,是否有需要额外的保护或特别处理,是否使用信息分类系统来定义适当的保护级别,并看看是否需要特别处理。

9.2.7.3.2 输入

本活动的输入包括:

a) 资产分类列表;

b) 信息标识;

c) 处理记录。

9.2.7.3.3 评估行为

工作单元 1:MAM_ACM.1 资产分类

a) 评估者**应检查**组织机构是否对其有形的物理资产进行分类,是否根据信息对组织机构的价值、法律要求、敏感性和关键性等对信息进行分类。

b) 评估者**应检查**组织机构信息的分类及相关保护控制的制定,是否结合了业务共享及限制信息的需求，以及和这些需求所关联的业务冲击。

c) 评估者**应检查**组织机构是否定义某信息的每个项目的责任，并定期检查这些分类的责任；这些信息应是由信息的持有者或原作者负责。所指信息是指，例如文件、数据记录、数据文件或磁盘等。

工作单元 2：MAM_ACM.2 信息的标记和处理

a) 评估者**应检查**组织机构是否制定并实施一组恰当的标注及处理信息流程，流程是否符合组织机构所采用的分类方法。

b) 评估者**应检查**信息标识流程是否覆盖物理和电子形式的信息资产。

c) 评估者**应检查**是否按组织机构所采用的分类方法，制定合适的程序来标注及处理信息。

9.2.8 物理和环境安全评估活动

物理和环境安全是保障基础设施安全的基础。组织机构应保证物理安全区域安全，建立严格的物理访问控制措施，以防止非法访问、危害及干扰系统运行。基础设施是系统的重要资产，应在防火、防水、温湿度、防雷等方面做到安全防护，保证基础设施安全，保证系统持续运行。

9.2.8.1 物理安全区域管理(MPE_PSA)

9.2.8.1.1 目的

评估组织机构是否能够防止对基础设施和信息的非法访问、危害和干扰，是否将重要或敏感的业务信息处理设备放在安全的地方，在规定的安全边界处是否用恰当的安全屏障和入口控制措施进行保护。是否有物理的保护防止非法访问、危害及干扰，是否针对识别出的风险提供相应的保护措施。

9.2.8.1.2 输入

本活动的输入包括：

a) 卫生、物理安全条例；

b) 物理安全制度；

c) 人员出入制度；

d) 设备出入制度；

e) 安全区制度。

9.2.8.1.3 评估行为

工作单元 1：MPE_PSA.1 环境安全

评估者**应检查**组织机构安全区域的选择和设计是否考虑火灾、洪水、地震、爆炸、骚乱及其他形式的自然或人为灾害导致的破坏，是否还考虑相关的卫生、安全条例标准及周边的各种安全威胁。

工作单元 2：MPE_PSA.1 物理安全区域和边界

a) 评估者**应检查**组织机构是否根据不同的安全保护需求，划分不同的安全区域，实施不同等级的安全管理。是否根据不同安全需求划分安全区域。如办公区和关键业务区，涉密区和不涉密区等。应使用安全边界(例如墙、门卡或人工接待室)来保护包含信息和信息处理设施的区域。

b) 评估者**应检查**组织机构物理安全边界是否遵循以下指导原则：

   1) 应明确定义安全边界；
   2) 安全边界在物理上要坚固可靠；
   3) 严格限制对安全区域和大楼的访问，仅允许授权人员进入；
   4) 设置物理屏障，防止对安全区域的未授权访问和环境污染；

5） 安全边界上的所有应急出口都应关闭，并设置报警装置；

6） 应按照专业标准安装并定期测试防盗入侵检测系统、防火探测警报系统、电视监视系统等安全设施，未被使用区域的告警装置也应开启。

工作单元 3：MPE_PSA.3 物理安全保护

a） 评估者**应检查**组织机构是否设计和应用安全区域和设施的物理安全。

b） 评估者**应检查**组织机构是否实施以下措施对安全区域和设施进行物理保护：

1） 制定在安全区域内应遵守的规章制度，对区域内人员行为提出安全要求；

2） 建筑物应不引人注目，并尽量减少其用途的标示。建筑物内外不应设置明显的表明信息处理活动的标志；

3） 无人值守时，门窗都应关闭，底层窗户应考虑设置外部防护；

4） 未使用的安全区域应采取物理方式锁闭，并定期检查。

工作单元 4：MPE_PSA.4 人员出入控制

a） 评估者**应检查**组织机构是否通过合适的入口控制来保护安全区域以确保只有授权人员才允许访问。

b） 评估者**应检查**组织机构是否实施以下措施对安全区域的出入进行控制：

1） 安全区域的访问者应办理出入手续并接受检查，应记录其进入和离开的日期和时间。访问者的访问目的应经过批准，并只允许访问经授权的目标。访问者应被告知该区域的安全要求及有关应急程序；

2） 重要的安全区域应仅限于授权人员访问，并使用身份识别技术（例如门禁卡、个人识别码等）对所有访问活动进行授权和验证。所有访问活动的审计跟踪记录应被安全地保管；

3） 所有内部员工都应佩戴明显的、可视的身份识别证明，并应主动向那些无员工陪伴的陌生人和未佩戴可视标志的人员提出质疑；

4） 安全区域的访问权应被定期审查和更新。

工作单元 5：MPE_DES.5 设备出入控制

a） 评估者**应检查**组织机构是否对带离安全区域的设备、信息或软件进行控制。

b） 评估者**应检查**组织机构是否考虑下列指导方针：

1） 未经授权，设备、信息或软件都不能带离安全区域；

2） 员工、合约方和用户在获准带离资产之前要经过清晰标识；

3） 应设置带离设备的时间限制，并在归还时按要求进行检查；

4） 记录设备带离和归还的时间；

5） 未经授权，外来的设备、信息或软件都不能带入安全区域。

工作单元 6：MPE_PSA.6 在安全区域中工作的控制

a） 评估者**应检查**组织机构是否制定安全区域工作的物理保护指导方针，对在安全区域内工作的人员及被授权进入安全区域的其他人员加强管理。

b） 评估者**应检查**组织机构是否考虑下列指导方针：

1） 明确基本安全原则；

2） 工作人员应仅在“需要知道”时才了解安全区域的存在或者发生的活动；

3） 出于安全原因和防止恶意破坏，在安全区域内应避免不受监督的工作；

4） 除非经过授权，否则不允许使用摄影、摄像、音频、视频及其他记录设备；

5） 安全区域内，具有不同安全要求的区域之间需要设置额外的安全边界，以控制物理访问。

9.2.8.2 支撑基础设施安全（MPE_SIS）

9.2.8.2.1 目的

评估组织机构所有的支撑设施，如电力、水、加热/通风和空调都是否满足系统的需要。是否定期对支撑设施进行检查，是否进行适当的测试来确保其正常的功能，减少发生故障和失败的风险。

9.2.8.2.2 输入

本活动的输入包括：

a) 电力设施管理制度；

b) 线缆架构图；

c) 运行环境安全制度；

d) 应急处理手册。

9.2.8.2.3 评估行为

工作单元 1：MPE_SIS.1 电力设施管理

a) 评估者**应检查**组织机构是否有防止由于电力故障导致对设备损害的措施。

b) 评估者**应检查**组织机构是否根据设备厂商的说明提供匹配的电力供应。

c) 评估者**应检查**是否为要求严格的系统配备了不间断电源(UPS)，是否制定了电力持续性计划，电力持续性计划是否覆盖了 UPS 失败的处理活动。

d) 评估者**应检查**组织机构是否将为紧急情况下的电力切断开关安装在靠近设备机房的紧急出口处，以方便在发生紧急情况时能够迅速断电。是否配备了电力中断后的应急照明设备。

e) 评估者**应检查**组织机构配备的电源是否符合公司和设备制造商的技术规范；

f) 评估者**应检查**组织机构采用多路供电、配备 UPS、备用发电机等方法，避免电源单点故障；

g) 评估者**应检查**组织机构定期维护和检查供电设备，UPS 是否有充足容量，发电机是否配备充足的燃料；

h) 评估者**应检查**组织机构机房的紧急出口处是否安装了联动的应急开关，以便在发生紧急情况时能够迅速断电；

i) 评估者**应检查**组织机构是否配备了应急照明设备；

j) 评估者**应检查**组织机构的所有建筑和外部通信线路都安装了雷电防护装置；

k) 评估者**应检查**组织机构是否将已知的停电计划提前通知有关部门，防止无准备的断电造成不必要的损失。

工作单元 2：MPE_SIS.2 线缆安全

a) 评估者**应检查**组织机构是否保护电力和通信电缆防止被侦听和破坏。

b) 评估者**应检查**组织机构是否遵循以下指导方针保护线缆安全：

1) 电力电缆和通信电缆应尽可能隐藏于地下，并尽量采取充分的备用保护措施；

2) 应采取措施防止通信电缆被非授权的侦听和破坏，如使用电缆管道或避免线路经过公共区域；

3) 电力电缆应与通信电缆分离，避免互相干扰；

4) 定期对电缆线路进行维护、检查和测试，及时发现故障隐患；

5) 对于重要的或敏感的系统应采取更进一步的控制措施，包括：

——将线缆检查点、接头等放在带有加强保护装置的导线槽、房间、箱子内；

——采用备用线路或传输媒介；

——使用光缆；

——使用电磁屏蔽来保护电缆；

——定期通过扫描和物理检查方式连接至缆线的非法设备。

c) 评估者**应检查**组织机构的通信设施是否包含相应的冗余措施，为防止传输失败。

工作单元 3:MPE_SIS.3 运行环境安全

a) 评估者**应检查**组织机构是否采取相应的防火、防水、防尘、防雷、温湿度控制等控制措施为设备与介质提供适宜的环境,是否提供相应的环境监控,来避免由于环境因素造成对设备和介质的损害。

b) 评估者**应检查**组织机构是否遵循以下指导方针来保障运行环境的安全:

1) 采取相应的控制措施,尽量降低环境因素对信息处理设施带来的潜在威胁。例如,爆炸、火灾、水灾、烟雾、温湿度、灰尘、静电、震动、化学作用、照明等;
2) 监控有可能对信息处理设施造成不良影响的环境条件;
3) 防火设备/系统包括,但不限于喷淋装置系统,手式灭火器,固定防火水龙头和烟雾探测;
4) 组织机构防止信息系统受到暴露水管或其他水资源渗漏所带来的灾害,确保可以控制主要的闸门,并能够正常工作,有具体的责任人负责;
5) 应维持信息系统设备所处环境的温度和湿度,使之保持在一个可接受的水平;
6) 在整个建筑上安装防雷保护,并在所有引入的电源和通信线缆处安装防雷装置;
7) 特殊环境下的设备,应考虑采用特殊的保护方法。例如:采用防爆灯罩、键盘隔膜等;
8) 禁止在网络与信息处理设施附近的进餐、饮水及抽烟等活动。

工作单元 4:MPE_SIS.4 紧急处理设施

a) 评估者**应检查**对于一些具体的位置,集中包含信息系统资源(例如:数据中心,服务器房间,大型机房间),组织机构是否有提供关掉电源的能力,信息技术组件可能产生故障(例如由于电火)或威胁(例如由于水渗漏),是否要求远离设备,从而不会危及人的生命安全。

b) 评估者**应检查**组织机构是否有实施和维持自动化紧急照明系统,在电源损耗或破坏时能指示紧急出口和撤退路线。

9.2.8.3 设备安全(MPE_EMS)

9.2.8.3.1 目的

评估组织机构是否防止由于资产的丢失、损害、被盗或老化等造成对组织活动的中断。

评估组织机构是否防止设备受到物理和环境的威胁;考虑放置安全,防止受到未授权的破坏。

9.2.8.3.2 输入

a) 设备保护方针;
b) 电磁泄漏保护方针;
c) 安全区域外设备的安全方针。

9.2.8.3.3 评估行为

工作单元 1:MPE_EMS.1 设备放置和保护

a) 评估者**应检查**组织机构是否将设备与介质安全放置并予以保护,来避免环境威胁和未经授权访问。

b) 评估者**应检查**组织机构是否根据下列指导方针以保护设备:

1) 设备布局应尽量减少对工作区的不必要的访问;
2) 敏感数据的信息处理与存储设施应放置在可有效监控的范围内;
3) 重要的网络与信息处理设施的放置应尽量降低使用中的过失风险;
4) 对处理敏感信息设备,应加以保护以最小化地减少信息泄漏的风险;
5) 备用设备和备份介质应放在与主要运行场所保持安全距离的安全区域内,以防止因主要运行场所受灾而引起的损失；

6） 危险或易燃物品应安全存放，与安全区域保持一定的安全距离。一般情况下，在安全区域内不得存放大量的、短期内不使用的材料和物品。

c） 评估者**应检查**组织机构是否在设备或介质因工作需要带离安全区域的情况下，要求对其进行保护的制度。

d） 评估者**应检查**组织机构是否对一些固定在部门安全区域外的设备注意物理防护。

工作单元 2：MPE_EMS.2 安全区域外设备的安全

a） 评估者**应检查**组织机构是否对工作在机构范围之外的非固定设备采取安全控制措施。

b） 评估者**应检查**组织机构对信息存储和处理设备包括所有形式的个人电脑、组织者、移动电话、智能卡、纸张或其他形式，当它们被带回家或带到正常工作区域之外时是否有进行控制规定。

c） 评估者**应检查**组织机构是否根据下列指导方针保护非固定设备的安全：

1） 在工作区域之外的信息处理设备的所有权和使用权都经过授权；

2） 在工作区域之外的设备和媒体不能在无人看管的情况下放置在公共区；手提电脑在携带过程中予以保护，如，使用手提箱，采取必要的伪装等；

3） 在任何时候都应严格遵守厂商对设备的保护说明，如防止暴露在强辐射环境；

4） 通过风险评估确定应对家庭办公进行控制，如上锁的文件柜，清理桌面，控制电脑，控制与办公室的安全信息交流。

工作单元 3：MPE_EMS.3 电磁泄漏保护

评估者**应检查**组织机构是否根据信息资产的保护要求，对信息处理设施采取相应的电磁防辐射措施。可采用的措施包括：

1） 选用低辐射的设备；

2） 利用噪声干扰源；

3） 采取屏蔽措施；

4） 距离保护；

5） 采用微波吸收材料等。

9.2.9 符合性管理评估活动

符合性管理是信息安全保障的基础。组织机构应建立有效的监督体系以监督验证信息系统安全保障工作对相关法律法规、政策标准等要求以及组织机构所制定的信息安全策略体系的符合性以及执行的效果。

9.2.9.1 法律法规和政策符合性(MCM_LCP)

9.2.9.1.1 目的

评估组织机构是否确保符合信息安全相关的国家政策、法律法规、行政法规和相关合同等的要求。

9.2.9.1.2 输入

本活动的输入包括：

a） 相关的法律法规；

b） 相关的政策；

c） 证据和记录的保护措施。

9.2.9.1.3 评估行为

工作单元 1：MCM_LCP.1 适用的法律法规和政策的确定

a） 评估者**应检查**组织机构是否明确标识所有与信息安全保障相关的国家、信息安全主管机构、上级部门的法律、法规、政策等的要求。

b) 评估者**应检查**组织机构是否确定、收集和整理所有与信息安全保障相关的国家、信息安全主管机构、上级部门的法律、法规、政策等要求，是否保持相关文件的更新。

c) 评估者**应检查**组织机构是否根据业务要求和风险管理的要求，为某一类信息系统、特定的某个信息系统或信息系统的一部分确定、收集和整理相关的法律要求。

d) 评估者**应检查**组织机构是否向内部或外部的法律顾问和职业法律人士咨询符合法律要求的具体建议。当组织机构涉及跨国信息其他相关的跨国要求时，组织机构是否考虑不同国家立法和文化差异的不同，当信息的创建、传输、处理和使用跨越不同国家或者涉及多个国家、多个组织机构时，组织机构是否考虑多国的法律方面的要求的不同，并综合考虑相应文化差异。

e) 评估者**应检查**组织机构为了满足这些需求是否定义相应的具体控制措施和个人职责，并将其文档化。

工作单元 2:MCM_LCP.2 适用的法律、法规、政策的符合

a) 评估者**应检查**组织机构是否确保信息系统的设计、操作、使用及管理应符合相关法律、法规或合同中同信息安全相关的要求。

b) 评估者**应检查**组织机构是否在信息系统的建设和运行中明确定义和说明所有有关法定的、条例规定的或合同的要求，并明确满足这些要求的特定控制措施和相关责任。

c) 评估者**应检查**组织机构在法律、法规和政策的符合性方面，是否考虑以下内容：

1) 知识产权：

——组织机构应明确规定有关知识产权的识别、授权、使用和检查等方面的要求，以确保符合相关法律规定。

——组织机构应重视版权的管理和私有信息的拷贝相关的问题，以遵守相关法律法规或合同的要求。

2) 加密技术控制的规定：

组织机构在使用加密控制措施时应符合所有相关的协议、法律和法规，应考虑以下情况：

——有加密功能的计算机软硬件在进口和出口时的限制；

——加密技术的使用限制；

——国家主管机关访问被硬件或软件加密信息所使用的强制或自主方法。

3) 数据和隐私保护：

组织机构应按照法律、法规或合同中规定的要求保证数据和个人信息的隐私。组织机构应建立数据保护和隐私策略和控制措施，并下达到所有涉及信息处理的人员。另外，还可采用适当的技术措施来实施对数据和个人信息的保护。

4) 资质要求：

在信息系统的建设过程中，对信息安全集成人员、系统集成商和服务商的资质、所采用的信息安全产品以及工程实施过程的要求应符合国家相关法律、标准和行政管理的要求。

5) 其他要求：

要符合对非法信息和恶意代码控制的相关要求。

工作单元 3:MCM_LCP.3 证据和记录的保护

a) 评估者**应检查**组织机构是否保护其重要的证据和记录，防止重要证据和记录的丢失、破坏或假冒，并且确保其符合相关法律法规、标准政策、合同等以及业务要求。

b) 评估者**应检查**组织机构是否按记录类型对记录分类，例如会计记录、数据库记录、交易日志、审计日志及操作流程，每类都需要写明保留期限及存储介质的种类，例如纸、单片缩影胶片、磁盘或光盘。任何用密钥加密的或数字签名的归档文件，是否都安全地保存，并记录保存能够解密的文档。

c) 评估者**应检查**组织机构是否考虑储存记录的介质性能下降的可能性，储存及处理程序是否按生产商的规格实施，若长时间存储，是否使用纸质和胶片做处理。是否可以保证在整个保存期间都可以访问所选用的电子存储介质上的数据，以防因技术更新而丢失数据。
d) 评估者**应检查**组织机构是否选择合适的数据储存系统，使所需数据在可接受的时间段内以可接受的格式检索。
e) 评估者**应检查**组织机构系统的储存和处理措施是否可以保证清楚地识别记录，识别国家、地方法律法规规定的记录保存期限。如果组织机构不需要这些记录数据时，系统是否允许销毁。
f) 评估者**应检查**组织机构为达到保护记录的目标，是否采取以下的步骤：
 1) 制定记录及信息的保存、储存、处理和清除的策略；
 2) 制定保存时间表，确定哪些重要记录种类需要保存，保存时间有多长；
 3) 维护重要信息来源的清单；
 4) 实施适当的控制来保护重要的记录保证信息不被丢失、破坏及假冒。

9.2.9.2 标准的符合性(MCM_STP)

9.2.9.2.1 目的

评估组织机构是否确保信息安全管理工作与国际、国内、行业的相关标准的符合性，以便于同评估机构、开发商和用户之间的有效沟通和结果互认。

9.2.9.2.2 输入

本活动的输入包括：
a) 使用和参考的标准；
b) 标准适用性说明。

9.2.9.2.3 评估行为

工作单元 1:MCM_STP.1 适用标准的确定

评估者**应检查**组织机构是否对相关的信息安全管理工作遵循的国际、国内、行业的相关标准进行了收集和整理，保持相关文件的更新，并分析其适用性和有效性。

工作单元 2:MCM_STP.2 适用标准的符合

a) 评估者**应检查**组织机构是否在系统的建设和运行中遵循适用的国际、国内、行业的相关标准要求。
b) 评估者**应检查**组织机构是否对所有有关标准的要求在信息系统的建设和运行中进行明确定义及说明，并明确满足这些要求的特定控制措施和相关责任。

9.2.9.3 安全策略符合性(MCM_PSP)

9.2.9.3.1 目的

评估组织机构是否确保系统符合组织机构的安全策略和安全技术要求。

9.2.9.3.2 输入

本活动的输入包括：
a) 定期检查记录；
b) 安全策略；
c) 纠正记录；

d） 技术测试报告和渗透性测试报告。

9.2.9.3.3 评估行为

工作单元 1:MCM_PSP.1 安全策略符合性的核查

a） 评估者**应检查**组织机构的管理层是否确定在自己负责范围之内应正确执行所有安全程序，是否定期检查了机构内所有部门，以保证机构的安全策略及标准正确实施。信息系统的拥有者是否积极配合接受定期检查。

b） 评估者**应检查**组织机构是否定期核查自己的系统是否符合组织机构信息安全策略体系及其他安全要求，如果核查后发现不符合是否做了以下处理：

  1） 寻找不符合的原因；

  2） 是否需要采取行动来评估，使不符合性不再发生；

  3） 确定并实施恰当的纠正行为；

  4） 验证所采取的纠正行为。

  5） 所实施的核查和纠正性的行动是否都进行记录，是否将核查结果通报给相关部门和人员。

工作单元 2:MCM_PSP.2 技术符合性的检查

a） 评估者**应检查**组织机构是否定期检查信息系统安全实施与技术要求的符合性，技术符合性检查是否由有经验的系统工程师手工进行（如需要，利用合适的软件工具），或使用自动软件包生成技术报告，是否交由技术专家负责解释。

b） 评估者**应检查**组织机构如果使用渗透测试和脆弱性评估，是否谨慎从事，因为这种行为可能会破坏系统安全。是否计划、记录整个测试过程，测试过程是否是可重复的。

c） 评估者**应检查**组织机构技术符合性检查是否由有经验、合法的人员进行，或是在专家的指导下进行。

9.2.10 信息安全规划管理评估活动

9.2.10.1 信息安全规划（MSP_ISP）

9.2.10.1.1 目的

评估组织机构是否建立完善的信息安全规划管理体系，以规划和指导组织机构的信息安全保障工作。信息安全规划是否基于组织机构的业务要求和风险管理要求，它包括组织机构对信息安全所建立的长期规划和短期规划，这些规划是否是组织机构整体规划的综合组成部分。

9.2.10.1.2 输入

本活动的输入包括：

a） 信息安全长期规划；

b） 信息安全短期规划和信息安全规划变更记录。

9.2.10.1.3 评估行为

工作单元 1:MSP_ISP.1 信息安全长期规划

评估者**应检查**组织机构是否制定信息安全长期规划，规划制定者是否采用结构化的规划结构制定长期规划流程，制定信息安全规划时是否考虑风险评估结果，包括业务、环境、技术和人力资源的风险。

工作单元 2:MSP_ISP.2 信息安全短期规划

a） 评估者**应检查**组织机构的长期规划制定者是否能够将信息安全长期规划合理分解，形成信息安全短期规划。

b） 评估者**应检查**组织机构的信息安全短期规划是否确保在同信息安全长期规划保持一致的基础上能够分配到合适的信息安全建设资源。是否进行短期规划的可行性研究，以确保短期规划的可操作性。

工作单元 3：MSP_ISP.3 信息安全规划变更

评估者**应检查**组织机构是否根据信息系统内部和外部环境的发展变化，适时地维护更新信息安全规划。

内部环境变化包括：

a） 组织机构自身业务发展变化；

b） 信息系统运行环境发生变化。

外部环境变化包括：

a） 信息技术的发展变化；

b） 国家出台的法律法规以及新的行业要求。

9.2.10.2 投资和预算（MSP_IAB）

9.2.10.2.1 目的

评估组织机构是否在信息安全长期规划和短期规划的指导下，为信息安全项目建立合理的投资和预算管理。

9.2.10.2.2 输入

本活动的输入包括：

a） 信息安全项目预算记录；

b） 信息安全运行维护预算记录和安全投入和产出记录。

9.2.10.2.3 评估行为

工作单元 1：MSP_IAB.1 信息安全项目预算

评估者**应检查**组织机构在信息系统规划设计和预算的文件中是否包含信息安全保障项目。

工作单元 2：MSP_IAB.2 信息安全运行维护预算

评估者**应检查**组织机构是否进行信息安全运行维护年度预算，确保年度预算与信息安全的长期和短期规划保持一致。

工作单元 3：MSP_IAB.3 安全投入和产出

a） 评估者**应检查**组织机构是否监督控制信息安全保障方面的经费支出，考察支出费用和收益的比例。

b） 评估者**应检查**组织机构决策层和管理层是否建立费用监控流程，并与年度预算紧密结合，是否汇总由于信息安全保障的实施所带来的可能收益，费用监控的对象是组织机构的财务部门，财务部门是否记录、处理和报告同信息安全活动相关的费用。

c） 信息安全保障方面的投资是否同业务发展保持协调一致，是否有相应的管理控制措施保证协调目标的实现，是否分析采取了信息安全保障措施所带来的收益。

9.2.11 系统开发管理评估活动

评估组织机构是否将信息安全综合至系统开发的整个生命周期中，组织机构是否在系统的需求分析、设计、实施和交付中考虑信息安全。

9.2.11.1 安全需求管理(MSD_SRM)

9.2.11.1.1 目的

评估组织机构在信息系统需求分析时考虑信息安全。

9.2.11.1.2 输入

需求分析和规范。

9.2.11.1.3 评估行为

工作单元:MSD_SRM.1 需求分析和规范

a) 评估者**应检查**组织机构是否根据信息安全相关法律法规、政策标准的要求和业务需求,在系统开发的需求分析阶段,综合考虑、分析安全需求,并将安全需求分析的结果文档化作为系统开发需求的一个综合组成部分。

b) 评估者**应检查**组织机构是否针对计算机信息系统的实际环境和安全目标提出安全需求。

c) 评估者**应检查**组织机构在进行需求分析时是否考虑信息系统建设和运行中应遵守的国家法律、法规、标准的约束以及行业要求。

d) 评估者**应检查**组织机构制定安全需求时是否从涉及的策略、体系结构、技术、管理等各个层次逐次进行分析。

e) 评估者**应检查**组织机构是否考虑到重要信息资产的商业价值的安全要求及控制的商业价值,及在安全失效的情况下所蒙受的商业损失。

f) 评估者**应检查**组织机构是否在信息系统项目的早期阶段就将信息系统和过程的安全要求综合进来。

g) 评估者**应检查**组织机构安全需求分析是否保持结果的有效性、适应性,保证分析方法的科学性和系统性,安全需求分析过程是否与系统发展过程同步。

9.2.11.2 系统设计管理(MSD_SDM)

9.2.11.2.1 目的

评估组织机构是否根据系统安全需求分析的结果,将系统的安全考虑综合至系统的设计中。评估组织机构是否能标识出在系统设计过程中潜在的安全风险,为设计说明中的安全性设计提供评判依据,确保系统设计阶段的重要环节均能得到较好的安全风险控制。

9.2.11.2.2 输入

本活动的输入包括:

a) 系统设计方案;

b) 需求分析。

9.2.11.2.3 评估行为

工作单元:MSD_SDM.1 安全需求的满足

a) 评估者**应检查**组织机构信息系统的设计是否能满足需求分析阶段所得出的安全需求。

b) 评估者**应检查**组织机构系统设计是否满足系统应用需求和安全需求,是否指明高层设计和安全需求的对应关系,确保所有的安全需求都有高层设计来满足。

9.2.11.3 工程实施管理(MSD_ENM)

9.2.11.3.1 目的

评估组织机构是否实现安全防护体系,满足信息系统安全工程的要求。

9.2.11.3.2 输入

本活动的输入包括:

a) 工程实施方案;

b) 系统设计方案。

9.2.11.3.3 评估行为

工作单元 1:MSD_ENM.1 系统设计的遵循

评估者**应检查**组织机构是否依据系统设计方案,制定工程实施方案。

工作单元 2:MSD_ENM.2 工程实施管理

a) 评估者**应检查**组织机构是否依据工程实施方案,对工程实施过程进行严格控制。

b) 评估者**应检查**组织机构工程实施方案是否详细说明安全过程各个阶段的建设目标、工作内容、施工人员、任务分工、进度安排、产品选型、产品采购、资金投入等情况,并给出每一项的依据和理由,分析每项工作的作用、意义和局限性,明确实施各方的工作关系、责权和协调协同机制。

c) 评估者**应检查**组织机构工程实施过程中,与供应商签订的采购合同是否能够表明系统采购满足了系统设计方案。当系统采购的安全功能不能满足系统设计方案的要求时,在重新购买产品时是否考虑这种风险并制定相应的控制措施。

d) 评估者**应检查**组织机构所采用的技术与产品是否经过严格的测试选型,符合国家信息安全方面的法律法规,特别是涉及密码技术的产品,是否严格按照国家和主管部门的有关规定选型和采购。

e) 评估者**应检查**组织机构对所采购的软件在测试其应用功能的基础上,是否还测试其安全功能和安全特性,测试应用控制是否实现设计中要求的安全功能。例如在需要使用密码技术时,是否使用了符合国家规定的密码技术。在测试期间是否防止暴露敏感信息。

f) 评估者**应检查**组织机构是否对程序源代码和软件开发文档进行访问控制。

g) 评估者**应检查**组织机构在安全措施实施过程中,所采用的技术与产品是否经过严格的测试选型,是否符合国家信息安全方面的法律法规,涉及密码技术的产品是否严格按照国家和主管部门的有关规定选型和采购。

h) 评估者**应检查**组织机构如果没有实施条件,是否选择具备相应资质和合适、可靠的实施单位来实施信息系统安全措施。

9.2.11.4 交付管理(MSD_IRM)

9.2.11.4.1 目的

评估组织机构是否保证信息系统在正式运行之前的完整交付。

9.2.11.4.2 输入

本活动的输入包括:

a) 白皮书;

b) 系统 FAQ;

c) 验收报告；
d) 维护人员培训记录；
e) 运行审批记录。

9.2.11.4.3 评估行为

工作单元 1:MSD_IRM.1 交付验收

a) 评估者**应检查**组织机构是否依据系统验收标准,严格交付验收过程。
b) 评估者**应检查**组织机构在信息系统交付验收时,是否测试了信息系统的安全功能和安全性能满足预定要求的能力,是否检查了质量管理、用户操作培训、试运行和应急响应以及售后服务体系等方面的情况。
c) 评估者**应检查**组织机构在信息系统交接时是否对运行维护人员进行了系统使用培训,并提交了如系统使用白皮书、系统 FAQ 等说明文档。

工作单元 2:MSD_IRM.2 运行审批

a) 评估者**应检查**组织机构的信息系统在正式运行之前是否得到组织机构的授权,是否得到了组织机构的高级管理人员的签署并批准。
b) 评估者**应检查**组织机构在安全认可之前是否评估信了息系统内部所使用的安全控制措施,以检验现有控制措施正确实施的程度、是否按照计划实施,产生的输出结果是否满足系统的安全需求。
c) 评估者**应检查**组织机构负责审批的管理者是否与系统安全员、系统管理人员、系统使用人员进行过充分沟通,或在必要时聘请专家进行咨询,以便对系统是否可以投入运行做出正确决策。
d) 评估者**应检查**组织机构系统运行审批结果符合以下哪种:授权系统全面运行,临时批准运行,拒绝对运行进行授权。

9.2.12 运行管理评估活动

9.2.12.1 系统漏洞管理(MOP_TVM)

9.2.12.1.1 目的

评估组织机构是否减少来自于已发布的技术漏洞攻击所产生的风险。

9.2.12.1.2 输入

本活动的输入包括:
a) 漏洞扫描报告;
b) 漏洞管理的审计日志;
c) 完备的资产清单;
d) 漏洞的评估报告;
e) 补丁记录。

9.2.12.1.3 评估行为

工作单元 1:MOP_TVM.1 漏洞管理

a) 评估者**应检查**组织机构是否以有效的、系统化的和可重复的方式实施技术漏洞管理,并且应采取测量措施以确定其有效性。
b) 评估者**应检查**组织机构对漏洞的管理是否考虑了以下方面:
   1) 定义和建立同技术漏洞管理相关的岗位和职责,包括漏洞监控、漏洞风险评估、打补丁、效果跟踪和所需的所有协调职责；

2） 对技术漏洞的管理应包含至所使用的操作系统和所有其他应用中；

3） 定期监控和评估技术漏洞管理过程，以确保其有效性和高效性；

4） 对所采取的所有操作保留审计日志；

5） 支持技术漏洞管理所需的特定信息包括软件厂商、版本号、部署的当前状态（例如，哪个系统上安装了哪些软件）以及组织机构内负责此软件的人员。

工作单元 2：MOP_TVM.2 漏洞监控

评估者**应检查**组织机构是否及时获得了自己所使用信息系统技术漏洞的最新信息。

a） 评估者**应确认**组织机构是否及时识别出软件和其他技术中与技术漏洞相关的信息资源，并维持这些信息资源的更新（应基于资产清单中的变更进行更新，或者在发现了新的、有用的资源时进行变更）；

b） 评估者**应确认**组织机构是否为技术漏洞的响应定义一个时间期限要求。

工作单元 3：MOP_TVM.3 漏洞评估

评估者**应检查**组织机构针对获取的漏洞最新信息对此类漏洞暴露的风险进行评估，是否制定相应的措施以解决相关的风险。

工作单元 4：MOP_TVM.4 漏洞控制

评估者**应检查**组织机构在已经识别了潜在的技术漏洞之后，是否标识了相关的风险和所要采取的行动，是否采取了及时适当的措施来响应潜在的技术漏洞：

a） 针对技术漏洞采取的行动包括对脆弱系统打补丁或应用其他控制；

b） 取决于需要解决的技术漏洞的紧急性，应根据同变更管理相关的控制或遵守信息安全事件响应流程来执行行动；

c） 如果有可用的补丁，应对安装补丁相关的风险进行评估（应将漏洞所导致的风险同安装补丁的风险进行比较）；

d） 在安装补丁前，应对补丁进行测试和评估，以确保这些补丁有效，并且不会造成不兼容；

e） 如果没有可用的补丁，应考虑其他控制，例如：

1） 关闭同漏洞相关的服务；

2） 在网关修改或增加访问控制，如设置防火墙等；

3） 增加监控以检测或预防现实的攻击；

4） 加强漏洞的意识。

9.2.12.2 逻辑访问控制管理（MOP_LAC）

9.2.12.2.1 目的

评估组织机构是否基于业务和安全要求来控制对信息、信息处理设施和业务过程的访问。访问控制规则是否参照信息分发和授权的策略。

9.2.12.2.2 输入

访问控制策略详细说明。

9.2.12.2.3 评估行为

工作单元 1：MOP_LAC.1 访问控制策略

a） 评估者**应检查**组织机构是否基于业务和安全要求来建立访问控制策略并审核此策略。

b） 评估者**应检查**组织机构访问控制策略是否清晰地描述每个用户或用户组的访问控制规则和访

问权限。访问控制规则是否从逻辑访问和物理访问两方面考虑。

c) 评估者**应检查**组织机构制定策略时是否考虑下面内容：
   1) 具体业务应用的安全要求；
   2) 识别所有涉及业务应用和信息风险的信息；
   3) 信息分发和授权的策略；
   4) 访问控制与不同信息系统的信息分类策略间的一致性问题；
   5) 数据访问保护方面的相关法律和合同义务；
   6) 组织机构中普通工作岗位的用户访问要求；
   7) 在分布式网络环境下所有可用连接的访问权限管理；
   8) 访问控制角色的分离，例如，存取要求、存取权限和存取管理；
   9) 正式授权访问请求的要求；
   10) 定期审核访问控制的要求；
   11) 删除访问权限。

工作单元 2：MOP_LAC.2 用户访问控制

a) 评估者**应检查**组织机构是否确保只有授权用户才能访问信息系统，禁止未授权访问。
b) 评估者**应检查**组织机构是否根据已有的访问控制要求管理内部和外部人员的访问权限，防止非法访问信息系统和服务。
c) 评估者**应检查**组织机构对用户访问权限的管理是否从以下几个方面进行控制：
   1) 用户注册：组织机构应建立正式的信息系统访问权限授权流程。授权流程应覆盖用户访问生命周期的所有阶段，从最初的新用户注册一直到最终不再需要访问信息系统的用户取消注册。对用户的访问控制应包括：
   ——每个用户都应使用唯一的用户账号，确保能跟踪到唯一的用户，并能对自己的行为负责；只有由于业务和运行的需要才使用用户组账号，用户组账号应得到批准并记录在案；
   ——验证用户是否从管理部门获得访问权限，并获得了系统拥有者对使用信息系统的授权；
   ——验证授予的访问权限是否符合业务目标的要求和系统的安全策略要求；
   ——给授权用户一个书面的访问权限声明；
   ——要求用户签署声明，表明他们已经理解了访问的限制条件；
   ——服务提供商只有获得了授权，才能提供用户对系统访问；
   ——维护一个使用服务的注册人员记录；
   ——如果用户的角色或工作岗位发生变化或离职，应立即删除或锁定该用户的访问权限；
   ——定期检查冗余的用户 ID 和账号，并删除或锁定冗余信息；
   ——确保其他用户不知道冗余的用户 ID 和账号。
   2) 特权管理：特权是指使用户超越系统或应用控制对信息系统拥有特殊的权限，如：系统管理员权限可对系统参数进行配置或对一般用户访问权限进行管理。由于特权的非法使用会对系统造成严重破坏，所以应特别注意控制特殊访问权限的分配，要在履行一般用户登记程序外，进行额外控制：
   ——特权在内部人员中的分配应明确；
   ——特权分配应遵循“最小化”原则，并在完成任务后及时收回；
   ——保持授权过程记录；
   ——保持全部特权分配记录。
   3) 口令管理：应提示或强制用户选择与使用强壮口令，并提醒其对口令的保密职责。不应将口令以无保护形式存储在计算机系统内。

4） 评审：应定期对普通用户和特权用户访问权限进行评审，对评审结果予以记录。

工作单元 3：MOP_LAC.3 网络访问控制

a） 评估者**应检查**组织机构是否制定了网络访问控制策略，采用网络隔离、强制路径、用户身份鉴别、网点身份鉴别、网络路由控制、网络服务安全等手段加强网络访问控制。

b） 评估者**应检查**组织机构是否从以下方面进行考虑对网络的访问控制：

1） 网络控制策略应包括在访问控制策略中；

2） 应根据网络服务的安全要求，对网络的互联程度进行控制；

3） 识别需要强制控制的路径，据此来限制网络内每个节点的路由选择；

4） 采用身份鉴别技术来鉴别远程用户对系统的访问，例如口令；

5） 采用网点身份鉴别技术鉴别与远程计算机系统相连的设施；

6） 确保每次使用端口前先经过授权，并记录使用情况，关闭不使用的端口；

7） 采用硬件或软件设备进行路由控制；

8） 网络系统安全管理员应按照明确规定的网络服务安全属性值进行参数配置和维护管理，如防火墙配置清单。

工作单元 4：MOP_LAC.4 操作系统访问控制

a） 评估者**应检查**组织机构是否选择安全性较高的操作系统，并对操作系统进行合理配置，保证其访问控制能力。

b） 评估者**应检查**组织机构是否识别和验证用户身份，记录访问情况，通过口令和账号管理确保用户使用高质量的口令，并限制用户访问内容和访问时间。

工作单元 5：MOP_LAC.5 应用和信息访问控制

a） 评估者**应检查**组织机构敏感系统是否有专用的或隔离的计算机环境，是否对应用系统的访问了进行控制。

b） 评估者**应检查**组织机构敏感系统是否运行在专用的或隔离的计算机环境中，是否采用了物理隔离（专用的运行环境或独立网络）或逻辑隔离的方式来实现隔离。

c） 评估者**应检查**组织机构是否考虑对应用系统的访问限制要求，实现如下控制：

1） 应用系统应提供访问控制功能菜单；

2） 应限制用户对无权访问的信息和系统功能的了解；

3） 应控制用户访问权，例如，限制读、写、删除以及执行权限；

4） 组织机构应确保处理敏感信息的应用系统输出仅包含与输出使用有关的信息，并且仅仅发送到授权的终端。

工作单元 6：MOP_LAC.6 移动计算和远程办公访问控制

a） 评估者**应检查**组织机构是否制定了恰当的移动计算和远程办公访问控制策略，是否采用了合适的安全措施来降低使用移动计算和通讯设备的风险。

b） 评估者**应检查**组织机构是否制定了移动计算设施的安全使用规定，对使用者进行安全意识教育。

c） 评估者**应检查**组织机构是否制定了远程工作的控制程序，对远程工作活动进行授权管理。

9.2.12.3 审计和监控管理（MOP_AMM）

9.2.12.3.1 目的

评估组织机构是否充分发挥系统审计功能，并把其对系统的影响降到最低。

9.2.12.3.2 输入

本活动的输入包括：

a) 审计工具的使用记录；

b) 监控系统的使用记录；

c) 系统日志和系统时间。

9.2.12.3.3 评估行为

工作单元 1:MOP_AMM.1 审计工具的使用

a) 评估者**应检查**组织机构是否采取一些控制措施保护正在使用的系统及审计工具，是否采取了一些保护措施来保证审计工具的完整性。

b) 评估者**应检查**组织机构是否采取了措施保护对系统审计工具（软件或数据文件）的访问，防止审计工具被滥用或被破坏，**应确认**审计工具是否与开发环境和运行系统分开，没有放在磁带库或用户使用区中。

工作单元 2:MOP_AMM.2 监控系统的使用

a) 评估者**应检查**组织机构是否实施了对信息处理设施和系统的操作和运行监控，并定期审核监控结果（日志信息）。

b) 评估者**应检查**组织机构是否要求对操作人员的操作行为以及系统的运行情况进行详细记录，是否对监控结果进行定期、独立的审核。

c) 评估者**应检查**组织机构的监控活动是否遵守相关的法律要求。监控活动是否关注以下细节：

1) 授权访问的细节：

——用户 ID；

——重要事件的日期和时间；

——时间类型；

——文件存取；

——使用的规划/效用。

2) 所有的特权操作：

——特权账户的使用，例如：超级用户，root 用户，管理员，操作员；

——系统启动和中止；

——I/O 设备安装/分离。

3) 非授权访问企图：

——失败的或被拒绝的用户活动；

——失败的或被拒绝的活动包括数据和其他资源；

——违反访问策略和网关或防火墙的通告；

——来自入侵检测系统的警报。

4) 系统警报或失败：

——控制台或消息警报；

——系统日志异常；

——网络管理警报；

——访问控制系统的警报；

——已改变或企图改变系统安全的设置和控制。

d) 评估者**应检查**组织机构是否依据风险评估所确定的需求决定审核监控结果的频度。风险因素是否包括：

1） 应用过程的危险程度；
2） 信息的价值、敏感度；
3） 系统被渗透和误用的历史以及系统暴露出的脆弱点；
4） 系统互连区域(尤其是公网的连接)；
5） 禁用日志功能。

工作单元 3：MOP_AMM.3 日志信息保护

a） 评估者**应检查**组织机构是否对日志设备和日志信息进行了保护，以防止窜改和非授权访问，确保获取信息的完整性和真实有效性。
b） 评估者**应检查**组织机构是否针对非授权的修改和操作的以下问题对日志设施实施控制：
  1） 改变了记录的信息类型；
  2） 日志文件被修改或删除；
  3） 日志存储空间溢出，导致事件记录失败或复写了原来的事件记录。
c） 评估者**应检查**组织机构是否对系统日志进行保护。

工作单元 4：MOP_AMM.4 时钟同步

评估者**应检查**组织机构是否对所有相关信息处理系统采用统一的正确时间源，保持时钟同步。

9.2.12.4 安全配置管理(MOP_SSC)

9.2.12.4.1 目的

评估组织机构是否能够确保网络中信息的保护以及支持性基础设施的保护；对网络的安全管理，可能跨越组织边界，是否考虑了数据流，是否进行了合法实施，监控和保护是否提供了附加控制，以保护敏感信息在公共网上进行流通，是否确保计算机系统能够正常运行，不危及其他计算机设备和整个系统的安全，是否能够避免应用系统中的用户数据丢失、修改和误用，确保应用系统的运行安全。

9.2.12.4.2 输入

本活动的输入包括：
a） 网络管理制度；
b） 主机的配置方案；
c） 安全功能的使用记录。

9.2.12.4.3 评估行为

工作单元 1：MOP_NSM.1 网络控制

a） 评估者**应检查**组织机构是否充分控制和管理了网络，以保护免受威胁以及维护使用网络的系统和应用的安全，包括在传送中的信息。
b） 评估者**应检查**组织机构的网络管理员是否实施了控制以确保网络中信息的安全以及所连接的服务免受非授权访问的保护。是否考虑了下列内容：
  1） 在合适时，网络的运行职责应同计算机运行职责进行分离；
  2） 应建立远程设备管理的职责和流程，保护在用户区域的设备；
  3） 应建立特殊的控制保护传输在公网或其他无线网络上数据的完整性和机密性，保护所连接的系统和应用，具体的控制可能需要维持网络服务可用并和计算机相连；
  4） 应用适当的日志和监控，记录相关的安全事件；
  5） 管理工作应被紧密协调，一方面是让业务尽量使用服务，另一方面是保证控制在整个信息处理架构都有效用。

工作单元 2:MOP_NSM.2 网络服务的安全

a) 评估者**应检查**组织机构是否识别了整个网络服务的安全特征、服务级别和管理要求,包含任何网络服务协议,无论这些服务是内部或外部提供的。

b) 评估者**应检查**组织机构是否对网络服务提供者的能力有规则地进行监控,并恰当地进行审计。

工作单元 3:MOP_NSM.3 主机安全配置

a) 评估者**应检查**组织机构的主机的配置是否遵循合理的规则和标准。

b) 评估者**应检查**组织机构是否对主机进行安全配置,保护主机不被非授权用户访问和操作,是否从以下方面进行了控制:

1) 在使用前,由提供者修改默认参数设置;
2) 取消或者限制某些特定的功能和服务,例如冗余的服务、附加的通信、特权实体和命令;
3) 根据特定用户或情况,限制对系统特权实体和主机参数的访问,并记录日志;
4) 取消不必要或不安全的用户 ID,例如在 UNIX 或者 Windows NT 系统中的"guest"用户;
5) 激活超时机制,在链接保持非活动状态一段时间后,锁定会话,再次使用要求用户重新登录;
6) 记录所有访问和使用日志,以备日后查询;
7) 应确保及时识别操作系统的技术弱点,制定相应解决方案,尽快实施解决方案;
8) 制定更新管理原则,确保关键软件能定期更新,例如补丁包和安全修复。

工作单元 4:MOP_NSM.4 应用系统安全管理

评估者**应检查**组织机构的应用系统是否设计了适当的访问控制、数据保护、审计跟踪记录或活动日志等安全功能。对投入使用的应用系统,是否确保开启了所有安全功能并进行正确配置和使用。

9.2.12.5 系统变更管理(MOP_SCM)

9.2.12.5.1 目的

评估组织机构是否有效控制信息处理设施的变更和系统变更。

9.2.12.5.2 输入

系统的变更管理记录。

9.2.12.5.3 评估行为

工作单元 1:MOP_SCM.1 系统的变更管理

a) 评估者**应检查**组织机构系统的信息处理设施、系统、应用软件以及系统配置参数等的变更都是否受到严格的控制和管理。系统的变更管理包括对信息处理设施、系统软件、应用软件以及系统配置参数等的变更控制。

b) 评估者**应检查**组织机构对于系统的变更控制,是否考虑下列内容:

1) 标识和记录系统的变化;
2) 变更要经过的正式批准;
3) 制定和实施变更计划和变更测试;
4) 评估变更后造成的影响,包括安全影响;
5) 与所有相关人员沟通变更细节;
6) 回退流程,包括系统的变更不成功和发生不可预见事件时,应遵循的终止变更和恢复流程以及相关的人员职责。

9.2.12.6 IT 运行管理(MOP_ITM)

9.2.12.6.1 目的

评估组织机构是否执行日常的IT管理,维护信息和信息处理设施的完整性、可用性、保密性。

9.2.12.6.2 输入

本活动的输入包括:

a) 网络日常监控日志;

b) 信息备份日志和记录;

c) 恶意代码查杀日志;

d) 移动代码的控制制度;

e) 介质管理制度;

f) 文件管理制度;

g) 计算机设备使用管理制度;

h) 设备维修保养记录。

9.2.12.6.3 评估行为

工作单元1:MOP_ITM.1 网络日常监控

a) 评估者**应检查**组织机构是否通过人工方式或工具定期监控系统的运行状况,包括网络的流量、线路、端口状态、协议分布情况、网络设备运行状态、系统性能状况等。

b) 评估者**应检查**组织机构在日常监控中,发现异常情况是否及时采取控制措施。

c) 评估者**应检查**组织机构是否记录、统计系统的正常、异常运行时的各项参数值,以便在出现故障情况时,提供对比分析的依据。

工作单元2:MOP_ITM.2 信息备份管理

a) 评估者**应检查**组织机构是否备份信息和软件,并根据已定义的备份策略定期测试备份数据。

b) 评估者**应检查**组织机构是否建立日常的备份流程,执行已定义的备份策略,备份复制数据并预演定期恢复。组织机构是否提供足够的备份设施,以确保在介质失效后能恢复所有重要的信息和软件。

c) 评估者**应检查**组织机构备份信息时是否考虑下列内容:

1) 应定义备份信息的备份粒度;

2) 应有准确而完备的备份记录和文档化的恢复流程;

3) 备份的程度(例如,完全或部分备份)和备份频率应符合组织机构的业务要求、相关信息的安全要求;

4) 应将备份存放到远端场地,其与主场地的距离应足以避免任何灾难性事件造成的破坏;

5) 备份信息的物理和逻辑保护级别应与主场地的相应保护级别一致;对主场地介质使用的控制措施同样可以应用到备份场地;

6) 应定期测试备份介质,以确保在必要时可以紧急使用;

7) 应定期验证和测试恢复流程,以确保流程有效,在运行恢复流程时能在指定的时间内完成流程;

8) 当对系统的保密性要求较高时,应使用加密手段保护备份信息。

d) 评估者**应检查**组织机构是否定期测试备份措施,以确保这些措施满足可业务持续性计划的要求。对关键系统,备份内容是否包括系统信息、应用和数据的备份,使得当系统发生灾难性事件时能够完全恢复。

e) 评估者**应检查**组织机构是否确定重要业务信息的保留时间以及需要永久保留的备份信息。

工作单元 3:MOP_ITM.3 恶意代码的控制

a) 评估者**应检查**组织机构是否探测、防护和控制恶意代码,并实施正确的用户意识流程。信息系统是否使用能够自动更新的恶意代码保护措施。

b) 评估者**应检查**组织机构是否保护软件和信息的完整性,防止在系统中引入恶意代码和非法移动代码。

软件和信息处理设施易引入恶意代码,如计算机病毒、网络蠕虫、特洛伊木马和逻辑炸弹。用户应能意识到恶意代码。管理者应介绍如何防范和检测恶意代码,并能够控制可移动代码。

c) 评估者**应检查**组织机构是否在重要信息系统的出入口处(例如,防火墙、邮件服务器、远端访问服务器)以及网络上的工作站、服务器或移动计算设备处都使用病毒保护机制。组织机构是否使用病毒保护机制来检测和消除恶意代码(例如病毒、蠕虫、木马)。

工作单元 4:MOP_ITM.4 移动代码的控制

a) 评估者**应检查**组织机构使用授权的移动代码时,是否确保其符合已定义的安全策略,禁止执行未授权移动代码。

b) 评估者**应检查**组织机构是否考虑下面的行为以防止执行未授权移动代码:

1) 在逻辑隔离的环境中执行移动代码;
2) 阻止任何移动代码使用;
3) 阻止接受移动代码;
4) 激活可用于特定系统的技术措施以确保移动代码是被控制的;
5) 控制对移动代码可用的资源;
6) 为唯一鉴别移动代码进行加密控制。

工作单元 5:MOP_ITM.5 介质的管理

a) 评估者**应检查**组织机构是否对信息介质进行有效的控制和物理保护,防止文档、计算机介质(例如,磁带、磁盘)、输入/输出数据和系统文件的非授权暴露、修改、去除和破坏以及对业务活动的中断。

b) 评估者**应检查**组织机构对可移动介质,即移动硬盘、磁带、磁盘、卡带以及纸质等,在管理可移动介质时,是否考虑下列控制措施:

1) 包含重要、敏感或关键信息的可移动介质不得在无保护措施情况下存放,以防丢失;
2) 删除可重复使用介质中不再需要的信息;
3) 对移动介质时使用进行授权,并保留相关记录,以便进行审计跟踪;
4) 所有介质应按制造商的要求储存在安全的环境中;
5) 对可移动介质进行注册,限制数据丢失的可能性;
6) 当介质不在需要时,应采用安全的方式对介质进行废弃,将敏感信息泄漏的风险减到最低。

c) 评估者**应检查**组织机构在物理介质的运输过程中,是否考虑介质中包含信息的保护,以防止非授权访问、误用或破坏。是否考虑下列内容以保护信息介质在场地之间的传送:

1) 应使用可靠的传输或信使;
2) 应对信使进行授权信管理;
3) 应编制流程来确认信使的标识;
4) 应进行充分的包装以符合厂商的规范并使介质的内容免受由于运输所导致的物理破坏,例如保护介质免受由于暴露在过热、潮湿或电磁区域而产生的引起介质有效性和可用性的环境因素的影响;

5） 在需要时应采用相关的控制以保护敏感信息免受非授权的暴露或修改。

工作单元6：MOP_ITM.6 文件的管理

a） 评估者**应检查**组织机构是否对系统文档进行保护，防止未授权访问。

b） 评估者**应检查**组织机构为了系统文档的安全，是否考虑下面的细节：

1） 应安全地储存系统说明文档；

2） 将访问系统说明文档的人员限制在最低范围内，并由所有者进行授权；

3） 对放置到公用网上的、或通过公用网提供的系统说明文档，应有适当的保护。

工作单元7：MOP_ITM.7 计算机设备使用的管理

a） 评估者**应检查**组织机构系统运行环境中的计算机，是否采用规范统一的规则进行管标识和使用，保持与其他的设备协调一致、正常工作。

b） 评估者**应检查**组织机构对运行环境中的所有计算机设备的管理是否都：

1） 使用一致的命名规则，例如计算机地址、终端位置和用户标识；

2） 单点运行；

3） 使用户能够通过单点登录对多个系统进行访问，并且从单点对其进行管理；

4） 尽量减少手工的交互。

工作单元8：MOP_ITM.8 设备维修保养

a） 评估者**应检查**组织机构是否对设备实施正确的维护确保其可用性和完整性，确保设备内敏感信息的安全。

b） 评估者**应检查**组织机构是否考虑下列设备维护的指导方针：

1） 应按照设备维护手册的要求或有关维护的程序对设备进行维修保养。

2） 对设备的维修应：

——选择具备一定维修技能的维修人员；

——对维修人员进行授权控制；

——对发现的问题和纠正措施进行记录。

3） 对设备的保养应：

——按照供应商推荐的保养时间间隔和规范进行保养；

——当将设备送外进行保养时，需对设备内的敏感信息进行保护；

——对保养情况进行记录。

4） 对所有类型设备在报废处理或重用之前要进行检查，确保敏感数据和授权软件被移走或被安全清除，如，采用适当的清除或复写方法确保原始数据不可被获取，而不能仅采用标准删除或格式化功能。

9.2.12.7 信息传输安全（MOP_IEX）

9.2.12.7.1 目的

评估组织机构在一个组织内和任何外部实体之间进行信息和数据传输时，是否维持信息和软件的安全。

9.2.12.7.2 输入

本活动的输入包括：

a） 信息传输管理制度；

b） 电子消息保护制度；

c） 业务系统的连续性和安全性方针。

9.2.12.7.3 评估行为

工作单元 1:MOP_IEX.1 信息传输控制策略

a) 评估者**应检查**组织机构之间的信息和软件传输是否基于一份正式的传输策略,按照传输协议执行,并与任何相关的法律规定一致。

b) 评估者**应检查**组织机构使用电子通信设备进行信息传输是否考虑下面的事项:

1) 保护信息在传输过程中不被中断、复制、修改、错误路由和毁坏;
2) 发现和防止恶意代码通过电子通信进行传输;
3) 保护附件形式的敏感性电子信息;
4) 提供电子通信设备的安全使用指南;
5) 在使用无线通信时,应考虑其带来的特定风险;
6) 采用密码技术,来保护信息的机密性,完整性和真实性;
7) 不要将重要和敏感信息遗漏在打印设备上,如复写纸、打印机和传真机,以防被其他非授权人员利用;
8) 控制相关的发送通信设备,如自动向外部邮件地址发送电子邮件;
9) 提供所有业务相应的持续性和使用指南,包括与相应的法律、法规一致的信息;
10) 员工,服务方和其他用户的职责不能危及到组织机构的安全;
11) 提醒人员应具有适当的警惕。

工作单元 2:MOP_IEX.2 电子消息

a) 评估者**应检查**组织机构是否保护了电子消息当中的信息。

b) 评估者**应检查**组织机构在使用指南中对电子信息的安全考虑是否包括:

1) 防止信息被非授权访问,修改或拒绝服务;
2) 确保信息正确的地址和传输;
3) 服务的普遍可靠性和可用性;
4) 法律考虑,如电子签名的需要;
5) 在使用外部公共服务之前,需要予以批准,如实时信息或文件共享;
6) 对来自外网访问的鉴别控制的强壮性。

工作单元 3:MOP_IEX.3 业务信息系统

a) 评估者**应检查**组织机构是否采取安全控制措施,保护相关的业务信息系统的内部连通的安全性。

b) 评估者**应检查**组织机构是否考虑业务的连通性和安全性:

1) 了解管理和审计系统的脆弱性,以及组织机构在什么地方进行信息共享;
2) 业务通信系统中的信息的脆弱性;
3) 制定安全策略和适当控制措施,管理共享信息;
4) 如果系统不支持相应级别的保护,则不能接受敏感业务信息和机密文档类别;
5) 限制访问与选定个人相关的日志信息,如敏感项目当中的人员工作;
6) 允许使用系统的人员、承包商和业务合伙人的类别及其可以访问系统的场所;
7) 限制使用设备的用户类别;
8) 识别用户身份,如组织机构的员工或其他签约用户;
9) 保持和备份系统信息;
10) 回退需求和协定。

9.2.13 业务持续性和灾难恢复管理评估活动

评估组织机构是否能通过预防及恢复措施的结合使用,把业务因灾难或安全故障(例如,由于天灾、意外、设备失效及故意破坏)的停顿降到可接受的程度。组织机构应分析灾难、安全故障及服务停顿的影响,以便制订及实施业务持续性和灾难恢复计划来保证业务进程能够在规定时间内恢复。

9.2.13.1 业务持续性管理(MBD_BCM)

9.2.13.1.1 目的

评估组织机构是否防止业务过程中断,保护关键业务流程不会受信息系统重大失效或自然灾害的影响,并确保及时恢复。评估组织机构是否通过业务持续性管理过程的实施,综合使用预防及恢复控制,把因灾难或安全故障(例如,来自于天灾、意外、设备故障及故意破坏行动)而造成的业务中断降低到可接受的程度。是否分析灾难、安全故障及业务中断的影响。是否开发和实施持续性计划以保证业务过程能够在所需的时间范围内恢复。是否经常修改和实践这些计划,使之最终变成所有其他管理过程的不可分割的一部分。

9.2.13.1.2 输入

本活动的输入包括:

a) 持续性计划;
b) 业务持续规划框架;
c) 业务持续性计划的测试报告和维护记录。

9.2.13.1.3 评估行为

工作单元 1:MBD_BCM.1 业务持续性管理过程的建立

a) 评估者**应检查**组织机构是否建立了业务持续性管理过程,满足组织机构在信息安全方面的业务持续性需求。
b) 评估者**应检查**组织机构业务持续性管理过程是否关注:
   1) 在识别关键业务过程并排列优先顺序的基础上,根据风险发生的可能性及其产生的影响来判定公司所面临的风险;
   2) 识别与关键业务过程相关的所有资产;
   3) 了解信息安全事件对业务中断所造成的影响;
   4) 考虑将购置适当的保险作为业务持续性计划的一部分;
   5) 考虑采取预防性和规避性的风险控制措施;
   6) 充分利用金融、组织、技术和环境资源来满足信息安全需求;
   7) 确保人身安全以及信息处理设施和组织机构的财产安全;
   8) 制定满足信息安全需求的业务持续性计划,并与业务持续性策略保持一致;
   9) 定期测试和更新业务持续性计划;
   10) 确保业务持续性管理能够融入组织机构的运作流程和组织结构中,业务持续性管理职责应由组织机构内适当级别的管理层负责签署。

工作单元 2:MBD_BCM.2 业务持续管理的组织结构和职责

评估者**应检查**组织机构是否建立业务持续性管理组织结构,并明确其职责。

业务持续性管理组织机构由业务、技术和行政等部门的人员组成,通常分为决策层、管理层、执行层。具体职责如下:

a) 决策层:审核并批准经费预算、业务持续性策略和灾难恢复预案;组织管理业务持续性计划的测试和演练;批准灾难恢复预案的执行。
b) 管理层:进行业务持续性的需求分析;提出并落实业务持续性策略和等级;制定业务持续性计

划和灾难恢复预案。

c) 执行层:进行业务持续性计划的教育、培训和演练;适时更新业务持续性计划;当事件发生时,控制所造成的损失,及时恢复信息系统及其业务功能,评估危害程度;进行日常的运行维护管理。

工作单元 3:MBD_BCM.3 业务持续性与风险评估

a) 评估者**应检查**组织机构是否识别引起业务过程中断的信息安全事件,并分析中断发生的可能性和造成的影响。

b) 评估者**应检查**组织机构在业务持续性的信息安全方面是否基于识别可能导致业务进程中断的事件(或序列事件),例如设备故障、人员误操作、偷窃、火灾、自然灾害和恐怖主义行为等,是否通过实施风险评估,考虑中断发生时间、破坏程度和所需要的恢复时间来判定中断发生的可能性和对系统造成的影响。

c) 评估者**应检查**组织机构在进行业务持续性风险评估过程中,业务资源和业务过程的拥有者是否全力参与,是否考虑所有业务过程,并且评估结果应具体到信息安全方面。是否将不同类型的风险联系起来,进而获得一个完备的组织机构业务持续性需求。在进行评估时是否参照标准和组织机构的目标来识别风险、量化风险并对风险进行优先级排序。

d) 评估者**应检查**组织机构是否依据风险评估的结果制定业务持续性战略,以决定业务持续性管理的全部方法。

工作单元 4:MBD_BCM.4 业务持续计划的制定和实施

a) 评估者**应检查**组织机构是否制定和实施业务持续性计划,以确保关键业务过程中断或失效后能够在规定的时间内和要求的等级上恢复系统运行,并确保信息的可用性。

b) 评估者**应检查**组织机构在制定业务持续性计划时是否考虑以下几方面:

 1) 确定所有人员的职责和业务持续性流程;
 2) 确定信息和服务的可接受损失度;
 3) 实施在限定的时间范围内允许业务操作恢复和信息可用的流程,特别要关注内部与外部业务依赖关系和适当合约的评估;
 4) 应遵循未完全恢复时的操作流程;
 5) 将已达成一致意见的流程和过程文档化;
 6) 由具有合适教育背景的员工负责紧急程序及处理,包括危机管理。

c) 评估者**应检查**组织机构在制定业务持续性计划过程中是否关注系统业务目标,例如在可接受的时间段内恢复用户指定的服务;是否考虑计划实施过程中所需要的服务及资源,包括人员安排、非信息处理资源、以及信息处理设备的备份管理,其中备份管理是否还包括与第三方相互签署的协议。

d) 评估者**应检查**组织机构如果使用了临时备用站点,此站点的安全控制级别是否与主站点的相同。

工作单元 5:MBD_BCM.5 业务持续规划框架

a) 评估者**应检查**组织机构是否建立一个单独的业务持续性计划框架,以确保所有计划的一致性,以维护信息安全要求的一致性并识别测试和维护的优先级。

b) 评估者**应检查**组织机构的每个业务持续性计划是否描述保持业务持续性的方法。当需求发生变化时,任何现有的紧急流程,例如废弃计划或回退安排都是否适当调整。组织机构的变更管理是否包括这些流程的变更,来确保能够正确处理业务持续性事件。

c) 评估者**应检查**组织机构的每个计划是否有一个具体负责人。紧急流程、手工回退计划和恢复计划都属于业务资源、业务过程拥有者的职责。对于可选择性的技术服务,例如信息处理和通信设施的恢复操作,是否属于服务提供者的职责。

d） 评估者**应检查**组织机构的业务持续性规划框架是否满足信息安全需求并考虑以下方面：
   1） 启动计划的条件：启动计划前要进行哪些工作（如何评估环境情况，有谁参与等）；
   2） 紧急程序：在发生严重干扰业务操作的事件后应采取哪些行动；
   3） 回退程序：将重要业务活动或支持性服务转移到备用临时站点时应采取的行动，以及在规定时间范围内使业务过程恢复操作应采取的措施；
   4） 临时操作程序：业务完全恢复之前应采取的措施；
   5） 恢复程序：返回到正常业务操作应采取的措施；
   6） 维护时间表：规定了如何和何时测试计划，以及维护计划的过程；
   7） 意识、教育和培训活动：让员工更好地了解业务持续性过程，确保过程持续有效；
   8） 个人职责：谁负责执行计划的哪部分，必要时应指定候补人员；
   9） 能够执行紧急、回退和恢复程序的关键资产和资源。

工作单元 6：MBD_BCM.6 业务持续性计划的测试和维护

a） 评估者**应检查**组织机构是否定期测试和更新计划，以确保计划最新且有效。
b） 评估者**应检查**组织机构在测试业务持续性计划时是否确保所有参与成员都知道自己在业务连续性计划中各自的职责，计划启动后知道他们的角色。
c） 评估者**应检查**组织机构业务连续性计划的测试安排是否表明计划中的每一项如何被测试，什么时间进行测试，是否记录了测试结果。
d） 评估者**应检查**组织机构是否使用多种不同的测试技术，以确保计划可以在真实环境中实施。所包括的技术有：
   1） 不同场景的桌面测试（采用中断示例来讨论业务恢复的安排）；
   2） 模拟（特别是培训人员在事件或危机后的管理角色）；
   3） 技术恢复测试（保证信息系统可以有效地恢复）；
   4） 在后备站点测试恢复情况（在远离主站点的地方并行地运行业务恢复过程）；
   5） 测试供应商的设施及服务（确保外部提供的服务及产品都符合合同中规定的承诺）；
   6） 完全演习（测试组织机构、人员、设备及处理过程是否能够应付业务中断的情况）。
e） 评估者**应检查**组织机构是否规定定期审查每个业务持续性计划。在业务安排上出现人员变更，是否了更新持续性计划。变更控制过程是否确保能够分发更新的计划并且通过定期审查整个计划进而改进计划。

9.2.14 应急响应管理评估活动

评估组织机构是否采取有效的应急响应管理活动，减少各类安全事件对业务的影响，减小类似安全事件再次发生的风险。应按照一种正规的流程来妥善处理各类事件（包括故障、掉电、过载、用户或者计算机工作人员操作失误、违规存取）。

9.2.14.1 信息安全事件和漏洞的汇报（MER_REW）

9.2.14.1.1 目的

评估组织机构是否能够及时沟通与信息系统有关的安全事件和漏洞。

9.2.14.1.2 输入

本活动的输入包括：
a） 信息安全事件报告；
b） 信息安全漏洞报告。

9.2.14.1.3 评估行为

工作单元 1:MER_REW.1 信息安全事件报告

a) 评估者**应检查**组织机构是否通过恰当的管理途径尽快报告信息安全事件。确保与信息系统相关的安全事件和漏洞信息能够传达到每个人,并能够及时采取正确的行动。

b) 评估者**应检查**组织机构是否有事件汇报和改进流程。所有员工、合约人和第三方用户是否知道不同类型安全事件和漏洞信息的汇报流程。要求信息安全事件和漏洞信息是否尽快汇报给指定的联系方。

c) 评估者**应检查**组织机构是否建立一个正式的信息安全事件汇报流程,以及事件响应和改进流程,规定一旦接到信息安全事件报告应采取的措施。是否建立汇报信息安全事件时的联系方式,是否确保组织机构内部所有人员都知道此联系方式,联系方是否始终可用并能够提供充分和及时的响应。

d) 评估者**应检查**组织机构的所有员工、合约方和第三方用户是否意识到他们尽快汇报信息安全事件的职责,是否知道与联系方报告信息安全事件的流程。

e) 评估者**应检查**组织机构是否有如下的详细报告流程:

1) 恰当的反馈过程。这种反馈过程用来确保信息安全事件处理结束后通知处理结果;

2) 信息安全事件汇报形式。一旦发生信息安全事件,这种汇报形式支持汇报行为,帮助汇报人员记住所有必要的行为;

3) 需采取的行动。一旦发生信息安全事件,需采取以下行动:

——立即记录所有重要的细节(例如,破坏的类型、引起的功能故障、屏幕显示信息、异常行为);

——不要采取个人行为,应立即向联系方报告;

4) 对引起安全事件的雇员、合约人和第三方用户建立处罚流程。

工作单元 2:MER_REW.2 信息安全漏洞报告

a) 评估者**应检查**组织机构是否要求所有的员工、承包方和第三方用户注意并报告系统或服务中已发现或疑似的安全漏洞。

b) 评估者**应检查**组织机构所有员工、合约方和第三方用户为了阻止信息安全事件的发生,是否能够尽快将系统漏洞信息汇报给他们的管理部门,或者直接汇报给服务提供商。

9.2.14.2 应急响应管理(MER_IMI)

9.2.14.2.1 目的

评估组织机构是否能够确保使用持续有效的方法管理信息安全事件。

9.2.14.2.2 输入

本活动的输入包括:

a) 管理职责和程序文件;

b) 信息安全事件的经验教训总结报告;

c) 导致信息安全事件的证据。

9.2.14.2.3 评估行为

工作单元 1:MER_IMI.1 职责和程序

a) 评估者**应检查**组织机构是否建立了管理职责和程序,以快速、有效和有序地响应信息安全事件。

b) 评估者**应检查**组织机构除了汇报信息安全事件和漏洞，是否使用了系统监控、警告监控和漏洞监控措施检测信息安全事件。下面对信息安全事件管理规程提供指导：

1) 应建立处理不同信息安全事件的规程，包括：
——信息系统失效、丧失服务能力；
——恶意代码；
——拒绝服务；
——由于业务数据不完整或不准确导致的错误；
——机密性和完整性受到破坏；
——系统误用。

2) 除了持续性计划，规程还应包括：
——分析并寻找事件原因的；
——处理办法；
——必要时，为防止事件再次发生，应采取的计划和实施过程；
——与受事件影响的部门和恢复事件的部门进行沟通；
——将事件汇报给相关的权力机关。

3) 应搜集审计跟踪证据，并保证其安全，适当时用来：
——内部问题分析；
——当作法律取证证据。这些证据用来证明可能违反合约或规定的要求；
——与软件和服务商协商赔偿问题。
——应认真、正式地控制安全事件的恢复行为。规程应确保：
——只有经过明确识别的授权人员才允许访问运行系统和数据；
——采取的所有紧急行为都应详细记录；
——紧急行为应汇报给相关的管理部门，并得到审查；
——业务系统的完整性和控制措施应在最短的时间间隔得到确认。

c) 评估者**应检查**组织机构的信息安全事件的管理目标是否得到管理层的同意，并确保负责信息安全事件管理的人员理解机构组织处理信息安全事件的优先级。

工作单元 2：MER_IMI.2 信息安全事件的经验教训

a) 评估者**应检查**组织机构是否建立了能够量化和监控信息安全事件的类型、数量、成本的机制。

b) 评估者**应检查**组织机构是否使用信息安全事件评估中获得的信息识别可能再次发生的事件和对系统影响较大的事件。

工作单元 3：MER_IMI.3 证据搜集

评估者**应检查**组织机构在事件发生后，是否根据相关法律的规定(无论是民法还是刑法)跟踪个人或组织的行动，是否能够搜集、保留证据，并以符合法律规定的形式提交。**应确认**内部程序是否描述了需要的证据。**应确认**组织机构是否能够确保自己的信息系统在准备证据时，遵守所有的公布了的标准或行为准则。

为了得到高质量和具有完整性的证据，需要一个高质量的证据追踪。一般来说，这样的追踪可以在以下条件下建立起来：

1) 如果是纸张文件：原始版本要被安全地保存，并有记录由谁发现、在哪儿发现、何事发现及见证发现的证人，要仔细调查原始版本没有被篡改；

2) 在计算机存储介质上的信息：应确保可移动介质的拷贝、磁盘或内存中的信息随时可用，应妥善保存拷贝过程中所有活动的记录，应有人见证整个拷贝过程，应安全地保存介质和日志的拷贝。

3) 评估者**应检查**组织机构提供的任何法律证据仅为证据材料的拷贝版本,**应确认**组织机构是否能够保护所有证据材料的完整性,并由值得信赖的人员监督证据材料的拷贝行为。监督记录中是否包括执行拷贝的时间、地点、人员、拷贝时使用的工具等内容。

9.3 信息系统安全工程保障措施评估

9.3.1 概述

信息系统安全工程保障要求的评估内容是建立在GB/T 20274.4—2008要求基础之上的,以工程保障要求中的类作为评估TOE中工程保障要求的基础,子类作为评估活动,管理组件作为评估时的工作单元。

9.3.2 目的

9.3.3 风险过程评估活动

风险评估是识别尚未发生的问题的过程。风险的评估是通过检查威胁和脆弱性被利用的可能性并考虑意外事件的潜在影响。可能性是不确定的因素,所以它会因特定的环境而不同。这意味着可能性只能在一定的限制下进行预测。另外,评估特定风险的影响也具有不确定性,因为意外事件可能不像所预料的那样出现。因为这些因素可能有很大的不确定性影响到预测的正确性,所以安全的规划和评定就会很难。这个问题的一个不完全解决方法是用技术手段来检测意外事件的发生。

9.3.3.1 系统定义(PRM_SDF)

9.3.3.1.1 目的

本条的目的是评估是否已经识别信息系统的任务和使命,即系统的任务要求和它所要达到的能力。

9.3.3.1.2 输入

信息系统技术方案。

9.3.3.1.3 评估行为

工作单元:PRM_SDF.1 系统详细描述

a) 评估者**应检查**信息系统技术方案,确定其是否描述了信息系统实现的目的、完成的任务和担负的使命等信息。

b) 评估者**应检查**信息系统技术方案是否对信息系统的信息类划分、边界、信息流、设备部署等内容进行了详细、清晰、准确的描述,以及对信息系统的业务体系、技术体系和管理体系等情况描述。

9.3.3.2 评估威胁(PRM_ATT)

9.3.3.2.1 目的

本条的目的是在于评估是否已经标识信息系统的安全威胁及其性质和特征。

9.3.3.2.2 输入

信息系统风险评估文档。

9.3.3.2.3 评估行为

工作单元1:PRM_ATT.1 标识自然威胁

评估者**应检查**在信息系统风险评估文档中是否标识了自然威胁。

由自然原因引起的威胁，包括洪水、地震、山崩、雪崩、龙卷风、雷击、海啸和台风等。评估者在评估威胁来源时，应根据信息系统实际环境考虑所有潜在的可能对其构成危害的威胁来源。例如，对于处在沙漠地带的信息系统不易受自然水灾的威胁，但如果有水管则可能因为发生爆裂而造成计算机房内的水灾，并破坏组织的信息资产和资源。

工作单元 2：PRM_ATT.2 标识人为威胁

评估者**应检查**在信息系统风险评估文档中是否标识了人为威胁。

人为的威胁可能来自内部的行为，例如某些恶意人员或心怀不满的员工的蓄意破坏，或者是由于疏忽和错误造成的无意行为。蓄意的攻击可能是进行非授权访问信息系统的企图（例如，通过口令猜测），以此破坏系统和数据的完整性、可用性和机密性；也可能是企图绕过系统安全性。评估者需要根据信息系统所处的具体环境进行分析，确定所标识的人为威胁是否合理，以及是否有遗漏的潜在威胁。

工作单元 3：PRM_ATT.3 标识威胁的测量块

评估者**应检查**在信息系统风险评估文档中是否标识威胁的测量块。

大量的自然和人为威胁都有其与之相关的测量块。在大多数情况下，测量块的整体范围并不适用于特定位置。因此，对可能在特定位置中出现预料中的事件，根据具体情况建立最大和最小测量块范围是恰当。评估者通过分析确定其标识测量块是否合理。

工作单元 4：PRM_ATT.4 评估威胁源能力

评估者**应检查**在信息系统风险评估文档中是否评估了人为威胁的威胁源的能力和动机。

动机和实施攻击所需的资源构成了人为潜在威胁源。在表 1 中给出了一些目前人为威胁的情况，包括可能的动机、方法或者攻击者可能实施的行为。

评估者可以从这些信息中分析人为威胁的环境和定义其状态。另外，对系统中断历史的审查，安全违反的报告，事故报告，与系统管理员的访谈等将有助于识别人为威胁源，而这些威胁源对信息系统和系统数据有潜在的威胁。

表 1　威胁源列表

威胁源	动机	威胁行为
黑客	挑战、自负、反抗等	黑客攻击、社会工程、系统入侵、非授权访问
计算机罪犯	破坏系统，违法的信息揭露，牟取暴利，非授权的数据更改等	计算机犯罪、欺诈行为（如重复、假冒、拦截等）、信息贿赂、哄骗、系统入侵
恐怖分子	敲诈、破坏、利用、复仇等	轰炸/恐怖行动、信息战、系统攻击、系统渗透、系统篡改
间谍（公司、外国政府、其他政府利益）	竞争利益、商业侦探	商业利用、信息偷窃、入侵个人隐私、社会工程、系统渗透、非授权系统访问
内部人员（缺乏培训的、不满的、恶意的、疏忽的、不诚实的、已终止合同员工）	好奇、自负、牟取暴利、复仇、无意的错误或疏忽（如数据输入错误、程序错误）	对雇员的攻击、敲诈信、私人信息浏览、计算机滥用、欺骗偷窃、信息贿赂、输入伪造的数据、拦截、恶意代码、私人信息的出售、系统入侵、系统破坏、非授权系统访问

工作单元 5：PRM_ATT.5 监视威胁及其特征

a)　评估者**应检查**在信息系统风险评估文档中是否评估了威胁事件发生的可能性。

在潜在的威胁源标识后，应对成功实施攻击所需的动机、来源和能力进行估计，以便决定威胁对系统脆弱性利用的可能性。

为了获得威胁的可能性,下面几个决定因素需要考虑:

1) 威胁源动机和能力;

2) 脆弱点的特性;

3) 当前控制措施的存在性和有效性。

b) 评估者**应检查**检查文档中对可能性的分析是否合理。

工作单元 6:PRM_ATT.6

评估者**应检查**在信息系统风险评估文档中是否监视威胁分布情况及威胁特征的不断变化。

系统面临的新威胁可能不断出现,因此需要保持对威胁的不断监视和关注,以应对系统可能需要应对的新威胁。评估者需要检查风险评估文档确认对其威胁进行了监视。

9.3.3.3 评估脆弱性(PRM_AVL)

9.3.3.3.1 目的

该活动的目的在于评估系统是否已经标识和特征化系统的安全脆弱性。

9.3.3.3.2 输入

信息系统风险评估文档。

9.3.3.3.3 评估行为

工作单元 1:PRM_AVL.1 选择脆弱性分析方法

a) 评估者**应检查**信息系统风险评估文档中是否选择用于标识和特征化给定环境中信息系统安全脆弱性的方法、技术和标准。

b) 评估者**应检查**是否明确了信息系统安全脆弱性分析的方法,包括预期结果等。

工作单元 2:PRM_AVL.2 标识脆弱性

评估者**应检查**信息系统风险评估文档是否标识系统安全脆弱性。

推荐的标识系统脆弱性的方法是使用脆弱性来源,执行系统安全性测试,开发安全需求列表。

脆弱性被看成是系统的固有问题,而不考虑任何威胁的可能性。评估者通过分析确认所标识的脆弱性是否正确且完整。

工作单元 3:PRM_AVL.3 收集脆弱性数据

评估者**应检查**信息系统风险评估文档是否收集与脆弱性性质相关的数据。

脆弱性具有其自身的性质,本工作活动意在收集与这些性质相关的数据。应标识并收集脆弱性被利用的难易程度以及脆弱性出现的可能性的数据。评估者**应检查**在评估文档中是否包含了这些数据。

工作单元 4:PRM_AVL.4 合成系统脆弱性

a) 评估者**应检查**信息系统风险评估文档中是否评估系统脆弱性并将特定脆弱性及各种特定脆弱性的组合结果进行综合收集。

b) 评估者**应检查**是否已经分析脆弱性的附加特征,例如脆弱性被利用的可能性以及成功利用脆弱性的机会。需要收集脆弱性分析和攻击的结果。评估文档应足够详细地标识和文件描述发现的所有脆弱性及其被利用的潜在可能性,以便客户做出有关对策的决定。

工作单元 5:PRM_AVL.5 监视脆弱性及其特征

评估者**应检查**信息系统风险评估文档是否监视脆弱性的不断变化及其特征的变化。

监视现有脆弱性及其特征并定期检查新的脆弱性很重要。由于脆弱性可能发生变化,在给定环境中可能多次进行评估活动。但是,重复的脆弱性评估不能代替对脆弱性的监视。

9.3.3.4 评估影响(PRM_AIM)

9.3.3.4.1 目的

该活动的目的在于评估是否已经标识对系统的影响,并评估影响发生的可能性。

9.3.3.4.2 输入

信息系统风险评估文档。

9.3.3.4.3 评估行为

工作单元 1:PRM_AIM.1 对影响进行优先级排列

评估者**应检查**信息系统风险评估文档是否标识、分析并优先级排列系统的运行、业务或任务能力。

在评估影响之前,需要获取以下必要的信息,以检查评估文档中是否满足此项要求。

a) 系统任务(如由信息系统完成的过程);

b) 系统和数据的危险程度(如信息系统对组织的价值或重要性);

c) 系统和数据的敏感度。

工作单元 2:PRM_AIM.2 标识系统资产

评估者**应检查**在信息系统风险评估文档中是否标识和特征化支持系统的关键运行能力或安全目标的系统资产。

如,硬件、软件、系统、服务以及相关的技术资产,这些资产支撑着系统的关键业务。在风险评估文档中应充分考虑影响到系统运行的那些资产,将其清晰的标识出来。

工作单元 3:PRM_AIM.3 选择影响的度量

评估者**应检查**在信息系统评估文档中是否有用于评估影响的度量。

影响的定量或定性评估方法可从以下几个方面考虑,例如:

a) 计算经济成本;

b) 根据经验划分严重程度等级,例如从 1～10;

c) 或者使用形容词,例如低、中、高。

工作单元 4:PRM_AIM.4 标识度量关系

评估者**应检查**在信息系统评估文档中是否标识所选评估影响的度量标准之间的关系以及所需度量标准转换因子。

评估影响可能需要使用不同的度量标准。因此,需要找出不同度量标准之间的关系,以保证在整个影响评估中对所有暴露所使用方法的一致性。

工作单元 5:PRM_AIM.5 标识和特征化影响

评估者**应检查**在信息系统评估文档中是否利用多重度量标准或统一度量标准标识和特征化意外事件的意外影响。

安全事件的不利的影响可以按照对完整性、可用性和机密性这三个安全目标的损失、降低,或者其组合进行描述。

a) 完整性的损失:系统和数据的完整性是指保证信息不被非法修改的需求。

b) 可用性的损失:当信息系统的关键业务对终端用户不可用时,组织的业务将受影响。

c) 机密性的损失:系统和数据的机密性是指保护信息不被非授权的暴露。

工作单元 6:PRM_AIM.6 监视影响

评估者**应检查**在信息系统评估文档中是否监视影响的不断变化。

任何位置和状态下,影响都是动态的。新的影响可能产生相互关系。因此,监视现有影响并定期检查新的影响很重要。评估者检查是否对影响进行监视以保持对其持续性监控。

9.3.3.5 评估安全风险(PRM_ASR)

9.3.3.5.1 目的

评估评估安全风险的目标是获得对给定环境中的系统运行相关的安全风险的理解,并按照既定方法论对风险进行优先级排列。该活动的目的是评估确认已标识给定环境中系统的安全风险。

9.3.3.5.2 输入

信息系统安全风险评估文档。

9.3.3.5.3 评估行为

工作单元1:PRM_ASR.1 选择风险分析方法

评估者**应检查**在信息系统评估文档中是否定义用于标识给定环境中系统安全风险的方法。

在风险评估中可以用这种方法分析、评估和比较安全风险。应依据威胁、运行功能、系统脆弱性、潜在损失、安全需求等相关问题,得到对风险进行分类和分级的方案。这种方法可以是现有的、经裁剪的,或针对系统运行和给定环境的特定方法。因此,评估者**应检查**确认风险评估文档明确了该方法。

工作单元2:PRM_ASR.2 标识暴露

评估者**应检查**在信息系统评估文档中是否标识威胁/脆弱性/影响三元组(暴露)。通过标识出此三元组,可以清晰地将其对应关系映射出来,为下一步明确各安全控制要求提高基础。

工作单元3:PRM_ASR.3 评估暴露的风险

评估者**应检查**在信息系统评估文档中是否评估每项暴露的风险。

暴露的可能性是威胁发生的可能性与威胁利用脆弱性的可能性的综合。大多数情况下,也应将特定的、一定数量或绝大多数影响的可能性计算在内。评估者可通过检查风险列表,确认已将系统所面临的风险进行了评估。

工作单元4:PRM_ASR.4 评估总体不确定性

评估者**应检查**在信息系统评估文档中是否评估暴露的风险的总体不确定性。

总体的风险不确定性是指信息系统中已标识的威胁、脆弱性、影响及其特征的不确定性的总和。

工作单元5:PRM_ASR.5 风险优先级排列

评估者**应检查**在信息系统评估文档中是否按优先级排列风险。

应根据组织机构优先级、发生的可能性、所具有的不确定性和可用资金来对已标识的风险进行排序。评估者可检查风险清单确定其是否按优先级进行排列。

工作单元6:PRM_ASR.6 监视风险及其特征

评估者**应检查**在信息系统评估文档中是否监视风险分布的不断变化及其特征的变化。

任何情形下风险的分布情况都是动态的。新的风险可能变得相互关联,同时现存风险的特征可能变化。因此,监视现存风险及其特征、定期检查新的风险很重要。

9.3.4 工程过程评估活动

安全工程和其他工程学科一样,是一个贯穿概念、设计、实施、测试、验收、运行、维护和废弃的过程。

9.3.4.1 确定安全要求(PEN_ISR)

9.3.4.1.1 目的

本条的目的是评估是否已明确地标识系统的安全需求。

9.3.4.1.2　**输入**

本活动的输入包括：

a）信息系统安全策略；

b）信息系统技术方案；

c）信息系统风险评估文档等。

9.3.4.1.3　**评估行为**

工作单元 1:PEN_ISR.1 获得对客户安全需求的理解

a）评估者**应确定**是否获得对客户安全需求的理解。

b）评估者**应检查**信息系统技术方案，确认其在安全风险分析的基础上，描述了信息系统的安全需求。应全面收集理解客户的安全需求所需的所有信息。这些需求受到安全风险对客户的重要性的影响。系统将要运行的预期环境也影响客户的安全需求。

工作单元 2:PEN_ISR.2 标识可用的法律、策略和约束

a）评估者**应确定**是否标识出管理系统的法律、策略、标准、外部影响和约束。

b）评估者**应检查**信息系统安全策略，确认已收集所有影响到系统安全的所有外部影响，挖掘了潜在的安全要求。适用性的决定应标识支配系统预期环境的法律、规章、策略和商业标准。

工作单元 3:PEN_ISR.3 标识系统安全关联性

评估者**应确定**是否标识系统的用途以便确定安全上下文环境。

应标识系统安全运行环境，并分析如何影响系统安全。出于安全考虑，应描述信息系统所承担的业务使命和运行场景，并分析系统面临的或可能遭受的威胁以及可能影响系统安全运行的性能和功能要求。评估者可检查信息系统风险评估文档及信息系统安全策略。

工作单元 4:PEN_ISR.4 收集系统运行的安全思想

评估者**应确定**是否收集系统运行的高层安全思想。

评估者**可检查**信息系统安全策略，确认其描述了整个企业的高层安全思想，包括角色、职责、信息流、资产、资源、人员保护和物理保护。特别在运行安全概念中提供系统的这一思想，应包括系统架构、规程和环境的高层安全思想。

工作单元 5:PEN_ISR.5 收集安全的高层目标

评估者**应确定**是否收集定义系统安全性的高层目标。

评估者**可检查**信息系统安全策略，确定其对系统高层安全目标的正确描述。要标识应满足怎样的安全目标，以便为系统在其运行环境中提供足够的安全性。

工作单元 6:PEN_ISR.6 定义安全相关需求

评估者**应确定**是否定义系统的安全要求。

评估者**应确保**每项要求都与适用的策略、法律、标准、安全要求和系统的约束相一致。这些要求应完整定义系统的安全需求，包括非技术性的要求。通常需要定义或指定对象的逻辑或物理边界，以确保涵盖了所有方面。

工作单元 7:PEN_ISR.7 达成安全协议

评估者**应确定**是否达成对具体安全要求符合客户需求的协议。

要在所有各方之间达成安全要求的共识。标识出一般客户群而非特定客户时，要求应满足一系列目标。指定的安全要求应是管理策略、法律和用户需求的完整、一致的反映。应标识出问题并再处理直到达成共识。

9.3.4.2　**提供安全输入(PEN_PSI)**

9.3.4.2.1　**目的**

本条的目的是评估是否为系统架构者、设计者、实施者或用户提供他们所需的安全信息。

9.3.4.2.2　输入

本活动的输入包括：

a）　信息系统技术方案；

b）　信息系统安全策略；

c）　指南性文档等。

9.3.4.2.3　评估行为

工作单元1:PEN_PSI.1 理解安全输入要求

评估者**应确定**设计者、开发者以及用户合作来确保参与方对安全输入需求有共同的理解。

安全输入包括各类指南、设计、文档，以及其他学科需要考虑的与安全相关的概念。对安全输入的需求理解上的一致是安全功能要求的合理性和准确性的保证。

工作单元2:PEN_PSI.2 确定安全约束和考虑

a）　评估者**应确定**是否确定工程选择方案所需的安全约束和考虑。

b）　评估者**应确认**已标识出用于得出成熟的工程可选方案的所有安全约束和考虑。例如，安全设计的标准，安全实施规则，文档的要求等。

工作单元3:PEN_PSI.3 标识安全选项

a）　评估者**应确定**是否标识安全工程问题的可选方案。

b）　评估者**应确定**对安全工程问题的解决方案进行了标识，解决方案可能有多种形式，例如架构、模型和原型等。

工作单元4:PEN_PSI.4 分析工程选项的安全性

a）　评估者**应确定**是否分析和优先级排列工程可选方案。

b）　评估者**应确定**已使用安全约束和考虑来分析和优先级排列工程可选方案。通过结合提供的安全约束和考虑，分析所有工程可选解决方案，进行综合性考虑并给出优先级顺序。

工作单元5:PEN_PSI.5 提供安全工程指南

a）　评估者**应确定**是否提供安全指南。

b）　评估者**应检查**是否开发安全指南，这可能包括架构、设计、实施的建议，保护原理，设计标准、原理和原则，以及编码的标准等。

工作单元6:PEN_PSI.6 提供运行安全指南

a）　评估者**应确定**是否向运行系统的用户和管理员提供安全指南。

b）　评估者**应检查**是否开发安全指南并提供给系统用户和管理员，如管理员手册、用户手册、系统配置指导等。

9.3.4.3　高层安全设计(PEN_HSD)

9.3.4.3.1　目的

本条的目的确定所有的安全机制都能对应到高层安全设计，并且所有的高层安全设计都有具体的安全机制来保证。

9.3.4.3.2　输入

本活动的输入包括：

a）　信息系统设计方案；

b）　信息系统安全策略。

9.3.4.3.3 评估行为

工作单元 1:PEN_HSD.1 设计安全模型

a) 评估者**应确定**是否为当前特定的信息系统设计安全模型,描述系统的安全原理。

b) 评估者**应检查**设计方案,是否对信息系统业务和安全要求的分析,分解其安全功能要求,划分信息系统的结构,包括系统组件、内部外部接口、信息流方向、环境等,形成信息系统安全模型,并对信息系统采取的安全原理进行描述。

工作单元 2:PEN_HSD.2 设计安全体系结构

a) 评估者**应确定**是否为当前的信息系统设计安全体系结构。

b) 评估者**应检查**是否把一个安全设计分成多个基本功能区域,有助于理解设计思路。评估者**应确认**已将信息系统分解成子系统,将信息系统进行安全功能分解、选择能够实现特定功能的组件形式,描述每个子系统所提供的安全功能。体系结构设计定义主要结构和组件之间的相互关系。

9.3.4.4 详细安全设计(PEN_DSD)

9.3.4.4.1 目的

本条的目的是最终的详细安全设计结果为实现系统提供充分的组件和接口描述信息。

9.3.4.4.2 输入

a) 信息系统安全策略;

b) 信息系统技术方案。

9.3.4.4.3 评估行为

工作单元 1:PEN_DSD.1 分配安全机制

a) 评估者**应确定**是否为将高层设计中的思想具体落实为具体的安全机制。

b) 评估者**应检查**信息系统安全技术方案,确定所有的安全机制都能对应到高层安全设计,并且所有的高层安全设计都有具体的安全机制来保证。

工作单元 2:PEN_DSD.2 确定安全产品

a) 评估者**应确定**是否根据高层设计和分配的安全机制等要求,从可选的安全产品中选择最适合的产品。

b) 评估者**应检查**安全产品选型依据文档,包括相关安全产品的功能和性能测试比较记录等,是否根据系统的需求,确定需要定制的安全产品列表和他们的技术指标和功能要求。

工作单元 3:PEN_DSD.3 系统接口设计和优化

a) 评估者**应确定**是否对系统设计中的接口进行设计和优化。

b) 评估者**应检查**技术方案是否设计安全系统与其他系统之间、各个安全类之间的接口,并进行优化。

工作单元 4:PEN_DSD.4 提供安全工程指南

a) 评估者**应确定**是否为参与工程的各方提供安全工程指南。

b) 评估者**应确定**是否为工程实施者提供体系结构建议、设计建议、安全体系结构建议、保护原则和设计原则描述文档,为系统工程实施提供指南。

9.3.4.5 安全工程实施(PEN_SEE)

9.3.4.5.1 目的

本条的目的是确认信息系统安全工程师把系统设计转移到运行,参与对所有系统问题的多学科综合分析。

9.3.4.5.2　**输入**

本活动的输入包括：

a）工程实施计划；
b）测试文档；
c）培训记录；
d）用户操作指南等工程实施过程文档。

9.3.4.5.3　**评估行为**

工作单元 1：PEN_SEE.1 工程的实施

评估者**应确定**是否按照项目计划和具体实施方案进行安全工程的实施。

信息系统的实施包括项目的计划和具体实施方案。评估者**应检查**工程实施计划和系统验收报告，确认工程实施按照计划进行。

工作单元 2：PEN_SEE.2 系统的试运行

评估者**应确定**是否对完成的安全系统进行试运行。

应对信息系统进行试运行，以此来检查系统的稳定性和可靠性。通过试运行，发现问题并进行整改，同时提出工程整改报告和试运行情况报告。评估者检查系统联调和测试报告，以及系统验收报告等，确认进行试运行。

工作单元 3：PEN_SEE.3 系统的测试

a）评估者**应确定**是否制定测试计划，对所完成的系统进行安全测试。
b）评估者**应检查**测试文档，确认已对信息系统进行安全测试，考虑其测试的覆盖范围、测试深度、测试方法的有效性，是否给出详细的测试方案，并按照方案进行测试。

工作单元 4：PEN_SEE.4 工程的交付

a）评估者**应确定**系统已交付给用户，包括相关的说明和指南等。
b）评估者**应确认**系统在交付时应包括相关的说明和指南。交付和运行规范涉及与安全交付、安装及信息系统的操作使用有关的措施、程序和标准，以确保信息系统提供的安全保护在传输、安装、启动和运行过程中没有被侵害。给用户提交相应文档以确保用户拥有系统安全运行所需的相关知识。

工作单元 5：PEN_SEE.5 安全培训

a）评估者**应确定**是否对用户进行系统安全及安全运行维护相关知识的培训。
b）评估者**应检查**培训记录，确认对用户进行了相关培训。安全培训的目的在于确保项目和组织拥有必要的知识和技能来达到项目和组织的目标。应计划培训、准备培训教材、对培训的有效性进行评估，维护培训的记录。

工作单元 6：PEN_SEE.6 提供用户指南

a）评估者**应确定**是否向运行系统的用户和管理员提供安全指南。
b）评估者**应确定**是否开发安全指南并提供给系统用户和管理员，给用户提交相应文档以确保用户拥有系统安全运行所需的相关知识，避免不必要的误操作和失误造成的安全事件。

9.3.4.6　**监视安全态势（PEN_MSP）**

9.3.4.6.1　**目的**

本条的目的评估是否已确保标识和报告所有的违规、尝试违规或可能导致违背安全的错误。

9.3.4.6.2 **输入**

本活动的输入包括：

a) 信息系统安全设计方案；

b) 信息系统实施过程文档；

c) 系统验收报告等。

9.3.4.6.3 **评估行为**

工作单元 1:PEN_MSP.1 分析事件记录

a) 评估者**应确定**是否通过分析事件记录来确定事件的起因、如何处理事件，以及将来可能出现的事件。

通过检查安全相关信息的历史记录和事件记录(由日志记录组成)，标识感兴趣的事件以及关联事件和各种记录的因素，以此分析事件的起因、处理方法，并对未来事件进行预防。

b) 评估者**应检查**系统实施过程相关记录，确认已对具体事件的处理过程进行了记录分析等。例如，事件记录，日志的分析和总结等。

工作单元 2:PEN_MSP.2

a) 评估者**应确定**是否监视威胁、脆弱性、影响、风险和环境的变化。

内部、外部来源和开发、运行环境都**应检查**，任何变更会影响系统安全的有效性和适当性。应监视所有变更，分析变更以评估它们对安全有效性的重要程度。

b) 评估者**应检查**信息系统实施过程文档，确认任何的变更都受到监视，应重新对其进行风险评估等。

工作单元 3:PEN_MSP.3

评估者**应确定**是否标识安全相关的事件。

评估者检查是否标识了安全事件并对事件的详细情况进行了描述，并对所采取的响应措施给予一定的描述。

工作单元 4:PEN_MSP.4

评估者**应确定**是否监视安全保护措施的性能和功能的有效性。

评估者检查是否对保护措施进行监控，通过定期的检查以便确定保护措施处于预期的良好运行状态，可检查信息系统是否有定期保护措施的状态记录及检查报告。

工作单元 5:PEN_MSP.5

评估者**应确定**是否检查系统的安全态势来标识必要的变更。

对系统的安全态势的检查是必要的，运行环境及系统配置等所发生的变化将影响系统的安全态势，因此应定期对系统的安全态势进行检查，重新评审系统安全。

工作单元 6:PEN_MSP.6

评估者**应确定**是否管理对安全突发事件的响应。

系统对突发事件的响应是非常重要的。评估者检查是否已制定系统安全事件响应策略，对系统安全事件的预防和响应措施，以及对系统响应的定期测试和测试记录，对定期检查或应急计划的描述等。

工作单元 7:PEN_MSP.7

评估者**应确定**是否确保适当地保护了安全监视的记录数据。

系统监视活动的结果数据应得到可靠的保护，以防止被破坏或丢失。评估者检查安全监视记录数据保存方法和位置，当日志记录达到一定存储容量时所采取的保护措施。为确保对系统的监视正常有效，应定期对日志的有效性和可用性进行测试。

9.3.4.7 管理安全控制(PEN_MSC)

9.3.4.7.1 目的

本条的目的是确保系统预想的安全已被集成到系统设计中,最终的运行状态中的系统也确实达到了这种安全要求。

9.3.4.7.2 输入

本活动的输入包括:

a) 信息安全组织机构;

b) 信息安全管理制度。

9.3.4.7.3 评估行为

工作单元 1:PEN_MSC.1 建立安全职责

评估者**应确定**是否建立安全控制措施的职责和可确认性,并传达到组织中的每个人。

信息系统应根据所需要运行管理控制的内容,并以此定义不同运行管理角色的职责。评估者通过检查信息安全组织机构,安全角色及职责的描述文档来确认已定义了相应的角色和职责及安全组织。在文档中需要清晰的描述安全授权和责任。

工作单元 2:PEN_MSC.2 管理安全配置

a) 评估者**应确定**是否管理系统安全控制措施的配置。

b) 评估者**应检查**所有的软件更新是否有相应的记录,包括更新的详细情况。系统的安全配置及变更的记录,包括进一步的详细信息。设计文档的变更记录和系统安全控制措施的实施描述,包括对安全控制措施的检查、实施、取消等情况的描述。

工作单元 3:PEN_MSC.3 管理安全意识、培训和教育大纲

a) 评估者**应确定**是否管理所有用户和管理员的安全意识、培训和教育程序。

b) 评估者**应检查**是否对所有用户进行培训,并有相应的培训教育记录和结果,以及对培训效果的定期检查和评估。对安全培训教材的评价也包括在内。

工作单元 4:PEN_MSC.4 管理安全服务及控制机制

评估者**应确定**是否管理对安全服务和控制机制的定期维护和管理。

评估者检查对系统的安全机制的维护、运行检查的记录,是否定期分析维护记录,跟踪所发现的问题。检查对系统中各类型的信息和介质及如何保护这些信息和介质,包括对信息和介质进行净化和废弃时所采取的操作规程。

9.3.4.8 协调安全(PEN_COS)

9.3.4.8.1 目的

本条的目的是确保各方了解并参与到安全工程活动中。

9.3.4.8.2 输入

会议记录。

9.3.4.8.3 评估行为

工作单元 1:PEN_COS.1 定义协调目标

评估者**应确定**是否定义安全工程协调目标和相互关系。

评估者检查对不同工作组的描述,包括成员、角色、用途等。不同工作组之间及客户沟通安全信息的过程和规程。确定这些组共享信息的过程和目标。

工作单元 2:PEN_COS.2 标识协调机制

评估者**应确定**是否标识安全工程的协调机制。

评估者检查是否有沟通计划,例如描述要共享的信息、会议时间、工作组之间沟通采用的过程等。检查是否描述工作组沟通所需的基础设施和标准,以及各种文档的标准化。

工作单元 3:PEN_COS.3 促进协调

评估者**应确定**是否促进安全工程协调。

评估者检查是否有解决不同工作组内部或之间的冲突的方法。以及对项目的跟踪,包括职责、进度和优先级。还包括进行工作组协调的会议主题、目的和任务项等。

工作单元 4:PEN_COS.4 协调安全决定和建议

评估者**应确定**是否用标识出的机制去协调有关安全的决定和建议。

评估者可通过检查会议报告、备忘录、会议纪要、公告等,确认是否将有关安全决定和建议在各部门之间进行沟通和协调。

9.3.5 保障过程评估活动

保障不增加任何附加控制措施对抗安全风险,但它提供这样的信心:已经实施的控制措施将减少已预料到的风险。

9.3.5.1 验证和确认安全(PAS_VVS)

9.3.5.1.1 目的

本条的目的是确保解决方案验证和确认了安全。

9.3.5.1.2 输入

测试文档等。

9.3.5.1.3 评估行为

工作单元 1:PAS_VVS.1 标识验证和确认的目标

a) 评估者**应确定**是否标识用于验证和确认的解决方案。

b) 验证说明正确实施了解决方案,而确认说明解决方案是有效的。评估者**应检查**信息系统验证和确认的计划,是否对要进行验证和确认的工作产品进行定义和标识。

工作单元 2:PAS_VVS.2 定义验证和确认方法

a) 评估者**应确定**是否定义验证和确认每种解决方案的方法及严密程度。

b) 评估者**应检查**对信息系统进行测试分析验证的计划,包括所使用的方法和严格程度。测试计划中应包括每项验证确认的步骤,还包括从客户运行安全需求、到安全要求、到解决方案、到验证和确认结果的持续可追溯的方法。

工作单元 3:PAS_VVS.3 执行验证

a) 评估者**应确定**是否验证解决方案贯彻了先前抽象的要求。

b) 评估者**应检查**是否完成对信息系统的验证,验证可以包括测试、分析、观察和演示等。检查对信息系统验证的结果是否满足预期设计的要求。

工作单元 4:PAS_VVS.4 执行确认

a) 评估者**应确定**是否确认解决方案,表明解决方案满足了先前抽象的需求,最终满足了客户的运行安全需求。

b） 评估者**应检查**信息系统是否有经过确认满足要求的过程，为确认信息系统解决方案可能产生问题报告或其他文档，以此可表明信息系统是经过此环节确认的。

工作单元 5：PAS_VVS.5 提供验证和确认的结果

评估者**应确定**是否为其他工程组收集验证和确认结果。

为提供可追溯性，信息系统验证和确认的结果应加以保存，并以易于理解和使用的方式提供。评估者**应检查**是否提供此结果等内容。

9.3.5.2 建立保证证据(PAS_EAE)

9.3.5.2.1 目的

本条的目的是要清楚地传达已经满足了客户的安全需求。

9.3.5.2.2 输入

本活动的输入包括：

a） 信息安全策略；

b） 安全保证目标；

c） 保证论据。

9.3.5.2.3 评估行为

工作单元 1：PAS_EAE.1 标识保证目标

a） 评估者**应确定**是否标识安全保证目标。

安全保证目标是客户对信息系统安全的信心度的要求，因此应有明确充分无异议的安全保证目标。

b） 评估者**应检查**对安全保证目标的陈述是否符合要求。

工作单元 2：PAS_EAE.2 定义保证策略

a） 评估者**应确定**是否定义安全保证策略。

b） 评估者**应检查**对每个安全保证目标是否有相对应的安全保证策略来支撑，为达到信息系统安全保证目标，需要通过贯彻实施安全保证策略来实现并提供预期的信心度。安全保证策略应描述一系列的为达到安全保证目标的计划和措施。

工作单元 3：PAS_EAE.3 控制保证证据

a） 评估者**应确定**是否标识和控制安全保证证据。

b） 评估者**应检查**是否对安全保证证据的控制提供一定方法措施，如采用数据库、工程笔记、测试结果、证据日志等形式进行保存，它们可能来自于开发、测试或使用中产生的所有证据。

工作单元 4：PAS_EAE.4 分析证据

a） 评估者**应确定**是否安全保证证据进行了分析。

为了表明收集的证据满足安全目标从而满足客户的安全需求，需要对安全保证证据进行分析，以决定系统安全工程的实施及验证是正确和合理的。

b） 评估者**应检查**对信息系统安全保证证据的分析以确认此环节的完成。

工作单元 5：PAS_EAE.5 提供保证证据

a） 评估者**应确定**是否提供说明满足了客户的安全需求的安全保障论据。

信息系统安全保证证据表明了系统已满足相应的安全保证目标，能够应对已知的安全威胁，因此需要提供安全保证论据给相关方，以证明满足预期的安全需求。

b) 评估者**应检查**对应各安全目标的保证论据是否符合要求。

10 信息系统保障级评估

10.1 概述

本章所述的安全保障级别(ISAL)评估是建立于 GB/T 20274 系列标准 基础上。信息系统安全保障涉及技术、管理和工程 3 个方面。

信息系统安全保障包含了 5 个级别。这 5 个级别的概述如下:

a) 1 级:"基本执行"。在此级,要求安全保障控制要求可证实都被执行了。
b) 2 级:"计划和跟踪级"。在此级,信息系统安全保障体系是有计划、可跟踪的情况下架构而成,具备重复以前成功的能力,并建立了基本的相关管理过程。
c) 3 级:"充分定义级"。在此级,信息系统安全保障体系已充分定义了标准过程,经过批准和文档化,是规范化、可剪裁的,并在建设信息系统安全机制过程中使用了这些标准过程。
d) 4 级:"量化控制级"。在此级,能够对保障能力和改进能力进行检查,并通过定性和定量的指标对组织的安全保障工作效果进行度量。
e) 5 级:"持续改进级"。在此级,基于组织的业务目标建立了安全保障工作有效性和效率的量化执行目标,并针对这些目标进行持续调整和改进。

10.2 目的

本章的目的是通过对信息系统的风险分析,及组织机构执行相关的安全保障策略,包括对技术、管理、工程和人员等方面的安全保障要求,以确定信息系统在整个生命周期中,其保密性、完整性和可用性,确定信息系统安全的保障程度。

10.3 相互关系

以信息系统完成的本标准第 8 章、第 9 章和第 10 章的结果为基础,对信息系统开展的进一步的评估。

10.4 ISAL1(基本执行)评估活动

10.4.1 目的

评估组织是否具有构建满足安全保障要求的信息系统的基本能力。

10.4.2 执行过程

10.4.2.1 目的

本条的目的是判断组织机构在评估建设、运行和维护信息系统中实施的安全保障措施是否满足 ISST 安全要求;

10.4.2.2 输入

本活动的输入包括:

1) ISST 文档;
2) 10.1、10.2、10.3 的技术、管理、工程工作单元的评估结果。

10.4.2.3 评估行为

工作单元:基本执行

评估者**应检查** ISST 文档和信息系统技术、管理和工程组件测评结果,确认信息系统是否满足

ISST 中的所有安全要求。

10.5 ISAL2(计划和跟踪级)评估活动

10.5.1 目的

评估信息系统的建设和维护过程在满足 ISAL1 的基础上,是否包含了计划、实施、验证和跟踪四个过程。

10.5.2 计划执行

10.5.2.1 目的

评估信息系统在建设之前是否经过计划;

计划执行过程中的基本活动集中在对建设、运行和维护信息系统活动的规划方面,主要内容会涉及资源分配、责任分配、过程文档化、工具提供、培训、过程计划等。

10.5.2.2 输入

1) ISST 文档;

2) 10.1、10.2、10.3 的技术、管理、工程工作单元的评估结果;

3) 信息系统安全保障文档。

10.5.2.3 评估行为

工作单元 1:分配资源

评估者**应检查**安全保障规划和计划文档,确认是否为所有安全保障过程分配了资源,包括工具和人员。

工作单元 2:分配责任

评估者**应检查**计划文档,确认是否为过程域的工作产品分配了人员责任;即是否为信息系统特定任务的执行指定了授权人及相关责任。这种授权和责任的指定是为了保证使最终工作产品满足客户要求。

工作单元 3:文档化过程

评估者**应检查**信息系统计划文档,确认是否已将其过程域的执行过程标准化和程序化。

工作单元 4:提供工具

评估者**应检查**信息系统计划文档,确认是否为支持其过程域的执行提供了工具。

工作单元 5:保证培训

评估者**应检查**信息系统计划文档,确认是否为过程域的执行人员安排了过程域执行程序培训;确认特定的培训程序是否充分。

工作单元 6:计划过程

评估者**应检查**信息系统计划文档,确认是否为过程域中的活动制定了执行计划,如项目执行计划。

10.5.3 规范化执行

10.5.3.1 目的

评估信息系统的建设和维护是否按照计划过程中制定的标准、程序和计划执行,是否有相关的管理过程。规范化执行过程注重于对建设、运行和维护信息系统过程活动的控制程度。主要内容包括在计划执行过程中所制定计划的执行情况、与过程活动相关的标准和程序的执行情况、配置管理系统在过程活动中的使用情况等。

10.5.3.2 输入

本活动的输入包括：

a) ISST 文档；

b) 10.1、10.2、10.3 的技术、管理、工程工作单元的评估结果；

c) 信息系统安全保障规划和计划文档；

d) 配置管理系统。

10.5.3.3 评估行为

工作单元 1：使用计划、标准和程序

评估者**应访谈**执行人员，确认其是否了解相关活动的执行标准、计划和程序；

评估者**应检查**项目执行过程中的活动证据，确认活动的执行是否按照计划进行，是否遵循了所依据的标准和程序。

工作单元 2：执行配置管理

评估者**应检查**计划文档，确认是否为信息系统的建设和维护制定了配置管理计划；

评估者**应检查**配置管理计划，确认是否描述了配置管理系统；

评估者**应检查**配置管理系统，确认是否维护了工作产品的基线；

评估者**应检查**配置管理系统，确认是否能够控制工作产品的变化，控制方式与配置管理计划中的描述是否一致；

评估者**应检查**证据，确认配置管理活动的执行是否与配置管理计划中描述一致；

评估者**应检查**配置管理系统，是否能够生成配置状态报告，配置状态报告是否送达相关各方。

10.5.4 验证执行

10.5.4.1 目的

评估信息系统建设和维护过程中的活动是否经过了验证和确认；

验证执行过程侧重于确认信息系统建设和维护活动的执行是否按照预期执行。

10.5.4.2 输入

本活动的输入包括：

a) ISST 文档；

b) 10.1、10.2、10.3 的技术、管理、工程工作单元的评估结果；

c) 信息系统安全保障文档。

10.5.4.3 评估行为

工作单元 1：验证过程一致性

评估者**应检查**信息系统安全保障文档，确认是否对所执行的信息系统生命周期活动进行了监视；

评估者**应检查**信息系统安全保障文档，确认是否对工作产品的质量实施了测量；

评估者**应检查**信息系统安全保障文档，确认是否对生命周期活动的过程质量进行了测量；

评估者**应检查**信息系统安全保障文档，确认是否对测量结果进行了分析；

评估者**应检查**信息系统安全保障文档，确认是否启动了质量改进活动；

评估者**应检查**信息系统安全保障文档，确认是否建立了检测过程或产品质量缺陷纠正措施的机制。

工作单元 2:审计工作产品

评估者**应检查**信息系统安全保障文档,确认是否制定了工作产品验证和确认计划;

评估者**应检查**信息系统安全保障文档,确认是否确定了工作产品验证和确认的方法;

评估者**应检查**信息系统安全保障文档,确认是否根据计划执行了验证和确认活动;

评估者**应检查**信息系统安全保障文档,确认是否提供了验证和确认活动的结果。

10.5.5 跟踪执行

10.5.5.1 目的

评估信息系统建设和维护活动是否包含收集过程域度量信息和纠正措施活动,以便对相关活动的执行实施跟踪。

10.5.5.2 输入

本活动的输入包括:

a) ISST 文档;

b) 10.1、10.2、10.3 的技术、管理和工程组件评估结果;

c) 信息系统安全保障文档。

10.5.5.3 评估行为

工作单元 1:度量与跟踪

评估者**应检查**信息系统安全保障文档,确认是否按计划开展了项目活动;

评估者**应检查**信息系统安全保障文档,确认是否进行了资源使用记录;

评估者**应检查**信息系统安全保障文档,确认是否根据项目的各项要求监视了项目的执行情况和项目成果;

评估者**应检查**信息系统安全保障文档,确认是否定期进行了项目执行情况审核和项目成果审核;

评估者**应检查**信息系统安全保障文档,确认是否对审核结果分析,并制定相应的问题纠正措施;

评估者**应检查**信息系统安全保障文档,确认是否对分析出的问题采取了纠正措施。

工作单元 2:采取纠正措施

评估者**应检查**信息系统安全保障文档,确认是否包含纠正措施程序;

评估者**应访谈**信息系统项目的参加者,确认其是否了解纠正措施程序;

评估者**应访谈**信息系统项目的参加者,了解信息系统建设和维护活动是否有偏离计划的情况;

评估者**应检查**信息系统安全保障文档,确认对偏离计划的活动是否采取了纠正措施,如修改过程、修改计划等。

10.6 ISAL3(充分定义级)评估活动

10.6.1 目的

评估信息系统的建设和维护活动在满足 ISAL2 级要求的基础上是否使用了充分定义的过程。

充分定义的过程是依据对文档化的标准过程进行裁剪并经批准的过程。这一过程与计划和跟踪级的主要区别在于利用组织范围内的过程标准来管理和规划。

10.6.2 定义标准过程

10.6.2.1 目的

评估组织机构是否定义和管理了建设、运行和维护信息系统的标准过程;定义标准过程包括定义、收集和维护建设、运行和维护信息系统的过程以满足组织的业务目标。

10.6.2.2 输入

本活动的输入包括：

a) ISST 文档；

b) 10.1、10.2、10.3 的技术、管理、工程工作单元的评估结果；

c) 信息系统安全保障文档；

d) 管理体系文档。

10.6.2.3 评估行为

工作单元 1：过程标准化

评估者**应检查**管理体系文档，确认是否制定了满足组织的业务目标的信息系统建设和维护过程的目标；

评估者**应检查**管理体系文档，确认组织是否收集并维护了过程资产；

评估者**应检查**管理体系文档，确认组织是否充分定义了建设、运行和维护信息系统的过程；

评估者**应检查**管理体系文档，确认组织是否为项目使用组织标准过程定义项目过程给出了剪裁指南。

工作单元 2：剪裁标准过程

评估者**应检查**信息系统建设和维护过程文档，确认是否为项目使用标准过程提供了剪裁指南；

1) 评估者**应检查**信息系统安全保障文档，确认是否执行了选择满足组织和项目功能要求的过程的活动；

2) 评估者**应检查**信息系统安全保障文档，确认是否根据组织的剪裁指南，剪裁所选择的过程，并形成已定义的新过程；

3) 评估者**应检查**信息系统安全保障文档，确认在已定义的过程中是否阐述了相关的过程目标；

4) 评估者**应检查**信息系统安全保障文档，确认是否文档化已定义的过程，做出剪裁记录；

5) 评估者**应检查**信息系统安全保障文档，确认是否做出修订已定义过程的描述。

10.6.3 执行标准过程

10.6.3.1 目的

评估组织机构定义的建设和维护过程是否具备可重用性；

10.6.3.2 输入

本活动的输入包括：

a) ISST 文档；

b) 10.1、10.2、10.3 的技术、管理、工程工作单元的评估结果；

c) 信息系统安全保障文档；

d) 管理体系文档。

10.6.3.3 评估行为

工作单元 1：使用充分定义的过程

评估者**应检查**信息系统安全保障文档，确认项目使用的过程是否是一个充分定义的过程，即是否是管理体系中经过剪裁的过程，其过程描述是否包括文档化的方针、标准、输入、入口要求、活动、程序、特定角色、度量、验证、输出、出口要求。

工作单元 2:执行缺陷检查

评估者**应检查**信息系统安全保障文档,确认是否包含项目过程输出的工作产品的缺陷检查程序;

评估者**应检查**信息系统安全保障文档,确认是否包含工作产品缺陷检查计划;

评估者**应检查**项目记录,确认是否根据缺陷检查计划要求进行了工作产品的缺陷检查。

工作单元 3:使用充分定义的数据

评估者**应检查**信息系统安全保障文档,确认是否包含过程跟踪程序;

评估者**应检查**项目记录,确认是否收集过信息系统建设和维护过程的度量数据以对过程进行管理;

评估者**应检查**项目记录,确认是否根据收集的度量数据对信息系统建设和维护过程执行情况进行分析。

10.7 ISAL4(量化控制级)评估活动

10.7.1 目的

评估信息系统的建设和维护在满足 ISAL3 的基础上,其过程能力是否得到质量控制。

10.7.2 建立可度量的质量目标

10.7.2.1 目的

评估信息系统建设和维护标准过程是否包含了对工作产品的可度量的质量目标,以作为客观管理过程的基础。

10.7.2.2 输入

本活动的输入包括:

a) ISST 文档;

b) 10.1、10.2、10.3 的技术、管理、工程工作单元的评估结果;

c) 信息系统安全保障文档;

d) 管理体系文档。

10.7.2.3 评估行为

工作单元:建立质量目标

评估者**应检查**管理体系文件,确认是否为信息系统建设和维护过程的工作产品制定了质量目标;

评估者**应检查**信息系统安全保障文档,确认是否以缺陷审核结果作为开发和度量质量目标的参考依据。

10.7.3 客观的管理执行

10.7.3.1 目的

评估信息系统建设和维护的过程能力的质量量度是否得到确定,信息系统建设和维护的过程能力是否使用了质量量度加以管理。

10.7.3.2 输入

本活动的输入包括:

a) ISST 文档;

b) 10.1、10.2、10.3 的技术、管理、工程工作单元的评估结果；

c) 信息系统安全保障文档；

d) 管理体系文档。

10.7.3.3 评估行为

工作单元 1:确定过程能力

评估者**应检查**管理体系文件，确认是否包含信息系统建设和维护过程的过程能力的确定方法；

评估者**应检查**信息系统安全保障文档，确认是否执行了确定过程域过程能力的活动；

评估者**应检查**信息系统安全保障文档，确认是否产生了确定过程域过程能力的结果。

工作单元 2:使用过程能力

评估者**应检查**管理体系文件，确认是否包含信息系统建设和维护过程的过程能力失效原因分析程序和纠正措施程序；

评估者**应检查**信息系统安全保障文档，确认是否对未达到过程能力的过程采用原因分析程序进行了分析；

评估者**应检查**信息系统安全保障文档，确认是否对未达到过程能力的过程采取了纠正措施。

10.8 ISAL5(持续改进级)评估活动

10.8.1 目的

评估信息系统的建设和维护在满足 ISAL4 的基础上，是否包含了组织能力改进和过程有效性改进。

10.8.2 改进组织能力

10.8.2.1 目的

评估是否对信息系统在建设和维护的标准过程进行了缺陷分析和持续改进。

10.8.2.2 输入

本活动的输入包括：

a) ISST 文档；

b) 10.1、10.2、10.3 的技术、管理、工程工作单元的评估结果；

c) 信息系统安全保障文档；

d) 管理体系文档。

10.8.2.3 评估行为

工作单元 1:建立过程有效性目标

评估者**应检查**管理体系文件，确认是否为信息系统建设和维护的标准过程建立了基于组织业务目标和当前过程能力，改进其有效性的质量目标。

工作单元 2:连续改进标准过程

评估者**应检查**管理体系文件，确认是否包含标准过程改进程序；

评估者**应检查**信息系统安全保障文档，确认过程改进程序是否加以实施；

评估者**应检查**信息系统安全保障文档，确认是否将一般信息系统建设和维护项目的管理数据作为过程改进依据；

评估者**应检查**信息系统安全保障文档，确认过程改进动机是否与对过程的缺陷分析和使用新技术等动机有关。

10.8.3 改进过程有效性

10.8.3.1 目的

评估信息系统建设和维护的标准过程是否在持续改进。

10.8.3.2 输入

本活动的输入包括：

a) ISST 文档；

b) 10.1、10.2、10.3 的技术、管理、工程工作单元的评估结果；

c) 信息系统安全保障文档；

d) 管理体系文档。

10.8.3.3 评估行为

工作单元 1:执行原因分析

评估者**应检查**管理体系文件,确认是否包含对过程域的缺陷分析程序；

评估者**应检查**信息系统安全保障文档,确认是否对信息系统的建设和维护过程进行了缺陷原因分析,分析活动可以是预分析,也可以是再分析。

工作单元 2:估计缺陷原因

评估者**应检查**信息系统安全保障文档,确认是否对充分定义的过程估计了缺陷的原因；

评估者**应检查**信息系统安全保障文档,确认是否分析了每种缺陷导致的不同后果。

工作单元 3:连续改进已定义过程

评估者**应检查**信息系统安全保障文档,确认是否对缺陷过程的执行进行了改进；

评估者**应检查**信息系统安全保障文档,确认是否对过程改进达到其改进目标进行了评价。

附 录 A
(规范性附录)
通用评估指南

A.1 一致性分析

本附录提供进行一致性分析的通用指南。具体和详细的信息在应进行一致性分析的特定工作单元中给出。

一致性分析是评估者的一个既定程序,通过一致性分析程序,可以对一个评估交付件的特定部分进行自身分析(内在一致的),也可以与一个评估交付件的其他部分进行比较分析。

本标准区分了不同种类的一致性分析:

a) 评估者应分析评估交付件特定部分的内在一致性。例如:

——评估者**应检查** ISPP,以确定信息系统描述是内在一致的。

——评估者**应检查**安全环境的表述,以确定它是内在一致的。

当进行内在一致性分析时,评估者应确信所提供的交付件不包括模棱两可的内容。评估交付件不应包含相互矛盾的陈述。

b) 评估者应分析评估交付件特定部分与其他部分是一致的。例如:

——评估者**应检查** ISPP,以确定信息系统描述与 ISPP 的其他部分是一致的。

——评估者**应检查** ISPP 引言,以确定 ISPP 引言与 ISPP 的其他部分是一致的。

这里要求将文档作为一个整体来满足一致性的要求。一致性分析可以通过检查评估交付件来完成。评估者应采用合理的结构化方法分析文件的一致性,并且可以把它结合到其他活动中,例如,映射或可追溯等方面都可作为其他工作单元的一部分。评估者也许能够解决任何借助形式化描述发现的不一致之处。类似地,在交付件中使用半形式化符号,这些符号不象形式化符号那样准确,但能被用来减少交付件的模糊性。

对交付件的一致性核查可强调省略,可要求重做那些已执行的工作单元。例如,安全目的一致性核查可以标识出省略一个或者多个安全要求,在这种情况下评估者应检查安全目的与 TSF 之间的对应性。

A.2 现场核查

本附录提供了关于现场核查的通用指南。信息系统安全保障措施评估和信息系统保障级评估均需要采用现场核查的评估手段,评估者可以借助它确定程序是否以与文档中所描述方式相一致的方式执行。

在评估过程中,评估者经常需要多次与开发者会谈,如何很好地将现场访问与其他的会谈相结合以降低成本是一个问题。对同一场所进行多次访问,以核查所有的开发阶段,也是有必要的。

会谈也是一种确定所编写的程序是否反映了做了什么的有效手段。在进行会谈时,评估者应致力于获得开发现场程序分析的更深层理解,进一步了解这些程序是如何在实际中应用的,以及它们是否像所提供的评估证据中所描述的那样在使用。这样的会谈补充但不能取代对评估证据的检查。

为了准备一个现场访问,评估者应基于所提供的评估证据产生一个相关事项清单。同时,应记录现场访问的结果。

参 考 文 献

[1] GB/T 19000—2000 质量管理体系 基础和术语

[2] GB/T 19001—2000 质量管理体系 要求

[3] GB/T 19004—2000 质量管理体系 业绩改进指南

[4] ISO/IEC 18045:2005 Information Technology—Security Technology—Methodology for IT security evaluation

[5] ISO/IEC 17799:2005 Information technology—Security techniques—Code of practice for information security management

[6] ISO/IEC 27001 Information technology—Security techniques—Information security management systems—Requirements

[7] ISO/IEC 27002 Information technology—Security techniques—Code of practice for information security management

[8] System Security Engineering Capability Maturity Model (SSE-CMM®) Model Descritpion Document, Version 3.0, June 15, 2003

[9] System Security Engineering Capability Maturity Model (SSE-CMM®) AppraISAL Method, Version 2.0, April 16, 1999

[10] Carnegie Mellon University/Software Engineering Institute, CMU/SEI-2002-TR-012, CMMISM for Systems Engineering, Software Engineering, Integrated Product and Process Development, and Supplier Sourcing (CMMI-SE/SW/IPPD/SS, V1.1) Staged Representation, CMMI Product Team, March 2002

ICS 35.040
L 80

中华人民共和国国家标准

GB/T 30274—2013

信息安全技术　公钥基础设施 电子签名卡应用接口测试规范

Information security techniques—Public Key Infrastructure—Specification of testing on application interfaces of electronic signature card

2013-12-31 发布　　2014-07-15 实施

中华人民共和国国家质量监督检验检疫总局
中国国家标准化管理委员会　发布

前　言

本标准按照 GB/T 1.1—2009 给出的规则起草。

本标准由全国信息安全标准化技术委员会(SAC/TC 260)提出并归口。

本标准起草单位：飞天诚信科技股份有限公司、中国电子技术标准化研究院、北京数字证书认证股份有限公司、中国信息安全测评中心。

本标准主要起草人：于华章、朱鹏飞、李月新、吴彼、刘伟、赵永省、罗锋盈、上官晓丽、张翀斌、杨永生、郭涛。

信息安全技术　公钥基础设施
电子签名卡应用接口测试规范

1　范围

本标准依据GB/T 25057—2010定义的电子签名卡应用接口而规定了测试环境、测试内容、测试方法。

本标准适用于电子签名卡应用接口测试的策划、设计与实施。

2　规范性引用文件

下列文件对于本文件的应用是必不可少的。凡是注日期的引用文件，仅注日期的版本适用于本文件。凡是不注日期的引用文件，其最新版本(包括所有的修改单)适用于本文件。

GB/T 25057—2010　信息安全技术　公钥基础设施　电子签名卡应用接口基本要求

GB/T 25064—2010　信息安全技术　公钥基础设施　电子签名格式规范

GB/T 25069—2010　信息安全技术　术语

3　术语和定义

GB/T 25057—2010和GB/T 25069—2010中界定的术语和定义适用于本文件。

4　缩略语

下列缩略语适用于本文件。

FCI：文件控制信息(File Control Information)

FID：文件标识符(File ID)

MAC：消息验证码(Message Authentication Code)

PIN：个人鉴别码(Personal Identification Number)

5　测试环境

5.1　硬件

电子签名卡应用接口测试环境的拓扑结构如图1所示。

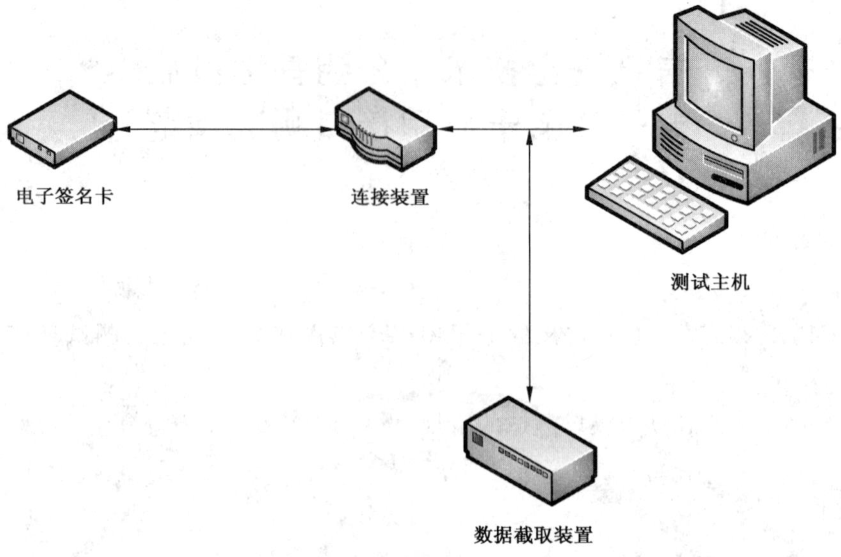

图 1　电子签名卡应用接口测试环境拓扑图

连接装置用于连接电子签名卡和测试主机。连接装置与电子签名卡之间的物理接口、电气特性和通信协议宜符合电子签名卡适用的国家标准。连接装置与计算机之间的物理接口、电气特性和通信协议宜符合适用的标准。

数据截取装置连接于测试主机与电子签名卡之间,用于获取测试过程中的命令报文和响应报文。

5.2　软件

电子签名卡应用接口测试所用的软件包括测试软件、通信模块和辅助软件。

测试软件用于执行各测试项,运行于测试主机,通过通信模块向电子签名卡发送符合 GB/T 25057—2010 规定的命令并接收响应。

通信模块被测试软件调用,用于测试软件与电子签名卡之间的通信。通信模块与测试软件之间的接口参见附录 A。

辅助软件应提供电子签名卡应用接口测试所需的杂凑和公钥加密功能,用于对电子签名卡输出的相关数据进行验证。辅助软件还应提供所需的其他功能,如加密/解密、编码/解码等。

5.3　文档

电子签名卡应用接口测试所需的文档内容包括:

a)　电子签名卡内置算法及相关参数;

b)　电子签名卡的所有 PIN 值、取值范围和重试次数;

c)　电子签名卡的内部对象及其访问和使用条件;

d)　电子签名卡应用中的命令序列;

e)　电子签名卡命令参数;

f)　电子签名卡响应状态码;

g)　其他相关信息,如通信加密信息等。

6　测试内容

6.1　电子签名功能测试

电子签名功能测试的目的是测试通过电子签名卡应用接口控制电子签名卡执行电子签名相关功能

的可行性，并检验其实现的正确性。电子签名功能测试包括以下子项：

a） PIN验证测试；
b） 引用数据修改测试；
c） 选择文件测试；
d） 设置安全环境测试；
e） 恢复安全环境测试；
f） 生成密钥对测试；
g） 安全操作（杂凑）测试；
h） 安全操作（签名）测试；
i） 安全操作（解密）测试；
j） 二进制读测试；
k） 二进制写测试。

6.2 算法实现正确性测试

算法实现正确性测试的目的是测试通过电子签名卡应用接口控制电子签名卡执行密码运算的正确性。算法实现正确性测试包含以下子项：

a） 生成密钥对算法正确性测试；
b） 散列算法正确性测试；
c） 电子签名算法正确性测试；
d） 解密算法正确性测试。

7 测试方法

7.1 电子签名功能测试

7.1.1 PIN验证测试

7.1.1.1 正常情况测试

发送GB/T 25057—2010的5.6中规定的"验证PIN"命令，用正确的值验证PIN，记录电子签名卡的响应信息；

在验证PIN前进行以验证相应的PIN为访问条件的操作，记录电子签名卡的响应信息；

验证PIN后进行以验证相应的PIN为访问条件的操作，记录电子签名卡的响应信息。

7.1.1.2 异常情况测试

发送GB/T 25057—2010的5.6中规定的"验证PIN"命令，用错误的值验证PIN，记录电子签名卡的响应信息；

当剩余重试次数为0后，用正确的值验证PIN，记录电子签名卡的响应信息；

用正确的值与错误的PIN编号进行验证，记录电子签名卡的响应信息。

7.1.2 引用数据修改测试

7.1.2.1 正常情况测试

发送GB/T 25057—2010的5.12中规定的"引用数据修改"命令，用正确的原值以及与原值不同的新值修改PIN，分别记录电子签名卡的响应信息。

7.1.2.2 异常情况测试

发送 GB/T 25057—2010 的 5.12 中规定的“引用数据修改”命令，用错误的原值修改 PIN，记录电子签名卡的响应信息；

用错误的 PIN 编号修改 PIN，记录电子签名卡的响应信息；

在 PIN 锁定的情况下修改 PIN，记录电子签名卡的响应信息。

7.1.3 选择文件测试

发送 GB/T 25057—2010 的 5.2 中规定的“选择文件”命令，依次选择 GB/T 25057—2010 附录 A 规定的各个文件，分别记录电子签名卡的响应信息。

7.1.4 设置安全环境测试

7.1.4.1 正常情况测试

发送 GB/T 25057—2010 的 5.8 中规定的“安全环境:设置”命令，在符合访问条件的情况下设置安全环境，记录电子签名卡的响应信息。

7.1.4.2 异常情况测试

在不符合访问条件的情况下设置安全环境，记录电子签名卡的响应信息；

用错误的密钥编号设置安全环境，记录电子签名卡的响应信息；

用错误的算法编号设置安全环境，记录电子签名卡的响应信息；

用错误的算法参数设置安全环境，记录电子签名卡的响应信息。

7.1.5 恢复安全环境测试

7.1.5.1 正常情况测试

发送 GB/T 25057—2010 的 5.7 中规定的“安全环境:恢复”命令，在符合访问条件的情况下恢复安全环境，记录电子签名卡的响应信息。

7.1.5.2 异常情况测试

在不符合访问条件的情况下恢复安全环境，记录电子签名卡的响应信息；

在未设置安全环境及安全环境被置空的情况下恢复安全环境，记录电子签名卡的响应信息。

7.1.6 生成密钥对测试

7.1.6.1 正常情况测试

发送 GB/T 25057—2010 的 5.13 中规定的“生成密钥对”命令，在符合访问条件的情况下生成密钥对，Le 字段与参数相符，记录电子签名卡的响应信息。

7.1.6.2 异常情况测试

在不符合访问条件的情况下生成密钥对，记录电子签名卡的响应信息。

7.1.7 安全操作(杂凑)测试

7.1.7.1 正常情况测试

发送 GB/T 25057—2010 的 5.13 中规定的“执行安全操作:散列”命令，在安全环境设置正确的情况下进行杂凑操作，Le 字段与参数相符，记录电子签名卡的响应信息。

7.1.7.2 异常情况测试

在未设置安全环境或安全环境置空的情况下进行杂凑操作，记录电子签名卡的响应信息。

7.1.8 安全操作(签名)测试

7.1.8.1 正常情况测试

正常情况测试按照以下步骤进行：

a) 发送 GB/T 25057—2010 的 5.13 中规定的“生成密钥对”命令，在符合访问条件的情况下生成签名密钥对，Le 字段与参数相符；
b) 发送 GB/T 25057—2010 的 5.8 中规定的“安全环境：设置”命令，在符合访问条件的情况下设置正确的安全环境；
c) 发送 GB/T 25057—2010 的 5.13 中规定的“执行安全操作：散列”命令，在符合访问条件的情况下对特定的数据进行杂凑操作，Le 字段不存在；
d) 发送 GB/T 25057—2010 的 5.10 中规定的“执行安全操作：签名”命令，在符合访问条件的情况下进行电子签名，数据域字段不存在，记录电子签名卡的响应信息；
e) 在符合访问条件的情况下进行电子签名，数据域为 c)中的数据，记录电子签名卡的响应信息。

7.1.8.2 异常情况测试

在不符合访问条件的情况下进行电子签名，记录电子签名卡的响应信息；
用非签名私钥进行电子签名，记录电子签名卡的响应信息。

7.1.9 安全操作(解密)测试

7.1.9.1 正常情况测试

正常情况测试按照以下步骤进行：

a) 发送 GB/T 25057—2010 的 5.13 中规定的“生成密钥对”命令，在符合访问条件的情况下生成解密密钥对，Le 字段与参数相符；
b) 发送 GB/T 25057—2010 的 5.8 中规定的“安全环境：设置”命令，在符合访问条件的情况下设置正确的安全环境；
c) 用公钥对特定数据加密，将加密结果发给电子签名卡进行解密，Le 字段与参数相符，记录电子签名卡的响应信息。

7.1.9.2 异常情况测试

在不符合访问条件的情况下进行解密，记录电子签名卡的响应信息；
用非解密私钥进行解密，记录电子签名卡的响应信息。

7.1.10 二进制读测试

7.1.10.1 正常情况测试

正常情况测试按照以下步骤进行：

a) 发送 GB/T 25057—2010 的 5.2 中规定的“选择文件”命令，在符合访问条件的情况下选择文件；
b) 发送 GB/T 25057—2010 的 5.4 中规定的“二进制读”命令，进行二进制读，记录电子签名卡的响应信息。

7.1.10.2 异常情况测试

在符合访问条件的情况下，发送GB/T 25057—2010的5.4中规定的“二进制读”命令，Le字段的值大于文件尺寸，记录电子签名卡的响应信息；

在符合访问条件的情况下，连续选择文件并进行二进制读，分别记录电子签名卡的响应信息。

7.1.11 二进制写测试

7.1.11.1 正常情况测试

正常情况测试按照以下步骤进行：

a) 发送GB/T 25057—2010的5.2中规定的“选择文件”命令，在符合访问条件的情况下选择文件；
b) 发送GB/T 25057—2010的5.4中规定的“二进制读”命令，进行二进制读，长度与a)的响应信息中的文件大小字段相符，记录电子签名卡的响应信息；
c) 发送GB/T 25057—2010的5.5中规定的“二进制写”命令，用特定数据进行二进制写；
d) 发送GB/T 25057—2010的5.4中规定的“二进制读”命令，进行二进制读，长度与a)的响应信息中的文件大小字段相符，记录电子签名卡的响应信息；
e) 对不符合访问条件的文件，验证正确的PIN后进行c)和d)，验证错误的PIN后进行c)和d)。

7.1.11.2 异常情况测试

异常情况测试按照以下步骤进行：

对需要验证PIN的文件，

a) 发送GB/T 25057—2010的5.2中规定的“选择文件”命令，在符合访问条件的情况下选择文件；
b) 发送GB/T 25057—2010的5.4中规定的“二进制读”命令，进行二进制读，长度与a)的响应信息中的文件大小字段相符，记录电子签名卡的响应信息；
c) 用错误的PIN进行验证，直到PIN锁定；
d) 发送GB/T 25057—2010的5.5中规定的“二进制写”命令，用特定数据进行二进制写，记录电子签名卡的响应信息；
e) 在符合访问条件的情况下选择文件并进行二进制读，长度与a)的响应信息中的文件大小字段相符，记录电子签名卡的响应信息。

7.2 算法实现正确性测试

7.2.1 生成密钥对算法正确性测试

连续执行7.1.6.1，重复次数不低于100次。

7.2.2 杂凑算法正确性测试

用不同的数据重复执行7.1.7.1，重复次数不低于10次。

7.2.3 电子签名算法正确性测试

连续执行7.1.8.1，重复次数不低于10次。

7.2.4 解密算法正确性测试

连续执行7.1.9.1，重复次数不低于10次。

附 录 A
（资料性附录）
电子签名卡应用接口测试软件接口

A.1 连接电子签名卡

原型：unsigned long ConnectDevice()。

功能：与电子签名卡建立连接。

参数：无。

返回值：0 表示成功，非 0 表示失败。

说明：在调用其他接口之前，调用本接口。

A.2 关闭连接

原型：unsigned long DisconnectDevice()。

功能：关闭与电子签名卡的连接。

参数：无。

返回值：0 表示成功，非 0 表示失败。

说明：无。

A.3 发送命令

原型：unsigned long Trasmit (unsigned char * pbToSend, unsigned long nSendLen, unsigned char * pbRecvBuff, unsigned long * pnRecvLen)。

功能：向电子签名卡发送命令并接收响应。

参数：unsigned char * pbToSend——输入参数，存放命令的缓冲区指针；

unsigned long nSendLen——输入参数，存放命令的缓冲区的大小；

unsigned char * pbRecvBuff——输入参数，存放响应的缓冲区指针；

unsigned long * pnRecvLen——输入/输出参数，用作输入参数时为存放响应的缓冲区的大小，用作输出参数时为接收到的响应的大小。

返回值：0 表示成功，非 0 表示失败。

说明：无。

A.4 复位

原型：unsigned long ResetDevice()。

功能：电子签名卡复位。

参数：无。

返回值：0 表示成功，非 0 表示失败。

说明：此接口使电子签名卡恢复最近一次建立连接时的状态。调用此接口后，与电子签名卡的连接仍然有效。

A.5 格式化

原型:unsigned long FormatDevice()。

功能:电子签名卡格式化。

参数:无。

返回值:0 表示成功,非 0 表示失败。

说明:此接口使电子签名卡状态恢复提交测试时的状态。调用此接口后,与电子签名卡的连接失效。

参 考 文 献

[1] GB/T 20276—2006 信息安全技术 智能卡嵌入式软件 安全技术要求(EAL4 增强级)
[2] GB/T 15532—2008 计算机软件测试规范
[3] GB/T 11457—2006 信息技术 软件工程术语

ICS 35.040
L 80

中华人民共和国国家标准

GB/T 30275—2013

信息安全技术　鉴别与授权 认证中间件框架与接口规范

Information security technology—Authentication and authorization—Authentication middleware framework and interface specification

2013-12-31 发布　　　　2014-07-15 实施

中华人民共和国国家质量监督检验检疫总局
中国国家标准化管理委员会　发布

前　　言

本标准按照 GB/T 1.1—2009 给出的规则起草。

本标准由全国信息安全标准化技术委员会(SAC/TC 260)提出并归口。

本文件某些内容可能涉及专利,本文件的发布机构不承担识别这些专利的责任。

本标准主要起草单位:中国科学院软件研究所、中国科学院数据与通信保护研究教育中心、北京数字证书认证中心有限公司。

本标准主要起草人:徐静、冯登国、荆继武、张立武、张严、李强、杨婧、张振峰、詹榜华、阎实。

引　言

身份鉴别是保障系统安全的最基本功能之一，是绝大多数信息系统的首要安全需求。然而长期以来，安全功能与具体业务的紧密结合使得应用系统开发人员往往在考虑业务功能的同时还需要考虑安全功能的实现。因为不是所有的开发人员都具备全面的安全知识，这样做不仅费时费力，还不能保证安全功能的完整实施。因此，将安全功能，特别是身份鉴别功能与业务功能剥离，以中间件的方式为应用系统提供专门的安全保护，是安全领域的发展趋势。

此外，由于各个系统在建设过程中缺乏规范的鉴别接口和参考模型，不同系统之间互不兼容，无法互通互联，造成大量重复开发建设，浪费严重。同时更给进一步的系统集成工作带来困难。

因此，我国迫切需要制定认证中间件的框架及接口规范，对信息系统的鉴别过程进行标准化。从而提升信息系统的互操作能力，促进认证中间件的研发和推广，从宏观角度看来也将有助于推进我国信息安全保障体系建设。

本标准的主要目标是提供一套认证中间件的框架规范及其组件描述，并对鉴别实施过程予以规范，但为使本标准具有更好的可实现性与可操作性，本标准中同时对通用接口进行了若干定义，以便作为实现时的参考，这些定义不影响本标准中认证中间件框架的通用性。在实际应用中，可根据需求对这些接口进行进一步规范。

信息安全技术　鉴别与授权 认证中间件框架与接口规范

1　范围

本标准规定了认证中间件体系框架、组件、功能及通用接口，并给出了认证中间件的工作流程。

本标准适用于认证中间件及其组件的设计、开发，并可指导对该类系统的检测及相关应用的开发。

2　规范性引用文件

下列文件对于本文件的应用是必不可少的。凡是注日期的引用文件，仅注日期的版本适用于本文件。凡是不注日期的引用文件，其最新版本(包括所有的修改单)适用于本文件。

GB/T 9387.2—1995　信息处理系统　开放系统互连　基本参考模型　第2部分:安全体系结构

GB/T 15843.1—2008　信息技术　安全技术　实体鉴别　第1部分:概述

GB/T 18794.2—2002　信息技术　开放系统互连　开放系统安全框架　第2部分:鉴别框架

GB/T 25069—2010　信息安全技术　术语

3　术语和定义

GB/T 9387.2—1995、GB/T 15843.1—2008、GB/T 18794.2—2002和GB/T 25069—2010界定的以及下列术语和定义适用于本文件。

3.1

依赖方　relying party

根据从另一方实体处获得的信息来决定如何进行动作的系统实体。

注：例如应用系统依赖于认证中间件对用户进行身份鉴别。

3.2

断言　assertion

给依赖方的包含了用户身份信息的可信声明，也可以包含验证过的属性。

注：断言可能是经过数字签名的，或者是通过一个安全协议从可信源获取的。

3.3

属性　attribute

对象的性质及对象之间的关系的统称。

3.4

鉴别　authentication

在用户身份间建立信任的过程。

3.5

鉴别密钥协商　authenticated key agreement

两方或者两方以上的实体通过交互建立起彼此间身份的信任关系，并形成一个共同的秘密密钥，用于保护后续的通信安全。

3.6

认证中间件 authentication middleware

可提供消息鉴别、身份鉴别以及单点登录等功能的中间件系统。

3.7

鉴别协议 authentication protocol

两方或者两方以上的实体为了实现对某一实体或某些实体的身份鉴别，经过协商后达成的一致意见。

3.8

鉴别服务提供方 authentication service provider

对用户身份进行鉴别的实体。

3.9

鉴别服务适配点 authentication service adapter

对鉴别请求进行过滤，并维持用户鉴别状态的实体。

3.10

上下文 context

保证系统中不同的组件能够一致运行所需要保存的一些信息，比如用户的连接信息、鉴别状态等。

3.11

实体 entity

任何可以发送或接收信息的硬件或软件进程。

注：实体就是一个特定的软件模块。

3.12

身份 identity

个体唯一确定的名字。

注：当个人法律上的名字不唯一时，可以通过地址、雇员或账户号码等附加信息来保证身份的唯一性。

3.13

遗留系统 legacy system

那些基本上不能进行修改和进化以满足新变化了的业务需求的信息系统。

注：通常是大型的软件系统，已经融入企业的业务运行和决策管理机制之中，维护工作困难。

3.14

中间件 middleware

一种独立的系统软件，它处于操作系统软件与应用软件的中间，属于可复用软件的范畴。

3.15

单点登录 single sign on

在多个应用系统中，用户只需要登录一次就可以访问所有相互信任的应用系统。

3.16

状态码 status code

用于表示某一组件功能是否成功实现以及可能的错误原因的值。

4 缩略语

下列缩略语适用于本文件。

AKA：鉴别密钥协商(Authenticated Key Agreement)

ASP：鉴别服务提供方(Authentication Service Provider)

ASA：鉴别服务适配点（Authentication Service Adapter）

C/S：客户端服务器应用（Client/Server Application）

SSL：安全套接字层协议（Security Socket Layer）

SSO：单点登录（Single Sign On）

TTP：可信第三方（Trusted Third Party）

5 认证中间件目标

5.1 功能性目标

认证中间件应实现以下功能性目标：

a) 认证中间件应提供一套与应用系统无关的鉴别框架，帮助应用系统与用户实体之间建立信任关系，为进一步判断用户是否可以访问资源提供先决条件；

b) 认证中间件定义的接口应与所处理的鉴别信息无关，可以支持所有可能的交互流程；

c) 认证中间件应支持应用系统调用相关接口建立用户安全上下文；

d) 一旦会话终止，或用户登出后，认证中间件应启动清理会话服务，清除用户上下文。

5.2 非功能性目标

认证中间件应实现以下非功能性目标：

a) 认证中间件不指定具体的鉴别机制；

b) 认证中间件框架与具体的操作系统或平台是无关的，但认证中间件的具体实现系统可能是相关的；

c) 认证中间件应能够与遗留系统进行集成。

5.3 安全目标

认证中间件应实现以下安全目标：

a) 认证中间件不能对应用系统引入错误；

b) 认证中间件不能恶意的影响系统的其他服务；

c) 认证中间件应确保不能被绕过；

d) 认证中间件应能够支持应用系统中的授权机制；

e) 认证中间件应保证认证中间件环境中出现的安全相关的事件都是可审计的；

f) 认证中间件的具体实现应保护其获得或生成的安全相关信息的安全性，使得其他服务能足够信任该中间件提供的信息；

g) 认证中间件的具体实现应能够保护在其组件之间传递及组件与其他服务之间传递的安全相关信息的安全性。

6 认证中间件框架

6.1 概述

认证中间件所采用的鉴别模型如图1所示。声称方与验证方交互完成身份的鉴别，然后由验证方将鉴别结果以断言的形式发布给依赖方。声称方与验证方之间的身份鉴别过程可能是有可信第三方的参与。验证方与依赖方可以是同一实体，也可以是分开的不同实体。

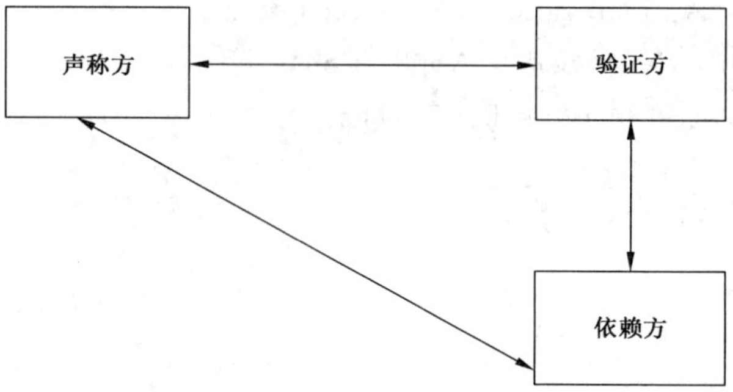

图 1 鉴别模型

根据图 1 中的鉴别模型，认证中间件的整体框架结构如图 2 所示。认证中间件采用分布式架构，可以同时为多个应用系统服务。认证中间件由鉴别服务提供方与鉴别服务适配点组件两部分共同组成。

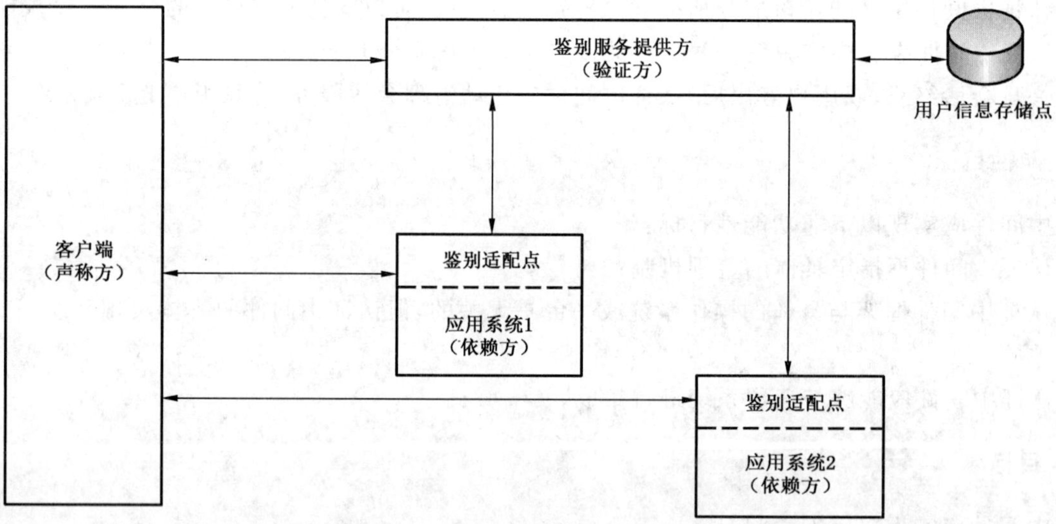

图 2 认证中间件框架结构

鉴别服务提供方的主要功能是通过一定的身份鉴别机制，完成对用户身份的鉴别，并将鉴别结果以断言形式发布给各应用系统。鉴别服务提供方并不限定具体的身份鉴别机制，只是提供统一的接口，具体与用户的鉴别交互过程由各鉴别机制的实现自己完成。同时，作为附加功能，它还可以提供用户单点登录、隐私保护以及属性查询功能。鉴别服务提供方对应于鉴别模型中的验证方。

鉴别服务适配点作用于应用系统内，与鉴别服务提供方交互，辅助完成用户身份鉴别过程。鉴别适配点与应用系统一起对应于鉴别模型中的依赖方。

鉴别服务适配点与鉴别服务提供方之间的通信默认是通过可信信道保护的。如果应用系统与鉴别服务提供方集成在一起，即验证方与依赖方为统一实体，则这种可信信道为系统内部数据传输。如果应用系统与鉴别服务提供方分布在不同的系统中，彼此之间需要远程通信，则这种可信信道为二者之间的加密信道。

用户通过客户端完成与认证中间件及应用系统的交互，从而完成对用户身份的鉴别。客户端根据不同的应用场景表现为不同的形式。例如：在普通的 C/S 应用中，本标准中的客户端即为普通意义上的用户端应用程序；在基于 Web 的应用中，本标准中的客户端为用户浏览器；在移动应用中，本标准中的客户端为便携设备。客户端对应于鉴别抽象模型中的声称方。

用户信息存储点存放用户身份信息。一个用户的身份信息中需包含一个可区分标识符，用以唯一标识该用户。在本标准中以用户名指代该可区分标识符。

认证中间件的内部组成框架如图3所示。在鉴别服务提供方内部，身份鉴别组件是必需组件，单点登录组件、隐私保护组件以及属性查询组件是可选组件。这些组件独立完成各自的功能，并通过认证中间件管理组件完成统一灵活的组装与调用，以满足不同应用场景的需求。

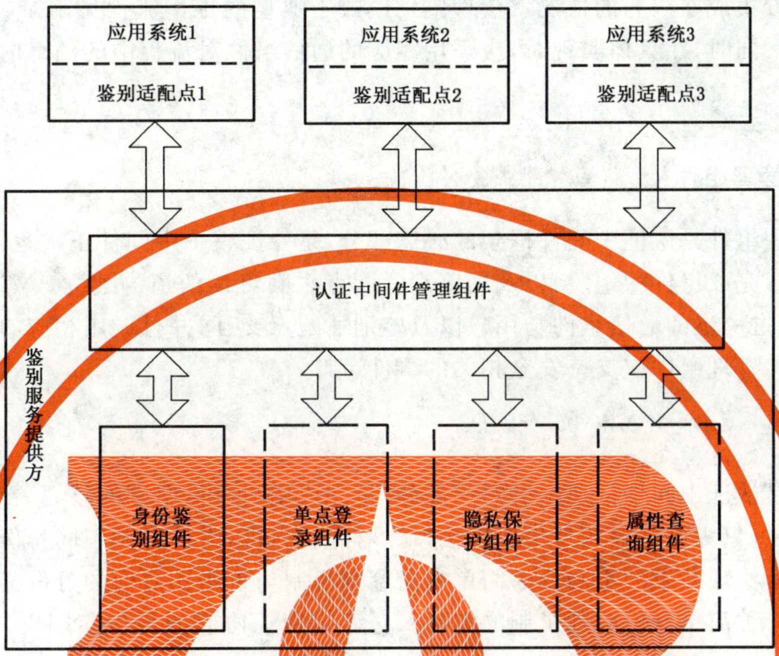

图3 认证中间件组成框架

6.2 认证中间件的工作模式

6.2.1 直接鉴别模式

直接鉴别模式指的是鉴别服务提供方直接与用户交互完成身份鉴别。

在直接鉴别模式下，认证中间件中的鉴别服务提供方与鉴别服务适配点不共享同一个用户上下文，而是分别与用户建立上下文，鉴别服务提供方和鉴别服务适配点与同一个用户的会话是异步的。

在用户鉴别过程中，鉴别服务适配点不直接向鉴别服务提供方发出鉴别请求，而是告知未鉴别的用户需要进行身份鉴别。用户通过一定的机制，找到自己的鉴别服务提供方，并与之直接交互完成身份鉴别。之后，用户携带鉴别断言再次访问应用系统，鉴别适配点检验断言确实是由认可的鉴别服务提供方发布，即完成用户身份鉴别过程。该过程中，鉴别断言中必须加入完整性保护机制，以保证身份鉴别结果不被篡改。

直接鉴别模式的典型使用场景是基于Web的应用服务。直接鉴别模式下典型的工作流程见附录A，但并不限定只能按照这些流程执行。同时，在具体实现时，应采用相应的通信组件对流程中的消息内容进行封装。

6.2.2 代理鉴别模式

代理鉴别模式指的是鉴别服务提供方不直接与用户交互完成身份鉴别，而是通过作用于应用系统中的鉴别适配点代理完成交互的通信过程。

在代理鉴别模式下，只有鉴别适配点与用户交互，建立用户上下文，鉴别服务提供方和鉴别服务适配点与同一个用户的会话是同步的。

在用户鉴别过程中，由鉴别服务适配点直接向鉴别服务提供方发起身份鉴别请求，并转发用户与鉴别服务提供方之间的通信交互消息。鉴别过程完成后，鉴别服务提供方直接将鉴别断言返回给鉴别服务适配点。该过程中，鉴别服务适配点与鉴别服务提供方之间应建立可信信道。

代理鉴别模式的典型使用场景是使用 RADIUS 或 DIAMETER 协议的应用服务，或者应用系统直接与鉴别服务提供方集成在一起的情况。代理鉴别模式下典型的工作流程见附录 A，但并不限定只能按照这些流程执行。同时，在具体实现时，应采用相应的通信组件对流程中的消息内容进行封装。

6.3 组件描述

6.3.1 认证中间件管理组件

认证中间件管理组件是认证中间件框架的必需部分，是保证整个中间件正常运转的关键功能模块。它根据中间件的配置完成组件的组装，以及同鉴别适配点之间可信信道的建立。然后根据不同应用情景下的工作流程，通过一定的通信组件与用户以及鉴别适配点交互，并且调用相应的组件完成既定的功能目标。认证中间件管理组件应支持安全相关的事件审计。

6.3.2 身份鉴别组件

身份鉴别组件是认证中间件框架中必需的部分，是完成用户身份鉴别的核心。对外，该组件屏蔽了内部的具体鉴别机制，只提供一般的身份鉴别接口。对内，它可以支持各种不同身份鉴别机制的实现。

鉴别机制按照其实现结果的不同分为简单身份鉴别机制与带密钥协商的身份鉴别机制。身份鉴别组件中至少应包含一种简单身份鉴别机制的实现。对于带密钥协商的身份鉴别机制，在某些应用场景下可以不实现。

采用简单身份鉴别机制，则认证中间件与用户交互后，实现对用户身份的识别与验证。在简单身份鉴别机制下，身份鉴别组件输出的鉴别结果中只包含用户的身份信息。同时，在鉴别过程中以及之后，需要通过其他的通信加密机制，如 SSL 等，来保护用户与认证中间件以及应用系统之间的通信。简单身份鉴别适用于认证中间件的直接鉴别工作模式以及代理鉴别工作模式。

采用带密钥协商的身份鉴别，则认证中间件与用户交互后，不仅完成对用户身份的识别，同时与用户协商建立会话密钥。在带密钥协商的身份鉴别机制下，身份鉴别组件输出的鉴别结果中包含用户的身份信息以及协商生成的会话密钥。同时，在鉴别完成后，用户与应用系统之间的通信通过该会话密钥来保护。带密钥协商的身份鉴别主要适用于认证中间件的代理鉴别工作模式。

本标准不对具体的身份鉴别机制及其安全性进行规定，但它们的实现应符合一定的标准规范，达到相应标准规范中的安全要求。

6.3.3 鉴别适配点组件

鉴别服务适配点组件是认证中间件框架中必需的部分，它主要负责对用户鉴别状态的过滤，以及对于鉴别断言的解析。同时，当鉴别服务提供方不与用户直接交互的情况下，该组件将负责二者通信信息的传递。

在简单身份鉴别方式下，该组件负责将鉴别服务提供方发布的鉴别断言解析为本地应用系统需要的鉴别结果形式，供应用系统获取用户身份信息。

在带密钥协商的身份鉴别方式下，该组件负责解析鉴别服务提供方发布的鉴别断言，向应用系统输出用户身份信息，并储存会话密钥，负责对用户与应用系统之间通信内容的加解密工作。

如果鉴别服务提供方需要与鉴别服务适配点之间建立加密信道，则鉴别服务适配点组件需要与鉴别服务提供方中的认证中间件管理组件通过预享机制，完成加密信道的建立。

6.3.4 单点登录组件

单点登录组件是认证中间件框架中可选的部分，主要负责实现用户访问与一个认证中间件相连的多个应用系统时，可以获得“一次登录，多次访问”的体验过程。

只考虑认证中间件工作于直接鉴别模式，且身份鉴别组件提供简单身份鉴别情况下的单点登录。对于其他情况，不考虑其单点登录过程。

6.3.5 隐私保护组件

隐私保护组件是认证中间件框架中可选的部分，主要负责提供保护用户隐私信息的机制。

根据用户需求的不同以及应用场景的不同，隐私信息包含的范围和隐私保护所涉及的实体范围都是不同的，本标准只考虑通过假名映射的方式保护用户身份的隐私性。即，鉴别服务提供方向应用系统提供用户的假名，从而避免应用系统获得用户的真实身份。

对于其他的隐私保护实现方式，本标准不予以规范。

6.3.6 属性查询组件

属性查询组件是认证中间件框架中可选的部分，主要负责用户身份鉴别之后，对用户属性信息的查询。属性查询同时涉及数字身份管理以及授权访问控制领域，因此本标准只规定通用的属性查询接口，具体的实现方式不予以规范。

6.4 鉴别断言

在鉴别过程结束后，鉴别服务提供方应为鉴别后的用户生成鉴别断言以使得鉴别依赖方能够验证用户的身份合法性。此处所述鉴别断言是指由鉴别服务提供方生成，包含了用户身份等信息的可信消息。本标准中使用的鉴别断言可能包含用户身份信息和密钥协商信息等信息。其中身份信息至少包含用户身份标识、鉴别方式和鉴别时间这三个部分，根据实际需求的不同还可以包含其他的一些信息，比如用户 IP 地址等。密钥协商信息至少包含会话密钥值、密钥类型这两个部分，根据实际需求的不同还可以包含其他的一些信息，比如密钥有效期等。

在实际应用中，可根据需要自行设计断言格式。此时鉴别断言必须采用相应的安全机制（例如，鉴别服务提供方的数字签名）来保证用户身份信息，鉴别服务提供方标识等信息的完整性，防止被篡改。

此外，在实际应用中，鉴别断言中还可以同时包含如用户属性等在内的其他信息，本标准不对这些信息的内容进行限定，但这些信息不应影响断言中用户身份信息与密钥协商信息的安全。

6.5 认证中间件与应用系统的关系

鉴别适配点组件作用于应用系统内部，应用系统对它的输出结果是完全信任的。

在简单身份鉴别方式下，鉴别适配点组件解析鉴别断言后，向应用系统输出用户身份信息。应用系统无条件信任该信息。

在带密钥协商的身份鉴别方式下，鉴别服务适配点组件解析鉴别断言，向应用系统输出用户身份信息，并储存会话密钥。应用系统无条件信任鉴别服务适配点组件输出的用户身份信息，并且相信与用户的通信过程是在加密信道保护下完成的。

6.6 认证中间件与面向服务架构

本标准仅对认证中间件各组件实现的功能及其应满足的安全需求进行了限定，而并未对认证中间件各组件的具体实现及配置方式进行要求，故本标准规定的认证中间件对面向服务架构兼容。特别的，本标准中规定的认证中间件所应满足的与具体应用形态无关特性与面向服务架构相关需求吻合，因此本标准所规定的认证中间件可以通过扩展以鉴别服务的形式实现，以便于其在现有面向服务相关业务流程中的实施。

对具体扩展模式不予规范，该扩展应在不破坏本标准规定的相关功能需求、非功能需求及安全功能的前提下，满足面向服务架构相关标准的要求。

7 组件规范

7.1 认证中间件管理组件

7.1.1 概述

认证中间件管理组件结构如图4所示。

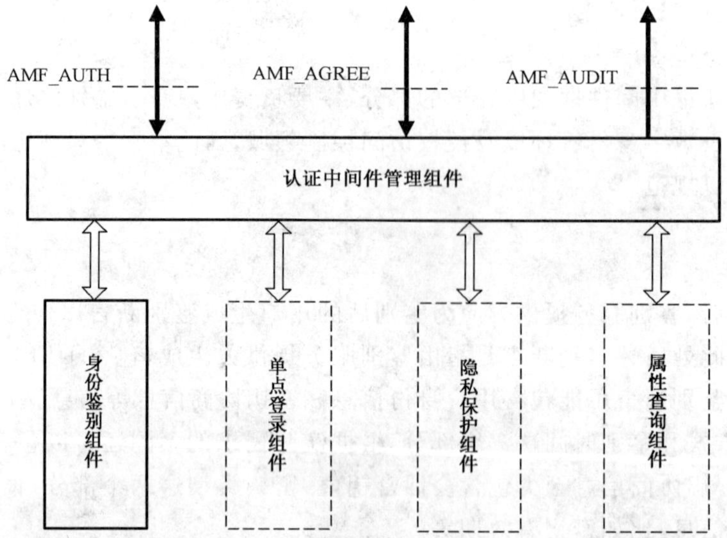

图4 认证中间件管理组件结构

认证中间件管理组件负责整个认证中间件的初始化以及系统中各组件的运作管理。对外，它通过与具体应用相关的通信组件，实现和用户以及鉴别服务适配点之间的交互。对内，它根据认证中间件的配置情况以及所完成的功能，与鉴别服务提供方中的各个组件进行交互。

认证中间件管理组件提供了一个接口处理来自用户或者鉴别适配点组件的鉴别请求。用户和鉴别适配组件通过这个接口来通知认证中间件管理组件进行鉴别处理，并获取此次鉴别处理的鉴别断言。

认证中间件可以提供不同的鉴别方式。当认证中间件支持用户对鉴别方式进行选择时，认证中间件管理组件提供了一个与用户交互的接口，用以协商确定具体的鉴别方式。认证中间件管理组件应能够对用户选择的鉴别方式进行检查，以确定是否支持该方式，以及其实现组件能否正常启动。

认证中间件管理组件还提供一个用于审计的接口，它会输出当前鉴别用户的信息，至少包括用户名、鉴别方式、鉴别状态、鉴别时间等，从而保证认证中间件中的用户鉴别事件是可审计的。

在认证中间件内部，认证中间件管理组件并不实现具体的鉴别功能。因此，在认证中间件管理组件与其他的各个组件之间都存在着交互的接口。这些接口的具体描述参见第7章其他条中各组件的接口规范。

7.1.2 接口描述

7.1.2.1 鉴别接口 AMF_AUTH

AMF_AUTH 接口用于启动整个用户身份鉴别流程，它需要提供以下输入和输出：

输入：

a) 用户上下文

用户上下文包括用户的相关信息，可以用于区分不同的用户。从用户上下文中可以获取用户的连接信息等内容。此接口可以由用户或者鉴别适配组件来调用，分别对应于直接鉴别模式和代理鉴别模式。若是由用户调用，则此参数为空，认证中间件管理组件会在后面与用户的交互中来生成用户上下文；如果是鉴别适配组件来调用，则需要由鉴别适配点来给出用户上下文。

b) 适配点会话标识

用户在鉴别前与适配点建立连接的会话标识，此信息会被加入到最后输出的鉴别断言中，用以防止鉴别断言被其他人截获冒用或重放。

输出：

a) 鉴别断言

鉴别处理的结果将以鉴别断言的形式输出。

鉴别处理结果可能包括两个部分：用户身份信息和密钥协商信息。身份信息至少包含用户身份标识、鉴别方式和鉴别时间这三个部分，根据实际需求的不同还可以包含其他的一些信息，比如用户 IP 地址等。密钥协商信息至少包含会话密钥值、密钥类型这两个部分，根据实际需求的不同还可以包含其他的一些信息，比如密钥有效期等。

b) 状态码

根据情况的不同，可能返回以下几种状态码：

AMMC_ERR ——认证中间件管理组件错误
IA_ERR ——身份鉴别组件错误
IA_AM_ERR ——鉴别机制模块错误
AMF_SYS_ERR ——系统错误
AMF_CON_ERR ——连接错误
AMF_AUTH_ERR ——鉴别错误
AMF_AUTH_FAILURE ——鉴别失败
AMF_AUTH_SUCC ——鉴别成功
AMF_KA_ERR ——密钥协商错误
AMF_KA_FAILURE ——密钥协商失败
AMF_AKA_SUCC ——鉴别密钥协商成功

7.1.2.2 鉴别方式协商接口 AMF_AGREE

用户和认证中间件管理组件通过 AMF_AGREE 接口来进行协商并确定此次鉴别所采用的鉴别方式，此接口需要提供以下的输入和输出。

输入：

a) 鉴别方式

鉴别方式用于指定身份鉴别组件所采用的鉴别机制，如口令鉴别、证书鉴别以及其他鉴别协议等。这个参数会传递给身份鉴别组件来判断是否支持相应的鉴别方式，如果支持，则返回协商成功；否则会返回错误信息。

输出：

a） 状态码

根据认证中间件管理组件处理结果的不同，可能返回以下几种状态码：

UNKOWN_AUTHMETHOD ——身份鉴别组件不支持用户选择的鉴别方式

AMMC_ERR ——认证中间件管理组件错误

AMF_AGREE_SUCC ——鉴别方式协商成功

AMF_SYS_ERR ——系统错误

7.1.2.3 审计信息接口 AMF_AUDIT

审计系统可以通过此接口获取用户鉴别事件的相关信息，此接口需要提供以下的输入和输出。

输入：

a） 审计信息

审计信息是一些与用户此次鉴别相关的一些信息，可以用来识别和追踪一些非法的用户操作，从而保证系统的正常工作。审计信息一般包括以下几个部分：用户名、鉴别状态、鉴别方式、鉴别时间等。

输出：

a） 状态码

根据认证中间件管理组件处理结果的不同，可能返回以下几种状态码：

AMF_AUDIT_SUCC ——审计信息输出成功

AMF_AUDIT_ERR ——审计信息输出错误

AMF_AUDIT_FAILURE ——审计信息输出失败

AMF_UNKOWN_USER ——未知用户

AMF_SYS_ERR ——系统错误

7.2 身份鉴别组件

7.2.1 概述

身份鉴别组件是认证中间件中必需实现的组件之一，它的主要功能是完成对用户身份进行鉴别以及与用户之间的密钥协商，身份鉴别组件结构如图5所示。

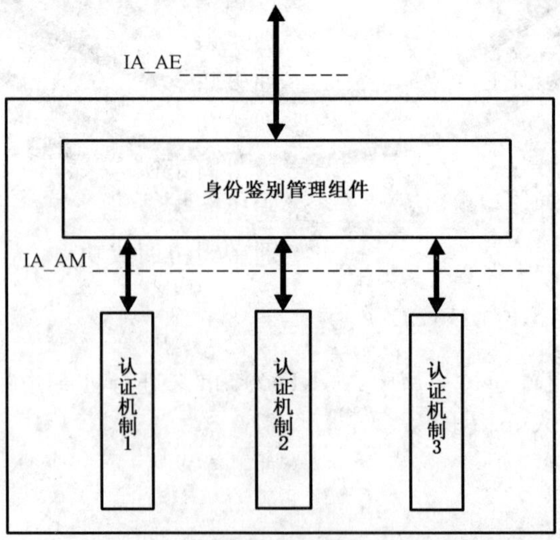

图5 身份鉴别组件结构

身份鉴别组件由身份鉴别管理组件和不同的鉴别机制实现组件组成。身份鉴别管理组件负责整个身份鉴别组件的管理运作,向上与认证中间件管理组件交互,向下与鉴别机制实现组件进行交互。

身份鉴别组件实现了具体的鉴别过程。

认证中间件管理组件从客户端获取了对鉴别方式的选择之后,需要通过身份鉴别组件来确定是否支持该鉴别方式,以及该鉴别方式能否正常实现。另外,在身份鉴别完成之后,身份鉴别组件返回身份鉴别结果给上层认证中间件管理组件。

身份鉴别管理组件提供了与各种鉴别机制交互的接口,用于启动鉴别机制以及获取鉴别结果。

鉴别机制实现组件完成具体的鉴别以及密钥协商过程,并提供相应的接口由身份鉴别管理组件调用。

7.2.2 接口描述

7.2.2.1 鉴别执行接口 IA_AE

身份鉴别组件通过 IA_AE 接口与上层认证中间件管理组件进行交互,用于获取鉴别方式并返回鉴别结果,它需要提供以下的输入和输出:

输入:

a) 鉴别方式

鉴别方式指定认证中间件所使用的身份鉴别方式,身份鉴别管理组件首先检查系统配置中是否存在对应的身份鉴别方式。如果存在,那么身份鉴别管理组件就会启动相应的鉴别机制,并完成初始化。

b) 用户上下文

用户上下文包括了用户的相关信息,此信息会传递给下层的鉴别机制在实现鉴别功能的时候使用。如果此参数为空,则身份鉴别组件只进行鉴别方式的检查,然后返回鉴别机制初始化状态。

输出:

a) 鉴别结果

鉴别结果由身份鉴别结果和密钥协商结果两部分组成:身份鉴别管理组件根据鉴别机制与用户交互后返回的身份鉴别结果和认证中间件管理组件的格式需求来生成相应的鉴别结果,它至少应包括用户身份标识,鉴别方式以及鉴别时间三部分内容;身份鉴别管理组件根据鉴别机制与用户交互后返回的密钥协商结果和认证中间件管理组件的格式需求来生成相应的密钥协商结果,它至少应包含协商密钥值以及密钥类型两部分内容。

b) 状态码

根据身份鉴别组件处理结果的不同,有以下几种状态码:

UNKOWN_AUTHMETHOD ——身份鉴别组件不支持此鉴别方式
IA_AMINIT_ERR ——鉴别机制初始化错误
IA_ERR ——身份鉴别管理组件错误
IA_AUTH_SUCC ——鉴别成功
IA_AUTH_FAILURE ——鉴别失败
IA_AUTH_ERR ——鉴别错误
IA_CON_ERR ——与用户连接错误
IA_AMINIT_SUCC ——鉴别机制初始化成功
IA_UNKOWN_USER ——未知用户
IA_KA_ERR ——密钥协商错误
IA_KA_FAILURE ——密钥协商失败
IA_AKA_SUCC ——鉴别密钥协商成功

7.2.2.2 鉴别机制接口 IA_AM

身份鉴别组件通过 IA_AM 接口与具体的鉴别机制进行交互，用于启动相应的鉴别机制并获取鉴别结果，它需要提供以下的输入和输出：

输入：

a) 用户上下文

由身份鉴别组件从认证中间件管理组件处获取，根据用户上下文，鉴别机制实现组件可以获取与用户交互完成鉴别需要的信息。

输出：

a) 鉴别结果

鉴别结果由身份鉴别结果和密钥协商结果两部分组成：身份鉴别结果是鉴别结果中必须包含的内容，根据鉴别机制的不同，返回的身份鉴别结果形式是不同的，但是它输出的主要信息就是鉴别过的用户身份标识；根据鉴别机制的不同，除了身份鉴别结果，可能还包含有密钥协商结果，密钥协商结果至少应包含协商密钥值以及密钥类型这两部分信息。

b) 状态码

根据鉴别机制处理结果的不同，有以下几种状态码：

AM_INIT_ERR ——鉴别机制初始化错误
AM_INIT_SUCC ——鉴别机制初始化成功
AM_AUTH_SUCC ——鉴别成功
AM_AUTH_FAILURE ——鉴别失败
AM_AUTH_ERR ——鉴别错误
AM_CON_ERR ——与用户连接错误
AM_UNKOWN_USER ——未知用户
AM_KA_ERR ——密钥协商错误
AM_KA_FAILURE ——密钥协商失败
AM_AKA_SUCC ——鉴别密钥协商成功

7.3 单点登录组件

7.3.1 概述

单点登录组件主要负责实现用户访问与一个鉴别服务提供方相连的多个应用资源系统时，可以"一次登录，多次访问"的体验过程。

本标准只讨论通过记录用户鉴别信息的方式实现的单点登录，不排除具体系统通过实现其他方式的单点登录及进行进一步的扩展。

单点登录组件的接口组成如图 6 所示。

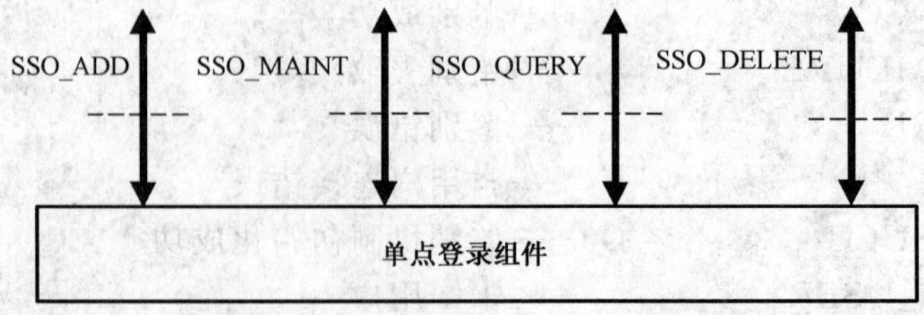

图 6 单点登录组件接口

单点登录组件应实现的功能包括鉴别状态信息添加、维护、查询以及删除。

当用户首次完成鉴别后，如果需要实现单点登录，认证中间件管理组件调用单点登录组件的鉴别状态信息添加接口。单点登录组件创建并维护相应的用户鉴别状态记录，该记录中应包含用户的身份标识符，鉴别状态及鉴别状态的有效期。

此外，单点登录组件还应在用户访问过程中根据认证中间件管理组件的请求对鉴别状态信息进行更新、删除等。

单点登录组件应可对认证中间件管理组件发起的查询请求进行正确响应，对于收到的鉴别状态查询请求，单点登录组件应在其维护的用户鉴别状态记录查找相应的用户记录，并返回一个关于当前用户鉴别状态的查询结果。

7.3.2 接口描述

7.3.2.1 鉴别状态信息添加接口 SSO_ADD

单点登录组件通过 SSO_ADD 接口与上层认证中间件管理组件进行交互，用于添加需要维护的用户鉴别状态信息，并返回一个唯一标识符供查询及维护。它需要提供以下的输入和输出：

输入：

a) 用户上下文

认证中间件管理组件根据与用户的交互信息而生成的用户上下文。该上下文为唯一标识了用户与认证中间件的一次会话。

b) 鉴别结果

认证中间件管理组件从身份鉴别组件处获取的鉴别结果，鉴别结果由身份鉴别结果和密钥协商结果两部分组成：身份鉴别结果是鉴别结果中必须包含的内容，根据鉴别机制的不同，返回的身份鉴别结果形式可以是不同的，但是至少应包括用户身份标识、鉴别方式以及鉴别时间这三部分信息；密钥协商结果是鉴别结果中的可选内容，但如果密钥协商结果存在，则至少应包含协商密钥值以及密钥类型这两部分信息。

输出：

a) 唯一标识符 SID

由单点登录组件创建的唯一标识符，单点登录组件应创建并维护该唯一标识符与用户鉴别信息相关联的列表，供认证中间件管理组件查询时使用。

b) 状态码

根据单点登录组件处理结果的不同，有以下几种状态码：

SSO_ERR ——单点登录组件错误

SSO_ADD_SUCC ——用户鉴别状态维护成功

SSO_ADD_FAILURE ——用户鉴别状态维护失败

SSO_ADD_ERR ——用户鉴别状态维护错误

SSO_UNKOWN_USER ——未知用户

7.3.2.2 鉴别状态信息维护接口 SSO_MAINT

单点登录组件通过 SSO_MAINT 接口与上层认证中间件管理组件进行交互，用于获取要维护的用户信息并返回一个唯一标识符供查询使用，它需要提供以下的输入和输出：

输入：

a) 唯一标识符 SID

在单点登录组件内部维护的用户鉴别信息列表中与用户鉴别信息相关联的唯一标识符。

b) 更新信息

用户鉴别状态中需要更新的信息,如用户属性信息等。

输出:

a) 状态码

根据单点登录组件处理结果的不同,有以下几种状态码:

SSO_ERR ——单点登录组件错误

SSO_MAINT_SUCC ——用户鉴别状态维护成功

SSO_MAINT_FAILURE ——用户鉴别状态维护失败

SSO_MAINT_ERR ——用户鉴别状态维护错误

SSO_UNKOWN_USER ——未知用户

7.3.2.3 鉴别状态信息查询接口 SSO_QUERY

上层认证中间件管理组件通过 SSO_QUERY 接口与单点登录组件进行交互,通过 SID 获取包含用户鉴别状态信息。它需要提供以下的输入和输出:

输入:

a) 唯一标识符 SID

在单点登录组件内部维护的用户鉴别信息列表中与用户鉴别信息相关联的唯一标识符,该标识符通过调用鉴别状态维护接口获得。

输出:

a) 查询结果

在获取 SID 后,单点登录组件查询其维护的列表中是否存在该 SID 及与之对应的信息,如果不存在,则返回空值及状态码 SSO_QUERY _SIDUNKNOWN。否则单点登录组件获取与该 SID 相关联的用户鉴别状态信息并返回。

b) 状态码

根据处理结果的不同,有以下几种状态码:

SSO_QUERY _SUCC ——查询成功

SSO_QUERY _SIDUNKNOWN ——无法识别的 SID

SSO_QUERY _ERR ——查询错误

7.3.2.4 鉴别状态信息删除接口 SSO_DELETE

上层认证中间件管理组件通过 SSO_DELETE 接口与单点登录组件进行交互,通过 SID 删除对应用户的鉴别状态记录。它需要提供以下的输入和输出:

输入:

a) 唯一标识符 SID

在单点登录组件内部维护的用户鉴别信息列表中与用户鉴别信息相关联的唯一标识符,该标识符通过调用鉴别状态维护接口获得。

输出:

a) 状态码

根据处理结果的不同,有以下几种状态码:

SSO_DELETE_SUCC ——删除成功

SSO_DELETE_SIDUNKNOWN ——无法识别的 SID

SSO_DELETE _ERR ——删除错误

7.4 隐私保护组件

7.4.1 概述

本标准只对提供假名映射机制的隐私保护组件进行规范，不排除具体实现中，提供其他的隐私保护机制。

假名映射机制的实现需要提供的功能包括：首先，能够生成一个用户假名，其他实体无法从用户假名中获取用户名的相关信息，也无法将同一用户的不同假名关联起来；其次，能够识别用户假名对应的真实用户；最后，能够撤销用户假名。

如果认证中间件中配置了隐私保护组件，那么在用户鉴别完成后，在认证中间件管理组件返回的鉴别断言中的用户名信息应是用户假名，在之后的一些操作中也都应使用用户假名来作为用户标识。而在用户登出或者会话过期之后，需要调用假名撤销功能来撤销用户假名。同时，在对用户属性进行查询时，也需要由认证中间件管理组件首先查询隐私保护组件获得用户真实身份，进而再调用属性查询组件获得相应属性。

隐私保护组件的接口组成如图 7 所示。

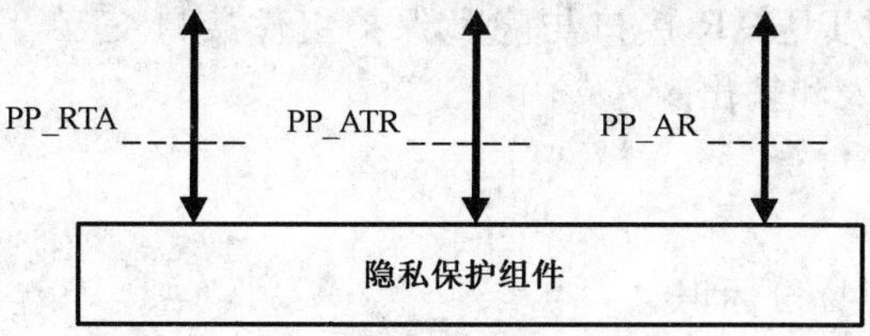

图 7 隐私保护组件接口

7.4.2 接口描述

7.4.2.1 假名生成接口 PP_AG

认证中间件管理组件通过 PP_AG 接口与隐私保护组件接口交互，用于获取某一用户的假名，它需要提供以下的输入和输出：

输入：

a） 用户名

用户名是用户的真实身份标识。

输出：

a） 用户假名

通常是一个随机串，只有隐私保护组件才能建立起用户假名与真实用户之间的关系。

b） 状态码：

根据隐私保护组件处理结果的不同，有以下几种状态码：

PP_ AG _SUCC ——假名生成成功

PP_ AG _FIALURE ——假名生成失败

PP_ AG _ERR ——假名生成错误

PP_ERR ——隐私保护组件错误

7.4.2.2 假名解析接口 PP_AP

认证中间件管理组件通过 PP_ATR 接口与隐私保护组件接口交互，用于获取某一假名对应的真实用户，它需要提供以下的输入和输出：

输入：

a） 用户假名

需要转换的用户假名信息，通过调用假名生成接口 PP_RTA 获得。

输出：

a） 用户名

用户名是用户的真实身份标识。

b） 状态码：

根据隐私保护组件处理结果的不同，有以下几种状态码：

PP_ AP _UNKOWN_ARTIFACT ——未知用户假名

PP_ AP _SUCC ——假名解析成功

PP_ AP _FAILURE ——假名解析失败

PP_ AP _ERR ——假名解析错误

PP_ERR ——隐私保护组件错误

7.4.2.3 假名撤销接口 PP_AR

认证中间件管理组件通过 PP_AR 接口与隐私保护组件接口交互，用于撤销假名与真实用户之间的映射，它需要提供以下的输入和输出：

输入：

a） 用户名

用户名是用户的真实身份标识。

输出：

a） 状态码：

根据隐私保护组件处理结果的不同，有以下几种状态码：

PP_AR_UNKOWN_USER ——未知用户名

PP_AR_SUCC ——假名撤销成功

PP_AR_FAILURE ——假名撤销失败

PP_AR_ERR ——假名撤销错误

PP_ERR ——隐私保护组件错误

7.5 属性查询组件

7.5.1 概述

属性查询组件主要用于在用户鉴别完成后，查询此用户的相关属性信息。这些属性信息通常是用于访问控制过程中，当用户需要访问某一资源时，访问控制系统需要通过用户的相关属性信息来做出访问控制判定。此组件是认证中间件与访问控制、数字身份管理等相关系统的结合点。因此本标准只规定属性查询的通用接口，具体的实现方式不予以规范。

属性查询组件的接口组成如图 8 所示。

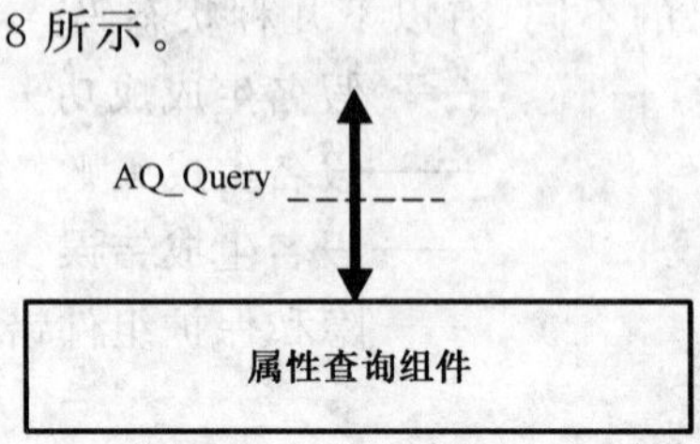

图 8 属性查询组件接口

7.5.2 接口描述

7.5.2.1 属性查询接口 AQ_ QUERY

认证中间件管理组件通过 AQ_ QUERY 接口与属性查询组件进行交互，用于获取用户的相关属性，如用户角色、分组等。它需要提供以下的输入和输出：

输入：

a) 用户标识

属性查询实现过程中能够唯一标识用户身份的信息，一般来说是用户名。

b) 属性查询请求信息

被查询属性的相关信息，一般为属性名及属性颁发机构。

输出：

a) 属性查询结果

与用户标识所对应的用户相关的一些属性信息。

b) 状态码：

根据属性查询组件处理结果的不同，有以下几种状态码：

AQ_UNKOWN_USER ——未知用户标识
AQ_QUERY_ERR ——属性查询错误
AQ_QUERY_FAILURE ——属性查询失败
AQ_QUERY_SUCC ——属性查询成功
AQ_ERR ——属性查询组件错误

附 录 A
（资料性附录）
认证中间件工作流程

A.1 概述

本附录介绍了认证中间件在不同工作模式下典型的工作流程，但并不限定只能按照这些流程执行。为简化描述并突出流程，本附录内容不涉及具体的通信协议。在具体实现时，应采用相应的通信组件对流程中的消息内容进行封装。

A.2 身份鉴别流程

A.2.1 直接鉴别模式下的身份鉴别流程

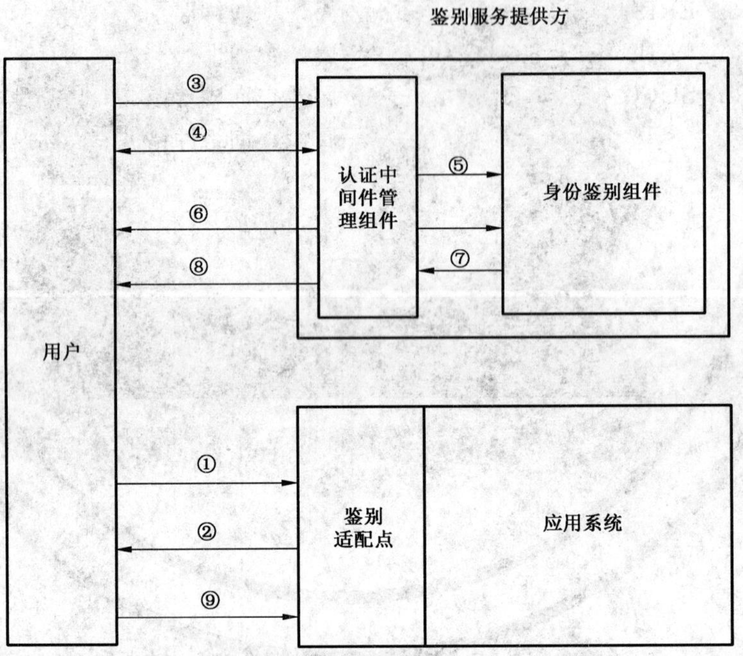

图 A.1 直接鉴别模式下的身份鉴别流程

在直接鉴别模式下，认证中间件与用户直接交互完成身份鉴别。在该模式下，一般不选择带密钥协商的身份鉴别。

直接鉴别模式下的典型身份鉴别流程如图 A.1 所示，具体表述如下：

a) 用户对应用系统的访问请求被部署在应用系统前端的鉴别服务适配点组件拦截；
b) 鉴别服务适配点组件检查用户是否经过鉴别，若未鉴别则建立一个新的用户上下文，返回当前会话标识，并告知用户需进行鉴别；
c) 用户使用鉴别服务适配点组件返回的会话标识向鉴别服务提供方发出鉴别请求，启动鉴别过程。认证中间件管理组件获得该请求后建立新的用户上下文；

d） 用户与认证中间件管理组件协商，确定采用的具体鉴别机制；
e） 认证中间件管理组件调用身份鉴别组件，启动相应鉴别机制实现；
f） 用户与具体的鉴别机制实现组件进行交互，执行身份鉴别协议；
g） 身份鉴别组件向认证中间件管理组件返回鉴别结果；
如果认证中间件实现了单点登录功能，则在本步骤中，在认证中间件管理组件从身份鉴别组件处获取了鉴别结果后，需要将用户上下文和鉴别结果发送给单点登录组件进行鉴别状态添加，并将单点登录组件生成的唯一标识 SID 写入用户上下文，以便在之后的过程中实现单点登录功能；
h） 认证中间件管理组件封装鉴别断言返回给用户；
i） 用户将获得的鉴别断言发送给鉴别服务适配点组件。该组件对鉴别断言进行解析和校验，检查鉴别断言中的会话标识与当前会话是否一致，并根据校验结果对用户请求进行相应处理。

A.2.2 代理鉴别模式下的身份鉴别流程

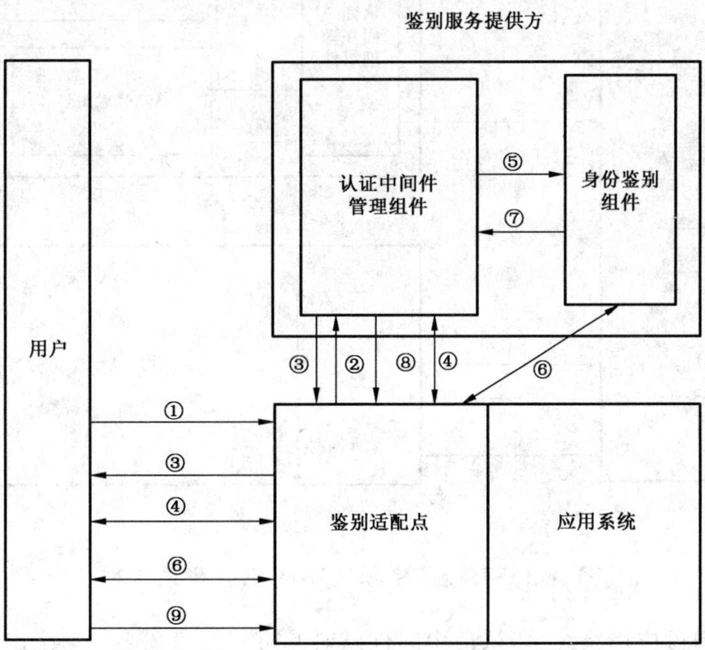

图 A.2 代理鉴别模式下的身份鉴别流程

在代理鉴别模式下，认证中间件与用户通过鉴别服务适配点，间接交互完成身份鉴别。在该模式下，可以选择简单身份鉴别或带密钥协商的身份鉴别。

代理鉴别模式下的典型身份鉴别流程如图 A.2 所示，具体表述如下：

a） 用户对应用系统的访问请求被部署在应用系统前端的鉴别服务适配点组件拦截；
b） 鉴别服务适配点组件检查用户是否经过鉴别，若未鉴别则建立新的用户上下文，并将用户上下文传递给鉴别服务提供方，启动身份鉴别过程；
c） 鉴别服务提供方通过鉴别服务适配点组件向用户发出鉴别请求；
d） 用户与认证中间件管理组件进行协商，确定采用的具体鉴别机制，其传输数据由鉴别服务适配点组件进行转发；

e) 认证中间件管理组件调用身份鉴别组件,启动相应鉴别机制实现;
f) 用户与鉴别服务提供方交互执行身份鉴别协议,其传输数据由鉴别服务适配点进行转发;
g) 身份鉴别组件向认证中间件管理组件返回鉴别结果;
h) 认证中间件管理组件将鉴别结果封装为鉴别断言返回给鉴别服务适配点组件;
i) 在收到鉴别服务提供方返回的鉴别断言后,鉴别服务适配点组件对鉴别断言进行解析和校验,并根据校验结果对用户请求进行相应处理。

A.2.3 单点登录流程

单点登录需求多见于直接鉴别模式,因此本标准只讨论该模式下的相关流程。

在单点登录过程中,只考虑身份鉴别组件提供的是简单身份鉴别结果的情况。对于带密钥协商的身份鉴别,本标准不考虑其单点登录的情况。

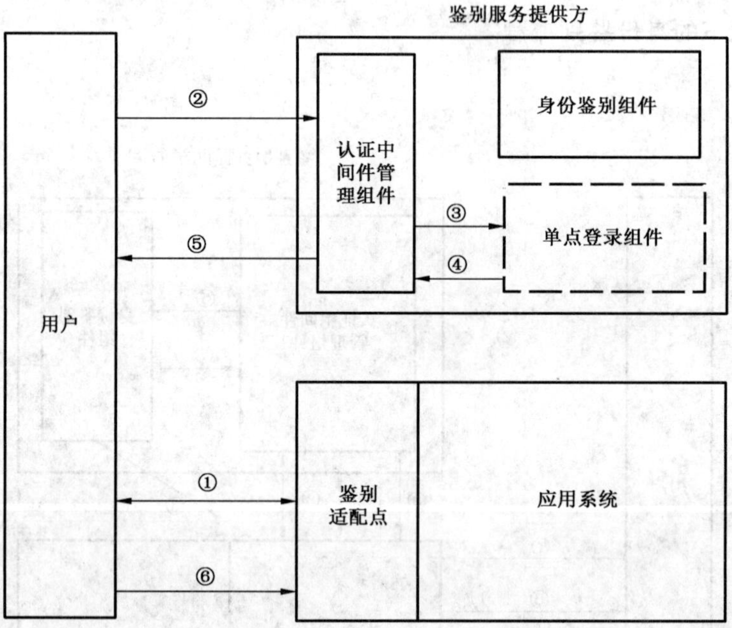

图 A.3 直接鉴别模式下的单点登录流程

假设用户已经访问过应用系统 A,认证中间件已对其进行过身份鉴别,则用户访问新的应用系统 B 时,其单点登录过程如图 A.3 所示,具体表述如下:

a) 用户访问新的应用系统 B,该访问请求被部署在应用系统 B 前端的鉴别服务适配点组件拦截。鉴别服务适配点组件检查用户是否经过鉴别,若未鉴别则建立用户上下文,返回当前会话标识,并告知用户需进行鉴别;
b) 用户使用鉴别服务适配点组件返回的会话标识向鉴别服务提供方发出鉴别请求,认证中间件管理组件从请求中获取用户上下文;
c) 认证中间件管理组件根据用户上下文,调用单点登录组件查询用户鉴别状态信息;
d) 单点登录组件在其维护的用户鉴别状态信息中对当前用户进行查询,如果查询到了有效的鉴别信息,则单点登录组件向认证中间件管理组件返回用户的鉴别结果;
e) 认证中间件管理组件将单点登录组件返回的鉴别结果及适配点会话标识封装为鉴别断言发送给用户。如果单点登录组件未查询到该用户的鉴别状态信息,则认证中间件管理组件改为调用身份鉴别组件启动新的鉴别过程;

f) 用户在收到鉴别服务提供方返回的身份鉴别断言后，将该断言返回给应用系统 B 中的鉴别服务适配点组件，在接收到身份鉴别断言后，鉴别服务适配点组件对该身份鉴别断言进行解析，检查鉴别断言中的会话标识与当前会话是否一致，并根据结果对用户请求进行相应处理，从而实现单点登录过程。

参 考 文 献

［1］ The Open Group. X/Open Single SignOn Service（XSSO）Pluggable Authentication Modules

［2］ RFC 2865 Remote Authentication Dial In User Service

［3］ RFC 3588 Diameter Base Protocol

ICS 35.040
L 80

中华人民共和国国家标准

GB/T 30276—2013

信息安全技术　信息安全漏洞管理规范

Information security technology—
Vulnerability management criterion specification

2013-12-31 发布　　2014-07-15 实施

中华人民共和国国家质量监督检验检疫总局
中国国家标准化管理委员会　发布

前言

本标准按照 GB/T 1.1—2009 给出的规则起草。

本标准由全国信息安全标准化技术委员会(SAC/TC 260)提出并归口。

本文件某些内容可能涉及专利,本文件的发布机构不承担识别这些专利的责任。

本标准起草单位:中国信息安全测评中心、国家计算机网络应急技术处理协调中心、国家信息技术安全研究中心。

本标准主要起草人:刘晖、王明华、宫亚峰、易锦、刘彦钊、熊琦、张磊、赵向辉、刘林、吴润浦、李娟、姚原岗、何世平、王宏。

信息安全技术 信息安全漏洞管理规范

1 范围

本标准规定了信息安全漏洞的管理要求，涉及漏洞的发现、利用、修复和公开等环节。

本标准适用于用户、厂商和漏洞管理组织进行信息安全漏洞的管理活动，包括漏洞的预防、收集、消减和发布。

2 规范性引用文件

下列文件对于本文件的应用是必不可少的。凡是注日期的引用文件，仅注日期的版本适用于本文件。凡是不注日期的引用文件，其最新版本(包括所有的修改单)适用于本文件。

GB/T 18336.1—2008 信息技术 安全技术 信息技术安全性评估准则

GB/T 25069—2010 信息安全技术 术语

GB/T 28458—2012 信息安全技术 安全漏洞标识与描述规范

3 术语和定义

GB/T 25069—2010 和 GB/T 18336.1—2008 中界定的以及下列术语和定义适用于本文件。

3.1

修复措施 remediation

用以修复漏洞的补丁、升级版本、配置策略等。

3.2

用户 user

使用信息系统的个人或组织。

3.3

厂商 vendor

开发信息系统的组织。

3.4

漏洞管理组织 vulnerability management organization

协调厂商和漏洞发现者处理漏洞信息的组织。

注：组织包括国家信息安全主管部门等。

3.5

漏洞发现者 vulnerability finder

发现信息系统中潜在漏洞的个人或组织。

4 信息安全漏洞生命周期

依据信息安全漏洞(简称漏洞)从产生到消亡的整个过程，信息安全漏洞生命周期分以下几个阶段：

a) 漏洞的发现:通过人工或者自动的方法分析、挖掘漏洞的过程,并且该漏洞可以被验证和重现。
b) 漏洞的利用:利用漏洞对计算机信息系统的保密性、完整性和可用性造成损害的过程。
c) 漏洞的修复:通过补丁、升级版本或配置策略等对漏洞进行修补的过程,使得该漏洞不能够被恶意主体所利用。
d) 漏洞的公开:通过公开渠道(如网站、邮件列表等)公布漏洞信息的过程。

5 信息安全漏洞管理

5.1 原则

信息安全漏洞管理遵循以下原则:

a) 公平、公开、公正原则:厂商在处理自身产品的漏洞时应坚持公开、公正原则。漏洞管理组织在处理漏洞信息时应遵循公平、公开、公正原则。
b) 及时处理原则:用户、厂商和漏洞管理组织在处理漏洞信息时都应遵循及时处理的原则,及时消除漏洞与隐患。
c) 安全风险最小化原则:在处理漏洞信息时应以用户的风险最小化为原则,保障广大用户的利益。

5.2 规划

根据漏洞生命周期中漏洞所处的不同状态,将漏洞管理行为对应为预防、收集、消减和发布等实施活动如图1所示。

预防是指通过各种安全手段提高信息系统的安全水平,避免漏洞的产生和恶意利用。

收集是针对已发现的漏洞进行信息的及时跟踪与获取。

消减是指在漏洞被发现后积极采取补救措施,最大限度减少漏洞带来的损失。

发布是指在遵循一定的发布策略的前提下,对漏洞及其修复信息进行发布。

用户、厂商和漏洞管理组织应依据本标准建立符合自身特点的漏洞处理策略和处理流程。

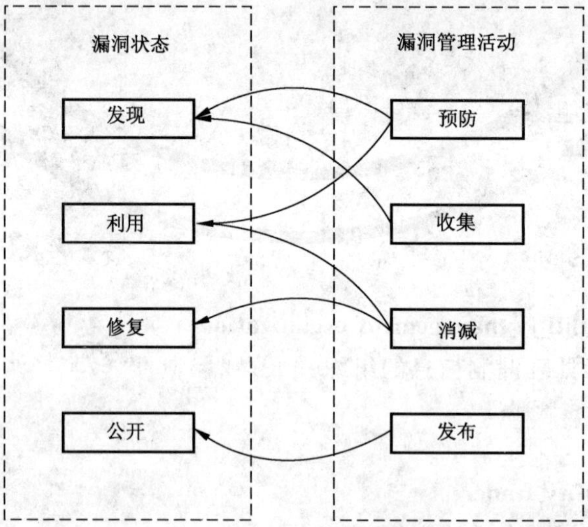

图1 漏洞生命周期和管理活动对应关系

5.3 实施

5.3.1 概述

在漏洞管理活动中，漏洞发现者、厂商、漏洞管理组织和用户应规范自身的行为，国家信息安全主管部门应在漏洞发现者、厂商和用户之间发挥协调者的作用，在漏洞处理过程中维护公平、公开、公正原则、及时处理原则和安全风险最小化原则，保障被发现的漏洞得到有效处置。

5.3.2 漏洞的预防

5.3.2.1 厂商

厂商应尽可能地采用安全开发生命周期，在需求、设计、实现、配置、运行等阶段采取风险分析、代码审查、渗透测试等手段，提高产品安全性。

5.3.2.2 用户

用户应对使用的计算机系统进行安全加固(如及时安装升级补丁、关闭不必要的服务等)，安装安全防护产品和开启相应的安全配置。

5.3.3 漏洞的收集

5.3.3.1 漏洞管理组织

漏洞管理组织应与漏洞发现者、用户、厂商等漏洞管理中涉及的各方进行沟通与协调，广泛收集并及时处置漏洞，具体活动包括：

a) 漏洞收集：漏洞管理组织应建立和维护公开的漏洞收集渠道。针对收集到的漏洞信息，应及时进行处置。
b) 漏洞验证：漏洞管理组织应负责联合厂商在规定时间内(见 A.1)验证收集到漏洞是否已公布，漏洞是否真实存在，确定漏洞的危害等级，并依据 GB/T 28458—2012 确定漏洞的标识和描述。
c) 漏洞通报：漏洞管理组织应将漏洞信息及时通知厂商(见 A.3)，危害等级高的漏洞优先处理，以降低因漏洞引起的安全威胁。

5.3.3.2 厂商

厂商应提供接收漏洞信息的渠道，例如，网站、邮件或电话等。

厂商应对漏洞发现者或漏洞管理组织报告的漏洞在规定时间(见 A.1)内确认其是否真实存在，并回复报告方。

5.3.3.3 漏洞发现者

漏洞发现者在发现漏洞的第一时间应向该漏洞的受影响厂商或漏洞管理组织报告漏洞详情。

5.3.4 漏洞的消减

5.3.4.1 厂商

厂商应遵循及时处理原则，依据厂商对漏洞的消减处理策略(见 A.2)，对发现的漏洞在规定时间(见 A.1)内进行修复，依据漏洞的危害等级，优先开发高危漏洞的修复措施。

厂商应保证补丁的有效性和安全性，并进行兼容性测试，避免因更新补丁而对产品或系统带来影响或新的安全风险。

5.3.4.2 漏洞管理组织

漏洞管理组织应督促厂商及时开发修复措施，以降低因该漏洞引起的安全问题。若在规定时间内，厂商未及时回复或未给出修复措施，则漏洞管理组织可以联系信息安全厂商或其他安全机构针对该漏洞给出修复措施（见 A.4）。

5.3.4.3 用户

用户应及时跟踪公开漏洞库所公布的漏洞信息和相关厂商的安全公告，并根据其资产重要性以及漏洞的危害程度，进行及时修复。

5.3.5 漏洞的发布

5.3.5.1 漏洞管理组织

漏洞管理组织应遵循公平、公开、公正的原则，在规定时间内（见 A.1）发布漏洞及修复措施等信息（见 GB/T 28458—2012）。

注：漏洞发布应是在风险最小化的原则下有条件地公开，例如，0day 漏洞不宜公开。

5.3.5.2 厂商

厂商应建立发布渠道，在规定时间内（见 A.1）发布漏洞信息及修复措施，并通知用户。

5.4 评审

跟踪并监测漏洞管理活动的实施情况，定期对实施方案和实施效果进行检查、评审，审查内容包括：

a） 预防措施是否落实到位，漏洞是否得到有效预防。

b） 已发现的漏洞是否得到有效处置。

c） 参与漏洞管理的各方是否协调一致。

d） 漏洞处理过程是否符合及时处理和安全风险最小化等原则。

5.5 改进

改进的内容包括：

a） 根据现有漏洞管理的评审结果，核查管理方案。

b） 合理改进漏洞管理方案及其相关文档。

附 录 A
（规范性附录）
漏洞处理策略

A.1 漏洞处理时间表

在不同的漏洞管理活动中对漏洞进行处理时所规定的时间如表A.1所示，相关人员或组织应在规定时间内完成对漏洞的处理。

表A.1 漏洞处理时间表

对漏洞的处理	时间段(不大于)
验证	10个工作日
反馈	5个工作日
开发修复措施	30个工作日
通报漏洞管理组织	5个工作日
发布漏洞信息及修复措施	5个工作日

A.2 厂商针对漏洞的消减处理策略

厂商应为发现的漏洞开发解决方案。解决方案的开发过程包含更加细致的调查过程，包括调查漏洞更深层的原因，以及确定其他产品是否有同样或者类似的漏洞。厂商最终需开发出补丁或者临时修复措施，同时测试检验修复措施的有效性、安全性和兼容性，不能破坏原系统的功能。厂商在发布漏洞信息和修复措施后，关注用户反馈，考虑是否需对漏洞修复进一步完善。

A.3 漏洞管理组织关于漏洞通报的处理策略

漏洞管理组织在对漏洞进行验证之后，应对受影响产品的厂商进行通报，敦促其及时开发修复补丁。厂商应在接到通知后5个工作日内给予正式反馈，并给出漏洞修复时间表，如逾期不予反馈，或无法与厂商取得联系，则漏洞管理组织有权对漏洞内容进行公布，以提示用户修复，因漏洞公布给用户带来的损失，由厂商承担。

A.4 漏洞管理组织关于厂商修复漏洞的处理策略

厂商应在确认漏洞信息后30个工作日内提供补丁或修复措施，由于技术或其他不可抗拒的原因导致30个工作日内无法完成补丁开发，可根据厂商申请情况酌情延长漏洞修复时间。否则漏洞管理组织有权对漏洞内容进行公布，以提示用户修复，因漏洞公布给用户带来的损失，由厂商承担。漏洞管理组织可以联系信息安全厂商或其他安全机构针对该漏洞给出修复措施。

参 考 文 献

[1] Creating a Patch and Vulnerability Management Program, NIST, Special Publication 800-40, 2005,11

[2] ISO/IEC 30111 Information technology—Security techniques—Vulnerability handing processes

[3] ISO/IEC 29147 Information technology—Security techniques—Vulnerability disclosure

[4] DISA IAVA Process Handbook v2.1, 2002, 6

[5] Common Vulnerability and Explore, http://cve.mitre.org

[6] National Vulnerability Database, http://nvd.nist.gov/

[7] 中国国家信息安全漏洞库.http://www.cnnvd.org.cn

[8] 国家信息安全漏洞共享平台.http://www.cnvd.org.cn

ICS 35.040
L 80

GB

中华人民共和国国家标准

GB/T 30277—2013

信息安全技术　公钥基础设施 电子认证机构标识编码规范

Information security technology—Public key infrastructures—Certification authentication institution identity code specification

2013-12-31 发布　　2014-07-15 实施

中华人民共和国国家质量监督检验检疫总局
中国国家标准化管理委员会　发布

前　言

本标准依据 GB/T 1.1—2009 给出的规则起草。

本标准由全国信息安全标准化技术委员会(SAC/TC 260)提出并归口。

本标准起草单位:国家信息安全工程技术研究中心、上海信息安全工程技术研究中心、北京中油瑞飞信息技术有限责任公司。

本标准主要起草人:袁峰、郭晓雷、袁文恭、杨恒亮、浦雨三、吕增江、黄晟。

引　言

随着我国信息化的发展,全国已经建设了国家根电子认证机构和多种电子认证服务机构。为了方便对电子认证机构的统一管理,实现多数字证书的相互识别,需要每个电子认证机构有一个按照统一规范标准授予的相应代码或对象标识符。但是,目前各个电子认证机构都是自己设定自己的名称及其格式,没有全国统一的规范代码。本标准对我国电子认证机构的标识代码给出了统一规范,以满足信息化建设对不同电子认证机构签发的证书进行辨识的需要。

电子认证机构分为全国性、行业性等多种类型。《电子签名法》发布后,电子认证服务行业明确了主管部门,相应的法律法规逐步完善。目前,已有多家电子认证机构获得运营许可并为相关信息系统提供了证书认证服务,不同电子认证机构签发的证书辨识急需制定统一、规范的标识代码机制。

本标准可用于电子政务、电子商务、行业、企业等多类电子认证机构。

信息安全技术 公钥基础设施 电子认证机构标识编码规范

1 范围

本标准确立了电子认证机构标识代码编制规范的一般原则。

本标准适用于基于PKI应用系统，统一的电子认证机构编码为建立全国性的CA目录查询提供了基础条件。

2 规范性引用文件

下列文件对于本文件的应用是必不可少的。凡是注日期的引用文件，仅注日期的版本适用于本文件。凡是不注日期的引用文件，其最新版本(包括所有的修改单)适用于本文件。

GB/T 16262.1—2006 信息技术 抽象语法记法一(ASN.1) 第1部分:基本记法规范

GB/T 18521 地名分类与类别代码编制规则

GB/T 20518—2006 信息安全技术 公钥基础设施 数字证书格式

GB/T 25069—2010 信息安全技术 术语

GM/T 0006—2012 密码应用标识规范

3 术语和定义

下列术语和定义适用于本文件。

3.1

电子认证机构 certificate authority

负责创建和分配证书，受用户信任的权威机构。用户可以选择该机构为其创建密钥。

3.2

对象标识符 object identifier

系统赋予对象实体的唯一性数字化代码，用以标识对象的身份。

4 缩略语

下列缩略语适用于本文件。

CA:电子认证机构 (Certification Authority)

OID:对象标识符 (Object Identifier)

PKI:公钥基础设施 (Public Key Infrastructure)

5 CA代码编制方法

5.1 CA属性分类与约定

CA系统可从不同角度说明其特性:

a) CA 机构性质：指 CA 属于何种性质的电子认证机构。例如，电子政务内网 CA、电子政务外网 CA、电子商务 CA、行业 CA、企业专用 CA 等。

b) CA 机构级别：指 CA 是哪一级的证书管理机构。例如，根 CA、一级 CA、二级 CA、代理 CA 等。

c) CA 系统类型：指 CA 与 KMC 的联结类型。包括 CA 与 KMC 分立型和 CA 与 KMC 联结型。

d) CA 机构所在地：指 CA 的所在地。包括省会、直辖市、单列市、普通城市等。

e) CA 机构编号：全国顺序编号或 CA 在所属省(市)地区的顺序号。

f) CA 的名称缩写：本标准定义，取 4～5 位英文缩写字母标识 CA 的名称。

g) CA 的名称全称：指 CA 机构的注册名称。

对 CA 进行代码编写时，可以考虑其上述特性。其中 a)、b)、c)、d)、e)为必选项，f)、g)为可选项。利用 CA 的特性区分不同的 CA。

5.2 CA 代码的标识项

本标准定义 CA 代码标识项包括六个部分：CA 机构性质、CA 机构级别、CA 类型、CA 机构所在地、CA 机构顺序号和预留标识，共 16 个字节。

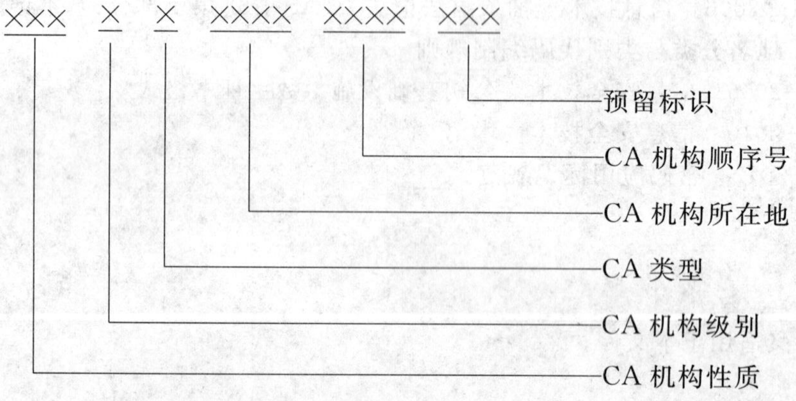

a) CA 机构性质：第 1～3 位。
电子政务外网类 CA 服务系统(2××)，例如，电子政务外网内部业务 CA 服务系统(200)，电子政务外网公众业务 CA 服务系统(201)，行业类 CA 服务系统(3××)，企业类 CA 服务系统(4××)，电子商务类 CA 服务系统(5××)，综合类 CA 服务系统(9××)，其余根据实际情况扩展定义。

b) CA 机构级别：第 4 位，记为 0、1、2、3、4、5、6、7、8、9。
根 CA(0)，一级 CA(1)，二级 CA(2)，依次类推。

c) CA 类型：第 5 位，即为 1、2 两类。
CA 与 KMC 分立型(1)，CA 与 KMC 联结型(2)。

d) CA 机构所在地：第 6～9 位，以省级(自治区、直辖市)地区为基本点进行所在地编码。
省区地址采用国家关于省区编码标准的前 2 位数字，编码范围为 11～82。如表 1 所示。

表 1 CA 省级地区代码表

名　　称	代　　码	名　　称	代　　码
北京市	11	湖南省	43
天津市	12	广东省	44
河北省	13	广西壮族自治区	45
山西省	14	海南省	46
内蒙古自治区	15	重庆市	50
辽宁省	21	四川省	51
吉林省	22	贵州省	52
黑龙江省	23	云南省	53
上海市	31	西藏自治区	54
江苏省	32	陕西省	61
浙江省	33	甘肃省	62
安徽省	34	青海省	63
福建省	35	宁夏回族自治区	64
江西省	36	新疆维吾尔自治区	65
山东省	37	台湾省	71
河南省	41	香港特别行政区	81
湖北省	42	澳门特别行政区	82

e) CA 机构顺序号：第 10～13 位，表示各个 CA 在本地区的顺序号，可记为 0000～9999。

CA 顺序编号以所在地的省级为编号单位见 GB/T 18521，一个编号对应唯一的 CA 机构。本标准推荐以省级为单位顺序编号。

f) 预留标识：第 14～16 位，作为预留编码，不具体定义时为 000。

CA 代码标识举例，北京 CA 服务于北京电子政务外网的公众业务，同时也服务于企业。它的编码可标识为：

CA 名称	性质	级别	类型	地址	编号	编码	名称简称
北京 CA	900	1	1	11	01	9001111000001000	BJCA

5.3 CA 代码描述项

CA 代码描述项包括了 CA 名称、简称、产品号和机构运营证号。

a) CA 名称：指该 CA 被批准的名称全称。

b) CA 名称简称：指该 CA 被批准的名称（依据现有惯例）以其英文的缩写字母或汉语拼音缩写字母表示，取 4～5 个字符。例如，中国电信 CA 可记做 CTCA，中国金融 CA 可记做 CFCA，中国电子口岸 CA 可记做 CECA，北京 CA 可记做 BJCA，颐信 CA 可记做 YXCA，天威诚信 CA 可记做 TCCA，中国税务 CA 可记做 CTXCA 等。

c) CA 产品号：指该 CA 通过国家相关部门进行安全性审查后，颁发给该 CA 的产品号。

d) CA 机构运营证号：指该 CA 运营机构通过国家相关部门认可后，颁发的运营许可证号。

在CA代码标识中，CA代码的描述项可采取目录表方式，存在根CA目录服务器中，提供系统查询使用，也可作为代码的附注，发布于目录服务器。

6 CA代码应用数据结构

6.1 数字证书中CA代码定义

为保证证书的通用性以及一般惯例，本标准把CA代码项定义在GB/T 20518—2006数字证书的私有Internet扩展中，证书扩展项的定义如下：

```
Extension :: = SEQUENCE {
      extnID        OBJECT IDENTIFIER
      critical      BOOLEAN DEFAULT FALSE
      extnValue     OCTET STRING }
```

具体描述如下：

a) extnID定义

extnID是OID标志符。

id-caData OBJECT IDENTIFIER :: = {iso (1) member-body(2) cn (156) ncb(10197) ca(4) oid (3)}，CA代码的OID应符合GB/T 20518—2006证书扩展域"1.2.156.10197"范畴。根据目前的定义顺序，拟定义CA代码的OID为"1.2.156.10197.4.3"。

b) Critical定义

Critical为关键项标志，这里取非关键项。

c) extnValue定义

extnValue指实际定义的CA代码项，该代码项具体由CaData结构表述，是CA代码数据结构定义，为了便于扩展和直观展现CA代码，定义CA代码项的数据结构。

CA数据内容类型应具有GB/T 16262.1—2006类型的CaData：

```
CaData :: = SEQUENCE {
  cacode CACode
  }
CACode  :: = SEQUENCE {
    FatherCA    [0]  IMPLICIT OCTET STRING OPTIONAL
    OwnerCA   [1]  IMPLICIT OCTET STRING
    OwnerCAName  [2]  IMPLICIT PrintableString OPTIONAL
}
```

其中FatherCA为上级(父)CA代码，为可选项。

OwnerCA为本CA的代码，为必选项。

OwnerCAName为本CA的英文或汉语拼音缩写名字，为可选项，如CFCA、CTCA。

扩展项CA代码定义则如下：

```
Extension  :: = SEQUENCE {
    extnID        id-caData
    critical      FALSE
    cacada        CaData }
```

6.2 CA代码数据结构DER编解码示例

由GB/T 16262.1—2006的OID编码一节的方法，应用需要将点分形式的CA OID"1.2.156.10197.4.3"转换为证书中的DER编码方式：2a 56 0b 07 07。那么CA代码OID的完整编码就是：06 07 2a 81

1c cf 55 04 03。

下面假设这样的数据：父 CA 代码“4031144000001000”，本 CA 代码“4031244000012000”，本 CA 名称“AACA”，那么证书中私有扩展项中这样编码：

```
30 37
  06 07 2a 81 1c cf 55 04 03
  04 2c
    30 2a
      81 1a 34 30 33 31 31 34 34 30 30 30 30 30 31 30 30 30 30   //4031144000001000
      82 1a 34 30 33 31 32 34 34 30 30 30 30 31 32 30 30 30   //40312440000120000
      83 04 41 41 43 41   //AACA
```

其中商用密码领域中的相关 OID 定义见附录 A。

7 CA 代码在目录服务器中的表述

```
id-caData OBJECT IDENTIFIER ::= {iso (1) member-body(2)
  cn (156) ncb(10197) ca(4) oid(3)}
```

CA 数据内容类型应具有 GB/T 16262.1—2006 类型的 CaData：

```
CaData ::= SEQUENCE {
  cacode CACode
  }
CACode ::= SEQUENCE {
    FatherCA              [0]IMPLICIT OCTET STRING OPTIONAL
    OwnerCA               [1]IMPLICIT OCTET STRING
    OwnerCAName           [2]IMPLICIT PrintableString OPTIONAL
    OwnerCARealName       [3]IMPLICIT PrintableString OPTIONAL
    OwnerCATypeNumber     [4]IMPLICIT PrintableString OPTIONAL
    OwnerCARegNumber      [5]IMPLICIT PrintableString OPTIONAL
}
```

其中 FatherCA 为上级(父)CA 代码。

OwnerCA 为本 CA 的代码。

OwnerCAName 为本 CA 的名字如 CFCA、CTCA。

OwnerCARealName 为本 CA 的实名，如北京数字证书认证系统。

OwnerCATypeNumber 为国家密码管理局批复的本 CA 的产品型号。

OwnerCARegNumber 为国家工业和信息化产业部批准的运营号。

CA 机构代码在目录服务器中的格式内容参见附录 B 和附录 C。

附 录 A
(规范性附录)
商用密码领域中的相关 OID 定义

商用密码领域中涉及的相关 OID 引自国家密码管理局发布的 GM/T 0006—2012,参见表 A.1。

表 A.1 商用密码领域中的相关 OID 定义

对象标识符 OID	对象标识符定义	备 注
通用对象标识符		
1.2	国际标准化组织成员标识	
1.2.156	中国	
1.2.156.197	国家密码管理局	
1.2.156.10197	国家密码标准技术委员会	
1.2.156.10197.1	密码算法	
分组密码算法对象标识符		
1.2.156.10197.1.100	分组密码算法	
1.2.156.10197.1.101	SM6 分组密码算法	
1.2.156.10197.1.102	SM1 分组密码算法	
1.2.156.10197.1.103	SSF33 密码算法	
1.2.156.10197.1.104	SM4 分组密码算法	
1.2.156.10197.1.105	SM7 分组密码算法	
1.2.156.10197.1.106	SM8 分组密码算法	
序列密码算法对象标识符		
1.2.156.10197.1.200	序列密码算法	
1.2.156.10197.1.201	SM5 序列密码算法	
公钥密码算法对象标识符		
1.2.156.10197.1.300	公钥密码算法	
1.2.156.10197.1.301	SM2 椭圆曲线密码算法	
1.2.156.10197.1.301.1	SM2-1 椭圆曲线数字签名算法	
1.2.156.10197.1.301.2	SM2-2 椭圆曲线密钥交换协议	
1.2.156.10197.1.301.3	SM2-3 椭圆曲线加密算法	
	ECC 椭圆曲线密码算法[a]	
	ECC 椭圆曲线[a]	
1.2.156.10197.1.302	SM9 标识密码算法	
1.2.156.10197.1.302.1	SM9-1 数字签名算法	
1.2.156.10197.1.302.2	SM9-2 密钥交换协议	
1.2.156.10197.1.302.3	SM9-3 密钥封装机制和公钥加密算法	
	RSA 密码算法[a]	

表 A.1（续）

对象标识符 OID	对象标识符定义	备　注
杂凑算法对象标识符		
1.2.156.10197.1.400	杂凑算法	
1.2.156.10197.1.401	SM3 密码杂凑算法	
1.2.156.10197.1.401.1	SM3 密码杂凑算法，无密钥使用	
1.2.156.10197.1.401.2	SM3 密码杂凑算法，有密钥使用	
	SHA_1 算法*	
	SHA_1 有密钥*	
	SHA_256 算法*	
	SHA_256 无密钥*	
	SHA_256 有密钥*	
组合运算算法对象标识符		
1.2.156.10197.1.500	组合运算机制	
1.2.156.10197.1.501	基于 SM2 算法和 SM3 算法的签名	
1.2.156.10197.1.502	基于 SM2 算法和 SHA_1 算法的签名	
1.2.156.10197.1.503	基于 SM2 算法和 SHA_256 算法的签名	
1.2.156.10197.1.504	基于 RSA 算法和 SM3 算法的签名	
	基于 RSA 算法和 SHA_1 算法的签名*	
	基于 RSA 算法和 SHA_256 算法的签名*	
CA 代码对象标识符		
1.2.156.10197.4.3	CA 代码	
标准体系对象标识符		
1.2.156.10197.6	标准体系	公钥密码基础设施应用技术标准体系
1.2.156.10197.6.1	基础类	
1.2.156.10197.6.1.1	算法类	
1.2.156.10197.6.1.2	标识类	
1.2.156.10197.6.1.3	工作模式	
1.2.156.10197.6.1.4	安全机制	
1.2.156.10197.6.1.4.1	SM2 密码使用规范	
1.2.156.10197.6.1.4.2	SM2 加密签名消息语法规范	
1.2.156.10197.6.2	设备类	
1.2.156.10197.6.3	服务类	
1.2.156.10197.6.4	基础设施	
1.2.156.10197.6.5	检测类	
1.2.156.10197.6.6	管理类	

注 1：带 * 项表示该项采用国际通用标识符，本标准不再另行定义。

注 2：具体的 CA 机构代码可在“CA 代码”最后项表出。

附 录 B
(资料性附录)
CA 机构代码在目录服务器中的文本条目格式

B.1 说明

LDIF 用文本格式表示目录数据库的信息,以方便用户创建、阅读和修改。在 LDIF 文件中,一个条目的基本格式如下:

注释
dn:条目名
属性描述:值
属性描述:值
属性描述:值
… …

dn 行类似于关系数据库中一条记录的关键字,不能与其他 dn 重复。一个 LDIF 文件中可以包含多个条目,每个条目之间用一个空行分隔。本例中,ldap 默认是用的 Berkeley DB 数据库存储目录数据。

B.2 Linux 下的 ldif 文件 Linuxca.org.ldif

新建一个 ldif(LDAP Data Interchanged Format) 文件(纯文本格式)举例。

dn:o=60111101.org	顶级记录的区分名(dn),是目录树的根
o:bjca.org	组织(o),赋值为“bjca.org”
objectclass:top	对象的对象类,定义为 top
objectclass:dcobject	对象的标识码
objectclass:organization	对象的类型,这里是组织对象
dc:60111101	一个机构的代码,标识北京 CA 的代码
o:BJCA	组织的名字缩写
cn:北京数字证书认证系统	通用名称
l:北京市海淀区	城市或地理区域名字
mail:EMAIL ADDRESS	电子信箱地址
typenumber:TYPE NUMBER	国家密码管理局批准的型号
regnumber:REGISTRATION NUMBER	中华人民共和国工业和信息化部颁发的运营准许证号
telNumber:8662951234	带有所在的国家的代码的电话号码
pk:PUBLIC KEY	本 CA 的公钥 pk(SM2_ECC256)
sig:SIGNATURE	根 CA 对 pk 的数字签名
preferredlanguage:chn	母语采用汉语

附　录　C
（资料性附录）
DER编码中TLV规则

C.1　原始标志符

DER编码中最常见的数据格式是TLV，即数据类型、长度、值。其中的T是TAG首字母，L是Length的首字母，V是Value的首字母。

最原始的类型标识符（TAG）有：

类型	16进制标记数
Integer	02
BIT STRING	03
OCTET STRING	04
NULL（参数）	05
OBJECT IDENTIFIER	06
SEQUENCE & SEQUENCE OF	10
SET AND SET OF	11
PrintableString	13
T61String	14
LA5String	16
UTCTime	17
BMPString	1E

C.2　长度值标识符

长度值标识符与类型标识符一起使用，表示类型内容的字节长度。当内容字节长度 X≤127 时，直接用一个字节表示长度值；当 127<X<256 时用 81＋一个字节的长度值；当 255<X<65536 时，用82＋两个字节的长度值；当数据长度大于 65536 时，用 84＋四个字节的长度值（现实中四字节表示长度已足够）。如：

“ 02 05 02 78 00 02 DF” 其中 02 为整形标识符，05 为长度，02780002DF 为实际整数。

“30 81 88…… ” 其中 30 为段落标识符，81 表示长度>127，且取一个字节做长度值，88 为长度值 8×16＋8＝129 个字节。

“ 30 82 02 0C”其中 82 表示长度值取 2 个字节，即 02×256＋12＝524 字节。

C.3　Value编码

正整数值编码方式：当这个整数的首字节最高位为 1 时，需要在这个整数前面再加一字节 00，以区别负数。示例如下：

整形值	编码
0	02 01 00
127	02 01 7F

128　　　　　　　　　　02 02 00 80

256　　　　　　　　　　02 02 01 00

比特型数值编码方式：TAG＋Length＋一字节无效比特数＋Value，这里的长度 Length 应等于 Value 的实际长度加一。示例：

Bit 数是“10101000”

03 02 02 a8　　　　　其中只有前六个 Bit 有效

03 02 00 a8　　　　　所有 Bit 都有效

其他数值的编码方式都遵循 TAG＋Length＋Value 的最基本格式。

C.4　IMPLICIT 关键词说明

IMPLICIT 关键词的出现意味着其后面数据的 TAG 值要作相应修改，本文中 CA 编码数据结构中就有这个关键词，而且还有上下文相关标志[0]、[1]、[2]，这样定义好处有二：一是数据简短，二是表达清楚。原来的 OCTET STRING 的 TAG 值是“04”被换成组合 TAG，即上下文相关项加应用型“81”等。

ICS 35.040
L 80

中华人民共和国国家标准

GB/T 30278—2013

信息安全技术
政务计算机终端核心配置规范

Information security technology—Chinese government desktop core configuration specifications

2013-12-31 发布　　　　　　　　　　　　2014-07-15 实施

中华人民共和国国家质量监督检验检疫总局
中国国家标准化管理委员会　发布

前　言

本标准按照 GB/T 1.1—2009 给出的规则起草。

本标准由全国信息安全标准化技术委员会(SAC/TC 260)提出并归口。

本标准起草单位：国家信息中心、中国信息安全测评中心、中国信息安全认证中心、国家税务总局电子税务管理中心、三零卫士公司、北京北信源软件股份有限公司、天津市信息中心、上海市信息中心、山西省经济信息中心、江苏省信息中心、安徽省经济信息中心、山东省信息中心、河南省信息中心、湖南省人民政府经济研究信息中心、广东省发展和改革委员会信息中心、四川省经济信息中心、贵州省信息中心、甘肃省信息中心、青海省信息中心、新疆维吾尔自治区经济信息中心、宁波市信息中心、西安市信息中心。

本标准主要起草人：李新友、刘蓓、许涛、蔡军霞、刘帅、程浩、王啸天、沈大风、吴亚非、袁志强、张海昆、刘海峰、甘杰夫、李建彬、闵京华、林浩、王华峰、陆小敏、马志红、谷和启、彭云峰、洪之民、宋苏宇、柳松、马占飞、余靖浊、袁继会、闫加元、靳力、赵俊、史小列、阮高峰。

信息安全技术
政务计算机终端核心配置规范

1 范围

本标准规定了政务计算机终端核心配置的基本概念和要求，核心配置的自动化实现方法，规范了核心配置实施流程。

本标准适用于政务部门开展计算机终端的核心配置工作。涉密政务计算机终端安全配置工作应参照国家保密局相关保密规定和标准执行。

2 规范性引用文件

下列文件对于本文件的应用是必不可少的。凡是注日期的引用文件，仅注日期的版本适用于本文件。凡是不注日期的引用文件，其最新版本(包括所有的修改单)适用于本文件。

GB/T 22239—2008 信息系统安全等级保护基本要求

3 术语和定义

下列术语和定义适用于本文件。

3.1

政务部门 government department

从事涉及政府性事务工作的国家机关、企事业单位和大型社会团体等机构。

3.2

核心配置项(配置项) core configuration item

计算机操作系统、办公软件、浏览器、BIOS 系统和防恶意代码软件等基础软件中影响计算机安全的关键参数可选项。

注：核心配置项类型包括开关项、枚举项、区间项和复合项，可以根据安全要求对其进行赋值。

3.3

核心配置 core configuration

对核心配置项进行参数设置的过程。

注：通过核心配置限制或禁止存在安全隐患或漏洞的功能，启用或加强安全保护功能，来增强计算机抵抗安全风险的能力。

3.4

核心配置项基值 core configuration item base value

按照核心配置基本要求对配置项的参数设置。

3.5

核心配置基线 core configuration baseline

能够满足计算机安全基本要求的一组核心配置项基值构成的集合。

3.6

核心配置清单 core configuration list

由核心配置项构成的一种列表，是对核心配置项属性的一种形式描述。

3.7

核心配置基线包　core configuration baseline package

为实现核心配置基线自动化部署而制定的一种具有特定语法格式的核心配置数据文件。

4　缩略语

下列缩略语适用于本文件。

BIOS：基本输入输出系统(Basic Input Output System)

CGDCC：政务计算机终端核心配置(Chinese Government Desktop Core Configuration)

FTP：文件传输协议(File Transfer Protocol)

GUID：全球唯一标识符(Globally Unique Identifier)

TCM：可信密码模块(Trusted Cryptography Module)

WMI：桌面管理规范(Windows Management Instrumentation)

XML：可扩展置标语言(Extensible Markup Language)

5　概述

5.1　核心配置对象

本标准针对应用于政务部门的联网计算机终端提出核心配置要求，包括连接到互联网、政务专网(政务内网、政务外网)的桌面计算机、膝上型计算机和瘦客户机等。

5.2　核心配置范围

核心配置的范围包括如下方面：

a)　操作系统，如 Windows 系列、国外 Linux 和国产 Linux 等；

b)　办公软件，如国外 Office 软件和国产 WPS 软件等；

c)　浏览器软件，如国外 Internet Explore、Chrome、Firefox 和国产遨游、360 浏览器等；

d)　邮件系统软件，如国外 Outlook 和国产 Foxmail 等；

e)　BIOS 系统软件，如 AMI BIOS、Award BIOS 等；

f)　防恶意代码软件，如内防病毒、防木马软件等。

依据 GB/T 22239—2008 中 7.1.3 和 7.1.4 对于第三级主机安全和应用安全的要求，上述基础软件应符合如下配置要求：

a)　身份鉴别：包括账户登录和口令管理；

b)　访问控制：包括账户管理和权限分配；

c)　安全审计：包括账户行为审计和资源访问审计；

d)　剩余信息保护：包括临时文件、历史文件和虚拟文件管理；

e)　入侵防范：包括对组件的保护功能开启、应用程序的更新升级；

f)　恶意代码防范：包括杀毒软件的安装、升级和病毒查杀管理；

g)　资源控制：包括服务、端口、协议等资源管理和数据的加密保护。

5.3　核心配置项基本类型

根据核心配置项的取值范围，核心配置项分为开关项、枚举项、区间项和复合项等基本类型。

a)　开关项：取值仅为“0”或“1”。例如，配置项“下载未签名的 Active 控件”，可赋值为“启用(1)”或“禁用(0)”。

b) 枚举项：取值是离散的、可数的且多于两种。例如，配置项“具有从网络访问本地计算机权限的账户”，可赋值为“管理员(Administrators)”“超级用户(Power Users)”“一般用户(Users)”或“来宾(Guests)”。

c) 区间项：取值连续分布在一个区间内。例如，配置项“账户锁定时间”，赋值范围为“1 min～99 999 min”。

d) 复合项：由上述两种或多种关联配置项组合而成。例如，配置项“启动屏幕保护程序的等待时间”，由开关项和区间项组成。首先“启用”屏幕保护程序，再设置“等待时间”。

5.4 核心配置项赋值方法

根据核心配置项赋值路径不同，可分为注册表赋值和配置文件赋值两种方法：

a) 注册表赋值方法

通过修改核心配置项对应的注册表键值等，实现对配置项的赋值，例如 Windows 操作系统。

b) 配置文件赋值方法

通过修改配置文件中有关的配置项，实现对配置项的赋值，例如 Linux 操作系统。

根据核心配置部署方式不同，可分为手动和自动两种方法：

a) 手动赋值

对核心配置项进行人工逐项赋值。该方法适用于针对少量终端的少量配置部署。例如，在 Windows 系统环境下，运行组策略编辑器(GPEdit)，由人工对核心配置项进行赋值；在 Linux 系统环境下，直接编辑配置文件，对核心配置项逐项进行赋值；在 BIOS 系统中，直接在人机界面上，逐项进行手动赋值。

b) 自动赋值

编辑核心配置基线包，调用自动部署工具，对核心配置项进行赋值。该方法适用于大量终端批量配置部署。

5.5 核心配置对安全的作用

核心配置主要通过如下四种方式提高终端安全性：

a) 应启用数字签名、数据执行保护(DEP)、加密存储、更新升级等安全保护功能；

b) 应禁用存在或可能存在安全漏洞的服务、端口、程序、脚本和驱动等；

c) 应加强口令管理、身份鉴别、账户管理和安全审计等安全保护手段；

d) 应限制软硬件访问权限、资源共享和远程登录等功能。

5.6 核心配置自动化实施框架

核心配置自动化实施框架包括以下四个部分：

a) 提出核心配置基本要求，根据计算机终端所属系统或环境的安全需求及安全级别，确定核心配置具体要求。核心配置基本要求见第 7 章。

b) 编制核心配置清单，采用清单方式描述核心配置要求，包括配置项标识、配置项名称、配置项组别、安全级别、取值范围、配置项基值、赋值路径和检查规则等。核心配置清单格式要求见第 8 章。

c) 生成核心配置基线包，将配置清单转化成为一种符合 XML 语法的嵌套式结构数据文件，以供自动化部署工具实施。核心配置基线包格式要求见第 9 章。

d) 自动部署及监测，通过搭建核心配置自动化部署平台，实现核心配置项的批量自动赋值和合规性实时检测。具体技术要求见第 10 章。

6 核心配置基本要求

6.1 操作系统核心配置要求

6.1.1 概述

本标准依据 GB/T 22239—2008 中 7.1.3 对第三级主机安全的要求，针对国内外主流操作系统，在身份鉴别、访问控制、安全审计、剩余信息保护、入侵防范和资源控制等方面提出核心配置基本要求。

6.1.2 身份鉴别

身份鉴别配置要求包括：

a) 账户登录时，应启动身份验证机制，限制连续登录失败次数，连续多次登录失败后应锁定账户；

b) 应配置安全的口令长度、复杂度、有效期和加密强度，应禁止不设置口令；

c) 启动账户登录界面时，应禁止无关进程的启动和运行，防止鉴别信息被窃听。

注：附录 A 给出了身份鉴别配置要求示例。

6.1.3 访问控制

访问控制配置要求包括：

a) 应禁用匿名账户(Anonymous)、来宾账户(Guest)、产品支持账户(Support)，限用管理员账户(Administrator)，重命名管理员账户，限制普通用户的访问权限，禁止任何账户远程访问；

b) 应限制账户对文件、硬件、驱动、内存和进程等重要资源的访问权限；

c) 应限制账户权限提升和授权访问等操作。

6.1.4 安全审计

安全审计配置要求包括：

a) 应启用安全日志，记录账户的创建、更改、删除、启用、禁用和重命名等操作，记录账户登录和注销、开关机、配置变更等操作；

b) 应启用系统日志，记录对文件、文件夹、注册表和系统资源的访问操作。

6.1.5 剩余信息保护

剩余信息保护配置要求包括：

a) 关闭系统时，应清除虚拟内存页面文件；

b) 断开会话时，应清除临时文件夹；

c) 应禁止剪贴板存储信息与远程计算机共享。

6.1.6 入侵防范

入侵防范配置要求包括：

a) 应启用资源管理器数据执行保护(DEP)模式和 Shell 协议保护模式；

b) 打开邮件的附件时，应启用杀毒软件进行扫描；

c) 应启动屏幕保护和休眠功能，设置唤醒口令；

d) 应开启系统定期备份功能；

e) 应限制应用程序的下载和安装，保持操作系统补丁及时更新。

6.1.7 资源控制

资源控制配置要求包括：

a) 应禁用信息共享、动态数据交换(Dynamic Data Exchange)、互联网信息服务(Internet Information Services)、FTP 和 Telnet 等网络连接、远程网络访问等服务,限制蓝牙等无线连接;
b) 应禁止介质自动运行(Auto run);
c) 应关闭 FTP、HTTP(超文本传输协议 Hypertext Transport Protocol)、RPC(远程过程调用协议 Remote Procedure Call Protocol)、UPNP(通用即插即用 Universal Plug and Play)、远程桌面服务、远程控制类软件服务端监听、木马软件等对应开放的端口;
d) 应禁止 IPC(进程间通信 Inter Process Communication)管道连接,限制 SYN(同步字符 Synchronize)的传输次数和发送时间;
e) 应启用磁盘加密系统等数据保密配置。对于三级以上政务计算机应配置 TCM 模块保护敏感数据。

6.2 办公软件核心配置要求

依据 GB/T 22239—2008 中 7.1.4 对第三级应用安全的要求,针对国内外主流办公软件提出如下核心配置要求:

a) 应禁止 ActiveX 控件的使用;
b) 应禁用所有未经验证的加载项;
c) 应限用未数字签名的宏;
d) 应限制在线自动更新升级、网上下载剪贴画和模板等资源,以及访问超级链接。

6.3 浏览器核心配置要求

6.3.1 概述

依据 GB/T 22239—2008 中 7.1.4 对第三级应用安全的要求,针对国内外主流浏览器,在浏览器安全选项、域安全管理和隐私保护等方面提出核心配置基本要求。

6.3.2 浏览器安全选项

浏览器安全选项配置要求包括:

a) 应严格禁止运行 java 小程序脚本;
b) 应限制下载和安装未签名的 Active X 控件;
c) 应开启浏览器的保护模式。

6.3.3 域安全管理

域安全管理配置要求包括:

a) 访问以太网的安全限制应设为中或高;
b) 访问企业专网的安全限制可设为中;
c) 访问可信站点的安全限制可设为低;
d) 应限制访问受限站点,禁止从受限站点下载或保存文件。

6.3.4 隐私保护

隐私保护配置要求包括:

a) 退出网页时,应删除 Cookie 文件、下载记录、访问网站历史记录和临时文件夹;
b) 应限制输入框自动关联功能。

6.4 邮件系统核心配置要求

依据 GB/T 22239—2008 中 7.1.4 对第三级应用安全的要求,针对国内外主流邮件系统软件提出如下配置要求：

a） 应配置安全的邮箱登录口令的长度和复杂度；

b） 对本地存储的邮件应开启加密功能；

c） 发送邮件应使用数字签名和数字加密技术，接收邮件应对数字签名进行验证；

d） 应开启加密协议收发邮件；

e） 应禁止直接运行附件中存在安全隐患的文件类型；

f） 应禁止运行邮件中的超链接；

g） 应启用垃圾邮件过滤功能。

6.5 BIOS 系统核心配置要求

依据 GB/T 22239—2008 中 7.1.3 对第三级主机安全的要求，对 BIOS 系统提出如下配置要求：

a） 开机时应启动身份鉴别机制，并设置安全的口令长度和复杂度；

b） 应限制硬件资源使用，包括软驱、硬盘、内存、USB 设备、网卡和 CPU 等；

c） 应启用硬盘写保护；

d） 应限制使用定时开机、远程模式控制开机、键盘鼠标开机等开机模式；

e） 操作系统操作关机后，应立即断开计算机电源；

f） 应限制由外部设备，如 U 盘、光驱等引导启动计算机终端。

6.6 防恶意代码软件核心配置要求

防恶意代码软件核心配置要求包括：

a） 应开启实时保护功能；

b） 应及时升级防恶意代码软件至最新版本，开启自动更新病毒库功能；

c） 应定期进行病毒、木马等恶意代码扫描，发现恶意代码立即隔离或删除。

7 核心配置清单

7.1 概述

核心配置清单描述配置项的属性，包括配置项标识、配置项名称、配置项描述、配置项组别、安全级别、取值范围、配置项基值、赋值路径和检查规则。

7.2 配置项属性

7.2.1 配置项标识

配置项标识是配置项的唯一编码，由三组字符构成，通过“-”进行分隔，标识规则如图 1 所示。最高组位的字符使用 CGDCC，代表政务终端核心配置；中间组位引用软件产品标识；最低组位使用 4 位数字代表配置项序号。例如“Window7 口令长度”配置项，其标识为“CGDCC-win7-0011”。

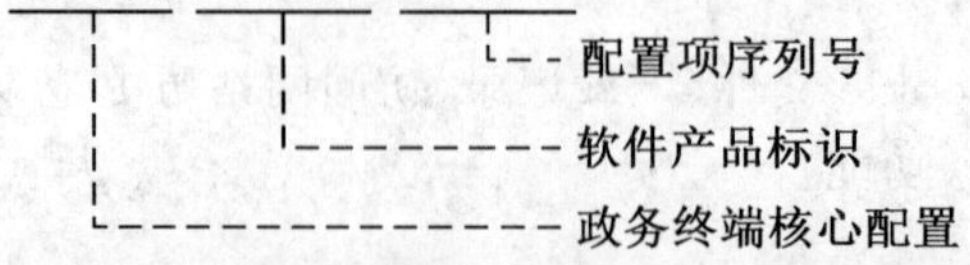

图 1 配置项标识规则

7.2.2 配置项名称

描述配置项名称的字符串。

7.2.3 配置项描述

从终端的安全风险、配置项的应对措施和潜在影响等三个方面对配置项进行解释说明。其中,安全风险主要描述配置项所对应的系统脆弱性;应对措施主要描述配置项推荐参数赋值;潜在影响主要描述配置生效后可能对终端系统造成的影响。

7.2.4 配置项组别

需对配置项进行分组时,描述配置项所属的组别。

7.2.5 安全级别

描述配置项对计算机终端安全性的影响程度,分为一般、重要和严重三个级别。

7.2.6 取值范围

描述配置项允许赋值的范围,可用开关、枚举和区间表示。

7.2.7 配置项基值

描述符合核心配置基本要求的配置项基值。当配置项安全级别为严重时,此配置项必须按照基值进行赋值。

7.2.8 赋值路径

描述配置项的赋值路径。对于 Windows 的配置项,可以依据配置项的赋值路径,使用相应的配置工具进行赋值。例如,配置项"账户锁定时间"的赋值路径为"Computer Configuration\Windows Settings\Security Settings\Account Policies\Account Lockout Policy",通过组策略编辑器(GPEdit)工具,在该路径下可对"账户锁定时间"进行赋值。

7.2.9 检查规则

描述检查配置项的实际值是否达到基值的判断规则,如大于配置项基值、小于配置项基值、等于配置项基值、大于或等于配置项基值、小于或等于配置项基值。

8 核心配置基线包

8.1 概述

核心配置基线包是一种嵌套式结构的数据文件,采用 XML 格式对核心配置基线中各配置项的属性进行规范性标记,以实现核心配置部署及监测的自动化。

核心配置基线包由格式版本标记、基线标记和产品标记三部分组成。其中,基线标记包括基线版本标记、配置组标记、配置项标记和检查标记。核心配置基线包格式结构如图 2 所示。

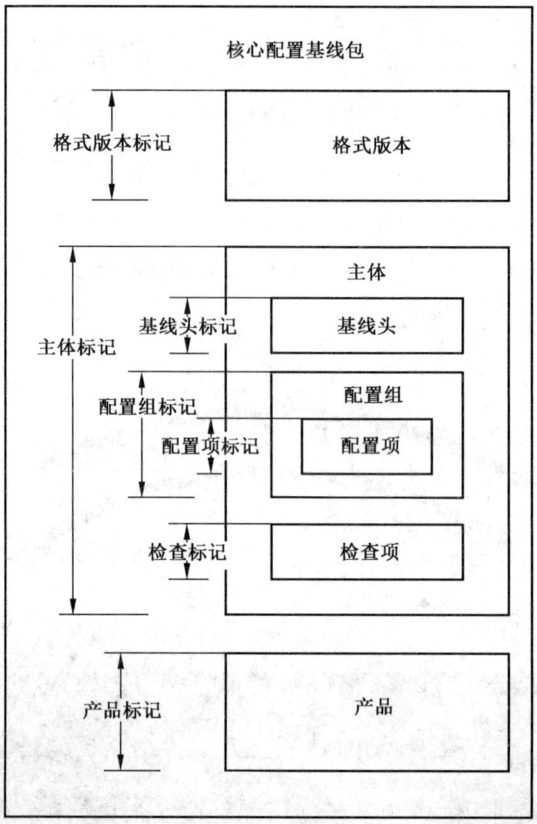

图 2 核心配置基线包格式结构

8.2 主标记

核心配置基线包用"CGDCC-Package"作为主标记，其结构如表 1 所示。

表 1 主标记

标记	名称	解释说明
CGDCC-FormatInfo	格式版本信息	描述核心配置基线包格式的基本信息
CGDCC-Baseline	基线信息	描述核心配置基线的完成信息，可以描述多条基线
CGDCC-Product	产品信息	描述软件产品基本信息，可以描述多个产品信息

示例：

〈CGDCC-Package〉

　〈CGDCC-FormatInfo〉……〈/CGDCC-FormatInfo〉

　〈CGDCC-Baseline〉……〈/CGDCC-Baseline〉

　〈CGDCC-Baseline〉……〈/CGDCC-Baseline〉

　　……

　〈CGDCC-Product〉……〈/ CGDCC-Product〉

　〈CGDCC-Product〉……〈/ CGDCC-Product〉

　　……

〈/ CGDCC-Package〉

8.3 格式版本标记

格式版本用"CGDCC-FormatInfo"作为标记，描述核心配置基线包格式版本的基本信息，其结构如

表 2 所示。

表 2 格式版本标记

标记	名称	解释说明
Version	版本编号	核心配置基线包规则版本的唯一标识
Description	概要介绍	对版本规则进行简要说明
示例： 〈CGDCC-FormatInfo〉 〈Version Minor="0" Major="1"/〉 〈Description〉此格式专用于核心配置基线包，版本为 1.0。〈/Description〉 〈/CGDCC-FormatInfo〉		

8.4 基线标记

8.4.1 基线主标记

用"CGDCC-Baseline"作为基线主标记，描述核心配置基线的基本信息，其结构如表 3 所示。

表 3 基线标记

标记	名称	解释说明
Name	基线名称	描述核心配置基线名称
ID	基线标识	描述核心配置基线唯一标识。此标识按照唯一标识(GUID)生成规则自动生成
RevisionNumber	基线修订版本次数	描述核心配置基线的修订版本号，并与 ID 一起可用来追溯基线的修订过程
Version	基线版本	描述所生成核心配置基线的版本
Mode	基线状态	包括可编辑状态和已发布状态两种
VersionControl	版本控制	描述核心配置基线版本相关信息
SettingGroup	配置组信息	描述核心配置基线所包含的每个策略组的基本信息，可包括多个基线组
Check	检查信息	描述策略组所包含的核心配置项的检查信息，每个配置项都有一条相应的检查信息
ProductID	基线所属产品标识	描述该核心配置基线所属的软件产品标识，用于基线适用性检查
示例： 〈CGDCC-Baseline Name="CGDCC-Win7-v1.0" ID="{0ff11dd2-2186-4670-939d-968347e81558}"〉 〈RevisionNumber〉0〈/RevisionNumber〉 〈Version Minor="0" Major="1"/〉 〈Mode〉Edit〈/Mode〉 〈VersionControl〉……〈/VersionControl〉 〈SettingGroup〉……〈/SettingGroup〉 …… 〈Check〉……〈/Check〉 …… 〈ProductID〉{1739795a-9a4f-4032-b8db-8834dba5a0ea}〈/ProductID〉 〈/CGDCC-Baseline〉		

8.4.2 配置项组别标记

用“SettingGroup”作为配置项组别标记，描述配置项分类的基本信息，其结构如表 4 所示。

表 4 配置项组别标记

标记	名称	解释说明
Name	配置项组别名称	描述配置项组别的名称
ID	配置项组别标识	描述配置项组别的唯一标识(GUID)
Description	配置项组别描述	描述配置项组别的功能介绍
Version	配置项组别版本	描述配置项组别的版本序号
SettingItem	配置项信息	描述配置项的基本信息，可以包含多个配置项

示例：

〈SettingGroup Name="账户锁定策略组" ID="{f74636ac-0619-4be7-ac00-6ae9887707b6}"

  〈Description〉……〈/Description〉

  〈Version Minor="0" Major="1"/〉

  〈SettingItem〉……〈/ SettingItem〉

   ……

  〈SettingItem〉……〈/ SettingItem〉

〈/ SettingGroup〉

8.4.3 配置项标记

8.4.3.1 配置项主标记

用“SettingItem”作为配置项标记，描述各核心配置项的基本信息，如表 5 所示。

表 5 配置项标记

标记	名称	解释说明
Name	配置项名称	描述配置项的名称
ID	配置项标识	描述配置项的唯一标识(GUID)
Content	配置项内容	描述配置项内容，包括：赋值路径、脆弱性、应对措施、潜在影响等，详见 8.4.3.2
DiscoveryInfo	配置项取值	描述配置项取值类型，包括：作用范围、取值方式、取值数据类型等，详见 8.4.3.3
ExportInfo	配置项赋值	描述配置项赋值的过程，包括组策略导出文件类型、导出文件中配置项的名称等，详见 8.4.3.4

示例：

〈SettingItem Name="账户锁定时间"ID="{7ddcb250-58ff-452b-8b38-bafa8b782675}"〉

  〈Content〉…….〈/Content〉

  〈DiscoveryInfo〉……〈/DiscoveryInfo〉

  〈ExportInfo〉……〈/ExportInfo〉

〈/SettingItem〉

8.4.3.2 配置项内容标记

8.4.3.2.1 配置项内容主标记

用“Content”作为配置项内容标记，描述各核心配置项内容的主要信息，如表 6 所示。

表 6 配置项内容标记

<table>
<tr><th>标记</th><th>名称</th><th>解释说明</th></tr>
<tr><td>Description</td><td>介绍</td><td>描述配置项功能及相关参数</td></tr>
<tr><td>UIPath</td><td>赋值路径</td><td>描述配置项的赋值具体路径</td></tr>
<tr><td>Vulnerability</td><td>脆弱性</td><td>描述该配置项所对应的系统脆弱性</td></tr>
<tr><td>CounterMeasure</td><td>应对措施</td><td>解决如何对配置项参数正确赋值</td></tr>
<tr><td>PotentialImpact</td><td>潜在影响</td><td>说明启用配置项后可能会造成不确定的影响</td></tr>
<tr><td>ValueRange</td><td>取值范围</td><td>允许配置项赋值的范围</td></tr>
<tr><td>Unit</td><td>计量单位</td><td>配置项参数的计量单位</td></tr>
<tr><td>ValueMappingTable</td><td>取值映射表</td><td>如果配置项的参数是几个可枚举值，比如是代表颜色的红(0xFF0000)、绿(0x00FF00)和蓝(0x0000FF)，括号内为真正取值，此表描述取值与代表此值的显示名称的映射关系，可帮助用户在界面上对取值进行指定</td></tr>
<tr><td colspan="3">示例：
〈Content〉
〈Description〉本配置项内容的解释〈/Description〉
〈UIPath〉计算机配置\Windows 设置\安全设置\账户策略\账户锁定策略〈/UIPath〉
〈Vulnerability〉对本配置项的解决的脆弱点进行描述。〈/Vulnerability〉
〈Countermeasure〉使用配置项建议的描述。〈/Countermeasure〉
〈PotentialImpact〉采用配置项后所带来的潜在风险描述。〈/PotentialImpact〉
〈ValueRange High="99999"Low="0"〉〈/ValueRange〉
〈Unit〉分钟〈/Unit〉
〈ValueMappingTable〉……〈/ValueMappingTable〉
〈/Content〉</td></tr>
</table>

8.4.3.2.2 配置项取值映射表标记

用“ValueMappingTable”作为配置项取值映射表标记，描述核心配置项取值映射表的主要信息，如表 7 所示。

表 7 取值映射表标记

标记	名称	解释说明
Mapping	一个映射	描述一个取值和与之相对应的显示名称的对应关系
DisplayName	显示名称	取值相对应的显示名称
Value	值	配置项真正取值

表 7（续）

标记	名称	解释说明

示例：

〈ValueMappingTable〉

〈Mapping DisplayName="Enabled" Value="1" /〉

〈Mapping DisplayName ="Disabled" Value="0" /〉

……

〈/ValueMappingTable〉

8.4.3.3 配置项取值标记

用“DiscoveryInfo”作为配置项取值标记，描述核心配置项取值方法，如表 8 所示。

表 8 配置项取值标记

标记	名称	解释说明
Scope	作用范围	指配置项作用范围：本机（Machine）或当前账户（User）
DiscoveryType	取值方式	描述配置项的取值方式，包括 WMI、注册表等
DataType	取值数据类型	描述配置项取值的数据类型，比如，整型、字符串
WMIDiscoveryInfo	WMI 取值信息	描述值在 WMI 中的位置
RegistryDiscoveryInfo	注册表取值信息	描述值在注册表中的位置
ScriptDiscoveryInfo	脚本取值信息	描述用来取值的脚本

示例：

例 1（注册表类型）：

〈DiscoveryInfo〉

〈SettingDiscoveryInfo DiscoveryType="Registry" Scope="Machine"〉

〈RegistryDiscoveryInfo〉

〈mssasc-core:Hive〉HKEY_LOCAL_MACHINE〈/mssasc-core:Hive〉

〈mssasc-core:DataType〉REG_DWORD〈/mssasc-core:DataType〉

〈mssasc-core:KeyPath〉System\CurrentControlSet\Services\LanManServer\Parameters〈/mssasc-core:KeyPath〉

〈mssasc-core:ValueName〉enableforcedlogoff〈/mssasc-core:ValueName〉

〈/RegistryDiscoveryInfo〉

〈/SettingDiscoveryInfo〉

〈DataType〉Int64〈/DataType〉

〈/DiscoveryInfo〉

例 2（WMI 类型）：

〈DiscoveryInfo Scope="Machine" DiscoveryType="WMI" DataType="Int64"〉

〈WMIDiscoveryInfo〉

〈cgdcc-core:Namespace〉root\rsop\computer〈/cgdcc-core:Namespace〉

〈cgdcc-core:Class〉RSOP_SecuritySettingNumeric〈/cgdcc-core:Class〉

〈cgdcc-core:Property〉Setting〈/cgdcc-core:Property〉

〈cgdcc-core:Where〉KeyName='LockoutDuration' Andprecedence=1〈/cgdcc-core:Where〉

〈/WMIDiscoveryInfo〉

〈/DiscoveryInfo〉

注：cgdcc-core 是命名空间的前缀。

8.4.3.4 配置项赋值标记

用“ExportInfo”作为配置项赋值标记，描述核心配置项赋值方法，如表 9 所示。在组策略工具中，通过加载组策略导出文件(GPO Backup)进行赋值。

表 9 配置项赋值标记

标记	名称	解释说明
GPOGenerateFormat	组策略导出文件类型	描述组策略导出文件的类型，包括 INF、CSV、POL 三种类型
Inf Name	导出文件中配置项的名称	组策略导出文件中描述配置项的名称
SectionName	导出文件中的段名称	组策略导出文件中描述配置项所在的段的名称
示例： 〈ExportInfo GPOGenerateFormat="INF"〉 　〈Inf Name="LockoutDuration" SectionName="SystemAccess"/〉 〈/ExportInfo〉		

8.4.4 配置项检查标记

用“Check”作为配置项检查标记，描述判断配置项是否存在，以及实际值是否达到基值的规则，如表 10 所示。

表 10 配置项检查标记

标记	名称	解释说明
SettingRef	配置项标识引用	描述所要检查配置项的标识
ExistentialRule	配置项存在规则	检查配置项是否存在
ValidationRules	配置项有效规则	检查配置项参数是否符合规定
示例： 〈Check〉 　〈SettingRef setting_ref="{7ddcb250-58ff-452b-8b38-bafa8b782675}"/〉 　〈ExistentialRule Name="Account lockout duration" Value="0" Operator="GreaterThan" Severity="Important"〉 　　〈Description〉Win7,Vista,and XP have the same duration.Their environment set to 15 minutes.〈/Description〉 　〈/ExistentialRule〉 　〈ValidationRules〉 　　〈SettingRule Name="Account lockout duration" Operator="Equals" Severity="Informational"〉 　　　〈Description〉The setting does this by specifying the number of minutes a locked out account will remain unavailable.If the value for this policy setting is configured to 0,locked out accounts will remain locked out until an administrator manually unlocks them.〈/Description〉 　　　〈Value Value="15"/〉 　　〈/SettingRule〉 　〈/ValidationRules〉 〈/Check〉		

8.5 产品标记

用“CGDCC-Product”作为配置基线的产品标记,描述配置基线适用产品的主要信息,如表11所示。

表11 产品标记

标记	名称	解释说明
ID	产品标识	描述软件产品的唯一标识(GUID)
DisplayName	产品名称	描述软件产品的名称
OperatingSystemInfo	操作系统版本	描述操作系统的版本号。 此项与MsiInfo项、PlatformApplicabilityCondition项为三选一
MsiInfo	产品安装信息	描述软件产品的安装信息
PlatformApplicability-Condition	适用环境信息	描述软件产品适用的操作系统
ProductFamilyRef	产品所属家族	描述软件产品所属的产品系列的总称,如Windows。用GUID标识表示
示例: 例1(操作系统): 〈CGDCC-Product ID="{1739795a-9a4f-4032-b8db-8834dba5a0ea}" DisplayName="Windows7"〉 〈OperatingSystemInfo BuildVersion="7600" MinorVersion="1" MajorVersion="6"/〉 〈ProductFamilyRef productfamily_ref="{5cea53d1-8a08-4804-8886-1ddea5899aea}"/〉 〈/CGDCC-Product〉 例2(应用软件): 〈Product DisplayName="Microsoft Office 2007 SP2" ID="{90120000-002C-0409-0000-0000000FF1CE}"〉 〈MsiInfo ProductCode="{90120000-002C-0409-0000-0000000FF1CE}" IsPerUser="false" /〉 〈ProductFamilyRef productfamily_ref="{e73048d6-ea6b-45d6-9218-d49404fda64e}" /〉 〈/Product〉		

9 核心配置自动化部署及监测技术要求

9.1 自动化部署及监测平台基本架构

对于有一定规模的政务终端核心配置应用,需要配备自动化部署及监测平台,进行核心配置编辑、验证、部署和监测。自动化部署及监测平台由四个基本功能模块构成,分别是配置编辑模块、配置验证模块、配置部署模块和配置监测模块,如图3所示。其中,配置编辑模块主要用于将核心配置清单自动转换生成核心配置基线包,配置验证模块用于对核心配置基线包进行验证和测试,生成可部署的配置基线包;配置部署模块用于对核心配置基线包进行自动化部署;配置监测模块用于对核心配置状态进行自动监测。

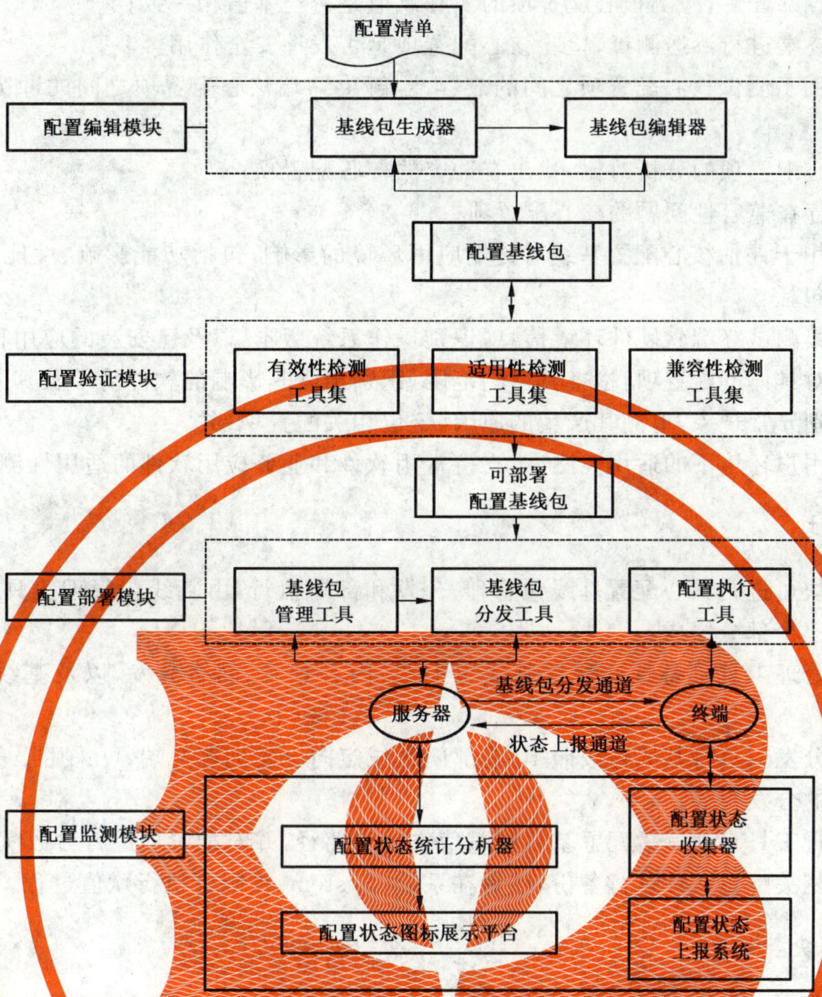

图 3 自动化部署及监测平台

9.2 配置编辑模块

配置编辑模块用来生成核心配置基线包，安全管理员依照核心配置基本要求制定配置清单，并对其进行转换和处理，生成可以编辑、可以解析、可以分发和可以部署的核心配置基线包。配置编辑模块应包括基线包生成器和基线包编辑器两个部件：

a） 基线包生成器主要用于生成原始的核心配置基线包，可根据清单内容逐项录入或由清单模版自动录入；

b） 基线包编辑器主要用于修改核心配置基线包中的配置项的基值，并可进行添加、修改、合并、删除等编辑操作。

9.3 配置验证模块

配置验证模块用于验证核心配置基线包的有效性、适用性和兼容性，保证所要部署的配置基线包的实施效果和安全。

有效性测试可采用人工测试与工具测试相结合的方法，验证核心配置基线包是否生效。具体要求包括：

a） 核心配置部署前，自动收集测试终端的脆弱性情况；

b) 核心配置部署后，检测核心配置项的实际赋值是否与基值相一致；

c) 对测试终端进行渗透测试，检验核心配置项是否发挥安全作用。

兼容性测试用于测试核心配置项之间的兼容性，解决终端核心配置项之间的冲突问题。具体要求包括：

a) 支持核心配置项的分析对比，找出有冲突的核心配置项；

b) 可修改存在兼容性问题的核心配置项。

适用性测试用于评估核心配置基线对终端应用环境的影响，包括功能影响、性能影响、系统异常风险等。具体要求包括：

a) 能够收集测试终端软硬件环境信息，识别操作系统版本，以及已安装的应用程序；

b) 能够针对具体的配置项，检查其影响范围，识别出受其影响的软件清单及其原因；

c) 能够识别异常现象，追溯其产生的原因，定位相关配置项；

d) 支持多用户环境下的适用性测试，支持常用软件和业务应用软件的适用性测试。

9.4 配置部署模块

配置部署模块可进行核心配置基线包管理、分发和部署执行，由基线包管理工具、基线包分发工具和配置执行工具三个部分组成。

a) 基线包管理工具具备核心配置基线包上载、内容查看、网络分发，以及基线包更新和删除等功能；

b) 基线包分发工具将基线包按照IP或部门区域定向分发到客户端，可采用服务器推送和客户端相结合的分发模式；

c) 配置执行工具自动解析配置基线包赋值方法和路径，并对配置项进行参数赋值，赋值前应对注册表及相关配置文件进行备份，然后在系统(System)权限下执行赋值过程。

9.5 状态监测模块

状态监测模块是安全管理员掌握全网终端核心配置状况的一个重要手段，主要由安装在终端上的配置状态收集器、配置状态上报工具和部署在服务器上的配置状态分析器、配置状态图展示平台组成。

a) 配置状态收集器定时收集终端的核心配置项参数设置情况；

b) 配置状态上报系统用于将收集的配置状态上传至服务器；

c) 配置状态分析器用于对上报的配置状态与核心配置基线进行比对和统计分析；

d) 配置状态图展示平台通过图、表等展示手段输出配置状态分析结果。

10 实施流程

10.1 实施流程框架

政务计算机终端核心配置实施流程主要包括实施准备、基线制定、测试验证、配置部署、配置检查和例外处理等六个阶段，如图4所示。

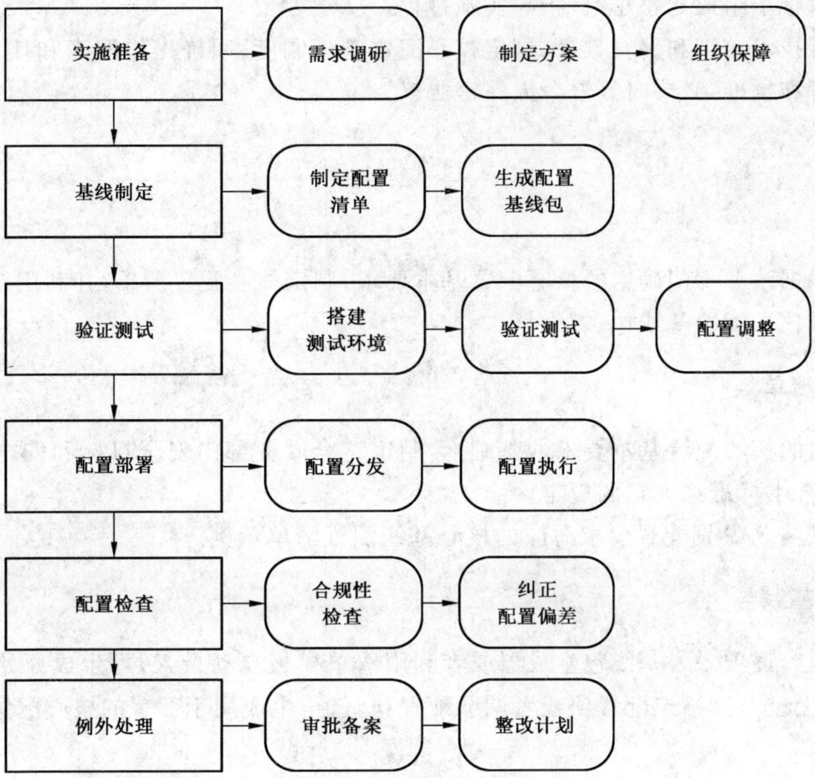

图 4 实施流程

10.2 实施准备

10.2.1 概述

本环节重点从技术和管理两个方面做好实施前准备，主要步骤包括：

a） 需求分析和调研；

b） 制定总体实施方案；

c） 建立组织管理架构，制定相关管理制度，提供组织保障。

10.2.2 需求调研

通过调研网络终端的分布、软硬件资产配备及应用情况，分析政务部门安全目标和安全需求，从而确定实施终端核心配置的目标、范围和基本要求，并评估核心配置实施可能带来的风险。

10.2.3 制定方案

制定政务部门实施终端核心配置总体工作计划，指导后续开展的工作，方案的主要内容包括：

a） 工作计划：各阶段的具体工作计划，包括工作内容、工作形式、工作成果等内容；

b） 进度计划：核心配置实施的时间进度安排；

c） 平台搭建技术方案：规模应用条件下，应搭建核心配置自动化部署及监测平台。应制定平台建设技术方案，并在实施前完成平台搭建工作。

10.2.4 组织保障

组建由领导层、管理层、相关业务骨干和安全技术人员构成的实施团队。必要时，可聘请相关专业的技术专家和技术骨干组成专家小组，指导实施过程。

组织核心配置技术培训和保密教育，制定核心配置管理制度，明确工作职责和任务，得到政务部门最高管理者的支持和批准，必要时签署个人保密协议。

10.3 基线制定

10.3.1 概述

本环节主要根据政务部门确定的核心配置基本要求，制定核心配置清单，并利用核心配置自动化部署及监测平台生成核心配置基线包。

10.3.2 制定配置清单

在第7章提出的核心配置基本要求的基础上，制定符合政务部门安全目标和安全要求的核心配置清单，其格式应符合本标准第8章的规定。

附录B列举了身份鉴别配置要求对应的核心基线配置清单示例。

10.3.3 生成配置基线包

将配置清单内容逐项录入基线包生成器或者利用清单模板自动录入，可生成原始的核心配置基线包，然后在此基础上进一步筛选配置项或者调节配置项基值，生成用于部署的核心配置基线包。

10.4 验证测试

10.4.1 概述

本环节主要目标是验证测试核心配置基线包的有效性、适用性和兼容性，尽量避免首次部署核心配置基线所可能引发新的安全风险。本阶段的主要工作包括：

a) 搭建验证测试环境；

b) 对核心配置基线包进行有效性、适用性和兼容性测试；

c) 对存在问题的核心配置项参数进行重新设置。

10.4.2 搭建测试环境

从验证核心配置基线包的有效性、适用性及兼容性的需求出发，搭建验证测试环境。主要部署必要的硬件设备和测试工具软件，模拟终端的实际运行环境。

10.4.3 验证测试过程

利用核心配置自动化部署及监测平台的配置验证模块分别进行核心配置有效性、适用性和兼容性验证测试，记录测试结果，定位存在问题的核心配置项。

10.4.4 配置调整

对存在有效性、适用性或兼容性问题的核心配置项参数进行修改和调整，重新生成用于部署的核心配置基线包。原则上配置项的赋值不应低于基值。

10.5 配置部署

10.5.1 概述

本环节主要完成核心配置基线包的分发和本地执行过程。可采用自动部署方式和手动部署方式。

10.5.2 配置分发

通过核心配置自动化部署及监测平台在一定的网络范围内，自动分发核心配置基线包。可以面向不同安全域，不同 IP 地址段，或者不同部门进行定向分发。

10.5.3 配置执行

利用配置部署模块的客户端，或以手工方式，或镜像方式在本地计算机终端执行核心配置项赋值过程。一般部署核心配置基线包前，应备份当前计算机终端的配置状态，以便部署过程中出现问题时可以及时恢复。

10.6 配置检查

10.6.1 概述

核心配置部署完成后定期进行配置状态检查是保证终端始终处于安全状态的重要手段。本环节的工作重点是进行核心配置合规性检查，并及时纠正存在偏差的配置项参数值。

10.6.2 合规性检查

合规性检查主要检查终端核心配置状态是否达到核心配置基线要求，可以定期(如每月或每周一次)进行检查，或者通过部署核心配置状态监测模块进行实时监测，以保证终端核心配置状态达标。

10.6.3 纠正配置偏差

核心配置部署完成后，在实际运行过程中配置项值可能会由于软硬件环境变化、系统调试需要，或人为原因等发生改变，与配置项基值存在偏差，一般是低于配置项基值。此情况下，应及时重新部署核心配置基线，纠正配置偏差。

10.7 例外处理

10.7.1 概述

政务部门首次部署核心配置基线时，应充分考虑到不同终端在软硬件资产配备方面的差异性。如，个别终端的操作系统版本过低，不适用于部署核心配置基线，或者发生软硬件不兼容的情况，均应作为例外处理。关键步骤包括审批备案和制定整改计划。

10.7.2 审批备案

例外主要分如下三种情况：

a） 无法部署核心配置基线；

b） 可以部分部署；

c） 需调低某些核心配置项值后进行部署。

安全管理员应及时将例外终端软硬件环境信息、例外原因、处理方法等报告领导层进行审批备案。经过审批的例外终端可以暂时不部署或部分部署核心配置基线，或者允许某些核心配置项值暂时低于核心配置项基值进行部署。

10.7.3 整改计划

例外处理是一种临时性处理措施，应制定针对例外终端的有效整改计划，包括整改期限，整改措施，相关责任人等。整改计划经领导层审批后由管理层负责监督执行。

附 录 A
（资料性附录）
身份鉴别配置要求示例

A.1 身份鉴别配置要求

依据 GB/T 22239—2008 中 7.1.3 对于第三级主机安全的要求，身份鉴别配置要求分为账户登录和口令管理两部分。

A.2 账户登录

账户登录具体配置要求如下：

a） 用户连续登录失败 5 次后锁定用户账户至少 60min。

b） 不显示上次登录到计算机的用户名。

c） 用户登录时应按 CTRL＋ALT＋DEL 进入安全登录界面。

d） 应设置用户登录安全警告提示。

e） 可使用智能卡登录本地，但智能卡移除时，应锁定计算机。

f） 应禁止无口令账户登录。

g） 限制批处理账户登录。

A.3 口令管理

口令管理具体配置要求如下：

a） 账户口令至少包含 8 个字符。

b） 口令最长有效期不能超过 90 d，最短有效期不低于 1 d。

c） 口令过期前 7 d 提示用户修改口令。

d） 更换口令时，新口令必须与先前历史记载的 8 个口令不匹配。

e） 口令复杂度必须符合下列最低要求：

1） 不能包含用户账户名中超过两个连续字符的部分。

2） 必须包含以下四类字符中的三类字符：

——英文大写字母（A～Z）；

——英文小写字母（a～z）；

——10 个基本数字（0～9）；

——非字母字符（例如！、＄、＃、％）。

f） 使用不可还原的 NT 加密方式来储存口令。

附　录　B
（资料性附录）
核心配置清单

B.1　概述

本附录给出了 Windows 桌面操作系统关于身份鉴别配置要求核心配置部分清单。

B.2　配置清单

【产品名称】:Windows7 操作系统专业版

【配置项标识】:CGDCC-Win7-0001
【配置项名称】:账户锁定
【配置项描述】:此配置项指定锁定用户账户之前所允许的失败登陆尝试次数。在管理员重置锁定账户或账户锁定时间期满之前,无法使用该锁定账户。登录尝试失败次数设置范围介于 0～999 之间,0 代表永远不会锁定账户。
【配置项组别】:账户登录
【安全级别】:严重
【取值范围】:0～999 次
【配置项基值】:5 次
【赋值路径】:ComputerConfiguration\WindowsSettings\SecuritySettings\AccountPolicies\AccountLockoutPolicy
【检查规则】:等于配置项基值

【配置编号】:CGDCC-Win7-0002
【配置项名称】:账户锁定时间
【配置项描述】:此安全设置指定到达“账户锁定阈值”后锁定账户在自动解锁之前保持锁定的分钟数。如果定义了账户锁定阈值,则账户锁定时间必须大于或等于重置时间。取值范围从 0～99 min,999 min,取值 0 代表账户将一直被锁定直到管理员明确解除对它的锁定。
【配置项组别】:账户登录
【安全级别】:严重
【取值范围】:0～99 999 min
【配置项基值】:15 min
【赋值路径】:ComputerConfiguration\WindowsSettings\SecuritySettings\AccountPolicies\AccountLockoutPolicy
【检查规则】:等于配置项基值

【配置项标识】:CGDCC-Win7-0003
【配置项名称】:复位账户锁定计数器
【配置项描述】:此安全设置指定到达“账户锁定阈值”后锁定账户在自动解锁之前保持锁定的分钟

数。如果定义了账户锁定阈值,则账户锁定时间必须大于或等于重置时间。取值范围从 0～99 min,999 min,取值 0 代表账户将一直被锁定直到管理员明确解除对它的锁定。

【配置项组别】:账户登录

【安全级别】:严重

【取值范围】:1～99 min,999 min

【配置项基值】:15 min

【赋值路径】:ComputerConfiguration\WindowsSettings\SecuritySettings\AccountPolicies\AccountLockoutPolicy

【检查规则】:等于配置项基值

【配置项标识】:CGDCC-Win7-0004

【配置项名称】:交互式登录:不显示最后的用户名

【配置项描述】:该安全设置确定是否在 Windows 登录屏幕中显示最后登录到计算机的用户的名称。如果启用该配置,则不会在“登录到 Windows”对话框中显示最后成功登录的用户的名称。如果禁用该配置,则会显示最后登录的用户的名称。

【配置项组别】:账户登录

【安全级别】:严重

【取值范围】:启用、禁用、未配置

【配置项基值】:启用

【赋值路径】:ComputerConfiguration\WindowsSettings\SecuritySettings\LocalPolicies\SecurityOptions

【检查规则】:等于配置项基值

【配置项标识】:CGDCC-Win7-0005

【配置项名称】:交互式登录:无须按 Ctrl＋Alt＋Del

【配置项描述】:配置是否用户需要按 Ctrl＋Alt＋Del 才能登陆。禁用可以保用户输入口令时通过信任路径通信,可以防止截获用户口令攻击。

【配置项组别】:账户登录

【安全级别】:严重

【取值范围】:启用、禁用、未配置

【配置项基值】:禁用

【赋值路径】:ComputerConfiguration\WindowsSettings\SecuritySettings\LocalPolicies\SecurityOptions

【检查规则】:等于配置项基值

【配置项标识】:CGDCC-Win7-0006

【配置项名称】:交互式登录:试图登录的用户的消息标题

【配置项描述】:该安全设置允许在包含“交互式登录:试图登录的用户的消息文本”的窗口的标题栏中显示标题的说明。

【配置项组别】:账户登录

【安全级别】:警告

【配置项基值】:警告

【赋值路径】:ComputerConfiguration\WindowsSettings\SecuritySettings\LocalPolicies

\SecurityOptions

【检查规则】:等于

【配置项标识】:CGDCC-Win7-0007

【配置项名称】:交互式登录:试图登录的用户的消息文本

【配置项描述】:该安全设置指定用户登录时向其显示的文本消息。该文本通常用于法律原因,例如,警告用户滥用公司信息的后果或其操作可能要经过审核。

【配置项组别】:账户登录

【安全级别】:警告

【配置项基值】:"本系统仅供政务授权用户使用。未经授权或者越权使用的用户所有行为将被系统监督管理程序监控并记录。任何使用本系统的用户将会受到监控,一经发现有违法行为将其监控证据上交法律相关部门。"

【赋值路径】:ComputerConfiguration\WindowsSettings\SecuritySettings\LocalPolicies
\SecurityOptions

【检查规则】:等于配置项基值

【配置项标识】:CGDCC-Win7-0008

【配置项名称】:交互式登录:智能卡移除行为

【配置项描述】:配置当移除登录用户的智能卡时发生情况:①无操作②锁定工作站③强制注销④如果发生远程终端服务会话,则断开连接。

【配置项组别】:账户登录

【安全级别】:重要

【配置项基值】:锁定工作站

【赋值路径】:ComputerConfiguration\WindowsSettings\SecuritySettings\LocalPolicies
\SecurityOptions

【检查规则】:等于配置项基值

【配置项标识】:CGDCC-Win7-0009

【配置项名称】:账户:限制使用空白口令的本地账户只允许进行控制台登录

【配置项描述】:配置无口令保护的账户是否仅允许在本地登录。

【配置项组别】:账户登录

【安全级别】:重要

【配置项基值】:启用

【赋值路径】:ComputerConfiguration\WindowsSettings\SecuritySettings\LocalPolicies
\SecurityOptions

【检查规则】:等于配置项基值

【配置项标识】:CGDCC-Win7-0010

【配置项名称】:账户:限制使用空白口令的本地账户只允许进行控制台登录

【配置项描述】:配置无口令保护的账户是否仅允许在本地登录。

【配置项组别】:账户登录

【安全级别】:重要

【配置项基值】:启用

【赋值路径】:ComputerConfiguration\WindowsSettings\SecuritySettings\LocalPolicies\SecurityOptions

【检查规则】:等于配置项基值

【配置项标识】:CGDCC-Win7-0011

【配置项名称】:口令长度最小值

【配置项描述】:此配置确定账户口令包含的最少字符数。0代表无口令设置。

【配置类型】:WMI配置

【配置项组别】:口令管理

【安全级别】:严重

【取值范围】:0~24位字符

【配置项基值】:8位字符

【赋值路径】:ComputerConfiguration\WindowsSettings\SecuritySettings\AccountPolicies\PasswordPolicy

【检查规则】:大于或等于配置项基值

【配置项标识】:CGDCC-Win7-0012

【配置项名称】:强制口令历史

【配置项描述】:配置最近历史口令存储个数,新设口令与存储历史口令不匹配时才能使用。防止口令重复出现频率过大造成不安定因素。取值范围在0~24之间,0代表口令可以立即重复使用。

【配置项组别】:口令管理

【安全级别】:严重

【取值范围】:0~24位字符

【配置项基值】:12位字符

【赋值路径】:ComputerConfiguration\WindowsSettings\SecuritySettings\AccountPolicies\PasswordPolicy

【检查规则】:大于或等于配置项基值

【配置项标识】:CGDCC-Win7-0013

【配置项名称】:口令复杂性要求

【配置项描述】:此配置用于对口令的复杂性进行规定要求。如启用该项配置则口令必须满足以下要求:1.不能包含用户名中超过两个连续字符部分。2.口令中需要包含以下字符中的四种:1)英文大写字母;2)英文小写字母;3)0~9;4)非字母字符(如!、#、%)。

【配置项组别】:口令管理

【安全级别】:严重

【取值范围】:启用、禁用和未配置

【配置项基值】:启用

【赋值路径】:ComputerConfiguration\WindowsSettings\SecuritySettings\AccountPolicies\PasswordPolicy

【检查规则】:等于配置项基值

【配置项标识】:CGDCC-Win7-0014

【配置项名称】:口令最长使用期限

【配置项描述】:该配置指定了口令过期之前的有效期天数,用来强制用户定期修改口令。该取值必须大于口令最短使用期限取值。取值范围在 0~999 d 之间,0 代表永远不过期。

【配置项组别】:口令管理

【安全级别】:严重

【取值范围】:0~999 d

【配置项基值】:90 day

【赋值路径】:ComputerConfiguration\WindowsSettings\SecuritySettings\AccountPolicies\PasswordPolicy

【检查规则】:小于或等于配置项基值

【配置项标识】:CGDCC-Win7-0015

【配置项名称】:口令最短使用期限

【配置项描述】:该配置指定用户口令保持有效的最短天数,可用来防止用户通过更改口令然后又将口令改回,从而绕过“口令最长使用期限”。其取值必须小于口令最长使用期限值,取值范围在 1~998 d 之间,0 代表口令可以立即更改。

【配置项组别】:口令管理

【安全级别】:严重

【取值范围】:0~998 d

【配置项基值】:1 day

【赋值路径】:ComputerConfiguration\WindowsSettings\SecuritySettings\AccountPolicies\PasswordPolicy

【检查规则】:大于或等于配置项基值

【配置项标识】:CGDCC-Win7-0016

【配置项名称】:更改口令时不存储 LAN 管理器哈希值

【配置项描述】:此配置确定在更改口令时是否为新口令存储 LAN 管理器(LM)哈希值。LM 哈希的加密性相对较弱的 DES 密钥和算法,易于受攻击。由于 LM 哈希存储在本地计算机上的安全数据库中,因此,一旦安全数据库受到攻击,口令便会泄漏。

【配置项组别】:口令管理

【安全级别】:严重

【取值范围】:启用、禁用和未配置

【配置项基值】:启用

【赋值路径】:HKLM\System\CurrentControlSet\Control\Lsa\NoLMHashComputerConfiguration\WindowsSettings\SecuritySettings\LocalPolicies\SecurityOptions

【检查规则】:等于配置项基值

ICS 35.040
L 80

中华人民共和国国家标准

GB/T 30279—2013

信息安全技术 安全漏洞等级划分指南

Information security technology—Vulnerability classification guide

2013-12-31 发布　　2014-07-15 实施

中华人民共和国国家质量监督检验检疫总局
中国国家标准化管理委员会　发布

前　言

本标准按照 GB/T 1.1—2009 给出的规则起草。

本标准由全国信息安全标准化技术委员会(SAC/TC 260)提出并归口。

本文件某些内容可能涉及专利。本文件的发布机构不承担识别这些专利的责任。

本标准起草单位:中国信息安全测评中心、中国科学院研究生院国家计算机网络入侵防范中心、北京航空航天大学。

本标准主要起草人:张翀斌、张玉清、张宝峰、刘奇旭、张龚、郭涛、毛军捷、吴毓书、郭颖、李舟军、饶华一、许源、李凤娟、杨永生。

信息安全技术
安全漏洞等级划分指南

1 范围

本标准规定了信息系统安全漏洞(简称漏洞)的等级划分要素和危害程度级别。

本标准适用于信息安全漏洞管理组织和信息安全漏洞发布机构对信息安全漏洞危害程度的评估和认定,适用于信息安全产品生产、技术研发、系统运营等组织、机构在相关工作中参考。

2 规范性引用文件

下列文件对于本文件的应用是必不可少的。凡是注日期的引用文件,仅注日期的版本适用于本文件。凡是不注日期的引用文件,其最新版本(包括所有的修改单)适用于本文件。

GB/T 25069—2010 信息安全技术 术语

3 术语和定义

GB/T 25069—2010 界定的以及下列术语和定义适用于本文件。

3.1

安全漏洞 vulnerability

计算机信息系统在需求、设计、实现、配置、运行等过程中,有意或无意产生的缺陷。这些缺陷以不同形式存在于计算机信息系统的各个层次和环节之中,一旦被恶意主体所利用,就会对计算机信息系统的安全造成损害,从而影响计算机信息系统的正常运行。

[GB/T 28458—2012,定义 3.2]

3.2

完整性 integrity

保证信息及信息系统不会被非授权更改或破坏的特性。包括数据完整性和系统完整性。

[GB/T 20984—2007,定义 3.10]

3.3

可用性 availability

数据或资源的特性,被授权实体按要求能访问和使用数据或资源。

[GB/T 20984—2007,定义 3.3]

3.4

保密性 confidentiality

数据所具有的特性,即表示数据所达到的未提供或未泄露给非授权的个人、过程或其他实体的程度。

[GB/T 20984—2007,定义 3.5]

3.5

访问路径 access path

攻击者利用安全漏洞影响目标系统的路径前提。

3.6

利用复杂度 exploit complexity

对于安全漏洞可被利用于影响目标系统的技术、环境等条件的难度。

3.7

影响程度 impact level

利用安全漏洞对目标系统造成的损害程度。

4 安全漏洞等级划分方法

4.1 等级划分要素

4.1.1 概述

安全漏洞等级划分要素包括访问路径、利用复杂度和影响程度三方面。

4.1.2 访问路径

访问路径的赋值包括本地、邻接和远程，通常可被远程利用的安全漏洞危害程度高于可被邻接利用的安全漏洞，可本地利用的安全漏洞次之，见表1。

表1 访问路径赋值说明表

赋 值	描 述
本地	利用该安全漏洞要求攻击者物理接触到受攻击的系统，或者已具有一个本地账号。本地攻击示例：本地权限提升等
邻接	利用该安全漏洞要求攻击者与受攻击系统同处于一个广播域或冲突域中。邻接攻击示例：蓝牙、IEEE 802.11 等
远程	不局限于本地和邻接。远程攻击示例：RPC缓冲区溢出漏洞

4.1.3 利用复杂度

利用复杂度的赋值包括简单和复杂，通常利用复杂度为简单的安全漏洞危害程度高，见表2。

表2 攻击复杂度赋值说明表

赋 值	描 述
简单	无需借助外部条件，例如自动操作、无需授权即可完成攻击
复杂	需要借助外部条件，例如需要人工参与点击文件、点击按钮或者用户授权

4.1.4 影响程度

影响程度的赋值包括完全、部分、轻微和无，通常影响程度为完全的安全漏洞危害程度高于影响程度为部分的安全漏洞，影响程度为轻微的安全漏洞次之，影响程度为无的安全漏洞可被忽略，见表3。

表3 影响程度赋值说明表

赋 值	描 述
完全	安全漏洞对保密性、完整性和可用性的影响较严重，见表5序号1～7
部分	安全漏洞对保密性、完整性和可用性影响相对较轻，见表5序号8～17
轻微	安全漏洞对保密性、完整性和可用性影响最轻，见表5序号18～26
无	安全漏洞对保密性、完整性和可用性影响均为无，见表5序号27

影响程度的赋值由安全漏洞对目标的保密性、完整性和可用性三个方面的影响共同导出，每个方面的影响赋值为完全、部分和无，见表4。

表4 保密性、完整性和可用性影响赋值说明表

赋 值	描 述
完全	安全漏洞对保密性、完整性或可用性的影响较严重
部分	安全漏洞对保密性、完整性或可用性影响相对较轻
无	安全漏洞对保密性、完整性或可用性无影响

按照安全漏洞对系统保密性、可用性和完整性三方面的影响赋值即可得出影响程度赋值，见表5。

表5 影响程度赋值对应表

序 号	保密性影响	完整性影响	可用性影响	影响程度
1	完全	完全	完全	完全
2	完全	完全	部分	完全
3	完全	部分	完全	完全
4	完全	部分	部分	完全
5	部分	完全	完全	完全
6	部分	完全	部分	完全
7	部分	部分	完全	完全
8	完全	完全	无	部分
9	完全	部分	无	部分
10	完全	无	完全	部分
11	完全	无	部分	部分
12	部分	无	完全	部分
13	部分	完全	无	部分
14	无	完全	完全	部分
15	无	完全	部分	部分
16	无	部分	完全	部分
17	部分	部分	部分	部分

表 5（续）

序 号	保密性影响	完整性影响	可用性影响	影响程度
18	完全	无	无	轻微
19	部分	部分	无	轻微
20	部分	无	部分	轻微
21	部分	无	无	轻微
22	无	完全	无	轻微
23	无	部分	部分	轻微
24	无	部分	无	轻微
25	无	无	完全	轻微
26	无	无	部分	轻微
27	无	无	无	无
注：序号 27 表示对保密性、完整性、可用性均无影响，忽略此组合。				

4.2 等级划分

安全漏洞的危害程度从低至高依次为低危、中危、高危和超危，具体危害等级划分方法见表 6。

表 6 安全漏洞危害等级划分表

序 号	访问路径	利用复杂度	影响程度	安全漏洞等级
1	远程	简单	完全	超危
2	远程	简单	部分	高危
3	远程	复杂	完全	高危
4	邻接	简单	完全	高危
5	邻接	复杂	完全	高危
6	本地	简单	完全	高危
7	远程	简单	轻微	中危
8	远程	复杂	部分	中危
9	邻接	简单	部分	中危
10	本地	简单	部分	中危
11	本地	复杂	完全	中危

表 6（续）

序　号	访问路径	利用复杂度	影响程度	安全漏洞等级
12	远程	复杂	轻微	低危
13	邻接	简单	轻微	低危
14	邻接	复杂	部分	低危
15	邻接	复杂	轻微	低危
16	本地	简单	轻微	低危
17	本地	复杂	部分	低危
18	本地	复杂	轻微	低危

安全漏洞等级划分步骤及示例参见附录 A。

附 录 A
（资料性附录）
安全漏洞等级划分步骤及示例

A.1 安全漏洞等级划分步骤

安全漏洞等级划分步骤包括：

a) 参照表 1，确定访问路径的赋值；

b) 参照表 2，确定利用复杂度的赋值；

c) 参照表 4，分别确定保密性、完整性和可用性的影响赋值；
确定影响的步骤包括：
 1) 确定保密性的赋值；
 2) 确定完整性的赋值；
 3) 确定可用性的赋值。

d) 参照表 5，确定影响程度赋值；

e) 参照表 6，根据访问路径、利用复杂度和影响程度的赋值，确定安全漏洞等级。

A.2 安全漏洞等级划分举例

微软 Windows RPC 缓冲区溢出漏洞（CNNVD-200810-406），其安全漏洞等级划分步骤如下：

a) 参照表 1，确定访问路径的赋值为“远程”；

b) 参照表 2，确定利用复杂度的赋值为“简单”；

c) 参照表 4，分别确定保密性、完整性和可用性的影响赋值；
确定影响的步骤包括：
 1) 确定保密性赋值为“完全”；
 2) 确定完整性赋值为“完全”；
 3) 确定可用性赋值为“完全”。

d) 参照表 5，确定影响程度赋值符合表 5 序号 1 的组合，为“完全”；

e) 参照表 6，根据访问路径、利用复杂度和影响程度的赋值，确定安全漏洞等级符合表 6 序号 1 的组合，为“超危”，见表 A.1。

表 A.1 安全漏洞等级划分示例

<table>
<tr><td rowspan="3">漏洞编号</td><td rowspan="3">访问路径</td><td rowspan="3">利用复杂度</td><td colspan="3">影响程度</td><td rowspan="2">安全漏洞等级</td></tr>
<tr><td>保密性</td><td>完整性</td><td>可用性</td></tr>
<tr><td>完全</td><td>完全</td><td>完全</td><td rowspan="2">超危</td></tr>
<tr><td>CNNVD-200810-406</td><td>远程</td><td>简单</td><td colspan="3">完全</td></tr>
</table>

参 考 文 献

[1] GB/T 28458—2012 信息安全技术 安全漏洞标识与描述规范
[2] GB/T 20984—2007 信息安全技术 信息安全风险评估规范

ICS 35.040
L 80

中华人民共和国国家标准

GB/T 30280—2013

信息安全技术　鉴别与授权
地理空间可扩展访问控制置标语言

Information security technology—Authentication and authorization—Geospatial eXtensible Access Control Markup Language (GeoXACML)

2013-12-31 发布　　2014-07-15 实施

中华人民共和国国家质量监督检验检疫总局
中国国家标准化管理委员会　发布

前　言

本标准按照 GB/T 1.1—2009 给出的规则起草。

本标准由全国信息安全标准化技术委员会(SAC/TC 260)提出并归口。

本标准起草单位:中国科学院软件研究所、北京数字认证股份有限公司、北京信息科学技术研究院。

本标准主要起草人:冯登国、付艳艳、陈驰、张敏、洪澄、李昊、田雪、詹榜华。

引　言

近年来，随着地理信息服务的广泛应用，地理信息交互的安全需求也日益强烈。但在互联网应用场景中，缺乏关于地理信息属性和授权信息定义、访问控制实现的规范，地理信息和资源缺乏必要的保护。

本标准参考开放地理信息联盟（OGC）的文件 Geospatial eXtensible Access Control Markup Language (GeoXACML) Version 1.0，通过定义一种可用于表达访问权限的基于规则的策略语言，使得实现一个能够互操作的地理空间访问控制系统成为可能。

本标准是可扩展访问控制置标语言（XACML）的一种扩展。

信息安全技术　鉴别与授权 地理空间可扩展访问控制置标语言

1　范围

本标准规定了地理空间可扩展访问控制置标语言(GeoXACML)的几何模型、数据类型、几何体拓扑关系函数以及几何函数。

本标准适用于地理信息服务场景中访问权限的定义和实施。

2　规范性引用文件

下列文件对于本文件的应用是必不可少的。凡是注日期的引用文件,仅注日期的版本适用于本文件。凡是不注日期的引用文件,其最新版本(包括所有的修改单)适用于本文件。

GB/T 25069—2010　信息安全技术　术语

OGC 06-103r4 v1.2.0　地理信息实施准则　简单要素访问　第1部分:通用架构(OpenGIS® Implementation Specification for Geographic information—Simple feature access—Part 1:Common architecture)

OASIS. Conformance Tests for XACML 1.0 and 1.1[EB/OL]. [2004-03-25]. http://www.oasis-open.org/committees/download.php/6076/ConformanceTests.zip

3　术语和定义

下列术语和定义适用于本文件。

3.1

访问　access

对资源执行的一种操作。

3.2

访问控制　access control

一种保证数据处理系统的资源只能由被授权主体按授权方式进行访问的手段。

[GB/T 25069—2010,定义 2.2.1.42]

3.3

动作　action

对资源的操作。

3.4

适用策略　applicable policy

控制特定决策请求的策略和策略集。

3.5

属性　attribute

主体、资源、动作和环境的特征,该特征可以在谓词和目标中被引用。

3.6

授权决策　authorization decision

对请求是否授权的决策。包含以下组成部分:适用策略的评估结果,由PDP返回给PEP;评估函数,输出结果为“同意”“驳回”或“不适用”;一个义务的集合(可选)。

3.7

包　bag

值的无序集合,可能包含重复的值。

3.8

条件　condition

谓词表达式,其评估结果可以是“True”“False”或“Indeterminate”。

3.9

合取序列　conjunctive sequence

使用逻辑与(AND)连接的谓词序列。

3.10

上下文　context

决策请求和授权决策的规范表述。

3.11

上下文处理器　context handler

一个系统实体,它把决策请求从原始请求格式转换成XACML规范形式,并把授权决策从XACML规范形式转换成原始应答格式。

3.12

决策　decision

规则、策略或策略集的评估结果。

3.13

决策请求　decision request

由策略执行点(PEP)发送给策略决策点(PDP)的消息,要求生成授权决策的请求。

3.14

析取序列　disjunctive sequence

使用逻辑或(OR)操作符连接的谓词序列。

3.15

效果　effect

规则的预期评估结果,只能为“同意”或“驳回”。

3.16

环境　environment

一组与授权决策相关的属性集合,独立于特定的主体、资源或动作。

3.17

命名属性　named attribute

属性的一个特定实例,具体值取决于属性名、类型、持有者和属性颁发者。

3.18

义务　obligation

策略或者策略集中定义的特定操作,PEP在执行授权决策时,应执行该操作。

3.19

策略　policy

由管理层正式表达的总体意图和指向。

[GB/T 25069-2010,定义 2.3.27]

3.20

策略管理点　policy administration point

创建策略或策略集的系统实体。

3.21

策略组合算法　policy-combining algorithm

从多个策略中得到决策和义务的过程。

3.22

策略决策点　policy decision point

系统实体,负责评估适用策略并产生授权决策。

3.23

策略执行点　policy enforcement point

系统实体,它通过产生决策请求并执行授权决策结果进行访问控制。

3.24

策略信息点　policy information point

系统实体,是属性值的来源。

3.25

策略集　policy set

若干策略或其他策略集,策略组合算法和若干义务(可选)的集合,可以是其他策略集的组成部分。

3.26

谓词　predicate

关于属性的声明,可以评估其是否为真。

3.27

资源　resource

数据、服务或系统组件。

3.28

规则　rule

包含目标(target)、效果(effect)和条件(condition),是策略的组成部分。

3.29

规则组合算法　rule-combining algorithm

从多个规则得到组合决策的过程。

3.30

主体　subject

断言可能引用的属性的所有者。

3.31

目标　target

通过主体、资源和动作进行限定的决策请求集合,是规则(Rule)、策略(Policy)和策略集(PolicySet)评价的对象。

4 缩略语

下列缩略语适用于本文件。

1D：一维（One-Dimensional）

2D：二维（Two-Dimensional）

3D：三维（Three-Dimensional）

GeoXACML：地理空间可扩展访问控制置标语言（Geospatial eXtensible Access Control Markup Language）

GeoDRM：地理空间数字权限管理（Geospatial Digital Rights Management）

GeoDRM-RM：地理空间数字权限管理-参考模型（Geospatial Digital Rights Management-Reference Model）

GML：地理置标语言（Geography Markup Language）

ISO：国际标准化组织（International Organization for Standardization）

OASIS：结构化信息标准促进组织（Organization for the Advancement of Structured Information Standards）

OGC：开放地理信息联盟（Open Geospatial Consortium）

OWS：OpenGIS 网络服务

PAP：策略管理点（Policy Administration Point）

PDP：策略决策点（Policy Decision Point）

PEP：策略执行点（Policy Enforcement Point）

PIP：策略信息点（Policy Information Point）

SAML：安全断言置标语言（Security Assertion Markup Language）

SFS：SQL 简单要素实施准则（Simple Features Implementations Specification for SQL）

UML：统一建模语言（Unified Modeling Language）

URN：统一资源名称（Uniform Resource Name）

XACML：可扩展访问控制置标语言（eXtensible Access Control Markup Language）

XML：可扩展置标语言（eXtensible Markup Language）

5 GeoXACML 几何模型

本章定义了 GeoXACML 核心几何模型，它独立于本标准策略声明中几何体的编码。那些几何体实际上可以以不同的 XML 编码实现。本标准提供了多个扩展部分，每个扩展部分都定义了一套特定的编码。

任何满足 GeoXACML 的实现应支持至少一种几何编码方案(见附录 A、附录 B)，并能够支持下面列出的这些几何类型。

本标准使用的几何体编码方案所依赖的所有底层几何模型均可参见 OGC 06-103r4 v1.2.0。

为了应用一种灵活、直接的方案，使得几何数据类型同基本 XACML 说明相一致，本标准在 XACML 的基础上扩展了一种新的数据类型，其名为"urn:ogc:def:dataType:geoxacml:1.0:geometry"。即：任何一个几何体属性值、一个几何值构成的包或一个指向几何数据的指针，其在本标准策略中的数据类型总是"urn:ogc:def:dataType:geoxacml:1.0:geometry"。

对于数据类型为"urn:ogc:def:dataType:geoxacml:1.0:Geometry"的几何体，其属性值〈AttributeValue〉应可以表示成下列基本类型之一：

——Point (点):一个 0 维的几何对象,在坐标空间中代表一个单独的位置。一个点有一个 x 坐标值,一个 y 坐标值。如果涉及到其他空间参照系统,它也可能有 z 和 m 的坐标值。

——LineString(折线):多点之间线性插值生成的一段弧。每一个连续的点对定义一条线段。

——Polygon (多边形):由一个外部边界和 0 个或多个内部边界定义的平面表面。

——MultiPoint(多点):多个 0 维的几何集。多点的元素只限于点。

——MultiLineString(多折线):多段弧,其中的元素是线。

——MultiPolygon(多边形):元素是多边形的多个平面。

上述几何体应作为一个〈AttributeValue〉元素的子节点。不论封闭几何体的类型是什么,〈AttributeValue〉元素的“数据类型”属性应设置为“urn:ogc:def:dataType:geoxacml:1.0:geometry”。封闭几何体的编码应遵守对应编码扩展说明的语法规则。几何体可以为空。一个空几何体的编码也应与相关扩展的定义保持一致。一个空的几何体也可以用数据类型“urn:ogc:def:dataType:geoxacml:1.0:geometry”的一个空的〈AttributeValue〉来表示。

〈AttributeValue DataType=“urn:ogc:def:dataType:geoxacml:1.0:geometry”/〉。

在 GeoXACML 中的几何数据类型和 XML 在扩展中编码的数据类型有所不同。像在 SFS 的几何模型中,本标准中的几何数据类型是一个抽象的超类。这个超类的具体实例就是在扩展中定义的 XML 编码数据类型。

6 GeoXACML 空间函数定义

6.1 概述

本章定义本标准所使用的关系操作符和几何操作符。相关定义参见 OGC 06-103r4 v1.2.0。

因为本标准定义的函数返回值为一个几何体的包。因此,在实现中应该提供数据类型为“urn:ogc:def:dataType:geoxacml:1.0:geometry”的包。如果在策略中显式的定义几何体的包,可以按照相同规则进行的处理。基本上,所有的普通包和集合操作函数(见 7.4 和 7.5)都可以作为数据类型为“urn:ogc:def:dataType:geoxacml:1.0:geometry”的包进行处理。

若几何操作符返回一个空包,则表示为数据类型为“urn:ogc:def:dataType:geoxacml:1.0:geometry”的空包。

在 GeoXACML 策略中〈Rule〉元素中显式定义的所有几何体应使用本标准中同一种编码扩展进行定义。

在 GeoXACML 中,长度的内在单位是米,面积的单位是平方米。相应的,作为函数参数或者函数返回值时,长度或面积的值也是基于 GeoXACML 内部单位。在实际的案例中,如果距离和面积才用不同的测量单位来说明,那么,相应的转化应使用 6.5 定义的函数来完成。

在满足以下条件时,所有定义的函数应返回一个伴随“不确定”状态的 XACML 处理错误信息:

——XML 编码的变量 g 的数据类型是无效的或者不符合 OGC 06-103r4 v1.2.0 中对函数的定义;

——底层函数功能处理返回错误的结果。

另外,当满足以下条件时,任何具有两个变量 g1 和 g2(g1、g2 可以为任意几何类型)的函数应返回一个伴随“不确定”状态的 XACML 处理错误信息:

——根据 OGC 06-103r4 v1.2.0 中的定义,g1 和 g2 的数据类型组合无效;

——g1 和 g2 的坐标参照系定义都显式的给出,但是它们的值是不同的,并且运行时执行不遵守 CRS 转化。

另外,6.4 和 6.5 定义的包和集函数不是空间函数。只有从 6.2~6.3 的空间函数才能用来测试空间条件。

6.2 拓扑函数定义

所有函数都应具有两个数据类型为"urn:ogc:def:dataType:geoxacml:1.0:geometry"的变量,并且返回数据类型应为"http://www.w3.org/2001/XMLSchema#boolean"。在以下的定义中,一个几何体可以看作是点的可能无穷集的一个表示。这种表示显然不是无穷的,只是空间范围内的差值算法得到的结果集。相关函数定义如下:

——Contains(g1:Geometry, g2:Geometry):Boolean

此函数应返回一个"True"当且仅当几何体 g2 位于几何体 g1 的封闭区内(边界和内部)。与 Within(g1:Geometry, g2:Geometry)相反。

——Crosses(g1:Geometry, g2:Geometry):Boolean

这个函数应返回一个"True"当且仅当几何体 g1 和 g2 有交集但是任何一个都不包含另一个几何体,交集的维度要小于两个几何体中的任一个。

——Disjoint(g1:Geometry, g2:Geometry):Boolean

这个函数应返回一个"True"当且仅当几何体 g1 和 g2 没有公共点。

——Equals(g1:Geometry, g2:Geometry):Boolean

这个函数应返回一个"True"当且仅当几何体 g1 和 g2 是相等的(在几何上恰好包含相同的点)。

——Intersects(g1:Geometry, g2:Geometry):Boolean

这个函数应返回一个"True"当且仅当几何体 g1 和 g2 至少有一个公共点(与 Disjoint 相反)。

——Overlaps(g1:Geometry, g2:Geometry):Boolean

这个函数应返回一个"True"当且仅当几何体 g1 和 g2 有公共交点但不是所有的点都相交。交集部分的维度与两个几何体的维度相同。

——Touches(g1:Geometry, g2:Geometry):Boolean

这个函数应返回一个"True"当且仅当几何体 g1 和 g2 至少有一个边界公共点,但没有内部公共点。

——Within(g1:Geometry, g2:Geometry):Boolean

这个函数应返回一个"True"当且仅当几何体 g1 空间上在 g2 的内部,也就是说凡是在 g1 上的点也一定在 g2 上。

6.3 几何函数定义

几何函数可分为构造性集合函数、标量几何函数和检查特殊要素函数三类函数集合。其中,构造性集合函数集合中包含了以下函数:

——Buffer(g:Geometry, d:Double):Bag

这个函数应有两个参数,数据类型分别为"urn:ogc:def:dataType:geoxacml:1.0:geometry"和"http://www.w3.org/2001/XMLSchema#double"。

这个函数应返回一个几何值的包,能够描述几何体 g 在距离 d 上的缓冲区域。一个几何体在距离 d 上的缓冲就是一个多边形或者是多边形集,它包含了几何体在距离 d 内的所有的点。变量 d 的度量单位应是米。

——Boundary(g:Geometry):Bag

这个函数应有一个参数,数据类型为"urn:ogc:def:dataType:geoxacml:1.0:geometry",并返回几何体的包。

这个函数应返回一个几何值的包,该包可以用来描述几何体 g 的组合边界。

——ConvexHull(g:Geometry):Geometry

这个函数应有一个参数,数据类型为“urn:ogc:def:dataType:geoxacml:1.0:geometry”,并返回相同数据类型的值。

这个函数应返回一个能够代表几何体 g 的凸包的几何对象。凸包就是包含几何体的所有点的最小凸多边形。数据类型“点”这种几何体编码的凸包就是点本身。

——Centroid(g:Geometry):Geometry

这个函数应有一个参数,数据类型为“urn:ogc:def:dataType:geoxacml:1.0:geometry”,并返回相同数据类型的值。

这个函数应返回几何体 g 的几何重心的那个点。

——Difference(g1:Geometry, g2:Geometry):Bag

这个函数应有两个参数,数据类型为“urn:ogc:def:dataType:geoxacml:1.0:geometry”,并返回几何体的包。

这个函数应返回一个几何值的包,该包是几何体 g1 和 g2 差的几何闭包。差异就是在 g1 上且不在 g2 上的点的集合。

——SymDifference(g1:Geometry, g2:Geometry):Bag

这个函数应有两个参数,数据类型为“urn:ogc:def:dataType:geoxacml:1.0:geometry”,并返回几何体的包。

这个函数应返回几何值的包,该包是两个几何体对称差的闭包。对称差异就是在 g1 上或者在 g2 上,但不同时在两者之上的点的集合。

——Intersection(g1:Geometry, g2:Geometry):Bag

这个函数应有两个参数,数据类型为“urn:ogc:def:dataType:geoxacml:1.0:geometry”,并返回几何体的包。

这个函数应返回一个几何值的包,该包能够代表几何体 g1 和 g2 的点集交集。

——Union(g1:Geometry, g2:Geometry):Bag

这个函数应有两个参数,数据类型为“urn:ogc:def:dataType:geoxacml:1.0:geometry”,并返回几何体的包。

这个函数应返回一个几何值的包,该包能够代表几何体 g1 和 g2 的点集并集。

标量几何函数集合中包含以下函数:

——Area(g:Geometry):Double

这个函数应有一个参数,数据类型为“urn:ogc:def:dataType:geoxacml:1.0:geometry”,并返回一个数据类型为“http://www.w3.org/2001/XMLSchema# double”的值。

这个函数应返回一个能够代表几何体 g 的面积的值。返回值的度量单位应是平方米。如果几何体数据类型是点或者线这个函数应返回零。

——Distance(g1:Geometry, g2:Geometry):Double

这个函数应有两个参数,数据类型为“urn:ogc:def:dataType:geoxacml:1.0:geometry”,并返回一个数据类型为“http://www.w3.org/2001/XMLSchema# double”的值。

这个函数应返回几何体 g1 和 g2 上任意两点的最短距离。

因为几何体都是封闭的,所以,几何体上每一个点都是可以确定并找到的,因此,计算两个几何体间的最短距离也是可行的。

——IsWithinDistance(g1:Geometry, g2:Geometry, d:Double):Boolean

这个函数应有三个参数,其中,两个参数的数据类型为“urn:ogc:def:dataType:geoxacml:1.0:geometry”,另外一个参数的数据类型为“http://www.w3.org/2001/XMLSchema# double”,并返回数据类型为“http://www.w3.org/2001/XMLSchema#boolean”的值。

这个函数应返回一个“True”当且仅当几何体 g1 和 g2 之间的最小距离小于或等于指定的距

离(单位为米)。

——Length(g:Geometry):Double

这个函数应有一个参数,数据类型为"urn:ogc:def:dataType:geoxacml:1.0:geometry",并返回数据类型为"http://www.w3.org/2001/XMLSchema# double"的值。

这个函数应返回几何体 g 的长度值,返回值的度量单位应是米。如果几何体数据类型是"点",函数应返回零。如果几何体数据类型是"多边形",函数应返回周长。

检查特殊要素函数中的所有函数都应有一个参数,数据类型为"urn:ogc:def:dataType:geoxacml:1.0:geometry",并返回数据类型为 http://www.w3.org/2001/XMLSchema#boolean 的值。检查特殊要素函数中包含以下函数:

——IsSimple(g:Geometry):Boolean

这个函数应返回一个"True",当且仅当几何体 g 没有不规则的几何点,如自交、自切。简单的弧线仅在端点相交(只有当它们是闭合时,参考下一函数)。

——IsClosed(g:Geometry):Boolean

这个函数应返回一个"True",当且仅当弧 g 的起点和终点是同一的。对于一个点来说,点的有限集合或者空的几何体函数应返回一个"True"。面需要一个 3D 的空间来闭合。一般来说,封闭的几何体拥有空的边界。

——IsValid(g:Geometry):Boolean

这个函数应返回一个"True",当且仅当几何体 g 满足 OGC 06-103r4 v1.2.0 中定义的有效性。

需要说明的是,即使几何体(将被 PDP 处理)毫无疑问是有效的,操作符也会对其进行显式检查。这一点如同 Java 语言中的异常处理一样。Java 定义了能被程序员处理的可检查异常和源代码中异常处理可选的不可检查异常。IsValid 操作符的刻意使用非常类似不可被检查的异常。

6.4 包函数定义

GeoXACML 中对包进行操作的函数。相关函数定义如下:

——GeometryOneAndOnly(b: Bag):Geometry

这个函数应有一个几何体的包作为参数,还应返回一个数据类型为"urn:ogc:def:dataType:geoxacml:1.0:geometry"的值。

这个函数应返回包 b 中唯一元素的值。

如果几何包 b 没有一个确切的值,这个函数应返回一个伴有"不确定"状态的 XACML 处理出错信息。

——GeometryBagSize(b: Bag):Integer

这个函数应有一个几何体的包作为参数,并且该包中值的数据类型为"urn:ogc:def:dataType:geoxacml:1.0:geometry",还应返回数据类型为"http://www.w3.org/2001/XMLSchema#integer"的值。

这个函数应返回包中元素数目。

——GeometryIsIn(g:Geometry, b: Bag):Boolean

这个函数的第一个参数的数据类型应为"urn:ogc:def:dataType:geoxacml:1.0:geometry"第二个参数应是数据类型为"urn:ogc:def:dataType:geoxacml:1.0:geometry"的一个包,还应返回类型为"http://www.w3.org/2001/XMLSchema#boolean"的值。

这个函数应返"True",当且仅当第一个参数与包中的任何值满足匹配函数"urn:ogc:def:function:geoxacml:1.0:geometry-equals"。

——GeometryBag(g*:Geometry):Bag

这个函数应可以有任意个数据类型为"urn:ogc:def:dataType:geoxacml:1.0:geometry"的参

数,并返回包含参数值的几何体的包。

这个函数无参时应产生一个数据类型为"urn:ogc:def:dataType:geoxacml:1.0:geometry"的空包。

6.5 集合函数定义

本节定义的所有函数均通过消除数据类型为"urn:ogc:def:dataType:geoxacml:1.0:geometry"的几何包中的重复元素来模拟对应的集合。集合函数中包含以下函数:

——GeometryBagIntersection(b1: Bag, g2: Bag):Bag

这个函数应有两个参数,均是数据类型为"urn:ogc:def:dataType:geoxacml:1.0:geometry"的包。

这个函数应返回一个数据类型为"urn:ogc:def:dataType:geoxacml:1.0:geometry"的包,包中包含了满足"urn:ogc:def:function:geoxacml:1.0:geometry-equals"的包 b1 和 b2 共有的元素。并且,在结果中应没有重复元素出现。

——GeometryBagAtLeastOneMemberOf(b1: Bag, b2: Bag):Boolean

这个函数应有两个参数,均是数据类型为"urn:ogc:def:dataType:geoxacml:1.0:geometry"的包,还应返回数据类型为"http://www.w3.org/2001/XMLSchema#boolean"的值。

这个函数应返回"True",当且仅当包 b1 中至少有一个元素与包 g2 的关系满足"urn:ogc:def:function:geoxacml:1.0:geometry-is-in"函数。

——GeometryBagUnion(b1: Bag, b2: Bag):Bag

这个函数应有两个参数,均是数据类型为"urn:ogc:def:dataType:geoxacml:1.0:geometry"的包。

这个函数应返回一个数据类型为"urn:ogc:def:dataType:geoxacml:1.0:geometry"的包,包中包含了包 b1 和 b2 的所有元素。如同"urn:ogc:def:function:geoxacml:1.0:geometry-equals"中所定义的,应没有重复元素在结果中出现。

——GeometryBagSubset(b1: Bag, b2: Bag):Boolean

这个函数应有两个参数,均是数据类型为"urn:ogc:def:dataType:geoxacml:1.0:geometry"的包,并返回数据类型为"http://www.w3.org/2001/XMLSchema#boolean"的值。

这个函数应返回一个"True",当且仅当包 b1 是包 b2 的一个子集。每一个参数应被认为是去掉了重复元素的。

——GeometrySetEquals(b1: Bag, b2: Bag):Boolean

这个函数应有两个参数,均是数据类型为"urn:ogc:def:dataType:geoxacml:1.0:geometry"的包,并返回数据类型为"http://www.w3.org/2001/XMLSchema#boolean"的值。

这个函数的返回结果应按照以下流程计算:1)对包 b1 和包 b2 计算函数"urn:ogc:def:function:geoxacml:1.0:geometry-bag-subset";2)对包 b2 和包 b1 的计算函数"urn:ogc:def:function:geoxacml:1.0:geometry-bag-subset";3)对 1 和 2 的结果计算函数"urn:oasis:names:tc:xacml:1.0:function:and"。

6.6 转化函数的定义

在 GeoXACML 中,长度的内部单位是米,面积的内部单位是平方米。这就意味着基于不同度量单位的长度面积参数在被相应的函数处理(例如:IsWithinDistance 和 Buffer 函数)之前都应转化成米和平方米。这可以通过如下的转换函数来实现:

——ConvertToMetre(d:Double, u:String):Double

这个函数应有一个数据类型为"http://www.w3.org/2001/XML-Schema#double"的参数和

一个数据类型为“http://www.w3.org/2001/XML-Schema＃string”的用以表示度量长度单位的参数。这个函数应返回一个数据类型为“http://www.w3.org/2001/XMLSchema＃double”的值。

这个函数用于把度量单位为 u 的距离值 d 转化成相应的基于米制的长度。

如果度量单位，如给定的参数 u，不能转化成米，那么这个函数应返回一个“不确定”状态的 XACML 处理出错信息。

——ConvertToSquareMetre(a:Double, u:String):Double

这个函数应有一个数据类型为“http://www.w3.org/2001/XML-Schema＃double”的参数和一个数据类型为“http://www.w3.org/2001/XML-Schema＃string”的用以表示度量面积单位的参数。这个函数应返回一个数据类型为“http://www.w3.org/2001/XMLSchema＃double”的值。

这个函数用于把度量单位为 u 的面积值 a 转化成相应的基于平方米制的面积。

如果度量单位，如给定的参数 u，不能转化成平方米，那么这个函数应返回一个“不确定”状态的 XACML 处理出错信息。

为了避免运行时不必要的转化，宜直接用米和平方米来说明长度和面积。

7 GeoXACML 标识符定义

7.1 概述

任意基于 GeoXACML 的具体实现应按照 GeoXACML 中定义的方式来使用下列标识符的相关属性。以下表格的第二列是第 6 章或者 xacml-2.0-core-spec-os[3] 中使用的函数名字。

7.2 几何体的标识符

应使用表 1 中的标识符来定义“几何体”的几何数据类型。

表 1 GeoXACML 几何体 URN

URN	数据类型
urn:ogc:def:dataType:geoxacml:1.0:geometry	几何体

为了使用明确的编码方案来建立几何数据类型，GeoXACML 在现有的扩展中定义了更多的 URN。

7.3 拓扑函数标识符

为了定义函数来测试拓扑关系，表 2 定义了拓扑函数 URN。

表 2 拓扑函数 URN

URN	函　数
urn:ogc:def:function:geoxacml:1.0:geometry-equals	Equals
urn:ogc:def:function:geoxacml:1.0:geometry-disjoint	Disjoint
urn:ogc:def:function:geoxacml:1.0:geometry-touches	Touches
urn:ogc:def:function:geoxacml:1.0:geometry-crosses	Crosses

表 2（续）

URN	函　数
urn:ogc:def:function:geoxacml:1.0:geometry-within	Within
urn:ogc:def:function:geoxacml:1.0:geometry-contains	Contains
urn:ogc:def:function:geoxacml:1.0:geometry-overlaps	Overlaps
urn:ogc:def:function:geoxacml:1.0:geometry-intersects	Intersects

7.4 几何函数标识符

为了表达和执行更为复杂的基于空间分析的访问约束，表 3、表 4 和表 5 分别对构造性几何函数 URN、标量几何函数 URN、杂项几何函数 URN 进行了定义。

表 3 构造性几何函数 URN

URN	几何函数
urn:ogc:def:function:geoxacml:1.0:geometry-buffer	Buffer
urn:ogc:def:function:geoxacml:1.0:geometry-boundary	Boundary
urn:ogc:def:function:geoxacml:1.0:geometry-union	Union
urn:ogc:def:function:geoxacml:1.0:geometry-intersection	Intersection
urn:ogc:def:function:geoxacml:1.0:geometry-difference	Difference
urn:ogc:def:function:geoxacml:1.0:geometry-sym-difference	SymDifference
urn:ogc:def:function:geoxacml:1.0:geometry-centroid	Centroid
urn:ogc:def:function:geoxacml:1.0:geometry-convex-hull	ConvexHull

表 4 标量几何函数 URN

URN	几何函数
urn:ogc:def:function:geoxacml:1.0:geometry-distance	Distance
urn:ogc:def:function:geoxacml:1.0:geometry-is-within-distance	IsWithinDistance
urn:ogc:def:function:geoxacml:1.0:geometry-length	Length
urn:ogc:def:function:geoxacml:1.0:geometry-area	Area

表 5 杂项几何函数 URN

URN	几何函数
urn:ogc:def:function:geoxacml:1.0:geometry-is-simple	IsSimple
urn:ogc:def:function:geoxacml:1.0:geometry-is-closed	IsClosed
urn:ogc:def:function:geoxacml:1.0:geometry-is-valid	IsValid

7.5 包含几何体的包函数标识符

为了在包含几何体的包上进行操作，表 6 定义了如下的几何包函数 URN。

表 6 几何包函数 URN

URN	包函数
urn:ogc:def:function:geoxacml:1.0:geometry-one-and-only	GeometryOneAndOnly
urn:ogc:def:function:geoxacml:1.0:geometry-bag-size	GeometryBagSize
urn:ogc:def:function:geoxacml:1.0:geometry-is-in	GeometryIsIn
urn:ogc:def:function:geoxacml:1.0:geometry-bag	GeometryBag

7.6 几何集合函数标识符

表 7 定义了几何集合函数 URN。

表 7 几何集合函数 URN

URN	集合函数
urn:ogc:def:function:geoxacml:1.0:geometry-bag-intersection	GeometryBagIntersection
urn:ogc:def:function:geoxacml:1.0:geometry-at-least-one-member-of	GeometryAtLeastOneMemberOf
urn:ogc:def:function:geoxacml:1.0:geometry-bag-union	GeometryBagUnion
urn:ogc:def:function:geoxacml:1.0:geometry-bag-subset	GeometryBagSubset
urn:ogc:def:function:geoxacml:1.0:geometry-set-equals	GeometrySetEquals

7.7 转化函数标识符

表 8 定义了转化函数 URN。

表 8 转化函数 URN

URN	转化函数
urn:ogc:def:function:geoxacml:1.0:convert-to-metre	ConvertToMetre
urn:ogc:def:function:geoxacml:1.0:convert-to-square-metre	ConvertToSquareMetre

附 录 A
（规范性附录）
GeoXACML 符合性声明表

A.1 概述

本附录针对 GeoXACML 属性、标识符、数据类型、函数定义了两类符合性声明表，标记为“Ⅰ”的为基本符合级，标记为“Ⅱ”的是完全符合级(在“Ⅰ”标记项实现的基础上还应实现的项目)。

GeoXACML 定义了两个符合性等级：

基本符合级(Ⅰ)。所有 PDP 应达到该等级。包含对所有标记“Ⅰ”的定义。

完全符合级(Ⅱ)。在满足基本符合级的基础上，还需要满足所有标记了“Ⅱ”的定义。

A.2 模式组成元素

GeoXACML 没有定义新的模式元素。任意符合 GeoXACML 标准的系统实现应符合 XACML 标准。

A.3 标识符前缀

表 A.1 是为 GeoXACML 保留的标识符前缀。

因为这些标识符前缀是 GeoXACML URN[4]定义的一部分，所以应在基本符合集中能够实现。

表 A.1 标识符

标识符
urn:ogc:def:dataType:geoxacml:1.0:geometry
urn:ogc:def:function:geoxacml:1.0

任意 GeoXACML 系统实现应能够通过附录 B 中定义的包含了这些标识符前缀的测试。

A.4 算法

GeoXACML 没有定义新的算法。

A.5 状态代码

GeoXACML 没有定义新的状态代码。

A.6 数据类型

表 A.2 是 GeoXACML 的数据类型及其符合性等级。

表 A.2 数据类型

数据类型	符合性等级
urn:ogc:def:dataType:geoxacml:1.0:geometry	Ⅰ

A.7 函数

表 A.3～表 A.7 分别是 GeoXACML 的拓扑函数、包函数、集合函数、几何函数、转化函数及其符合性等级。

为通过基本符合集，对附录 B 第 2 节中定义的所有测试实例，系统应实现所有标记为“Ⅰ”的函数 URN。

为通过完全符合集，对附录 B 第 2 节中定义的所有测试实例，系统应实现所有标记为“Ⅱ”的函数 URN。

同时，任意通过基本符合集的系统应能够通过 B.4 中定义的测试，该测试应包含表 A.3～表 A.6 所有函数。任意通过完全符合集的系统应能够通过 B.4 中定义的测试，该测试应包含表 A.7 所有函数。

表 A.3 拓扑函数

函数	符合性等级
urn:ogc:def:function:geoxacml:1.0:geometry-equals	Ⅰ
urn:ogc:def:function:geoxacml:1.0:geometry-disjoint	Ⅰ
urn:ogc:def:function:geoxacml:1.0:geometry-touches	Ⅰ
urn:ogc:def:function:geoxacml:1.0:geometry-crosses	Ⅰ
urn:ogc:def:function:geoxacml:1.0:geometry-within	Ⅰ
urn:ogc:def:function:geoxacml:1.0:geometry-contains	Ⅰ
urn:ogc:def:function:geoxacml:1.0:geometry-overlaps	Ⅰ
urn:ogc:def:function:geoxacml:1.0:geometry-intersects	Ⅰ

表 A.4 包函数

函数	符合性等级
urn:ogc:def:function:geoxacml:1.0:geometry-one-and-only	Ⅰ
urn:ogc:def:function:geoxacml:1.0:geometry-bag-size	Ⅰ
urn:ogc:def:function:geoxacml:1.0:geometry-is-in	Ⅰ
urn:ogc:def:function:geoxacml:1.0:geometry-bag	Ⅰ

表 A.5　集合函数

函数	符合性等级
urn:ogc:def:function:geoxacml:1.0:geometry-bag-intersection	Ⅰ
urn:ogc:def:function:geoxacml:1.0:geometry-bag-at-least-one- member-of	Ⅰ
urn:ogc:def:function:geoxacml:1.0:geometry-bag-union	Ⅰ
urn:ogc:def:function:geoxacml:1.0:geometry-bag-subset	Ⅰ
urn:ogc:def:function:geoxacml:1.0:geometry-set-equals	Ⅰ

表 A.6　几何函数

函数	符合性等级
urn:ogc:def:function:geoxacml:1.0:geometry-buffer	Ⅰ
urn:ogc:def:function:geoxacml:1.0:geometry-boundary	Ⅰ
urn:ogc:def:function:geoxacml:1.0:geometry-convex-hull	Ⅰ
urn:ogc:def:function:geoxacml:1.0:geometry-centroid	Ⅰ
urn:ogc:def:function:geoxacml:1.0:geometry-difference	Ⅰ
urn:ogc:def:function:geoxacml:1.0:geometry-sym-difference	Ⅰ
urn:ogc:def:function:geoxacml:1.0:geometry-intersection	Ⅰ
urn:ogc:def:function:geoxacml:1.0:geometry-union	Ⅰ
urn:ogc:def:function:geoxacml:1.0:geometry-area	Ⅰ
urn:ogc:def:function:geoxacml:1.0:geometry-distance	Ⅰ
urn:ogc:def:function:geoxacml:1.0:geometry-is-within-distance	Ⅰ
urn:ogc:def:function:geoxacml:1.0:geometry-length	Ⅰ
urn:ogc:def:function:geoxacml:1.0:geometry-is-simple	Ⅰ
urn:ogc:def:function:geoxacml:1.0:geometry-is-closed	Ⅰ
urn:ogc:def:function:geoxacml:1.0:geometry-is-valid	Ⅰ

表 A.7　转化函数

函数	符合性等级
urn:ogc:def:function:geoxacml:1.0:convert-to-metre	Ⅱ
urn:ogc:def:function:geoxacml:1.0:convert-to-square-metre	Ⅱ

转化函数“urn:ogc:def:function:geoxacml:1.0:convert-to-metre”宜满足从其他可能的长度单位[2]到米的转换。

转化函数“urn:ogc:def:function:geoxacml:1.0:convert-to-square-metre”宜满足从其他可能的面积单位[2]到平方米的转换。

附 录 B
（规范性附录）
GeoXACML 符合性测试

B.1 概述

本附录给出了符合 GeoXACML v1.0 标准的 PDP 应实施的规范细则，用于测试系统实现是否符合 GeoXACML 定义的等级。

任意系统实现是否符合 GeoXACML 标准依赖于其是否符合 XACML 标准。因此，系统首先应能够通过 OASIS Conformance Tests for XACML 1.0 and 1.1 中定义的所有测试。

B.2 分组定义

GeoXACML 有两个不同的测试分组：

——group A：数据类型；

——group B：函数。

每组测试的不同方面在第 7 章和应用扩展中定义。

B.3 符合性测试实例定义

测试套件中的任一测试都针对本标准中特定的限制或要求制定。测试遵照以下模式：

——测试目的：为了测定被测试系统实现是否满足本标准某一特定方面。对于基本符合，只有基本符合集所要求的方面会被添加到测试样例中。对于完全符合，任意基本符合集或完全符合集的要求都会被添加到测试样例中。

——测试方法：一个涉及特定分组的 GeoXACML 实例会被用来做测试，并且期望该系统实现有正确的反映。

——关联：每个测试都会关联要测试的某一个方面。

在本细则中测试的是 GeoXACML 数据类型和函数定义两个分组。对每一组，都应进行包含以下 3 个不同分类的符合性测试：

- "Policy Language Encoding"（PLE）类：在 XML 编码符合 XACML 规范的前提下，确保实例具有正确处理 GeoXACML 定义的地理数据类型和函数的能力。此类测试为基础性测试，应首先进行。
- "Logical and Syntactical Processing"（LSP）类：确保实例具有正确理解 GeoXACML 中定义的函数和地理数据类型的句法的能力，并确保实例能够正确处理依据逻辑定义的地理数据类型和函数。这些测试用例假定 PLE 分类的测试已经完成并且没有错误。
- "Exception Behavior and Processing"（EBP）类：确保实例能够正确进行 GeoXACML 定义的函数和地理数据类型的出错处理。这些测试的一个重要方面是确保系统实现可以正确的交互式处理无效的几何属性值和几何函数结果。这些测试在 PLE 和 LSP 类检测通过的基础上进行。

为协助进行实例检测，针对每个符合性等级和不同的测试分组需要生成不同的测试实例组。

B.4 PLE 符合性测试

表 B.1 给出了所有的 PLE 符合性测试实例。

表 B.1 PLE 符合性测试图

测试实例	描　述	结　果
PLE.1	使用 XML 模式有效化机制实现[1]中定义的与 XACML 不同的 GeoXACML 策略文件	验证通过,无错误
PLE.2	PDP 处理 GeoXACML 策略文件	PDP 不报告未知标识符
PLE.3	PDP 使用 AttributeDesignator 处理授权请求	PDP 不报告未知标识符
PLE.4	PDP 使用 AttributeSelector 处理授权请求	PDP 不报告未知标识符

PLE 符合性测试可分为基本符合性测试和完全符合性测试两类。其中,基本符合性测试包含以下内容:

——创建一个 GeoXACML 策略文件,涵盖 Group A 和 Group B 标记为“Ⅰ”的所有方面。
- 测试 PLE.1;
- 测试 PLE.2。

——创建 XACML 授权请求,每个请求至少包含 Group A 中标记为“Ⅰ”的一个方面。
- 测试 PLE.3;
- 测试 PLE.4。

完全符合性测试包含以下内容:

——创建一个 GeoXACML 策略文件,涵盖 Group A 和 Group B 标记为“Ⅱ”的所有方面。
- 测试 PLE.1;
- 测试 PLE.2。

——创建 XACML 授权请求,每个请求至少包含 Group A 中标记为“Ⅱ”的一个方面。
- 测试 PLE.3;
- 测试 PLE.4。

B.5 LSP 符合性测试

表 B.2 给出了所有的 LSP 符合性测试实例。

表 B.2 LSP 符合性测试图

测试实例	描　述	结　果
LSP.1	PDP 处理 GeoXACML 策略文件,对没有错误的例子验证返回结果	见定义

LSP 符合性测试可分为基本符合性测试和完全符合性测试两类。其中,基本符合性测试包含以下内容:

——对 Group B 中标记为“Ⅰ”的各个方面,赋予有效的 GroupA 参数,并执行测试 LSP.1。

完全符合性测试包含以下内容:

——对 Group B 中标记为“Ⅱ”的各个方面,赋予有效的 GroupA 参数,并执行测试 LSP.1。

B.6 EBP 符合性测试

表 B.3 给出了所有的 EBP 符合性测试实例。

表 B.3 EBP 符合性测试图

测试实例	描　述	结　果
EBP.1	PDP 处理合理的授权决定要求	PDP 应不报错
EBP.2	PDP 处理无效的授权决定要求	PDP 应报告处理出错
EBP.3	PDP 处理合理的策略文档	PDP 应不报错
EBP.4	PDP 处理不合理的策略文档	PDP 应报告处理出错

EBP 符合性测试可分为基本符合性测试和完全符合性测试两类。其中,基本符合性测试包含以下内容:

——对于 Group A 的测试:对 Group A 中标记为"Ⅰ"的各个方面执行测试 EBP.1、EBP.2、EBP.3 和 EBP.4。

——对于 Group B 的测试:对 Group B 中标记为"Ⅰ"的各个方面执行测试 EBP.3 和 EBP.4。

完全符合性测试包含以下内容:

——对于 Group A 的测试:对 Group A 中标记为"Ⅱ"的各个方面执行测试 EBP.1、EBP.2、EBP.3 和 EBP.4。

——对于 Group B 的测试:对 Group B 中标记为"Ⅱ"的各个方面执行测试 EBP.3 和 EBP.4。

参 考 文 献

[1] OASIS，eXtensible Access Control Markup Language (XACML) Version 2.0-Policy XML Schema：access_control-xacml-2.0-policy-schema-os.xsd

[2] National Institute of Standards and Technology (NIST)，NIST Guide to SI Units：B.9 Factors for units listed by kind of quantity or field of science，http://physics.nist.gov/Pubs/SP811/appenB9.html

[3] OASIS，eXtensible Access Control Markup Language (XACML) Version 2.0，1 Feb 2005，http://docs.oasis-open.org/xacml/2.0/access_control-xacml-2.0-core-spec-os.pdf

[4] OGC，Definition identifier URNs in OGC namespace，Version 1.1.0，2006-08-08，http://portal.opengeospatial.org/files/? artifact_id=16339